环境工程设备

主　编　张　洪　李永峰　李巧燕
副主编　郭　意
主　审　张　颖

哈爾濱工業大學出版社

内 容 提 要

全书分为5篇，共13章。第一篇为环境污染控制通用及配套设备，涉及生物反应器设计基础、检测及控制设备、钢制容器与塔设备的设计和污染控制配套设备技术。第二篇为水污染处理设备，涉及不溶态、生化处理和污泥处理设备。第三篇为大气污染处理设备，涉及气态净化系统、尘粒和气态污染物净化设备。第四篇为固体废物处理与资源化设备，涉及压实、破碎、焚烧和热解等设备。第五篇为环境设备设计与应用经济分析指标，涉及技术、投资和管理分析等知识。

由于市政工程及环境设备研发涉及力学、生物学等多个学科，知识面较广，所以本书本着实用、简明扼要的宗旨，重点阐述了环境设备设计的基本知识、方法以及设备介绍。

本书可供环境工程和市政工程等专业的本科生教学用书，也可作为研究生和博士生的研究参考资料，同时还可供从事环境事业的科技、生产和管理人员参考使用。

图书在版编目(CIP)数据

环境工程设备/张洪，李永峰，李巧燕主编. —哈尔滨：哈尔滨工业大学出版社，2016.3

ISBN 978-7-5603-5647-1

Ⅰ.①环… Ⅱ.①张…②李…③李… Ⅲ.①环境工程-工程设备 Ⅳ.①X5

中国版本图书馆CIP数据核字(2015)第238454号

策划编辑 贾学斌
责任编辑 张 瑞
出版发行 哈尔滨工业大学出版社
社 址 哈尔滨市南岗区复华四道街10号 邮编 150006
传 真 0451-86414749
网 址 http://hitpress.hit.edu.cn
印 刷 哈尔滨工业大学印刷厂
开 本 787mm×1092mm 1/16 印张 24.5 字数 610千字
版 次 2016年3月第1版 2016年3月第1次印刷
书 号 ISBN 978-7-5603-5647-1
定 价 48.00元

《环境工程设备》编写人员名单与分工

主　　编　张　洪　李永峰　李巧燕
副主编　郭　意
主　　审　张　颖
编写人员　张　洪：第 1 章 ~ 第 3 章；
刘　希、李永峰：第 4 章；
郭　意、李永峰：第 5 章、第 7 章；
熊　峰、李永峰：第 6 章；
梁乾伟、李永峰：第 8 章；
李巧燕、李永峰：第 9 章 ~ 第 10 章；
郭　意、施　悦、赵　桃：第 11 章 ~ 第 13 章；
文字整理和图表制作由陈迎春、袁芳、路遥完成。

前　言

环境是人类社会赖以生存和发展的重要基础。当前,随着人类经济、社会的快速发展,人类对环境问题也越来越重视。因此,大量的关于环境设备的研究工作正在如火如荼地进行着,这些环境设备的研发将缓解当前日益严重的环境问题,对发展循环经济具有十分重要的作用。但这些环境设备的研发涉及跨学科、跨领域等知识,很多研发人员对此内容了解不够深入。因此,编制和汇总环境设备中涉及的相关领域的知识刻不容缓。

环境工程设备是以能够处理相应的污染物为目的,利用跨学科、跨领域等知识和方法对环境设备的原理进行研究。而环境设备的设计主要是利用工程技术的概念,以力学为基础,利用各种设计手段和技术方法将环境设备原理中涉及的相关知识转化为能够在现实生活中实际使用的技术设备,从而使得目标污染物或者设计的目的达到相应的要求,从而确保环境工程项目的质量能够达标,同时也为环境工程的运行和维护提供安全保障,环境设备的研发工作是控制环境工程的质量和成本的重要环节。

全书内容主要包含:第一篇环境污染控制通用及配套设备(第 1 ~4 章),第二篇水污染处理设备(第 5 ~7 章),第三篇大气污染处理设备(第 8 ~9 章),第四篇固体废物处理与资源化设备(第 10 ~11 章),第五篇环保设备设计与应用经济分析指标(第 12 ~13 章)。本书内容上力求准确全面、系统完整、方便实用。全书图文并茂,内容翔实,既强调环境设备原理的理论基础,又注重环境设备的设计基础和典型环境设备设计分析和装置图,具有较强的实用性和可操作性。

本书是按照社会各界对环境设备原理和设计所需的专业人才的要求进行编写的,注重理论知识与实践的结合,巧妙地将力学、生物学等知识融合到环境设备原理和设计中,重点介绍了环境设备研发的原理基础和理论及环境设备包含的几大类型,如水污染处理设备、大气污染处理设备和固废处理设备,然后介绍了环境设备中涉及的一些经济基础理论,对于控制环境设备的研发具有重要的意义。针对高等教育的特点和培养目标,注重理论和实践相结合,突出环境设备原理的研究和设计的专业素质和技能的培养。

诚望各位读者在使用本书过程中提出宝贵的意见,同时使用本教材的学校可免费获取电子课件,可与李永峰教授(dr_lyf@163.com)联系。本书的出版得到了黑龙江省自然科学基金(No. E201354)、黑龙江省高等教育教学改革项目(JG2014010625)、国家“863”项目(No. 2006AA05Z109)和上海市科委重点技术攻关项目(No. 071605122)的技术成果和资金的支持,特此感谢!

本书由东北林业大学、黑龙江省环境科学研究院、上海工程技术大学、哈尔滨工业大学、哈尔滨工程大学、东北农业大学和中国科学院三峡环境研究所的专家们共同编写。由于编写时间和水平有限，书中不妥之处在所难免，真诚希望有关专家和读者批评指正。也希望此书的出版能够起到“抛砖引玉”的作用，更好地促进我国环境设备建设事业更好、更快的发展。

谨以此书献给李兆孟先生(1929 年 7 月 11 日至 1982 年 5 月 2 日。)

编　者

2015 年 11 月

目 录

第四篇 固体废物处理与资源化设备

第五篇 环保设备设计与应用经济分析指标

绪 言

0.1 环保产业的概念

随着科学技术的发展、生产力的提高以及人口的不断增加,人类社会对环境造成的压力不断增大,环境保护问题越来越引起世界各国的普遍关注。搞好环境保护的基础是严格的组织管理和先进的技术装备,后者要靠强大的环保产业来提供。

而我国对环保产业的定义是以发达国家的标准为基础,再结合我国具体的国情进行定义的,通常是指以防止环境污染、改善生态环境、保护自然资源为目的所进行的诸如技术开发、产品生产、商品流通、资源利用、信息服务、工程承包等经济活动并达到一定规模的总称。我国目前环保产业的发展主要集中在3个方面,分别为环保设备制造业的发展、环境工程和软件服务业的发展以及自然生态保护业的发展。

0.2 国际环保产业的发展

环保产业在全球的兴起开始于20世纪20年代左右,这个时期与人类的环保意识的形成是一致的,到20世纪90年代已经成为范围广泛、门类众多的巨大产业体系。全世界环保产业的产值早在1996年便已超过4 000亿美元,许多国家每年的增长率都超过了本国经济的平均增长率。环保产业还被包括美国在内的不少国家列为本国最为活跃的十大产业之一,有人甚至称其为“朝阳产业”。环保产业较发达的国家和地区主要包括美国、欧洲和日本。

美国研究与环境保护和开发相应的环保产品比较早,经过多年的研究和努力,目前已经在各主要环保领域居于领先的地位。特别是在大气排放量、脱硫和除尘方面具有优势地位,且脱硝、脱臭等工艺技术和设备都比较成熟;在减少 CO_2 等温室气体排放、消除 CO_2 危害方面,美国是已建和在建项目最多的国家。20世纪90年代起,美国年产城市垃圾约2亿t,居世界首位,但美国城市生活垃圾处理率达100%,开发了许多先进的垃圾处理工艺和设备。

德国是欧洲发展环保产业的代表性国家,除此之外还有法国和瑞士等。德国的环保产品种类多、性能优良、运行可靠,产品的标准化、系列化、成套化工作非常出色,善于把电子、生物等领域的新概念、新技术融入环保产业之中,进一步提高环保产品的性能和水平。德国的静电除尘器是世界上技术最先进的,且生产厂商也最多。在烟气的脱硫和脱硝方面增加了添加剂以此来提高脱硫的效果,并取得了较好的效果,具有很高的经济价值。在有害有毒气体防治方面,主要采用液体吸收或吸附法对含铅、含汞废气进行处理,其气体膜分离技术的理论和应用研究水平很高。德国早在1990年即开始在汽车上安装尾气净化器,到20世纪90年代中期尾气净化器已基本普及。德国全国的固体废弃物处理率超过70%,其城市垃圾处理特别是焚烧处理有着良好的业绩。德国的环保产品出口比例较高,可达总产值的

30%。

日本非常重视环保产业的发展,政府大力倡导发展一些环保企业,以此减少企业和社会运行的成本,因此配套建设环保项目的积极性较高。日本的环保技术大部分是先从国外买进技术和专利(例如1997年引进先进环保技术70项,1998年引进环保技术76项),再通过自己的研究加以改进提高,逐步形成自己的特点。日本在垃圾处理设备方面的贡献尤为突出,还提出了能量利用系统的概念,即通过液化、气化、固化等处理方法把垃圾转变成耐储存、可运输的垃圾衍生燃料,对于小型城市只需设置小型的垃圾加工站而不需兴建垃圾填埋场或垃圾焚烧厂。

由于目前我国在水处理设备方面的研究比较多,并且国家大力支持水处理方面的设备和技术的研究,因此在此处简要介绍一些国际上的水处理技术和设备的发展现状以便读者更好地理解环保产业的发展情况,更好地结合我国的国情发展特点进行综合的分析和研究。西方发达国家进行城市污水处理已经有上百年历史,美国现有污水处理设施16 024座(总处理能力1.2亿 m^3/d),德国、法国、英国各有污水处理设施7 000多座,污水处理率普遍达到80%以上,大规模的工程建设时期已经过去。由于污水排放标准的提高和开拓国际市场的需要,对新工艺和高品质设备的需求依然较大,水处理产业仍处于上升发展阶段。这些国家在水处理设备开发和工程化、市场化方面具有下列特点:

(1)制造企业较专业。

国外的环保设备制造企业对设备的精度和工艺要求特别高,每个企业都有自己的特色产品,且处于世界领先地位。美国的US Filter公司的曝气转碟和排泥机、德国Passavant Geiger GmbH的曝气转刷、Flottweg GmbH公司的污泥离心脱水机、Seepex公司的单螺杆泵、Huber公司的固液分离设备、丹麦的鼓风机、奥地利Andritz Group公司的板框式压滤机等,这些产品要持续研发完善几十年,不断赋予传统产品以新的技术生命,使之成为世界范围内工程建设的首选产品,因而占据较大的市场份额。

(2)产研结合较紧密。

国际上的环保产业公司在工艺研究时非常注重相应设备的开发,将研究的技术转化为实际的集成化设备。产生一种新的工艺就一定会伴随产生一种新的专利和相应的设备,并逐渐地将其推向市场。公司会投入大量的资金来保证这种科研技术的研究,以便将其转化为技术而盈利。例如,Carroussel氧化沟必用立轴式表面曝气机、Orbal氧化沟专用曝气转碟、SBR及其变型工艺总伴随着滗水器等。外国公司在宣传其先进工艺背后的商业目的往往是推销成套设备,工艺和设备的捆绑可大大提高设备的市场竞争力,设备的利润又部分投入于新工艺的研究,如此形成良性循环。

(3)政府对环保产业的支持力度大。

国外的一些国家,特别是一些发达国家,政府会为从事环保产业的企业提供大量的优惠贷款或帮助企业推销技术和设备。这些技术和设备很多都涌向了发展中国家,用于这些国家的环境污染治理项目的建设。国际上有许多大型跨国公司都涉足环保产业,如美国GE公司、BABCOCK公司,日本三菱重工、日立公司,德国鲁奇公司、克鲁伯公司,奥地利安德里茨集团,瑞士苏尔寿(Sulzer Pump)等著名大公司都是环保设备制造业的巨头。

0.3　我国环保产业的现状

我国的环保产业发展是伴随政府主导的环境保护而发展起来的,但我国的环保事业发展比较晚,只有 40 多年的历史。1973 年全国第一次环境保护工作会议开创了中国的环境保护事业,环保产业也应运而生。我国国民经济的快速增长,环境污染的日趋严重,使得环境保护事业越来越受到社会广泛的重视,国家对环保治理的投入不断加大,环保产业也得到了迅速发展。我国的环境保护机制主要是以预防为主、防治结合、污染者付费、强化环境管理的环境保护政策,颁布了数部基本环境法,加上其他配套法规、地方性环境法规,总数达 900 余件——尤其是部分条款还纳入了我国《刑法》的范围。在这种背景下,企业纷纷加入环境保护行业,从事环保产业的研究和开发,使得我国的环保事业得到了快速的发展,甚至在一些比较小的地方也出现了相应的环保企业群体,并且企业的环保意识更强。目前,我国从事环保产业的企业大约有 4 万家,而从业人员有 300 多万,总产值达到了 10 000 亿元。正是由于这种发展,使得我国目前的环保产业以及环保设备开发方面的技术人才非常紧缺。

目前国内几千家环保制造企业多数规模小,技术实力薄弱,生产能力低,发展缓慢,远远不能适应环境污染治理工程设备大型化、成套化、自动化的要求。少数跨入环保设备制造行业的大型企业介入时间短,尚未形成主要产品和一定的市场占有率。例如,目前环保企业以乡镇企业为主,中小型国有企业为数不多,大型国有企业几乎没有。

环保产业的发展必须依靠国家政策的支持,因为环保产业是一种公益性的行为,它造福于全社会和子孙后代,如果没有国家政策、法规和标准的要求,环保产业难以发展起来。同时,我国目前的经济发展结构导致了企业生产的废料、废气和废水量非常巨大,不但不环保,而且还会浪费材料和增加生产成本。因此,我国需要更加重视环保产业的发展,逐渐研究新的工艺、新的技术和新的设备,对环境污染治理的资金投入也要适当增加。

我国在“十一五”期间对国家的污染物排放量实行了排放总量控制计划管理,计划到 2010 年,我国的污染物排放总量基数相对于 2005 年的基数减少 10% 左右,即 COD 由 1 414 万t 减少到 1 273 万 t,硫化物由 2 549 万 t 减少到 2 294 万 t。除此之外,国家还非常重视各类水域的保护和规划,并且提高了氮磷等容易引起水体富营养化元素的排放标准。此外,国家鼓励各地根据各自的环境状况,增加本地区必须严格控制的污染物,纳入本地区污染物排放总量控制计划。

0.4　环保设备的分类

从历史的角度分析证实,要想发展一种新的事业、一个新的行业,除了需要相应的规章制度以外,还需要有先进的工艺和先进的设备。如果设备精良将会给企业带来极大的成本节约。但由于我国的环保产业发展较晚,各方面还不够健全,环保设备的发展较慢,还处于较低的水平,没有达到国外精湛的技术,基本上处于环保设备设计制造阶段。

环保设备的分类可以按照不同的功能、构成和性质进行分类,如下所示:

1. 按照环保设备的功能分类

环保设备是指以控制环境污染为主要目的的设备，也称环境保护设备或环境工程设备。环保设备是水污染治理设备、空气污染治理设备、固体废弃物处理处置设备、噪声与振动控制设备、放射性与电磁波污染防护设备的总称，可以按照类别、亚类别、组别和型别四个层次分类表示如下：

①水污染治理设备。物理法处理设备、化学法处理设备、物理化学法处理设备、生物化学法处理设备和组合式处理设备。

②空气污染治理设备。输送与存储设备和分选设备。

③固体废弃物处理设备。破碎压实设备、焚烧热解设备、无害化处理设备、资源再利用设备和吸声装置。

④噪声与振动控制设备。隔振和减振设备。

⑤其他。放射性与电磁波污染防护设备。

事实上，以上的四个层次的分类中，每一类中还含有许多具体的型号和规定，有的是国家标准，有的是地方标准，有的是行业标准。其设计主要是根据环保设备的需求而定，如果是精度要求比较高且适合全国推广的，一般都采用国家标准。当然，随着人们对环境保护需求的不断提高和环保设备发展技术水平的不断进步，新的环保设备将会不断出现，环保设备的类型也必将会越来越丰富。

2. 按照环保设备的构成分类

按环保设备的构成进行分类，可分为单体设备、成套设备和生产线设备。

①单体设备。单体设备是环保设备的主体，如各种除尘器、单体水处理设备等。单体设备可以是机械类设备，也可以是压力容器类设备，甚至可以是单体构筑物；可以是金属材料加工件，也可以是混凝土或其他材料（如玻璃钢等）建造的构筑物。

②成套设备。成套设备是指以单体设备为主，同时包含各种附属设备（如风机、电机等）组成的整体。每一种成套设备中都包含有若干种（台）单体设备，这些单体设备的属性可能各不相同。

③生产线设备。生产线设备也称之为流水线生产设备，主要是由多台单体设备组合而成的一个综合的整体，以便其能够发挥出一系列的功能。

3. 按照设备的性质分类

按照设备的性质进行分类，可分为机械类、压力容器类、仪表类和构筑物设备等。

①机械类设备。机械类设备是指主要由运动机械构件构成的设备，可以分为通用机械设备和专用机械设备。目前在环保设备中种类最广、型号最多、应用最普遍。也就是说我国的环保设备主要是由专门供环保项目使用的设备和一些与其他行业通用的设备所组成的。其中通用机械设备也简称为标准设备，其制造的标准大多采用的是国家标准，以使得其能够在各个行业使用，一般情况下都有比较通用的规格尺寸和制造过程，可以在市场上很方便地购置，如水泵、空压机、减速机、阀门、板框式压滤机、离心机等。专用机械设备是指主要在环境保护行业中使用的机械类设备，如刮泥机、水平轴转碟曝气机、滚压式污泥脱水机等，这类设备在市场上不易购买，一般都需要找寻专门的制造商，且价格较高。

②压力容器类设备。压力容器类设备一般是指没有运动构件的静止设备，设备的外部

壳体多采用金属材料制作,呈立式或卧式的圆筒状或箱体状,并与化工单元过程操作中的容器、塔器类设备具有较大的关联性。按照其承压情况可分为中低压容器和高压容器。

③仪表类设备。仪表类设备主要用于检测和检验,这一类设备一般用于实验室进行各种类型的电化学分析、色谱分析以及用于室外的各类采样器、自动化检测仪器以及在线检测系统等。据统计,每个城市污水处理厂大约需要使用38种在线控制仪器仪表,如在线超声波明渠流量计、超声波管道流量计、电磁流量计、在线溶解氧(DO)测定仪、在线COD测定仪、在线pH测定计等。

④构筑物设备。构筑物设备主要是指环保项目中涉及的建筑物,一般使用钢筋混凝土制成,有的也采用玻璃钢、钢板、不锈钢板、工程塑料或其他材料建造。这一类设备不同于前三类设备,主要是其制作没有相应的标准,其大小尺寸和厚度等一般都是根据项目的需要和工艺的设计来进行确定的。构筑物设备主要用来储存物料或充当常压反应容器的壳体,有时也为其上附带的机械类设备提供支撑和固定作用,常被冠以槽、罐、箱、池、器等名称,如各种溶药罐、搅拌槽、原水箱、沉砂池、沉淀池、隔油池、气浮池、曝气池、贮泥池等。

0.5 环保设备的特点

(1)产品体系庞大。

我们都知道环保产业是个非常大的领域,它涉及废水、废气、废渣、噪声以及辐射等,因此也会配备相应的环保设备,从而使得环保设备形成了一个不同品种和类型的庞大体系,拥有几千个品种、几万种规格,多数产品彼此之间结构差异大,专用性强,标准化难度大,难于批量生产。

(2)设备与工艺之间的配套性较强。

由于环境受到的污染源不同,使得不同状态下排放物的成分、浓度以及排放量和处理难度都不相同,这就使得环境工程需要针对这种污染源设计专门的工艺,并且配以专门的工艺设备,以便使得其能够达到最佳的处理效果。

(3)设备工作条件变化大。

由于设备的配备是根据处理的污染源而配备的,但是由于污染源会出现较大的变化,这就使得环保设备在污染源的工作条件下会出现较大的变化。在环境工程中,大多数的设备都是在露天或者潮湿的环境中进行高负荷的运行,这就使得环保设备必须具有耐高温、耐腐蚀、抗磨损、高强度等技术性能。某些大型成套设备如大型垃圾焚烧炉、大型除尘设备、大型除硫脱氮装置等,系统庞大、结构复杂,对系统的综合技术水平要求较高。

(4)部分设备需具有兼用性。

部分环保设备与其他行业的机械设备结构相似,存在着相互兼用性,即环保设备可以应用于其他行业,其他行业的有关机械设备也可以应用于环境污染治理,故也有人称其为兼用设备,如石油、化工、矿山、轻工等行业的蒸发器、塔器、搅拌机、分离机、萃取机、破碎机、筛分机、分选机等,都可以与环保设备中的同类设备兼用。

0.6 我国环保设备的发展

1. 我国环保设备的发展历程

截止到2014年,我国已经形成了比较齐全的环保设备设计和制造标准和工艺,能够生产环保产业涉及的6大产业支柱产品,部分电除尘器、带式除尘器等在国际上占领先地位。

我国环保设备制造业保持着持续的增长,目前我国的环保设备制造企业的改造主要是以资本为核心的环保企业的改制、兼并、联合、重组等,促进中小企业向"专、精、特、新"方向发展。2006年上半年,环保制造业累计完成工业生产总值3 597.72亿元,同比增长31.01%。可以预见,在工程建设推动和国家政策引导的双重作用下,先进实用的工艺技术和高品质的国产设备必将有着巨大的市场需求。经过40多年的发展,我国的环保产业以及环保设备的发展可以大致分为5个阶段:

① 1980~1989年的快速起步阶段。这个阶段我国的各大类市政工程设计研究所都致力于研究城市污水处理厂的开发和专用设备的研究。我国的第一座大型城市污水处理厂是天津纪庄子污水处理厂,其建成于1984年,特点是其相应的设备全部使用的是国产化设备,它的建成标志着我国可以自主地研发和生产环保工业化的设备,我国具有工业化生产的技术,我国的城市污水处理逐步进入规模化和工业化的生产道路。随后杭州四堡污水处理厂、广州大坦沙污水处理厂、无锡芦村污水处理厂相继建成,而且大部分采用了国产设备,唐山清源、扬州天雨、江苏一环、天津市政工程机械厂等环保设备制造企业都在这个时期发展起来。

② 1990~1996年进入环保设备发展低谷时期。虽然这个时期我国开工建设了大量的污水处理厂,但是这些污水处理厂中的90%都是采用国际贷款的形式,而国际上提供的这些贷款只能够用于购买国际上的先进设备,且不会提供我们先进的技术。这样的贷款一方面为我国的环保设备发展注入了新的活力,使得我们能够接触到国际先进设备,但是这些设备的价格比较昂贵,是我国环保设备价格的3~4倍,极大地提高了我国建造环保项目的成本,使得环保项目很多出现烂尾工程,很多企业负担不起高额的贷款和昂贵的设备。另一方面,这些引进的设备对我国的环保设备发展造成了极大的抑制作用,不管是政府还是企业都盲目地认为国外设备具有各种优越的性能。

③ 1997~2005年的复苏发展阶段。针对国内环保设备制造行业所面临的严峻形势,建设部于1997年提出了"加快城市污水集中处理行业发展及设备国产化"的专项报告,得到国务院主要领导的高度重视,专门对设备国产化问题做了重要批示。1998年以来,国家计委设立了包括污水处理设备在内的环保设备国产化专项,给予一定力度的国债支持;国家经贸委提供数百万元资金,用于12种关键设备的科研开发;科技部利用科技攻关滚动资金,继续支持污水处理设备的研究。与此同时,江苏、上海、天津、北京等城市积极支持大型企业进行环保设备开发,并相继建立以污水处理设备为主导产品的环保产业基地;国内各市政工程设计研究院也积极与国际知名公司合作,开发生产具有世界先进水平的污水处理关键设备;一批以股份制方式组建的工程公司开始进入设备承包市场。为了更好地推广使用国产设备,1999年,国家经贸委、建设部和原国家机械局三家联合,以廊坊市污水处理厂作为全国第一个城市污水处理设备国产化示范工程,通过这样的示范工程国家还相继出台了一系列

的政策,用于支持环保产业的发展,例如:为城市水处理集中设施建设提供贴息贷款或者减少部分设备的关税等。通过这些措施的刺激,我国引导和形成了一批具有相当实力的大型企业加入到了环保事业中,这些公司的雄厚资金为环保设备的研发和工业生产奠定了基础,使得我国的环保设备研发逐渐地转向精湛的技术研发,我国的污水处理设备制造业向规模化和成套设备逐渐过渡。

我国的城市污水处理率已经能够达到70%左右,但是从最新污水处理排放标准的角度来看,《城镇污水处理厂污染物排放标准》(GB 18918—2002)较《污水综合排放标准》(GB 8978—96)的系统性、完整性、可操作性均有较大程度的提高,该标准分四级,在实际工作中主要执行一级A类标准,提出了总氮的要求,对氨氮和磷的要求做了调整,明确地提出了卫生学的指标。但是在2002年之前设计和建造的污水处理厂基本没有脱氮除磷设备,而且这些污水处理厂大多已经建成运行,二期工程也已经完工。

④ 2006~2010年的盲目发展阶段。截止到2014年时,我国的污水处理厂已经达到了3 000座左右,其中城市污水处理厂达到1 000座,县镇乡污水处理厂达到2 000座,完成的固定资产已经达到上千亿元,但我国的这些污水处理厂有的在进行超负荷运行,有的还没有达到设计负荷的30%,很多污水处理厂的配套设施不齐全,运行经费不足,大多靠政府税务部门的直接拨款,且收费机制不够健全,很多处于亏本运行状态。由于此期间发展起来的污水处理厂大多采用的是投资运行机制,即让投资者进行收费管理,然后政府再接手,这就使得很多污水处理厂的监管和运行不当。近几年来,全国水污染事故频发,尤其是2007年无锡太湖水污染事故,更是造成了全国性的影响。

⑤ 2010年至今的蓬勃发展阶段。根据国家"十二五"全国城镇污水处理及再生利用设施建设规划,到2010年底全国设市城市污水处理率将达到77.5%,其中重点城市达到80%以上,地级市平均达到60%,县级市达到50%。设施建设超额完成"十一五"专项规化的要求。"十二五"期间,我国计划新增污水处理规模4 569万 m^3/d,升级改造污水处理规模2 611万 m^3/d,新建污水处理处置规模518万吨/年。国家通过一系列的科技攻关和重点支持项目来提高我国的环保工艺技术和环保设备的研发等,在国内外研究成果和实践经验的基础上,通过新工艺的研发应用、运行的优化调控、设施设备的改造和先进控制手段的采用,使示范工程在保证出水水质稳定达标的前提下实现能耗大幅度降低,形成系统的污水处理节能降耗技术,为全国污水处理厂的节能降耗及运营优化提供技术支撑。水专项项目就是专门为这方面的发展而设定的研究项目,该项目的实施为环保事业的蓬勃发展奠定了基础,使得我国不断地涌向出了一大批的水专家和水设备制造专业人士。水专项目标定位于为水环境改善、水体污染物减排和饮用水安全保障提供强有力的科技支撑,将水专项实施任务与国家重点污染治理工程和流域水污染治理规划有机衔接,与地方治污工作密切结合。该专项的实施必将对我国具有自主知识产权水污染治理设备的发展起到巨大的推动作用。2008年4月,国家环保总局被国务院升级为国家环境保护部。

2. 我国环保设备产业存在的问题

我国的环保事业发展较晚,这种发展与国民的意识和国内的工业水平息息相关。近几年,随着我国"科教兴国"等策略的实施,使得我国的工业化水平和相关的技术水平得到了较大程度的提高,使得环保事业的人才储备和技术都得到了较大程度的提高。但其与国外相比,仍然存在一些差距,主要表现在以下几个方面:

(1)产品技术水平较低。

产品技术水平低首先反映在技术性能指标上。目前我国大部分环保设备的技术性能指标较国外同类产品要低,如效率、精度、能耗、使用寿命、泄漏、噪声、可维修性、耐腐蚀、耐磨、耐高温等,有些指标与国外相比相差甚远。我国目前能够达到国际先进水平的技术只有4%左右,大多数的企业还是处于环保设备的制造阶段,没有形成较大的生产线,也没有注重环保设备技术的研发。约有20%的产品因性能太差必须淘汰;40%的环保产品需继续提高性能。产品水平长期偏低的最主要原因在于很多制造厂缺少高层次的科技人员和配套研发手段,没有掌握国际上同类产品的发展动态。

产品技术水平低其次体现在产品系列的技术含量上,目前环保装备初级产品仍占较大的比例,发展较快的主要是一些目前常用的、技术含量较低的设备,如旋风除尘器、刮吸泥机、格栅、曝气器、砂水分离器、阀门、闸门、鼓风机等。我国目前虽然能够通过一些合资的企业引进国外的先进技术,但是对于那些比较复杂、技术含量较高的设备仍然需要依靠进口,特别是一些脱硫脱硝等设备。

除此之外,由于我国环保设备专业技术人员的稀缺,使得我国一些重大领域所需的设备不能够自主研发,需要借助于国外的技术,对国外技术和设备形成了依赖性,缺乏技术研发创新机制。

(2)可靠性差。

环保设备和其他机电产品一样应该有足够的使用可靠性。由于我国自主生产的环保设备在很大程度上是依托国外相关设备的构造,再经过自主消化、研发和生产实践,逐步填补了国内空白并在此基础上不断发展壮大,因此在可靠性方面许多环保产品尚未过关。有些产品不断出现故障,1~2年后就要大修,3~4年后就可能报废,一些价值上百万元的大型环保产品没使用几年就成为一堆“废铁”,不仅给用户带来麻烦,对整个国民经济也造成了浪费。这些设备研发过程中涉及的材料等,我国目前还没有成套的加工设备,使得国内生产的设备大多是采用各种形式的配件进行装配,这就使得各零配件之间的磨合不适当,从而导致大量设备和资金的浪费,同时产品的性能也不稳定。一些企业虽然取得了产品质量认证证书,但质量标准化体系和质量保证体系不健全,缺乏可靠性考核指标。此外,作为一个发展中国家,在现阶段的环境污染治理工程项目建设过程中,是将追求新工艺、新设备放在突出地位,还是将技术与设备的适用性和可靠性放在突出地位,也应该慎重对待。

(3)外观差。

国内的设计观念与国外的设计观念不一样,国外注重设备的美学设计,先是设计出设备的外观,然后再进行内部的设计;而国内主要是先进行内部的构造,然后再将各部件综合在一起,没有考虑到设备的外观,这使得生产出来的设备不够细巧精致,而我国大部分环保设备企业还没有工业设计的概念。

(4)品种不丰富。

我国其实在一些零配件的加工方面品种是非常多的,但在一些成型和成套的设备研究方面还很少。我国的国策倾向于注重水污染的处理和研究,而对大气和固废的重视程度不够,这也使得我国在这些方面的设备研究和开发出现了极大的不均衡的情况。“重污水轻大气”具体表现在环境工程专业的学生在课程学习期间将绝大多数注意力放置在水污染控制领域,而在大气污染治理、固体废弃物处理与处置、物理性污染控制工程领域投入的精力相对较少,致使这些领域的高级工程技术人员相对匮乏。“重污水轻污泥”表现在污水处理工程项目的投资和建设重点主要集中在城市污水处理厂的建设上,未能对污泥处理与处置进行详细的规划和设计。从2003年开始,上海、北京、天津、重庆、广州、深圳、苏州等大城市都相继开始组织城市污泥处理处置专项规划的编制工作。

(5)设备标准没有起到相应作用。

我国的水处理标准主要是由中国市政工程华北设计研究所进行设计和规范,截止到2014年已经达到了130多项。除此之外,原国家环保总局、国家机械局、原化工部等部门也制定有相关的行业标准。如辐流式沉淀池刮(吸)泥机形式及技术要求等同于德国DIN标准,带式压滤机的试验方法和要求等同于日本JIS标准。但由于近十几年来,受到国外引进设备的影响,美国、英国、法国等国家提供的设备图纸及资料仍用英制,不用法定计量单位,使得引进设备的规格非常混乱。为了补充进口设备的不足,国内设备配套也要求按引进设备规格生产,这样就造成我国制定的行业标准得不到贯彻执行,形成了“有法不依、有令不行”的局面,这一点从国产环保设备的型号命名上就可以体现出来。而且我国目前有的环保产品生产没有相应的标准,使得生产出来的产品与整个工艺的配套设备不相适应,环保产品标准体系尚不完善,部分产品标准处于空白状态。

3. 我国环保设备的发展趋势

由于国家在“十一五”期间设定了相应的环保产业发展计划,使得我国每年注入环保产业的资金达到了5 000亿元左右,截止到2010年,我国的环保设备需求量已经达到了1 200亿元,年均增长率达到了17%。大气污染防治设备和水污染防治设备的投入占到了整个环保设备需求量的80%左右,其中的固体废物处理设备、噪声与振动控制设备和环保监测仪器只占环保设备总量的20%左右。也就是说,我国的环保设备发展极度不平衡。

国家发展和改革委员会于2007年4月30日发布了《当前国家鼓励发展的环保产业设备(产品)目录(2007年修订)》,共分水污染防治设备、大气污染防治设备、固体废物处置设备、综合利用设备、环境监测仪器仪表、噪声控制设备、环保材料与药剂等七大类,涉及曝气器、厌氧处理设备、脱氮设备、污泥脱水设备、除雾器、脱硫增压风机、有机废气净化装置、袋式除尘器、生物除臭装置等107种产品。预期环保装备制造业总产值到2020年将比2010年翻一番,环保装备制造业出口额到2020年力争突破20亿美元,并逐步由单机出口为主向单机出口与设备成套出口并举的方向发展。

随着一批实力较强的大中型企业受政策的鼓励逐步进入环保设备行业,可以预测环保设备领域的发展动向如下:

(1)新品种迅速增加。

由于我国战略的改变,通过一些优惠政策吸引和培养了一大批优秀的环保设备研究专业人才,同时与国际大型公司合作引进了一些先进的关键技术。在末端污染治理设备方面,通过产品先进设计制造技术、产品可靠性技术、轻量化设计和模块化技术,开发高效率、低能耗的新型水污染治理设备、空气污染治理设备、固体废物处理处置设备将会得到迅速发展,新品种不断增加。目前重点需要的产品将得到优先发展,如城市污水处理厂成套设备、难降解的工业有机废水处理设备、高浓度有机废水处理设备、燃煤烟气脱硫脱硝设备、城市生活垃圾处理成套设备、工业废渣综合利用成套设备等。

(2)发展污染治理和资源综合利用相结合的环保设备。

我国始终坚持废物处理“无害化、资源化、能源化”等政策,极力提高成套设备的研究技术。在消除污染源的前提下,将废物转化为有用的物质和能源加以利用。如废水处理后回用、垃圾堆肥用于农业、垃圾焚烧发电、农业和养殖业发酵生产沼气、工业废渣用作建筑材料等。

(3)推进环保设备的“标准化、系列化、成套化”。

发展产品成套技术、工程成套技术以及系统集成技术,实施零部件标准化、同类产品系列化、环境工程项目成套化,进一步提高产品的技术和质量水平,增加品种,降低生产成本,以增强对环境工程项目所需设备的成套供应能力。严谨、完善的环保产品标准体系是规范环保产品市场、提高环保产品质量、促进环保产品行业健康发展的必要基础。

(4)计算机的应用。

随着科技的不断发展,计算机在工业产品中的应用优势十分显著,我国加大了计算机在工艺产品上的应用,使其用于新设备的研究和生产中,将环保设备的加工与计算机自动化工程紧密结合。推广普及 PLC、DCS 等控制系统,使环保设备及仪表控制达到转换程序控制、连锁保护、信息传输、遥测遥控、数据处理、计算机控制以及自寻优故障诊断的水平。

第一篇　环境污染控制通用及配套设备

第1章　生物反应器设计基础

1.1　生物反应器化学计量基础学

化学计量是反应器设计的关键之一，它为反应过程中介质的使用提供合理设计和基本数据。反应器内发生的反应过程的产率可以根据质量守恒定律和能量守恒定律推导的公式进行计算，前者为化学计量法，后者为热力学法。

一般来说，反应器中发生的反应虽然有所不同，但最后都可以通过精确的质量和能量公式计算出相应的物质和反应程度。首先，生物反应器中的细胞为活细胞，反应过程中在不断地发生变化，并且对营养物质有一定的要求，使得反应非常复杂。除此之外，生物反应的途径也不一样，与反应器所处的环境有着密切的联系，反应过程往往伴随着生成代谢产物的反应，它受到众多环境因素的影响。因此，在利用质量及能量守恒定律时，它们之间的关系将变得更为复杂，必须加上对过程动力学的深入理解，才能很好地进行生物反应器的设计，而化学计量及热力学则可构成生物反应器、生化过程的上游与下游产物分离纯化之间的联系。

进行化学计算之前，必须先列出生化反应的方程。方程给出了单一碳源、氮源、氧以及生物量、产物生成（包括水和 CO_2）的关系式，细胞、基质、产物定义为采用单一碳源化学表达式，并认为只有一种产物，则化学平衡式可表示为

$$CH_mO_l+aNH_3+bO_2\longrightarrow Y_bCH_pO_nN_q(\text{生物量})+Y_pCH_rO_sH_t(\text{产物})+cH_2O+dCO_2$$

式中　Y_b、Y_p——生物量和产物的相对单位碳源量的产率，氮和氧的需求量分别用系数 a 和 b 表示，所产生的水和 CO_2 的系数分别为 c 和 d。

此时，假定只有一种碳源进入生化反应，则碳源的平衡式为

$$1=Y_b+Y_p+d \tag{1.1.1}$$

氮、氧、氢的平衡式分别为

$$a=qY_b+tY_p \tag{1.1.2}$$

$$1+2b=nY_b+sY_p+c+2d \tag{1.1.3}$$

$$m+3a=pY_b+rY_p+2c \tag{1.1.4}$$

这表明，如果知道得率，所需要的氨量和氧量以及所产生的 CO_2 和水都可由这些方程算出。同样，通过进气、排气和氮消耗量的测量有助于确定得率。

大量的证据显示，相对基质的得率与生长速率相关，这种关系与蛋白的变换、保持最佳的胞内 pH、抗衡通过细胞膜的泄露的主动运输、无用的循环及运动所需要的能量相关。一般来说生成能量的基质部分一些与生长相关，一些与生长无关，其主要是取决于当前系统中存在的生物量大小。其始终处于一种平衡的状态。

$$\frac{1}{Y_{xs}}=\frac{1}{Y_{xs}^{max}}+\frac{m_a}{\mu} \tag{1.1.5}$$

式中 Y_{xs}——生物量对基质的得率；

Y_{xs}^{max}——得率最大值；

m_a——维持系数；

μ——比生长速率。

根据以上方程可得到生物量对基质的得率随着反应速率的增加而增加，Y_{xs}是实验中观察到的细胞质量浓度增加值与基质质量浓度消耗值的比率，而 Y_{xs}^{max} 只是一个模型参数。同时，还有人提出了一种概括性的线性方程，表达具有产物产生情况的生物量生长，即

$$q_s=\frac{\mu}{Y_{xs}^{max}}+\frac{q_p}{Y_{xs}^{max}}+m_a \tag{1.1.6}$$

式中 q_p——产物比生成速率，指单位生物量在单位时间内合成产物的量，表示细胞合成产物的速率或者能力，也可作为判断微生物合成代谢产物的效率。

基质和氧消耗德尔线性方程是生物反应器设计的重要工具。在设计的过程中速率是进行人为预测的，而培养的过程得率系数的改变则是用比生长速率的函数得到的。

在以上方程中，如果不同生长阶段的定义是指培养进程中合成/分解代谢途径所发生的改变，则其化学计量也发生了相应的变化，而可能会出现不同的产物。一般情况需要化学计量数值不发生改变才能够进行精准的预测和计算。但尽管化学计量明显缺乏普遍性，但它在工业操作范围内表现得相当准确，因此从工程实际的观点看，它对反应器设计是非常有用的。

1.2 生物反应器的生物学基础

在进行生物反应器的设计和优化的过程中，必须首先确定生物量、基质以及产物浓度的改变速率、细胞生长、细胞数分布、产物合成、基质消耗等数据对运行情况的预报、控制及系统优化等。同时还需要对 pH、温度以及化学成分等对系统动力学的影响进行分析。在一些情况下，这种分析可以利用简单的模型完成。但在一些比较复杂的情况下，还需要采用结构模型和隔离模型。在通过诱导和抑制描述酶合成时就是这种情况，建立详细的代谢途径模型可用于克服代谢的瓶颈，建立重组细胞的模型解释质粒稳定性，建立哺乳动物细胞的模型区分细胞总数中的活细胞数，甚至可以建立细胞分布模型解释培养过程中的产物分布，建立植物细胞培养模型报告细胞存活率及其对二次代谢物产生的影响。

1.2.1 细胞学动力学

在环境工程设备中，各反应器中生物都是由细胞的活动所驱动的，反应器中的生化反应也就自然与细胞的生长速率和其他的生长速率有着密切的关系。

细胞在分批间歇式培养的过程中,其生长过程主要分为 5 个时期,分别为适应期、指数期、减速期、平衡期、死亡期。图 1.2.1 为典型的细菌生长曲线。

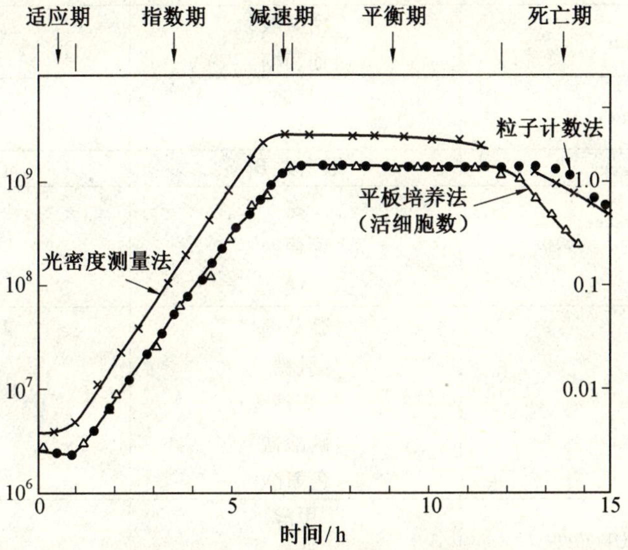

图 1.2.1　典型的细菌生长曲线

此曲线分别比较了光密度测量法、粒子计数法及平板培养法的观察结果,该图揭示了不同测量方法得到的生物量增加量有所不同。曲线描述了一个既没有产物抑制也没有传递抑制的细菌培养过程记录。但实际上抑制是存在的,前一种抑制方式是因产物浓度对生长率产生的抑制,后一种抑制方式则是由传递现象产生的抑制,如由必需基质耗尽导致的抑制,生长率随着限制基质的减少而降低,当这种营养物质耗尽,细胞将转向利用另一种可能的营养物质(如碳源),直至所有有用的营养物质被全部耗尽,生长将完全停止。

1.2.2　生长动力学方程

1. 无抑制的细胞生长动力学——Monod 方程

早在 1942 年 Monod 就指出,在培养基中无抑制剂存在时,如果生长速率由于基质的耗尽而出现下降,则细胞的比生长速率与限制性基质质量浓度的关系为

$$\mu=\mu_{max}S/(K_s+S) \tag{1.2.1}$$

式中　μ_{max}——在特定基质下最大比生长速率;

S——液体主流中基质浓度;

K_s——饱和系数,其值为系统比生长速率达到最大值的一半,mg/L。

此方程被广泛地应用于大量的场合,但是此方程只适用于单一基质。也就是说除了一种生长限制基质外,其他的营养物质都是过量,都不会对微生物的生长造成伤害。这个方程是一种半经验式的方程,实际上饱和系数的值非常小,表 1.2.1 为部分微生物在不同基质下的饱和系数。

表 1.2.1　不同基质条件下的 Monod 模型 K_s 值

微生物名称	基质	$K_s/(mg \cdot L^{-1})$
Aspergius	精氨酸	0.5
	葡萄糖	5.0
Candida	甘油	4.5
	氧	0.45
Cryptococcus	维生素 B_1	1.4×10^{-7}
Aerobacter aerogenes	氨	0.1
	葡萄糖	1.0
	镁	0.6
E. coli	葡萄糖	2.0~4.0
	乳糖	20.0
	甘露糖醇	2.0
	磷酸盐	1.6
	色氨酸	0.001
Hansenula polymorpha	甲醇	120.0
	核糖	3.0

另一方面，基质抑制现象可以在纯质量传递过程中看到。限制基质从液体主流流向细胞的流速 N_s 为

$$N_s = k_L(S - S_c) \tag{1.2.2}$$

式中　k_L——细胞消耗基质时的质量传递系数，m/h；

S——液体主流中基质质量浓度，kg/m^3；

S_c——细胞表面的基质质量浓度，kg/m^3。

由于细胞壁上的基质质量浓度是未知的，如果假设它远小于液体主流的基质质量浓度，即 $S \gg S_c$，则得到

$$K_s = \frac{\mu_{max}}{6Y_{xs}k_L/(\rho_c d_c)} \tag{1.2.3}$$

式中　Y_{xs}——基质质量浓度为 S 时的生物量速率；

ρ_c——细胞密度，kg/m^3；

d_c——细胞的特征直径，m。

通过方程(1.2.3)可以对饱和系数进行预测，也可以对物理特征改变对系统的影响做出分析，这样就极大地减少了动力学表达式的计算工作，也减少了数据的统计工作，因为这个方程只需要一个更多经验得到的值即可，那就是在特定基质下最大比生长速率(μ_{max})。

2. 其他生物动力学方程

Monod 方程只是简单地描述了在生长慢、细胞浓度低情况下的基质限制生长。在这种环境下，生长率简单地与 S 相关。在高细胞数水平下，有毒代谢产物变得更重要。除 Monod 方程外，有其他几种方程可用于描述基质限制生长。如 Blackman 方程、Tessier 方程、Moser 方程和 Contoi 方程。在有毒有害代谢产物积累时，很多的产物抑制模型都可以用于生物动力学的描述。但有一个半经验的逻辑方程应用比较广泛，即

$$r_x = kX(1 - X/X_{max}) \tag{1.2.4}$$

式中　r_x——反应速率；

k——常数。

在生物反应器中丝状微生物在悬浮培养的时候进反应器会形成一些小球状态，而这些小球的内部会受到营养基质的抑制作用，因为物质扩散到内部的速率很慢。因此，霉菌的生长模型经常会形成一些大颗粒，这种生长通常是一个复杂的过程，它包括生长动力学、营养的扩散和有毒的代谢副产物。而对于单独生长于液体培养基中的菌落，这些复杂过程的部分可以被忽略。对于霉菌生长的方程，尤其是深层发酵的球状颗粒方面，有很多文献都做过较详细的分析。

3. 多基质时的生长动力学方程

一般来说，微生物可以在不同的环境中生长，也就是说其可以在不同的基质中进行生长，但是在整个过程中会出现微生物的多种生长现象，这几种基质微生物一般不会同时被利用，而是先利用一些利于利用的基质，随后再逐渐利用一些不易被利用的基质。如果这些反应中的每一个的动力学行为都可以用以前所提到过的其中一个单一基质的动力学方程描述，则最简单的近似式就是一个通用表达式$F(S_i)$，当某一特定基质成为限制基质时，通用式将分解为适用于该特定基质 S_i 的式子。

当营养物质不做任何改变时，本来存在的不同的基质中一个变成限制因素后，比生长速率不会发生改变，这就相当于好几个 Monod 表达式的乘积。

1.2.3　产物形成动力学方程

代谢产物和蛋白质释放到生长培养基中会逐渐地使代谢产物在培养基中进行富集，条件和培养机制的不同会使得最终释放到培养基中的代谢产物成分以及代谢产物的浓度发生不同的变化，但是这些代谢产物大致可以分为以下 4 大类：

(1)主要产物是能量代谢的结果，例如在酵母厌氧生长过程中的酒精合成(Gaden 分类Ⅰ型)。

(2)主要产物是能量代谢的间接结果，如霉菌好气生长过程中柠檬酸的合成和细胞中 PHB(聚羟基丁酸酯)的胞内积累(Gaden 分类Ⅱ型)。

(3)产物是二次代谢物，如霉菌好气发酵中青霉素的生产(Gaden 分类Ⅲ型)。

(4)产物是胞内或胞外蛋白，可以受到诱导和分解代谢抑制调节，如酶合成。

这 4 种细胞产物的合成动力学可以分为两大类，一类是产物合成在生长过程中出现，另一类是产物合成在细胞生长完成后出现，下面给出这两大类情况下的动力学计算方式。

第一种情况也称之为偶联型，其动力学方程为

$$dC/dt = a dX/dt \tag{1.2.5}$$

$$q_p = a\mu \tag{1.2.6}$$

式中　C——产物浓度；

a——系数；

q_p——产物比生成速率。

这种动力学方程的产物在生长过程中出现，且主要是各种代谢产物中的第Ⅰ类和第Ⅳ类。

另一种情况称之为非生长偶联型，其动力学方程为

$$dC/dt=\beta X \tag{1.2.7}$$

$$q_p=\beta \tag{1.2.8}$$

但是,在实际情况下,这些方程都没有能够反映出产物合成过程既不是在生长过程出现,也不是在生长之后出现的情况。

1.2.4　高浓度基质以及产物的抑制动力学

在生物反应器中,如果基质的浓度过高,可能会抑制生长以及产物的合成,这就使得在进行微生物培养的过程中,特别是污泥的驯化时,要逐步增大基质的浓度,不然会对整个系统的工作效率造成抑制作用。如果以葡萄糖作为碳源,则通常发酵开始时的浓度不大于150 g/L,如果大于350 g/L则使大部分微生物不能生长,这是由于渗透性作用导致细胞脱水所致,这种现象称为基质抑制。有很多方程描述这种现象,并有综述概括。最重要的是以下两个基质抑制方程。

非竞争性抑制:

$$\mu=\mu_{max}/[(1+k_s/S)(1+S/k_1)] \tag{1.2.9}$$

竞争性抑制:

$$\mu=\mu_{max}S/[k_s(1+S/k_1)+S] \tag{1.2.10}$$

式中　k_1——基质抑制常数,在竞争性抑制和非竞争性抑制时是不同的。

根据已有的理论进行分析得到,代谢产物在高浓度下受到抑制作用是很正常的,这些抑制作用不但影响到生长速率,还影响到代谢产物的成分和浓度。

1.2.5　环境因素对生长及代谢的影响

微生物在生物反应器中生长和繁殖的过程中,其产物形成动力学受到多种因素的影响,在进行反应器的设计时,不但要单独考虑每种影响因素对系统的影响效果,还需要综合考虑各种因素结合在一起对系统的影响。一般情况下,温度是影响细胞特性的关键因素。生物反应器中所采用的大部分微生物是中温菌(20 ℃<T<50 ℃),有些也可能是嗜冷菌(T<20 ℃)或嗜热菌(T>50 ℃)。

根据大量的试验得到,当温度向最适温度方向增加时,每增高10 ℃,生长率大约增加1倍。当超过最适温度后,生长率下降,随后出现热死。从而得到净增长率方程为

$$dX/dt=(\mu-k_d)X \tag{1.2.11}$$

式中　μ——比生长速率,s^{-1};

　　k_d——微生物的衰减系数,s^{-1}。

pH对微生物的影响主要是改变了微生物表面的电荷关系,从而使得微生物对物质的吸收和亲和力受到抑制作用。同时,pH也可能改变微生物生长的环境,使得其不适合微生物的生长。对大多数微生物来说,可接受的pH范围可以是围绕最佳值变化1~2单位(总的pH变化范围达3~4个单位)。在某些情况下,生长的最适pH与产物形成时的pH是不同的(如酸合成)。哺乳动物细胞则对pH的变化非常敏感。不同细胞的最适pH见表1.2.2。

表1.2.2　不同细胞的最适 pH

细胞	pH 范围	细胞	pH 范围
细菌	4～8	植物细胞	5～6
酵母	3～6	动物细胞	6.5～7.5

有时细菌可以在 pH 低至3的环境下生长，但这是一种特殊情况，它们通常可以运行较长时间而不被污染，因为可以污染它们的微生物极少。在反应中 pH 可能是随时变化的，这通常取决于基质的特性，尤其是其中的氮源。常用的氮源是氨，随着反应的进行，氨被细胞利用，pH 将下降。反应过程的 pH 控制可解决这一问题。但是，对于大的反应器来说，在整个反应过程中将产生较大的 pH 梯度。

1.3　生物反应器的质量传递

质量传递在选择反应器形式、悬浮或固定化细胞和操作参数中起决定性的作用，并将直接或间接影响传递过程中上下各步骤以及系统周期性单元设计的很多方面。

微生物在生物反应器中的活动使得生物量发生变化并得到相应的结果，整个过程与质量传递和微生物的产能息息相关。在普通气-液反应器中，低溶解度气体传递是最明显的问题，这是由于基质连续供给的需要，否则液体中这种气体将瞬间耗尽，变为限制反应速率的反应物。对于好氧生化过程，氧的供给已成为关键问题，供氧速率通常被认为是在生物反应器的选择和设计中的主要问题。

物质的传递可掩饰物质转化的真实速率，这时得到的速率一般为总速率，或者称为宏观动力学。在生物反应器中发生着多种复杂的反应，每一个单一的反应是很难被观察和跟踪的，即使是非常完美的数学模型也只能起到一个预测的作用，不能够精确地进行计算。实际上，人们在研究时只对细胞水平上的速率感兴趣，包括细胞核环境发生的运输现象。可以简单总结为气-液相之间的传递和液相与微生物之间的传递两个过程。当细胞发生凝聚时，热和质量的传递必须首先从液体传至凝聚物，然后传至凝聚物内。

1.3.1　气-液质量传递

人们经常将实验室得到的数据用于实际的生物反应器的设计，而此时对整个设计最重要的参数就是质量传递比速率，它是指单位浓度下，单位时间、单位界面面积所吸收的气体。体积质量传递系数由两项因素决定：①质量传递系数 k_L，取决于流体的物理特性和靠近流体表面的流体动力学；②通过反应器单位有效体积的气泡面积 A。界面面积是一个集总参数，不能定义在一点上。另一方面，质量传递系数实际上是基质的质量通量 N_s 与推动这一现象的浓度梯度（浓度差）之间的比例因子：

$$N_s = k_L(S_1 - S_2) \tag{1.3.1}$$

式中　S_1、S_2——两个质量传递之间的基质浓度，在实际反应器中，有可能同时共存较宽范围的梯度值，因此，必须选择代表整个反应器的值。

由此可见，质量传递系数的值取决于采用的浓度。这就意味着确定它是代表反应器的流体动力学模型。缺乏对这一事实的认识有时是在著作里发现的错误数据的原因，它们采用错误的驱动力计算质量传递系数。最常见的错误是简化计算，在没有保证假设有效的条件下假设混合完全均匀。

气-液体系中氧的传递在好氧培养时极为重要。一般来说，微生物反应比化学反应的时间要长，有用物质的生产成本占运行成本的大部分，此部分成本主要消耗在给微生物反应提供必需的氧气，包括气体的通入和搅拌等部分。实际上微生物能利用的氧气量和向反应器中通入的空气中的氧气量相比是非常低的（大多数情况下低于20%）。因此，大部分氧气是无法被利用的。以上的事实说明，对于好氧微生物反应来说，氧气的传质是非常重要的。

对于氧气的传质主要是研究氧气的溶解度，氧气的溶解度与所处的环境密切相关，与氧气所占的分压以及环境的温度等都有关。一般对氧的传递主要是考虑氧气的利用速率和氧气的消耗速率。而氧的吸收（*OUR*）和消耗（*OCR*）关系可由下式计算：

$$OUR(OCR)=r_{O_2}=q_{O_2}\chi \tag{1.3.2}$$

式中 r_{O_2}——摄氧率，单位时间内单位体积的物质所需的氧量，mmol/(L·h)；

q_{O_2}——呼吸强度，单位时间内单位质量的干细胞所消耗的氧气，g/(g·h)；

χ——细胞质量浓度，单位体积的干细胞质量，g/L。

分批式操作中，因为 q_{O_2} 和 χ 是随时间而变化的，所以 r_{O_2} 是时间的函数。一般来说，r_{O_2} 在对数生长期后期达到最大。q_{O_2} 数值的大小随使用菌株和培养条件的变化而变化，但一般在0.05～0.5 g/(g·h)。考虑满足这些需要的反应器的设计及操作条件的确定，以及氧气供应速率等工程方面需要考虑的问题。微生物反应体系中，气-液界面附近的氧气消耗作用较小，可以认为氧气首先以物理吸收为主，然后在液相主体被消耗。这样氧气依次经过从气泡本身→气膜→液膜→液相主体→微生物细胞外膜→微生物细胞内的生化反应这几个阶段。另外，在传递过程中，气泡周围的液膜阻力占支配地位。因此，培养体系的氧（*OAR* 的吸收速率）表示为

$$OAR=k_LA\{[DO]^*-[DO]\} \tag{1.3.3}$$

在实际的操作过程中，氧的吸收和消耗速率可由下式计算得到：

$$d[DO]/dt=OAR-OUR=k_LA\{[DO]^*-[DO]\}-q_{O_2}\chi \tag{1.3.4}$$

一般情况下溶解氧处于稳定状态，即 $d[DO]/dt=0$，另外 $[DO]$ 降到0时，如果设定 χ_{st} 为稳态的细胞质量浓度，$[DO]_{cri}$ 为临界溶解氧质量浓度，所需的 k_LA 可由下式计算得到：

$$k_LA=q_{O_2}\chi_{st}/\{[DO]^*-[DO]_{cri}\} \tag{1.3.5}$$

k_LA 数据可从文献中得到，但必须慎重使用基于有限实验数据的结论。所涉及的设备与原来的试验系统的系统结构以及物理参数越接近，设备的设计才会越安全。

1.3.2 机械搅拌生物反应器的质量传递

质量在传递的过程中取决于系统的能量摄入，这些能量通过剪切作用的形式表现出来，从而使得大气泡被打碎，产生小气泡，从而增大传质的过程，增大了表面积。由于能量可通过搅拌的做功形式和通气方式进入系统，因此可用下式表示：

$$k_LA=A_1(P_i/V_L)^{\alpha}(J_G)^{\beta} \tag{1.3.6}$$

式中 P_i——输入功率；

V_L——液体体积；

J_G——气体的空塔速率；

A_1——系数；

α、β——常数，取决于系统的几何尺寸和液体的流变学特性。

高黏度流体的合理通气是非常困难的，在这些情况下需要多叶片搅拌器及特殊设计的搅拌叶。

1.3.3　气体搅拌生物反应器的质量传递

1. 鼓泡塔

从结构及操作的观点看，鼓泡塔是最简单的一种反应器，属于气体搅拌反应器的范围。它是一种简单的容器，容器内气体喷入液体中，没有运动部件，容器内物料搅拌所需要的所有能量及培养所需要的氧均由喷入容器中的气体（通常为空气）提供。

但由于存在剪切力的作用，因此如果气体的充气量过大，速率太快就会对细胞造成伤害，特别是对于污泥来说，气流过大可能会使得形成的絮凝体被冲散，从而导致系统的整体处理效果下降。在大规模生产中，鼓泡反应器的结构及操作简单等优点引起了人们的极大关注。因此，鼓泡塔在化学及生化工业中都占有重要的位置。

2. 气升式反应器

气升式反应器给大规模生化过程提供了一些好处，尤其对动、植物细胞培养，原因在于气升式反应器与传统生物反应器在流体动力学方面的差别。传统情况下液体运行方式是集中在了一个点上，这样会在反应器内部形成紊流，还可能使得反应器内部的循环不够充分。而气升式反应器不存在这种高能耗散率的点，因此剪切力场均匀得多。在生物反应器中运动的细胞或凝聚细胞不必忍受强烈的改变，流体流动具有主导作用。所以设备的几何设计尤其重要，特别是底部间隙（它代表反应器底部的流动阻力）以及气体分布器的设计对质量传递速率具有很大的影响，内循环气升式反应器各种因素的关系式如下：

$$k_L A = 1.911\times10^{-4}(J_G)_r^{0.525}(1+A_d/A_r)^{-0.853}\mu^{-0.89} \tag{1.3.7}$$

式中　$(J_G)_r$——反应器的气体空塔速率；

μ——液体黏度。

1.3.4　液体-微生物之间的质量传递

细胞之间的扩散主要是通过细胞表面的边界层进行的，目前解决液体-微生物之间传递的过程主要是弄清楚关键的过程是发生在细胞内还是细胞外。Rotem 等研究了黏度对单细胞红藻 *Porphyridiumsp*. 生长速率的影响。将藻放在含有本身细胞壁多糖的可溶性成分培养基中培养，随着培养基中多糖浓度的增加，藻生长速率和最大细胞数相应减少。增加多糖浓度会抑制细胞的 C 源消耗速率，从而抑制光合成。试管培养试验结果显示，对硝酸盐、碳酸氢盐、磷酸盐和钠的质量传递系数随着多糖浓度的增加而减小。可得出如下结论：生长速率的减小是由于营养传递受到高浓度多糖阻碍所致。

1.3.5　微生物活性对质量传递的增强作用

由于在反应器中不断地发生化学反应，使得气体浓度不断改变，气体吸收率也发生改变。这种变化的过程可用一个简单的模型——膜模型来抽象研究。

氧被吸收到发酵液中,类似于气体被吸收到液体中,它与悬浮的小颗粒发生反应。由于氧在气-液界面扩散时被消耗,因此氧的吸收速率被增强。试验表明,在表面通气搅拌罐中氧的吸收率高于物理吸收的预期值。这种现象可以用所观察到的气-液界面附近微生物的积聚进行解释。

除此之外,微生物的作用对传递也有一定的影响作用,尤其是当表面的浓度远大于主体内的浓度时。另一方面,在传统的通气罐、搅拌罐或鼓泡塔中,质量传递系数相对较高,则微生物所消耗的氧对氧的传递速率不会产生加强。

1.3.6　粒子间的质量传递作用

有的时候微生物并不是完全自由地悬浮在液体中,而是形成一些絮凝体,也类似于颗粒微生物,而此时的质量传递过程较快,但整个过程相当于简单的传递过程增加了一个步骤。除了要穿越环绕粒子周围的液体边界层以外,扩散基质必须从外表面传送到生物转化实际发生的地方,这就意味着基质必须经过长而曲折的路程才能到达位于粒子中心的细胞处发生作用。扩散限制对所需要的生物催化剂量的影响已是众所周知,这种现象已长时间受到观察和分析。另一方面,扩散限制可以被过程设计者用作人工控制的手段。作为固定化的结果,酶的操作稳定性可以补偿甚至超过粒子间扩散的有害方面。在受到保护的絮团、颗粒或酶支持物内部,pH 和温度的波动也将变缓。

在进行反应器的设计时要考虑到这种凝聚物的内部其实是一种厌氧的状态,这种状态与传统的传质过程不同,它将这种状态视为有利的作用,经过好氧的作用后,再经过厌氧的过程会使得整个过程得到强化,因此可将粒子内扩散而引起的附加限制视为有利因素。尽管如此,大部分情况下,设计者均是以消除粒子间扩散的有害影响为目标。

1.4　生物反应器的热量传递

细胞在进行活动时会释放出能量,这部分能量一部分用于物质的合成,另一部分用作呼吸作用,提供机体运动所需要的能量。细胞活动热的释放与生物反应的化学计量之间存在着紧密的关系。图 1.4.1 显示了一个好气发酵过程和简单基质消耗的能量平衡。生长及维持所需要的能量来源于基质的氧化。物质的氧化总伴随着电子的转移,伴随着能量释放所进行的电子转移称为“有效电子转移”,氧化过程中每分子氧可以接受 4 个电子。

搅拌发酵罐中的热量传递可用化学反应器设计的方程进行计算。通气过程中由于气泡的存在,大多数情况下会产生高的湍流,不会使这些装置中热传递速率发生很大改变。鼓泡塔中的热传递速率远大于单相流所期望的速率。这是由鼓泡塔中的流动特性,即气泡驱动的湍流和液体的再循环所造成的。对于气升式反应器,其流动状态类似于鼓泡塔,如果内部再循环度高,或者较接近管道中的净两相流状态,则建议采用管道传热方程进行计算。

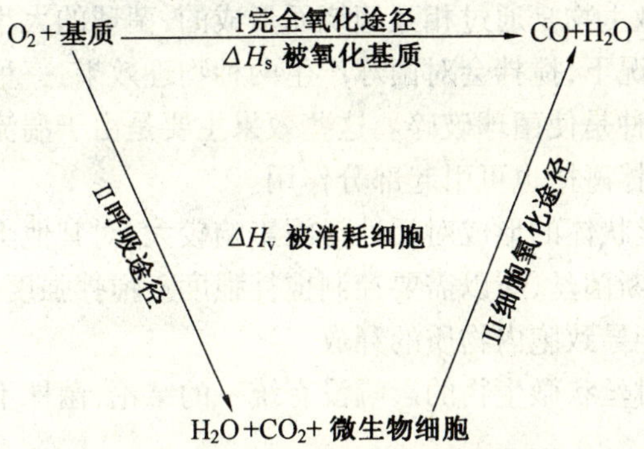

图 1.4.1　基质消耗过程中的热平衡

1.5　生物反应器的剪切力问题

大容器中质量和热量的传递遵从对流机制，并通常与湍动涡流有关，因此，剪切流在反应器中经常存在。习惯上认为过度剪切作用会损伤悬浮细胞，导致活力损失，对于易碎细胞甚至会出现破裂。不单是动物细胞培养，扩展到植物细胞培养也一样，甚至微生物培养也会受到剪切作用的影响。但在某些情况下，可发现在一定限制范围内的剪切力具有很多正面影响，这些正面影响可能是由于热和质量传递速率的增强而引起的。剪切力本身有时对培养生长速率及代谢物产率具有有益的影响。对于给定的一个反应器设计，黏度和动力输入将决定流动方式，它将影响反应器在微观规模及宏观规模下的性能。

1.5.1　剪切力对微生物的影响

1. 细菌

一般情况下，由于细菌的体积较小，因此细菌对剪切力的作用不是很敏感。除此之外，由于细菌具有细胞壁的原因，导致其能够抵御一定的外部冲击。但也有细菌受剪切力影响的报道，如在同心圆中受剪切作用的大肠杆菌(*E. coli*)细胞长度会增加。由于搅拌的剪切作用，曾观察到细胞体积的变化。

2. 酵母

酵母比细菌大，一般为 5 μm，但比常见的湍流旋涡长度仍要小。酵母细胞壁较厚，具有一定剪切抗性，但是酵母通过出芽繁殖或裂殖会产生疤点，其出芽点及疤点是细胞壁的薄弱处。有报道证明酵母出芽繁殖受到机械搅拌的影响。

3. 丝状微生物

丝状微生物虽然对活性污泥的影响较大，但是丝状微生物也具有较多的功能作用，在工业上特别是抗生素生产中应用广泛。在深层浸没培养中，丝状微生物可形成两种特别的颗粒，即自由丝状颗粒和球状颗粒。在自由丝状形式下，菌丝的缠绕导致发酵液的高黏度及拟塑性，这样就导致发酵液中混合和传质(包括氧传递)非常困难。为增强混合和传质，需要强烈的搅拌，但高速搅拌产生的剪切力会打断菌丝，造成机械损伤。如果菌丝形成球状，则发酵液中黏度较低，混合和传质比较容易，但菌球中心的菌可能因为供氧困难而缺氧死亡。

①球状形式:这种微生物是通过相互缠绕而形成的,菌球的大小取决于菌球形成以及后续的搅拌强度。一般情况下,搅拌会对菌球产生两种物理效果:一种是搅拌削去菌球外围的菌膜,减小粒径;另外一种是使菌球破碎。这些效果主要是由于湍流旋涡剪切引起的。另外菌球间碰撞及菌球与搅拌碰撞也可引起部分作用。

②自由丝状形式:丝状体的形成对活性污泥影响较大,对其他生物的繁殖也有较大的抑制作用。由于剪切会打断菌丝,所以需要控制搅拌强度。搅拌强度会对菌丝形态、生长和产物生成造成影响,还可能导致胞内物质的释放。

到目前为止,剪切对丝状微生物的影响没有统一的结论,菌株不同,剪切的影响也不同。

1.5.2　剪切力对动物细胞的影响

目前利用动物细胞进行的应用越来越多,利用动物细胞可以生产出许多有价值的药物,从而改变了以前靠大量提取的状态。同时,利用动物细胞也可以加强污水处理后的效果,如加强后生动物的培养等都可以起到相应的效果。

但是,动物细胞对剪切作用非常敏感。因为动物细胞尺寸相对较大,一般为 10 ~ 100 μm,并且没有坚固的细胞壁而只有一层脆弱的细胞膜。因此,对剪切力敏感成为动物细胞大规模培养的一个重要问题。

1.5.3　剪切力对酶反应的影响

在环境工程设备中发生的反应实际上都涉及了酶反应,因此保持酶的活性,提高酶的处理效果对最后的工艺效率有着密切的联系。研究剪切对过氧化氢酶活力的影响,结果表明,酶的残存活力随剪切作用时间与剪切力乘积增大而减小。

在膜分离式的酶解反应器中,葡萄糖淀粉酶失活随叶轮叶尖速度增大而加快。在同样搅拌剪切时间下,酶活力的丢失与叶轮叶尖速度是一种线性关系。在同样条件下,凹槽叶轮搅拌引起酶失活最大,刮力叶轮次之,平板叶轮搅拌引起的酶失活最小,这与搅拌造成的流体剪切程度相符。

1.5.4　生物反应器中剪切力的比较

剪切力在生物反应器中产生的大小主要表现在两个方面:一是通入的气体的气泡的大小和气泡的流速;二是生物反应器内部的搅拌作用、叶片的大小等因素。

以微孔金属丝网作为空气分布器的三叶螺旋桨反应器(MRP)能提供较小的剪切力和良好的供氧,优于六平叶蜗轮桨反应器;离心式叶轮反应器具有较高的升液能力,较短混合时间,在高浓度下具有高得多的溶解氧系数,有应用于剪切力敏感的生物系统的巨大潜力。方框形桨式搅拌、蝶形蜗轮搅拌等不同形式的机械搅拌罐用于植物细胞培养的生产和研究,结果证明不同叶轮产生剪切力大小顺序为蜗轮状叶轮>平叶轮>螺旋状叶轮。

非搅拌式反应器所产生的剪切力较小,因为反应器内部缺少使得泥水充分混合的动力,且这种搅拌器的结构比较简单,主要是依靠气体的作用来达到泥水混合的目的,常用的反应器有鼓泡式反应器、气升式反应器和转鼓式反应器等。气升式反应器中无机械搅拌,剪切力相对低,广泛应用于植物细胞培养的研究和生产。气升式反应器用于多种植物细胞悬浮培养或固定化细胞培养,但其操作弹性较小。低气速时,尤其高径比(H/D)大、高密度培养时,混合性能欠佳。过量供气,过高的氧浓度反而会影响细胞的生长和次生代谢产物的合成。

目前,随着科技的不断进步,新型的生物反应器不断涌现,新的环境处理工艺也不断地出现,但这些反应器中都会涉及剪切力的作用,只是工程师们更多地考虑到了剪切力对于细胞和系统的影响。如用新型环回式流化床反应器进行处理时,消除了气体直接喷射引起的剪切力;用固定床反应器时,生长速率与摇瓶相同,胞内合成与摇瓶无明显区别;进行固定化培养系统,避免了传统搅拌罐悬浮培养中的流体流动力或剪切力问题,并促进植物细胞凝聚的特性,使次级代谢产物合成和积累增加;用植物细胞膜反应器将细胞固定在膜上 3 mm 厚膜层,培养基在膜下封闭回路循环流动,营养透过膜扩散至细胞层,次级代谢物分泌透过膜扩散至培养基等。

思考与练习

1. Monod 方程是用于描述细胞生长的数学模型,其表达式及各个参数的意义是什么?应用前提条件是什么?

2. pH 对微生物的生长及代谢有哪些影响?

3. 气液传质过程中,氧从气相到微生物细胞内部的传递步骤有哪些?

4. 常用的描述氧传递的模型有哪三种?

5. 请简述剪切力对于微生物培养过程的影响关系? 包括细菌、酵母、丝状微生物。

6. 请简述剪切力对酶反应的影响关系?

第2章 环境工程中的检测及控制设备

2.1 生化过程主要检测的参变量

在环保产业的生产过程中，需要对不同的指标进行检测，检测之前我们需要设定相应的指标，因此就需要确定出所检测的指标的最佳范围，以便进行检测时能够及时地出现预警。

(1)温度。

不管生物细胞或是酶催化的生物反应，反应温度都是最重要的影响因素。不同的生物细胞，均有最佳的生长温度和产物生成速度，而酶也有最适的催化温度，所以必须使反应体系控制在最佳的微生物反应温度范围。

(2)液面。

在环境工程中，特别是在污水处理的过程中，构筑物反应器中的液面对于系统的运行起到了重要的作用，只有液面在合适的范围内才能够使得系统正常运行，如果液面过低可能无法出水，如果液面过高可能会使得出水出现浑浊的现象。因此维持液面在一定的高度并且使得液面保持恒定非常重要。

(3)泡沫高度。

在环境工程的处理过程中，经常会有由于水流或者厌氧发酵的情况出现泡沫的现象，如果泡沫的强度过高，使得液面被覆盖，而影响氧气的传质过程，则会使得系统的处理效果受到极大影响。并且还可能使得很多的物料随着泡沫的流出而溢出，故对反应器内泡沫高度的检测是相当重要的。

(4)进水流入。

对生物处理的连续操作或流加操作过程，均需连续或间歇往反应器中加入新的废水或者废料等，且要控制加入量和加入速度，以实现优化的连续操作，获得最大的系统反应速率和生产效率。

(5)通气量。

不论是液体深层通风或是流化通气反应，均要连续(或间歇)往反应器中通入大量的无菌空气。为达到预期的混合效果和溶氧速率，对固体流化状态还有控制温度、pH等，必须控制工艺规程确定的通气量。当然，过高的通气量会引起泡沫增多、水分损失太大以及通风能耗上升等不良影响，故此必须检测控制通风过程的通风量。

(6)搅拌转速与搅拌功率。

对于生物反应器来说，搅拌对其的作用非常大，不管是通过气体搅拌还是通过机械搅拌，都可以使得泥水充分地混合，从而增大整个反应器的质量传递过程，加大各物质各相的接触机会，从而促使反应能够很好地进行。反应器良好运行与搅拌转速和混合液的混合状态、溶氧速率、物质传递等有重要关系，同时这些因素影响生物细胞的生长、产物的生成、搅拌功率消耗等。对某一确定的反应器，当通气量一定时，搅拌转速升高，其溶氧速率增大，消耗的搅拌功率也越大。在完全湍流的条件下，搅拌功率与搅拌速度的三次方成正比。此外，某些生物细胞如动植物细胞、丝状菌等对搅拌剪切力较敏感，故搅拌转速和搅拌叶尖线速度有其临界上限范围。故此，测量和控制搅拌转速具有重要意义。

(7)pH。

pH在反应器中的作用非常巨大，如果pH不能够满足微生物生长的范围就会使得系统在处理后达不到理想的效果。在环境工程的处理过程中，由于每个工艺存在不同的生物化学反应，且每个阶段的微生物群体不一样，使得整个系统中存在不同的pH。因此，生物反应生产对pH的检测控制极其重要。

(8)溶氧浓度和氧化还原电位。

好氧过程中，液体培养基中均需维持一定水平的溶解氧，以满足生物细胞呼吸、生长及代谢需要。在通气深层液体处理过程中，溶解氧水平和溶氧效率往往是生产水平和技术经济指标的重要影响因素，对生物反应系统即培养液中的溶氧浓度必须测定和控制。此外，生物处理过程溶解氧还可以作为判断是否受到杂菌或丝状体的影响，若溶氧浓度变化异常，则提示处理系统出现其他细菌的大量繁殖或其他问题。对一些缺氧性好氧生物只需很低的溶解氧水平，过高或过低都会影响生产效率。这样低的溶氧浓度使用目前的溶氧电极是无法测定的，故使用氧化还原电位计(ORP仪)来确定微小的溶氧值。

2.2　生化过程常用检测方法和仪器

2.2.1　检测方法及仪器

目前，环境工程处理过程中使用的检测设备分为在线检测和离线检测两种类型，前者是仪器的电极等可直接与反应器内的培养基接触或可连续从反应器中取样进行分析测定，如反应器中的溶氧浓度、pH及温度等；在线检测主要是通过传感器的作用，将数据传送到计算机或者终端设备，通过末端的控制来检测数据，同时还具有预警的作用。最常用的检测仪器的基本构成如图2.2.1所示。

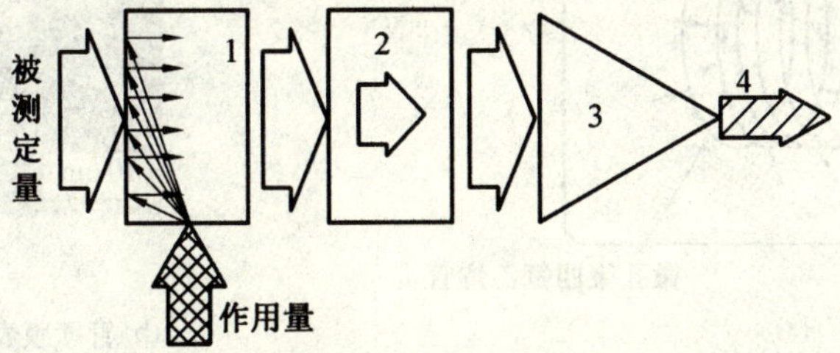

图2.2.1　生物反应检测仪器的基本构成

1—传感器；2—信号转换；3—信号放大；4—输出显示

2.2.2 主要参数检测原理及仪器

在气体或者固废处理的过程中有的时候会用到纯培养,而在水处理的过程中一般得到的微生物都是一个微生物群体。无论哪种过程采用的都是连续流的形式,这样可以提高效率,因此采用在线检测就十分重要。对于一些需要避免杂菌的取样系统一般采用图2.2.2所示的设备进行取样,这类设备主要分为微孔陶瓷管和渗透膜管两类。

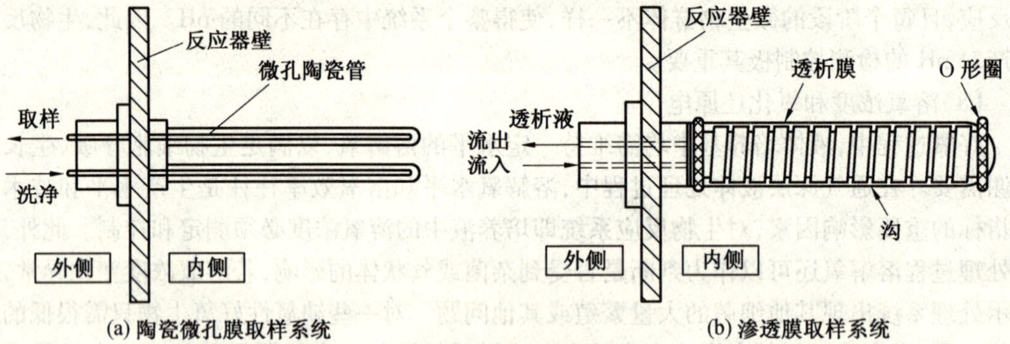

图 2.2.2　厌氧处理内的无菌取样系统

在产氢产甲烷等过程中,对这类气体或者挥发性物质的检测中,如酒精发酵过程发酵液中乙醇含量的测定,可采用微孔管在线取样检测法,如图 2.2.3 所示。浸没在培养液中的微孔管的材料为聚四氟乙烯,故可耐受反复的操作;同时,由于是疏水性材料,故培养基质不会通过微孔而进入管中。但产物成分中的挥发性物质如乙醇,则可透过管壁微孔,与管中流通的惰性气体(如氮气)混合输送到外部,进入气相色谱仪进行该挥发成分的检测。

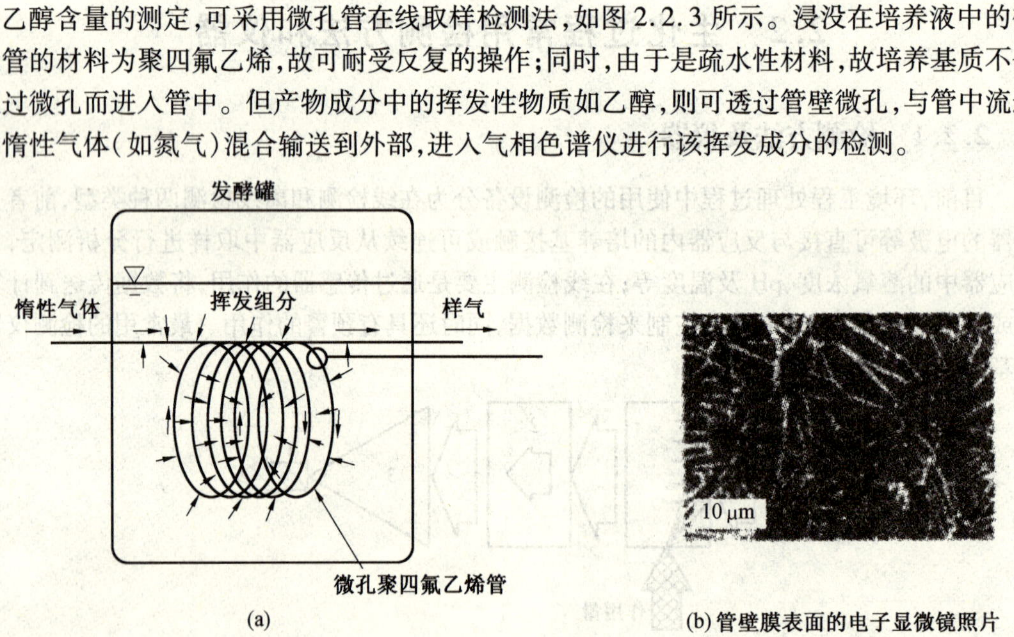

图 2.2.3　微孔管在线取样装置

1. 温度的测定

温度检测仪表有热电阻检测器(RTD)、半导体热敏电阻、热电偶和玻璃温度计等。铂电阻温度计可耐热杀菌,耐腐蚀,精度高,但价格较贵。铜电阻温度计价格较便宜,但容易氧化,且温度计的体积也较大。半导体热敏电阻具有灵敏度高、响应时间短、体积小、结构简单、耐腐蚀性好、寿命长等优点,但因其温度与电阻值的关系非线性,所以使用也不多。

2. 液位和泡沫高度的检测

在环境工程中常用的液位检测方法主要有压差法、电容法和电导法。电导法主要在反应器或者其他容积中安装相应的电极，由于容器内的液面不同就会使得两个电导线之间的电位发生改变，从而通过基准值比较就可以得到当前的液面高度。电容式液面检测示意图如图2.2.4所示。

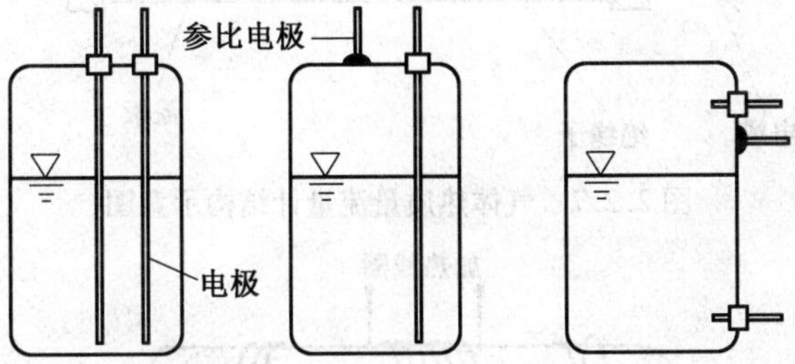

图2.2.4　电容式液面检测示意图

3. 培养基和液体流量测定

液体的流量检测是环境工程中重要的一个步骤，因为流速影响着处理过程中的HRT等指标，从而影响整个系统的处理效果。常用的流量计有液体质量流量计、电磁流量计和旋涡流量计、转子流量计等。图2.2.5和图2.2.6所示分别为椭圆流量计和科里奥利(Coriolis)效应流量计，这两种流量计均有较高的精度(相当于满刻度的±0.5%)，其流量测定范围为$1.5\times10^{-3}\sim100\ m^3/h$。

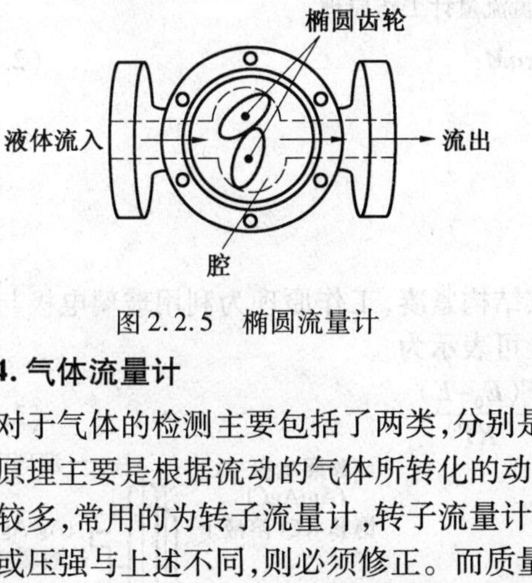

图2.2.5　椭圆流量计

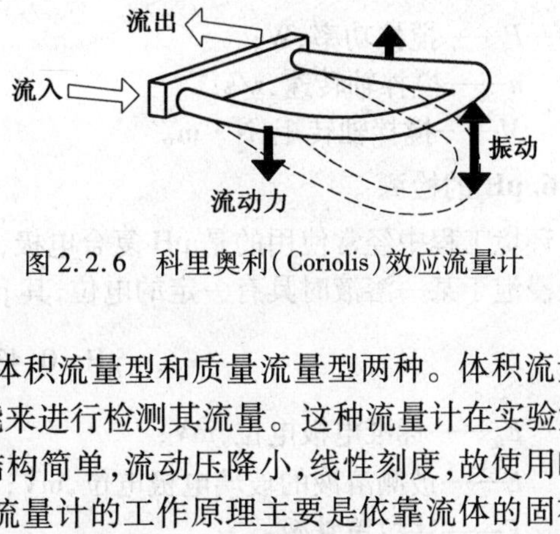

图2.2.6　科里奥利(Coriolis)效应流量计

4. 气体流量计

对于气体的检测主要包括了两类，分别是体积流量型和质量流量型两种。体积流量型工作原理主要是根据流动的气体所转化的动能来进行检测其流量。这种流量计在实验室的应用较多，常用的为转子流量计，转子流量计结构简单，流动压降小，线性刻度，故使用时若温度或压强与上述不同，则必须修正。而质量流量计的工作原理主要是依靠流体的固有性质(如质量、导电性、电磁感应及导热等特性)而进行设计的。对气体流量测定，最常用的是利用其导热性能，其结构示意图和测定流量的工作原理如图2.2.7和图2.2.8所示。

5. 搅拌转速和搅拌功率

发酵搅拌功率取决于搅拌器的结构及尺寸、搅拌转速、发酵液性质、操作参数(如通气量)等，搅拌功率直接影响发酵液的混合与溶氧、细微分散及物质传递、热量传递等特性。目前，生产规模的发酵罐搅拌功率只是测定驱动电机的电压与电流，或直接测定电机搅拌功率，但此功率包含了传动减速机构的功率损失。对于实验研究需要准确测定实际的搅拌轴功率，常用轴转矩测定法，其计算公式为

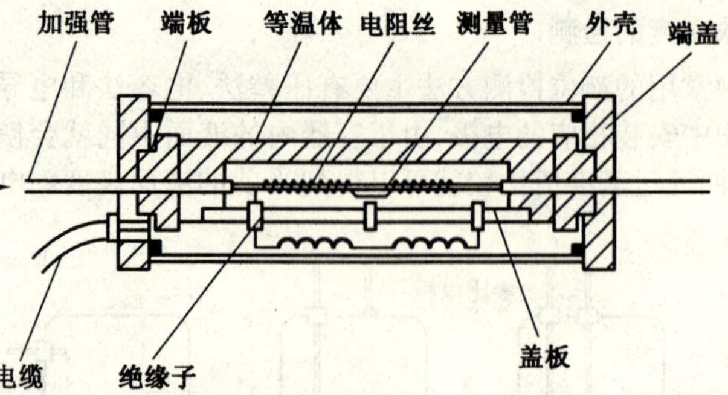

图 2.2.7　气体热质量流量计结构示意图

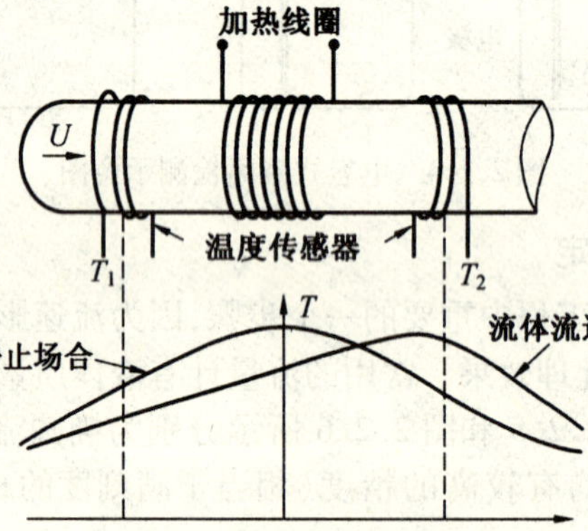

图 2.2.8　气体热质量流量计工作原理

$$P=2\pi nM \tag{2.2.1}$$

式中　P——搅拌功率，W；

n——搅拌轴转速，r/s；

M——搅拌轴转矩，N·m。

6. pH 的检测

环境工程中经常使用的是 pH 复合电极，其结构紧凑，工作原理为利用玻璃电极与参比电极浸泡于某一溶液时具有一定的电位，其 pH 可表示为

$$\text{pH}=0.43\frac{F(E_0-E)}{RT} \tag{2.2.2}$$

式中　E_0——标准电极电位，mV；

E——被测溶液的玻璃电极电位，mV；

F——法拉第常数；

R——气体常数，8.314 J/(mol·K)；

T——热力学温度，K。

pH 电极最重要的部位为玻璃微孔膜，如图 2.2.9 所示。若此电极微孔膜部分受蛋白质等大分子污染吸附，则影响膜的内外之间的质量传递，pH 计的灵敏度和响应时间会下降和延长，此时必须用蛋白酶浸泡使蛋白质酶解溶出。

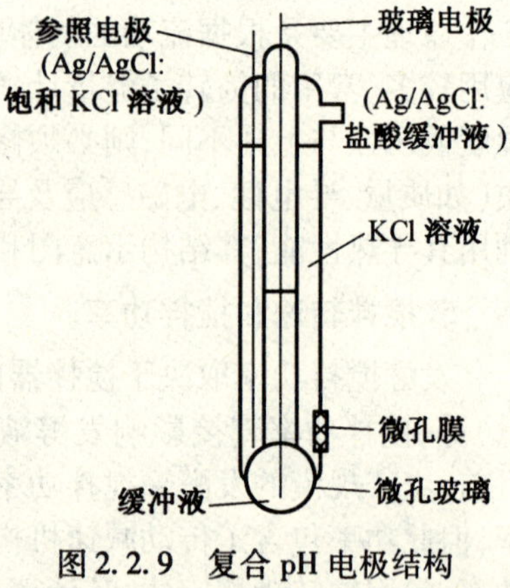

图 2.2.9　复合 pH 电极结构

除此之外，还有一种 pH 传感器无需与待测的溶液接触即可测出，那就是光纤 pH 传感器，这种传感器的成本较低且容易集成，特别适于生物微反应器的所需样品小、无污染等要求，可实现多个生物微反应器的同时检测。

7. 溶解氧的检测

溶解氧的检测通常使用溶解氧电极法，其工作原理主要是氧分子在阴极上还原产生电流，而产生的电流与被还原的氧量成正比，因此通过检测此电流值就可得到溶解氧的浓度。溶氧电极的溶氧值有两种表示方法，即饱和溶氧的百分数和溶氧值，前者最常用。值得注意的是，测定时要使电极周围的液体适度流动，以加强传质，尽量减少与电极膜接触的液膜滞流层厚度。

8. 氧化还原电位（*ORP*）的检测

在厌氧或者缺氧过程中，溶解氧的浓度可能很低，用溶解氧仪器可能不容易检出，而是采用氧化还原电位来进行检测。氧分子作为电子受体的功能，关系到反应系统的氧化还原的平衡，故氧化还原电位可作为微量溶氧浓度的指示。理论和实践表明，溶氧浓度与 *ORP* 虽不成正比关系，但有一定的对应关系，即当 $ORP=-300\sim100$ mV 时，反应系统并非处于完全厌氧状态；但当 $ORP\leqslant-600$ mV 时，反应溶液已处于完全厌氧状况。

9. 细胞浓度检测

细胞浓度检测通常可以分为全部细胞浓度和活细胞浓度两种情况进行检测。全部细胞浓度的测定主要是测定纯培养的过程，对生物传感器来说需要满足以下条件：①响应要连续、迅速；②灵敏度应在 0.029 g/L 以上；③电极本身对生物细胞无影响；④检测过程对细胞无损伤，不必加药物；⑤可检测含固体微粒营养物质的发酵液；⑥易于清洗、灭菌。目前常用的在线检测仪器有流通式浊度计，如图 2.2.10 所示。

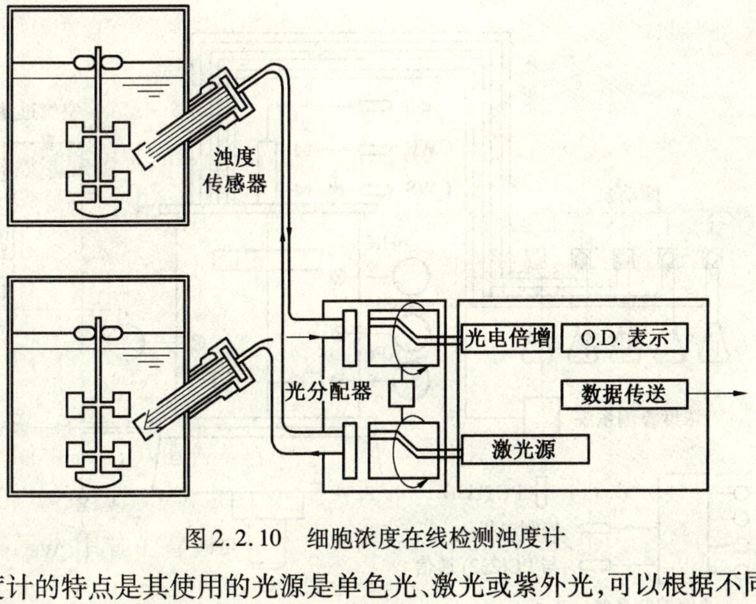

图 2.2.10　细胞浓度在线检测浊度计

这种浊度计的特点是其使用的光源是单色光、激光或紫外光，可以根据不同的生物细胞选择不同的波长，从而使得其使用的范围比较广泛。

而活细胞测定仪主要是根据活生物细胞催化的反应或活细胞本身特有的物质而使用生

物发光或化学发光法进行测定。对于活细胞来说,其在不断地进行物质和能量的交换,此过程中会出现 ATP,而死细胞不会有 ATP 的变化。而荧光测定仪正是利用了在 ATP 存在下,荧光素氧化酶可使荧光素氧化,同时生成荧光的原理来进行设计的,其装置简图如图2.2.11所示。

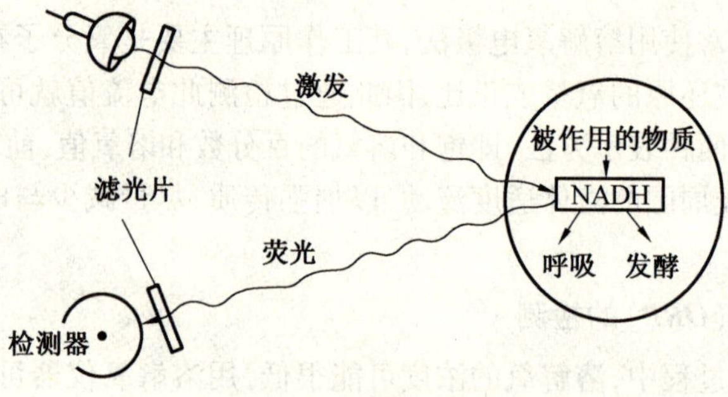

图 2.2.11 荧光测量活细胞装置简图

由于传感器在实际的应用过程中依然存在很多缺陷,研究人员在探索这些问题时开发了很多新型的检测仪器。如许哲等开发了基于图像处理技术的生物反应器浓度检测系统。系统是由发酵罐补料系统、反应液循环与控制系统、浓度检测装置、计算机控制系统 4 部分组成,如图 2.2.12 所示。检测装置包括光源、透镜、三棱镜、狭缝调节机构、图像采集处理装置和采样瓶等。其中图像采集处理装置包括 CCD 摄像头和图像采集卡。采集的图像数据经过采集卡,传输到计算机中。

除此之外,研究人员开发了一种光信号检测仪器,其原理是光信号通过一系列光学透镜,经过分光处理,然后通过狭缝,成为一束平行单色光,通过采样反应液玻璃管,最后由 CCD 摄像头获得透过来的光强信号,经过计算,来测定反应液浓度。其原理示意图如图 2.2.13所示。

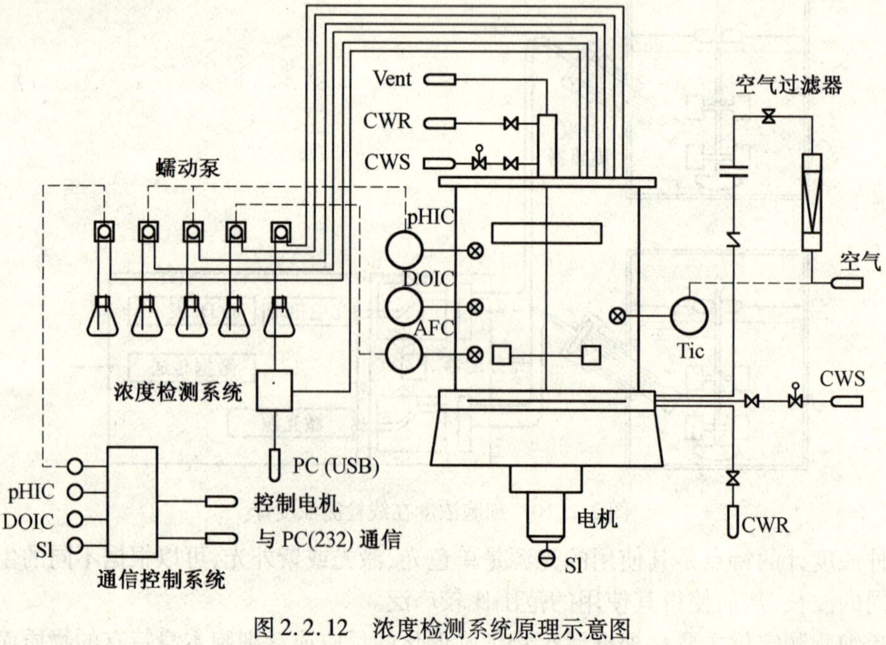

图 2.2.12 浓度检测系统原理示意图

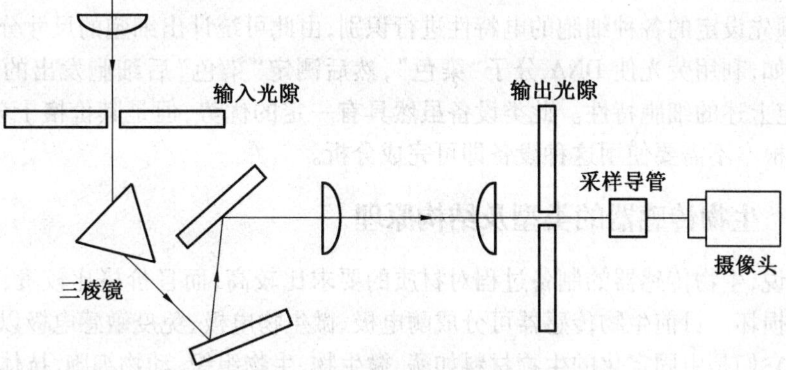

图 2.2.13　光信号浓度检测装置原理图

2.3　生物传感器的研究开发和应用

在环境工程处理过程中，所检测的物质成分是复杂的，有机物的种类较多，前面我们介绍的是一些环境工程中常用的一些检测仪器。而最近几年由于研究的不断深入和分子生物学的发展，使得研究者深入开发了关于生物细胞自身和所含酶的相关领域，从而研究出了以生物细胞自身和相关酶为导向的生物传感器。它是由固定化的生物材料和适当的换能器件相结合而构成的检测器件，这类检测仪器被称为生物传感器。

2.3.1　生物传感器在微生物反应过程中的应用

在环境污染物的处理过程中经常会涉及厌氧过程，而这个过程需要检测的指标远远多于好氧时需要检测的指标，除了一些常规指标的检测外，一般还需要检测描述细胞特性的胞内 pH、RNA、DNA、ATP、NADP 等。基于这些要求，研究人员成功开发了流动细胞计数法，所用的检测仪器称为流式细胞仪，其结构及主要部件如图 2.3.1 所示。

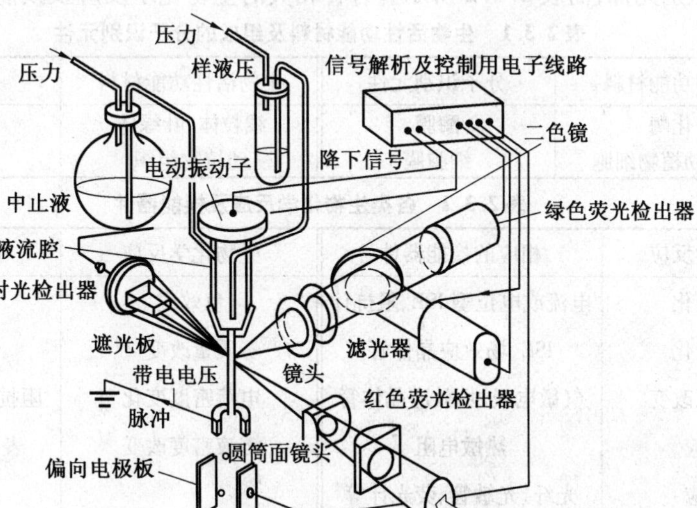

图 2.3.1　流式细胞仪结构示意图

此设备测定的基本原理为被检测的含细胞的试样流过检测器，使细胞逐个滴下，由激光检出，根据预先设定的各种细胞的电特性进行识别，由此可统计出细胞的尺寸分布及细胞龄等特性。例如，利用荧光使DNA分子“染色”，然后测定“染色”后细胞发出的荧光强度分布，最后推定上述的细胞特性。此类设备虽然具有一定的优势，但是其价格十分昂贵，且一般的实验室根本不需要使用这种设备即可完成分析。

2.3.2 生物传感器的类型及结构原理

一般来说，生物传感器的制备过程对材质的要求比较高，而且价格比较贵，使用过程中也极易出现损坏。目前生物传感器可分成酶电极、微生物电极、免疫敏感电极以及其他生物化学电极。它们是由固定化的生物材料如酶、微生物、生物组织、动物细胞、抗体抗原等和适当的换能器件联合构成，后者把生化反应信号转换成可定量的检测信号，其原理结构图如图2.3.2所示。

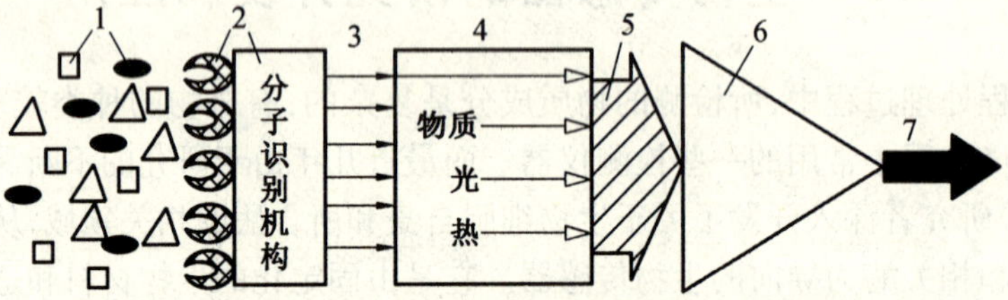

图2.3.2 生物传感器的原理结构图

1—待测物质；2—生物功能材料；3—生物反应信息；4—换能器件；5—电信号；6—信号放大；7—输出信号

与无机或者有机敏感膜传感器不同，由固定化酶或者固定化微生物等制成的生物传感器膜不会产生界面电势，这就使得其监测过程更加灵敏和准确。但有的时候也会有生物膜引发的电子质子转移情况，从而改变电极电位的测量原理。目前有电化学电极、热敏电阻、离子敏感场效应管、光纤和压电晶体等类型。表2.3.1列举了主要的生物活性功能材料及组成的分子识别元件，而表2.3.2所示为各种相关的生物化学反应及换能器件。

表2.3.1 生物活性功能材料及组成的分子识别元件

生物活性功能材料	分子识别元件	生物活性功能材料	分子识别元件
固定化酶	酶膜	线粒体、叶绿体	细胞器质膜
微生物及动植物细胞	细胞膜	动植物组织	组织膜

表2.3.2 各类生物化学反应及换能器件

生物化学反应	相应的换能器件	生物化学反应	相应的换能器件
离子变化	电流或电位型ISE、阻抗计	色效应	光纤、光敏管
质子变化	ISE、场效应晶体管	质量改变	压电晶体
气体分压改变	气敏电极、场效应晶体管	电荷密度变化	阻抗计、场效应晶体管
热效应	热敏电阻	溶液密度改变	表面等离子共振器
光效应	光纤、光敏管、荧光计等		

从上述可知，生物传感器的特点主要是具有特异性和多样性，不需要添加化学反应试剂，在检测的过程中操作方便且快速，可实现自动检测和在线检测。当然，实际上由于生物

反应过程大多要求无菌操作，而生物传感器中的生物活性材料却不能耐高温加热灭菌，故要使生物传感器用于在线检测仍有关键的技术问题待解决。此外，生物传感器的稳定性和使用寿命也急需进一步提高和延长。以下就各类生物传感器分别进行介绍。

1. 酶电极

酶电极也通常被称为酶传感器，它主要是由固定化的酶膜和相应的器件所构成的，其结构原理示意图如图 2.3.3 所示。

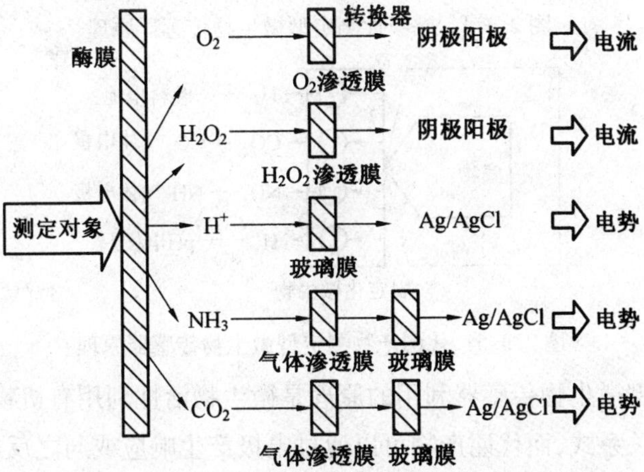

图 2.3.3　酶电极结构原理示意图

这种生物传感器主要是通过酶的反应所形成的，它主要是通过酶反应及其产物、副产物而定，同时其信号可以分为电流型和电位型两种。当把酶电极置于某被检测溶液时，电极信号就随时间逐渐增加，最后趋于稳定，称此为稳态响应。生物酶的专一性是酶传感器的突出优点。但在实际检测时，由于离子干扰和目的检测物质结构类似物的存在等，均会影响酶电极的非专一性，从而降低测量的准确性和精度。酶电极的稳定性和使用寿命主要受酶的失活与固定化酶的渗漏所影响，主要受被测溶液特性（如是否存在会使酶失活或破坏的物质（如蛋白酶）或过高或过低的 pH 等）以及检测操作条件、维护保存方法等影响。这些均会影响酶电极的灵敏度、精度、线性测量范围及响应时间等，往往造成酶电极使用寿命很短。

2. 微生物电极

酶虽然具有很多的优点，但是酶容易失活，这是酶最大的缺点，也是很多研究人员在实际操作过程中无法避免的问题。正是由于酶的这种特点，导致了酶电极构成的生物传感器的使用寿命较短。由载体固定的微生物细胞和相关的电化学检测器件组合构成的微生物传感器有两种类型，即呼吸性测定型微生物传感器和代谢产物测定型微生物传感器，分别如图 2.3.4 和图 2.3.5 所示。

呼吸性测定型微生物电极主要是利用微生物呼吸作用过程中消耗的氧气或者产生的二氧化碳来进行测试，其具体的生物传感器结构如图 2.3.6 所示。当把此传感器插入待检样液中，待测定的有机物即向微生物膜扩散并被微生物活细胞摄取，呼吸速率增大，耗氧量上升，此变化可由氧电极检定，因而可检出该有机物的浓度。

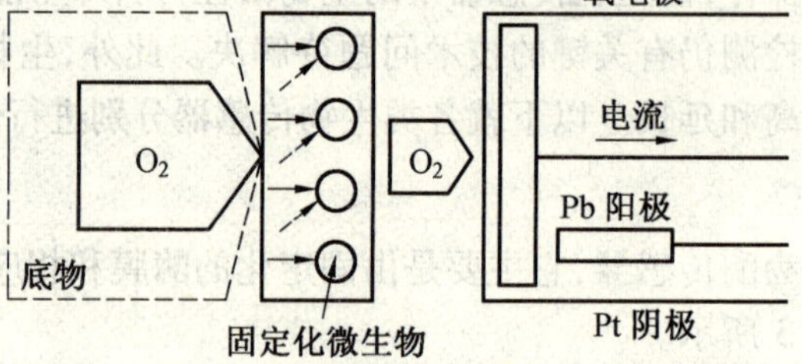

图 2.3.4　呼吸性测定型微生物传感器原理

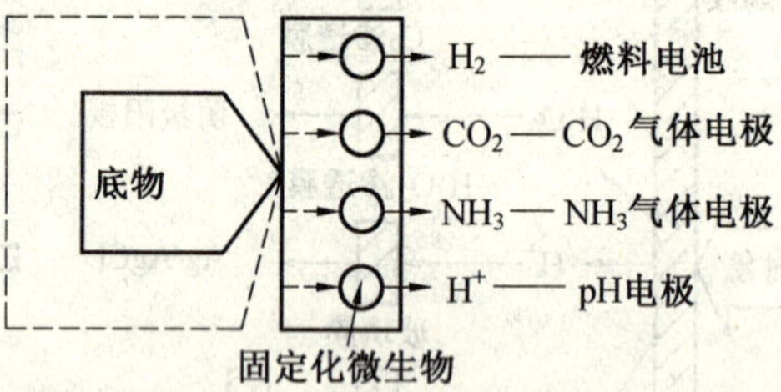

图 2.3.5　代谢产物测定型微生物传感器原理

代谢产物测定型微生物传感器利用的原理是微生物活性利用有机物后生成的代谢产物之间存在着一定的关系式，而代谢产物可以通过电极产生响应或与之反应的电极活性物质。常用的电化学反应装置是燃料电池型电极、离子选择性电极或二氧化碳电极等。例如，可把能生产氢的微生物固定于琼脂凝胶膜上，并把其装在燃料电池中，后者的阳极用铂金电极，阴极是过氧化银电极，使用0.1 mol/L 磷酸缓冲溶液作电解液。若把此传感器置于被检样液中，有机物即向微生物活细胞层扩散，被细胞代谢产生氢，后者向燃料电池的阳极扩散，最后被氧化而产生电流。因此电流值与在电极上反应的氢气量成比例，故可检测出需测定的有机物的浓度。这类代谢产物测定型微生物传感器的结构如图 2.3.7 所示。

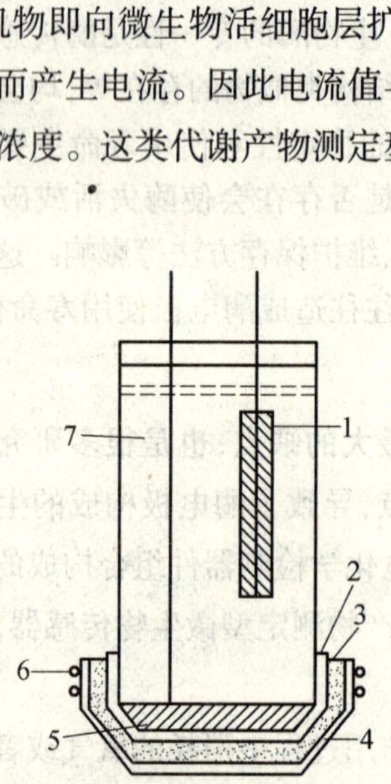

图 2.3.6　呼吸性测定型微生物传感器结构

1—铂电极；2—PTFE 膜；3—固定化微生物膜；4—尼龙网；5—铂电极；6—O 形环；7—电解液

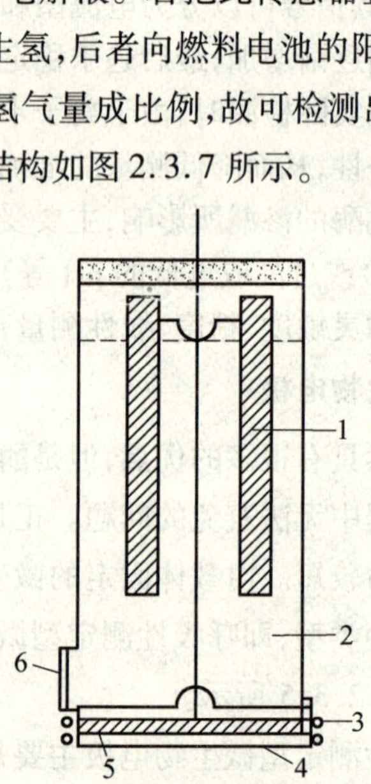

图 2.3.7　代谢产物测定型微生物传感器结构

1—过氧化银电极；2—电解液；3—O 形环；4—铂电极；5—固定化微生物膜；6—阴离子交换膜

在环境工程的检测过程中，还有一种比较常见的生物传感器就是 BOD 传感器，这类传感器可把某种微生物活细胞固定于滤纸上，再固定于溶氧电极表面，因微生物的代谢而使有机物质氧化，消耗了溶液中的氧，由氧电极检测其溶氧的改变，由此可测定此溶液的 BOD。当然，此微生物电极在测定前必须校正，测量时间也较长，约需 30 min 以上。此外，酒中的硫酸根离子浓度也可用微生物电极进行检测。实用化的 BOD 测定微生物传感器结构如图 2.3.8 所示。

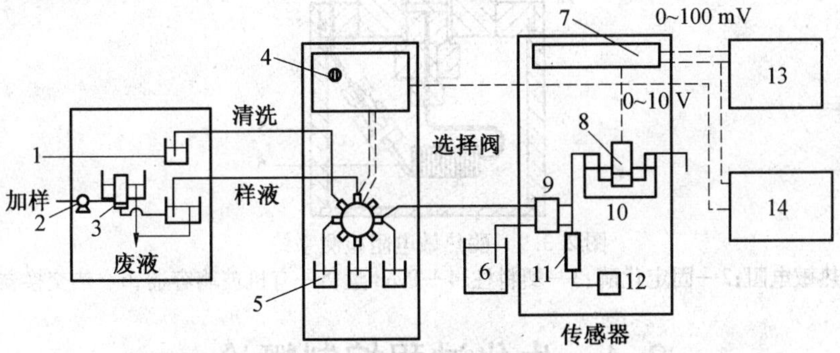

图 2.3.8　实用化的 BOD 生物传感器结构

1—自来水；2—取样泵；3—过滤器；4—选择控制器；5—标准溶液；6—缓冲液；7—放大器；8—微生物传感器；9—泵；10—恒温；11—流量计；12—气泵；13—记录仪；14—数据处理装置

3. 生物传感器的换能器件

在环境工程的检测过程中常用的生物传感器换能器件有以电化学为基础的电流型电极、离子选择电极、热敏器件、半导体器件、光电原理器件等。

电流型电极与电位型电极以电化学物质的扩散控制氧化还原反应所产生的电转移为基础，测量有关的电化学变化的电流或电位的改变。常用的电极为氧电极和过氧化氢电极。其换能器件的离子选择电极见表 2.3.3。

表 2.3.3　换能器件的离子选择电极

电极类型	检测底物	电极类型	检测底物
玻璃膜电极	H^+、Na^+、Ag^+、Li^+、K^+	晶膜电极	F^-、Cl^-、Br^-、CN^-
离子交换液膜电极	Cu^{2+}，Cl^-、NO_2^-	气敏膜电极	CO_2、NH_3、H_2S、SO_2、HCN
中性载体电极	K^+、Li^+、H^+、Ca^{2+}		

除此之外，在环境工程的检测过程中还有一系列的热敏器件，它们主要是生物热敏电阻，根据温度测量原理，将生物功能材料和高性能温度检测器件结合而成。酶热敏电阻可分为密接型（即把酶直接固定化于热敏电阻上）和反应器型（即把固定化酶装在管或柱内，而检测元件可置于其内或其外安装）。图 2.3.9 所示为简单的酶热敏电阻。

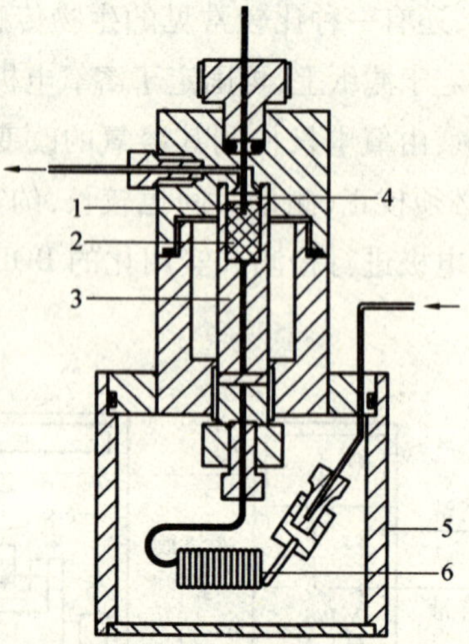

图 2.3.9　酶热敏电阻检测系统

1—热敏电阻;2—固定化酶;3—塑料柱;4—Pvon 盘;5—有机玻璃容器;6—热交换器

2.4　生化过程控制概论

生物反应过程检测的目的是为了提供对生物反应有影响的信息,便于对反应器进行适当的控制。而控制的最终目的,在于创造良好的条件,使生物催化剂处于高效的催化活性状态,以使所进行的生物反应高速、高效、收率高,以降低原材料和能量消耗,同时保证产品的质量。生物反应器的控制主要包括温度、pH、溶氧浓度(具体是通气量与搅拌转速)、基质和细胞浓度等的控制,具体如图 2.4.1 所示。

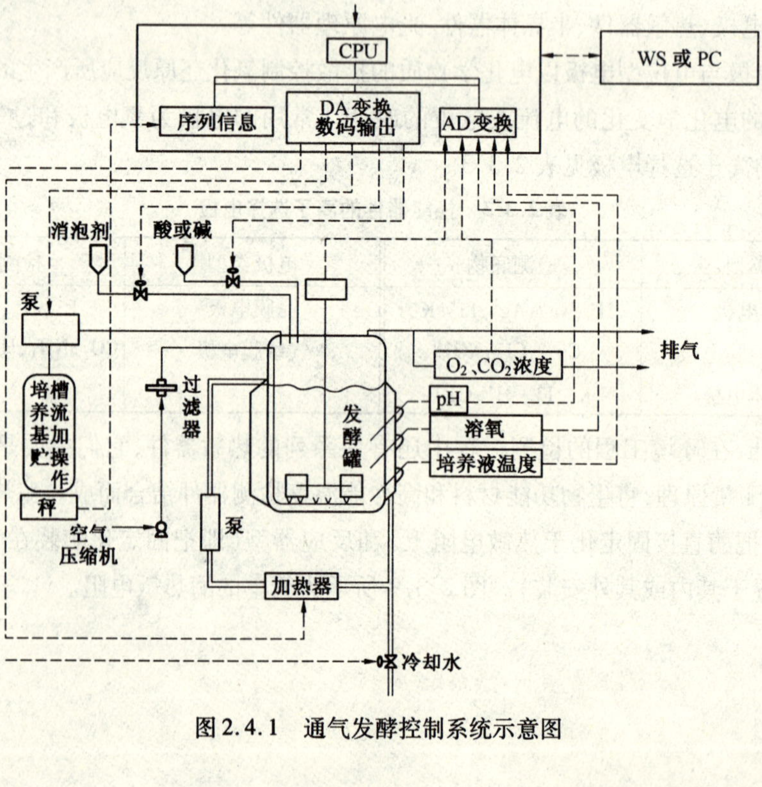

图 2.4.1　通气发酵控制系统示意图

2.5　生物反应器的比拟放大设计

任何一个设备的研究和开发都必须经历 3 个阶段：①实验室研究，在此阶段进行基本的实验研究；②中试阶段，在此阶段参考摇瓶的结果，用小型的反应器进行实验处理，以进行环境因素的最佳操作条件的研究，在此阶段大多用 10～500 L 规模的反应器进行试验；③工厂化规模，在此阶段进行试验生产直至商业化生产，向社会提供产品，并获得经济效益。

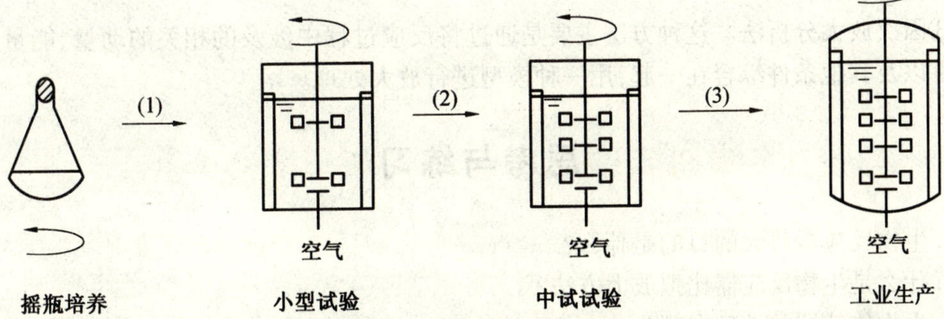

图 2.5.1　设备设计放大过程

2.5.1　生物反应器放大的目的

在前面已经讲述过生物反应器的反应系统中存在 3 种重要的类型，整个反应器的设计时要考虑到系统中物质的传递过程。传递过程如果得不到很好的强化，系统的处理效果就会受到极大的影响。而传递过程主要和反应器中物质的流动状态、颗粒大小、剪切力等因素有关。随着反应器规模的改变，系统内的动量传递过程就相应变化，尤其是搅拌器对生物细胞的搅拌剪切作用随反应器规模的增大而增强，不仅影响细胞（团）的分散状态（如絮凝、悬浮、结成团块等），而且严重时还会使细胞本身产生剪切损伤作用。在研究环境工程设备时，一定要对设备的设计进行放大研究，从而设计出合适的设备尺寸。应用理论分析和实验研究相结合的方法，研究总结生物反应系统的反应动力学及代谢调控，重点研究解决有关的质量传递、动量传递和热量传递问题，以便在反应器的放大过程中尽可能维持乃至提高生物细胞的生长速率、目的产物的生成速率，这就是生物反应器放大的目的。

2.5.2　生物反应器设计放大方法

生物反应器的传递现象主要受到对流和扩散的影响，对于对流传递过程其时间常数为

$$t_f = L/v \tag{2.5.1}$$

式中　L——反应器特征尺寸，m；

v——反应溶液对流运动速度，m/s。

对于扩散传递过程，其时间常数为

$$t_D = L^2/k \tag{2.5.2}$$

式中　k——扩散系数。

常见的 3 种放大理论分别是理论放大方法、半理论放大方法及因次放大分析法。

①理论放大方法。这种放大方法是建立在反应器的动量、质量以及能量平衡方程的基础上。因此,关于这种方法的运用目前只是用于简单的系统设计。

②半理论放大方法。这种方法主要是在动量方程的基础上进行部分简化,对搅拌槽反应器或鼓泡塔,已有不少流动模型的研究进展,其共同点是只考虑液流主体的流动,而忽略局部如搅拌叶轮或罐壁附近的复杂流动。此方法是反应器设计与放大最普遍的实验研究方法。但是,液流主体模型通常只能在小型实验规模反应器(5～30 L)中获得,并非是利用大规模的生产系统所得的真实结果,故使用此法进行放大有一定的风险,必须通过实际反应过程进行检验校正。

③因次放大分析法。这种方法主要是通过将反应过程中涉及的相关的动量、能量和热量衡算以及其他条件综合在一起,用一种模型进行放大处理。

思考与练习

1. 生物反应器放大的目的是什么?
2. 什么是生物反应器比拟放大方法?
3. 生物传感器的类型有哪些?
4. 传感器的三要素是什么?
5. 请简述生物传感器的发展历程?

第3章 钢制容器与塔设备的设计

3.1 钢制容器与塔设备概述

3.1.1 压力容器、塔设备的结构与分类

1. 压力容器的结构与分类

所谓的压力容器指的就是能够承受一定压力的密闭容器，在环境工程中的很大一部分容器都属于这一类型，例如压力容器气浮装置中的压力溶气罐，其工作压力为0.25～0.4 MPa，罐内上部介质为空气；离子交换器、压力过滤器、活性炭吸附器、硬水软化器等的工作压力也都大于0.1 MPa。此外，诸如湿式氧化法装置、超临界水氧化装置等较为先进的处理工艺中的核心设备也都属于压力容器。对于压力容器，我国制定了相应的压力容器安全标准，保障其使用过程中的安全性，适用于最高工作压力 $p_w \geq 0.1$ MPa；容器的内直径 $d_w \geq 0.15$ m，且容积 $V \geq 0.25$ m^3；介质为气体、液化气体或标准沸点小于等于最高工作温度的液体。图3.1.1为卧式压力容器结构示意图。

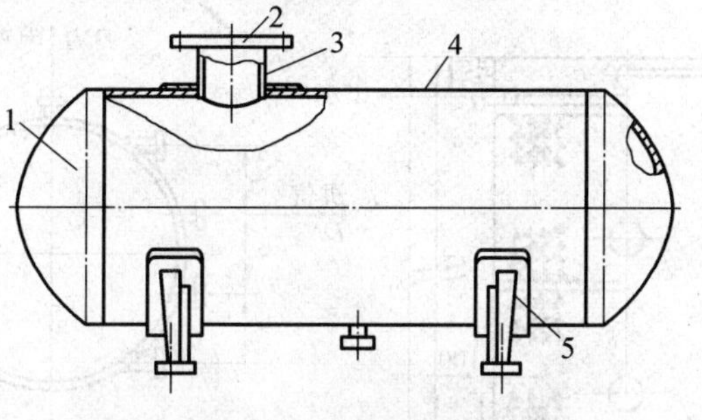

图3.1.1 卧式压力容器结构示意图
1—封头；2—法兰；3—接管；4—筒体；5—支座

一般来说压力容器主要是由筒体、封头、法兰、支座、接管等组成，容器的分类方法很多，可以按照容器形状、承压性质、制造材料、有无填料、管理、容器壁温等进行分类。常见的是按容器形状、承压性质、制造材料进行分类。

①按容器形状分为方形或矩形容器、球形容器、圆筒形容器3类。方形或矩形容器由平板焊成，制造简单，但承压能力差，只用于小型常压设备。球形容器由数块弓形板拼焊而成，承压能力好，但由于安置内部构件不便，制造稍难，一般多用于承压的贮罐。圆筒形容器由圆柱形筒体和各种形状的封头组成，制造较为容易，便于安装各种内部构件，而且承压性能较好，因此这类容器应用最为广泛。

②按容器承压性质分为内压容器和外压容器两类。当容器内部介质压力大于外界压力时称为内压容器，内压容器按其设计压力可分为低压容器(0.1～1.6 MPa)、中压容

器(1.6～10 MPa)、高压容器(10～100 MPa)和超高压容器(>100 MPa)。在水污染治理设备中内压容器应用较多，且一般属于低、中压容器的范畴，即使是超临界水氧化技术的压力(22.05 MPa)也只属于高压容器的范畴，因此本书不涉及超高压容器的设计问题。

③按制造材料分为金属容器和非金属容器两类。常用于制作容器的金属材料是低碳钢和普通低合金钢，当介质腐蚀性较大时可使用不锈钢、不锈复合钢板或铝制容器。常用于制作容器的非金属材料有聚氯乙烯、玻璃钢、陶瓷、木材、橡胶等。非金属材料既可以独立制作容器，又可以作为容器的部分构件和衬里。

2. 塔设备的结构与分类

塔设备主要由塔体、内件、支座以及附件4个部分所构成，塔设备在厌氧法处理中运用较多，在好氧流化床中使用也比较广泛。目前，塔设备的分类方法较多，最常见的就是按照操作压力、内件结构和操作单元3种类型进行分类。

①按操作压力可分为常压塔、加压塔及减压塔等。

②按内件结构可分为填料塔和板式塔。

③按操作单元可分为精馏塔、吸收塔、萃取塔、反应塔等。

在废水处理过程中，使用较多的就是生物接触氧化法中使用的氧化塔，这种塔设备主要是由普通的碳钢板经过现场的焊接并添加一定的填料而组成的，其结构示意图如图3.1.2所示。在环境工程废水处理过程中，活性炭的吸附能力很强，可以将其加入到塔设备中作为填料，从而去除水中的有机物、微生物、色味等，其对水中活性余氧的吸附效率几乎达100%，并具有较好的去除水中胶体硅及铁的能力，如图3.1.3所示。

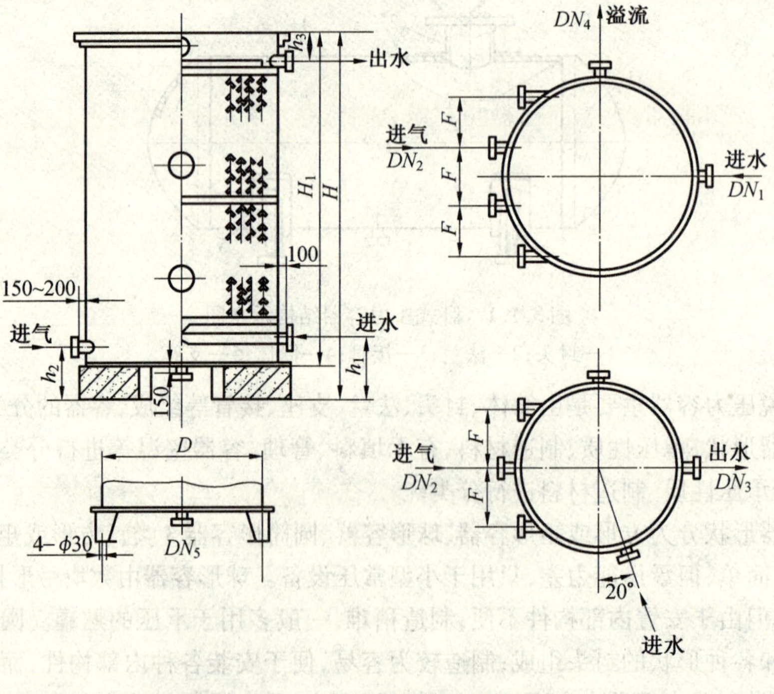

图3.1.2　生物接触氧化塔结构示意图

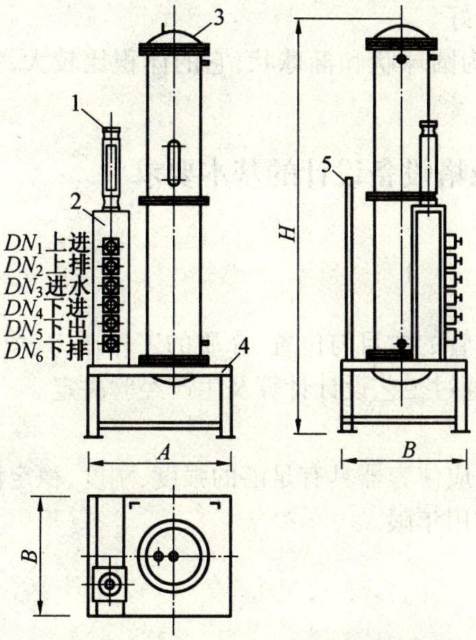

图3.1.3 活性炭吸附塔结构示意图

1—转子流量计;2—操作屏;3—活性炭;4—底座,5—固定支架

3.1.2 钢制常压容器的范围与分类

1. 常压容器的使用范围

所谓的常压容器就是在其内部没有加压,内部的压强与大气压相等,只承受物料静压并与大气连通的容器。同时我国还规定了常压容器还包括设计压力为-0.02~0.1 MPa,设计温度为-20~350 ℃的圆筒形容器。在环境工程中,有很大一部分设备使用的是这种常压容器。如:各种物料的储存,包括了废水、废气、固废以及各种试剂等;各种反应器的外壳,包括了接触氧化池等生物反应器的池体。由于城市污水处理的生化反应都是在常温常压条件下进行的,这就使得这种容器的使用范围非常广泛。

2. 常压容器的分类

钢制常压容器的形状很多,其与压力容器的特点差不多,主要分为方形、圆柱形、圆筒形和球形。

①方形。这一类容器多半都是由钢板或者不锈钢板焊接而成的。主要用于常压设备,制造简便,便于布置和分隔。环境污染治理通常需要建造两个或多个同型反应器,以便能增加处理系统的适应能力,必要时关闭一个进行维护和修理,而其他单元的反应器继续运行。此时采用矩形构筑物可以利用共壁进行内部分隔,不但运行灵活,而且可以节省材料、降低造价、减少占地面积。

②圆柱形。这一类容器可以分为带锥底或者不带锥底的,也可以有盖也可以无盖。大多用于常压环境,制造简便,结构较稳定。同样高度和容积的圆柱形构筑物与矩形构筑物相比,其周长约少12%,所以其用材和建造费用比具有相同容积的矩形构筑物低。

③圆筒形。这种容器多采用金属材料制造,由圆柱形筒体和各种形状的底和盖(封头)

组成密闭容器,承压性能较好。

④球状。这类容器分为圆球状和椭球状,它的体积比较大,一般采用金属材料建造而成。

3.1.3　钢制容器及塔设备设计的基本要求

1. 钢制容器设计要求

(1)工艺要求。

容器的总体尺寸、接口管的数目与位置、介质的工作压力、填料的种类、规格、厚度等一般是根据工艺生产的要求通过工艺设计计算及生产经验决定。

(2)机械设计要求。

进行容器的机械设计,应使容器具有足够的强度、刚度、稳定性、严密性及抗腐蚀性和抗冲刷性,以保证其安全和使用年限。

2. 塔设备设计要求

(1)工艺要求。

①气、液相充分接触,传质、传热效率高,分离效率高;

②气、液处理量大,即生产能力大;

③适应能力强及操作弹性大,即当负荷波动较大时,仍能在较高效率下进行稳定的操作;

④流体流动阻力小,即压强降小;

⑤结构简单可靠,材料耗用量少,以达到降低设备投资的目的;

⑥易于制造,便于安装、使用和检修。

(2)机械设计要求。

塔设备的设计除了满足规定的要求以外,它必须具有一定的强度,以此来满足工艺运行过程中对塔壁的挤压等,同时还应该具有一定的稳定性和密闭性。

3. 零部件的标准化

为了便于设计,有利于成批生产,提高劳动生产率、产品质量和互换性,国内外相关部门都对容器和塔设备的零部件进行了标准化、系列化工作。在环境工程中零部件的标准化主要体现在公称直径、公称压力以及容器的设计标准几个方面。

容器和塔设备零部件标准的最基本参数是公称直径和公称压力。对于用钢板卷焊制成的筒体,其公称直径是指内径;若筒体直接采用无缝钢管制作,则公称直径指钢管外径,有159 mm、219 mm、273 mm、325 mm、377 mm、426 mm 等系列。设计时,应将工艺计算初步确定的设备直径,调整为符合以上规定的公称直径。有些零部件如法兰、支座等的公称直径,指的是与它相配的筒体、封头的公称直径。需要注意的是,在有的容器中,公称直径指的不一定是内径,可能只是结构中某个部位的重要尺寸标注。

所谓的公称压力就是指所涉及的管道的操作压力进行标准化后得到的压力。由于在操作过程中工作的压力往往会不同,就使得即使是相同公称直径的容器的零部件的尺寸可能也会出现不同。表 3.1.1 为压力容器法兰与管法兰的公称压力系列。

表 3.1.1　压力容器法兰与管法兰的公称压力系列　MPa

压力容器法兰	0.25	0.6	1.0	1.6	2.5	4.0	6.4	—	—	—
管法兰	0.25	0.6	1.0	1.6	2.5	4.0	5.0	10	15	25

设计时如果选用标准零部件,必须将操作温度下的最高操作压力(或设计压力)调整为所规定的某一公称压力等级,然后根据公称直径与公称压力选定该零部件的尺寸。如果零件不选用标准零部件,而是自行设计,设计压力就不必符合规定的公称压力。

容器标准是全面总结容器生产、设计、安全等方面的经验,不断纳入新科技成果而产生的,是容器设计、制造、验收等必须遵循的准则。世界各主要工业化国家都制定有与自身国情和科技水平相对应的压力容器设计标准,如美国机械工程师协会(ASME)制定的美国国家标准(ANSI)《锅炉及压力容器规范》、英国压力容器规范 BS5500《非直接火熔焊压力容器》、德国压力容器规范(AD)、日本国家标准(JIS)等,其中 ASME 规范技术先进,修订及时,能迅速反映压力容器科技发展的最新成果,是世界上影响最大的一部规范。

3.1.4　钢制容器或塔设备设计的相关参数

1. 压力

在进行钢制容器的设计时,一般都要设计最大承受压力,这个最大承受压力还需要和温度相结合。同时在容器上还必须安装超压泄放装置时,例如使用安全阀,设计压力不小于安全阀的开启压力,一般取容器工作压力的 1.05 ~ 1.10 倍;使用爆破膜作为安全装置时,根据爆破膜片的类型确定,一般取工作压力的 1.15 ~ 1.30 倍作为设计压力。

而钢制容器中的计算压力主要是指用设计温度来确定出容器元件的厚度,以便容器能够达到安全要求的压力。

2. 温度

设计温度指容器在正常工作情况下,设定的元件金属温度(沿元件金属截面的温度平均值)。设计温度虽然不作为计算参数出现,但它却是确定材料许用应力以选择材料的重要依据,故此设计温度与设计压力一起作为设计载荷条件。标志在容器铭牌上的设计温度应是壳体设计温度的最高值或最低值(-20 ℃以下时)。容器的工作温度不得高于或低于这一温度值。

3. 焊接接头系数

焊接接头系数主要是根据容器的需要承受的强度来进行考虑,如果容器承受的强度过大,则考虑尽可能少地进行无缝焊接或者尽量减少焊接的接头数量。表 3.1.3 为焊接接头系数参考值。

表 3.1.3　焊接接头系数

焊接接头形式	焊接接头系数	
双面焊对接接头和相当于双面焊的全焊透对接接头	100%无损检测	局部无损检测
	1.00	0.85
单面焊对接接头(沿焊缝根部全长有紧贴基体金属的垫板)	100%无损检测	局部无损检测
	0.9	0.8

3.2　内压容器的设计

在环境工程设备中使用较多的就是圆形容器,这种容器主要是由圆筒和封头所组成的。也就是说设计人员在进行内压容器的设计时主要要考虑到圆筒的高度、强度和厚度等,封头的大小、形状以及强度。

3.2.1　内压容器筒体的强度设计

内压容器筒体强度的设计主要涉及三个方面,分别是筒体内部应力、筒壁厚度确定以及容器壁的最小厚度设计。

1. 筒体内的应力设计

容器承受均匀内压力 p 时,器壁中产生两向应力(薄膜应力),一个是沿壳体经线方向的应力,称为经向应力,用 σ_m 表示;另一个是沿壳体纬线方向的应力,称为环向应力,用 σ_θ 表示。

对于圆筒形的壳体来说,壳体的第一曲率半径 ρ_1 为无穷大,而第二曲率半径 $\rho_2=D/2$,δ 为壳体的厚度,而 D 为圆筒形壳体的中面直径。因此,得到圆筒的经向、纬向应力分别如下:

$$\sigma_m=\frac{pD}{4\delta} \tag{3.2.1}$$

$$\sigma_\theta=\frac{pD}{2\delta} \tag{3.2.2}$$

2. 内压圆筒壁厚的设计

内压圆筒壁厚的设计主要包含了理论计算厚度和设计厚度、圆筒壁的名义厚度以及圆筒壁的有效厚度 3 个部分。

内压圆筒壁厚的设计厚度主要指计算厚度与腐蚀裕量之和,其计算公式如下:

$$\delta_d=\delta+C_2=\frac{pD_i}{2\sigma_t\phi-p}+C_2 \tag{3.2.3}$$

式中　δ——圆筒的计算厚度,mm;

p——圆筒的计算压力,MPa;

D_i——圆筒的内直径,mm;

σ_t——钢板在设计温度下的许用应力,MPa;

ϕ——焊接接头系数;

C_2——腐蚀裕量，mm。

3. 容器壁的最小厚度

容器壁厚除了满足相应的强度要求外，还必须满足制造、安装和运输过程中的刚性要求，因此设计时必须规定筒体的最小厚度，一般情况下筒体最小的厚度规定分为两个部分，碳素钢和低合金钢制容器，以及高合金钢制容器。碳素钢和低合金钢制容器的筒体加工最小厚度≥3 mm，而高合金钢制容器的最小厚度≥2 mm。

3.2.2　内压封头设计

不论是何种形状的封头，其与筒体连接处都会产生不同大小的边界应力。如果按薄膜应力理论为基础确定的封头与筒体壁厚可以同时满足边界应力的强度要求，那么就可以不考虑边界应力；否则，需要按边界应力条件的要求增加封头和筒体连接处的壁厚。在环境工程设备中涉及的内压封头主要包含了半球形封头、椭圆形封头、碟形封头、无折边球形封头、锥形封头以及平板封头。下面对内压容器常用几种封头的强度计算进行讨论。

1. 半球形封头

半球形封头是由半个球壳构成，多用于压力较高的场合。直径较小者可以整体热压成型，直径很大者则采用分瓣冲压后焊接组合的制造工艺。尽管半球形封头与圆筒连接处也存在边界应力，因其值相对其他封头而言甚小，故可以忽略不计。根据薄膜应力理论来进行半球形封头的强度计算时，得出的计算厚度公式为

$$\delta=\frac{pD_{\mathrm{i}}}{4\sigma_{\mathrm{t}}\phi-p} \tag{3.2.4}$$

2. 椭圆形封头

一般来说椭圆形封头主要是由一个半椭球和一个高度为 h 的圆筒所构成，在椭圆形封头上一般都会留有直边，主要是为了保证封头的制造质量、避免筒体与封头间的环向应力作用。对于标准的椭圆形封头其长轴和短轴的比值为 2，且封头的有效厚度不小于封头直径的 15%。其厚度计算公式如下：

$$\delta=\frac{pD_{\mathrm{i}}}{2\sigma_{\mathrm{t}}\phi-0.5p} \tag{3.2.5}$$

3. 碟形封头

碟形封头有时也被称之为折边球形封头，碟形封头的最大应力在球面部分的过渡折边位置。过渡区的作用是为了减小连接位置的边界应力，圆筒的目的主要是为了边界应力作用于焊缝上。其厚度计算公式如下：

$$\delta=\frac{MpR_{\mathrm{i}}}{2\sigma_{\mathrm{t}}\phi-0.5p} \tag{3.2.6}$$

式中　M——形状系数；

R_{i}——球面内半径，mm。

4. 无折边球形封头

无折边球形封头又称之为球冠形封头，在大多数情况下用作容器中两独立受压室的中

间接头，也可用作断点的封头。一般情况下，封头与筒体连接的角焊缝处应该采用无缝焊接的结构。无折边的球形封头在边界存在较大的作用力，因此在进行计算时需要在封头的厚度上再乘以一个大于1的系数Q，而这个系数可以通过相应的手册查询，其计算公式如下：

$$\delta=\frac{QpD_i}{2\sigma_t\phi-p} \tag{3.2.7}$$

5. 锥形封头

一般来说锥形封头主要是用于立式容器的底部，可以用来装卸物料，这种类型的封头分为带折边和不带折边两种类型。在进行设计时要考虑到锥形封头的倾角，只有合适的倾角才能够使得物料能够顺畅地装卸。由于这种封头的设计比较复杂，此处就不做过多的介绍，可以参考相关的手册，其高度和倾角都有一定的规定。

6. 平板封头

平板封头有不同的形状，如圆形、椭圆形和长方形等，目前在环境设备中使用较多的主要是圆形平板封头。在设计这类封头时要注意如果是这种封头用于承受一定的压力，则不能采用平板封头。因为高压力容器的封头很厚，直径相对较小，这和平板封头的设计要求完全不同。根据相关的理论知识和公式推导，平板封头的结构特征系数(K)一般为0.188。从而得到平板封头的厚度计算公式为

$$\delta=D\sqrt{\frac{Kp}{\sigma_t\phi}} \tag{3.2.8}$$

3.3　外压容器的设计

外压容器与内压容器的区别在于外压容器是外部的压强大于内部的压强。外压容器和内压容器一样主要是由圆筒体和封头所构成。

3.3.1　外压容器的稳定性及压力设计

1. 稳定性

外压容器的一个特点是其很容易受到损害，一般情况下，同样的压力作用于外压和内压容器上，外压容器更容易被损坏。即使器壁的压应力远远小于材料的屈服极限，容器也有可能失去自己原来的状态，产生压扁或折皱现象，这就是容器的失稳。外压容器的失稳可以按载荷的作用方向和失稳后的形状分为侧向失稳、轴向失稳和局部失稳。如图3.3.1所示，大多数外压容器的破坏是由于材料的刚度不足而引起的筒体侧向(环向)失稳，失稳时筒体横截面由原来的圆形突变成椭圆形或波形。

在环境工程中，将损坏的圆筒分为长圆筒、短圆筒和刚性圆筒3种类型。当圆筒很长时，其两端的刚性封头起不到有效的作用，这种就称之为长圆筒。圆筒两端对筒体有着一定的保护作用的称之为短圆筒。筒体越短，筒壁越厚，容器的刚性就越好，能够承受的压力也就越大，而这种筒体就称之为刚性圆筒。

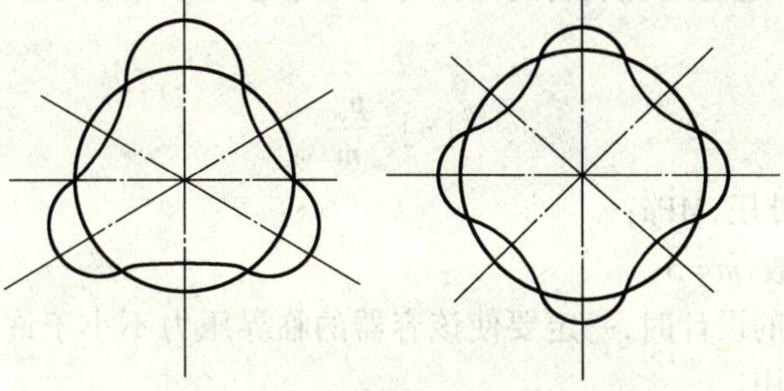

图 3.3.1　外压圆筒侧向损坏后的形状

2. 临界压力

所谓的临界压力主要是指容器受外压开始失稳时的压力，以 p_{cr} 表示。设有一圆筒受均布外压力 p 作用，当 p 较小时，圆筒将保持原有形状，环向应力是压应力；若 p 逐渐增大，且低于 p_{cr}，圆筒发生弹性变形；当 p 超过 p_{cr} 时，圆筒将失去原来的形状，产生永久变形。

容器在外界压力作用下产生失稳是其固有的性质，与其他因素无关。每一具体的外压圆筒结构，客观上都对应着一个固有的临界压力值。临界压力的大小与筒体几何尺寸、材质及结构等因素有关。

外压容器的 3 种类型中，各自的计算方法不同，因此在进行环境工程设备的外压容器设计时需要考虑所涉及的圆筒的类型，从而来判断需要设计的外压容器的圆筒的长度。

长圆筒的临界压力计算公式为

$$p_{cr}=\frac{2E_t}{1-\mu^2}\left(\frac{\delta_e}{D_0}\right)^3 \tag{3.3.1}$$

式中　p_{cr}——临界压力，MPa；

δ_e——有效厚度，mm；

D_0——平均直径，mm；

E_t——操作温度下筒体材料的弹性模量，MPa；

μ——材料的泊松比。

短圆筒的临界压力计算公式为

$$p_{cr}=2.59E_t\frac{(\delta_e/D_0)^{2.5}}{L/D_0} \tag{3.3.2}$$

式中　L——筒体的计算长度。

3.3.2　外压圆筒的设计

由于外压圆筒容易失去稳定性，因此，在计算圆筒的临界压力时首先要确定出圆筒的几何尺寸，这种几何尺寸需要反复试算，不是直接设定的，只有通过试算找到合适的值，采用其他的办法进行计算都比较麻烦，并且计算过程十分繁琐。截止目前，国内外采用较多的是用比较简单的算图方法，下面将详细讲述算图方法的计算过程。

算图方法包含了 3 个过程，分别是许用外压、设计外压容器和外压封头厚度设计方法。

1. 算法介绍

理想设计的情况下外压圆筒的边界不存在不圆度，但是在实际生产的过程中会出现一

定的不圆度。因此,在进行环境设备的计算时应该考虑到许用压力应该比临界的压力要小,即

$$[p]=\frac{p_{cr}}{m} \tag{3.3.3}$$

式中 $[p]$——许用外压,MPa;

m——稳定系数,$m=3$。

在进行外压容器的设计时,一定要使该容器的临界压力不小于许用压力的 m 倍,才能够保证容器的正常使用。

2. 外压圆筒厚度设计

在进行环境设备的设计时,需要通过一系列的计算才能得到设计的厚度,其步骤如下:

①$D_0/\delta_e \geqslant 20$ 的外压圆筒及外压管计算;

②$D_0/\delta_e<20$ 的外压圆筒及外压管计算;

③外压封头厚度设计方法。

3.3.3 加强圈设计

一般来说外压容器的强度可以通过增加筒体的厚度或者减小筒体的长度来获得。在进行环境设备的设计过程中增加厚度的方法经常被舍弃,因为这样做是不经济的。一般都是通过减小筒体的长度来获得外压容器的强度。有的时候还采用加强圈来增强对筒壁的支撑作用,从而提高其抗损坏能力。加强圈一般采用扁钢、角钢等做成,如图 3.3.2 所示。

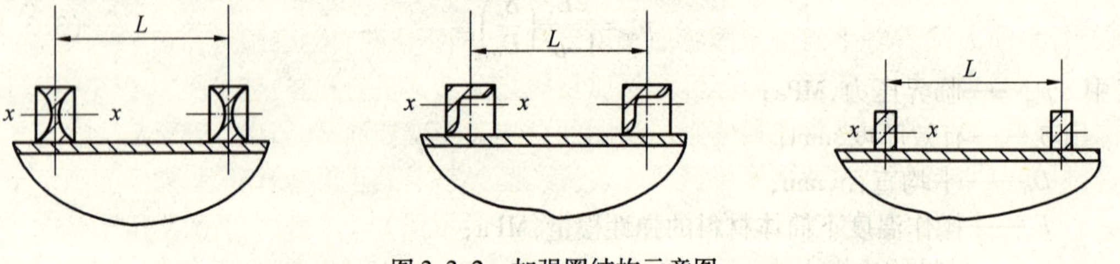

图 3.3.2 加强圈结构示意图

在外压圆筒上设置了加强圈后,还需要确定出两个加强圈之间的最大间距,从而达到既能够增强抗压能力,还能够达到经济的效果,其最大间距为

$$L=\frac{2.59ED_0\dfrac{\delta_e}{D_0}}{mp} \tag{3.3.4}$$

加强圈可设置在容器的内面或外面,其与筒体的连接可用焊接或铆接,使之与筒体紧密贴合。为了保证壳体与加强圈的加强作用,加强圈不能任意削弱或割断。对于设置在筒体外部的加强圈比较容易做到,但对设置在内壁的加强圈有时就不能满足这一要求,如水平容器中的加强圈,必须开排液小孔。

3.4 容器零部件结构设计

容器的零部件包括法兰、支座、人孔、手孔、视镜、液面计等,为便于设计和成批生产,提

高互换性和劳动生产率,围绕这些零部件都制定了相应的标准。本节主要介绍零部件中的法兰、支座、安全装置及相关附件的设计。

3.4.1　法兰

法兰主要是用来连接一些强度比较高的构件,其结构示意图如图 3.4.1 所示。

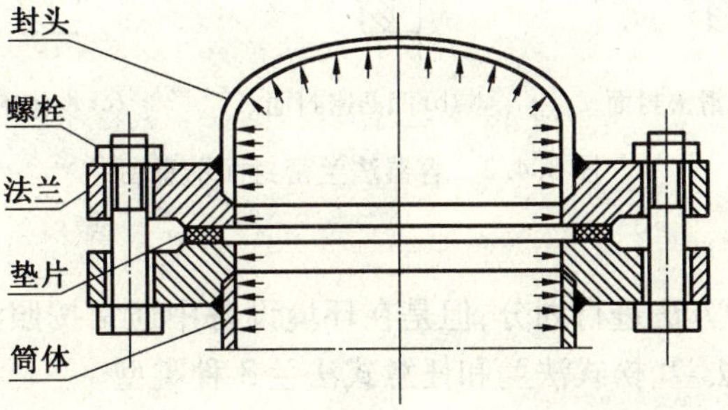

图 3.4.1　法兰连接示意图

法兰连接具有较高的强度、刚度和较好的严密性,而且适用尺寸范围很大,所以常常被用于压力容器各部件的连接。我国已经制定出容器法兰的相关标准,可以按公称直径和公称压力选取,只有少量超出标准规定范围的法兰,才需进行设计计算。

1. 法兰连接结构与密封原理

一般来说法兰主要是由若干个螺栓和一个垫片组成,垫片起到密封以及改变凹凸不平的间隙的作用,从而就可以阻止介质泄漏。当设备或管道处于工作状态时,介质内压形成的轴向力使螺栓被拉伸,法兰压紧面沿着彼此分离的方向移动,降低了压紧面与垫片之间的压紧应力。如果垫片具有足够的回弹能力,使压缩变形的回复能补偿螺栓和密封面的变形,而使压紧密封比压值至少降到不小于某一值(这个比压值称为工作密封比压),则法兰压紧面之间能够保持良好的密封状态。相反,如果垫片的弹力不足,会使得结构件之间的密封出现故障,从而影响正常运行。因此,为了实现法兰连接处的密封,必须使密封组合件各部分的变形与操作条件下的密封条件相适应,即使密封元件在操作压力作用下,仍然保持一定的残余压紧力。为此,螺栓和法兰都必须具有足够大的强度和刚度,使螺栓在容器内压形成的轴向力作用下不发生过大的变形。

2. 法兰的密封面形式

法兰的密封面形式主要有光滑密封面、凹凸密封面和榫槽密封面 3 种类型,如图 3.4.2 所示。

(1)光滑密封面。光滑密封面结构简单,制造方便。但垫片不易对中压紧,压紧时垫片易被挤出,密封性能较差。主要用于压力较低或泄漏所造成的后果不十分严重的场合。

(2)凹凸密封面。这种密封面由一个凸面和一个凹面配对组成,压紧时能防止垫片被挤出,密封效果好,广泛用于压力较高的场合。

(3)榫槽密封面。由一个榫面和一个槽面配对组成,这种密封面密封性能良好,常用在高压或压力虽然不高但泄漏危害较大的场合。

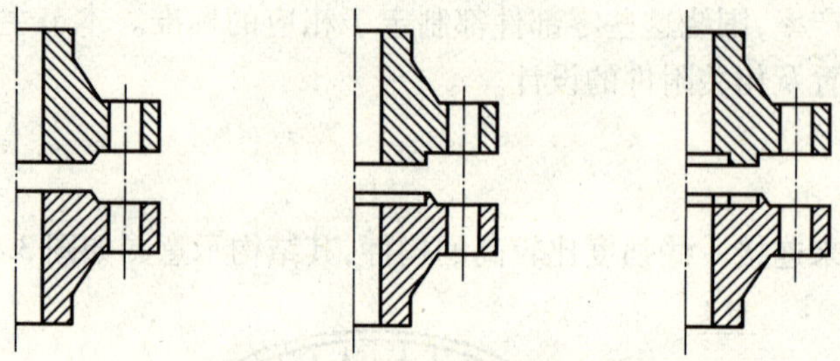

(a) 光滑密封面　(b) 凹凸密封面　(c) 榫槽密封面

图 3.4.2　容器法兰密封面示意图

3. 法兰分类

法兰可以按照多种方法进行划分,但是在环境设备中通常按照法兰环的连接情况来进行划分,主要分为整体法兰、松式法兰和任意式法兰 3 种类型。

(1)整体法兰。法兰环、法兰颈部及容器(或接管)三者能有效地连接成一整体结构时称为整体法兰,其密封效果最好,常见的整体法兰有平焊法兰和对焊法兰两种。如图 3.4.3 所示。

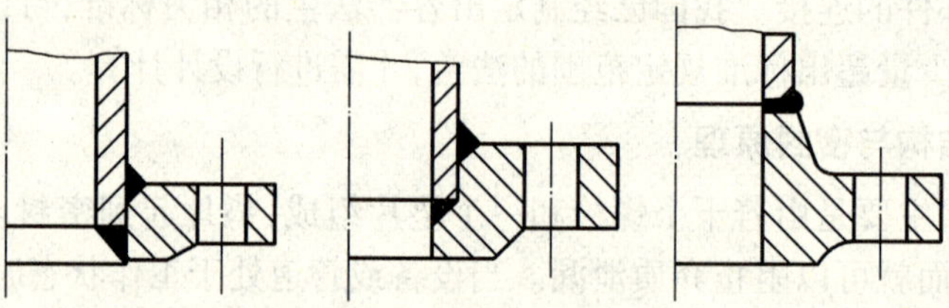

图 3.4.3　整体法兰示意图

(2)松式法兰。松式法兰亦称活套法兰或自由法兰,是指法兰未能有效地与容器或接管连接成一整体,不具有整体式连接的同等结构强度。其结构如图 3.4.4 所示。

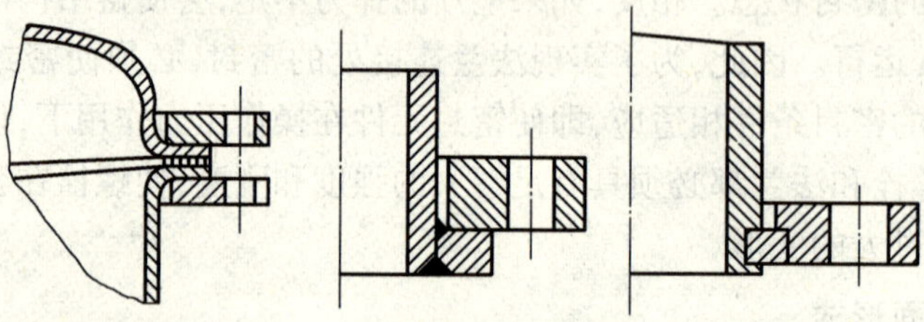

图 3.4.4　松式法兰示意图

(3)任意式法兰。这类结构的特点是法兰环与被连接件存在一定的连接,但又没能完全融合为一整体。任意式法兰的刚性与密封效果介于前两者之间。

4. 法兰密封垫片的选择

在进行环境设备的连接时,密封性非常重要,如果密封性不好,可能会使外部气体进入或者内部的气体溢出,同时还可能渗漏出一些会使设备腐烂的料液等。因此,对法兰密封垫片的选择就显得尤为的重要。通常情况下法兰的密封垫片分为 3 大类。

(1)非金属垫片。常用材料有橡胶、石棉橡胶、聚四氟乙烯、膨胀石墨等,这些材料的优点是柔软和耐腐蚀,但耐温和耐压性能较金属垫片差,适用于常、中温和中、低压设备的法兰密封。

(2)金属垫片。常用材料有铁、钢、合金钢、铜、铝、镍、银等,其中铝质垫片应用比较广泛。

(3)金属和非金属组合垫片。常用的组合垫片有金属包垫片和缠绕垫片。金属包垫片以石棉、石棉橡胶作为芯材,外包镀锌铁皮或不锈钢薄板,常用于中低压($p\leqslant 6.4$ MPa)和较高温度($t\leqslant 450$ ℃)的场合。

一般情况下,垫片的密封情况与它的厚度和宽度以及形状都存在较大的联系,如果垫片的厚度较大,其变形量也就更大,就可能使得最后的泄漏程度越小。但若垫片太厚,其比压力分布就可能不太均匀,垫片就容易被压坏或挤出。垫片越窄,越容易压紧,故一般垫片宜取较小的宽度。

3.4.2　容器支座

支座的作用就是用来固定容器的,使得容器能够在一定的位置保持稳定的状态。在环境设备中容器的支座主要分为两种类型,分别是卧式容器支座和立式容器支座。

1. 卧式容器支座

卧式容器的支座主要由鞍座、圈座和支腿所构成,如图 3.4.5 所示。在卧式容器的 3 种支座中,应用最广的是鞍座,大型卧式储槽、换热器等卧式圆筒形容器通常采用鞍座;对于大直径的薄壁容器和真空操作的容器或支座多于两个时,为了加强支承处的筒体,则采用受力情况比鞍座好的圈座;腿式支座结构简单,但支承反力集中作用于局部壳体上,会造成较大的局部应力,仅适用于小型卧式容器($DN\leqslant 1\ 600$ mm,$L\leqslant 5$ m)。

(a) 鞍座

(b) 圈座

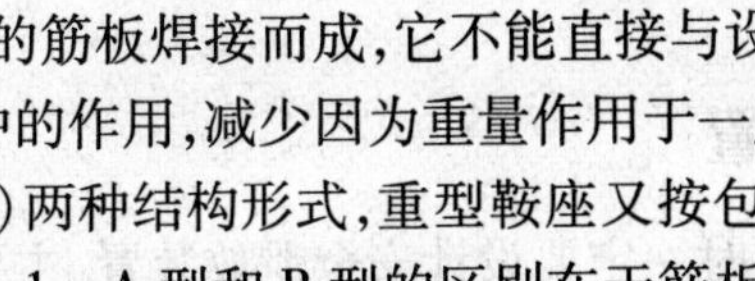

(c) 支腿

图 3.4.5　卧式容器支座示意图

鞍座主要是由横向和纵向的筋板焊接而成,它不能直接与设备相连,而是在与设备接触的位置加上垫片,以此起到缓冲的作用,减少因为重量作用于一点而使得容器损坏。鞍座分为轻型(代号 A)、重型(代号 B)两种结构形式,重型鞍座又按包角、制作方式及是否附带垫板情况分为 5 种型号,见表 3.4.1。A 型和 B 型的区别在于筋板、底板和垫板等尺寸不同或数量不同。鞍座的底板尺寸应保证基础的水泥面不被压坏。

表 3.4.1　鞍座的形式

型号	代号	适用公称直径 DN/mm	结构特征
轻型	A	1 000 ~ 4 000	焊制，120°包角，带垫板，四至六块筋板
重型	BI	159 ~ 4 000	焊制，120°包角，带垫板，单至六块筋板
	BII	1500 ~ 4 000	焊制，150°包角，带垫板，四至六块筋板
	BIII	159 ~ 900	焊制，120°包角，不带垫板，单至两块筋板
	BIV	159 ~ 900	弯制，120°包角，带垫板，单至两块筋板
	BV	159 ~ 900	弯制，120°包角，不带垫板，单至两块筋板

2. 立式容器支座

立式容器的支座有腿式支座、支承式支座、耳式支座。

(1) 腿式支座。腿式支座又称支腿，是将角钢或钢管直接焊在筒体或筒体的加强板（垫板）上，其构造简单、轻巧、便于制造、安装，并在容器下面留有较大空间，便于操作、维修，一般用于直径较小、高度较低、重量较轻的中小型立式容器（$DN \leqslant 1\ 600$ mm，$H<5$ m）。

(2) 支承式支座。支承式支座的高度不会大于 10 m，分为两种类型，分别是由数块钢板焊接而成的 A 型和由钢板与钢管焊接而成的 B 型，如图 3.4.6 所示。

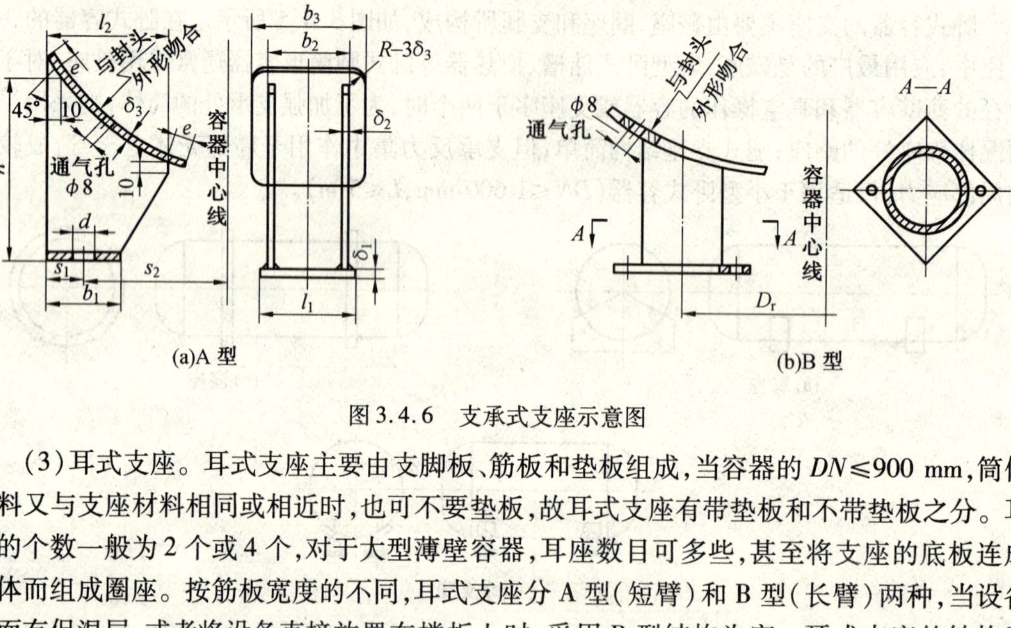

图 3.4.6　支承式支座示意图

(3) 耳式支座。耳式支座主要由支脚板、筋板和垫板组成，当容器的 $DN \leqslant 900$ mm，筒体材料又与支座材料相同或相近时，也可不要垫板，故耳式支座有带垫板和不带垫板之分。耳座的个数一般为 2 个或 4 个，对于大型薄壁容器，耳座数目可多些，甚至将支座的底板连成一体而组成圈座。按筋板宽度的不同，耳式支座分 A 型（短臂）和 B 型（长臂）两种，当设备外面有保温层，或者将设备直接放置在楼板上时，采用 B 型结构为宜。耳式支座的结构示意图如图 3.4.7 所示。

3.4.3　安全泄放装置

在进行压力容器的设计时一定要设计安全泄放装置，主要是为了保证安全，防止因为压力无法承受而出现爆炸，从而危害安全。目前，最常使用的安全泄放装置是安全阀和爆破片，爆破片利用膜片的断裂来泄压，泄压后容器被迫停止运行。常用的爆破片有正拱型爆破片、反拱型爆破片、剪切型爆破片和石墨爆破片。

(1) 正拱型爆破片。正拱型爆破片属于拉伸应力断裂失效的爆破片，结构为一块圆形

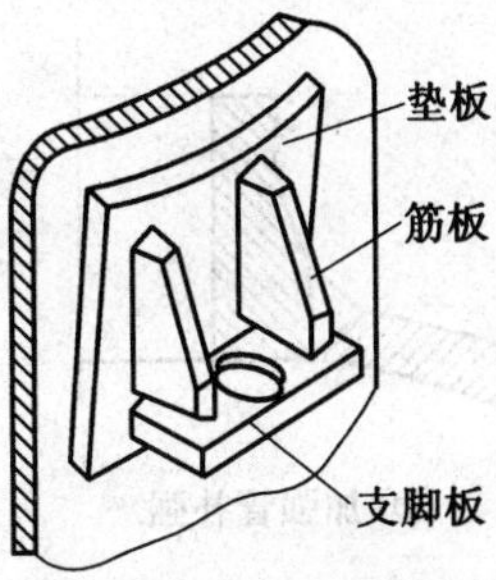

图 3.4.7　耳式支座的结构示意图

薄板,中间部分拱成类似球面的形状,周边为压紧密封面。正拱型爆破片一般适用于气体介质,只有具备特殊考虑的开缝正拱型爆破片方可用于液体介质。

(2)反拱型爆破片。这种爆破片在爆破时失去了应力和稳定性,目前反拱型爆破片的形状主要有带刀型、鄂齿型、脱落型、开缝型和刻槽型等种类。反拱型爆破片必须用于受压侧存在一定体积气体的场合,但刻槽型能用于液体介质。

③剪切型爆破片。剪切型爆破片的膜片是中间厚周边薄的金属片,其构造如图 3.4.8 所示。过载时,膜片的周边受剪切力作用而破坏。

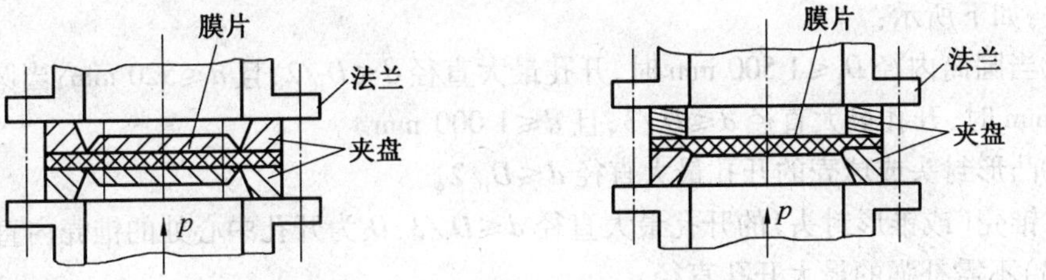

图 3.4.8　剪切型爆破片示意图

④石墨爆破片。系采用人工晶体石墨制成的平板型爆破片,最适用于较低爆破压力且要求有抗化学腐蚀环境的场合。

3.4.4　容器开孔与相关附件

1. 容器的开孔与补强

在进行环境设备的设计时,需要考虑到工艺的需求,不能够完全按照相关的标准进行设计。但是如果在压力容器上进行开孔则很有可能会使得容器的抗压能力下降。此外,由于材质和制造缺陷等因素的综合作用,开孔接管附近可能成为压力容器的破坏源——主要是疲劳破坏和脆性裂口。因此,需要对结构开孔部位进行补强,以保证容器安全运行。

(1)开孔补强结构。

目前常用的开孔补强结构主要有 3 种形式,如图 3.4.9 所示。

①补强圈补强。这种方式主要是在开孔边缘增加一块钢板来强化开孔处的强度,这种方法操作比较简单,制造出来的设备结构也比较简单。但补强面积分散,补强效率不高;补强圈与壳体的搭接焊缝易产生裂纹,抗疲劳性能差。补强圈与壳体表面容易产生间隙,对传热不利而产生温差应力。

②加强管补强。这种方式是在开孔处加一根短管,利用短管的厚度来强化开孔处的强度。这种结构使补强金属全部处于峰值应力区域内,因而能有效地降低开孔周围的应力集

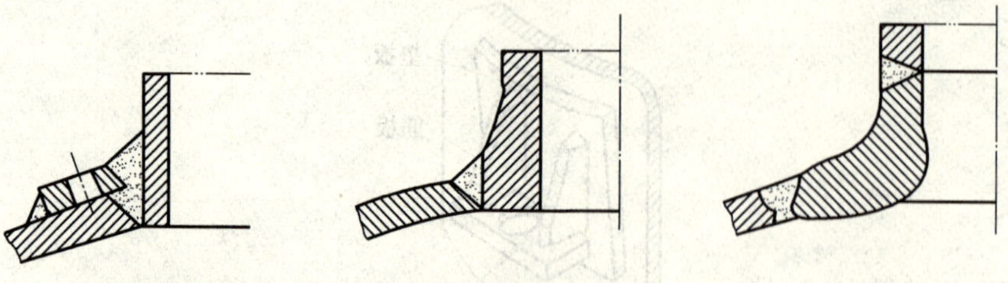

(a) 补强圈补强　　(b) 加强管补强　　(c) 整体补强

图 3.4.9　补强元件示意图

中。适用于低合金高强度钢容器的开孔补强。

③整体补强。用增加整个壳体壁厚的办法,或将接管与壳体连接部分连同加强部分做成一个整体锻件,再与接管和壳体焊接在一起,以达到所需的强度要求。整体补强形式一般用于重要设备及开孔直径大的补强设计上。当筒体上开设排孔或封头上开孔较多时,采用容器壁整体补强结构的经济性也较好。

(2)允许开孔的范围。

环境设备容器,特别是内外压容器的开孔不是随意的,开孔的大小与所需承受的压强息息相关,如下所示:

①当圆筒内径 $D_i \leqslant 1\ 500$ mm 时,开孔最大直径 $d \leqslant D_i/2$,且 $d \leqslant 520$ mm;当圆筒内径 $D_i >$ 1 500 mm 时,开孔最大直径 $d \leqslant D_i/3$,且 $d \leqslant 1\ 000$ mm。

②凸形封头或球壳的开孔最大直径 $d \leqslant D_i/2$。

③锥壳(或锥形封头)的开孔最大直径 $d \leqslant D_i/3$,D_i 为开孔中心处的锥壳内直径。

(3)不需补强的最大开孔直径。

内外压容器如果通过补强措施其最大开孔直径能比较大,但是对于那些没有经过补强的内外压容器来说,其开孔的大小受到很大的限制,其孔径的大小与所需承受的压强关系很大。在计算壁厚时考虑了焊接接头系数而使壁厚有所增加;钢板具有一定规格,致使实际采用的壳体壁厚往往超过实际强度的需要;容器上的开孔总有接管相连接,其接管多于实际需要的壁厚也起补强作用;容器材料具有一定的塑性储备,允许承受不是过大的局部应力。

①两相邻开孔中心的间距(对曲面间距以弧长计算)应不小于两孔直径之和的两倍;

②设计压力小于或等于 2.5 MPa;

③接管公称外径小于或等于 89 mm。

2. 容器的接管与凸缘

容器上的接管与凸缘有着多种功能,不仅可以用来连接容器,还可以用来安装一些仪表等。

(1)接管。

接管伸出设备壳体的长度应按便于上紧螺栓和设置保温层厚度来考虑,图 3.4.10 为铸造接管结构示意图,表 3.4.2 为一般推荐用接管长度。

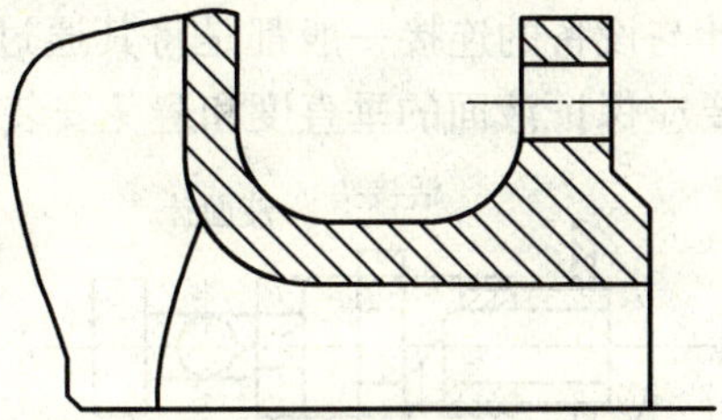

图 3.4.10　铸造接管结构示意图

表 3.4.2　一般推荐使用接管长度　mm

公称直径 *DN*	不保温设备接管长	保温设备接管长	适用公称压力	
			MPa	kg/cm^3
≤15	80	130	≤4.0	≤40
20 ~ 50	100	150	≤1.6	≤16
70 ~ 350	150	200	≤1.6	≤16
70 ~ 500	150	200	≤1.0	≤10

(2)凸缘。

当接管长度必须很短时,可用凸缘(又称突出接口)来代替接管,凸缘本身具有加强开孔的作用,不需再另行补强,缺点是当螺柱折断在螺栓孔中时,取出较困难。由于凸缘与管道法兰配用,因此其连接尺寸应根据所选用的管法兰来确定。

3. 视镜与液面计

(1)视镜。

视镜主要是用来观察容器内部的情况,目前视镜的形式有很多,最常见的是圆形视镜。这种视镜的公称直径有很多种,分别是 80 mm、100 mm、125 mm 和 150 mm 等形式。图 3.4.11所示为不带颈视镜,其结构简单,不易结料,便于窥视,应优先使用。当视镜需要斜装或设备筒体直径与视镜直径相差较小时,则采用带颈视镜,如图 3.4.12 所示。

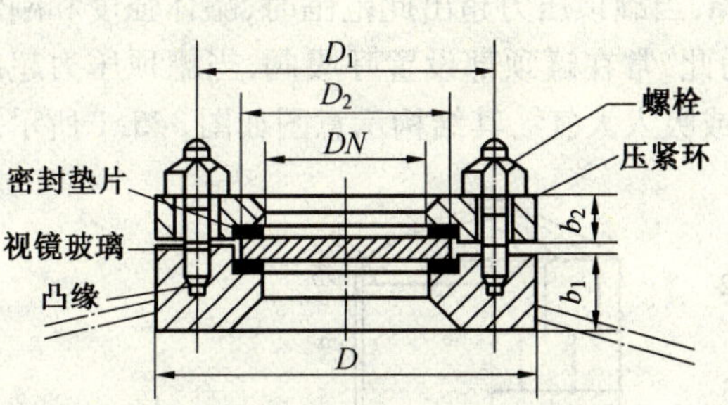

图 3.4.11　不带颈视镜结构示意图

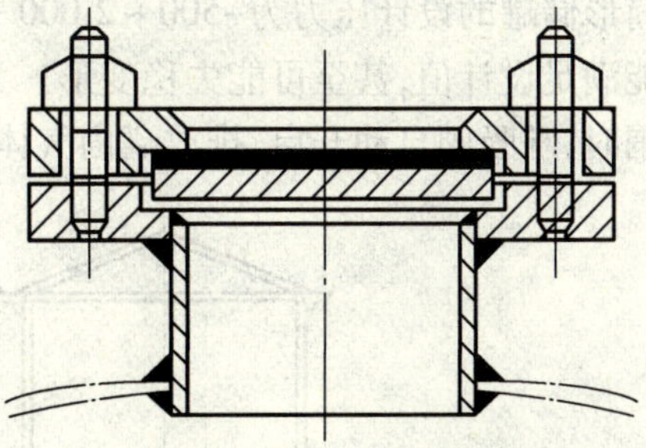

图 3.4.12　带颈视镜结构示意图

(2)液面计。

液面计也是密闭容器中必不可少的一种零配件,因为肉眼无法看到内部的液面,而通过液面计则可以指导操作人员进行物料的添加或者物料的卸载。液面计的结构形式一般分为玻璃管液面计、玻璃板液面计、浮标液面计、浮子液面计、磁性浮子液面计、防霜液面计等。最常用的形式是玻璃管液面计和玻璃板液面计,前者用在常、低压设备,后者用在中压和高压设备。

如图 3.4.13 所示,液面计与设备的连接一般都是将其通过法兰、活接头或螺纹接头与设备连接在一起。连接时主要应保证液面的垂直度和避免安装应力,以及安装方便。

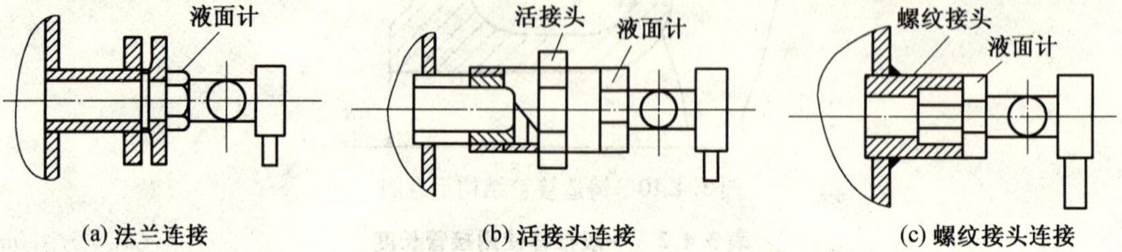

图 3.4.13　液面计与设备连接示意图

3.5　钢制常压容器的设计

钢制常压容器的要求没有压力容器的标准严格,因为常压下容器不会发生爆炸等安全事故,一般只要求符合相关的设计标准即可。对受液柱静压力作用的卧式圆筒形钢制常压容器而言,*DN*300 ~ 4 000 mm 的碳素钢筒体计算厚度均小于其最小厚度 3 mm,而不锈钢筒体的计算厚度均小于其最小厚度 2 mm。因此,对于中、小型常压圆筒容器而言,容器的设计厚度与设计压力无关,仅受最小厚度控制。下面主要介绍立式圆筒形储罐和矩形容器的设计。

3.5.1　钢制立式圆筒形储罐的设计

这种类型的容器一般是直接安放在钢筋混凝土上面,它的类型有多种,可以是敞口的,也可以是密封的。钢制立式圆筒形储罐一般由罐壁、罐底和罐顶(敞口储罐则无罐顶)组成,生活污水、一般工业废水的生化反应器大都是敞口的;反之,则必须采用加盖的密闭储罐。罐顶有自支承锥顶和自支承拱顶等形式,两种顶盖必要时还可加肋以增加其强度。立式圆筒形储罐的设计压力为-500 ~ 2 000 Pa,当罐顶压力超出此范围时,罐体强度和刚性可能不能满足设计值,甚至可能失稳变形。为此,常在罐顶部设置呼吸阀,当罐顶压力超出预设范围时,呼吸阀自动开启,排放罐内气体或吸入大气。其结构示意图如图 3.5.1 所示。

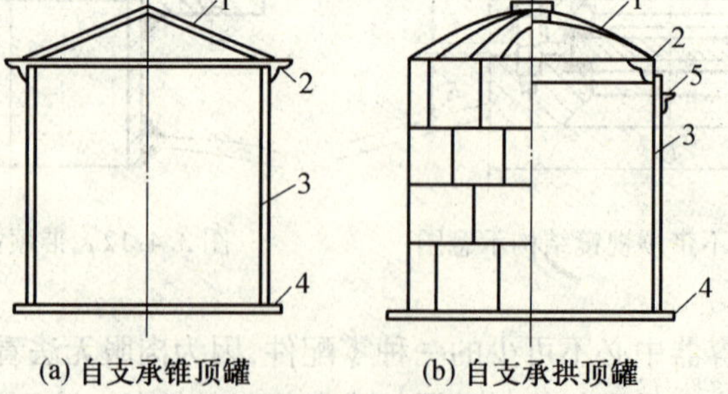

图 3.5.1　立式圆筒形储罐外形结构示意图

1—罐顶;2—包边角钢;3—罐壁;4—罐底;5—加强圈

钢制立式圆筒形储罐的压力不是单独设计的,而是与排气阀有关,其大小一般为排气阀压强的 1.2 倍左右。其顶盖的安装方式有很多种，可以是浮动的，也可以是固定的，选择哪种需要视具体情况而定。无论储罐有无顶盖，一般在罐壁顶端都设置一圈用角钢制成的加强圈，称为包边角钢。这是因为罐壁底端与罐底焊接成一体，不可能发生变形；但罐壁顶端是自由端，在局部外力作用下可能发生变形，所以需要对顶端加强。此外，包边角钢的作用还便于连接顶盖或栏杆、平台等附件。

其设计主要包含罐壁板的设计、罐顶板的设计、包边角的设计和储罐底部、风载荷作用下的稳定性校准和附件。

(1)罐壁板的设计。

$$\delta=\frac{p_c D_i}{2\sigma_t\phi} \tag{3.5.1}$$

式中　δ——罐壁板的计算厚度，mm；

D_i——圆筒的内径，mm；

p_c——计算压力，MPa；

σ_t——设计温度下圆筒材料的许用应力，MPa；

ϕ——焊接接头系数。

(2)罐顶板的设计。

锥顶板的有效厚度不小于 4.5 mm，其计算厚度为

$$\delta_t=\frac{2.24D_i}{\sin\theta}\sqrt{\frac{p_0}{E^t}} \tag{3.5.2}$$

式中　δ_t——罐顶板的计算厚度，mm；

D_i——储罐的内直径，mm；

p_0——罐顶的设计压力，MPa；

θ——罐顶起始角度。

(3)包边角钢的设计。

罐顶与罐壁上端的连接处应设置包边角钢，包边角钢与罐壁的连接可以是对接或搭接，也可以采用相当截面积的钢板组焊而成。确定包边角钢的截面尺寸时，首先需要确定罐顶与罐壁连接处的有效面积 A，该有效面积为边角钢截面积加上与其相连接的罐壁和罐顶板上 16 倍板厚范围内的截面积之和。

$$A\geqslant\frac{pD_i^2}{8\sigma_t\phi\sin\theta} \tag{3.5.3}$$

式中　p——灌顶的设计压力，MPa。

(4)储罐底部设计。

储罐底部一般都是采用钢板拼接而成，这些钢板的宽度不会超过 2 m，从而使得罐内的空间比较大。罐底边缘板沿储罐的半径应该大于 700 mm。边缘底板与底层壁板焊接连接的部位应做成平滑的支承面，边缘板对接焊接接头下应加厚度不小于 4 mm 的垫板，垫板必须与边缘板紧贴，当边缘板名义厚度小于 6 mm 时，可不开坡口，但焊接接头间隙应大于 6 mm。厚度大于 6 mm 的边缘板应采用 V 形坡口。底层垫板与边缘板之间的连接，应采用两侧连续角焊。在地震设防烈度大于 7 度的地区建罐，且角焊接头应圆滑过渡。

(5)风荷载作用下罐壁的稳定性能校准。

当风吹到罐壁上的时候，会对罐体造成一定的挤压作用，可能会使罐体倾斜，如果设计时没有考虑到这些问题就可能使罐体被翻倒。罐壁的稳定性应该满足公式：

$$p_{cr} \geqslant 2.25K_z q_0 + p_1 \tag{3.5.4}$$

式中 K_z——风压高度变化系数，在近海面、海岛、湖岸及沙漠地区时，取 $K=1.38$；在田野、乡村、丛林、丘陵及房屋比较稀疏的中、小城镇和大城市郊区时，取 $K=1.0$；在有密集建筑群的大城市市区，取 $K=0.71$；

q_0——建罐地区的基本风压值，MPa；

p_1——设计负压的1.2倍，MPa。

(6)附件。

储罐的附件应包括罐壁人孔、罐顶人孔、清扫孔、呼吸阀、量油孔、排水槽、梯子平台等，其附件应根据生产工艺要求设置并按有关规定选用。

3.5.2 大型罐体设计制造中的新技术

目前比较先进的大型罐体设计技术主要是Lipp技术，这种技术可以总结为"螺旋、双折边、咬口"。Lipp罐制作时薄钢板通过一台折边机和一台咬合机进行自动化加工，在折边机上薄钢板上部被折成"h"形而下部被折成"n"形，在咬合机上薄钢板上部与上一层薄钢板的下部被咬合在一起，形成一条截面面积较大的咬合筋，如图3.5.2所示。

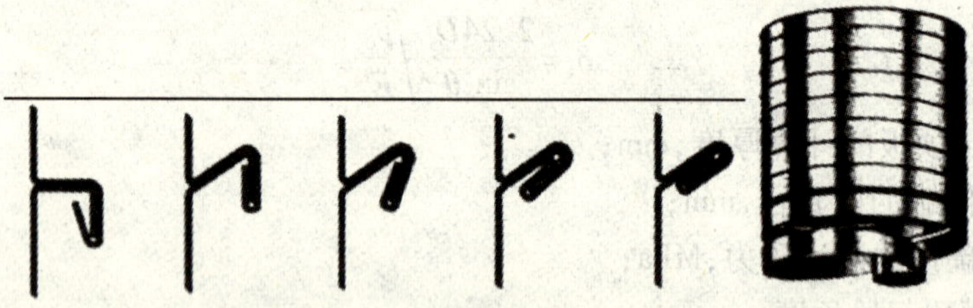

图3.5.2 Lipp技术制罐过程

从图3.5.2可知，这种技术在制备相应的罐体过程中，预先放置于咬合口中间的柔性密封填料被延展和压紧，使上下钢板的咬合口形成可靠的密封。通过围绕筒仓外侧形成一条30~40 mm宽连续环绕、螺旋上升的凸条，从而形成圆筒形罐体。采用该技术制成的容器被称为双折边螺旋咬合容器，通常也被称为Lipp罐。

根据Lipp技术的设计原理我们可以知道，这种技术在制备的过程中主要是具有连续性，并且呈现螺旋上升，这就使得咬合起来的钢筋的强度非常高。其咬合筋的厚度相当于壁板厚度的5倍，宽度为壁板厚度的10多倍，其截面系数与惯性矩均不亚于较大型号的角钢，等于在罐体上添加了若干条横向加强圈，既增加了壁板的环向抗拉强度，又提高了罐体的稳定性。

在环境设备的设计中直接设计和计算罐体的环向拉力较复杂，一般都是通过钢板厚度与罐体直径和水力高度的相关性来进行计算：

$$\delta = KDH \tag{3.5.5}$$

式中 δ——所选钢板材料的厚度，mm；

D——需卷制罐体的直径，m；

H——罐体内的水力高度，m；

K——与介质、材料机械性能等有关的综合系数。

从上式可以看出，在罐体直径 D 和系数 K 不变的情况下，同一罐体在不同的水力高度下可以选用不同厚度的钢板。Lipp 制罐技术的另一好处就是欲更换不同厚度的钢板制罐时，只需对制罐设备进行简单调整。由于制罐钢板本身较薄，罐体制作完成后无论是在罐体外还是罐体内都不易发现钢板的变化处，可以保证罐体美观。

如果所设计的罐体需要具有防腐功能，一般情况下都选用不锈钢复合板，然后通过 Lipp 复合机械技术将其与镀锌钢板结合在一起，如图 3.5.3 所示。复合钢板卷制的罐体内壁将完全被不锈钢薄膜覆盖，以满足罐体的耐腐蚀要求，而镀锌钢板则能够满足罐体对强度的要求。考虑到两种材料不同的机械性能等因素，复合钢板上的不锈钢薄膜层等距离也被制作出了八字形。

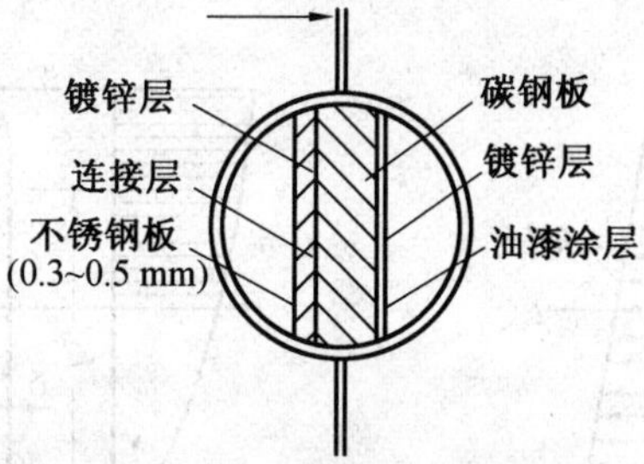

图 3.5.3　复合不锈钢板横截面示意图

在进行罐体的设计时，如果不采用不锈钢板则不需要考虑腐蚀性，从而其设计的厚度可设定为 2 mm 左右，直径较大且高度较高时，可以取 4 mm 左右。

Lipp 技术的底部密封设计是该项技术设计的重点，因为多半的 Lipp 罐都是建造在地上，且底部一般都是埋在地下。这就使得罐体的重力分布需要均匀，且底部的设计需要使重力能够均等地分摊到地面基础上。因而相对钢筋混凝土池体来讲，Lipp 罐基础底板厚度可以薄得多，只要满足弹性地基圆形板的设计要求即可。针对 Lipp 罐体较薄、相对于基础底板刚度极少、对底板的不均匀变形反应较敏感这一特点，软弱地基和同一平面土质性能相差较大的地基应进行处理。另外，底板设计还应具备一定的整体刚度，以抵抗可能发生的不利因素。Lipp 罐体材质同钢筋混凝土底板完全不同，不能一次性整体连接，因此其与底板搭接处要做特殊的密封设计。Lipp 罐体同底板的连接方式主要有以下两种。

(1)预留槽定位与密封按罐体直径尺寸预留凹槽。

在进行设计时，需要让凹槽均匀，并且凹槽内部必须用混凝土进行密封，然后再采用沥青、SBS 改性油毡分层粘在罐体与混凝土搭接处的一定范围之内，最后在罐内外的底板上均覆盖一定厚度的细石混凝土保护层，并在混凝土与罐体的接缝处以沥青勾缝。考虑到底板厚度的限制以及罐体落仓时可能发生的误差，密封凹槽断面宽度通常设定为 200 mm，深度根据 Lipp 罐体的直径和高度来定，通常为 150 ~ 300 mm 不等。此种方式用于厌氧罐、SBR 池等贮水池。

(2)直接进行密封。

直接进行密封主要是说在平底板上定位与密封在未设预留槽的钢筋混凝土基础底板上平铺一定厚度的不锈钢板，再在不锈钢板下沿 Lipp 罐周边铺设 500 mm 宽的沥青橡胶板，Lipp 罐壁与不锈钢底板内外焊接，然后在罐体外侧以膨胀螺栓将不锈钢底板与钢筋混凝土连接固定,最后仍以细石混凝土在罐内外侧做保护层及沥青勾缝。

3.6　塔设备的结构强度设计

塔设备强度设计是指塔体与支座之间的设计。塔体主要是保证壁厚和封头能够承受相应的负荷强度,而支座的设计主要是使其能够承受住塔体的强度。

3.6.1　塔体强度的计算

塔设备在实际运行过程中受到多种外力的作用,需要承受自身的压力,还要承受容器外部风力的冲击和内部质量对塔体的挤压作用。图3.6.1为塔设备承受的负荷图。

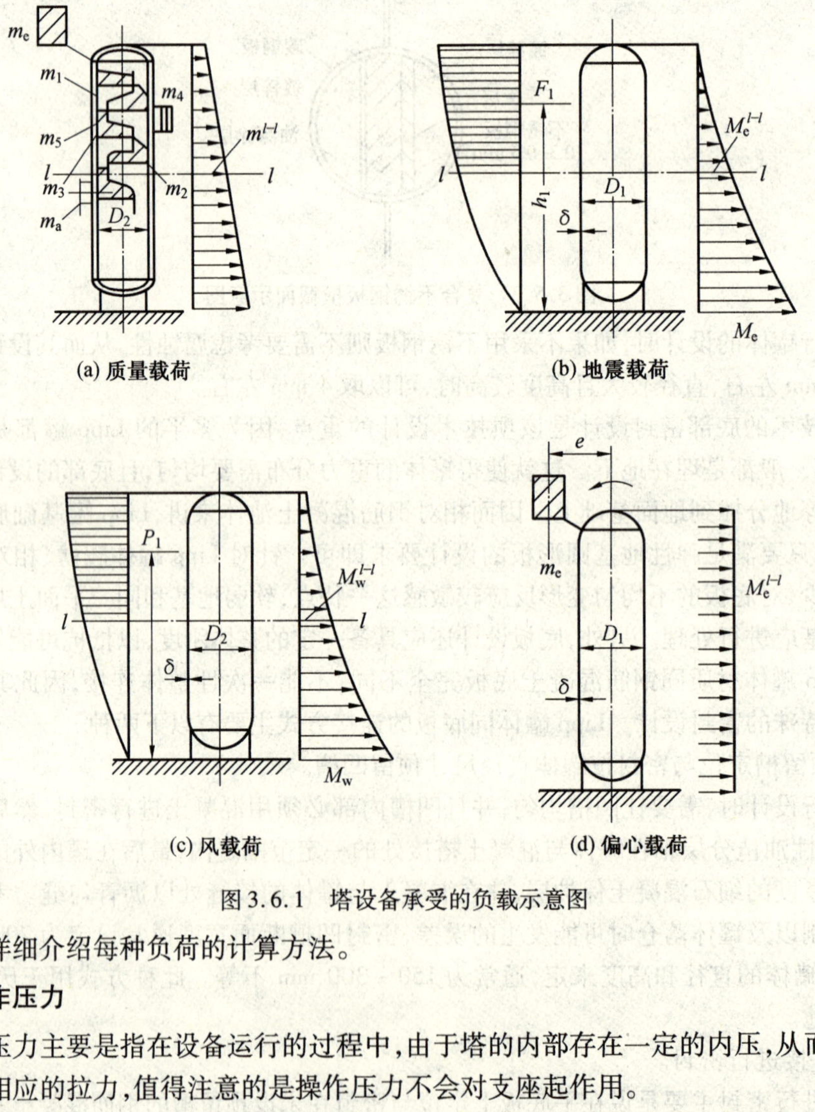

图3.6.1　塔设备承受的负载示意图

下面详细介绍每种负荷的计算方法。

1. 操作压力

操作压力主要是指在设备运行的过程中,由于塔的内部存在一定的内压,从而使其在塔壁上形成相应的拉力,值得注意的是操作压力不会对支座起作用。

2. 质量负荷

塔所承受的质量负荷较多,包含了塔自身的质量及塔在各种情况下的质量状态:

塔的操作质量：

$$m_0 = m_1 + m_2 + m_3 + m_4 + m_5 + m_a + m_e \tag{3.6.1}$$

塔的运行最大承受质量：

$$m_{max} = m_1 + m_2 + m_3 + m_4 + m_w + m_a + m_e \tag{3.6.2}$$

塔的运行最小承受质量：

$$m_{min} = m_1 + 0.2m_2 + m_3 + m_4 + m_a + m_e \tag{3.6.3}$$

式中　m_1——塔体和裙座质量，kg；

m_2——塔内件质量，kg；

m_3——保温材料质量，kg；

m_4——平台、扶梯质量，kg；

m_5——操作时塔内物料质量，kg；

m_w——塔内充液质量，kg；

m_a——人孔、接管、法兰等塔外附件质量，kg；

m_e——塔的偏心质量，kg。

3. 风载荷

在进行设计时，一定要考虑到风向对塔体本身的影响，如果风向过大，可能会使塔体发生形变，一旦塔体发生形变，就会使工艺的效率受到影响，同时可能使得整个塔设备都无法正常运行。吹到塔设备迎风面上的风压值，随设备高度的增加而增加。为计算方便，将风压值按塔设备高度分为几段，假设每段风压值各自均匀分布于塔设备的迎风面上。塔设备的计算截面应选取在其较薄弱的部位，如：塔设备的底部截面、裙座上人孔或较大管线引出孔处的截面、塔体与裙座连接焊缝处的截面等。两相邻计算截面区间为计算段，任一计算段风载荷的大小，与设备所在地区的基本风压值有关，同时也和塔设备的高度、直径、形状及自振周期有关。

两相邻计算截面间的水平风力为

$$F_i = K_1 K_{2i} q_0 f_i L_i D_{ei} \times 10^{-6} \tag{3.6.4}$$

式中　F_i——塔设备各计算段的风力，N；

D_{ei}——塔设备各计算段的有效直径，mm；

q_0——基本风压值，kN/m；

L_i——第 i 段计算长度，mm；

f_i——风压高度变化系数；

K_1——体形系数；

K_{2i}——塔设备各计算段的风振系数。

4. 地震载荷

当发生地震时，就必须考虑地震所产生的相应变形力，设备安装在地震烈度较高的地区时，就必须计算出因地震所产生的地震载荷，并将这种力所产生的效果计算在塔体所能承受的扭力中，地震载荷计算公式为

$$F_{1k} = \alpha_1 \eta_{1k} k m_k g \tag{3.6.5}$$

式中　F_{1k}——集中质量引起的基本振型水平地震力，N；

k——综合影响系数,对圆筒形直立设备取 $k=0.5$;

g——重力加速度,m/s^2;

m_k——距地面一定高度的集中质量,kg;

η_{1k}——基本振型参与系数;

α_1——对于周期的地震影响系数。

5. 偏心负荷

在塔设备安装好后,由于在塔设备的外部可能会安装相应的零部件,会使原本质量分布均匀的塔体发生变化。因此,在进行设计时需要适当地考虑由于这些零部件所产生的偏心负荷。塔体的偏心负荷可通过下式进行计算:

$$M_e = m_e g e \tag{3.6.6}$$

式中 M_e——偏心负荷;

m_e——偏心质量,kg;

e——偏心距,mm。

3.6.2　塔设备的支座及强度计算

在塔体设计好以后,需要根据塔体的具体情况进行相应的裙座设计,裙座主要是对塔设备起到支撑作用,支座的设计需要考虑到塔体的质量,以及塔体的高度和宽度来进行综合设计。裙座主要由裙座体、基础环及地脚灯构建而成。一般来说,裙座的上部与塔体的底部可以通过焊接进行连接,有时也通过螺栓加上垫片来进行连接。裙座体常常使用强度比较大的材料做成,裙座体的直径一般不超过 800 mm,裙座体和塔体的连接处应该和塔体的主体保持一定的距离,主要是为了保证塔体的重力能够得到很好的分散。当塔体的下封头由数块钢板组成时,裙座的上部应该设计相应的缺口,以防止焊接处和封头出现相互交叉的情况,其中缺口的设计形式如图 3.6.2 所示,螺栓座的构造如图 3.6.3 所示。

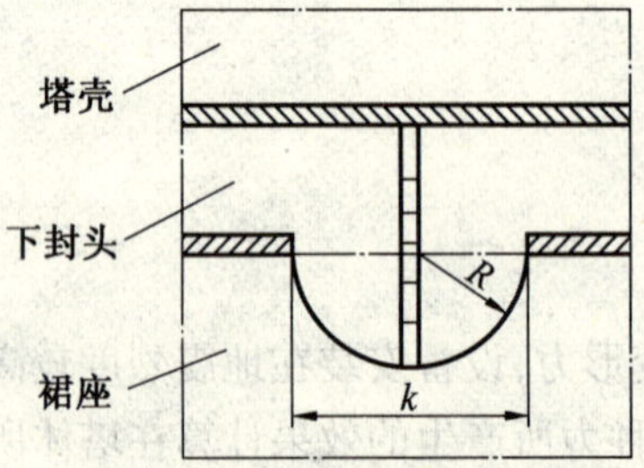

图 3.6.2　裙座的焊缝缺口示意图

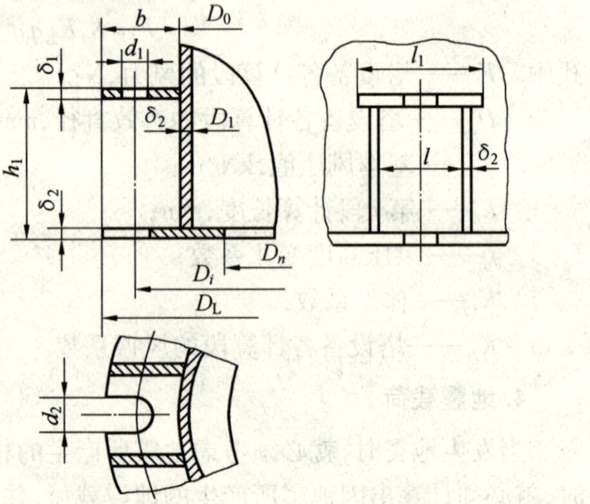

图 3.6.3　螺栓座的结构示意图

在进行裙座体与塔体的焊接时,需要对焊接缝的结构进行专门设计,这样才能使裙座壳的外径与塔体下封头的外径完全相同,从而使两者能够完全焊接在一起。这种焊接技术使其能够承受较大的轴向载荷，从而能够适用于大型的塔设备焊接技术。塔焊接缝要求裙座内径比塔体外径大时，焊缝承受的为切应力作用，受力的条件比较差，从而使其只能够适用于小型的塔设备。塔焊接缝结构示意图如图 3.6.4 所示。

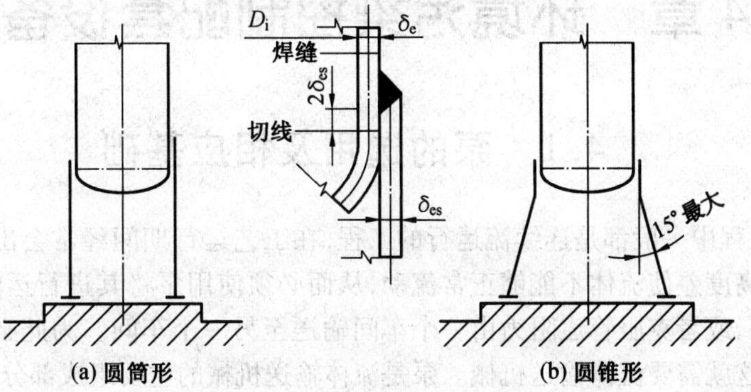

图 3.6.4　塔焊接缝结构示意图

思考与练习

1. 常压容器的分类有哪些？
2. 塔设备设计要求有哪些？
3. 内压容器筒体的强度设计主要涉及哪三个方面？
4. 外压容器的特点有哪些？
5. 如何进行法兰密封垫片的选择？

第4章　环境污染控制配套设备技术

4.1　泵的选用及相应基础

在环境工程中一般都是连续流运行的工程，在工艺运行期间经常会出现一定的流体高度差，而这种高度差使流体不能够正常流动，从而必须使用泵将其进行运输，由低压设备输送至高压设备，或者克服管道阻力由一个车间输送至另一个车间。为此必须对物料做功以提高其能量，这就需要流体输送机械。泵是流体输送机械的主要组成部分，尤其在水污染控制工程中，泵是整个工艺流程的“心脏”。为了选用既能符合生产要求且经济合理的泵，不仅要熟知被输送流体的性质、工作条件、输送要求，同时还要了解各种类型输送机械的工作原理、结构和特性。

在环境设备中，泵的形式多种多样，但使用最多的主要是离心泵、往复泵、潜水排污泵等。下面将着重介绍这几种泵的结构原理和工作原理。

4.1.1　离心泵

1. 离心泵的机构及原理

离心泵主要是由旋转的叶轮和固定的泵所构成的，如图4.1.1所示。

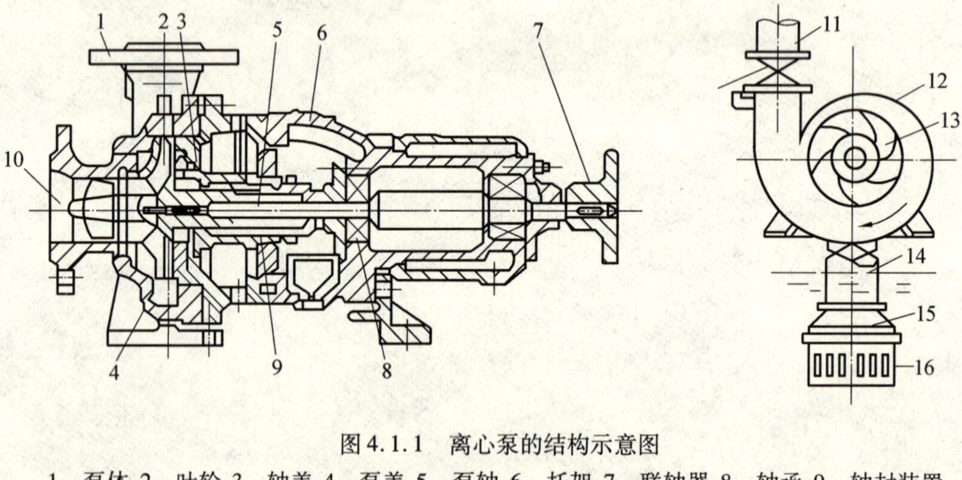

图4.1.1　离心泵的结构示意图

1—泵体；2—叶轮；3—轴盖；4—泵盖；5—泵轴；6—托架；7—联轴器；8—轴承；9—轴封装置；10—吸入口；11—排出管；12—蜗形泵壳；13—叶片；14—吸入管；15—底阀；16—滤网

叶轮是离心泵直接对液体做功的部件，其上带有叶片，工作时叶轮由电机驱动做高速旋转运动，迫使叶片间的液体也随之做旋转运动。同时因离心力的作用，使液体由叶轮中心向外缘做径向运动。液体在流经叶轮的运动过程中获得能量，并以高速离开叶轮外缘进入蜗形泵壳。在泵壳内，由于流道的逐渐扩大而减速，又将部分动能转化为静压能，经扩压管流入压出管道。

(1)叶轮。

离心泵的核心就是叶轮,泵的效率与叶轮息息相关,叶轮是安装在一个圆盘上面的叶片,一台离心泵一般由一个圆盘和多个叶片所构成。根据叶轮是否覆盖有盖板可以将其分为开式、半开式(或称半闭式)、闭式 3 种,如图 4.1.2 所示。

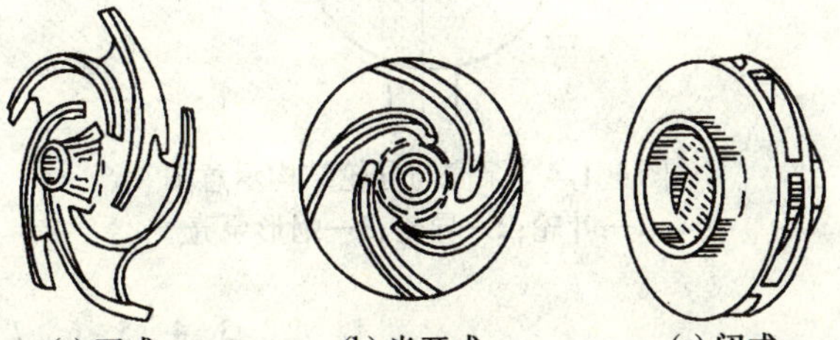

图 4.1.2　离心泵的叶轮示意图

由于闭式叶轮在输送含有固体杂质的液体时,容易发生堵塞,故此时多采用开式或半开式叶轮。对于闭式或半闭式叶轮,在输送液体时,由于叶轮的吸入口一侧是负压,而在另一侧是高压,因此在叶轮的两侧存在着压力差,从而存在对叶轮的轴向推力,使叶轮沿轴向向吸入口窜动,造成叶轮与泵壳的接触磨损。随着研究的深入,这种困难已经能够克服,主要是在叶轮的盖板上开很多的小孔,这些小孔起到平衡气流的作用,有时为了增大其效果,可以在同一个轴上安装多个叶片。

叶轮作为离心泵的核心,其主要是通过吸液进行工作,而吸液的方式可分为单吸式和双吸式两种,如图 4.1.3 所示。

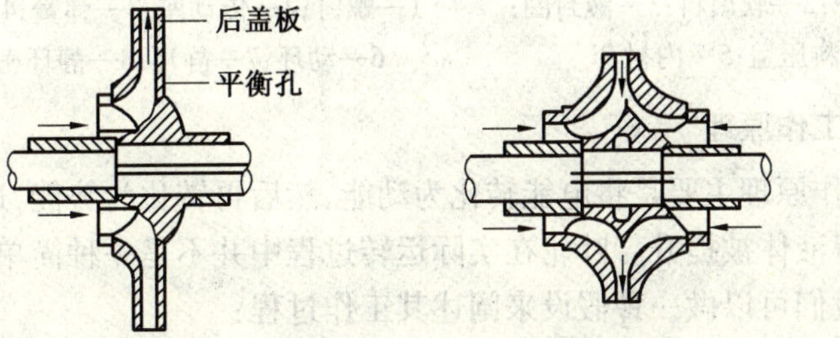

图 4.1.3　离心泵的吸液方式

(2)蜗形泵壳。

蜗形泵壳的主要特点是将所有的液体都集中在容器中,然后通过叶轮的转动将液体甩出去,从而达到提升和运输液体或者物料的作用,这是一种典型的动能向压力能的转化过程。图 4.1.4 为蜗形泵壳与导轮结构示意图。

(3)轴封装置。

由于泵壳是固定的而泵轴是转动的,因此在泵轴与泵壳之间存在一定的环形间隙。为了防止泵内液体沿间隙漏出泵外或空气沿相反方向进入泵内,需要采取流体带动密封措施。用来实现泵轴与泵壳之间流体带动密封的装置称为轴封装置,常用的密封方式有填料密封(图 4.1.5)与机械密封(图 4.1.6)两种。近年来,随着磁传动技术的日益成熟,出现了能够实现零泄漏的磁力传动离心泵。

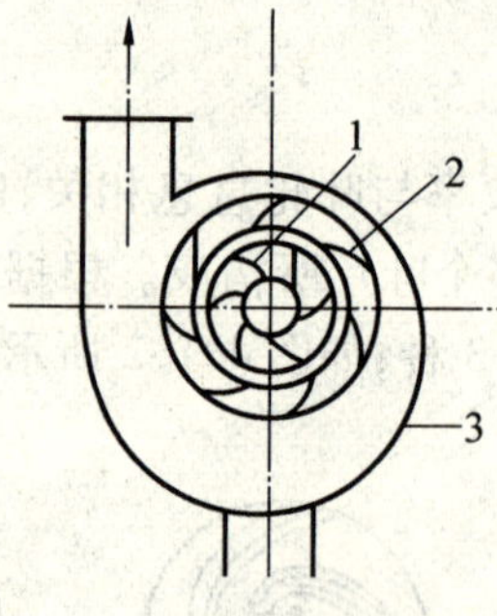

图 4.1.4 泵壳与导轮结构示意图

1—叶轮；2—导轮；3—蜗形泵壳

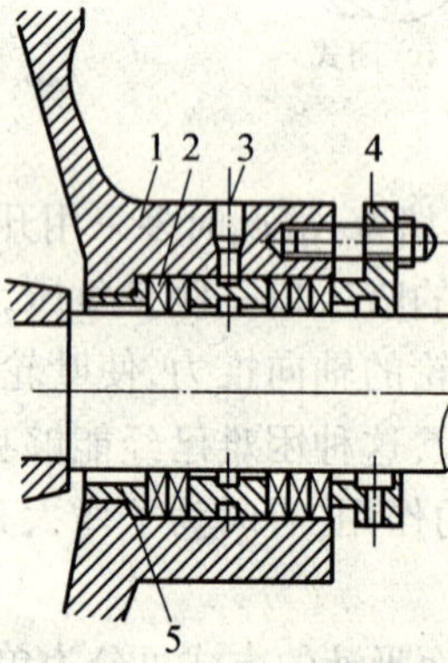

图 4.1.5 填料函密封装置

1—填料函壳；2—软填料；3—液封圈；4—填料压盖；5—内衬套

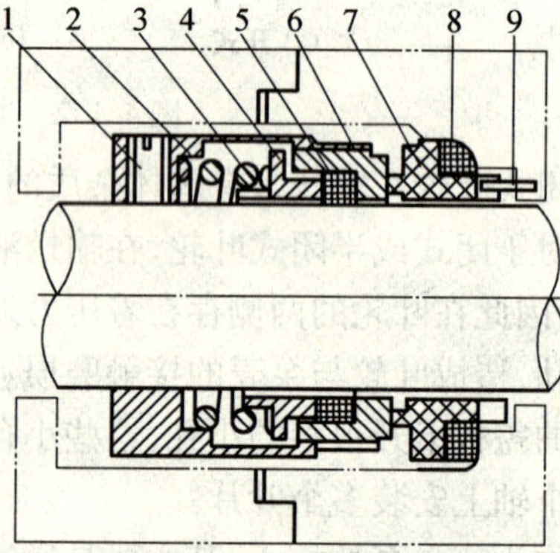

图 4.1.6 机械密封装置

1—螺钉；2—传动座；3—弹簧；4—推环；5—密封圈；6—动环；7—静环；8—静环密封圈；9—防转销

2. 离心泵的工作原理

离心泵的工作原理主要是将电能转化为动能，然后再转化为势能，通过叶轮的作用来提升水压，从而使得液体被提升。叶轮在实际运转过程中并不是一种简单的运转方式，其运转过程非常复杂，我们可以做一种假设来阐述其工作过程：

(1)叶轮内叶片的数目无限多，叶片的厚度为无限薄，液体完全沿着叶片的弯曲表面流动，无任何倒流现象。

(2)液体为黏度等于零的理想流体，没有流动阻力。

其工作示意图如图 4.1.7 所示。叶轮带动液体一起做旋转运动时，液体具有一个随叶轮旋转的圆周速度，其运动方向为所处圆周的切线方向；同时，液体又具有沿叶片间通道流动的相对速度 w，其运动方向为所在处叶片的切线方向；液体在叶片之间任一点的绝对速度为该点的圆周速度与相对速度的向量和。

泵的理论压头为

$$H_\infty = H_P + H_C \frac{p_2 - p_1}{\rho g} + \frac{c_2^2 - c_1^2}{2g} \tag{4.1.1}$$

式中 H_∞——叶轮提供给体压头，mH_2O；

H_P——理想液体经理想叶轮后静压头的增量，mH_2O；

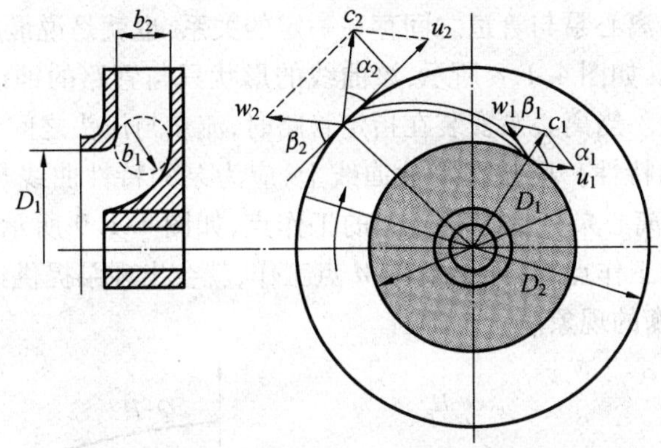

图 4.1.7　离心泵工作原理示意图

H_C——理想液体经理想叶轮后动压头的增量,mH_2O;

p_1、p_2——液体在进、出口处的压强,Pa。

3. 离心泵的性能参数与特性曲线

关于设备的性能,在出厂时设备上都会有相应的说明,包含了设备的型号、流量、扬程以及功率等。

(1)流量。流量主要是指设备在单位时间通过单位截面积的体积数。

(2)扬程。扬程又称压头,表示泵能提升液体的高度 H,通常用"mH_2O"作单位,习惯简称"m"。通常一台泵的扬程是指铭牌上的数值,实际扬程比此值要低,因为沿管路有阻力损失,实际扬程的多少要由管路布置情况来决定。

(3)转速。主要是指在额定电压的条件下,设备在单位时间内的圈数。这里所说的转数与实际意义的转速是不一样的。因为,在实际工作时,会有多种因素导致其转速发生变化。

4. 离心泵的安装

在离心泵吸入管底部安装带滤网的止逆阀,防止启动前灌入的液体从泵内漏失;滤网防止固体物质进入泵内,工作时吸入管路上的阀门应保持全开。靠近泵出口处的压出管道上装有调节阀,供调节流量时使用。另外,在吸入管路和泵轴填料函处均不应漏气。离心泵吸入口截面高出贮液槽液面的垂直距离为吸上高度 $H_{吸}$。由于离心泵靠贮液槽液面与吸入口之间的压差来完成吸液,当贮液槽液面压力一定时,吸入管路越高,吸上高度越大,吸入口处的压力将越小。

在实际安装的过程中往往还要考虑到叶轮内部的压力与液体的压强之间的关系。同时离心泵在工作的时候其实际吸上的高度除了与以上因素有关外,还与温度有一定的联系。温度较低,液体的黏性增大,则吸上高度下降;温度较高,液体的黏性下降,则吸上高度将增加。为了不致降低泵的允许吸上高度,在吸入管路中应尽量避免设置不必要的阻尼件而且吸入管路的直径通常较压出管路为大。在调节流量时,也需注意不要关小入口阀,应只调节出口阀。

为了减小电机在启动时的负荷及防止出口管路发生水力冲击,泵的出口阀应在启动前关闭,但此时运转时间不宜太长(例如不超过 2 ~ 3 min),以免泵体发热。停泵时,应先关闭出口阀,以免液体倒流。较长时间不用时,应将泵内和管路内的液体放净。

对于给定的管道，离心泵与管道之间存在一定的关系，也就是说最后液体被吸上的高度还与管道的铺设有关。如图 4.1.8 所示，该曲线的形状只与管路的铺设情况及操作条件有关，而与泵的特性无关。当离心泵安装在指定管路时，流量与压头之间的关系既要满足泵的特性，也要满足管路的特性。反映在特性曲线上，应为泵的特性曲线与管路特性曲线的交点。这个交点 M 称为离心泵在指定管路上的工作点，如图 4.1.9 所示，泵安装在特定管路中，只能有一个稳定的工作点 M，如果不在 M 点工作，就会出现泵提供给管路的能量与管路需要的能量之间不平衡的现象。

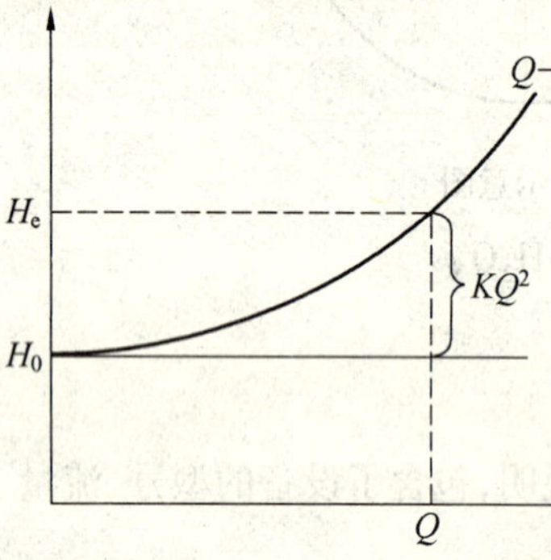

图 4.1.8　离心泵的管路特性曲线

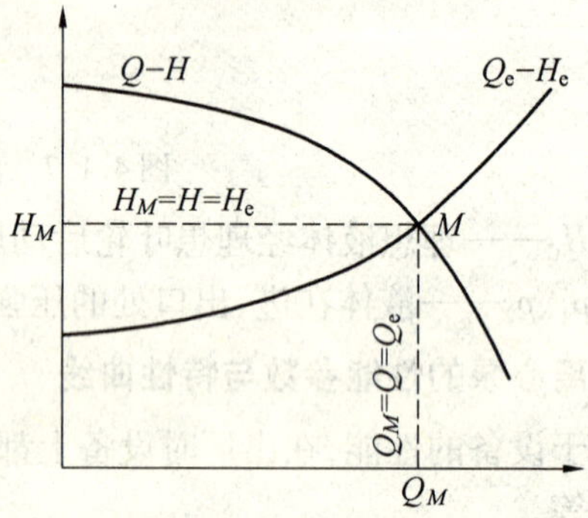

图 4.1.9　离心泵的工作点

5. 离心泵的种类

离心泵的种类繁多，可以按照吸液的方式、叶轮的数目、耐温以及与液面的关系、输送液体的惯性和安装方式进行分类。但是在环境工程中用得较多的是污水泵，是无堵塞泵的一种。因为，抗堵性和可靠性是影响污水泵优劣的重要因素。

6. 离心泵的选型

离心泵的选择可以根据被输送液体的性质和操作条件，初步确定泵的系列及生产厂家，根据具体流量和压头的要求确定泵的可用型号，最后进行校准和确定最终的选型。

当初步选定泵后，需校核泵与管路的真正工作点。校核方法是：先根据产品目录上查出所选泵的性能曲线，再在上面作出管路特性曲线，两条曲线的交点为泵在管路中的工作点，当工作点落在泵的有利效率范围内，则选择恰当。此外，泵的汽蚀余量必须符合要求。若有几种型号的泵同时可用，则应选择综合指标高者为最终的选择。综合指标主要为：效率（高者为优）、汽蚀余量（小者为优）、重量（轻者为优）、价格（低者为优）。

4.1.2　容积式泵

容积式泵也被称之为正位移泵，其工作原理是借助于物体位移移动的周期性来进行设计的。按照运行的方式分为往复式容积泵和转动式容积泵。转动式容积泵主要是指齿轮泵、单螺杆泵、双螺杆泵等转子泵。

1. 往复泵的工作原理

这种泵的构造比较简单，工作的原理也比较简单，主要是利用活塞的作用来进行吸气，然后通过向内部挤压活塞产生压强从而达到运送物料或者液体的目的，如图 4.1.10 所示。

如图 4.1.10 所示，往复泵的主要构件有泵缸、活塞（或柱塞）、活塞杆及若干个单向阀，活塞在泵内左右移动的端点叫“死点”，两“死点”之间的距离称为冲程。在活塞往复运动的一个周期里，如果泵的吸液、排液各只有一次，则称为单作用往复泵；如果各有两次，称为双作用往复泵；此外还有三缸单作用往复泵。

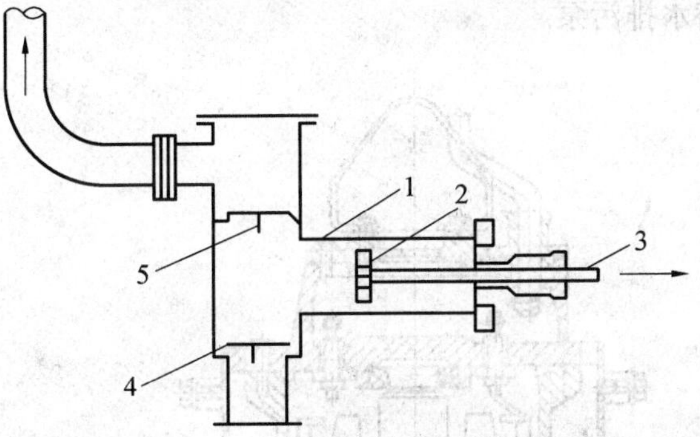

图 4.1.10　往复泵工作原理图

1—泵缸；2—活塞，3—活塞杆，4—吸入阀，5—排出阀

2. 往复泵的性能曲线

往复泵的性能曲线与它的流量和管路特性无关。除此之外，密封性等原因均不会对其造成破坏。但是其特性曲线和离心泵一样也是泵特性曲线和管路特性曲线的交点，其压头只取决于管路系统的实际需要而与流量无关，可见，对于往复泵只要泵的机械强度及原动机功率允许，管路系统需要多高的压头即可提供多高的压头。往复泵的功率与效率的计算方法与离心泵相同，但效率比离心泵高。

3. 往复泵的流量调节

和离心泵一样，往复泵也可以自己调节流量，以便达到工艺过程中需要的流量，并且节约经济成本，起到节能型设备的优点。其调节方法为改变冲程调节法、改变往复频率调节法、旁路调节法。往复泵的吸上真空高度亦随泵安装地区的大气压强、输送液体的性质和温度而变，所以往复泵的吸上高度也有一定的限制。往复泵的低压是靠工作室的扩张来造成的，所以在启动之前，泵内无须充满液体，即往复泵有自吸作用。

4.1.3　污水污物潜水泵

污水污物潜水泵是离心泵的一种，但是其比较特殊，它可以直接用于污水的排放，不需要使用其他附属的设备，操作也比较简单，维护费用较低。目前污水污物潜水泵已越来越受到人们的重视，使用的范围也越来越广，在市政工程、工业、医院、建筑等行业中起着十分重要的作用。与此同时其产业化进程也飞速发展，国内产品 20 世纪 80 年代末最大功率仅有 30 kW，90 年代中期由电压 660 V 及以下（功率 315 kW 及以下）发展到高压 3 kV、6 kV、10 kV，功率达 1 400 kW。目前已经形成了较完整的产品系列，主要产品有潜水排污泵、潜水轴流泵/潜水混流泵、KRT 型潜水电泵、潜水渣浆泵、切割式潜水排污泵等。

1. 潜水排污泵

潜水排污泵也是一种无堵塞泵，水泵在整个排污泵的最小段，它在工作的时候需要被淹没在水里，但是其工作效率比较高。其工作原理为从潜污泵吸入口方向对叶轮逆时针方向旋转。潜水排污泵按液体排出方式分为外装式、内装式和半内装式3种。外装式的输送介质不通过电动机部分，直接从泵体部分排出；内装式的输送介质从排出管与电动机外壳之间环形流道排出；半内装式的输送介质从与电动机外壳部分连接的排出管中排出。图4.1.11、图4.1.12为典型的潜水排污泵。

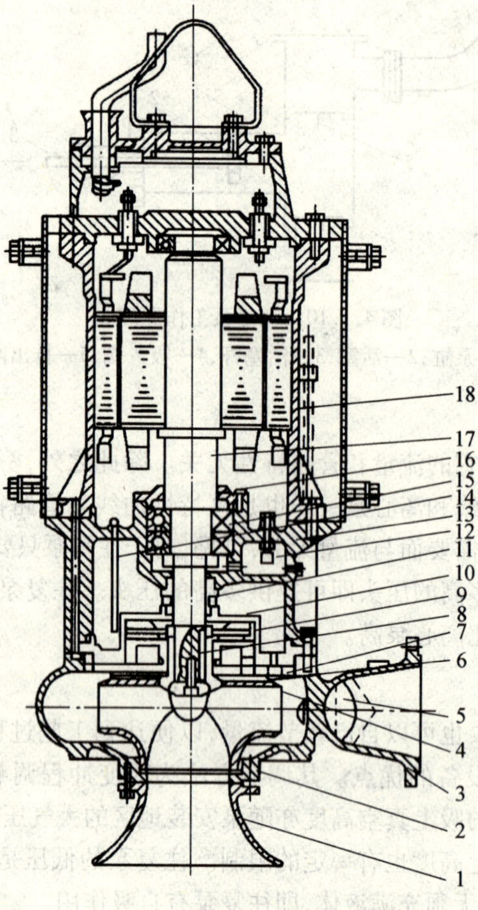

图4.1.11 潜水排污泵结构示意图

1—喇叭管；2—密封环；3—泵体；4—叶轮；5—手孔盖；6—内泵盖；7—叶轮压板；8—键；9—副叶轮；10—后泵盖；11—机械密封；12—漏水检测探头；13—连接座；14—油头探头；15—轴承；16—轴承压盖；17—轴；18—潜水电机组件

在内装式潜水排污泵中多选用径向导叶或流道式导叶，叶轮则分为旋流式、半开叶片式、闭式叶片式、单/双流道式、螺旋离心式等5种。

①旋流式叶轮。这种叶轮主要采用的是缩离压技术，因此它的流畅性比较好，并且能够运送一定的颗粒物质。除此之外，流动的过程中，它能够使得悬浮性的颗粒不与叶片接触，从而不会对叶轮造成损害，能够长期运行而不受到物料的侵蚀。

②半开叶片式叶轮。其制造方便，较易清理及维修。但长期运行时，在颗粒的磨蚀下会使叶片与压水室内侧壁的间隙加大，从而使效率降低；并且间隙的加大会破坏叶片上的压差分布，这样不仅产生大量的旋涡损失，而且会使泵的轴向力加大；由于间隙加大，流道中液体流态的稳定性受到破坏，使泵产生振动。因此，该种形式叶轮不宜输送含大颗粒和长纤维的

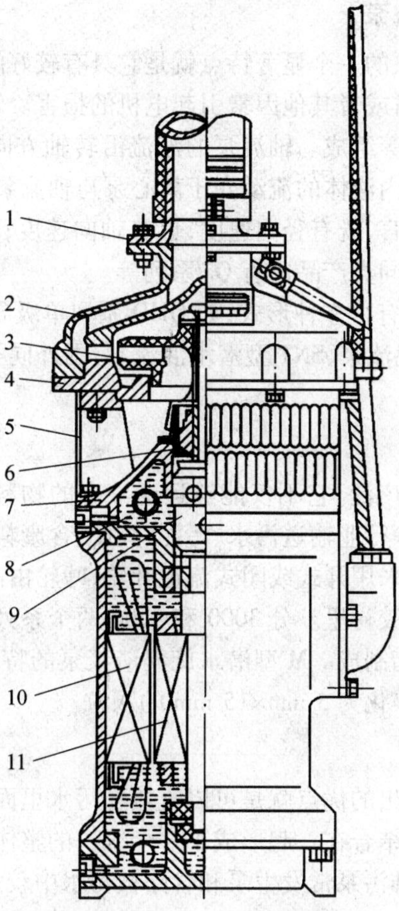

图 4.1.12　充油式潜水电机

1—连接法兰;2—出水口;3—叶轮;4—泵座;5—滤网;6—密封装置;7—电机封盖子;8—变压轴;9—电机轴;10—定子;11—转子

介质,叶轮效率低,最高效率约相当于普通闭式叶轮的92%左右,扬程曲线比较平坦。

③闭式叶片式叶轮。这种叶轮的效率比较高,运行比较稳定,泵受到的应力较小,这就使得泵在运行过程中受到的损害较小,使得其能够长时间地运行。除此之外,它还能够防止悬浮性的颗粒物质进入到机械密封室,从而对机械密封装置起到了有效的保护作用。

④流道式叶轮。属于无叶片的叶轮,叶轮流道是一个从进口到出口的弯曲流道。适宜于抽送含有大颗粒和长纤维的介质,抗堵性好。从性能上讲,该型叶轮效率高,和普通闭式叶轮相差不大,但该型叶轮泵的扬程曲线较为陡降。功率曲线比较平稳,不易产生超功率的问题,但叶轮的防汽蚀性能不如普通闭式叶轮,适宜用在有压进口的泵上。

⑤螺旋离心式叶轮。这种叶轮主要是采用了扭曲的叶片,其角度大约为15°左右。该型叶轮的泵兼有容积泵和离心泵的作用,悬浮性颗粒在叶片中流过时,不撞击泵内任何部位,故无损性好,对输送物的破坏性小。由于螺旋的推进作用,悬浮颗粒的通过性强,所以适宜于抽送含有大颗粒和长纤维的介质,以及高浓度的介质。在对输送介质的破坏有严格要求的场合下具有明显的优点。

2. 潜水轴流泵、潜水混流泵

潜水轴流泵、潜水混流泵的一个显著特点就是它具有较好的密封性，它的电机与泵是完全分开的，不会因为泵的泄露或者其他因素引起电机的损害。轴流式潜水泵、混流式潜水泵主要由泵体、叶轮、潜水电机等组成。轴流泵的液流沿转轴方向流动，但其设计的基本原理与离心泵基本相同。混流泵内液体的流动介于离心泵与轴流泵之间，液体斜向流出叶轮，即液体的流动方向相对叶轮而言，既有径向速度，也有轴向速度；其特性也介于离心泵与轴流泵之间。国内潜水轴流泵的同类产品还有 Qz 系列等。

国内的同种类型的泵还有很多种形式，如 QHD 系列单级导叶混流式潜水泵、QHL 蜗壳式潜水混流泵、SEZ 型立式混流泵、SNT 型潜水混流泵；国外同类产品有 ABS 国际泵业集团的 AFL 潜水混流泵系列等。

3. 潜水渣浆泵

潜水渣浆泵的运用比较广泛，它不仅能够运送液态的物料，还能够运送黏度较大的物料。广泛应用于市政、化工等行业输送污水、污泥、粪便、含废料的浓稠介质及有悬浮固体颗粒的渣浆。H 型潜水衬胶泵采用开式或闭式流道叶轮，叶轮由高度耐磨材料制造，泵壳易磨损部分有可调节及更换的橡胶衬里。分 3000 和 5500 两个系列，5500 系列采用大负载的三流道叶轮，由高铬钢或聚氨酯制成。M 型潜水旋涡渣浆泵的特点为带有专门设计的磨碎装置和切断装置，所有固体可碎化为 5 mm×15 mm 的颗粒。

4. 切割式潜水排污泵

切割式潜水排污泵最突出的优点就是可以直接在污水里面进行工作，它的密封性很好，所有的构建与泵的主体全部结合在一起形成了一个统一的整体。在没有设置或不便设置拦污格栅的场合，小口径潜水排污泵常发生泵和管路被污水中较大杂物堵塞的现象。为此，相关厂家开发了小口径(50 mm、66 mm、100 mm)的切割式潜水排污泵。

4.2　水处理系统管道设计

管路是一个总称，它由管道、零配件以及相应的阀门等一系列的构件组成，主要是用来连接设备，从而使得设备之间处于连通的状态。下面我们将详细地介绍组成管道的 3 个重要部分，即管子、管件和阀门。

4.2.1　管子的规格、选择及连接

1. 管子

管子的表示方法一般都是采用“外径×壁厚”来表示，而管子的长度却不等，短则 3 m，长则有 15 m 左右。在环境设备的水处理中，管子主要分为：铸铁管、碳钢管、合金钢管和非金属管等。

(1)铸铁管。这类管子主要是被深埋在地下，一般是作为给水总管、煤气管及污水管等，也可以用来输送碱液及浓硫酸等。其优点是价格便宜，但铸铁管性脆、强度低，所以蒸汽管路、气体管路和上水管路等不允许采用。

(2)钢管。钢管分为有缝和无缝两种形式，还有一种分类方法是按照材质进行分类，可

分为普通钢管和合金钢管。给排水工程中常用的无缝钢管有低中压锅炉用无缝钢管、冷轧或冷拔精密无缝钢管、结构用异型无缝钢管、流体输送用不锈钢无缝钢管等。异型钢管是指除了圆环形截面以外其他截面形状的钢管,分为方形钢管、矩形钢管、椭圆形钢管、平椭圆形钢管等,广泛应用于各种结构件和机构零件的生产制造。

③有色金属管。有色金属管不是指有颜色的金属管,而是其材质是采用有色金属进行制造的,目前比较普遍的有色金属管主要有铜管、黄铜管、铅管和铝管。

④非金属管。非金属管目前在环境工程中的使用也非常普遍。其常见的形式主要有陶瓷管、钢筋混凝土管、塑料管、玻璃钢管、玻璃钢/塑料复合管、橡胶管等。陶瓷管能耐酸碱腐蚀,但性脆、强度低,不耐压,大多数用作埋在地下的水管和输送有腐蚀性的物料。钢筋混凝土管多用作埋于地下的污水管路,大直径的钢筋混凝土管可以用作给水输水管。塑料管的特点是质轻,抗腐蚀,易于加工,但耐热性和耐压性较差。玻璃管的优点是耐腐蚀,表面光滑,管路阻力小,但不耐高温。橡胶管的优点是耐腐蚀,有弹性,可任意弯曲以适应现场操作的需要,故适用于临时性的操作。

2. 管子的选择

管子的选择在环境工程设计中具有非常重要的意义,需要根据所运输的物料的性质以及压力等情况来确定管子的内径以及壁厚等。

管子内径 d 的计算:

$$d=18.8\left(\frac{W}{v\cdot\rho}\right)^{0.5} \tag{4.2.1}$$

式中　W——流体的质量流量;

v——流体的平均流速,m/s;

ρ——流体的密度,kg/m^3。

管壁厚度 δ 的计算:

$$\delta=\frac{pD}{200\sigma\vartheta+p}+C \tag{4.2.2}$$

式中　p——管道内部流体压力,MPa;

D——管道外径,mm;

ϑ——焊缝系数;

σ——管子许用应力,MPa;

C——管子壁厚附加量,mm。

在实际环境设备设计的过程中,对于管道的选择要注意以下两个方面:

①对于满流且有压输送管道,可以根据管内流体在合理的流速、水头损失下,选择合理的管径;同时也要综合考虑投资与运行费用,一般大管径时投资大,但流体阻力小、输送设备的运行费用低,反之亦然。这个过程常常需要几经反复才能确定。为了避免反复计算以节省时间,可以采用查水力计算表的方法来解决。

②由于在污水管道中一般都不会形成满流,因此,在进行管道的选择时要注意考虑到管道的流量、流速以及接头处的损失等因素。

4.2.2　管件

1. 铸铁类管件

铸铁类管件主要是用来改变方向，常用的有三通、四通和异径管等，使用时主要采用承插式连接、法兰连接和混合连接等。在给排水工程领域典型的有柔性接口球墨铸铁管件、排水用灰口铸铁管件、柔性抗震排水铸铁管件、卡箍式离心铸铁管件等4大类。图4.2.1为常见的普通铸铁管件。

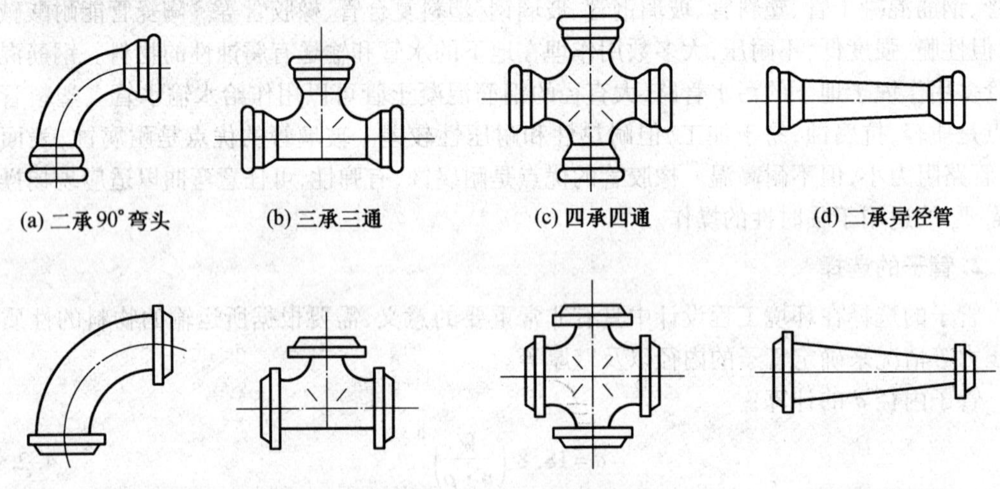

(a) 二承90°弯头　(b) 三承三通　(c) 四承四通　(d) 二承异径管

(e) 二盘90°弯头　(f) 三盘三通　(g) 四盘四通　(h) 二盘异径管

图4.2.1　常见的普通铸铁管件

2. 金属管用特殊接头

金属管用特殊接头主要是用来做一些特殊的连接，如穿过墙壁或者快速防漏等接头。其主要包括了曲挠橡胶接头和弯头、松套伸缩接头、限位伸缩接头、传力接头、开式伸缩接头、填料函式伸缩接头、球型接头等。其他一些金属管用特殊接头还有管道快速堵漏装置、管道三通快速装置、柔性管接头、柔性补偿器、柔性过墙套管等。

3. 波纹金属软管与波纹补偿器

波纹金属软管与波纹补偿器是一种强度不大的管件，一般由不锈钢波纹管、网丝管和接头件组成，正是由于其具有一定的柔性，从而使得其能够作为一种位移的补偿。波纹金属管分为法兰式和接头式两大类，前者包括两端平焊法兰连接、一端平焊一端松套法兰连接、两端翻边松套法兰连接等3种规格，后者包括两端球头外套螺母连接、一端球头一端内锥接头连接、两端活接头连接等3种规格。在泵或压缩机与阀门、仪器仪表所构成的管路系统中，常因振动损坏仪器仪表，缩短元器件的使用寿命，影响系统的正常工作。故在泵或压缩机等设备的进出口处安装泵用波纹金属软管，以减振降噪，保护系统正常工作。

4.2.3　阀门

阀门是水处理过程中最常见的零部件之一，任何物料的控制或者条件的控制都与阀门息息相关。此处我们主要介绍截止阀、闸阀、蝶阀、止回阀、速闭阀和调节阀等。

1. 截止阀

截止阀是利用阀瓣沿着阀座通道的中心移动来控制管路启闭的一种闭路阀，适用于各种压力及各种温度下，输送各种液体和气体。分手动截止阀、液动角式截止阀、气动衬胶角式截止阀等。

2. 闸阀

闸阀是一种升降运动的阀门，它的作用主要是起到关闭和开启的作用，其广泛用于给排水、供热和蒸气管道系统作调流、切断和截流之用，介质为水、蒸气和油类，按照操作方式可分为手动和电动两种。典型类型有明（暗）杆楔式镶铜铸铁圆闸阀、明杆楔式镶铜铸铁方闸阀、明杆平行式单闸板闸阀、橡胶闸阀、平行双闸板闸阀、蜗轮传动暗杆楔式闸阀等。图4.2.2为常见的闸阀结构和相应的外形尺寸。

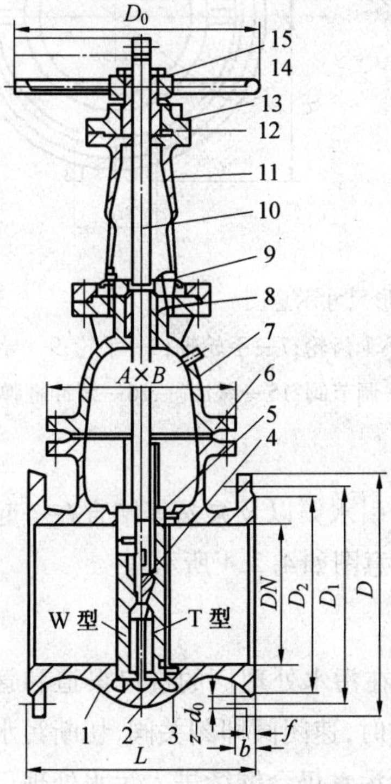

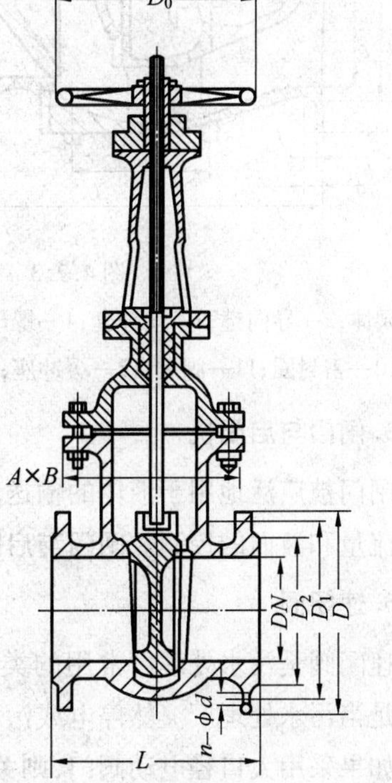

图4.2.2　典型的闸阀结构示意图和外形

1—阀体；2—闸板密封圈；3—阀体密封圈；4—顶契；5—闸板；6—垫片；7—阀盖；8—填料；9—填料压盖；10—阀杆；11—立柱；12—阀杆螺母；13—螺母轴承盖；14—手轮；15—螺母

3. 蝶阀

蝶阀主要是被安装在管道的直径方向，它具有结构简单、体积较小等优点，同时还能够快速开启，可以安装在任意的位置，不会受到管道或者地形的限制。在使用蝶阀时需要注意调节阀座以便使其能够适用于不同的流体。

4. 止回阀

止回阀顾名思义就是为了防止因为压力或者其他原因使得应经提升的物料或者液体回流。它的结构有悬起式、对夹式以及微阻缓闭式等。底阀是能够防止水介质倒流，保持水位的设备，它的形式多样。图 4.2.3 为具有缓冲作用的止回阀的结构及外形尺寸。

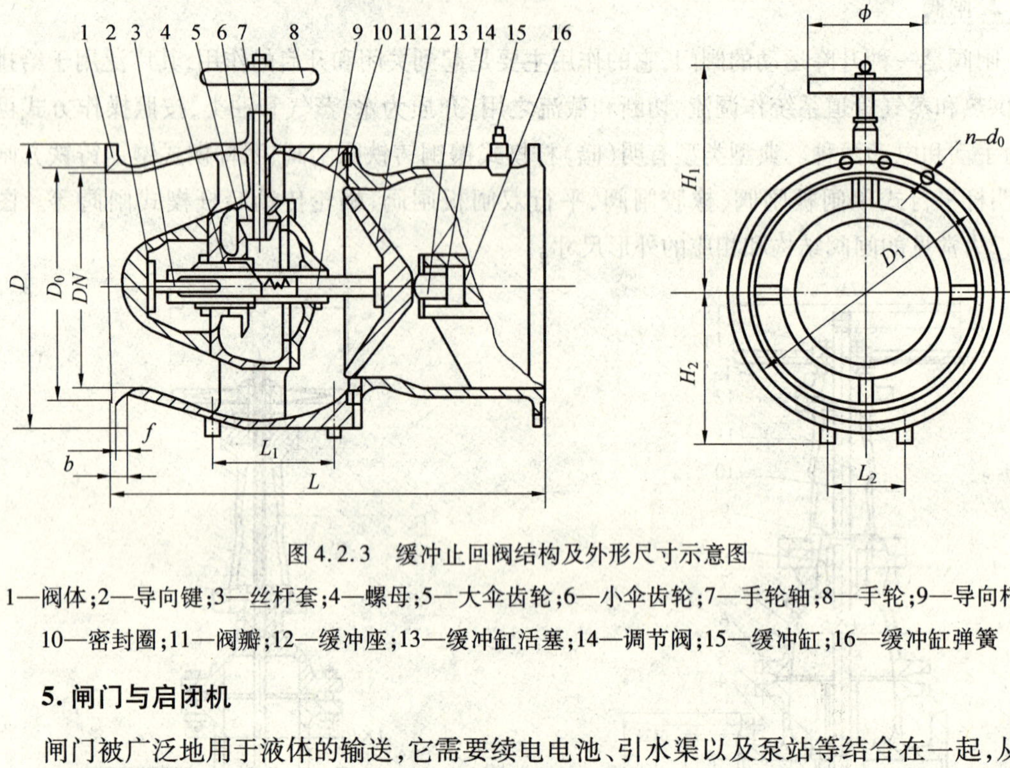

图 4.2.3　缓冲止回阀结构及外形尺寸示意图

1—阀体；2—导向键；3—丝杆套；4—螺母；5—大伞齿轮；6—小伞齿轮；7—手轮轴；8—手轮；9—导向杆；10—密封圈；11—阀瓣；12—缓冲座；13—缓冲缸活塞；14—调节阀；15—缓冲缸；16—缓冲缸弹簧

5. 闸门与启闭机

闸门被广泛地用于液体的输送，它需要续电电池、引水渠以及泵站等结合在一起，从而实现流量和液面的控制。闸门与启闭机的联合布置示意图如 4.2.4 所示。

6. 速闭阀

速闭阀是污水处理厂常用的类型之一，它被设置在污水处理厂的进口渠道和管道上。目的是当污水处理厂突然停电或污水处理厂发生事故时，速闭阀即刻关阀，切断污水流量。此时如果采用大口径电动阀门，则关阀时间较长，大量污水仍会继续进入污水处理厂，因此采用速闭阀立即关闭，使污水流入旁路溢流排走。典型产品有日本玖保田速闭阀、美国 Water Man 速闭阀等。

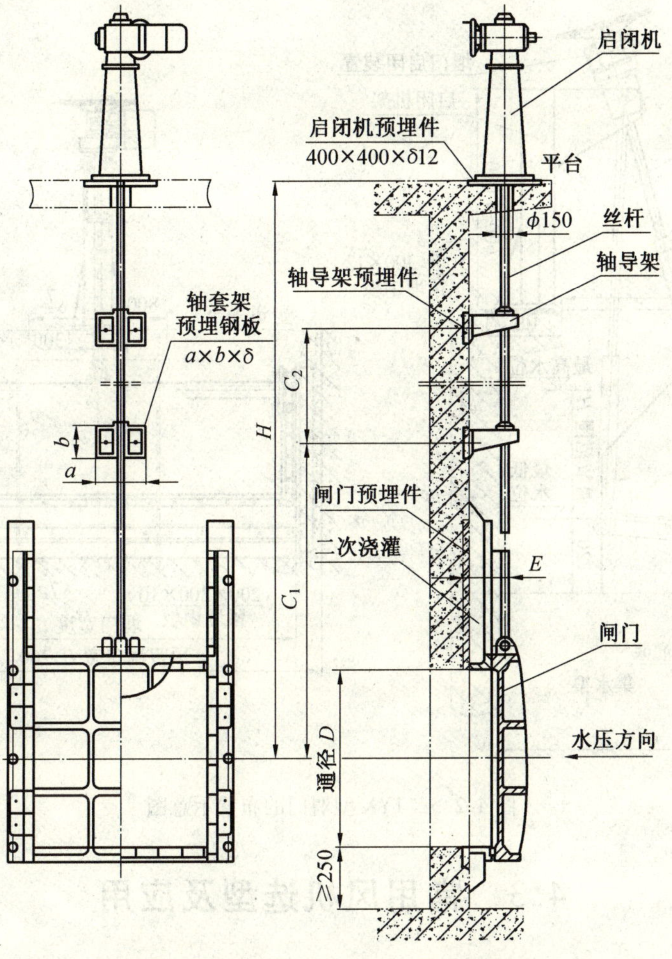

图4.2.4　闸门与启闭机联合布置示意图

7. 调节堰门

这种类型的阀门主要是用于调节水位和流量,它被安装在沉淀池、沉沙池的进口处,用于控制进水的流量。调节堰门工作与闸门相反,均为向下开启,门体提至最高处,则孔口关闭,如密封要求高,应采用镶铜面密封。TYX型堰门的布置如图4.2.5所示。

8. 水锤消除设备

水锤的目的主要是用于消除长距离运输所引起的巨大压力的冲击力。这种消除设备分为压力外泄型、分阶段关闭型、阀门电动装置3类。其中压力外泄型包括下井式水锤消除器、自闭式水锤消除器、爆破膜式消除器;分阶段关闭型包括缓闭止回阀、双速自闭闸阀、液控蝶阀、液控锥形阀,相应的阀门电动装置包括汽轮、气水接触式空气罐、气囊式空气罐。

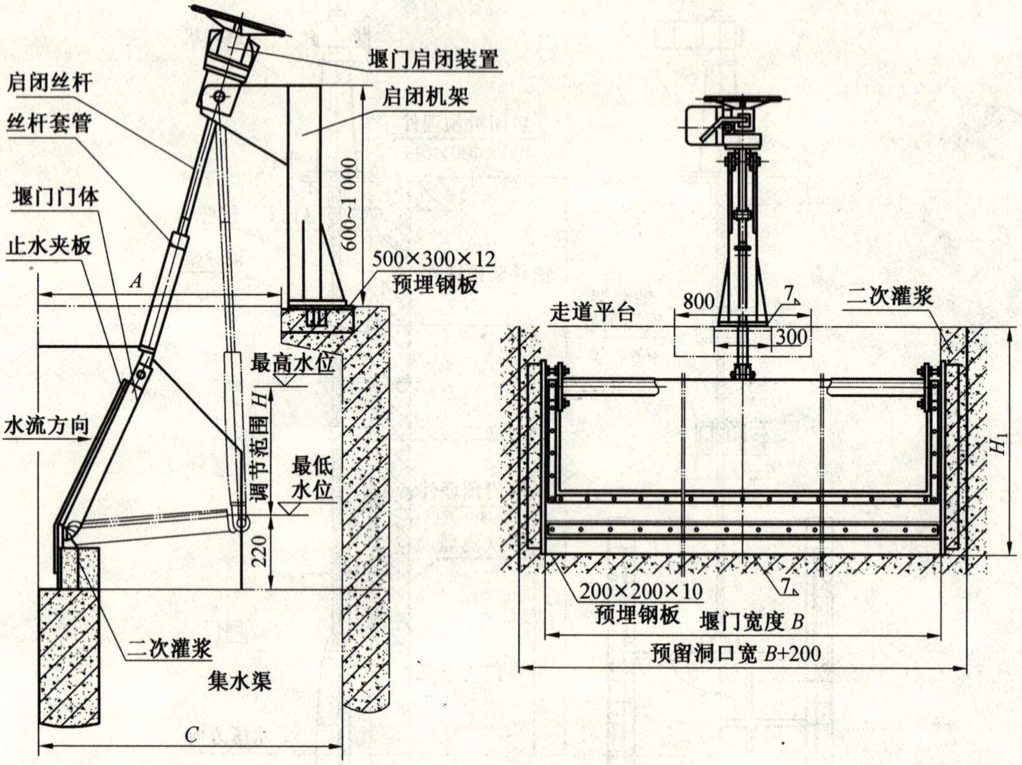

图 4.2.5　TYX 型堰门的布置示意图

4.3　常用风机选型及应用

一般来说风机是在大气的处理过程中应用，但有的时候也会用在水处理过程中。风机的效率与其进出口的压强差或者压强比有着密切的联系。典型的风机分类见表 4.3.1。

表 4.3.1　典型的风机分类

	出口压强	压缩比	用途
通风机	≤1.47×10^4 Pa(表压)	1~1.15	通风换气
鼓风机	$(1.47\sim29.4)\times10^4$ Pa(表压)	<4	送气
压缩机	>29.4×10^4 Pa(表压)	>4	造成高压
真空泵	1 个大气压	压缩比由真空度决定	用于减压

4.3.1　通风机

通风机在环境工程中主要是用来通风或者排尘，其分类可以按照气体流动方向进行分类，主要分为离心式、往复式、旋转式等类型。

1. 通风机的参数

通风机的主要参数包含了压头、流量和功率等，下面我们将详细地介绍这些参数的计算过程和相关的含义。

风量指的是在单位时间内通过单位面积的气体体积，它主要是以通风机的出风口的气体体积作为计算基础。以 Q 表示,单位为 m^3/h。

风压主要是指单位体积的气体通过电机的转动后所获得的能量,以 H_T表示,单位与压强单位一样。

离心式通风机的压力计算公式为

$$H_T=\rho gh=(p_2-p_1)+\frac{\mu_2^2}{2}\rho \tag{4.3.1}$$

离心式通风机的功率计算公式为

$$N=\frac{H_T Q}{1\ 000\eta} \tag{4.3.2}$$

式中　Q——通风机的风量,m^3/s;

η——通风机的效率,由全风压定出,因此也叫全压效率,其值可达 90%。

通风机最大的缺点就是其电耗比较大,且效率较低,噪声较大。因此,未来的发展是将进一步提高通风机的气动效率、装置效率和使用效率,以降低电能消耗;用动叶可调的轴流通风机代替大型离心式通风机;降低通风机噪声;提高排烟、排尘通风机叶轮和机壳的耐磨性;实现变转速调节和自动化调节。

2. 风机选择

在环境工程中,通风机的种类较多,因此在进行安装时需要选择合适的风机才能够达到既合理又经济,且效率较高的目的。风机的选择一般遵循以下原则:

①根据被输送气体的性质及所需的风压范围确定风机的类型。比如,被输送气体是否清洁、是否高温、是否易燃易爆等。

②确定风量,如果风量是变化的,应以最大值为准,并以风机的进口状态计算。

③确定完成输送任务需要的实际风压,根据管路条件及伯努利方程,确定需要的实际风压,并换算为风机在实验条件下的风压。

④根据实际风量与实验风压在相应类型的系列中选取合适的型号,选用时要使所选风机的风量与风压比任务需要的稍大一些。

4.3.2　鼓风机

鼓风机主要是用来向内部通风的,加大气流的流通速度,从而加速气体的交换。其形式主要有离心式鼓风机、轴流式鼓风机和旋转式鼓风机等 3 种类型。

1. 离心式鼓风机

离心式鼓风机又称为透平鼓风机或回转式鼓风机,分多级低速、多级高速和单级高速等形式。在结构上,多级低速离心式鼓风机采用电动机直接驱动,通过多级叶轮串联的方式逐级增压;单级高速和多级高速离心式鼓风机需要通过增速机构传动的方式提高风压。国内离心式鼓风机的开发和生产已取得很大的进展,采用了先进的三元流叶轮、可调节进风、出风口导叶,具有高效节能、流量可调节范围大、结构较紧凑、噪声偏低、可靠性高的特点。在水处理过程中,鼓风机可以起到曝气的作用,目前的型号还不是很多,但随着研究的不断深入,目前这类鼓风机已经在提高自动化水平、降低噪音、降低成本等方面有所成果。

2. 旋转式鼓风机

旋转式鼓风机主要是利用特殊形状的转体来运动,从而使得气体被加压,然后再被释放到别的地方。这种鼓风机的优点在于其是一种机械式的操作过程，结构简单，安全系数高。其类型目前主要有罗茨鼓风机和叶氏鼓风机两类，其特点是排气量不随阻力大小而改变，特别适用于要求流量稳定的场合。

罗茨鼓风机是一种由两个相同转子形成的压缩机械，转子的轴线互相平行，转子上的叶轮与叶轮、叶轮与机壳、叶轮与墙板具有微小的间隙，避免相互接触，使进气腔与排气腔互相隔绝，从而使得这种鼓风机的噪声大大缩小。工作时，叶轮在机体内通过同步齿轮的作用反向等速旋转，将机体内的气体由进气腔推送至排气腔，排出气体达到鼓风的目的。同时由于不存在转子之间的机械摩擦，因此具有机械效率高、整体发热少、输出气体清洁、使用寿命长等优点。

罗茨鼓风机目前的类型还不多，主要有两叶式和三叶式两种，两叶式的叶轮旋转一周，进行两次吸、排气。如图 4.3.1 所示，三叶式的叶轮转动一周进行三次吸、排气，机壳采用螺旋线型结构，与二叶式风机相比，具有气流脉动变化少、负荷变化小、噪声低、振动小等优点。

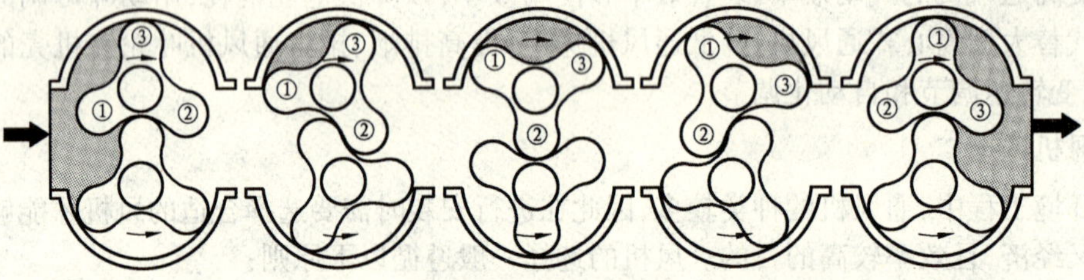

图 4.3.1　三叶式罗茨鼓风机结构及其工作过程示意图

这种风机的计算可以根据其转速来确定风量，因为它属于正位移型容积式风机，其输出的风量与转速是成正比的。罗茨鼓风机的风量范围为 2 ~ 500 m^3/min，出口表压力在 80×10^3 Pa 以内，但在表压力为 40×10^3 Pa 附近时效率较高；出口压力太高，泄漏量增加，效率降低。罗茨鼓风机的出口应安装气体稳压罐与安全阀，流量采用旁路调节，出口阀不能完全关闭。操作温度不超过 85 ℃，否则引起转子受热膨胀，发生碰撞。图 4.3.2 为典型的 RF 罗茨鼓风机的外形尺寸结构。

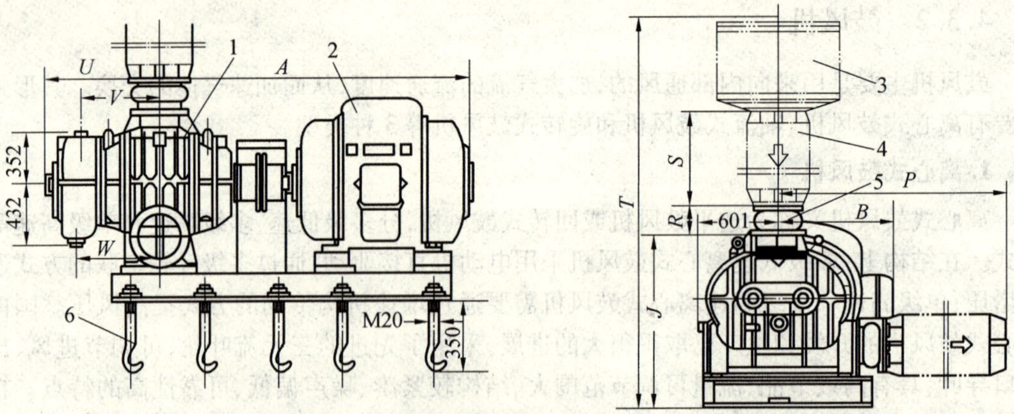

图 4.3.2　RF 罗茨鼓风机外形尺寸示意图

1—鼓风机；2—电机；3—空气过滤器；4—消声器；5—弹性接头；6—地脚螺栓

污水处理厂在进行鼓风机的选择时需要注意每台设备的运行效果，不能简单地拼凑在一起来使用。采用多台离心式鼓风机组并联运行,要求每台机组都必须在理想状态下操作,每台鼓风机的出口压力要求完全相同,流量才可以线性叠加;而实际运行中,即使设计参数完全相同的离心机,也会由于制造误差、运行时的流量和压力不完全相同、各风机配套的管网阻力不同,导致并联运行时总流量并不等于各单机流量的代数和,实际上要小一些。当前,我国的全静叶可调轴流风机作为我国大型污水处理装置中曝气鼓风机的条件已非常成熟。

4.3.3　压缩机

环境工程领域中所用压缩机主要有离心式、往复式、回转式等几大类。离心式压缩机又称透平压缩机或蜗轮压缩机,其作用原理与离心式鼓风机完全相同。这里着重介绍往复式压缩机。

1. 往复式压缩机

压缩机的工作原理主要是利用气缸与活塞的作用,将气体进行压缩,通过压力的突然变化来达到压缩和释放气体的目的。由于气体的性质和外部条件不一样导致了压缩机的工作效率发生了变化,下面将详细讲解压缩机的几种工作状态。

(1)理想工作状态。

假设被压缩气体为理想气体,气体流经阀门无阻力、无泄漏、无余隙(排气终了时活塞与气缸端面之间没有空隙)等,则单缸单作用往复压缩机的理想工作循环包含压缩、恒压排气、恒压吸气 3 个阶段。其工作的状态如图 4.3.3 所示。

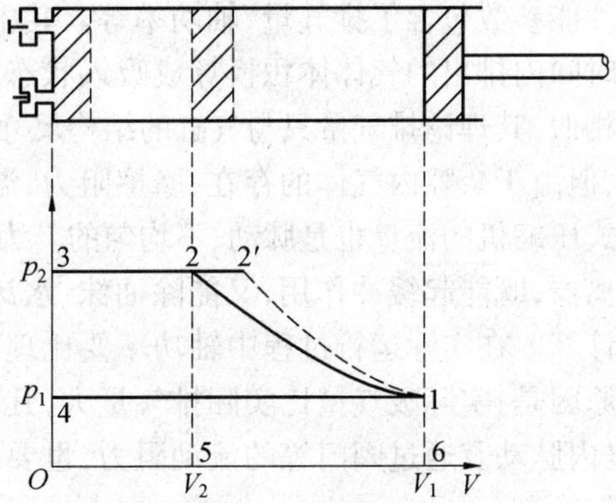

图 4.3.3　往复式压缩机理性工作状态

(2)实际工作状态。

实际压缩机存在余隙(防止活塞与气缸碰撞),由于排气结束,余隙中残存少量高压气体,因此往复式压缩机的实际工作过程分为 4 个阶段(比理想工作循环多了膨胀阶段)。当气体压缩比一定时,余隙系数加大,容积系数变小,压缩机的吸气量也就减少。对于一定的余隙系数,气体压缩比越大,余隙内气体膨胀后所占气缸的体积也就越大,每一循环的吸气量越少。其工作状态如图 4.3.4 所示。

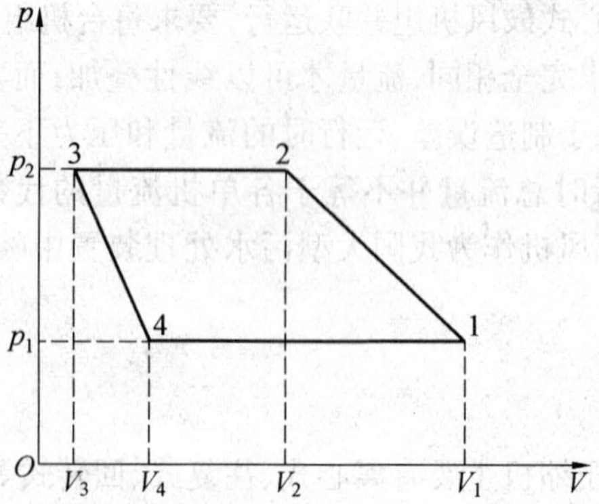

图 4.3.4 往复式压缩机实际工作状态

(3)多级压缩状态。

有的气体需要压缩的压强比较大,使得一次性压缩的困难比较大,经常会通过多次进行压缩,这就是所谓的多级压缩。多级压缩机两级中间的冷却器是实现多级压缩的关键。增加气缸数目以减少压缩比只能减少余隙的影响,但还没有解决气体温度升高太多的问题。气缸壁上所装的水夹套(或散热翅片)远不能满足气体压缩时所产生热量的需要。设置中间冷却器,可以将从一级气缸中引出的气体冷却到与进入该级气缸时的温度相近,然后再送入下一级气缸,这样就使气体在压缩过程中的温度大为降低,从最后一级气缸送出的气体温度也远低于单级压缩情况下所送出的气体温度。达到同样的总压缩比,多级压缩由于采用了中间冷却器,各级所需外功之和因而也比只用单级时少。

往复式压缩机的主要性能参数包含了排气量、轴功率等。其中排气量又被称为生产效率。它是将压缩机在单位时间内排出的气体体积换算成吸入状态下的数值,所以又称为压缩机的吸气量。与往复泵相似,其理论排气量只与气缸的结构尺寸、活塞的往复频率及每一工作周期的吸气次数有关,但由于余隙内气体的存在、摩擦阻力、温度升高、泄漏等因素,使其实际排气量要小。往复式压缩机的流量也是脉动、不均匀的。为了改善流量的不均匀性,压缩机出口均安装油水分离器,既能起缓冲作用,又能除油沫、水沫等。而轴功率的计算可以根据气体压缩原理进行计算。在实际运行过程中轴功率要比理论计算值小,因为其需要克服一些外来的因素。其原因是:实际吸气量比实际排气量大,凡吸入的气体都经过压缩,多消耗了能量;气体在气缸内脉动及通过阀门等的流动阻力,也要消耗能量;压缩机的运动部件的摩擦,也要消耗能量。

往复式压缩机的分类形式很多,可以按照活塞的位置、压缩级数、压力大小、生产能力、压缩气体成分以及气缸的位置进行分类。选择压缩机时,首先应根据所处理气体的种类选定压缩机的种类;然后根据厂房的具体情况,选用压缩机的空间结构形式;然后再根据生产中所要求的排气量与排气压力,确定压缩机的规格。往复压缩机的排气口必须连接贮气罐,以缓冲排气的脉动,使气体输出均匀稳定,气罐上必须有准确可靠的压力表和安全阀。往复式压缩机操作中应经常注意的问题是润滑与冷却。润滑油用小型油泵注入气缸,再经循环回路返回油泵,但也有一部分被排出气体带走,因此要经常检查、控制注油情况,气缸壁上水夹套及中间冷却器冷却水的出口温度要定时检查。

2. 蜗轮压缩机

蜗轮压缩机最大的优点就是工作效率高,体积小,安全可靠。而其最大的缺点就是制造精度要求极高,否则在高转速情况下将会产生很大的噪音和振动。下面将详细介绍目前比较先进的蜗轮压缩机。

(1)HV-Turbo 蜗轮压缩机的结构。

HV-Turbo 蜗轮压缩机由驱动机、鼓风机主体、齿轮箱、就地控制柜、线性驱动器、机座、入口消声器、入口过滤器等主要部件组成。主要结构特点如下:

①8 种不同型号的蜗轮压缩机设计,排量范围为 2 000 ~ 125 000 m^3/h,并且可以附加多种齿轮箱,几乎适合于任何驱动需求,能满足各种规模污水处理厂的需要,且绝对保证在输出空气中不含油分。

②半开式叶轮的叶片具有三维外形结构,并且使用整体铝合金材料锻件加工制造。

③其控制系统主要是采用扩压器导向叶片系统,这种系统需要的叶片较少,如图 4.3.5 所示。

图 4.3.5　HV-Turbo 蜗轮压缩机叶轮外形图

④具有气流预旋可变系统,通过气流的预旋可以控制气体进入叶轮片的角度,使其达到所谓的"最佳角度",提高叶轮的工作效率。

⑤在恒速运转下,空气流量能够连续下调至 45%,采用预旋进口导叶和可调出口导叶的自动配合调节,能达到在整个调节范围内高效运行,实现真正意义上的节能。

⑥由于没有压力脉冲,使得该机具有很低的运转噪音,进口带有消声器,根据用户的需求还可配标准隔音罩,其噪音低于 75 dB(A)。

⑦除此之外,这种压缩机的安装非常简单,只需要一些接头盒减震器就可以直接安装。

⑧全自动控制,机旁控制盘实现单台机组的运行控制及保护,而标准配置的主控制柜可实现多台机组的优化运行,由于保证了整个工作范围内极高的效率,使得该机的运行成本很低。

(2)HV-Turbo 蜗轮压缩机的产品型号。

目前,这种蜗轮式的压缩机产品型号较多,可以分为多种类型,如 KA-GK 系列、KA-GL 系列、KA-GB 系列、KA80-GL500 系列、KA100-GL500 系列、KA-GC 系列等,其选型曲线如图 4.3.6 所示。

(3)HV-Turbo 蜗轮压缩机的控制面板。

HV-Turbo 蜗轮压缩机的控制方法很多,可以进行多种形式的控制,它可以在现场进行

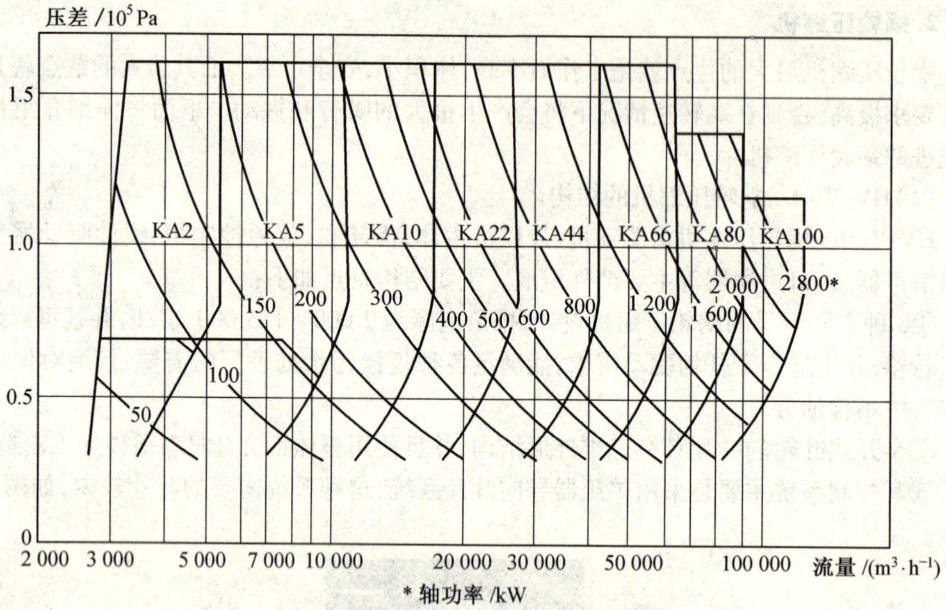

图 4.3.6 HV-Turbo 蜗轮压缩机的选型曲线

实地的控制,也可以通过自动化的主控制板进行控制。

①就地控制。此设备提供了多种多样的就地控制盘(LCP),通常直接安装在压缩机的基座上或隔音罩的外面。LCP 可以配置多种 PLC,可以通过某种传输总线协议、接收或发送压缩机的运行数据和操作指令到 CS/SCADA。就地控制盘的 PLC 可根据如下情况停止压缩机运行:润滑油压力过低;润滑油温度过高;空气入口温度过高;喘振;电机绕组温度过高。

②主板控制。主板是集成了各种操作的一个总控制面板,上面有每一台设备的控制和运行状态。MCP 主控制器由微处理器、电子线路、触摸式控制面板、控制柜和多头接线端子组成,由屏蔽电缆与各个就地控制柜相连,可以配置多种 PLC,可以通过某种传输总线协议,接收或发送压缩机的运行数据和操纵指令到 DCS/SCA。其应用功能有:根据水池中溶解氧的多少,对风机流量进行直接控制;压力可以做到恒压控制,亦即若主压力降低就增大流量,反之亦然;自动定点控制器通过不断调整控制阀最低压力的设置点来保持主压力恒定。

4.3.4 真空泵

真空泵是一种比较先进的风机,它主要是以低压的形式向大气中排气的设备,其工作原理与压缩机的工作原理相似,但也有如下不同之处:

①进气压力与排气压力之差最多仅为 1.0133×10^5 Pa,但随着进气压力逐渐趋于真空,压缩比将要变得很高,因此必须尽可能地减小其余隙容积和气体泄漏。

②随着真空度的提高,设备中的液体及其蒸气也将更容易与气体同时被抽吸进来,其结果是使可以达到的真空度下降。

③当需要维持绝对压强在 2.66×10^2 Pa 至 1.962×10^4 Pa 之间的较高真空度时,就应考虑到吸入气体密度小和压缩比高的特点,需要采用适应该特点的特殊结构真空泵。

目前真空泵的类型和型号比较少,主要分为干式和湿式两种类型。真空泵的主要参数包含了极限真空度或残余压力和抽气速率。

真空泵的选用即根据对上述两个指标的要求，结合实际情况而选定适当的类型和规格。真空泵的形式很多，环境污染控制工程中常用的有：往复真空泵、旋转真空泵、喷射泵。

思考与练习

1. 简述离心泵的工作原理。
2. 叶片式泵与风机的损失包括几种？
3. 如何降低叶轮圆盘的摩擦损失？
4. 简述压缩机的工作原理。

第二篇 水污染处理设备

第5章 不溶态污染物去除设备设计原理与应用

5.1 格 栅

5.1.1 格栅的类型及应用

机械格栅是污水处理厂中污水处理的第一道工序——预处理的主要设备，对后道工序有着举足轻重的作用，在排水工程的水处理构筑物中，其重要性日益被人们所认识。实践证明，格栅选择得是否合适，直接影响整个水处理实施的运行。格栅是一种最简单的过滤设备，是由一组平行的金属栅条制成的金属框架，斜置在废水流经的渠道上，或泵站集水池的进口处，用以截阻大块的呈悬浮或漂浮状态的固体污染物，以免堵塞水泵和沉淀池的排泥管。截留效果取决于缝隙宽度和水的性质。尽管格栅并非水处理流程中的主体设备，但因其位处"咽喉"，故显得很重要。

根据污染物的清除方式，分人工清除格栅和机械清除格栅两类。人工清除格栅主要利用人工及时清除截留在格栅上的污染物，防止栅条间隙堵塞。在中小型污水处理站，一般所需要截留的污染物量较少，均设置人工清理格栅。这类格栅用直钢条制成，按50°~60°倾角安放，这样有效格栅面积可增加40°~80°，而且便于清洗，减少水头损失。

机械清除格栅在比较大型的污水处理厂均设置机械清除格栅，格栅一般与水面按60°~70°，有时按90°安置。格栅除污机的传动系统有电力传动、液压传动及水力传动3种。在工程应用上，电力传动格栅最为普遍。机械格栅除污机的类型很多，总的可分为前清式（或前置式）、后清式（或后置式）、自清式3大类。前清式机械格栅除污机的除污齿耙设在格栅前（迎水面）以清除栅渣，市场上该种形式居多，如三索式、高链式等；后清式机械格栅除污机的除污齿耙设在格栅后面，耙齿向格栅前伸出清除栅渣，如背耙式、阶梯式等；自清式机械格栅除污机无除污齿耙，但能从结构设计上自行将污物卸除，同时辅以橡胶刷或压力清水冲洗。

按照格栅栅条间距大小，通常将格栅分为粗格栅和细格栅两种基本类型，粗格栅一般设置在泵站集水池中，而细格栅则设置在沉砂池前，依据水处理工艺流程，格栅一般按照先粗后细的原则进行设置，格栅栅条间距依据原废水水质来确定。

5.1.2　格栅的设计原理

1. 格栅的栅条间距

格栅的栅条结构和形状如图5.1.1所示。

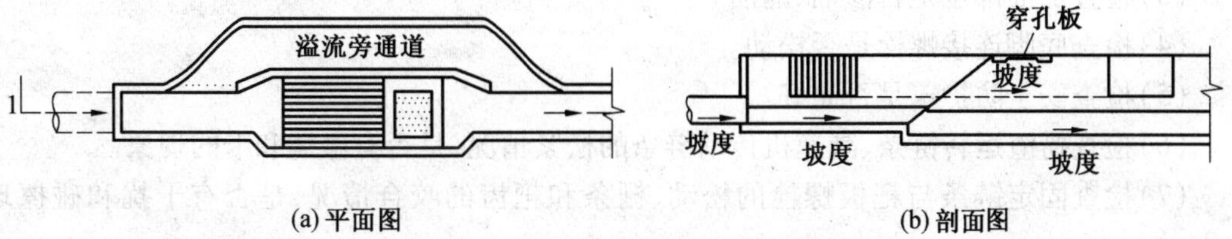

图5.1.1　格栅的结构和形状

若格栅设于水处理系统之前，则采用机械除污时的栅条间距为10～25 mm，采用人工除污时的栅条间距为25～40 mm。当格栅设于水泵前时，如泵前格栅间距不大于25 mm时，污水处理系统前可不再设置格栅。当不分设粗、细格栅时，可选用较小的栅条间距。

2. 格栅栅条断面形状

圆形断面栅条水力条件好、水流阻力小，但刚度差，一般多采用矩形断面栅条。

3. 格栅的安装倾角

格栅倾角安放可以增加有效格栅面积40%～80%，而且便于清洗，可以防止因堵塞而造成过高的水头损失。安装倾角45°～75°，人工清除栅渣时取45°～60°；若采用机械清除一般采用60°～75°，特殊类型可达90°。格栅高度一般应使其顶部高出栅前最高水位0.3 m以上，当格栅井较深时，格栅井的上部可采用混凝土墙或钢挡板满封，以减小格栅的高度。

格栅设有栅顶工作台，台面应高出栅前最高设计水位0.5 m，工作台应安装安全和冲洗设施，工作台两侧过道宽度不小于0.7 m；工作台正面过道宽度按清渣方式确定：人工清渣时不应小于1.2 m，机械清栅时不应小于1.5 m。

4. 水流通过格栅的流速

栅前渠道内的水流速度一般取0.4～0.9 m/s；污水通过格栅的流速可取0.6～1.0 m/s，过栅流速太大和太小都会直接影响截污效果和栅前泥砂的沉积。可以据此来计算格栅的有效面积，格栅的总宽度不应小于进水渠有效断面宽度的1.2倍；如与滤网串联使用，则可按1.8倍左右考虑。

5. 清渣方式

栅渣的清除方法一般按所需的清渣量而定，选用人工除污格栅；当栅渣量大于0.2 m^3/d时应采用机械格栅除污机；一些小型污水处理厂为了改善劳动条件，也采用机械格栅除污机。机械格栅除污机的台数不宜少于2台，如为1台时则应设人工除污格栅以备使用。在给水工程中有时还将格栅除污机和滤网串联使用，前者去除大的杂质，后者去除较小的杂质。

5.1.3　格栅的运行与维护

(1)维护周期为每年两次。

(2)检查格栅机水上部分箱体、电机、减速机、安全防护罩有无锈蚀。

(3)检查加油部位是否渗油、漏油。

(4)检查底脚连接螺栓是否松动。

(5)检查安全防护罩是否完好。

(6)检查捞渣运转链条、减速机传动链条的松紧情况,是否有碰撞和卡的现象。

(7)检查固定链条与耙板螺栓的松动、栅条和耙齿的咬合情况,是否有干扰和碰擦现象。

5.2　混凝设备

5.2.1　混凝剂及投加设备

混凝剂的投配分干投法和湿投法。干投法是将经过破碎易于溶解的药剂直接投放到被处理的水中。干投法占地面积小,但对药剂的粒度要求较严,投配置较难控制,对机械设备的要求较高,劳动条件较差,目前较少采用。湿投法是将药剂配制成一定浓度的溶液,再按处理水量大小定量投加。

混凝剂是在溶解池中进行溶解。溶解池应有搅拌装置,搅拌的目的是加速药剂的溶解。搅拌的方法常有水泵搅拌、压缩空气搅拌和机械搅拌,如图 5.2.1 ~5.2.3 所示。无机盐类混凝剂的溶解池应考虑防护措施和用防腐材料。

药剂溶解完全后,将浓药液送入溶液池,用清水稀释到一定程度备用。无机混凝剂的质量分数一般为 10% ~20%,有机混凝剂的质量分数则为 0.5% ~1.0%。一般投药量小时用水力搅拌,投药量大时用机械搅拌。

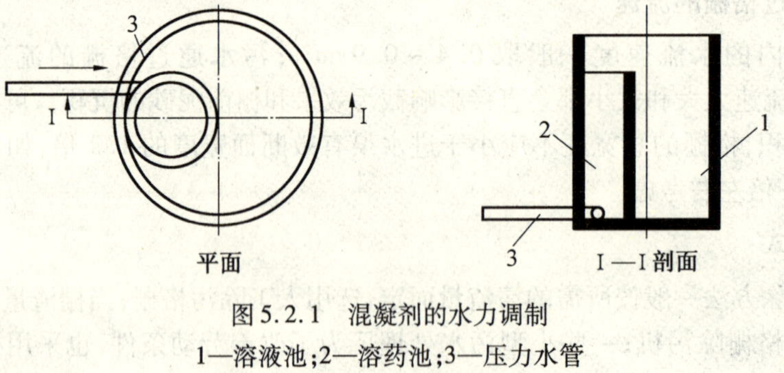

图 5.2.1　混凝剂的水力调制

1—溶液池;2—溶药池;3—压力水管

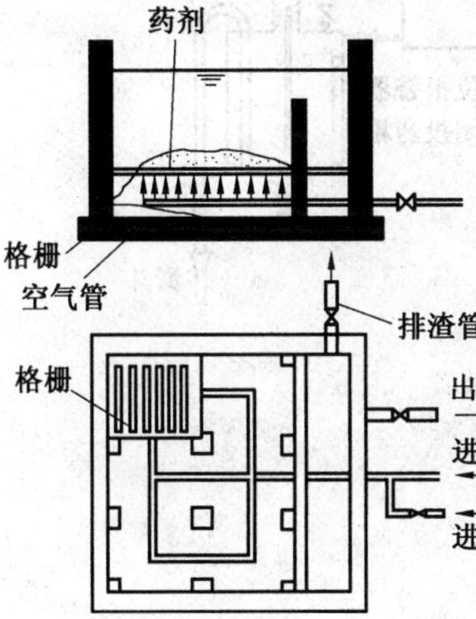

图 5.2.2　混凝剂的压缩空气调制

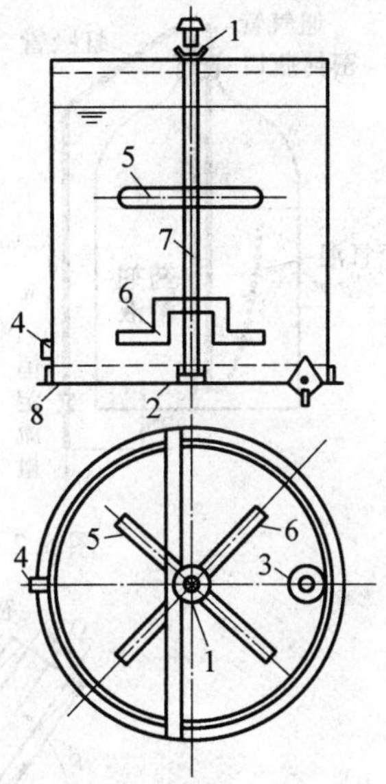

图 5.2.3　混凝剂的机械调制

1,2—轴承;3—异径管箍;4—出管;5—桨叶;
6—锯齿角钢桨叶;7—立轴;8—底板

溶液池应采用两个交替使用,其体积可按下式计算:

$$V=\frac{24\times1\,000aQ}{1\,000\times1\,000bn} \tag{5.2.1}$$

式中　a——混凝剂最大用量,mg/L;

Q——处理水量,m^3/h;

b——溶液质量浓度,以药剂固体质量百分数计算,一般取 10% ~20% ;

n——每昼夜配制溶液的次数,一般为 2 ~6 次,手工操作时不宜多于 3 次,设备及管道应考虑防腐。

投药设备包括投加和计量两部分。

1. 投加方式及设备

①高位溶液池重力投加装置:依靠药液的高位水头直接将混凝剂溶液投入管道内。

②虹吸定量投加装置:利用变更虹吸管进、出口高度差 H 控制投配量,如图 5.2.4 所示。

③水射器投加装置:该系统设备简单,使用方便,工作可靠。常用于向压力管内投加药液和药液的提升,如图 5.2.5 所示。

④水泵投加:可用耐酸泵与转子流量计配合使用,也可采用计量泵,不另设计量设备。

2. 计量设备

①孔口计量装置如图 5.2.6 及图 5.2.7 所示。

利用喷嘴和孔板等装置使恒定水位水射器结构图下孔口自由出流时的流量为稳定流量,可改变孔口断面来控制流量。

②浮子或浮球阀定量控制装置如图 5.2.7 所示。

因溶液出口处水头 H 不变,流量也不变,可通过变更孔口尺寸来控制投配量。

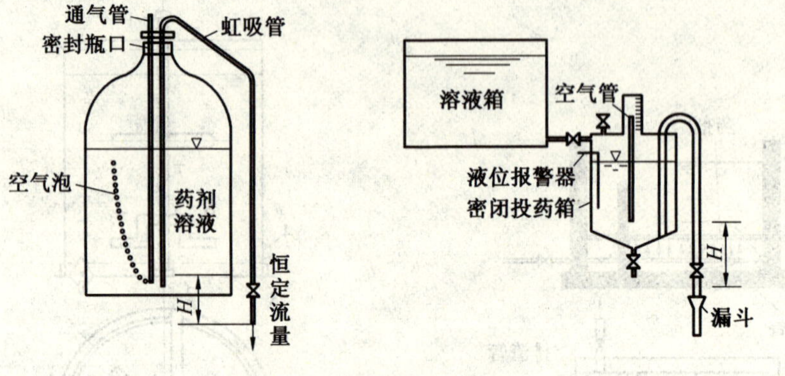

图 5.2.4　虹吸定量投加装置

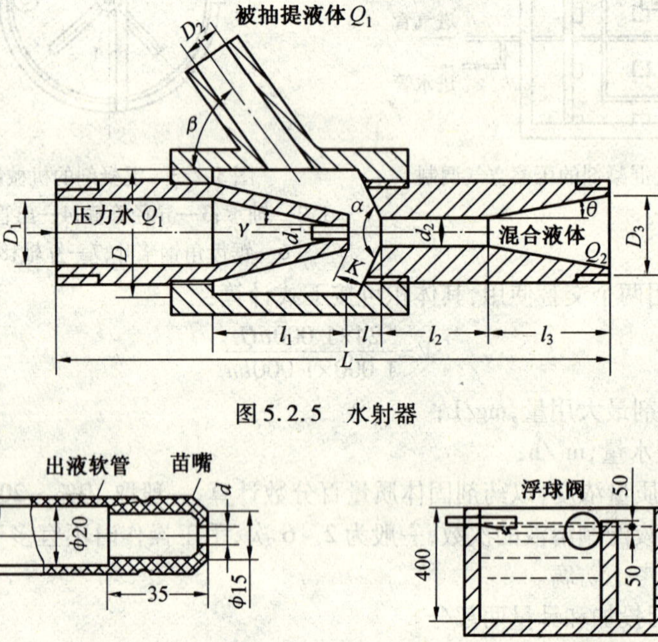

图 5.2.5　水射器

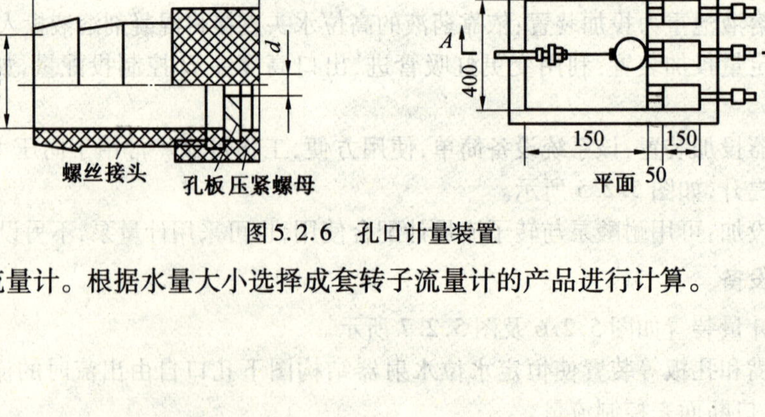

图 5.2.6　孔口计量装置

③转子流量计。根据水量大小选择成套转子流量计的产品进行计算。

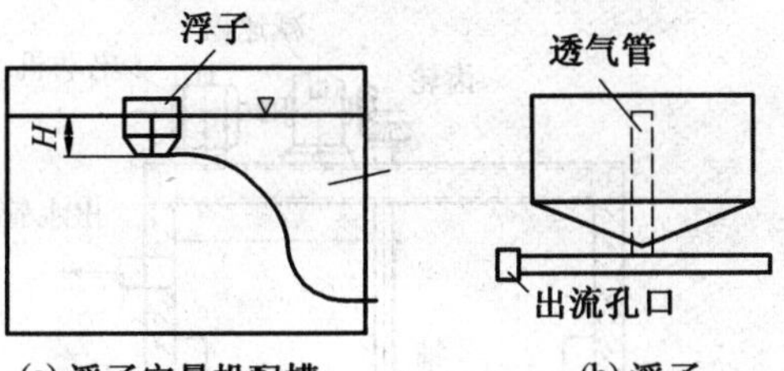

(a) 浮子定量投配槽　　(b) 浮子

图 5.2.7　浮子定量控制装置

5.2.2　混合设备与反应设备

混合设备是完成凝聚过程的重要设备,它能保证在较短的时间内将药剂扩散到整个水体,并使水体产生强烈紊动,为药剂在水中的水解和聚合创造了良好的条件。一般混合时间约为 2 min 左右,混合时的流速应在 1.5 m/s 以上。常用的混合方式有水泵混合、隔板混合和机械混合。

1. 水泵混合

将药剂加于水泵的吸水管或吸水喇叭口处,利用水泵叶轮的高速转动达到快速而剧烈的混合目的,得到良好的混合效果,不需另建混合设备,但需在水泵内侧、吸入管和排放管内壁衬以耐酸、耐腐材料。当泵房远离处理构筑物时不宜采用,因已形成的絮体在管道出口一经破碎难于重新聚结,不利于以后的絮凝。

2. 隔板混合

图 5.2.8 为分流隔板式混合槽,图 5.2.9 为多孔隔板式混合槽。槽内设隔板,药剂于隔板前投入,水在隔板通道间流动过程中与药剂充分混合,混合效果比较好,但占地面积大,水头损失大。

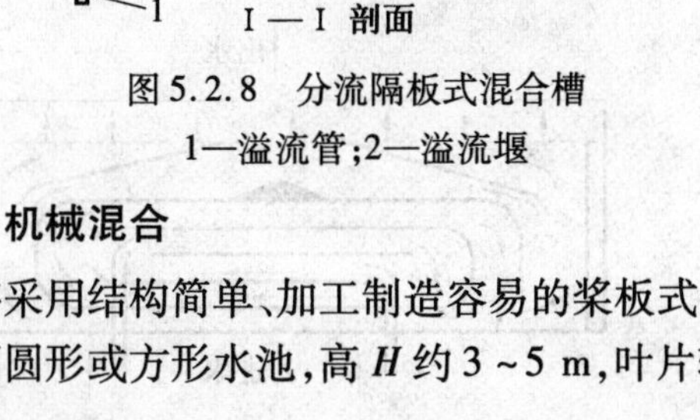

图 5.2.8　分流隔板式混合槽

1—溢流管;2—溢流堰

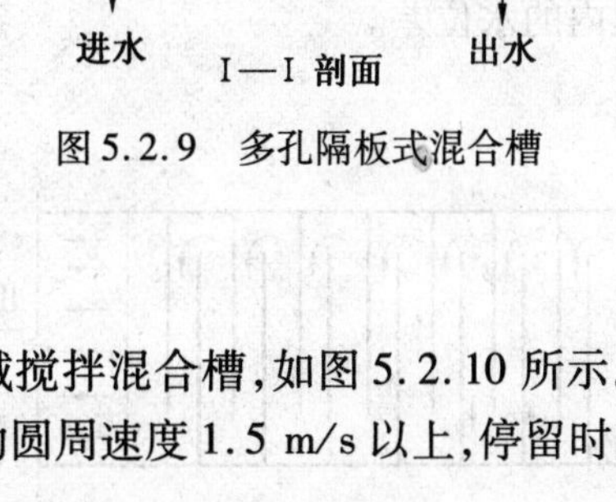

图 5.2.9　多孔隔板式混合槽

3. 机械混合

多采用结构简单、加工制造容易的桨板式机械搅拌混合槽,如图 5.2.10 所示。混合槽可采用圆形或方形水池,高 H 约 3 ~ 5 m,叶片转动圆周速度 1.5 m/s 以上,停留时间约10 ~ 15 s。

机械搅拌混合槽的主要优点是混合效果好且不受水量变化的影响,适用于各种规模的处理厂。缺点是增加了机械设备,相应增加了维修工作量。反应设备根据其搅拌方式可分

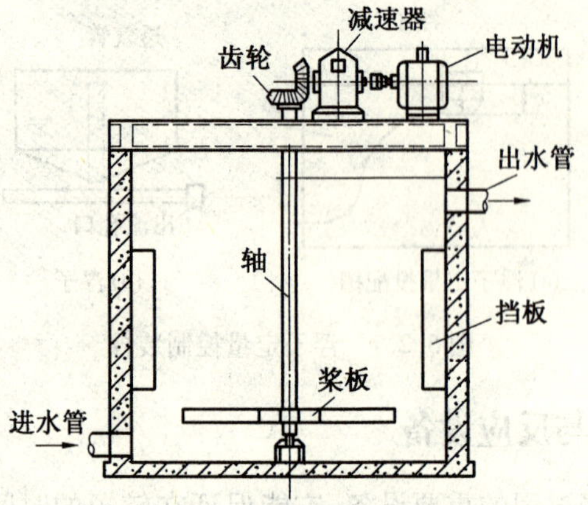

图 5.2.10　机械搅拌混合槽

为水力搅拌反应池和机械搅拌反应池两大类。水力搅拌反应池有平流式或竖流式隔板反应池、回转式隔板反应池、涡流式反应池等。各种不同类型反应池的优、缺点以及适用条件列于表 5.2.1 中。

表 5.2.1　隔板反应池

反应池形式	优 点	缺 点	适用条件
往复池隔板反应池	反应效果好，构造简单，施工方便	容积较大，水头损失大	水量大于 10 000 m^3/h 且水量变化较小
回转式隔板反应池	反应效果良好，水头损失较小，构造简单，管理方便	池较深	水量大于 10 000 m^3/h 且水量变化较小，改建或扩建旧有设备
涡流式反应池	反应时间短，容积小，造价低	池较深，截头圆锥形池底难以施工	水量小于 10 000 m^3/h
机械搅拌反应池	反应效果好，水头损失小，可适应水质水量的变化	部分设施处于水下，维护不便	大小水量均适用

隔板反应池主要有往复式和回转式两种，如图 5.2.11 及图 5.2.12 所示。往复式隔板反应池是在一个矩形水池内设置许多隔板，水流沿两隔板之间的廊道往复前进。隔板间距（廊道宽度）自进水端至出水端逐渐增加，从而使水流速度逐渐减小，以避免逐渐增大的絮体在水流剪力下破碎。通过水流在廊道间往返流动，造成颗粒碰撞聚集，水流的能量消耗来自反应池内的水位差。

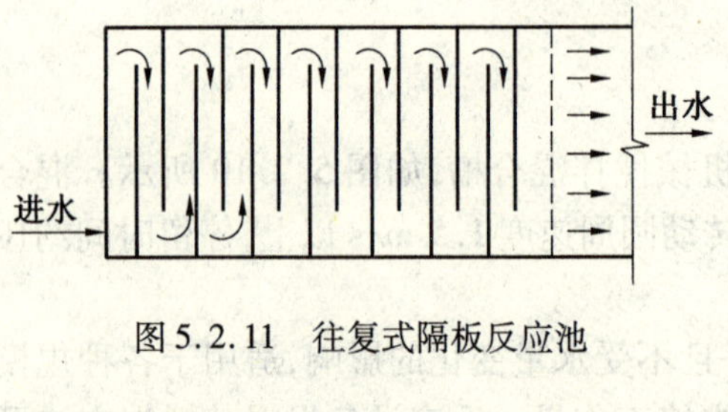

图 5.2.11　往复式隔板反应池

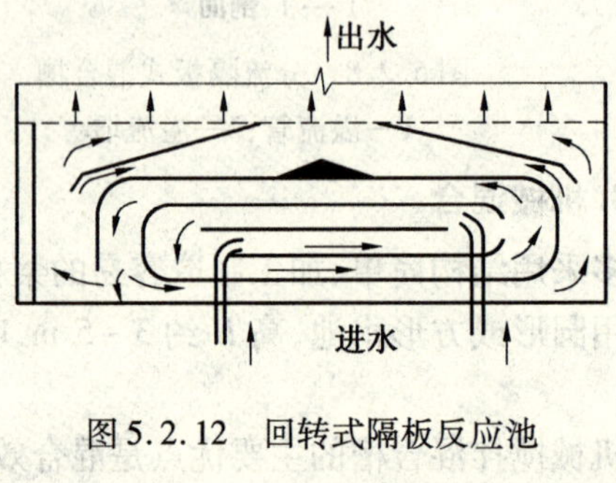

图 5.2.12　回转式隔板反应池

往复式隔板反应池在水流转角处能量消耗大,但对絮体成长并不有利。在 180°的急剧转弯下,虽会增加颗粒碰撞几率,但也易使絮体破碎。为减少不必要的能量消耗,于是将 180°转弯改为 90°转弯,形成回转式反应池。为便于与沉淀池配合,水流自反应池中央进入,逐渐转向外侧。廊道内水流断面自中央至外侧逐渐增大,原理与往复式相同。

设计参数及要点:

①池数一般不少于两座,反应时间为 20～30 min,色度高、难沉淀的细颗粒较多时宜采用高值。

②池内流速应按高速设计,进口流速一般为 0.5～0.6 m/s,出口流速一般为 0.2～0.3 m/s。通常改变隔板的间距以达到改变流速的要求。

③隔板净间距应大于 0.5 m,小型反应池采用活动隔板时可适当减小间距。进水管口应设挡板,避免水流直冲隔板。

④反应池超高一般取 0.3 m。

⑤隔板转弯处的过水断面面积应为廊道断面面积的 1.2～1.5 倍。

⑥池底坡向排泥口的坡度一般取 2%～3%,排泥管直径不小于 150 mm。

目前在隔板反应池的基础上还发展了折板反应池,通过将平直隔板改变成间距较小的、具有一定角度的折板以产生更多的微涡旋,增加絮凝体颗粒碰撞的机会。

涡流式反应池如图 5.2.13 所示,涡流式反应池的下半部为圆锥形,水从锥底部流入,形成涡流,边扩散边上升;锥体面积逐渐扩大,上升速度逐渐由大变小,有利于絮凝体的形成。

设计参数及要点:

①池数不少于 2 座,底部锥角呈 30°～45°,超高取 0.3 m,时间 6～10 min;

②入口处流速取 0.7 m/s,上侧圆柱部分上升流速取 4～6 cm/s;

③可在周边设集水槽收集处理水,也可采用淹没式穿孔管收集处理水;

④每米工作高度的水头损失控制在 0.02～0.05 m。

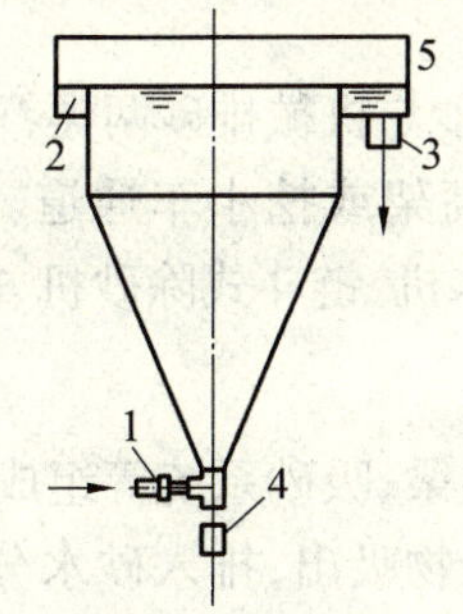

图 5.2.13　涡流式反应池

1—进水管;2—圆周集水槽;3—出水管;4—放水管;5—格栅

机械搅拌反应池:桨板式机械搅拌反应池根据转轴的位置不同可分为水平轴式和垂直轴式两种,分别如图 5.2.14、图 5.2.15 所示。由于水平轴操作和维修不方便,目前应用较少。

机械搅拌反应池的搅拌设备除桨板式以外,国外尚有轴流桨式和蜗轮式。

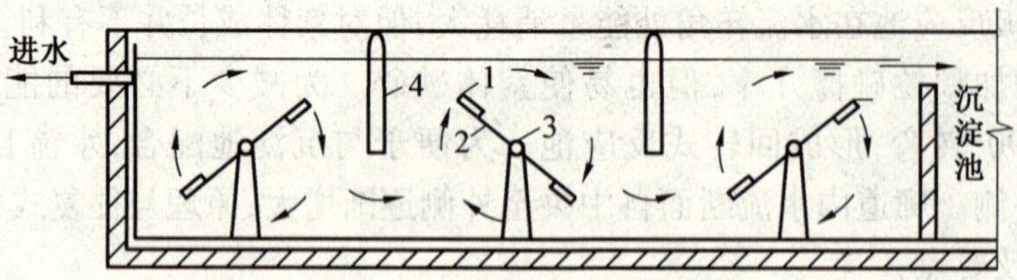

图 5.2.14　水平轴式反应池

1—桨板;2—叶轮;3—旋转轴;4—隔墙

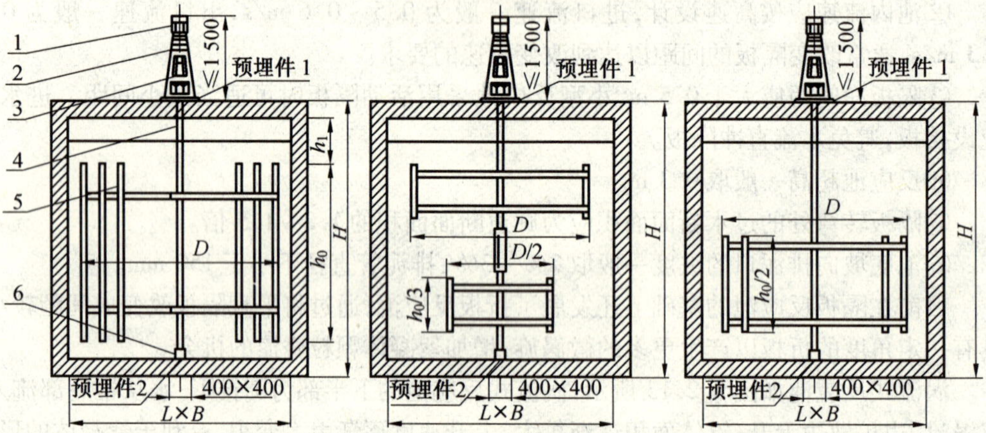

(a) 单层全高桨板　　(b) 双层半高桨板　　(c) 单层半高桨板

图 5.2.15　垂直轴式机械搅拌反应池结构示意图

1—电动机;2—减速器;3—支座;4—搅拌轴;5—桨板;6—水下支座

5.3　排砂设备

常用的排砂方式主要有重力排砂与机械排砂两类,重力排砂的优点是排砂含水率低,排砂量容易计算;缺点是沉砂池需要高架或挖小车通道。机械排砂设备可分为桥式吸砂机(也称行车吸砂机)、步进式输砂脱水机、链斗式除砂机、门形抓斗式除砂机等。

1. 桥式吸砂机

桥式吸砂机主要由行走装置、主梁、吸砂系统等组成。吸砂机在沉砂池面上的钢轨上来回行走,吸砂系统将池底的砂水混合物吸出,排入砂水分离器进行砂水分离。另外,吸砂机还可以根据用户要求设置撇渣板,将水面上的浮渣刮至池末端的渣槽中,适用于平流式曝气沉砂池中沉砂的排除。当顺水行驶时,撇渣耙下降刮集浮渣并送至池末端的渣槽;反向行驶时,撇渣耙提升,离开液面以防浮渣逆行。也可根据工艺要求,反向撇渣。

双沟泵吸式吸砂机的结构如图 5.3.1 所示。

2. 链斗式刮砂机

链斗式刮砂机由传动系统、传动轴、托架、刮斗导向架、牵引链等组成,由链条拖动砂斗,用于平流式沉砂池的排砂和提升。LDG800-2000 型链斗式刮砂机刮斗间距为 1 800 mm,刮斗线速度 2.6 m/min,池底宽度 800 ~2 000 mm。如图 5.3.2 所示。

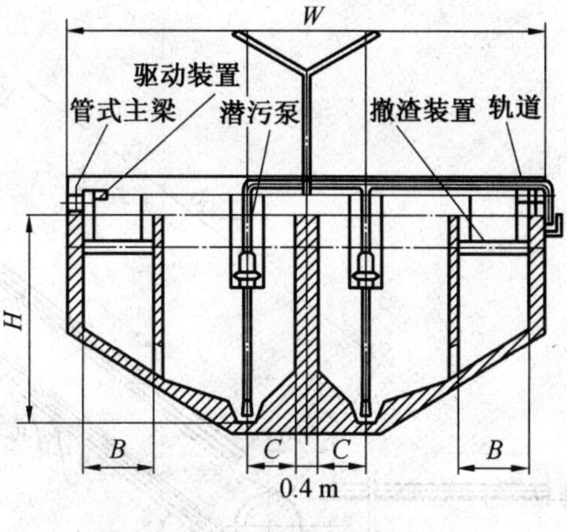

图 5.3.1　双沟泵吸式吸砂机

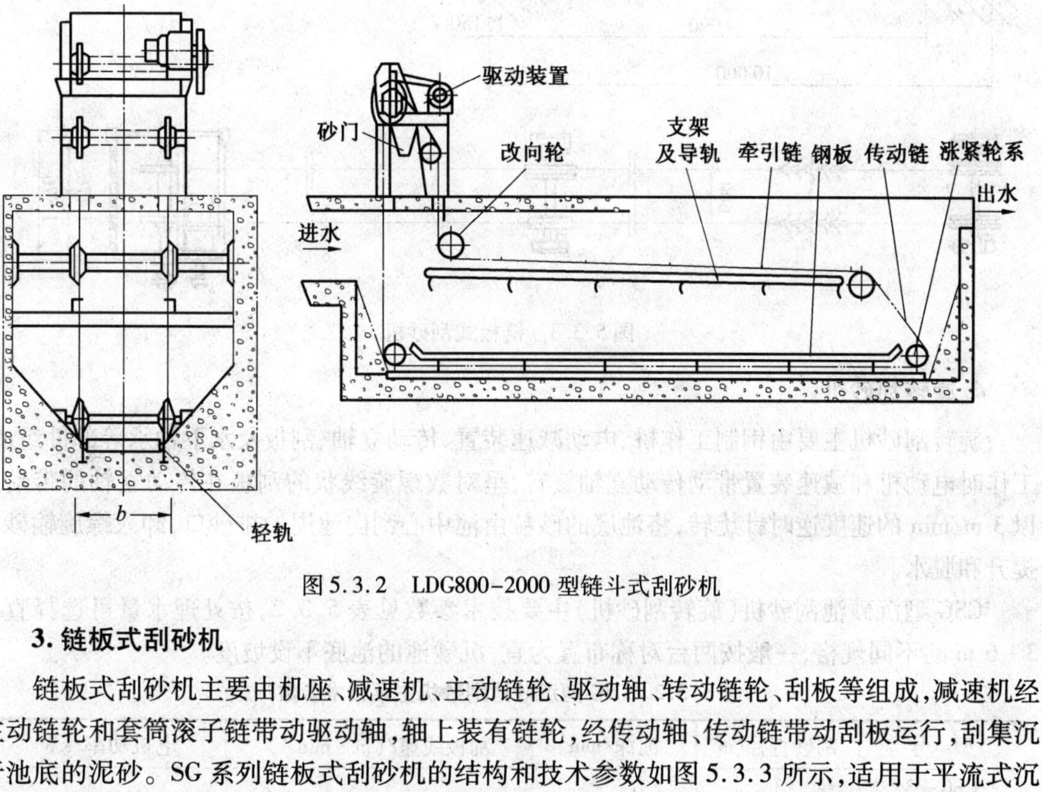

图 5.3.2　LDG800-2000 型链斗式刮砂机

3. 链板式刮砂机

链板式刮砂机主要由机座、减速机、主动链轮、驱动轴、转动链轮、刮板等组成,减速机经主动链轮和套筒滚子链带动驱动轴,轴上装有链轮,经传动轴、传动链带动刮板运行,刮集沉于池底的泥砂。SG 系列链板式刮砂机的结构和技术参数如图 5.3.3 所示,适用于平流式沉砂池的排砂。SG 系列链板式刮砂机主要技术参数见表 5.3.1。

表 5.3.1　SG 系列链板式刮砂机主要技术参数

型　号	刮板宽度/mm	水平槽长/mm	斜槽长度/mm	斜槽角度/(°)	刮板速度/$/(m\cdot min^{-1})$	电动机功率/kW	质量/kg
SG-600	600	10	10	30	0.6	0.37	2 500
SG-1 200	1 200	10	10	30	0.6	0.75	2 800

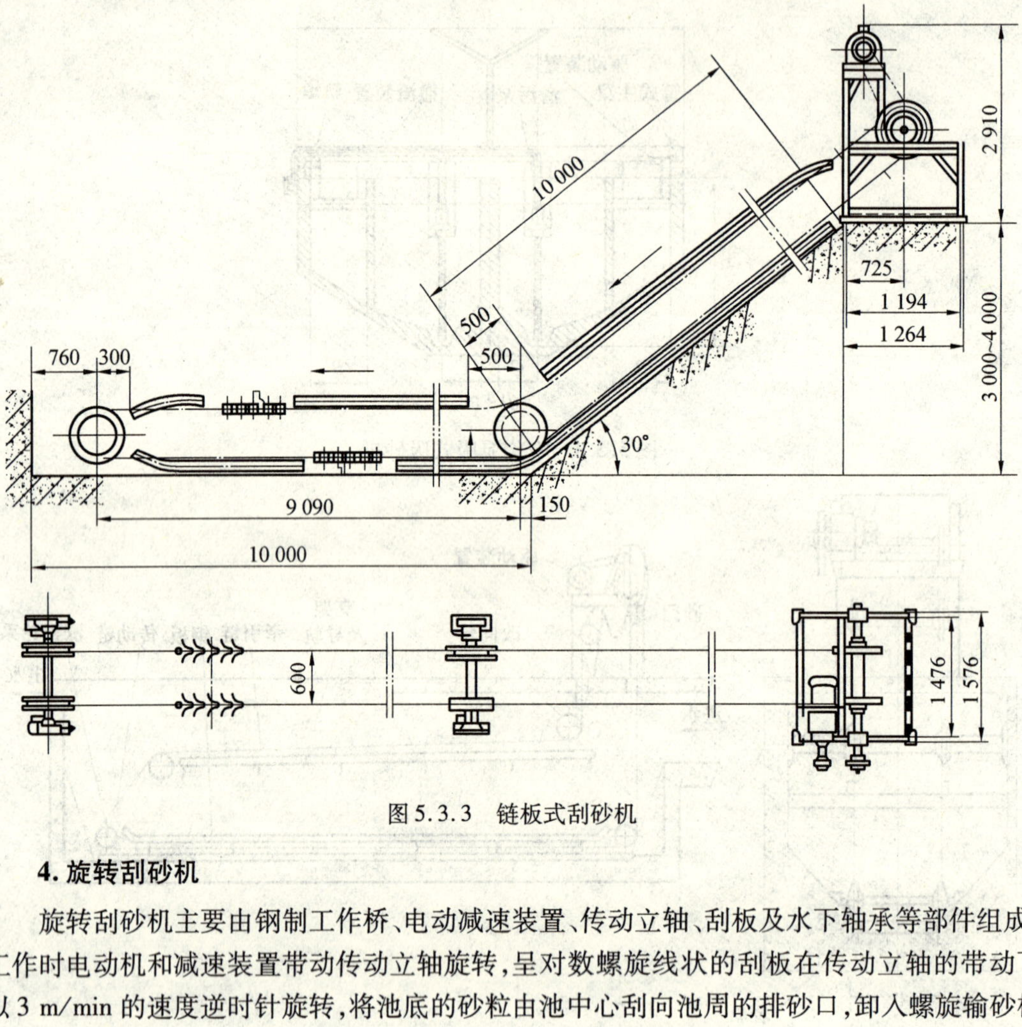

图 5.3.3　链板式刮砂机

4. 旋转刮砂机

旋转刮砂机主要由钢制工作桥、电动减速装置、传动立轴、刮板及水下轴承等部件组成。工作时电动机和减速装置带动传动立轴旋转，呈对数螺旋线状的刮板在传动立轴的带动下以 3 m/min 的速度逆时针旋转，将池底的砂粒由池中心刮向池周的排砂口，卸入螺旋输砂机提升和脱水。

CSG 型沉砂池刮砂机（旋转刮砂机）主要技术参数见表 5.3.2，按处理水量可选择直径 3 ~ 6 m 的不同规格，一般按两台对称布置为宜，沉砂池的池底不设坡度。

表 5.3.2　CSG 型沉砂池刮砂机主要技术参数

型　号	刮砂直径/m	池深/mm	刮板线速/$(m \cdot min^{-1})$	电机功率/kW
CSG—3	3			
CSG-4	4	按设计需要	3	0.37
CSG-5	5			
CSG-6	6			0.55

5. 砂水分离及输送设备

（1）螺旋式砂水分离器。

主要由无轴螺旋、尼龙衬、U 形槽、水箱、导流板和驱动装置等组成。工作时，砂水混合液从分离器一端顶部输入水箱，混合液中重量较大的砂粒等将沉积于 U 形槽底部。在螺旋叶片的推动下，砂粒沿斜置的 U 形槽底提升，离开液面后继续推移一段距离，在砂粒充分脱水后经排砂口卸至盛砂桶；而与砂分离后的水则从溢流口排出并流往厂内进水渠。

另外，砂水分离器进水口处还可设置一圆筒式旋流预分离器，污水沿圆筒切线方向进入，涡流使砂粒沉下进入螺旋分离器，溢流液回沉砂池或格栅井，起到预沉砂及调节水量的作用。

LSSF 系列螺旋式砂水分离器的技术参数见表 5.3.3。可以自带不锈钢水箱，也可以采用混凝土结构的水箱。

表 5.3.3　LSSF 系列螺旋式砂水分离器主要技术参数

型　号	LSSF-260	LSSF-320	LSSF-355	LSSF-420
处理水量/$(L \cdot s^{-1})$	12	20	27	35
电动机功率/kW	0.25	0.37	0.75	—
L/mm	3 840	4 380	5 980	6 290
机体最大宽度/mm	1 170	1 420	1 600	1 720
H/mm	1 500	1 700	2 150	2150
H_1/mm	1 550	1 750	2 400	2 550
H_2/mm	2 100	2 350	3 050	3 250
L_1/mm	3 000	3 400	3 550	4 000
L_2/mm	1 000	1 500	2 000	2 500

(2)旋流除砂器。

当水流在一定的压力下从除砂进水口以切向进入设备后，产生强烈的旋转运动，由于砂和水密度不同，在离心力、向心力、浮力和流体拽力的共同作用下，使密度低的水上升，由出水口排出，密度大的砂粒由设备底部的排污口排出，从而达到除砂的目的，具有除砂率高，节省安装空间，对个别微小固体的漏捕率低，工作状态稳定等优点。美国 US Filter 公司下属 Envirex 所产旋流除砂器的结构如图 5.3.4 所示。

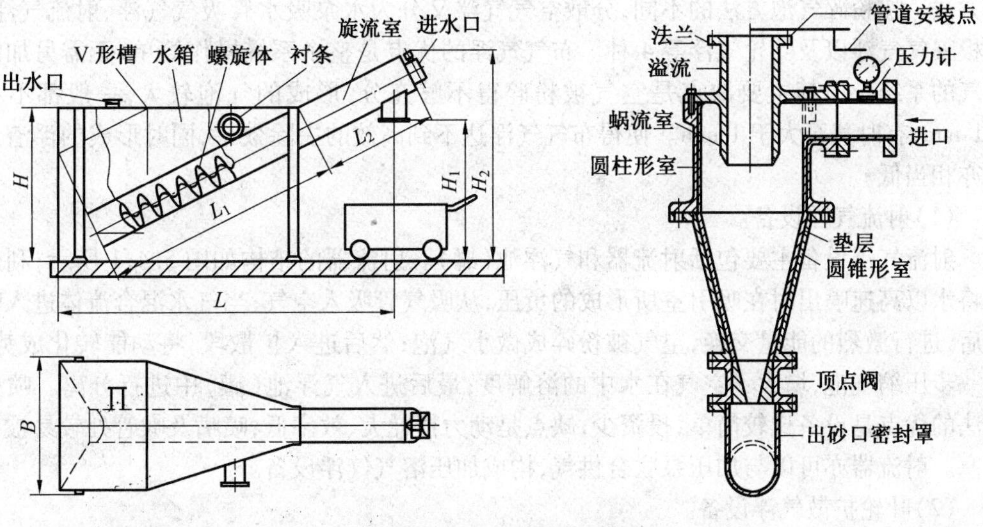

图 5.3.4　旋流除砂器结构图

(3)螺旋式除砂器。

螺旋式除砂机是使沉砂池内的沙砾提升脱水的机械，主要由电动机、减速器、螺旋体、上下轴承座等部件组成，螺旋体的安装角度不超过 30°。输送机下部的螺旋叶片应位于沉砂池排砂口的下方，以利于接砂及输送。工作时，通过电动机和减速器带动螺旋体做缓慢旋转，将进入输送槽的沉砂由螺旋叶片向上输送，当输送的砂脱离槽内液位时，污水在叶片与螺旋槽的间隙处流回槽内，进行砂水分离，达到输砂与脱水的目的。经螺旋输砂机提升后的沉砂含水率低于60%，有利于砂的外运和处置。

5.4 气浮设备

5.4.1 气浮设备的类型与应用

气浮是使悬浮物附着气泡而上升到水面，从而分离水和悬浮物的水处理方法。也可以使水中表面活性剂附着在气泡表面上浮，从而与水分离，称为泡沫气浮法。气浮法使用的设备，包括完成分离过程的气浮池和产生气泡的附属设备。水处理中，气浮法可用于沉淀法不适用的场合，以分离密度接近于水和难以沉淀的悬浮物，例如油脂、纤维、藻类等，也可用以浓缩活性污泥。

气浮主要依靠悬浮物表面材料有亲水和憎水之分，憎水性颗粒表面容易附着气泡，因而可用气浮法。亲水性颗粒用适当的化学药品处理后可以转为憎水性。水处理中的气浮法，常用混凝剂使胶体颗粒结成为絮体，絮体具有网络结构，容易截留气泡，从而提高气浮效率。再者，水中如有表面活性剂（如洗涤剂）可形成泡沫，也有附着悬浮颗粒一起上升的作用。

根据微细气泡产生方式的不同，可以将气浮设备分为分散空气气浮（或布气气浮）设备、溶解空气气浮（即溶气气浮）设备、电解气浮设备、生化气浮设备、离子气浮设备等。

1. 分散空气气浮设备

分散空气气浮是利用机械剪切力，将混合于水中的空气粉碎成微细气泡，从而进行气浮的方法。按粉碎气泡方法的不同，分散空气气浮又分为水泵吸水管吸气气浮、射流气浮、扩散板曝气气浮以及叶轮气浮等4种。布气气浮的优点是整个系统操作简单，无需另加制备溶气的系统。但其主要缺点是空气被粉碎得不够充分，形成的气泡较大，一般都不小于0.1 mm，有时甚至大于1 mm。使得布气气浮达不到高效的去除效果，同时形成的浮渣含固率亦相当低。

(1)射流气浮设备。

射流气浮设备主要包括射流器和气浮池（罐）。射流器的结构如图5.4.1所示，利用喷嘴将水以高速喷出时在吸引室所形成的负压，从吸气管吸入空气；当气水混合流体进入喉管段后，进行激烈的能量交换，空气被粉碎成微小气泡；然后进入扩散段，将动能转化成势能，进一步压缩气泡，增大了空气在水中的溶解度；最后进入气浮池（罐）中进行分离。喷射气浮法的优点是设备比较简单，投资少；缺点是动力损耗大、效率低，喷嘴及喉管处较易被油污堵塞。射流器亦可以与加压泵联合供气，构成加压溶气气浮设备。

(2)叶轮扩散气浮设备。

叶轮气浮是水处理过程中气浮法的一种，其充气是籍叶轮高速旋转时在固定的盖板下形成负压，从进气管中吸入空气的。进入水中的空气与循环水流被叶轮充分搅拌，成为细小的气泡甩出导向叶片，经过整流板消能后气泡垂直上升。悬浮杂质随气泡上升至表面形成浮渣，由旋转刮板慢慢地刮出槽外。其结构示意图如图5.4.2所示。

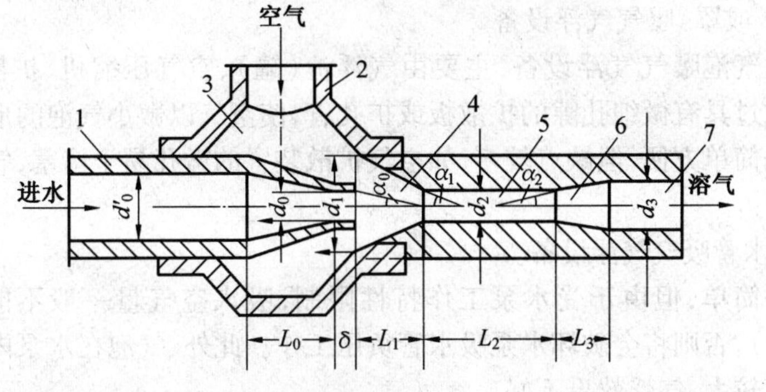

图5.4.1　射流器的结构尺寸示意图

1—喷嘴;2—吸引管;3—吸气室;4—收缩管;5—混合管(喉管);6—扩散管;7—尾管

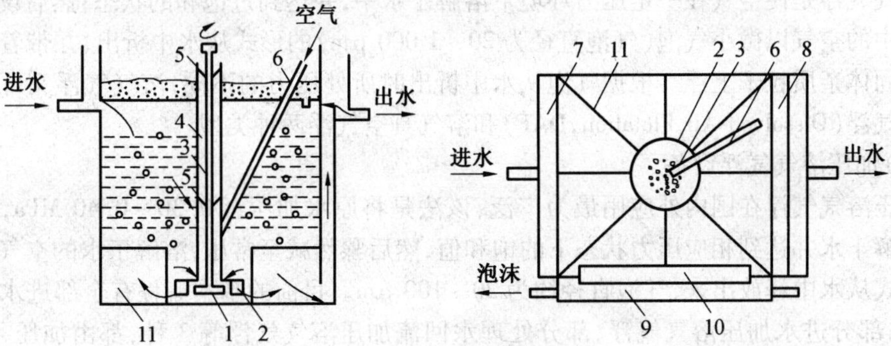

图5.4.2　叶轮气浮结构示意图

1—叶轮;2—固定盖板;3—转轴;4—轴套;5—轴承;6—进气管;7—进水槽;

8—出水槽;9—泡沫板;10—刮沫板;11—整流板

固定盖板与叶轮间距为10 mm,在盖板上叶轮叶片中间部位开设循环进水孔。叶轮是带有6个放射型叶片的圆盘。固定盖板下的12~18片导向叶片与直径成60°角,以减小水流阻力;叶轮叶片与导向叶片间的间距也能影响吸气量的大小,一般不超过8 mm,否则将使进气量大大降低,叶轮与固定盖板顶的示意图如图5.4.3所示。

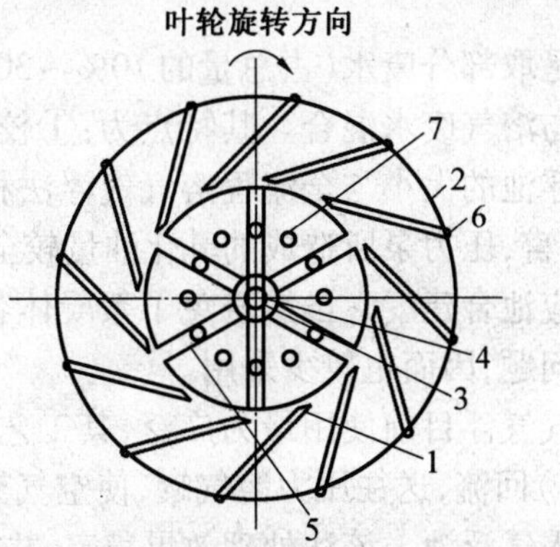

图5.4.3　叶轮与固定盖板顶示意图

1—叶轮;2—固定盖板;3—转轴;4—轴套;5—叶轮叶片;6—导向叶片;7—循环进水孔

(3)扩散板(或罩)曝气气浮设备。

这是一种微气泡曝气气浮设备,主要由气浮池(罐)、空气压缩机、扩散板或微孔板组成。压缩空气通过具有微细孔隙的扩散板或扩孔管,使空气以微小气泡的形式进入水中,进行气浮。该方法简单方便,但缺点较多,如空气扩散装置的微孔易于堵塞,气泡较大,气浮效果不好等。

(4)水泵吸水管吸气气浮设备。

该方法设备简单,但由于受水泵工作特性限制,吸入空气量一般不能大于吸水量的10%(按体积计),否则将会破坏水泵吸水管负压工作。此外,气泡在水泵内破碎不够完全,形成的气泡粒度较大,气浮效果不好。

2. 溶气气浮设备

溶气气浮是使空气在一定压力环境下溶解于水中,并达到过饱和的状态;然后设法使溶解在水中的空气以微小气泡(气泡直径为20～1 000 μm)的形式从水中析出,并带着黏附在一起的固体杂质粒子上浮。根据气泡从水中析出时所处压力的不同,溶气气浮又可分为加压溶气气浮(Dissolved Air Flotation,DAF)和溶气真空气浮两种类型。

(1)加压溶气气浮设备。

加压溶气气浮在国内外应用最为广泛,该法是将原水加压至0.30～0.40 MPa,同时使空气溶解于水并达到相应压力状态下的饱和值,然后骤然减至常压,溶解于水的空气以微小气泡形式从水中释放出来,气泡直径约为20～100 μm。目前的基本流程有全部进水加压溶气气浮、部分进水加压溶气气浮、部分处理水回流加压溶气气浮等3种,都由加压泵、溶气罐、释放器和气浮池等基本设备组成。

如图5.4.4所示,全部进水加压溶气气浮是将全部废水用水泵加压,在泵前或泵后注入空气。在溶气罐内,空气溶解于废水中,然后通过减压阀将废水送入气浮池。浮渣由刮渣机定期刮入气浮池尾(首)的浮渣槽排出,处理水则由设于池尾的溢流堰和集水槽或靠近池底的穿孔集水管排出池外。由于全部废水经过压力泵,所需的压力泵和溶气罐均较其他两种流程大,因此投资和运转动力消耗较大,絮凝体容易在加压和溶气过程中破碎,水中的悬浮粒子容易在溶气罐填料上沉积和堵塞释放器;对于含油废水而言,增加了其乳化程度,因此目前已较少采用。

部分进水加压溶气气浮是取部分废水(占总量的10%～30%)加压和溶气,其余废水直接进入气浮池并在气浮池中与溶气废水混合。其特点为:①较全流程溶气气浮法所需的压力泵小,故动力消耗低;②气浮池的大小与全流程溶气气浮法相同,但较部分回流溶气气浮法小。此外,对于含油废水而言,压力泵所造成的乳化油量较全流程溶气气浮法低。这种流程的气浮池常与隔板混凝反应池合建。它虽然避免了絮凝体容易破碎的缺点,但仍有溶气罐填料和释放器易被堵塞的问题,因而也较少采用。

部分处理水回流加压溶气气浮目前使用最为广泛,其工艺流程如图5.4.5所示。该法将部分处理出水(25%～50%)回流,送往压力溶气罐,使空气充分溶于水中,然后经过释放器后与絮凝后的原水混合进入气浮池。该法处理效果稳定,并能大量节约能耗,在污水处理工艺中应用最多。

与其他方法相比,压力溶气气浮具有如下优点:①在加压条件下,空气的溶解度大,供气浮用的气泡数量多,能够确保气浮效果;②溶入的气体经骤然减压,产生的气泡不仅细微、粒

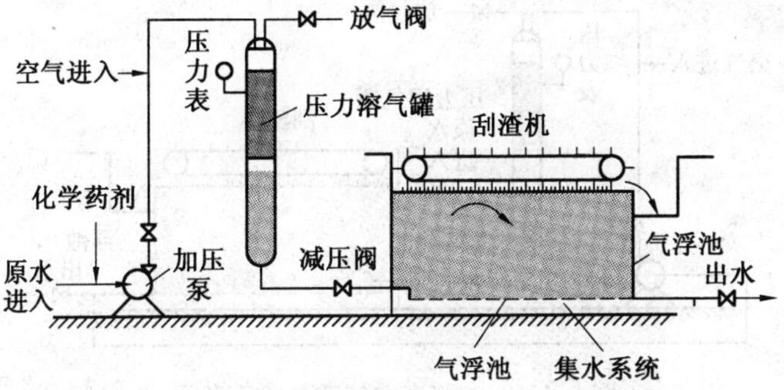

图5.4.4　全部进水加压溶气气浮工艺流程示意图

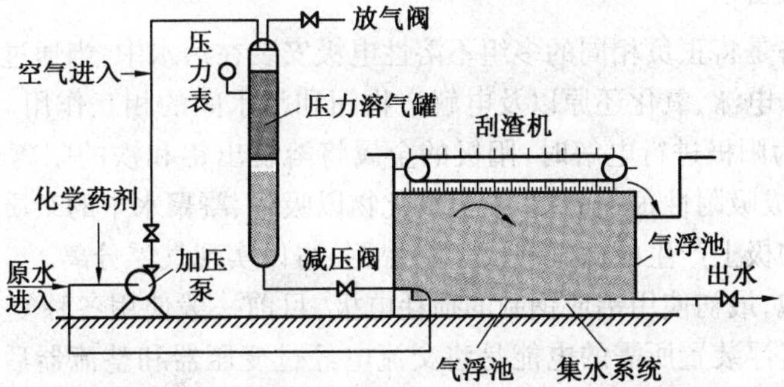

图5.4.5　回流加压溶气气浮工艺流程示意图

度均匀、密集度大，而且上浮稳定，对液体扰动小，因此特别适用于对疏松絮凝体、细小颗粒的固液分离；③工艺过程及设备相对较为简单，便于管理、维护；④特别是部分回流式，处理效果显著、稳定，并能较大地节约能耗。

(2)溶气真空气浮设备。

该法的主要特点是空气在水中的溶解可在常压下进行，也可在加压下进行；气浮池则在负压(真空)状态下运行，溶解在水中的空气也在此状态下析出。析出的空气量取决于水中的溶解空气量和真空度。

溶气真空气浮池是一个密闭的池子，平面多为圆形，池面压力为0.03～0.04 MPa(真空度)，污水在池内停留时间为5～20 min。图5.4.6为溶气真空气浮装置的示意图，污水经入流调节器后进入机械曝气设备，预曝气一段时间后使污水中的溶气量接近于常压下的饱和值；然后进入消气井，使混杂在污水中的小气泡从水中脱除，再进入气浮分离池；从气浮分离池中抽气，使其呈真空状态，溶于水中的空气就以非常细小的气泡溢出，污水中的悬浮颗粒与水中溢出的细小气泡相黏附而产生上浮作用，浮升至浮渣层。旋转的刮渣板把浮渣刮至集渣槽，最后进入出渣室；处理后的出水经环形出水槽收集后排出。

在溶气真空气浮设备中，空气溶解所需压力比加压溶气气浮低，动力设备和电能消耗较少。但气浮过程在负压下进行，除渣、刮泥等设备都要密封在气浮池内，因此气浮池构造复杂，运行与维护困难。此外，可能受所能达到真空度的限制，可溢出的微细气泡数量很有限，只适用于处理污染物浓度不高的废水。目前已逐渐被加压溶气气浮设备所替代。

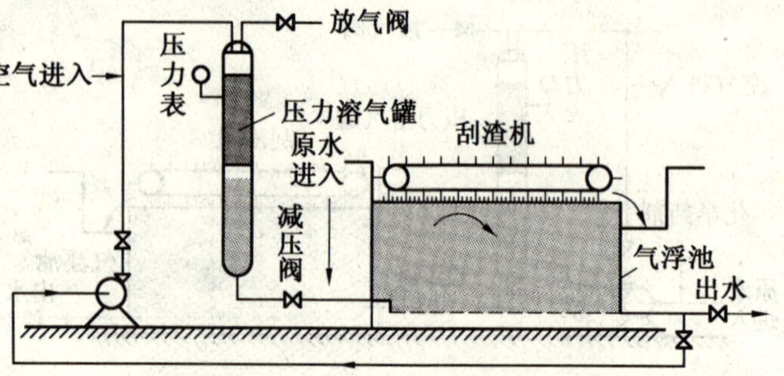

图 5.4.6　溶气真空气浮装置示意图

3. 电解气浮设备

电解气浮设备是将正负相同的多组不溶性电极安装在污水中，当通过直流电时，会产生电解、颗粒的极化、电泳、氧化还原以及电解产物间和污水间的相互作用。当采用可溶电极（一般为铝铁）作为阳极进行电解时，阳极的金属将溶解出铝和铁的阳离子，并与水中的氢氧根离子结合，形成吸附性很强的铝、铁氢氧化物以吸附、凝聚水中的杂质颗粒，从而形成絮粒。这种絮粒与阴极上产生的微气泡（氢气）黏附，得以实现气浮分离。

为了产生气泡，最初使用铝或钢制的损耗电极，目前一般使用各种复合电极，使用寿命大大提高。电解气浮装置所需的电能是将交流电经过变压器和整流器后，向电极提供 5 ~ 10 V 的低压直流电源，所需电能的多少主要取决于溶液的电导率和极板之间的距离。

电解气浮装置可分为竖流式和平流式两种，分别如图 5.4.7、图 5.4.8 所示。电解气浮池的设计包括确定装置总容积、电极室容积、气浮分离室容积、结构尺寸及电气参数等。

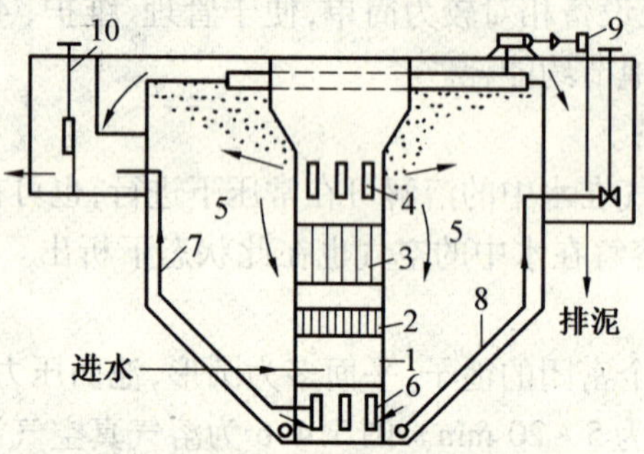

图 5.4.7　竖流式电解气浮装置示意图

1—入流室；2—整流栅；3—电极组；4—出流孔；5—分离室；6—集水孔；7—出水管；8—排泥管；9—刮泥机；10—水位调节器

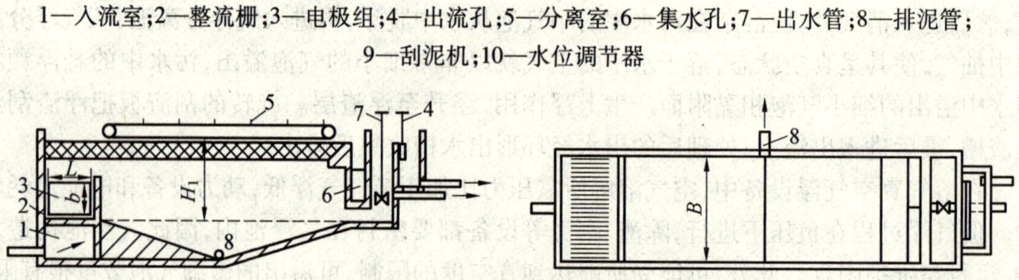

图 5.4.8　双室平流式电解气浮装置示意图

1—入流室；2—整流栅；3—电极组；4—出口水位调节器；5—刮渣机；6—浮渣室；7—排渣室；8—污泥出口

电解气浮产生的气泡尺寸比分散空气气浮和溶气气浮所产生的气泡尺寸都小得多，同时电极上产生的微细气泡在上升过程中不引起紊流；去除的污染物范围广，除了可降解有机废水中的 BOD 外，还有氧化、脱色和杀菌作用；对污水负荷变化的适应性强，产生污泥量少，占地少，不产生噪声。由于电能消耗、电极消耗量大以及操作运行管理要求高，电解气浮设备主要用于处理水量不大的工业废水，表面负荷通常低于 4 $m^3/(m^2 \cdot h)$。

生物气浮法依靠微生物在新陈代谢过程放出的气体与絮粒黏附后浮出水面；化学气浮法是在水中投加某种化学药剂，借助于化学反应生成的氧、氯、二氧化碳等气体而促使絮粒上浮。这两种气浮法因受各种条件的限制，因而处理的稳定可靠程度较差，应用也不多。

5.4.2　加压溶气气浮设备设计

加压溶气气浮一般设置在生物处理单元之前，预处理单元之后。若设为两级浮选，平面布置时常将一、二级浮选池并列，两者之间约有 500 mm 左右的液位差，以保证污水从一级浮选池自流到二级浮选池，而取消提升泵达到节能效果。加压溶气气浮设备主要包括压力溶气系统、溶气释放系统和气浮池 3 部分。

压力溶气系统包括：饱和容器（压力溶气罐）、加压水泵、空气供给设备、液位自动控制设备等，其中压力溶气罐是影响溶气效果的关键设备，而溶气系统一般占整个气浮过程能量消耗的 50%。

(1)设计要点。

①充分研究探讨待处理水的水质条件，分析采用气浮工艺的合理性和适用性。有条件的情况下，应进行小型试验或模型试验，并根据试验结果选择适当的溶气压力及回流比（指溶气水量与待处理水量的比值），通常溶气压力取 0.2～0.4 MPa，回流比取 5%～25%。

②根据试验选定的混凝剂及其投加量和完成絮凝的时间及难易程度，确定反应形式和反应时间，一般较沉淀反应时间短，取 5～10 min 为宜。

③确定气浮池的池型，应根据对处理水质的要求、净水工艺与前后构筑物的衔接、周围地形和建筑物的协调、施工难易程度及造价等因素，综合加以考虑。为避免打破絮体，应注意水流的衔接。进入气浮池接触室的流速宜控制在 0.1 m/s 以下。

④接触室必须为气泡与絮体提供良好的接触条件，其宽度还应考虑易于安装和检修的要求。水流上升速度一般取 10～20 mm/s，水流在室内的停留时间不宜小于 60 s。接触室的溶气释放器应根据确定的回流量、溶气压力及各种型号释放器的作用范围选定。

⑤气浮分离室需根据带气絮体上浮分离的难易程度选择水流（向下）流速，一般取 1.5～3.0 mm/s，即分离室的表面负荷率取 5.4～10.8 $m^3/(m^2 \cdot h)$。

⑥气浮池的有效水深一般取 2.0～2.5 m，池中水流停留时间一般为 10～20 min。

⑦气浮池的长宽比无严格要求，一般以单格宽度不超过 10 m、长度不超过 15 m 为宜。

⑧浮渣一般采用刮渣机定期排除。集渣槽可设置在池的一端、两端或径向。刮渣机的行车速度宜控制在 5 m/min 以内。

⑨气浮池集水应力求均匀，一般采用穿孔集水管，集水管的最大流速宜控制在0.5 m/s 左右。

⑩压力溶气罐一般采用阶梯环作填料，通常填料层高度取 1～1.5 m。这时罐直径一般根据过水截面负荷率 100～200 $m^3/(m^2 \cdot h)$选取，罐高为 2.5～3.0 m。

(2)设计计算(不包括一般处理构筑物的常规计算)。

①气浮所需空气量 Q_g。

$$Q_g = QR^t\alpha_c\phi \tag{5.4.1}$$

式中　Q_g——气浮所需空气量,L/h;

Q——气浮池设计水量,m^3/h;

R^t——试验条件下的回流比,%;

α_c——试验条件下的释气量,L/m^3;

ϕ——水温校正系数,取 1.1～1.3。

②加压溶气水量 Q_p。

$$Q_p = 736npK_T \tag{5.4.2}$$

式中　Q_p——加压溶气水量,m^3/h;

p——选定的溶气压力,MPa;

K_T——溶解度系数;

n——溶气效率。

③接触室的表面积 A_c。选定接触室中水流的上升流速 V_c 后,按下式计算:

$$A_c = \frac{Q+Q_p}{V_c} \tag{5.4.3}$$

接触室的容积一般应按停留时间大于 60 s 进行复核,接触室的平面尺寸如长宽比等数据的确定,应考虑施工的方便和释放器的合理布置等因素。

④分离室的表面积 A_p。选定分离速度(分离室的向下平均水流速度)V_p 后按下式计算:

$$A_p = \frac{Q+Q_p}{V_p} \tag{5.4.4}$$

对矩形池子分离室的长宽比一般取(1～2):1。

⑤气浮池的净容积 W。选定池的平均水深 H(一般指分离室深),按下式计算:

$$W = (A_c + A_p)H \tag{5.4.5}$$

同时以池内停留时间 t 进行校核,一般要求 t 为 10～20 min。

⑥溶气罐直径 D_d。选定过流密度 L 后,溶气罐直径按下式计算:

$$D_d = \sqrt{\frac{4q}{\pi L}}$$

式中　D_d——溶气罐内径,m;

L——过流密度,$m^3/(m^2 \cdot h)$。

⑦溶气罐高度 Z。

$$Z = 2Z_1 + Z_2 + Z_3 + Z_4 \tag{5.4.6}$$

式中　Z_1——封头的高度,m;

Z_2——布水区高度,m,一般取 0.2～0.3 m;

Z_3——贮水区高度,m,一般取 1.0 m;

Z_4——填料层高度,m。当采用阶梯环时,可取 1.0～1.3 m。

⑧空压机额定气量 Q_g。

$$Q_g = \phi \times 60 \times 1\ 000 \tag{5.4.7}$$

5.4.3　加压溶气气浮设备的调试与运行

影响填料溶气罐效率的主要因素为：填料特性、填料层高度、罐内液位高、布水方式和温度等。填料可采用瓷质环、塑料斜交错淋水板、不锈钢圈填料、塑料阶梯环等，因塑料阶梯环溶气效率较高，可优先考虑。填料溶气罐的水位必须妥善加以控制，水位太高，不仅淹没了填料层，而且缩小了水气接触部分的容积，溶气效果不好；水位太低则缺乏必要的缓冲水深，气体会穿过水层进入气浮设备形成大气泡，气浮效果也不佳。因此，推荐水位控制在罐内1/3～1/4左右，为了保证运行稳定和减轻操作强度，溶气罐应设液位自动控制装置。可采用浮球液位传感器，当液位达到浮球传感器下限时，指令关闭进气管上的电磁阀；当液位达到上限时，则指令开启电磁阀。由于布气方式、气流流向变化等因素对填料罐溶气效率几乎没有影响，因此进气的位置及形式无需过多考虑。一般在罐顶设自动排气阀以平衡库容压力，罐内未溶解的空气不仅占据空间，减少溶气罐的有效容积，而多余的空气随溶气水进入气浮池后形成游离气泡，如不排出，游离气泡的搅动会影响气浮效果。此外，在罐底设放空阀，以便清洗。

目前压力溶气罐已有若干系列的定型产品可供选用，图 5.4.9 为国产 TR 系列喷淋式填料溶气罐的结构及其系统配套示意图。

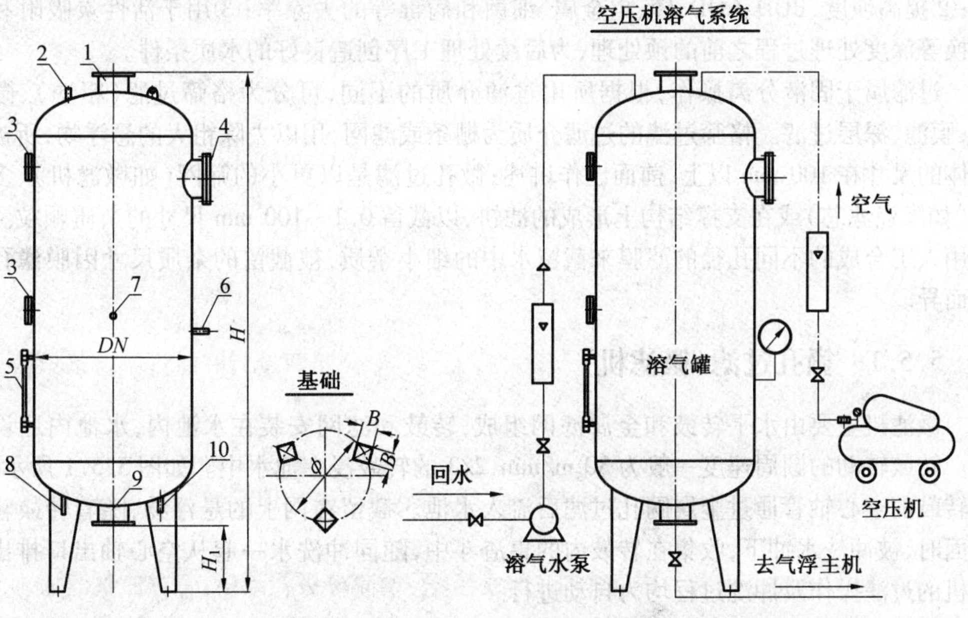

图 5.4.9　国产 TR 系列喷淋式填料溶气罐的结构及其系统配套示意图

1—进水管；2—进气管；3—视镜；4—人孔/手孔；5—液位计；6—放气管；7—压力表；8—取样口；9—出水管；10—放空管

1. 加压水泵

加压水泵的作用一是提升污水，二是给系统加压以提高空气在水中的溶解度。一般采用离心泵，目前国产离心泵的输出压力为 0.25～0.50 MPa，流量为 10～200 m^3/h。选型时除考虑溶气水的压力外，还应包括管道系统的水力损失。

2. 空气供给设备

压力溶气气浮的供气方式可分为泵前插管进气、水泵-水射器供气、空压机供气 3 种。

当空气吸入量小于该温度下空气在污水中的溶解度时，在泵前用水射器吸入，而不用空压机。这种方式气水混合好，但水泵必须采用自引方式进水，而且要保持 1 m 以上的水头；此外，最大吸气量不能大于水泵吸水量的 10%，否则水泵应当具有的真空度将遭到破坏。当空气吸入量大于空气在污水中的溶解度时，空气应通过空压机在水泵的出水管压入，但也不宜大于水泵吸水量的 25%。为防止因操作不当致使压缩空气或压力水倒流进入泵或空压机，目前均采用自上而下的同向流饱和溶气。操作时需控制好水泵与空压机的压力，使其达到平衡状态。

5.5　滤池的形式与选择

过滤一直是给水处理中为获得优质水而经常采用的关键净化工序，但在废水处理中却迟迟未能得到应用。20 世纪 60 年代开始了废水过滤技术的研究开发，目前已经在一些场合得到了实际应用。废水进行过滤处理的主要目的有 3 个：①用于化学混凝和生物处理后的最终处理，如去除二沉池未曾去除的细小生物絮体或混凝沉淀池未曾去除的细小化学絮体；②提高浊度、BOD、COD、磷、重金属、细菌和病毒等的去除率；③用于活性炭吸附和离子交换等深度处理过程之前的预处理，为后续处理工序创造良好的水质条件。

过滤属于固液分离操作，根据所用过滤介质的不同，可分为格筛过滤（粗滤）、微孔过滤、膜滤、深层过滤。格筛过滤的过滤介质为栅条或滤网，用以去除粗大的悬浮物，所被截留物体的尺寸在 100 mm 以上，前面已作讲述；微孔过滤是以更小的筛网（如微滤机）、多孔材料（如陶瓷滤芯）或在支撑结构上形成的滤饼，以截留 0.1～100 mm 尺寸的杂质颗粒。膜滤是用人工合成的不同孔径的滤膜来截留水中的细小杂质，被截留的杂质尺寸因膜滤孔径不同而异。

5.5.1　微孔过滤（微滤机）

微滤机主要由水平转鼓和金属滤网组成，转鼓和滤网安装在水池内，水池内还设有隔板。转鼓转动的圆周速度一般为 30 m/min，2/3 的转鼓浸在池水中。如图 5.5.1 所示，污水从转鼓的空心轴管通过金属网孔过滤后流入水池。截留在网上的悬浮物，随着转鼓转动到上面时，被冲洗水冲下，收集在转鼓内的集渣斗中，随同冲洗水一起从空心轴出口排出。微滤机的过滤操作及冲洗过程均为自动进行。

微滤机的优点是设备结构紧凑，处理污水量大，操作方便，占地较小。缺点是滤网的编织比较困难。

5.5.2　表面过滤

表面过滤就是利用过滤介质上微孔的筛将颗粒物截留在过滤介质的表面，从而使之由水中除去。表面过滤的介质种类很多，一种为用金属丝或非金属丝缠绕或编织的筒状或平板过滤器；另一种为非编织的毡、纤维素纸、玻璃砂纸、滤板等；还有一种为烧结的陶瓷和粗陶瓷制品，以及烧结的金属制品；此外，还有一种是于工作时在上述过滤介质表面用很细的

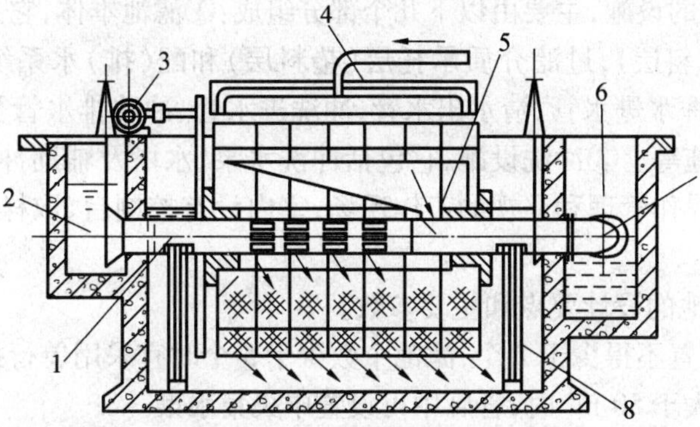

图 5.5.1　微滤机的结构示意图

1—空心轴;2—进水渠;3—电动机;4—反冲洗设备;5—集渣斗槽;6—集水渠;7—反冲洗排水管;8—支承轴承

粉末或纤维再形成一层孔隙很小的滤层,可筛除水中更细微的颗粒。上述几种表面过滤介质所筛除颗粒物的最小粒径,见表 5.5.1。

表 5.5.1　表面过滤介质及其最小截留粒径

类型	举例	截留的最小粒径/μm	类型	举例	截留的最小粒径/μm
边缘过滤器	金属丝缠绕管	5	滤筒(滤芯)	纱绕线筒	2
刚性多孔介质	陶瓷和粗陶瓷制品	1		毡	10
金属板	烧结金属制品 多孔板 金属丝编织板	3 100 5	非编织纤维板	纤维素纸 玻璃砂纸	5 2 0.5
多孔塑料	塑料板、片等	3	顶涂层	纤维预涂层	亚微米级
编织布	天然和人造纤维布	10		粉末预涂层	亚微米级

硅藻土过滤器是一种预涂层过滤器。过滤器上部有一个隔板,其上安装多根滤柱,滤柱上有具有一定尺寸的微孔,这些也常称为滤元。隔板下部为原水室,上部为清水室。硅藻土过滤器的运行分为预涂膜、过滤及冲洗 3 个阶段。预涂膜是指在滤元表面预先形成厚约2 ~ 3 mm 的滤层,每平方米滤元需 0.5 ~ 1.0 kg 硅藻土,用涂膜泵将涂膜箱中糊状的硅藻土液送入过滤器下部原水室里,由滤元自外向内过滤流入清水室,再回到涂膜箱中。上述循环进行约 20 min 后,滤元表面就会形成滤层,并开始发挥过滤作用,使循环水变得清澈。此时可以切断涂膜进水,立即接入浑水进行过滤。浑水中可投入约 10 ~ 100 mg/L 的硅藻土,称为助滤剂。滤元外面由助滤剂和浑水中的悬浮物掺杂形成滤渣层。过滤中,由于滤渣层逐渐加厚,水头损失不断增加,当水头损失达到预定值后,即停止过滤,进行冲洗。冲洗也可以采用类似普通滤池反冲洗的方法。

5.5.3　快滤池的设计

普通快滤池指的是传统的快滤池布置形式,滤料一般为单层细砂级配滤料或煤、砂双层滤料,冲洗采用单水冲洗,冲洗水由水塔(箱)或水泵供给。

普通快速滤池站的设施,主要由以下几个部分组成:①滤池本体,它主要包括进水管渠、排水槽、过滤介质(滤料层),过滤介质承托层(垫料层)和配(排)水系统。②管廊,主要设置有5种管(渠),即浑水进水管、清水出水管、冲洗进水管、冲洗排水管及初滤排水管,以及阀门、一次监测表设施等。③冲洗设施,它包括冲洗水泵、水塔及辅助冲洗设施等。④控制室,是值班人员进行操作管理和巡视的工作现场,室内设有控制台、取样器及二次监测指示仪表等。

(1)普通快速滤池的设计要点和主要参数。

①滤池数量的布置不得少于2个,滤池个数少于5个时宜采用单行排列,反之可用双行排列,单个滤池面积大于50 m^2 时,管廊中可设置中央集水渠。

②单个滤池的面积一般不大于100 m^2,长宽比大多数在1.25∶1~1.5∶1之间,小于30 m^2 时可采用1∶1,当采用旋转式表面冲洗时可采用1∶1、2∶1、3∶1。

③滤池的设计工作周期一般在12~24 h,冲洗前的水头损失一般为2.0~2.5 m。

④对于单层石英砂滤料滤池,饮用水的设计滤速一般采用8~10 m/h,当要求滤后水浊度为1度时,单层砂滤层设计滤速在4~6 m/h,煤砂双层滤层的设计滤速在6~8 m/h。

⑤滤层上面水深,一般为1.5~2.0 m,滤池的超高一般采用0.3 m。

⑥单层滤料过滤的冲洗强度一般采用12~15 L/(s·m^2),双层滤料过滤冲洗强度在12~16 L/(s·m^2)。

⑦单层滤料过滤的冲洗时间在5~7 min,双层滤料过滤冲洗时间在6~8 min。

(2)普通快速滤池在建造设计中注意的问题。

①配水系统干管末端应装有排气管;

②滤池底部应设有排空管;

③滤池闸阀的启闭一般采用水力或电力,但当池数少时且阀门直径等于小于300 mm时,也可采用手动;

④每个池应装上水头损失计和取样设备;

⑤池内与滤料接触的壁面应拉毛,以避免短流造成出水水质不好;

⑥池底坡度约为0.005,坡向排空;

⑦各种密封渠道上应设人孔,以便检修。

(3)普通快速滤池的优缺点。

单层滤料优点:①运行管理可靠,有成熟的运行经验;②池深较浅。

单层滤料缺点:①阀门比较多;②一般大阻力冲洗,需要设有冲洗设备。

双层滤料优点:①滤速比单层的高;②含污能力较大(约为单层滤料的1.5-2.0倍),工作周期较长;③无烟煤做滤料易取得,成本低。

双层滤料缺点:①滤料径粒选择较严格;②冲洗时要求高,常因煤粒不符合规格发生跑煤现象;③煤砂之间易积泥。

5.5.4 深层过滤装置

18世纪末至19世纪初,世界上普遍采用了慢滤技术。慢滤池主要利用滤池顶部的滤膜截留悬浮固体,同时发挥微生物对水质的净化作用。这种滤池生产水量少、滤速慢[0.001~0.01 m^3/(m^2·min)]、占地面积大;污泥黏而易碎,很快就会在滤料表面出现泥封;而当加大过滤水头时,则容易发生污染物穿透现象。目前慢滤池在水处理,特别是污水处理中应用较少。

1885年在美国研究发明了快滤池,并逐步取代了慢滤池。目前通常所说的深层过滤用滤池是指快滤池,滤速较快[高达0.04~0.3 $m^3/(m^2 \cdot min)$]。由于滤料表面通常带负电,要使也带负电的悬浮颗粒附着在滤料表面,必须对滤前水进行预处理,通常是化学混凝处理,以改变悬浮颗粒所带电荷的性质。因此,快滤池可以定义为:利用滤层中粒状材料所提供的表面积截留水中已经过混凝处理的悬浮固体的设备。

1. 基本结构与原理

在污水深度处理中使用的各种滤池都是在普通快滤池的基础上加以改进而来的。如图5.5.2所示,普通快速滤池一般用钢筋混凝土制造,滤池外部由滤池池体、进水管、出水管、冲洗水管、冲洗水排出管等管道及其附件组成;滤池内部由进水渠、配水系统、滤料层、垫料层(承托层)、排水系统和排水槽等部分组成。快滤池管廊内有原水进水、清水出水、冲洗排水等主要管道及与其相配的闸阀;排水系统用以收集滤后水,更重要的是用于均匀分配反冲洗水,故亦称配水系统。反冲洗水排水槽即洗水槽,用以均匀地收集反冲洗污水和分配进水。

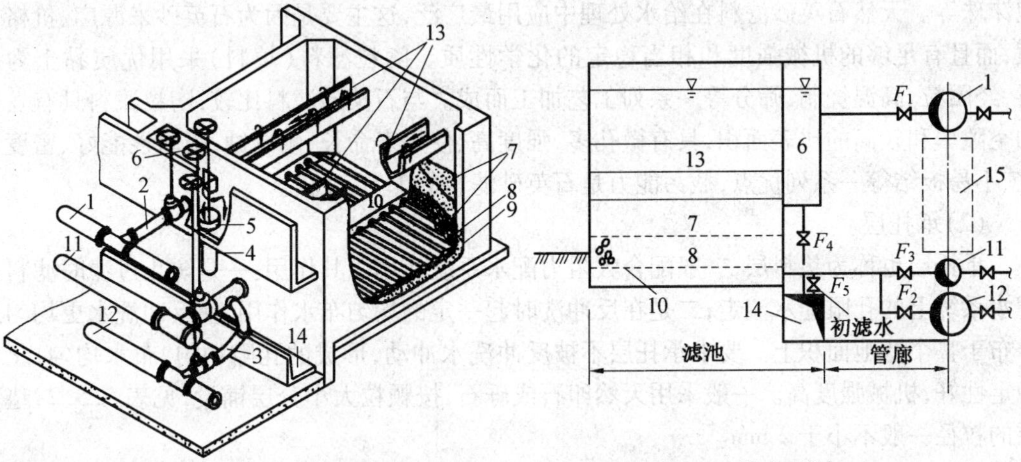

(a) 透视图　　(b) 剖面图

图5.5.2　普通快滤池结构示意图(箭头表示反冲洗时的水流方向)

1—进水总管;2—进水支管;3—清水支管;4—排水管;5—排水阀;6—集水渠;7—滤料层;8—承托层;9—配水支管;10—配水干管;11—反冲洗水总管;12—清水总管;13—排水槽;14—废水渠;15—走道空间

快滤池的运行是"过滤-反冲洗"两个过程交替进行。一般而言,快滤池运行的基本控制指标有两个:一是出水浊度,二是总水头损失。过滤是生产清水的过程,待过滤进水自进水总管经进水支管和排水槽流入滤池,污水在池内自上而下穿过滤层,清水则经配水系统收集,并经清水支管流出滤池。工作期间,滤池处于全浸没状态。经过一段时间过滤后,滤料层被悬浮物质阻塞,水流阻力不断增大,当过滤层的压头损失增大到最大允许值或者当过滤出水水质接近超标时,滤池应停止运行,进行反冲洗。反冲洗水一般由冲洗水箱或冲洗水泵供给,关闭进水管及清水支管,开启排水阀及反冲洗进水管,反冲洗水自下而上通过配水系统、垫料层、滤料层,并由排水槽收集,经进水渠内的排水管排走。

滤池经反冲洗后,恢复过滤及截污能力,即可重新投入工作。两次反冲洗之间的时间间隔称为过滤周期,从反冲洗开始到反冲洗结束的时间间隔称为反洗历时。一般滤池一个工作周期应大于 8 ~ 12 h。

2. 滤层

普通滤池在反冲洗的过程中,出现的水力筛分现象使小粒径的滤料在滤池上层,滤料颗粒间的空隙自上到下逐渐增大。在过滤中会产生这样的现象:上层滤料已经堵塞,而下层滤料尚未发挥作用,在滤层中产生负压,影响滤池正常工作。为充分发挥滤层截留杂质的能力,出现了滤料粒径沿着过滤水流方向减小的过滤层及均质滤料层,如双层、多层滤料滤池等。

(1)滤料。

滤料层是滤池的核心部分,滤料的种类、性质、形状和级配等是决定滤料层截留杂质能力的重要因素。除了要求价格低廉、货源充足之外,滤料的选择还应满足机械强度、化学稳定性、无毒无害、截污能力强等要求。

目前,除了逐步走上标准化和工业化的天然石英砂滤料外,还开发了无烟煤、大理石、白云石、花岗石、石榴石、磁铁矿和钛铁矿等颗粒材料;一些无机材料经烧结、破碎后也可以做滤料,如陶粒滤料和陶瓷滤料;还可以用人工合成的粒状材料,如纤维球、塑料珠、聚苯乙烯泡沫珠等。天然石英砂滤料在给水处理中应用最广泛,这主要是因为石英砂来源广、价格低廉,而且有足够的机械强度和相当稳定的化学性质。陶粒滤料(填料)采用优质黏土为原料,经团粒、高温烧制、筛分等一系列工艺加工而成。与石英砂滤料比较,陶粒滤料具有发达的空隙率和较高的比表面积,具有微孔多、强度高、使用寿命长、耐腐蚀、吸附性能好、密度适宜、不易板结等一系列优点,截污能力是石英砂滤料的 1.5 ~ 2 倍。

(2)承托层。

承托层也称为垫料层,一般配合大阻力配水系统使用。其作用:一是防止过滤时滤料从配水系统上的孔眼随水流走;二是在反冲洗时起一定的均匀布水作用,使反冲洗水更均匀地分布于整个滤池面积上。要求承托层不被反冲洗水冲动,形成的孔隙均匀,布水均匀,化学稳定性好,机械强度高。一般采用天然卵石或砾石,按颗粒大小分层铺设,见表 5.5.2,垫料层的粒径一般不小于 2 mm。

表 5.5.2　大阻力配水系统的承托层

层　次	粒径/mm	厚度/mm
上　1	2 ~ 4	100
中　2	4 ~ 8	100
中　3	8 ~ 16	100
下　4	16 ~ 32	150

(3)滤层种类。

用于给水和污水过滤的快滤池,按所用滤床层数分为单层滤料滤池、双层滤料滤池和三层滤料滤池,如图 5.5.3 所示。

①单层滤料滤池。一般适用于给水处理,在污水处理中仅适用于一些清洁工业废水。用于污水二级出水处理时,由于滤料粒径过细,短时间内就会在滤料层表面发生堵塞。常用的单层滤料滤池有如下两种形式:一种是单层粗砂深层滤床滤池,见表 5.5.3,特别适用于生物膜硝化和脱氮系统,但一般不推荐用于污水的高级处理。另一种是采用单层滤料不分

层滤床,由粒径大小不同的单一滤料均匀混合组成滤床与气水反冲洗联合使用。气水反冲洗时只发生膨胀(约为 10% 左右),不使其发生水力筛分分层现象,因此滤床整个深度上孔隙大小分布均匀,有利于增大下部滤床去除悬浮杂质的能力。不分层滤床的有效粒径通常为 1 ~2 mm 左右,并保持池深与粒径比在 800 ~1 000 以上。

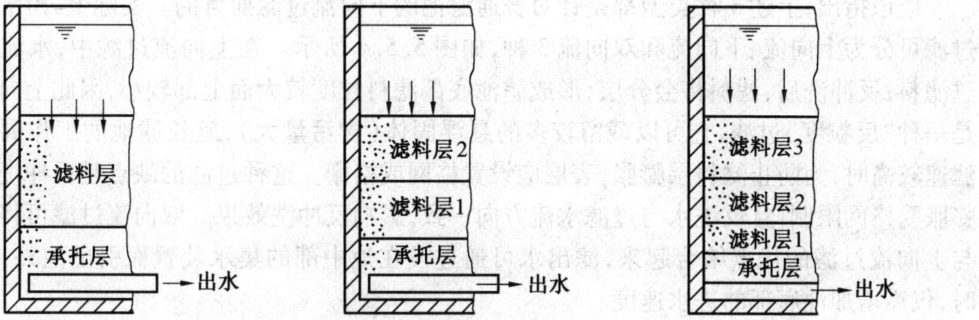

(a) 单层滤料　(b) 双层滤料　(c) 三层滤料

图 5.5.3　快滤池不同形式的滤料层

表 5.5.3　单层砂滤池的滤料规格和运行设计参数

滤池类型		滤料规格		运行设计参数		
		滤料粒径/nm	滤层厚度/mm	滤速/($m\cdot h^{-1}$)	反冲洗强度/($L\cdot m^{-2}\cdot s^{-1}$)	反洗时间/min
给水处理中		0.5 ~1.2	70	8 ~12		
重力沉降后	粗滤料滤池	2 ~3	200	10	12 ~15	7 ~5
	大滤料滤池	1 ~2	150 ~200	7 ~10		
	中滤料滤池	0.8 ~1.6	100 ~120	5 ~7		
	细滤料滤池	0.4 ~1.2	100	5		
生化处理后	大滤料滤池	1 ~2	100 ~150	5 ~7	12 ~15	7 ~5

②双层滤料滤池。配对组合种类有无烟煤-石英砂、陶粒-石英砂、纤维球-石英砂、活性炭-石英砂、树脂-石英砂、树脂-无烟煤等。整体而言,双层滤料滤池体现了水先通过粗粒滤料后再通过细粒滤料的理想滤层概念。以上层粗粒无烟煤、下层细粒石英砂组成的双层滤料滤池使用最为广泛,用于污水处理时两者的比例为 1∶1~1∶4。由于无烟煤的密度比较小,在反冲洗后仍然保持在石英砂上面。但在无烟煤和石英砂层内部,仍然不能避免反冲洗带来的分级作用。

新型普通双层滤料滤池有两种:一种是均匀-非均匀双层滤料滤池,均匀-非均匀双层滤料的厚度与普通双层滤池相同,但是将普通双层滤池上层的级配滤料改装为均匀粗滤料,即可进一步提高双层滤池的生产能力和截污能力。上层均匀滤料可采用均匀陶粒,也可采用均匀煤粒、塑料、ABS 颗粒。另一种是均匀双层滤料滤池,上层采用 1.0 ~2.0 mm 的均匀陶粒或煤粒,下层采用 0.7 ~0.9 mm 的石英砂。滤床厚度与普通双层滤池相同或稍厚一些,床深与粒径比大于 800 ~1 000。均匀双层滤料滤池也属于反粒度过滤,可提高截留杂质能力 1.5 倍左右。

③三层滤料滤池。最普遍的形式更能使水由粗滤层流向细滤层呈反粒度过滤,使整个滤层都能发挥截留杂质的作用,减少过滤阻力,保持很长的过滤时间。

当然滤层层数并非越多越好,虽然可能接近理想滤层,但容易出现混层,而且压头损失变大,目前常使用的是双层滤料滤池。

应该指出,上述3种类型都是针对普通滤池的下向流过滤而言的。实际上,污水的滤池过滤可分为上向流、下向流和双向流3种,如图5.5.4所示。在上向流过滤中,水流向上通过滤料;反冲洗后,滤料将会分层,形成滤池底部滤料粒度较大而上部较小,因此上向流过滤是一种"反粒度"过滤,它可以截留较多的悬浮固体(含污量大),延长滤池的工作周期。当滤速较高时,为防止滤料层膨胀,表层应设置格网或格栅。这种过滤的缺点是反冲洗时滤层膨胀受格网限制,且反洗水与过滤水流方向一致,影响反冲洗效果。双向流过滤可将下向流与上向流过滤的优点结合起来,滤出水可通过设在池中部的集水装置而引出池外,反冲洗时,仅需增加池底部的进水速度。

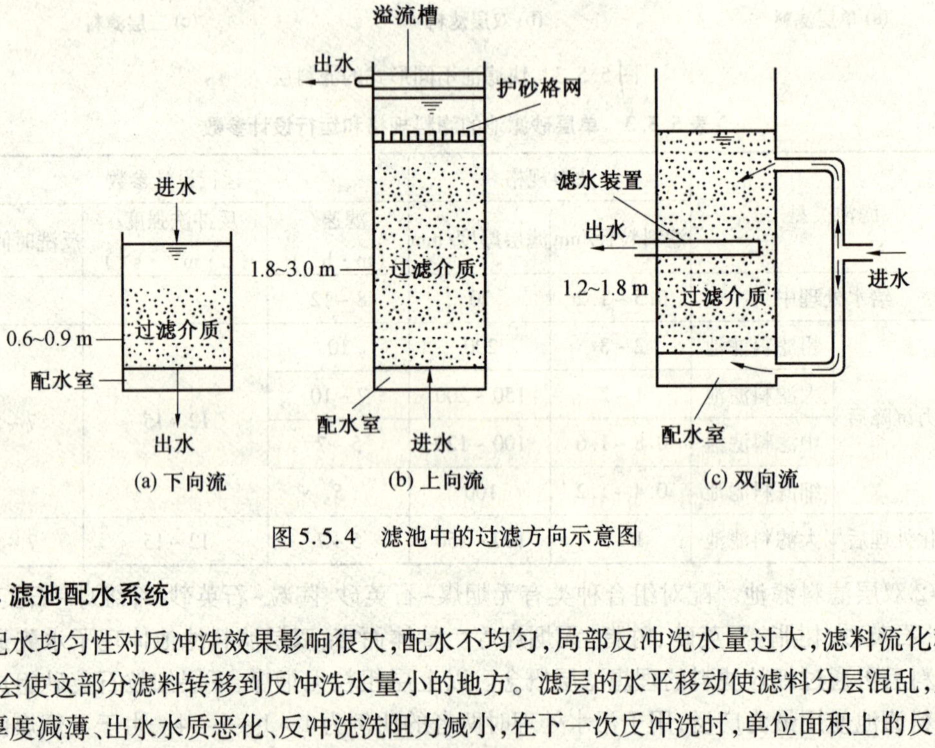

图5.5.4 滤池中的过滤方向示意图

3. 滤池配水系统

配水均匀性对反冲洗效果影响很大,配水不均匀,局部反冲洗水量过大,滤料流化程度高,将会使这部分滤料转移到反冲洗水量小的地方。滤层的水平移动使滤料分层混乱,局部滤料厚度减薄、出水水质恶化、反冲洗洗阻力减小,在下一次反冲洗时,单位面积上的反冲洗水量进一步增大,更进一步促使滤料平移,如此恶性循环,会造成漏砂(料)现象,甚至导致滤池无法正常工作。

配水系统分为大阻力配水系统、中阻力配水系统和小阻力配水系统。国内20世纪80年代以前建造的滤池配水系统大多采用:丰型管(大阻力配水);陶瓷、混凝土、塑料滤砖(中阻力配水);多孔水泥板(小阻力配水)。

如图5.5.5所示,大阻力配水系统由一条干管和多条带孔支管构成,外形呈"丰"字状。干管设于池底中心,支管埋于承托层中间,距池底有一定高度,支管下开两排小孔,与中心线呈45°角交错排列。孔的口径小,出流阻力大,使管内沿程水头损失的差别与孔口水头损失相比非常小,从而使全部孔口的水头损失趋于一致,以达到均匀布水的目的。另外,若使集水室中的水头损失与配水系统本身相比很小，也可实现均匀布水。

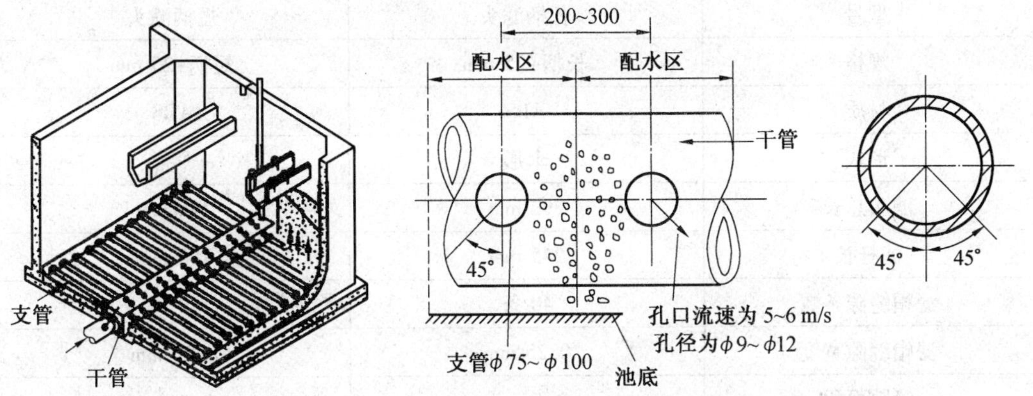

图 5.5.5　管式大阻力配水系统示意图

小阻力配水系统则是指采用多孔滤板、滤砖、格栅、滤头等方式配水。由于传统滤池工艺陈旧、耗能耗水量大、反冲成本高、效果差，因而当今滤池设计已普遍采用小阻力配水系统的滤头/滤板气水联合反冲洗、滤头/滤板单水反冲洗工艺。

4. 滤池的辅助设备

过滤装置的附属设备主要是滤板、滤头、滤池表面冲洗设备等。

(1)滤板。

滤板按滤格大小，分块预制后固定在滤池底部的分格梁上，起安装滤头、支承滤料层、反冲洗配水(气)等作用，滤板与滤池底部有一个适当的高度空间。滤板的承载能力、滤头分布的均匀程度、滤板的密封性能和滤头布水布气的科学性是衡量滤板质量的四大要素，直接影响到整个滤池的正常运行和水处理效果及运行成本。若滤池配水系统因平整度不能准确在同一水平线上，则会导致配水不均匀、死水区多、滤料易板结、积泥，同时由于局部冲洗强度太大，造成承托层混乱，出现漏砂等不良后果。PVC 塑料和玻璃钢滤板由于其材料本身的缺陷易老化变形，与混凝土池体的接缝难以密封。随温度的变化热胀冷缩，接缝易开裂，受反冲洗振动后脱落，出现漏砂、漏气、漏水等更为严重的后果。高精度滤板一般采用立体钢模浇制，按设计要求计算开孔比，预埋 ABS 工程塑料管套、配双层双向优势螺纹钢筋。采用高标号水泥、标准细石和石英砂，经机械搅拌、捣实浇制而成。安装每块滤板需要 $I>4$ 个固定点，固定点采用长度≥180 mm 的螺栓(M14 mm)固定，滤池四周的滤板还需用三角铁固定，滤板间采用密封胶密封。

(2)滤头。

滤头一般分为长柄滤头和短柄滤头两种，长柄滤头应用于滤池气水联合反冲洗配水系统，短柄滤头应用于滤池单水反冲洗和重力式、压力式滤罐及离子交换滤床等配水过滤系统。滤头的具体构造因型号而异，但主要都由滤帽、滤帽座、滤杆、预埋管套、密封圈等 5 部分组成，一般采用 ABS 工程塑料制造，承压强度高。滤头的滤帽弧面上均匀开有精心加工的长条细缝，缝隙宽度 0.25 ~0.40 mm，既能防止滤料漏出，又能确保配水(气)均匀。滤柄顶部与滤帽连成一体，中、上部有孔，靠近底部设有 2 ~3 个狭缝，末端孔口可进水。典型的结构尺寸参数见表 5.5.4。

表 5.5.4　典型长柄滤头和短柄滤头结构尺寸参数

型号	长柄滤头	短柄滤头
规格	长柄+25 mm	短柄+25 mm
材质	ABS	ABS
形式	伞形	伞形
滤头总长	292 mm	146 mm
滤杆长	245 mm	100 mm
滤帽缝隙条数	40 条	40 条
滤帽缝隙宽度	0.25 mm	0.25 mm
缝隙面积	2.5 cm^2	2.5 cm^2
预埋管套	上端外径 640 mm，内径 630 mm，下端外径<46 mm，内径 640 mm，L=100 mm	

(3)气水联合反冲洗。

用水对滤层进行反冲洗，如果每次冲洗下来的污泥量能与冲洗前过滤黏附在滤料上的污泥量相同，冲洗后滤料就能保持清洁状态，并能长期持续工作下去。如果每次冲洗下来的污泥量小于过滤黏附量，污泥就会在滤料上积累，时间一长就会形成所谓的泥球，滤层的含泥量就会越来越大，滤层的截污能力就会降低。一般滤层表面泥球较多，下部较少，这是因为滤层表面截污较多，且滤料较细。当单独用水反冲洗不能达到要求时，可辅以空气冲洗或表面冲洗的方法，以提高冲洗效果。

在用水进行反冲洗的过程中辅以空气冲洗的方法在我国应用较多。过去采用管道布气系统，即在滤池下部配水系统上面安设穿孔管布气系统。空气经鼓风机压缩后，用专用管道送入池内布气系统，空气经管上小孔流出，均匀分布在滤池平面上，由下向上穿过滤层，由于空气泡运动速度快，上浮速度可达 0.2～0.3 m/s，所以可在滤层中产生强烈扰动，从而提高冲洗效果。目前，穿孔管布气系统已较少采用，而多采用长柄滤头布水布气的方法。如图 5.5.6 所示，长柄滤头安装在滤池下部的滤板上。

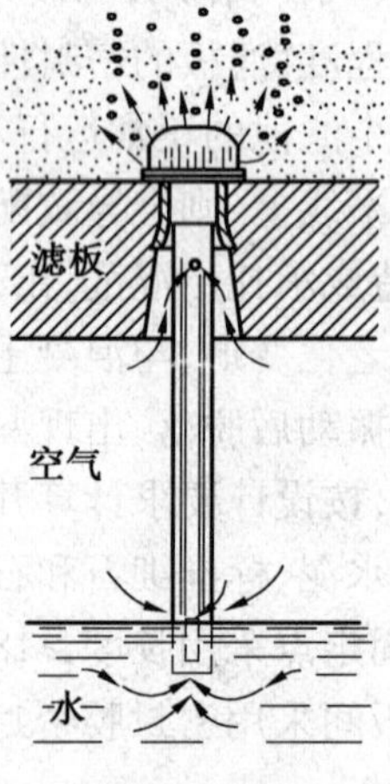

图 5.5.6　气水联合反冲洗用长柄滤头

当同时向滤板下部的空间送入空气和水时，在底部空间里上部为气、下部为水，形成气垫层孔流入滤杆，气垫层便较薄；当空气流量较大，全部空气已经不能由滤杆上部的孔流入滤头时，气垫层便会增厚，直至水面降低到滤杆下部的狭缝处，这时剩余的空气就经过狭缝流入滤杆。由于狭缝是长条形的，其进气面积随水位下降而增大，且总面积比进气小时也要大许多，因此可以起到控制气垫层厚度的作用，使气垫层不能到达滤杆底端。流入滤杆的空气和水在杆内混合，再向上经滤帽上的狭缝喷射到滤料层中去，自下而上地对滤料进行反冲洗。由于多个滤头的交叉喷射均匀分布，达到良好的反冲洗效果。最后再进行单独水反冲洗，以便将污泥杂质反冲进集污槽。当反冲洗水集污槽变清时，即可停止反冲洗。

(4)滤头表面冲洗设备。

滤头表面冲洗就是在滤层上方设管道系统,滤池反冲洗前,将压力水通入管中,经管上的小孔或管嘴高速喷出,用高速水流冲刷滤层表面,剪切破碎泥球。在滤层处于流动状态前,进行反冲洗,将已分离的滤层截留污物随水冲走。正常情况下,表面冲洗在反冲洗开始前1 min开始,并在反冲洗终止前1~2 min结束。

滤池表面冲洗设备分固定式和旋转式两大类。旋转式表面冲洗设备由旋转布水管、喷嘴和轴承等组成。旋转布水管设于滤层上约50 mm处,水以0.4~0.45 MPa的压力通过喷嘴出流,强烈冲刷滤料表层,旋转布水管借助冲射水的反作用力旋转,喷射范围为布水管旋转半径内的滤料表层。喷嘴与滤料表层交错角约25°,喷嘴与滤料表层间距10~15 mm;旋转冲洗管应保持水平,与旋转轴承座互相垂直;旋转轴承悬吊在固定管支架上,轴瓦采用低摩阻系数的聚四氟乙烯,轴承座顶部设有翼耳,用不锈钢索或圆钢将布水管校调至水平状,以保证其水平旋转;旋转轴两边的喷嘴位置和方向,应相对错开,使冲洗管既能旋转又喷水均匀。旋转式表面冲洗设备的其他设计控制参数如下:①表面冲洗强度为0.5~0.75/(m^2·s),冲洗历时4~6 min;②旋转布水管管内流速为2.5~3 m/s,喷嘴出口流速为25~35 m/s,流速系数取0.92,流量系数取0.82。

5.其他深层过滤装置

为了达到降低造价、简化或方便操作的目的,需要克服普通快滤池构造上的固有缺点,改进工艺性能以适合特殊使用条件,许多形式新颖的快滤池相继出现。虹吸滤池、重力式无阀滤池、压力滤池、连续式砂滤器等,这些快滤池与普通快滤池的差异体现在下列几个方面:①过滤材料;②阀门的设置或进出水的控制方法;③过滤和反冲洗的工作方式。

5.6　沉　淀　池

5.6.1　沉淀类型与设计参数

1.沉淀类型

沉淀池的作用主要是去除悬浮污水中可以沉淀的固体悬浮物,在不同的工艺中,所分离的固体悬浮物也有所不同。例如,在生物处理前的沉淀池主要去除无机颗粒和有机物质,在生物处理后的沉淀池主要是分离水中的微生物固体。沉淀池按其构造可分为:平流式沉淀池、辐流式沉淀池、竖流式沉淀池,另外还有斜板(管)式沉淀池和迷宫沉淀池。在污水处理中,按照其在工艺的位置可分为初次沉淀池和二沉池。

2.沉淀池设计的一般规定

(1)设计流量。沉淀池设计了分期建设考虑,当污水为自流进入时,设计流量为每期的最大设计流量;当污水为提升进入时,设计流量为工作泵的最大组合流量;在合流制处理系统中,应按雨水设计流量设计,沉淀时间不宜小于30 min。

(2)设计数据。无实测资料时,城市污水沉淀池设计数据应按查表数据选用。工业废水沉淀池的设计数据,应根据实验或实际生产运行经验确定。

(3)有效水深、超高级缓冲层。沉淀池的有效水深宜采用2~4 m,超高为0.3 m,缓冲层为0.3~0.5 m。

(4)污泥区容积构造与泥斗构造。初次沉淀池污泥区容积宜按不大于2 d的污泥量计算,二次沉淀池区污泥宜按不大于2 h的污泥量计算。污泥斗斜壁与水平倾角,方斗宜为60°,圆斗宜为55°。

(5)污泥排放。对于多斗排泥的沉淀池,每个斗都应设单独的闸阀和排泥管。采用静水压力排泥时,静水压力分别为:初次沉淀池为1.5 m,活性污泥法后的二次沉淀池为0.9 m,生物膜法后的二次沉淀池为1.2 m。排泥管直径不应小于200 mm。

(6)堰负荷。沉淀池出水的最大堰负荷,初次沉淀池不宜大于2.9 L/(s·m),二次沉淀池不宜大于1.7 L/(s·m)。

平流式沉淀池设计参数:①每格长度与宽度之比不小于4,长度与深度之比采用8~12。②采用机构排泥时,宽度根据排泥设备确定。③池底纵坡一般采用0.01~0.02;采用多斗时,每斗应设单独排泥管及排泥闸阀,池底横向坡度采用0.05。④刮泥机的行进速度为0.3~1.2 m/min,一般采用0.6~0.9 m/min。⑤一般按表面负荷计算,按水平流速校核。最大水平流速:初沉池为7 mm/s;二沉池为5 mm/s。⑥进出口处应设置挡板,高出池内水面0.1~0.15 m。挡板淹没深度:进口处视沉淀池深度而定,不小于0.25 m,一般为0.5~1.0 m;出口处一般为0.3~0.4 m。挡板位置:距进水口为0.5~1.0 m;距出水口为0.25~0.5 m。⑦池子进水端用穿孔花墙配水时,花墙距进水端池壁的距离应不小于1~2 m,开孔总面积为过水断面积的6%~20%。

5.6.2 平流式沉淀设备

平流式沉淀池是沉淀池的一种类型。池体平面为矩形,进口和出口分设在池长的两端。池的长宽比不小于4,有效水深一般不超过3 m,池子的前部的污泥设计。平流式沉淀池沉淀效果好,使用较广泛,但占地面积大。常用于处理水量大于15 000 m^3/d的污水处理厂。利用悬浮颗粒的重力作用来分离固体颗粒的设备称为沉淀池。平流沉淀池是一个底面为长方形的钢筋混凝土或是砖砌的用以进行混凝反应和沉淀处理的水池。其特点是构造简单、造价较低、操作方便和净水效果稳定。

为使入流污水均匀与稳定的进入沉淀池,进水区应有整流措施。入流处的挡板,一般高出池水水面0.1~0.15 m,挡板的浸没深度应不少于0.25 m,一般用0.5~1.0 m,挡板距进水口0.5~1.0 m。出水堰不仅可以控制沉淀池内的水面高度,而且对沉淀池内水流的均匀分布有直接影响。沉淀池应沿整个出流堰的单位长度溢流量相等,对于初沉池一般为250 m^3/(m·d),二沉池为130~250 m^3/(m·d)。锯齿形三角堰应用最普遍,水面宜位于齿高的1/2处。为适应水流的变化或构筑物的不均匀沉降,在堰口处需要设置能使堰板上下移动的调节装置,使出口堰口尽可能水平。堰前应设置挡板,以阻拦漂浮物,或设置浮渣收集和排除装置。挡板应当高出水面0.1~0.15 m,浸没在水面下0.3~0.4 m,距出水口处0.25~0.5 m。

进水区也是平流沉淀池的混合反应区,原水与混凝剂在此混合,并起反应,形成絮凝体,然后进入沉淀池,此外由于断面突然扩大,流速骤降,絮凝体借自重而不断沉降。进水区就是为了防止水流干扰,使进水均匀地分布在沉淀池的整个断面,并使流速不致太大,以免矾花破碎。沉淀区的作用是使悬浮物沉降,沉淀后的水应从出水区均匀,不能跑“矾花”。存泥区是为存积下沉的泥,另一方面是供排泥用。为了排泥,沉淀池底部可采用斗形底,可采取穿孔排泥和机械虹吸排泥等形式,如图5.6.1所示。

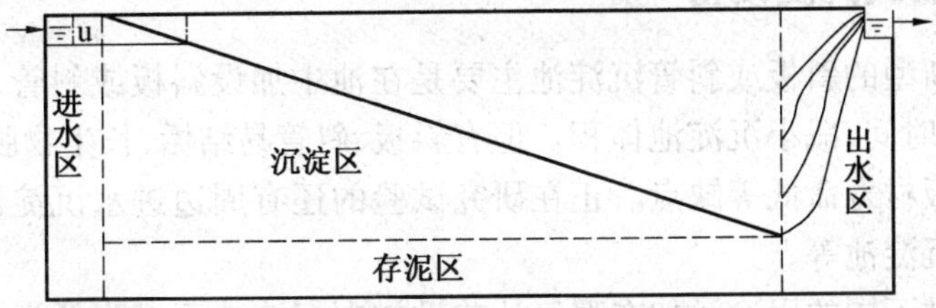

图5.6.1　平流池结构示意图

多斗式沉淀池,可以不设置机械刮泥设备。每个贮泥斗单独设置排泥管,各自独立排泥,互不干扰,保证沉泥的浓度。在池的宽度方向污泥斗一般不多于两排。

平流式沉淀池优点是:①处理水量大小不限,沉淀效果好。②对水量和温度变化的适应能力强。③平面布置紧凑,施工方便,造价低。缺点是:①进、出水配水不易均匀。②多斗排泥时,每个斗均需设置排泥管(阀),手动操作,工作繁杂,采用机械刮泥时容易锈蚀。

5.6.3　竖流式沉淀设备

池体平面为圆形或方形。竖流式沉淀池的平面可以为圆形、正方形或多角形。为使池内配水均匀,池径不宜过大,一般采用4~7 m,不大于10 m是为了降低池的总高度,污泥区可采用多斗排泥方式。竖流式沉淀池的直径与有效水深之比一般不大于3。废水由设在沉淀池中心的进水管自上而下排入池中,进水的出口下设伞形挡板,使废水在池中均匀分布,然后沿池的整个断面缓慢上升。悬浮物在重力作用下沉降入池底锥形污泥斗中,澄清水从池上端周围的溢流堰中排出。溢流堰前也可设浮渣槽和挡板,保证出水水质。这种池占地面积小,但深度大,池底为锥形,施工较困难。竖流式沉淀池又称立式沉淀池,是池中废水竖向流动的沉淀池。池体平面图形为圆形或方形,水由设在池中心的进水管自上而下进入池内(管中流速应小于30 mm/s),管下设伞形挡板使废水在池中均匀分布后沿整个过水断面缓慢上升(对于生活污水一般为0.5~0.7 mm/s,沉淀时间采用1~1.5 h),悬浮物沉降进入池底锥形沉泥斗中,澄清水从池四周沿周边溢流堰流出。堰前设挡板及浮渣槽以截留浮渣保证出水水质。池的一边靠池壁设排泥管(直径大于200 mm),靠静水压将泥定期排出。

竖流式沉淀池的优点是占地面积小,排泥容易;缺点是深度大,施工困难,造价高。常用于处理水量小于20 000 m^3/d的污水处理厂。理论依据:竖流式沉淀池中,水流方向与颗粒沉淀方向相反,其截留速度与水流上升速度相等,上升速度等于沉降速度的颗粒将悬浮在混合液中形成一层悬浮层,对上升的颗粒进行拦截和过滤。因而竖流式沉淀池的效率比平流式沉淀池要高。

5.6.4　辐流式沉淀设备

辐流式沉淀池,池体平面圆形为多,也有方形的。废水自池中心进水管进入沉淀池,沿半径方向向池周缓缓流动。悬浮物在流动中沉降,并沿池底坡度进入污泥斗,澄清水从沉淀池周溢流出水渠。辐流式沉淀池多采用回转式刮泥机收集污泥,刮泥机刮板将沉至池底的污泥刮至池中心的污泥斗,再借重力或污泥泵排走。为了满足刮泥机的排泥要求,辐流式沉淀池的池底坡度应平缓。

5.6.5 斜板式沉淀设备

近年设计的新型的斜板或斜管沉淀池主要是在池中加设斜板或斜管,可以大大提高沉淀效率,缩短沉淀时间,减小沉淀池体积。但有斜板、斜管易结垢,长生物膜,产生浮渣,维修工作量大,管材、板材寿命低等缺点。正在研究试验的还有周边进水沉淀池、回转配水沉淀池以及中途排水沉淀池等。

沉淀池有各种不同的用途。如在曝气池前设初次沉淀池可以降低污水中悬浮物含量,减轻生物处理负荷在曝气池后设二次沉淀池可以截流活性污泥。此外,还有在二级处理后设置的化学沉淀池,即在沉淀池中投加混凝剂,用以提高难以生物降解的有机物、能被氧化的物质和产色物质等的去除效率。

思考与练习

1. 气浮设备主要有哪几种类型,试比较其优缺点及使用范围。加压溶气气浮设备中溶气释放器的作用如何?有哪些类型的溶气释放器?
2. 斜板与斜管沉淀池的优点或优势是什么?
3. 怎样进行格栅的运行与维护?
4. 怎样进行废水进行过滤处理的主要目的是什么?

第6章　水污染生物技术原理及设备

6.1　生物膜法污水处理原理

污水的生物膜处理法是与活性污泥法并列的一种污水好氧生物处理技术。这种处理法的实质是使细菌和菌类一类的微生物和原生动物、后生动物一类的微型动物附着在滤料或某些载体上生长繁殖，并在其上形成膜状生物污泥——生物膜。污水与生物膜接触，污水中的有机污染物质，作为营养物质，为生物膜上的微生物所摄取，污水得到净化，微生物自身也得到繁衍增殖。

生物膜法净化污水的机理是：

(1)依靠固定于载体表面上的微生物膜来降解有机物，由于微生物细胞几乎能在水环境中的任何适宜的载体表面牢固地附着、生长和繁殖，由细胞内向外伸展的胞外多聚物使微生物细胞形成纤维状的缠结结构，因此生物膜通常具有孔状结构，并具有很强的吸附性能。

(2)生物膜附着在载体的表面，是高度亲水的物质，在污水不断流动的条件下，其外侧总是存在着一层附着水层。生物膜又是微生物高度密集的物质，在膜的表面上和一侧深度的内部生长繁殖着大量的微生物及微型动物，形成由有机污染物→细菌→原生动物(后生动物)组成的食物链。生物膜是由细菌、真菌、藻类、原生动物、后生动物和其他一些肉眼可见的生物群落组成的。后生动物只有在溶解氧非常充足的条件下才出现，且主要为线虫。污水在流过载体表面时，污水中的有机污染物被生物膜中的微生物吸附，并通过氧向生物膜内部扩散，在膜中发生生物氧化等作用，从而完成对有机物的降解。生物膜表层生长的是好氧和兼氧微生物，而在生物膜的内层微生物则往往处于厌氧状态，当生物膜逐渐增厚，厌氧层的厚度超过好氧层时，会导致生物膜的脱落，而新的生物膜又会在载体表面重新生成，通过生物膜的周期更新，以维持生物膜反应器的正常运行。

(3)生物膜法通过将微生物细胞固定于反应器内的载体上，实现了微生物停留时间和水力停留时间的分离，载体填料的存在，对水流起到强制紊动的作用，同时可促进水中污染物质与微生物细胞的充分接触，从实质上强化了传质过程。生物膜法克服了活性污泥法中易出现的污泥膨胀和污泥上浮等问题，在许多情况下不仅能代替活性污泥法用于城市污水的二级生物处理，而且还具有运行稳定、抗冲击负荷强、更为经济节能、具有一定的硝化反硝化功能、可实现封闭运转防止臭味等优点。

6.1.1　普通生物滤池

普通生物滤，又名滴滤池，是第一代生物滤池。

1. 普通生物滤池的构造

普通生物滤池由池体、滤料、布水装置和排水系统4部分组成。

(1)池体。

池壁有孔和无孔之分;高出滤池 1.5 ~0.9 m。

(2)滤料。

质坚,稳定性好;适于生物膜附着;适于污水的流动;有较高的比表面积;有较大的孔隙比;就地取材;粒径较大(25 ~50 mm)。

(3)布水装置。

生物滤池的布水装置的首要任务是向滤池表面均匀地散布污水。此外,还应具有:适应水量的变化;不易堵塞和易于清通以及不受风、雪的影响等特征。

(4)排水系统。

生物滤池的排水系统设于池的底部,它的作用为:一是排出处理后的污水;二是保证滤池的良好通风。排水体统包括渗水装置、汇水沟和总排水沟等。底部空间的高度不应小于 0.6 m。

2. 普通生物滤池的主要设计参数

① 工作层填料的粒径为 25 ~40 mm,厚度为 1.3 ~1.8 m;承托层填料的粒径为 70 ~100 mm,厚度为 0.2 m。

② 在正常气温条件下,处理城市废水时,表面水力负荷为 1 ~3 $m^3/(m^2 \cdot d)$,BOD_5容积负荷为 0.15 ~0.30 kg $BOD_5/(m^3 \cdot d)$,BOD_5的去除率一般为 85% ~95% 。

③ 池壁四周通风口的面积不应小于滤池表面积的 1% 。

④ 滤池数不应小于 2 座。

3. 普通生物滤池的适用范围与优缺点

普通生物滤池一般适用于处理每日污水量不高于 1 000 m^3的小城镇污水或有机性工业废水。其主要优点是:①处理效果好,BOD_5的去除率可达 95% 以上;②运行稳定、易于管理、节省能源。主要缺点是:①占地面积大,不适于处理量大的污水;②滤料易于堵塞,当预处理不够充分或生物膜季节性大规模脱落时,都可能使滤料堵塞;③产生滤池蝇,恶化环境卫生;④喷嘴喷洒污水,散发臭味。正是因为普通生物滤池具有以上缺点,它在应用上受到很多不利影响,近年来已很少新建,有日渐被淘汰的趋势。

6.1.2　高负荷生物滤池

1. 高负荷生物滤池的构造

基本与普通相同,特殊之处:用轻质、高强、耐腐蚀的滤料,滤层高一般为 2.0 m,多使用旋转布水器。

2. 高负荷生物滤池的特征

高负荷生物滤池是生物滤池的第二代工艺,它是在解决、改善普通生物滤池在净化功能和运行中存在的实际弊端的基础上而开创的。

首先,大幅度地提高了滤池的负荷率,其 BOD 容积负荷率高于普通生物滤池 6 ~8 倍,水力负荷率则高达 10 倍。高负荷生物滤池的高滤率是通过限制进水 BOD_5值和在运行上采取处理水回流等技术措施而达到的。进入高负荷生物滤池的 BOD_5值必须低于 200 mg/L,

否则用处理水回流加以稀释。处理水回流可以产生以下各项效应:均化与稳定进水水质;加大水力负荷,及时地冲刷过厚和老化的生物膜,加速生物膜更新,抑制厌氧层发育,使生物膜经常保持较高的活性;抑制滤池蝇的过度滋长,减轻散发的臭味。

3. 高负荷生物滤池主要设计参数

(1)以碎石为滤料时,工作层滤料的粒径应为40~70 mm,厚度不大于1.8 m,承托层的粒径为70~100 mm,厚度为0.2 m;当以塑料为滤料时,滤床高度可达4 m。

(2)正常气温下,处理城市废水时,表面水力负荷为10~30 $m^3/(m^2 \cdot d)$,BOD_5容积负荷不大于1.2 $kgBOD_5/(m^3 \cdot d)$,单级滤池的BOD_5的去除率一般为75%~85%;两级串联时,BOD_5的去除率一般为90%~95%;

(3)池壁四周通风口的面积不应小于滤池表面积的2%。

(4)滤池数不应小于2座。

6.1.3　塔式生物滤池

在生物滤池的基础上,参照化学工业中的填料塔方式,建造了直径与高度比为1:6~1:8,高达8~24 m的滤池。由于它的直径小、高度大、形状如塔,因此称为塔式生物滤池,简称为"塔滤"。塔式生物滤池也是利用好氧微生物处理污水的一种构筑物,是生物膜法处理生活污水和有机工业污水的一种基本方法,目前已在石油化工、焦化、化纤、造纸、冶金等行业的污水处理方面得到了应用。通过近几年的实践表明,塔式滤池对处理含氰、酚、腈、醛等有毒污水效果较好,处理出水能符合要求。由于它具有一系列优点,故而得到了比较广泛的应用。

1. 塔式生物滤池的主要特征

(1)塔式生物滤池水力负荷比高负荷生物滤池高2~10倍,达30~200 $kg/(m^3 \cdot d)$,BOD负荷高达2 000~3 000 $kg/(m^3 \cdot d)$。进水BOD_5质量浓度可以提高到500 mg/L。

(2)塔式滤池高8~24 m,直径1~3.5 m,直径与高度比介于1∶6~1∶8左右,这使滤池内部形成较强烈的拔风状态,因此通风良好。此外,由于高度大,水力负荷高,使池内水流紊流强烈,污水与空气及生物膜的接触非常充分,很高的BOD负荷使生物膜生长迅速,但较高的水力负荷又使生物膜受到强烈的水力冲刷,从而使生物膜不断脱落、更新。以上这些特征都有助于微生物的代谢、繁殖和有机污染物的降解。

2. 塔式生物滤池的构造

塔式生物滤池采用增加滤层的高度来提高滤池的处理能力。一般滤层高度在8~16 m,甚至大于16 m。在平面上,一般呈矩形或圆形,它的主要部分包括塔体、滤料、布水设备、通风装置和排水系统。

(1)塔身。

塔身起围挡滤料的作用。可用砖结构、钢结构、钢筋混凝土结构或钢框架和塑料板面的混合结构。在整个塔体上,沿高度方向用格栅分成数层,以支承滤料和生物膜的重量。每层滤料充填高度以不大于2 m为宜,以免压碎滤料。

(2)滤料。

滤料的种类、强度、耐腐蚀等的要求与普通生物滤池基本相同。但塔滤由于塔身高,滤料如果很重，塔体必须增加加固承重结构，不但增加了造价，而且施工安装比较复杂，因此还要求滤料的线密度要小。另外塔滤的负荷很高，生物膜增长快，需氧量大，因此对滤料除要求有大的表面积外，还要求有大的空隙率，以利于通风和排出脱落的生物膜。目前国内外发展一种玻璃布蜂窝填料和大孔径波纹塑料板滤料，兼具上面两个优点，获得了广泛应用。

目前国内塔式滤池试验中采用的几种滤料见表 6.1.1。

表 6.1.1 塔式滤池试验中所采用的几种滤料及一些参数

名称	规格 /mm	线密度 /($kg \cdot m^{-1}$)	比表面积 /($m^2 \cdot m^3$)	强度 /($kg \cdot cm^{-2}$)	孔隙率 /%	参考价格 /(元 · m^{-3})
纸蜂窝	孔径 10	20 ~ 25	217.5	6 ~ 9	95.8	120
玻璃布蜂窝	孔径 25	—	—	—	—	360
聚氯乙烯斜交错波纹板	45°交角，波距 40	140	148	—	92.7	—
焦炭	粒径 30 ~ 50	—	—	—	—	60
瓷环	25×25	450 ~ 600	110	—	—	1 000
	50×50		200			
炉渣	50×80	673	100	—	—	—
陶粒	30×50			—	—	—
石棉瓦	波形瓦	—	168.5	—	—	—

下面是各种滤料的概略比较：

① 纸蜂窝滤料。具有较大的表面积，结构均匀，有利于空气的分布，且密度较轻，不至增加塔身负担。垂直的蜂窝有利于剥落下来的生物膜的排泄，并且由于蜂窝表面较粗糙，生物膜容易附着，在培养阶段能很快形成生物膜，但污水自上而下流动时，容易在某些地方造成短路，影响污水处理效率，因此须注意布水的均匀性。采用纸蜂窝滤料处理效果一般比较稳定。若管理得好，运行两三年后，垂直强度虽略有降低，但尚可使用。

② 斜交错塑料波纹板滤料。此种滤料的表面积比纸蜂窝小，但板上波纹做成 45°斜交角不太适宜，影响布水性能，水流沿波纹流动遇到池壁，即形成集水，造成短路，同时在此交角处被冲刷下来的生物膜聚集，形成严重堵塞，表面积利用率就随之降低，通风不良，形成厌气，处理效果变差。另外，塑料来源紧张，加工也较困难。

③ 焦炭、炉渣、陶粒滤料。这类滤料具有很大的比表面积，布水较均匀。但空隙较小，当生物膜增长迅速时，易于堵塞，影响充氧，且重量大，增加塔身自重。但炉渣与焦炭来源较易，价格便宜，可以就地取材。对处理有机负荷低、生物膜增长慢的污水较为适宜。

(3) 布水器、通风和排水系统。

塔滤的布水器、通风和排水系统与普通生物滤池或高负荷生物滤池基本相同。塔滤一般采用自然通风，但如自然通风供氧不足，出现厌氧状态，就必须采用机械通风。机械通风的风量一般可按气水比(100 ~ 150) : 1 来选择风机，或用需氧量来计算，氧的利用率不大于 8%。

3. 塔式生物滤池的优缺点

塔式生物滤池的优点如下：

①塔身高 8 ~ 24 m，占地小，构造主要部分包括塔体、滤料、布水设备、通风装置、回流及排水系统。

②滤料一般选用环氧玻璃布料制成的蜂窝结构(或尼龙花瓣型软性滤料),其单位体积表面可达80～220 m/m^3。可排列组合成多层结构,这种蜂窝结构,空气畅通,可按气水比(2～5)∶1(生活类废水)的要求选择风机。

③属于高负荷生物滤池,水力负荷高达80～200 g;有机负荷可达2 000～3 000 g(普通滤池0.8～1.2 kg)。

④高的落差,使用旋转布水器,废水淋洗的冲力使老化的生物膜脱落更新快。

⑤塔的高度使塔内生长不同种的微生物群。

塔式生物滤池的缺点如下:

①废水在塔内停留时间短,降解效率低。

②供氧不如曝气池充足,易产生厌氧。

6.1.4　生物转盘

由水槽和部分浸没于污水中的旋转盘体组成的生物处理构筑物。盘体表面上生长的微生物膜反复地接触槽中污水和空气中的氧,使污水获得净化。生物转盘工艺是生物膜法污水生物处理技术的一种,是污水灌溉和土地处理的人工强化,这种处理法使细菌和菌类的微生物、原生动物一类的微型动物在生物转盘填料载体上生长繁育,形成膜状生物性污泥——生物膜。污水经沉淀池初级处理后与生物膜接触,生物膜上的微生物摄取污水中的有机污染物作为营养,使污水得到净化。在气动生物转盘中,微生物代谢所需的溶解氧通过设在生物转盘下侧的曝气管供给。转盘表面覆有空气罩,从曝气管中释放出的压缩空气驱动空气罩使转盘转动,当转盘离开污水时,转盘表面上形成一层薄薄的水层,水层也从空气中吸收溶解氧。生物转盘作为一种好氧处理废水的生物反应器,可以说是随着塑料的普及而出现的。反应器由水槽和一组圆盘构成:数十片、近百片塑料或玻璃钢圆盘用轴贯串,平放在一个断面呈半圆形的条形槽的槽面上。盘径一般不超过4 m,槽径大约几厘米,有电动机和减速装置转动盘轴,转速1.5～3 r/min左右,盘的周边线速度在15 m/min左右。废水从槽的一端流向另一端,盘轴高出水面,盘面约40%浸在水中,约60%暴露在空气中。盘轴转动时,盘面交替与废水和空气接触。盘面为微生物生长形成的膜状物所覆盖,生物膜交替地与废水和空气充分接触,不断地取得污染物和氧气,净化废水。膜和盘面之间因转动而产生切应力,随着膜厚度的增加而增大,到一定程度,膜从盘面脱落,随水流走。生物转盘一般用于水量不大时。同生物滤池相比,生物转盘法中废水和生物膜的接触时间比较长,而且有一定的可控性。水槽常分段,转盘常分组,既可防止短流,又有助于负荷率和出水水质的提高,因负荷率是逐级下降的。生物转盘如果产生臭味,可以加盖。一体化废水处理装置是一种以旋转生物处理单元——生物转盘为核心的高效废水处理装置。整个装置分为以下几个处理单元:

(1)初沉池。

废水通过提升泵将调节池废水提升至SW装置内,首先进入初沉池,初沉池采用斜板沉淀池,在重力作用下,利用浅层沉降原理,使废水中大部分悬浮物和无机颗粒物沉降下来,同时也可夹带去除一部分有机物。为了便于随时提取某块斜板以清理所附载的难以滑落的污泥,装置采用了活动斜板。初沉池底部与缺氧区隔开,避免缺氧池混合液的搅动,影响初沉池的沉淀效果,初沉池的污泥定期由抽粪车清除。

(2)缺氧池。

缺氧池位于生物转盘壳体和外部箱体间的夹层内,在此空间内,初沉池的来水与经水力提升转子提升的回流硝化液以及二沉池的回流污泥在此混合,并经潜水搅拌机充分混合,完成反硝化过程,硝态氮在反硝化菌的作用下最终形成氮气,从水中逸出,最终达到脱氮的目的。

(3)旋转生物处理单元——生物转盘。

夹层缺氧池经脱氮的出水自流至旋转生物处理单元。旋转生物处理单元是装置的核心部分,采用了独特的复合生化技术,能在低能耗条件下高效降解污染物。整个旋转生物处理单元由三级生物反应器组成,每个生物反应器由一个生物转子和一个生化槽组成,每个生物转子内部由多级生物叶轮构成,每个生物叶轮上设置了大量螺旋状的生物叶片。在传动装置的驱动下,三个生物转子同步旋转,空气(氧气)通过生物转子端面的气水孔进入,与废水混合,经氧气、废水、微生物三相接触和传质,实现含碳有机物的降解和含氮有机物的硝化过程。同时,旋转的生物叶片被废水冲刷,老化的生物膜脱落,新的生物膜形成,从而达到生物系统不断更新的过程。硝化后的废水经水力转子提升至中间分配水槽,分配水槽由分配水槽中的堰门控制去往沉淀池和缺氧池的废水流量。

(4)二沉池。

二沉池采用斜板沉淀池,在重力作用下,利用浅层沉降原理,将旋转生物处理单元的出水中含有的大量脱落老化的生物膜沉淀,澄清后的处理出水进入下一个单元。沉淀的污泥一部分通过回流污泥泵进入缺氧池,另一部分作为剩余污泥由抽粪车定期外运。

6.1.5 生物接触氧化池

1.构造

结构包括池体、填料、布水装置和曝气装置。工作原理为:在曝气池中设置填料,将其作为生物膜的载体。待处理的废水经充氧后以一定流速流经填料,与生物膜接触,生物膜与悬浮的活性污泥共同作用,达到净化废水的作用。

2.设计参数

①生物接触氧化池每个(格)平面形状宜采用矩形,沿水流方向池长不宜大于10 m。其长宽比宜采用1:2~1:1。

②生物接触氧化池由下至上应包括构造层、填料层、稳水层和超高层。其中,构造层高宜采用0.6~1.2 m,填料层高宜采用2.5~3.5 m,稳水层高宜采用0.4~0.5 m,超高层高不宜小于0.5 m。

③生物接触氧化池进水端宜设导流槽,其宽度不宜小于0.8 m。导流槽与生物接触氧化池应采用导流墙分隔。导流墙下缘至填料底面的距离宜为0.3~0.5 m,至池底的距离宜不小于0.4 m。

④生物接触氧化池应在填料下方满平面均匀曝气。

⑤当采用穿孔管曝气时,每根穿孔管的水平长度不宜大于5 m;水平误差每根不宜大于±2 mm,全池不宜大于±3 mm,且应有调节气量和方便维修的设施。

⑥生物接触氧化池应设集水槽均匀出水。集水槽过堰负荷宜为2~3 L/(s·m)。

⑦生物接触氧化池底部应有放空设施。

⑧当生物接触氧化池水面可能产生大量泡沫时，应有消除泡沫的措施，比如使用消泡剂或者喷淋方式。

⑨生物接触氧化池应有检测溶解氧的设施。

3. 填料

①生物接触氧化池的填料应采用对微生物无毒害、易挂膜、比表面积较大、空隙率较高、氧转移性能好、机械强度大、经久耐用、价格低廉的材料。

②当采用炉渣等粒状填料时，填料层下部0.5 m高度范围内的填料粒径宜采用50～80 mm，其上部填料粒径宜采用20～50 mm。

③当采用蜂窝填料时，孔径宜采用25～30 mm。材料宜为玻璃钢、聚氯乙烯等。

④不同类型的填料可组合应用。

⑤推荐填料上的污泥浓度与负荷，见表6.1.2。

表6.1.2　填料选择与污泥浓度负荷

填料种类	填料上污泥质量浓度/($kgMLSS\cdot m^{-2}$)	填料层有机负荷/($kgBOD_5\cdot m^{-3}\cdot d^{-1}$)
软性填料	0.5～1.5	2.0～3.0
半软性填料	1.5～2.0	1.5～2.0
纤维束组合填料	0.5～2.5	2.0～2.5
弹性立体填料	2.5～3.0	1.5～2.0
悬浮填料	3.5～5.5	6.5～9.5

6.2　污水厌氧处理设备

在不与空气接触的条件下，依赖兼性厌氧菌和专性厌氧菌的生物化学作用，对有机物进行生化降解的过程，称为厌氧生物处理法或厌氧消化法。若有机物的降解产物主要是有机酸，则此过程称为不完全的厌氧消化，简称为酸发酵或酸化；若进一步将有机酸转化为以甲烷为主的生物气，此全过程称为完全的厌氧消化，简称为甲烷发酵或沼气发酵。按照厌氧微生物载体的不同，也可分为厌氧活性污泥法和厌氧生物膜法，其中厌氧活性污泥是由兼性厌氧菌和专性厌氧菌与废水中有机杂质形成的污泥颗粒。

在厌氧生物处理法问世初期，因其处理效率低、需时长和受温度影响大而未普遍应用于废水处理。随着人们对厌氧生物处理法研究工作的不断深入，使其有机负荷大大提高，反应时间显著缩短，因而厌氧生物处理法又重新应用于废水处理。与好氧生物处理工艺相比，厌氧生物处理工艺的主要优点如下：①无需充氧，运行能耗大大降低，而且能将有机污染物转化成沼气加以利用；②污泥产量很少，剩余污泥处理费用低；③适于处理难降解的有机废水，或者作为高难降解有机废水的预处理工艺，以提高废水可生化性和后续好氧处理工艺的处理效果；④厌氧过程和好氧过程的串联配合使用，还可以起到脱氮除磷的作用。

6.2.1　厌氧生物滤池

高效厌氧处理系统必须满足两个条件：一是系统内能够保持大量的活性厌氧污泥；二是反应器进水应与污泥保持良好的接触。依据这一原则，20世纪60年代末至80年代中期，陆续出现了厌氧滤池（Anaerobic Filter, AF）、上流式厌氧污泥床（Upflow Anaerobic Sludge Blanket, UASB）、厌氧固定膜膨胀床反应器、厌氧生物转盘和厌氧挡板反应器（或称厌氧垂直折流式反应器）。为了进一步提高厌氧反应器的处理效果，1984 年由加拿大学者提出了上流式厌氧污泥床和上流式厌氧滤池结合型新工艺，即上流式厌氧污泥床过滤器工艺。

美国的 Mcearty 和 Young 在 Coulter 等人推出了第一个基于微生物固定化原理的高速厌氧反应器——厌氧滤池（Anaerobic Filter, AF）。这种技术的成功之处在于反应器中加入了固体填料，微生物附着生长在填料表面，免于水力冲刷而得到保留，巧妙地将生物固体平均停留时间和水力停留时间相分离，其固体停留时间可以长达上百天，水力停留时间从过去的几天或几十天缩短到几小时或几天从而提高了厌氧微生物浓度，强化了传质作用，极大地提高了污泥负荷。1972 年，厌氧滤池首次较大规模地应用于小麦淀粉废水处理。

按废水在其中的流向，厌氧生物滤池分为升流式、降流式和升流式混合型 3 种，如图 6.2.1所示。升流式厌氧生物滤池的布水系统设于池底，废水由布水系统引入滤池后均匀地向上流动，通过滤料层与其上的生物膜接触，净化后的出水从池顶部引出池外，池顶部还设有沼气收集管。目前正在运行的大多数厌氧生物滤池都是升流式厌氧滤池，断面形状呈圆形，直径为 6 ~ 26 m，高度为 3 ~ 13 m。因结构上的原因，底部易于堵塞而且污泥沿深度分布均匀。

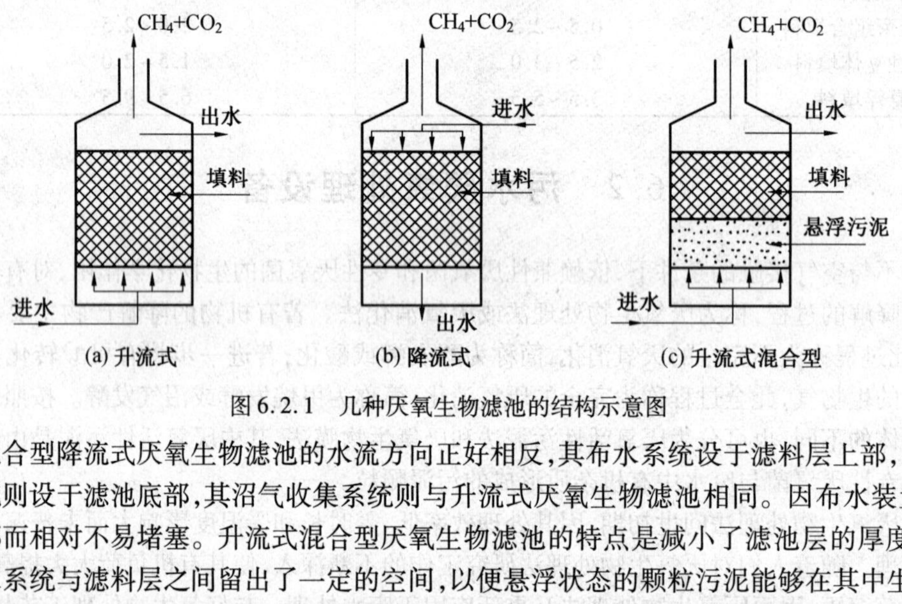

图 6.2.1　几种厌氧生物滤池的结构示意图

混合型降流式厌氧生物滤池的水流方向正好相反，其布水系统设于滤料层上部，出水排放系统则设于滤池底部，其沼气收集系统则与升流式厌氧生物滤池相同。因布水装置在滤料上部而相对不易堵塞。升流式混合型厌氧生物滤池的特点是减小了滤池层的厚度，在滤池布水系统与滤料层之间留出了一定的空间，以便悬浮状态的颗粒污泥能够在其中生长、累积。当进水依次通过悬浮的颗粒污泥层及滤料层时，其中有机物将与颗粒污泥及生物膜上的微生物接触并得到稳定。试验及运行结果均表明，升流式混合型厌氧生物滤池具有以下优点：与升流式厌氧生物滤池相比，减小了滤料层的高度；与升流式厌氧污泥床相比，可不设三相分离器，因此可节省基建费用；可增加反应器中总的生物固体量，并减小滤池被堵塞的可能性。升流式混合型厌氧生物滤池中滤料层高度宜采用滤池总高度的 2/3。

6.2.2　厌氧接触法

普通消化池用于处理高浓度有机废水时，为了强化有机物与池内厌氧污泥的充分接触，必须连续搅拌;同时为了提高处理效率,必须改间断进水、排水为连续进水、排水。但这样会造成厌氧污泥大量流失,为此可在消化池后串联一个沉淀池,将沉下的污泥又送回消化池,进而组成了厌氧接触系统。从图6.2.2所示的工艺流程可以看出,出水厌氧接触法工艺是对污泥消化池的改进,最大的特点是污泥回流使消化池的HRT与SRT得以分离。由于厌氧生物处理工艺中厌氧细菌生长缓慢,基本上不从系统中排放剩余污泥,故为了满足中温条件产下甲烷菌的生长繁殖,SRT宜为20~30 d,其HRT也为20~30 d。

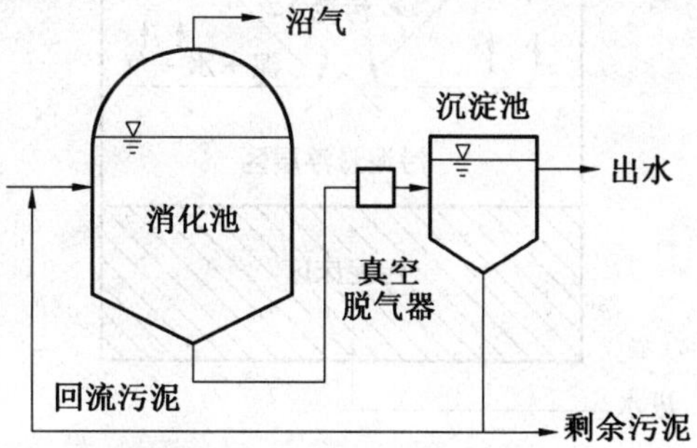

图6.2.2 厌氧接触法工艺图

厌氧接触法工艺中的主要问题是污泥沉淀,厌氧污泥上附着的小气泡使污泥易于上浮,而且二沉池中的污泥仍具活性继续产生沼气,可能导致已下沉的污泥上浮。因此,必须采用有效的改进措施(图6.2.3):①在反应器(消化池)和沉淀池之间增设真空脱气设备;②在反应器(消化池)和沉淀池之间增设热交换器冷却污泥,暂时抑制厌氧污泥的活性。

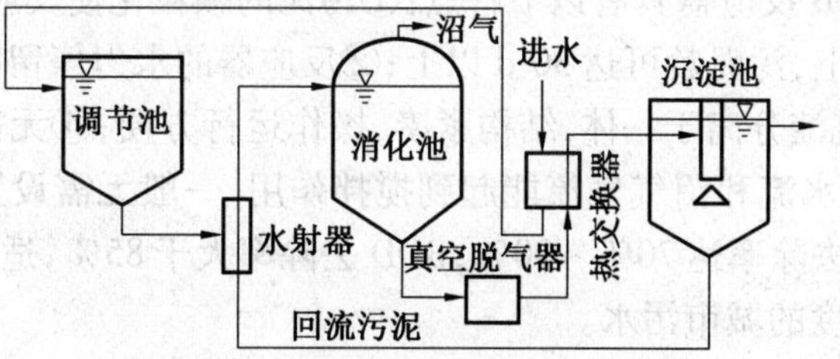

图6.2.3 改进后的厌氧接触法流程

6.2.3 升流式厌氧污泥床法(UASB)

1971年,荷兰Wagningen大学Lettinga教授利用重力场对不同密度物质作用的差异,发明了三相分离器。通过使活性污泥停留时间与废水停留时间分离,形成了上流式厌氧污泥床(Uonow Anaerobic Sludge Blanket,UASB)反应器的雏形。1974年,荷兰CSM公司在用6 m^3反应器处理甜菜制糖废水时,发现了活性污泥自身固定化机制形成的生物聚体结构,即颗粒污泥。颗粒污泥的出现,直接促进了以UASB为代表的第二代厌氧反应器的应用和发展。UASB的最大特点是反应器内颗粒污泥浓度保证了高浓度的厌氧污泥数量,从此厌氧技术在主要发达国家得到了广泛的应用,直到今天世界上仍主要采用以UASB为代表的第二代厌氧技术。如图6.2.4所示,UASB反应器主要包括进水配水系统、反应区、三相分离器、出水系统、气室、浮渣收集系统、排泥系统等组成部分。反应器的上部设置气、液、固三相分离器,下部为污泥悬浮区和污泥床区。废水从反应器底部流入,向上升流至反应器顶部流出;污泥床区可以保持很高的污泥浓度,废水中的大部分有机污染物在此被转化分解为CH_4

和 CO_2。因为沼气搅动和气泡对污泥的吸附作用，在污泥床区上方形成了一个污泥悬浮层。反应器上部的三相分离器完成气、液、固三相分离，被分离后的沼气从上部导出，污泥自动滑落到悬浮污泥层，处理出水从澄清区流出反应器。

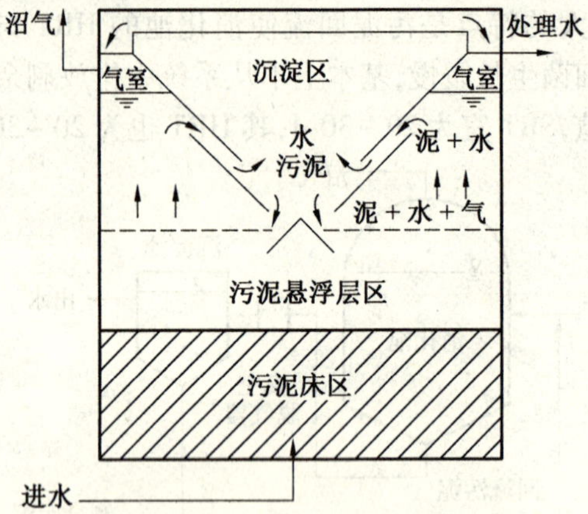

图 6.2.4　UASB 反应器的工作原理示意图

能形成沉降性能良好、活性高的颗粒污泥是保证 UASB 反应器高效稳定运行的关键。颗粒污泥的粒径一般为 0.1 ~ 0.2 cm，密度为 1.04 ~ 1.08 g/cm^3，具有良好的沉降性能和很高的产甲烷活性。一般情况下 UASB 反应器要培养出高浓度高活性的颗粒污泥需要 1 ~ 3 个月，分为启动期、颗粒污泥形成期和颗粒污泥成熟期 3 个阶段。与厌氧接触反应器和厌氧生物滤池相比，UASB 反应器具有以下特点：①污泥的颗粒化使反应器内的平均污泥质量浓度达 50 gVSS/L 以上，污泥龄可达 30 d 以上；②反应器的水力停留时间较短，容积负荷较高；③集生物反应和沉淀分离于一体，结构紧凑，操作运行方便；④无需设置填料，容积利用率高、费用低；⑤上升水流和沼气气流能起到搅拌作用，一般无需设置搅拌设备；⑥温度在 30 ~ 35 ℃之间，COD 去除率达 70% ~ 90%，BOD 去除率大于 85%，适合于处理高、中浓度的工业有机废水和低浓度的城市污水。

6.2.4　两相厌氧反应器

根据厌氧消化过程中产酸和产甲烷两个阶段起作用的微生物群在组成和生理生化特性方面的差异，采用两个独立的反应器串联运行。反应器的结构形式可以采用前面任何一种，二者可以相同也可以不同。第一个反应器称为产酸反应器，或产酸相；第二个反应器称为产甲烷反应器，或产甲烷相。两个反应器分别培养发酵菌和产甲烷菌，并控制不同的运行参数，使其分别满足两类不同细菌的最佳生长条件。两相厌氧消化工艺克服了单相厌氧消化工艺中两类微生物协调和平衡之间的矛盾，提高了反应器的处理能力。

以厌氧接触法为产酸相、UASB 反应器为产甲烷相的工艺流程如图 6.2.5 所示。荷兰酵母发酵废水处理用两相厌氧流化床的流程如图 6.2.6 所示，流化床采用树脂强化玻璃和聚氯乙烯衬里，两个流化床用循环泵调节上升速度，将废水独立用泵打入产酸相厌氧流化床，流化床上部分设三相分离器，载体用 0.1 ~ 0.3 mm 的石英砂，流化速度为 3 ~ 20 m/h，产气量为 500 m^3/t(COD)，相当于 425 m^{3}天然气的发热量。

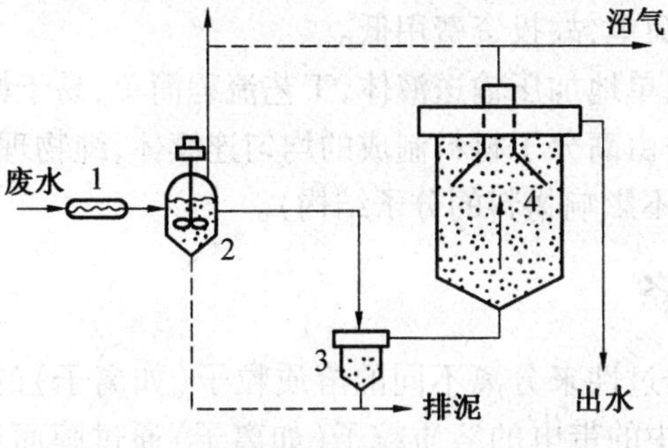

图6.2.5　厌氧接触法升流式污泥床两相厌氧消化工艺流程图

1—热交换器;2—水解产酸罐;3—沉淀分离罐;4—产甲烷罐

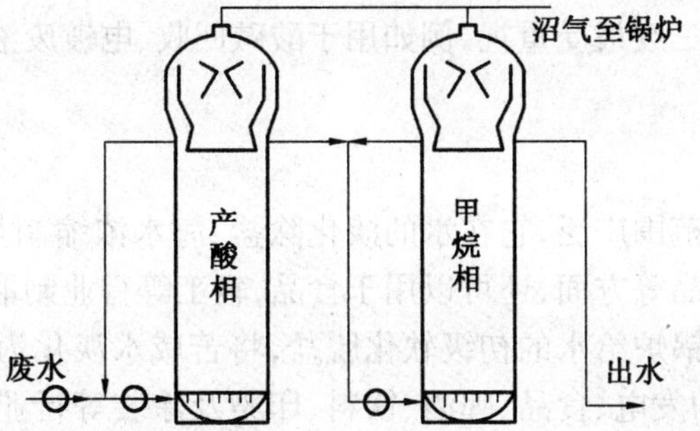

图6.2.6　荷兰酵母发酵废水处理用两相厌氧流化床流程图

两相厌氧法工艺最本质的特征是相分离,即在产酸菌相中保持产酸细菌的优势,在产甲烷相中保持产甲烷菌的优势,实现产酸相和产甲烷相分离的方法主要有化学法(投加抑制剂或调整氧化还原电位)、物理法(利用选择性半透膜控制基质浓度)和动力学控制法(控制两个反应器的水力停留时间)3种,其中应用最多的是动力学控制法。

与单相厌氧工艺相比,两相厌氧法工艺的主要特点是:①有机负荷高,运行稳定,耐冲击负荷的能力较强;②能够为两相微生物创造各自最佳的生长条件,使反应速率、处理效率和产气量都得到提高;③减弱废水中抑制物质对产甲烷菌的影响。

6.3　膜分离设备

利用隔膜使溶剂(通常是水)同溶质或微粒分离的方法称为膜分离法。用隔膜分离溶液时,使溶质通过膜的方法称为渗析,使溶剂通过膜的方法称为渗透。根据溶质或溶剂透过膜的推动力不同,膜分离法可分为3类。①以电动势为推动力的方法有:电渗析和电渗透;②以浓度差为推动力的方法有:扩散渗析和自然渗透;③以压力差为推动力的方法有:压渗析和反渗透、超滤、微孔过滤。其中常用的是电渗析、反渗透和超滤,其次是扩散渗析和微孔过滤。

膜分离法的主要特点是:

①无相变,能耗低,装置规模根据处理量的要求可大可小,而且设备简单,操作方便安全,启动快,运行可靠性高,不污染环境,投资少,用途广等。

②在常温和低压下进行分离与浓缩,因而能耗低,从而使设备的运行费用低。

③设备体积小、结构简单,故投资费用低。

④膜分离过程只是简单地加压输送液体,工艺流程简单,易于操作管理。

⑤膜作为过滤介质是由高分子材料制成的均匀连续体,纯物理方法过滤,物质在分离过程中不发生质的变化(即不影响物料的分子结构)。

6.3.1　电渗析设备

利用半透膜的选择透过性来分离不同的溶质粒子(如离子)的方法称为渗析。在电场作用下进行渗析时,溶液中的带电的溶质粒子(如离子)通过膜而迁移的现象称为电渗析。利用电渗析进行提纯和分离物质的技术称为电渗析法,它是20世纪50年代发展起来的一种新技术,最初用于海水淡化,现在广泛用于化工、轻工、冶金、造纸、医药工业,尤以制备纯水和在环境保护中处理三废最受重视,例如用于酸碱回收、电镀废液处理以及从工业废水中回收有用物质等。

1. 电渗析应用范围

目前电渗析器应用范围广泛,它在水的淡化除盐、海水浓缩制盐精制乳制品、果汁脱酸精和提纯及制取化工产品等方面,还可以用于食品,轻工等行业制取纯水、电子、医药等工业制取高纯水的前处理。锅炉给水的初级软化脱盐,将苦咸水淡化为饮用水。电渗析器适用于电子、医药、化工、火力发电、食品、啤酒、饮料、印染及涂装等行业的给水处理。也可用于物料的浓缩、提纯、分离等物理化学过程。电渗析还可以用于废水、废液的处理与贵重金属的回收,如从电镀废液中回收镍。

2. 电渗析基本性能

①操作压力0.5~3.0 kg/cm^2左右。

②操作电压、电流100~250 V,1~3 A。

③本体耗电量每吨淡水约0.2~2.0 kW·h。

3. 电渗析特点

①可以同时对电解质水溶液起淡化、浓缩、分离、提纯作用。

②可以用于蔗糖等非电解质的提纯,以除去其中的电解质。

③在原理上,电渗析器是一个带有隔膜的电解池,电极上的氧化还原效率高。

在电渗析过程中,也进行以下次要过程:

①同名离子的迁移,离子交换膜的选择透过性往往不可能是百分之百的,因此总会有少量的相反离子透过交换膜。

②离子的浓差扩散,由于浓缩室和淡化室中的溶液中存在着浓度差,总会有少量的离子由浓缩室向淡化室扩散迁移,从而降低了渗析效率。

③水的渗透,尽管交换膜是不允许溶剂分子透过的,但是由于淡化室与浓缩室之间存在浓度差,就会使部分溶剂分子(水)向浓缩室渗透。

④水的电渗析,由于离子的水合作用并形成双电层,在直流电场作用下,水分子也可从淡化室向浓缩室迁移。

⑤水的极化电离,有时由于工作条件不良,会强迫水电离为氢离子和氢氧根离子,它们可透过交换膜进入浓缩室。

⑥水的压渗,由于浓缩室和淡化室之间存在流体压力的差别,迫使水分子由压力大的一侧向压力小的一侧渗透。显然,这些次要过程对电渗析是不利因素,但是它们都可以通过改变操作条件予以避免或控制。

6.3.2 反渗透设备

反渗透是一种借助于选择透过(半透过)性膜、以压力为推动力的膜分离技术,当系统中所加的压力大于进水溶液渗透压时,水分子不断地透过膜,经过产水流道流入中心管,然后在一端流出水中的杂质,如离子、有机物、细菌、病毒等,被截留在膜的进水侧,然后在高浓度端流出,从而达到分离净化目的。反渗透设备是将原水经过精细过滤器、颗粒活性炭过滤器、压缩活性炭过滤器等,再通过泵加压,利用孔径为1/10 000 μm(相当于大肠杆菌大小的1/6 000,病毒的1/300)的反渗透膜(RO膜),使较高浓度的水变为低浓度水,同时将工业污染物、重金属、细菌、病毒等大量混入水中的杂质全部隔离,从而达到饮用规定的理化指标及卫生标准,产出至清至纯的水,是人体及时补充优质水分的最佳选择。由于RO反渗透技术生产的水的纯净度是目前人类掌握的一切制水技术中最高的,洁净度几乎达到100%,所以人们称这种产水机器为反渗透纯净水机。

反渗透是一种现代新型的纯净水处理技术。通过反渗透元件来提高水质的纯净度,清除水中含有的杂质和盐。我们日常所饮用的纯净水都是经过反渗透设备处理的,水质清澈。

世界上最早使用反渗透技术的国家是美国,发明了以动力差为动力的膜分离技术。随着该技术的推广,我国开始使用反渗透技术。市场上的纯净水设备都是采用的反渗透膜处理技术,并且在我国经过了一定的改良和设计创新,技术已经非常成熟。反渗透纯净水设备中设计了一种反渗透膜。膜两侧的压力不同,通过两侧的压力为动力,压迫原水通过反渗透膜,浓度低的盐会向浓度高的盐方向渗透,能够达到的平衡状态,就是液体的渗透压。当含有的盐水一侧的压力大于另一侧的渗透压力时,就会发生反方向的流动,就产生了反渗透过程。

反渗透设备因为一些产品使用的材料强度不够及其耐侵蚀性差,造成横轴断裂等设备故障,并且膜的种类不同对进水水质要求也有所不同。膜两侧有一个压力差,如水处理设备中应用最广泛的格栅除污机,因为一些产品使用的材料强度不够及其耐侵蚀性差,维修影响运行造成的损失,严重影响了环境保护投资效益,还会使反渗透膜表面极易结垢,采用反渗透膜壳可以有效地保护膜元件。

1. 反渗透膜

反渗透膜是为了实现水溶液的反渗透现象,采用特殊工艺人工合成的一种半透膜。反渗透膜的孔径为0.000 1 μm,只有水分子才能通过,而其溶质不能通过反渗透膜。在纯水机的净水系统中,反渗透膜专指成形的反渗透膜滤芯。反渗透膜滤芯是纯水机净水系统的核心部件,只有使用了反渗透膜,才能称为纯水机。RO膜可以去除水中的重金属、化学物质、颗粒物、细菌病毒、放射性物质等对人体有害的物质。

2. 系统组成

(1)预处理。一般包括原水泵、加药装置、石英砂过滤器、活性炭过滤器、精密过滤器等。其主要作用是降低原水的污染指数和余氯等其他杂质,达到反渗透的进水要求。预处理系统的设备配置应该根据原水的具体情况而定。

(2)反渗透。主要包括多级高压泵、反渗透膜元件、膜壳(压力容器)、支架等组成。其主要作用是去除水中的杂质,使出水满足使用要求。

(3)后处理。后处理是在反渗透不能满足出水要求的情况下增加的配置。主要包括阴床、阳床、混床、杀菌、超滤、EDI 等其中的一种或者多种设备。后处理系统能把反渗透的出水水质更好地提高,使之满足使用要求。

(4)清洗。主要由清洗水箱、清洗水泵、精密过滤器组成。当反渗透系统受到污染,出水指标不能满足要求时,需要对反渗透进行清洗使之恢复功效。

(5)电气控制。电气控制是用来控制整个反渗透系统正常运行的,包括仪表盘、控制盘、各种电器保护、电气控制柜等。

3. 清洗方法

反渗透技术因具有特殊的优越性而得到日益广泛的应用。反渗透净水设备的清洗问题可能使许多技术力量不强的用户遭受损失,所以只要做好反渗透设备的管理,就可以避免出现严重的问题。

①低压冲洗反渗透设备。定期对反渗透设备进行大流量、低压力、低 pH 值的冲洗有利于剥除附着在膜表面上的污垢,维持膜性能,或当反渗透设备进水 SDI 突然升高超过 5.5 以上时,应进行低压冲洗,待 SDI 值调至合格后再开机。

②反渗透设备停运保护。由于生产的波动,反渗透设备不可避免地要经常停运,短期或长期停用时必须采取保护措施,不适当地处理会导致膜性能下降且不可恢复。短期保存适用于停运 15 d 以下的系统,可采用每 1 ~ 3 d 低压冲洗的方法来保护反渗透设备。实践发现,水温 20 ℃以上时,反渗透设备中的水存放 3 d 就会发臭变质,有大量细菌繁殖。因此,建议水温高于 20 ℃时,每 2 d 或 1 d 低压冲洗一次,水温低于 20 ℃时,可以每 3 d 低压冲洗一次,每次冲洗完后需关闭净水设备反渗透装置上所有进出口阀门。长期停用保护适用于停运 15 d 以上的系统,这时必须用保护液(杀菌剂)充入净水设备反渗透装置进行保护。常用杀菌剂配方(复合膜)为甲醛 10%(质量分数)、异噻唑啉酮 20 mg/L、亚硫酸氢钠 1%(质量分数)。

③反渗透膜化学清洗。在正常运行条件下,反渗透膜也可能被无机物垢、胶体、微生物、金属氧化物等污染,这些物质沉积在膜表面上会引起净水设备反渗透装置出力下降或脱盐率下降、压差升高,甚至对膜造成不可恢复的损伤,因此,为了恢复良好的透水和除盐性能,需要对膜进行化学清洗。一般 3 ~ 12 个月清洗一次,如果每个月不得不清洗一次,这说明应该改善预处理系统,调整运行参数。如果 1 ~ 3 个月需要清洗一次,则需要提高设备的运行水平,是否需要改进预处理系统较难判断。

4. 工艺流程

①原水罐。储存原水,用于沉淀水中的大泥沙颗粒及其他可沉淀物质。同时缓冲原水管中水压不稳定对水处理系统造成的冲击(如水压过低或过高引起的压力传感的反应)。

②原水泵。恒定系统供水压力,稳定供水量。

③多介质过滤器。采用多次过滤层的过滤器,主要目的是去除原水中含有的泥沙、铁锈、胶体物质、悬浮物等颗粒在 20 μm 以上的物质,可选用手动阀门控制或者全自动控制器

进行反冲洗、正冲洗等一系列操作。保证设备的产水质量，延长设备的使用寿命。

④活性炭过滤器。系统采用果壳活性炭过滤器，活性炭不但可吸附电解质离子，还可进行离子交换吸附。经活性炭吸附还可使高锰酸钾耗氧量（COD）由15 mg/L（O_2）降至2～7 mg/L（O_2），此外，由于吸附作用使表面被吸附复制的浓度增加，因而还起到催化作用、去除水中的色素、异味、大量生化有机物、降低水的余氯值及农药污染物和除去水中的三卤化物（THM）以及其他的污染物。同时，设备具有自我维护系统，运行费用很低。

⑤离子软化系统/加药系统。R/O装置为了溶解固体形物的浓缩排放和淡水的利用，为防止浓水端特别是RO装置最后一根膜组件浓水侧出现$CaCO_3$、$MgCO_3$、$MgSO_4$、$CaSO_4$、$BaSO_4$、$SrSO_4$、$SiSO_4$的浓度积大于其平衡溶解度常数而结晶析出，损坏膜原件的应有特性，在进入反渗透膜组件之前，应使用离子软化装置或投放适量的阻垢剂阻止碳酸盐、SiO_2、硫酸盐的晶体析出。

⑥精密过滤器。采用精密过滤器对进水中残留的悬浮物、非曲直颗粒物及胶体等物质去除，使RO系统等后续设备运行更安全、更可靠。滤芯为5 μm熔喷滤芯，目的是把上级过滤单元漏掉的大于5 μm的杂质除去。防止其进入反渗透装置损坏膜的表面，从而损坏膜的脱盐性能。

⑦反渗透系统。反渗透装置是用足够的压力使溶液中的溶剂（一般是水）通过反渗透膜（或称半透膜）而分离出来，因为这个过程和自然渗透的方向相反，因此称为反渗透。反渗透法能适应各类含盐量的原水，尤其是在高含盐量的水处理工程中，能获得很好的技术经济效益。反渗透法的脱盐率提高，回收率高，运行稳定，占地面积小，操作简便，反渗透设备在除盐的同时，也将大部分细菌、胶体及大相对分子质量的有机物去除。

⑧臭氧杀菌器/紫外线杀菌器。杀灭由二次污染产生的细菌彻底保证成品水的卫生指标。原水→原水箱→原水泵→多介质过滤器（石英砂过滤器）→活性炭过滤器→软水处理器（添加阻垢剂装置）→精密过滤器→高压泵→一级反渗透（RO）装置→紫外线杀菌装置（臭氧杀菌装置）→用水点。

5. 主要用途

①制取电子工业生产如显像管玻壳、显像管、液晶显示器、线路板、计算机硬盘、集成电路芯片、单晶硅半导体等工艺所需的纯水、高纯水。

②制取热力、火力发电锅炉，厂矿企业中、低压锅炉给水所需软化水、除盐纯水；

③制取医药工业所需的医用大输液、注射剂、药剂、生化制品纯水、医用无菌水及人工肾透析用纯水等。

④制取饮料（含酒类）行业的饮用纯净水、蒸馏水、矿泉水，酒类酿造水和勾兑用纯水。

⑤海水、苦咸水制取生活用水及饮用水。

⑥制取电镀工艺用去离子水；电池（蓄电池）生产工艺的纯水；汽车、家用电器、建材产品表面涂装、清洗纯水；镀膜玻璃用纯水；纺织印染工艺所需的除硬除盐水。

⑦石油化工业如化工反应冷却水；化学药剂、化肥及精细化工、化妆品制造过程用工艺纯水。

⑧宾馆、楼宇、社区机场房产物业的优质供水网络系统及游泳池水质净化。

⑨线路板、电镀、电子工业废水处理及回用。

6.3.3　超滤设备

超滤(Ultra-filtration,UF)是一种能将溶液进行净化和分离的膜分离技术。超滤膜系统是以超滤膜丝为过滤介质,膜两侧的压力差为驱动力的溶液分离装置。超滤膜只允许溶液中的溶剂(如水分子)、无机盐及小分子有机物透过,而将溶液中的悬浮物、胶体、蛋白质和微生物等大分子物质截留,从而达到净化和分离的目的。超滤膜被大量用于水处理工程。超滤技术在反渗透预处理、饮用水处理、中水回用等领域发挥着越来越重要的作用。超滤技术在酒类和饮料的除菌与除浊,药品的除热源以及食品及制药物浓缩过程中均起到关键作用。

超滤过滤孔径和截留相对分子质量的范围一直以来定义较为模糊,一般认为超滤膜的过滤孔径为 0.001 ~0.1 μm,截留相对分子质量(Molecular Weigh Cut-off, MWCO)为 1 000 ~1 000 000 Da。严格意义上来说超滤膜的过滤孔径为 0.001 ~0.01 μm,截留相对分子质量为 1 000 ~300 000 Da。若过滤孔径大于 0.01 μm,或截留相对分子量大于 300 000 Da 的微孔膜就应该定义为微滤膜或精滤膜。一般用于水处理的超滤膜标称截留相对分子质量为 30 000 ~300 000 Da,而截留相对分子质量为 6 000 ~30 000 Da 的超滤膜大多用于物料的分离、浓缩、除菌和除热源等领域。超滤膜的形式可以分为板式和管式两种。管式超滤膜根据其管径的不同又分为中空纤维、毛细管和管式。市场上用于水处理的超滤膜基本上以毛细管式为主,个别工程中使用的中空纤维(内径 0.1 ~0.5 mm)聚乙烯或聚丙烯微孔膜实际上应属于微滤膜。将超滤膜丝组合成可与超滤系统连接的组件称为超滤膜组件。超滤膜组件分为内压式、外压式和浸没式 3 种。其中浸没式超滤膜过滤的推动力是膜管内部的真空与大气压之间的压力差。

(1)超滤设备工作原理。

超滤是一种以筛分为分离原理,以压力为推动力的膜分离过程,过滤精度在 0.005 ~0.01 μm 范围内,可有效去除水中的微粒、胶体、细菌、热源及高分子有机物质。可广泛应用于物质的分离、浓缩、提纯。超滤过程无相转化,常温下操作,对热敏性物质的分离尤为适宜,并具有良好的耐温、耐酸碱和耐氧化性能,能在 60 ℃以下,pH 为 2 ~11 的条件下长期连续使用。

(2)超滤膜的分类。

超滤膜按结构形式分为板框式(板式)、中空纤维式、纳米膜表超滤膜、管式、卷式等多种结构。其中,中空纤维超滤膜是超滤技术中最为成熟与先进的一种形式。中空纤维外径 0.4 ~2.0 mm,内径 0.3 ~1.4 mm,中空纤维管壁上布满微孔,孔径以能截留物质的相对分子质量表达,截留相对分子质量可达几千至几十万。原水在中空纤维外侧或内腔加压流动,分别构成外压式与内压式中空超滤膜。超滤是动态过滤过程,被截留物质可随浓缩液排除不致堵塞膜表面,可长期连续运行。

(3)超滤技术的应用。

早期的工业超滤应用于废水和污水处理。30 多年来,随着超滤技术的发展,如今超滤膜技术的应用领域已经很广,主要包括食品工业、饮料工业、乳品工业、生物发酵、生物医药、医药化工、生物制剂、中药制剂、临床医学、印染废水、食品工业废水处理、资源回收以及环境工程等。

(4)超滤设备的优点。

①超滤膜元件采用世界著名膜公司产品,确保了客户得到目前世界上最优质的有机膜元件,从而确保截留性能和膜通量。

②系统回收率高,所得产品品质优良,可实现物料的高效分离、纯化及高倍数浓缩。

③处理过程无相变,对物料中组成成分无任何不良影响,且分离、纯化、浓缩过程中始终处于常温状态,特别适用于热敏性物质的处理,完全避免了高温对生物活性物质破坏这一弊端,有效保留原物料体系中的生物活性物质及营养成分。

④系统能耗低,生产周期短,与传统工艺设备相比,设备运行费用低,能有效降低生产成本,提高企业经济效益。

⑤系统工艺设计先进,集成化程度高,结构紧凑,占地面积少,操作与维护简便,工人劳动强度低。

⑥系统制作材质采用卫生级管阀,现场清洁卫生,满足GMP或FDA生产规范要求。

⑦控制系统可根据用户具体使用要求进行个性化设计,结合先进的控制软件,现场在线集中监控重要工艺操作参数,避免人工误操作,多方位确保系统长期稳定运行。

(5)中空纤维超滤膜在使用中应注意的事项。

①过滤系统要定期灭菌。超滤膜可以截留细菌,但不可以杀死细菌,截留率再好的超滤膜也不能长期保证干净区不长一个细菌,有细菌就可能大量繁殖。直接影响到透过水质,譬如有的矿泉水成品中出现半透明丝状白色絮状的霉菌团,主要是系统被霉菌污染所致。因此,必须定期对周转环境及过滤系统进行定期灭菌,灭菌的操作周期因供给原水的水质情况而定,对于城市普通自来水而言,夏季7~10 d,冬季30~40 d,春秋季20~30 d。地表水作为供给水源时,灭菌周期更短。灭菌药品可用500~1 000 mg/L次氯酸钠溶液或1%过氧化氢水溶液循环流约半小时即可。

②由于每根超滤组件在出厂前加入保护液,使用前要彻底冲洗组件中的保护液,先用低压(0.1 MPa)给水冲洗1 h,然后再用高压(0.2 MPa)给水冲洗1 h,无论低压还是高压冲洗时,系统的产水排放阀均应全部打开。在使用产水时,应检查并确认产品水中不含有任何杀菌剂。

③超滤组件要轻拿轻放,并注意保护,由于超滤组件是精密器材,所以在使用安装时要小心,要轻拿轻放,更不能甩坏。组件若停用,要先用清水冲洗干净后,加0.5%甲醛水溶液进行消毒灭菌,并密封好。冬天组件还要进行防冻处理,否则组件可能报废。

(6)使用条件。

使用状态:错流过滤或全量过滤,反向冲洗与快速冲洗。

反冲洗压力:<0.1 MPa。

反冲洗流量:200 L/(m^2·h)。

反冲洗频率:随进水水质而变化15~60 min。

反冲洗时间:30~60 s。

化学冲洗:随膜材质及膜污染情况而定。

灭菌处理:NaClO冲洗每周一次至每月一次。

特点:可以显著提高冲洗强度,有利于膜的再生。

(7)超滤设备用途。

①污水、废水的回收利用。一些西方国家曾经利用一些方法处理污水，但是处理之后的效果不佳，没有从根本上进行彻底的处理。此外，超滤设备价格比较低，为废水回收再利用提供了有利的条件。其实，从城市污水处理厂和工场中排出的废水经过处理之后完全可以再利用，然而此类做法在西方用户那里难以得到信赖。Windhoek 曾经将污水处理厂的出水采用膜技巧回用为饮用水。

②地表水处理。超滤设备大多数是用于地表水处理的，处理后的水用于浇灌或作为反渗透的进水，来制备工业用水，这类工厂在荷兰等地的数量逐步上升。

③生活饮用水处理。因为生活水平的提高，人们对饮用水的质量要求也就越来越高，水处理公司关注控制供水管网中存在的微生物的量。为了做到这一点，停止昂贵、频繁的水质检验，或是在供水终端设置防止细菌和病毒进入的屏障。采用 UF 系统，可以很方便地建成较多的樊篱。超滤膜对细菌的去除率可以达到 60%，对于病毒的去除率达到 40%，使水厂和用水者都不用再担心细菌和病毒的标准。因为饮用水的质量自身就很高，所以此时的膜系统可以采用很高的膜通量，可以达到 135 $L/(m^2 \cdot h)$。此外还可以设立二级超滤设备，将第一级的反洗水进一步回用。

④用来进行海水淡化。中东地区是水资源缺乏最严重的地方。为解决这个问题，最早人们采用蒸馏技巧。从 19 世纪 60 年代，膜技术被用于处理中东地区国家的缺水问题。可是，很多反渗透海水淡化（利用半透过膜为海水脱盐出产海水）系统面临着膜污染严重的问题。

思考与练习

1. 生物滤池运行中的异常问题及其处理措施有哪些？
2. 生物转盘的异常问题及其预防措施有哪些？
3. 生物接触氧化处理装置中对填料的要求有哪些？
4. 生物接触氧化处理装置的特点是什么？

第7章 污泥处理设备

7.1 污泥机械脱水设备

污泥经过浓缩、消化后，尚有95% ~97%的含水率，体积仍然很大，难以达到污泥的减量化、稳定化、无害化、资源化的要求，并带来环境的二次污染和供排水、污水处理正常运行的困难，需要对其进行干化或脱水处理。污泥脱水主要通过将污泥颗粒间的毛细水和颗粒表面的吸附水分离出来，将污泥的含固率增加到20% ~40%，其体积也大幅度减少，有利于运输和后续处理。为了改善污泥脱水性能，提高机械脱水效果与处理能力，需要通过调质来改变污泥的理化性质，减小胶体颗粒与水的亲和力。调质的方法包括：投加有机或无机化学药剂、淘洗法、热调质处理（可升高压力）、冷冻融化调质、生物絮凝调质等。在发达国家，经过脱水处理的污泥量占全部污泥量的比例普遍较高，欧洲的大部分国家达70%以上，日本则高达80%以上。污泥脱水可分为自然脱水和机械脱水两大类。污泥干化床、真空干化床、袋装脱水等都属于自然脱水的范畴，其机理是自然蒸发与渗透。一般经过自然干化处理后的污泥含水率可达到65%左右，但自然干化床的占地面积较大，不适于大规模的污水处理厂。机械脱水的方法有真空过滤法、压滤法、离心法、螺旋压榨法等，相应的脱水设备主要有转鼓真空过滤机、板框压滤机、带式压滤机、离心脱水机、螺压式脱水机、滚压式脱水机等。

1. 机械脱水的理论基础

(1)滤饼过滤。

污泥机械过滤脱水属于滤饼过滤的范围。滤饼过滤又称为表层过滤，是以过滤介质（如滤布等）两边的压力差为推动力，使污泥中的水分强制通过过滤介质成为滤液，固体颗粒被截留在介质上形成滤饼（或称泥饼），达到固液分离的目的。滤饼过滤刚开始进行时，特别小的颗粒可能会通过过滤介质，得到的滤液呈混浊状；但随着过滤过程的进行，大于或相近于过滤介质孔隙的固体颗粒会在过滤介质的表面形成“架桥”现象（图7.1.1），形成初始滤饼层；初始滤饼层的孔隙通道比一般过滤介质的孔隙小，从而成为主要的“过滤介质”，使通过滤饼层的液体变为清液，固体颗粒得到有效分离。

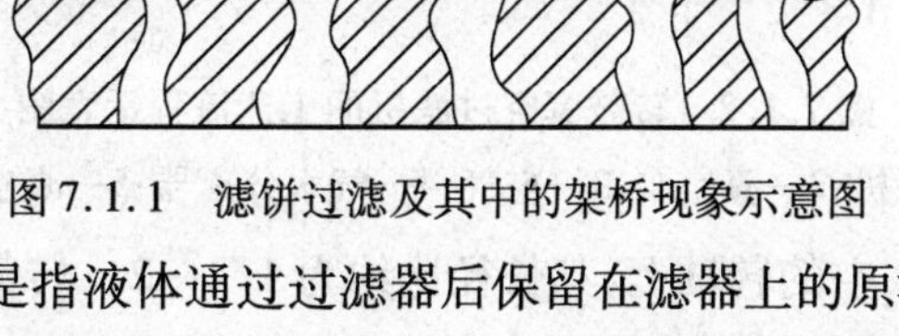

图7.1.1　滤饼过滤及其中的架桥现象示意图

在过滤操作中，滤饼是指液体通过过滤器后保留在滤器上的原液所含的固体物质，滤液通过滤饼层（包括颗粒饼层和过滤介质）的流动与流体在管内的流动有相似之处，但又有其自身特点，由于构成饼层的颗粒尺寸通常很小，形成的滤液通道不仅细小曲折，而且互相交联，形成不规则的网状结构。随着过滤操作的进行，滤饼厚度不断增加而使流动阻力逐渐加大，因而过滤属于不稳定操作。细小而密集的颗粒层提供了很大的液固接触表面，对滤液的流动产生很大阻力，流速很小，滤液通过饼层的流动多属于层流流动的范围。滤饼过滤通常用于对浓度较高的悬浮液进行浓缩及回收固体，因为浓度过低的悬浮液容易使过滤介质堵塞而大大增加过滤阻力。

(2)过滤速率。

过滤速率是指过滤设备单位时间所能获得的滤液体积，表明了过滤设备的生产能力；过滤速度是指单位时间单位过滤面积所能获得的滤液体积，表明了过滤设备的生产强度，即设备性能的优劣。过滤速率与过滤推动力成正比与过滤阻力成反比。污泥机械脱水主要是利用过滤介质两面的压力差作为推动力，强制性地使污泥中的水分通过过滤介质形成滤液，而固体颗粒被截留在过滤介质上。在压差过滤中，推动力就是压差，阻力则与滤饼的结构、厚度以及滤液的性质等诸多因素有关，造成压差推动力的方法有4种：①依靠污泥本身厚度的静压力；②在过滤介质的一面造成负压（如真空脱水）；③加压污泥把水分压过过滤介质（如压滤脱水）；④造成离心力（如离心脱水）。

过滤的操作方式有两种，即恒压过滤和恒速过滤。有时为了避免过滤初期因压力差过高而引起滤液浑浊或滤布堵塞，可采用先恒速后恒压的复合操作方式，过滤开始时以较低的恒定速度操作，当表压升至给定数值后，再转入恒压操作。当然，工业上也有既非恒速亦非恒压的过滤操作，如用离心泵向压滤机送浆即属此例。

2. 污泥脱水用真空过滤机

真空过滤是早期使用的一种机械脱水方法，主要用于初沉池污泥和消化污泥的脱水。真空过滤机可以分为外滤面和内滤面两大类，外滤面真空过滤机常用的有转鼓式、圆盘式和折带式；内滤面真空过滤机常用的是转鼓式。按其卸料方式有刮刀卸料式、折带式、辊子卸料式等几种，通常采用刮刀卸料的外滤面转鼓真空过滤机。

(1)转鼓真空过滤机。

转鼓真空过滤机的结构与脱水过程：转鼓真空过滤机依靠真空系统造成的转鼓内外压差进行过滤，其工艺流程和结构分别如图7.1.2、图7.1.3所示。

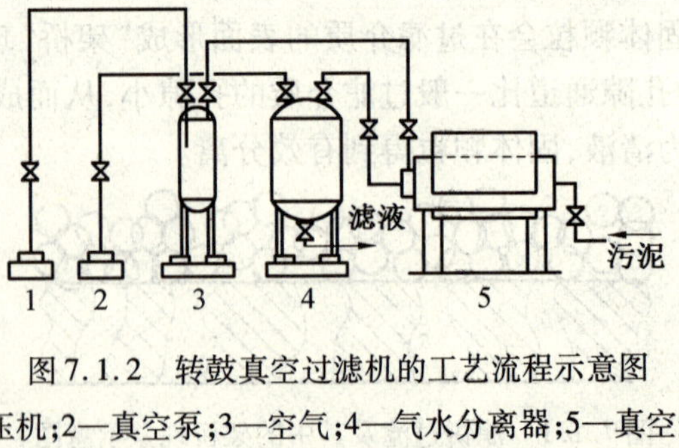

图7.1.2　转鼓真空过滤机的工艺流程示意图

1—空压机；2—真空泵；3—空气；4—气水分离器；5—真空过滤机

空心转鼓1安装在中空的转轴上，其长径比约为1/2～2。转鼓的圆柱形表面上有一层金属网，网上覆以滤布；转鼓的下部浸没在污泥贮槽2中，浸没面积占整个转鼓表面积的30%～40%；转鼓转速为0.1～3 r/min，转动过程中过滤介质覆盖在空心转鼓的表面。转鼓被径向隔板分隔成若干个互不相通的扇形间格 3，每个间格有单独的连通管与分配头 4 相连。分配头 4 由转动部件 5 和固定部件 6 组成，固定部件 6 由缝 7 与真空管路 13 相通，孔 8 与压缩空气管路 14 相通；转动部件 5 随着转鼓一起旋转，其上有许多孔 9，并通过连通管与各扇形间格相连。

转鼓转动时，由于真空作用而将污泥吸附在过滤介质上，液体通过过滤介质沿真空管路流到气水分离罐。吸附在转鼓上的滤饼转出污泥槽的污泥面后，若扇形间格的连通管落在固定部件 6 的缝 7 范围内，则处于滤饼形成区与吸干区，继续吸干水分。当转动部件 5 的管孔 9 与固定部件 6 的孔 8 相通时，与压缩空气相通，便进入反吹区，滤饼被反吹松动，然后用刮刀 10 剥落经皮带输送器 12 运走。之后进入休止区，实现正压与负压转换时的缓冲作用，这样便完成了一个工作周期。

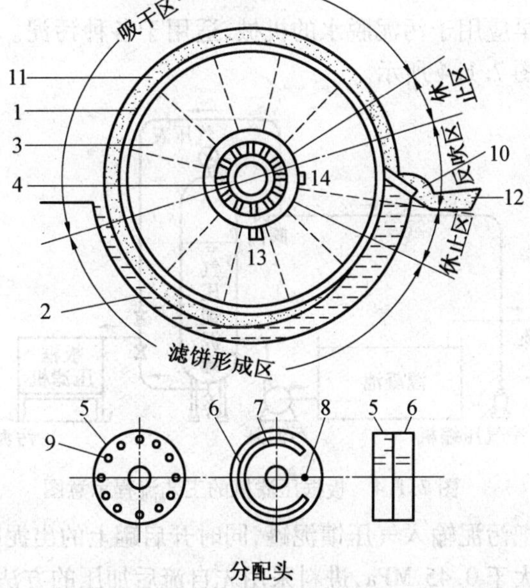

图 7.1.3　转鼓真空过滤机的结构示意图

1—空心转鼓；2—污泥贮槽；3—扇形间格；4—分配头；5—转动部件；6—固定部件；7—与真空泵通的缝；8—与空压机通的孔；9—与各扇形格相通的孔；10—刮刀；11—泥饼；12—皮带输送器；13—真空管路；14—压缩空气管路

(2)水平真空带式过滤机。

水平真空带式过滤机具有水平过滤面大、上部加料和卸料方便等特点，是近年来发展最快的一种真空过滤设备，主要形式有橡胶带式、往复盘式、固定盘式和连续移动室 4 种。吸滤过程中，加到滤布上的污泥收到真空盒的吸引过滤，滤渣留在滤布上形成滤饼，滤液则经过滤布排除。表 7.1.1 为真空带式过滤机的性能。

表 7.1.1　真空带式过滤机的性能

物料名称	固液比	泥饼含水率/%	生产能力(干)/($kg \cdot m^{-2} \cdot h^{-1}$)
活性污泥	10 : 1	42	12 ~ 30
消化污泥	10 : 1	45	30 ~ 70
烟煤灰水	10 : 1	18	1000
硫酸污泥	2 : 1	37	780

(3)污泥脱水用压滤机。

压滤法与真空过滤法的基本理论相同,只是前者的推动力为正压而后者为负压。压滤法的压力可达 0.4 ~ 0.8 MPa,故推动力远大于真空过滤法。常用的压滤机有板框压滤机、隔膜厢式压滤机、带式压滤机。

3. 板框压滤机

板框压滤机是最早应用于污泥脱水的机械,适用于各种污泥。利用板框压滤机进行污泥脱水的工艺流程如图 7.1.4 所示。

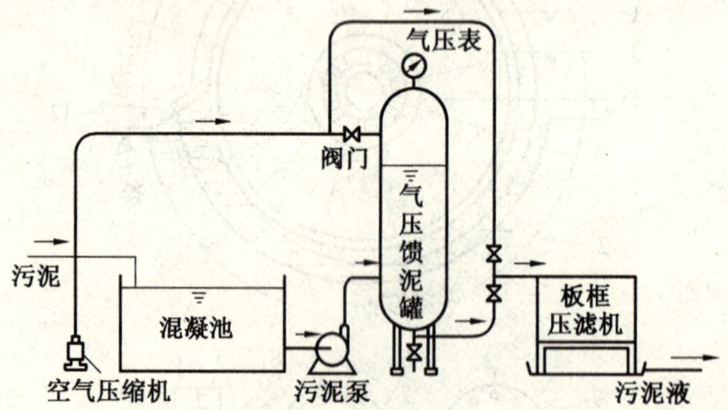

图 7.1.4　板框压滤机的工艺流程示意图

工作时用污泥泵把污泥输入气压馈泥罐,同时开启罐上的出泥阀,使污泥流进入压滤机内。一般进料压力不大于 0.45 MPa,进料采用先自流后加压的方法。待气压馈泥罐中的泥面达到一定高度后,停止输泥,随即缓缓开启罐上的压缩空气阀,让空气流入罐内,使泥面上的气压渐渐加到 0.5 ~ 1.5 MPa,并维持 1 ~ 3 h(通常为 2 h 左右),污泥由滤框上角的孔道并行进入各个滤框,滤液分别穿过滤框两侧的滤布,沿滤板板面的沟道至滤液出口排出。固体物则积存于滤框内形成滤饼,直到整个框的空间都被填满,关闭罐上压缩空气和出泥阀,停止过滤。板框压滤机主要由过滤机构、压紧机构、机架 3 部分组成。

过滤机构由许多块滤板和滤框交替排列组合而成,共同支承在两侧的架上并可在架上滑动,用一端的压紧装置将其压紧;在滤板的两侧包覆有滤布,因此在滤板与滤框之间构成压滤室。在滤板和滤框上端的相同部位开有小圆孔,组合压紧后即构成供污泥和洗涤水流通的孔道。滤框上角的圆孔有小通道与框内的空间相通,为污泥的进入口。物料从止推板上的进料孔进入各压滤室,固体颗粒因其粒径大于过滤介质(滤布)的孔径被截流在压滤室里,滤液则从滤板下方的出液孔流出。滤饼需要榨干时,可以压缩空气或蒸汽从洗涤口通入,气流冲去滤饼中的水分,以降低滤饼的含水率。

板框压滤机属于间歇操作，每个操作循环由组装、过滤、洗涤、卸渣、整理5个阶段组成，也可描述成板框压紧、进料、压干滤渣、放空（排料卸荷）、正吹风、反吹风、板框拉开、卸料、洗涤滤布9个步骤，一般一个工作周期约1.5～4.5 h。当工艺过程需要对滤饼进行洗涤时，先将洗涤板上的滤液出口关闭，洗涤液经洗涤板上角的斜孔进入板侧，穿过滤布到达滤框，然后穿过整个滤饼及另一侧的滤布，再经过非洗涤板下角的斜孔排出，这种洗涤法称为横穿洗涤法。

板框压滤机操作的自动化程度主要取决于压紧和拉开滤板、滤框的自动化程度，操作方式分为手动压紧、机械压紧、液压压紧。手动压紧是以螺旋式机械千斤顶推动压紧板将滤板压紧，机械压紧和液压压紧较易实现自动化。

机械压紧的压紧机构由电动机（配置先进的过载保护器）减速器、齿轮副、丝杆和固定螺母组成。压紧时，电动机正转，带动减速器、齿轮副，使丝杆在固定螺母中转动，推动压紧板将滤板、滤框压紧。当压紧力越来越大时，电机负载电流增大，当大到保护器设定的电流值时，达到最大压紧力，电机切断电源，停止转动，由于丝杆和固定螺母有可靠的自锁螺旋角，能可靠地保证工作过程中的压紧状态。退回时，电机反转，当压紧板上的压块，触压到行程开关时退回停止。

液压压紧机构由液压站、油缸、活塞、活塞杆以及活塞杆与压紧板连接的哈夫法兰卡片组成，液压站包括电机、油泵、溢流阀（调节压力）、换向阀、压力表、油路等。工作时，由液压站供高压油，油缸与活塞构成的元件腔充满油液，当压力大于压紧板运行的摩擦阻力时，压紧板缓慢地压紧滤板，当压紧力达到溢流阀设定的压力值（由压力表指针显示）时，滤板、滤框被压紧，溢流阀开始卸荷，此时切断电机电源，压紧动作完成；退回时，换向阀换向，压力油进入油缸的有杆腔，当油压能克服压紧板的摩擦阻力时，压紧板开始退回。液压压紧为自动保压时，压紧力由电接点压力表控制，将压力表的上限指针和下限指针设定在工艺要求的数值。当压紧力达到压力表的上限时，电源切断，油泵停止供油，由于油路系统可能产生的内漏和外漏造成压紧力下降；当降到压力表下限指针时，电源接通，油泵开始供油，压力达到上限时，电源切断，油泵停止供油，这样循环以达到过滤物料的过程中保证压紧力的效果。

板框式压滤机因动力消耗大、产量低、操作不连续等在水厂中已逐渐不采用，在工业废水处理中使用量仍较大，目前已有塑料板框、加压脱水等新技术推广使用。

4. 厢式压滤机

厢式压滤机属于间歇操作的过滤设备，可有效过滤固相粒径51 nm以上、固相质量分数0.11%～60%的悬浮液，以及粒度大或成胶体状的难过滤物料。它与板框压滤机的区别在于滤饼形成的空间：板框压滤机由两块滤板的内凹面形成，而厢式压滤机的料浆进口设在滤板的中间或中间附近，进料口径大，不易发生堵塞，所以其使用性能较好。

厢式压滤机可分为有压榨隔膜和无压榨隔膜两类，当需配置压榨隔膜时，一组滤板由隔膜板和侧板组成。隔膜板的基板两侧包覆着橡胶隔膜，隔膜外边包覆着滤布，侧板即普通的滤板。一般带压榨隔膜的设备由于压榨力较过滤压力高，故滤饼的含水率较低，也较稳定，设备的操作弹性好。

厢式压滤机的选用主要根据污泥量、压滤机的过滤能力确定所需面积和压滤机台数，再进行设备布置。

5. 带式压滤机

带式压滤机脱水可以连续工作，设备简单，操作管理容易，附属设备较少（无需设置高压泵或空压机），污泥絮凝情况可以目视观察加以调质，运行情况仅取决于滤布的速度，即使运行中负荷发生变化也能稳定脱水；耗电量在各种形式的脱水机中最低。近年来为了提高滤带的强度和捕集性能，开始采用一层半和双层网。上层由丝状较细、结构较为紧密材料构成，主要起捕集作用，下层由丝径较粗、强度高的材料构成，主要起过滤和增加强度的作用。

7.2　国内外典型污泥机械脱水设备

污泥机械脱水是以多孔性物质为过滤介质，在过滤介质两侧的压力差作为推动力，污泥中的水分被强制通过过滤介质，以滤液的形式排出，固体颗粒被截留在过滤介质上，成为脱水后的滤饼（有时称泥饼），从而实现污泥脱水的目的。国内常用机械污泥脱水的方法有以下 3 种：

①采用加压或抽真空将污泥内水分用空气或蒸汽排除的通气脱水法，比较常见的是真空过滤法。

②依靠机械压缩作用的压榨过滤法，一般对高浓度污泥采用压滤法，常用方法是连续脱水的带式压滤法和间歇脱水是板框压滤法。

③利用离心力作为动力除去污泥中水分的离心脱水法，常用的是转筒离心法。这些设备都已有一定的使用历史，但具体使用情况存在很大差别。早期建设污水处理厂，大多采用真空过滤脱水机，但由于其泥饼含水率较高、噪声大、占地也大，而其构造及性能本身又无较大的改进，20 世纪 80 年代以来，已很少采用。

德国人于 1902 年首次将一台类似于目前有筛孔转鼓的过滤式离心机用于污泥脱水，但脱水效果不理想。后来改进成无孔转鼓，1903 年在城市污水处理厂中应用，分离效果较好，排出泥饼中的固体质量分数达 29%。自 20 世纪 60 年代以来，离化脱水机广泛应用于市政和工业废水治理工艺中的污泥脱水，具有结构紧凑、自动化程度高、单机生产能力大、使用寿命长、密闭运行二次污染少、对污泥适应性强、脱水效果好等优点。近年来欧洲、日本等地采用离心机脱水越来越多，有些原用板框压滤机、带式压滤机等设备的污水处理厂，正逐渐改用离心机进行污泥脱水。如图 7.2.1 为滤带带式压滤机工艺流程。

当今国际上已普遍使用全封闭连续运行的卧式螺旋卸料沉降离心机（简称离心机）作为污泥脱水的主机，以避免传统工艺采用带式压滤机存在的种种弊端。与其他污泥脱水工艺相比，具有安装简单、占地空间小、土建费用低、系统简单、全自动控制、全封闭式操作等优点。但普通卧螺沉降离心机的缺点是脱水污泥的含湿量比带式压滤机要高，为进一步提高分离效率，强化脱水效果，降低污泥的含湿量，国内外厂家进行了大量理论和实验研究。研究表明，可以从提高分离因数、增加机械挤压和延长停留时间三个方面采取措施改善卧螺沉降离心机的脱水性能。目前国内外采用最多的强化脱水措施是通过开发低速大长径比螺旋离心机机型，增加机械挤压和延长停留时间。此外，污泥浓缩与脱水时的转差以 2 ~5 r/min 为宜（转差约占转鼓转速的 0.2% ~3%）。

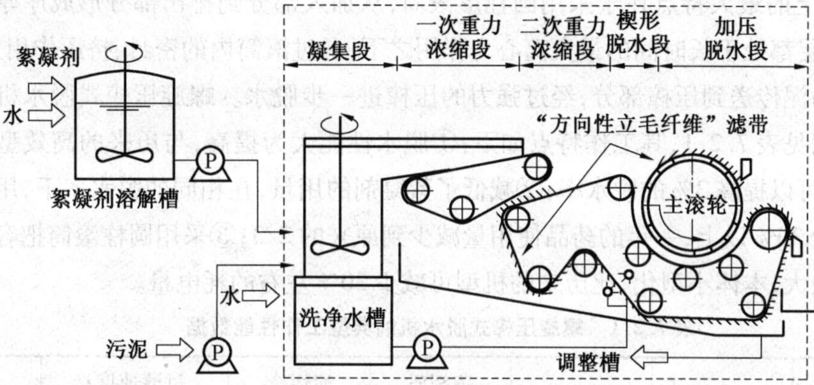

图7.2.1　滤带带式压滤机工艺流程

目前国内生产污泥脱水用卧螺沉降离心机的代表性厂家有重庆江北机械有限责任公司、海申机电总厂(解放军4819工厂)、上海离心机研究所等,国外知名卧螺离心机厂家有德国Flottweg、德国Humboldt、德国Wesffalia、瑞典Ah Laval、意大利Pieralisi、瑞典Noxon、法国Guinard、奥地利Andritz等。差速器也由最初不可调速的行星齿轮差速器,发展为可调的双电机驱动机械差速器和液压差速器。

1. HrllS型高干度离心脱水机

图7.2.2所示为HTS型高干度离心脱水机结构示意图,由德国Flottweg高速卧式离心机发展而来。该设备由中心进料装置、转筒、锥柱形螺旋推进器组成;大多数情况下,需在进料管前方加入絮凝剂。高速旋转的转筒使固液分离后形成同心液柱,沉降在转筒壁上的固体由与转筒在较小差转速状况下运转的螺旋推进器推至锥形筒端部,从固体排料口排出,澄清后的液体反向流出排液口。

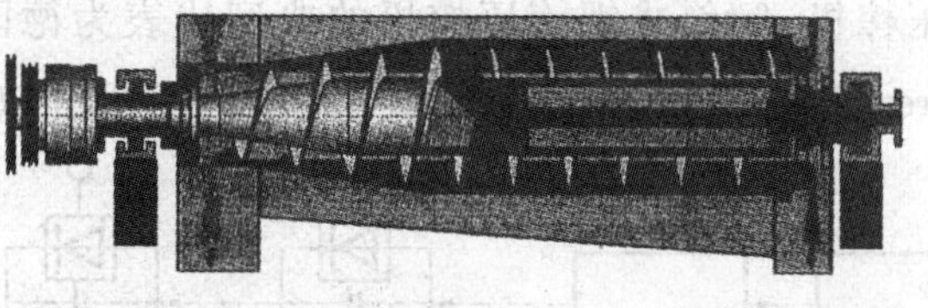
图7.2.2　HTS型高干度离心脱水机结构示意图

2. 日本产压榨卧螺离心机

日本Tsukishima Kikai(TSK)公司生产的CENTRIACE压榨卧螺离心机(也称CENTRIAC高效离心脱水机)主要由机座、高速旋转的圆锥-圆柱形转鼓、与转鼓转向相同但转速较其略低的螺旋输送器、使转鼓和螺旋之间形成一定转速差的差速器4部分组成。由于离心机的差速较小,整个系统推料过程非常慢,螺旋之间的污泥越积越多,当螺旋锥段的叶片呈全充满时,就形成了双向挤压的状态,这时污泥被挤得非常干,当污泥越积越多达到半堵塞状态时,自动反馈装置将差速自动强化出料的功率增加,将挤干的污泥从出渣口排出转鼓排出。分离后的清液,通过转鼓大端溢流出转鼓。与原有的固液型压榨机相比,泥饼含水率降低3% ~4%,与带式压滤机相比,含水率也降低2% ~3%。日本三菱重工新型高效离心脱水机，其结构上的最大特点在于采用圆柱形滚筒，从加入部分到排出部分形成厚厚的污泥层，全部污泥层都处于长时间的最大离心力作用之下；通过滚筒内的密封、挤压作用，将脱水程度最高的污泥传送到压榨部分，经过强力的压榨进一步脱水。螺旋压榨式脱水机的典型工作性能数据见表7.2.1，其工作特点如下：①脱水性能大为提高，与历来的高效型使用同等的絮凝剂，可以提高3%的脱水率；②减低了絮凝剂的用量，在相同的脱水率下，用药量比以往机型减少30%以上，一年的药品使用量减少到原来的2/3；③采用圆柱滚筒把容量使用效率扩展到最大，本体小型化，比历来的机型可减少30%左右的耗电量。

表7.2.1 螺旋压榨式脱水机的典型工作性能数据

污泥名称	质量分数/%	有机聚合体	药剂质量分数/%	泥饼含水率/%	过滤速度/（$kgDS\cdot h^{-1}$）	行业
浮渣	9~10	阳离子	0.3	45	60~75	油脂厂
污水处理厂	4.5~5.5	阳离子	0.7	74	75~90	汽车
碱性污泥	3~3.5	阳离子	0.4	65	35~40	炼钢厂
工业废水	3~3.5	阳离子	2.5	3	45~55	工业废水
养殖场污泥	2~2.5	阳离子	1.8	77	25~30	养殖
纸浆污泥	8~11	阳离子	0.4	66	30~40	纸厂
凝结污泥	6~9	阳离子	0.2	70	140~160	油脂厂
无机絮凝污泥	13~17	阳离子	1.7	83	13~0	医学

3. 国产离心脱水机

目前国产城市污泥脱水用卧式螺旋卸料沉降离心机。污泥脱水用螺旋压榨脱水机脱泥过程中的剪切挤压作用来达到脱水的目的。根据螺旋输送器安放位置的不同，可分为卧式和倾斜式两种。卧式螺旋压榨机的代表性产品为日本石垣环境机械ISGK螺旋压榨机、日本FMC公司的螺旋压榨机，倾斜式螺旋压榨机的典型代表为德国HUBER公司产品的ROTA-MAT@ Screw Press RoS3/RoS3-Q型螺压脱水机，其工艺流程如图7.2.3所示。

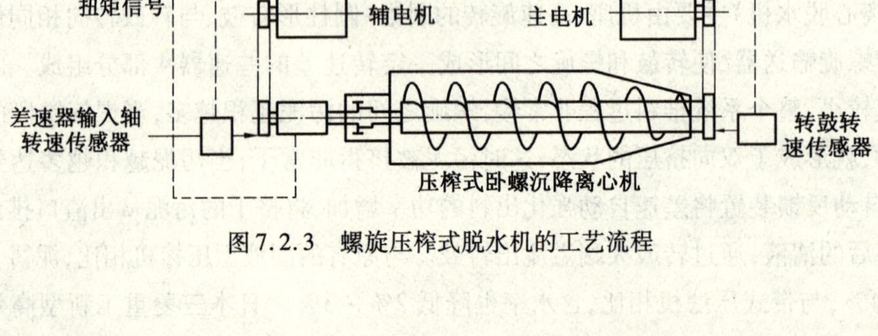

图7.2.3 螺旋压榨式脱水机的工艺流程

7.3　污泥热干化与焚烧设备

7.3.1　污泥热干化与焚烧设备设计原理

机械脱水污泥中含有的有机污染物、病原菌、寄生虫卵等仍非常丰富，具有极强的污染能力，结合水、间隙水、胶态表面吸附水、细胞内部水和分子水等也仍然大量存在，遇水后形状恢复迅速，二次污染的危险进一步增大。欧美一些国家进入 20 世纪 80 年代末期以来，由于污泥在农用、填埋、投海上的各种限制条件和不利因素逐渐突出，也由于污泥热干化与焚烧技术在一些污水处理厂的成功应用，使其得以在西方工业发达国家迅速推广。例如，欧盟在 20 世纪 80 年代初只有数家污水处理厂采用污泥热干化设备处理污泥，但到 1994 年底已有 110 家污泥干化厂，并且还在逐年增加。污泥经过自然干化后的含水率为 70% ~ 80%，而经过热干化处理后的含水率为 10% ~ 40%。污泥热干化系统的温度通常超过 70 ℃，根据细菌去除程度的需要，在干燥器内停留 30 min 或更长时间。热干化系统含氧率一般应控制在低于 10%，通常还会充加惰性气体进行保护，防止粉尘爆炸。按照热介质与污泥接触的方式，污泥热干化设备可分为直接加热式、间接加热式、“直接-间接”联合式 3 种。如图 7.3.1所示，直接加热式是将燃烧室产生的热气与污泥直接进行接触混合，使污泥得以加热，水分得以蒸发并最终得到干污泥产品，是对流干化技术的应用；属于直接加热干燥器的有转鼓干燥器、闪蒸干燥器、流化床式直接干燥器、带式直接干燥器。间接加热式是将燃烧炉产生的热气通过蒸汽、热油介质传递给加热器壁，从而使器壁另一侧的湿污泥受热、水分蒸发而加以去除，是传导干化技术的应用；属于间接干燥器的有多层流化床间接干燥器、转鼓间接干燥器及带式间接干燥器等。“直接-间接”联合式干燥，即为“对流-传导技术”的结合。

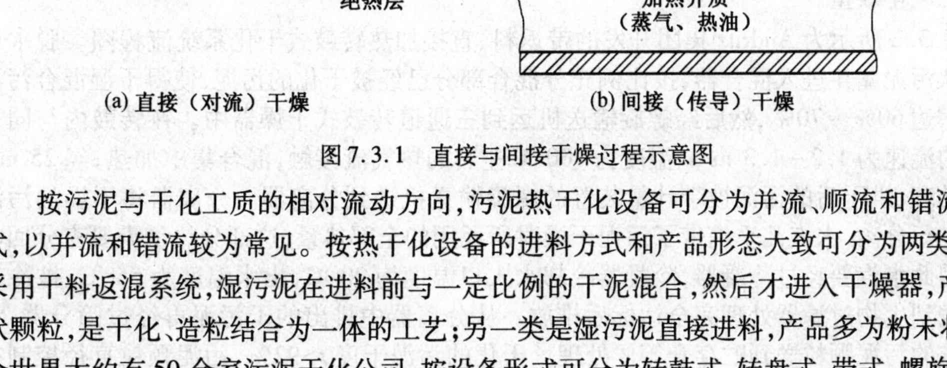

图 7.3.1　直接与间接干燥过程示意图

按污泥与干化工质的相对流动方向，污泥热干化设备可分为并流、顺流和错流 3 种形式，以并流和错流较为常见。按热干化设备的进料方式和产品形态大致可分为两类，一类是采用干料返混系统，湿污泥在进料前与一定比例的干泥混合，然后才进入干燥器，产品为球状颗粒，是干化、造粒结合为一体的工艺；另一类是湿污泥直接进料，产品多为粉末状。目前全世界大约有 50 余家污泥干化公司，按设备形式可分为转鼓式、转盘式、带式、螺旋式、离心干化式、喷淋式多效蒸发器、流化床、多重盘管式、桨叶式、带式、太阳能污泥干燥房等，干化后污泥的含水率可降至 10% 以下。污泥焚烧(Sludge Incineration,热分解)是指在高温(500 ~ 1 000 ℃)下,污泥固形物在无氧或者低氧气氛中,依靠其自身的热值和辅助燃料进行热处理的过程。污泥焚烧的初期研究由美国的诺亚克(Noack)(1959 年)、施莱辛格(Schlesinger)等人(1960 年)在匹兹堡能源中心(Pittsburg Energy Center)开始,其共同的特点是以回收能源为目的。脱水污泥的热值低(约 7 500 ~ 15 000 kJ/kg),焚烧过程中必需添加辅助燃料,因此应该设计辅助燃料最少的流程。世界上第一台焚烧污泥的流化床锅炉在 1962 年建于美国 Lynnword Washington,至今仍在运行。污泥焚烧法有利有弊,优势在于可以迅速有效地使污泥达到无菌化和减量化,产物为无菌、无臭的无机残渣,含水率为零,且在恶劣的天气条件下不需存储设备。污泥中的重金属会随着烟尘的扩散而污染空气,残余灰分也富含污染物,而且焚烧成本是其他工艺的 2 ~ 4 倍;另一方面,必须保证污泥比较低的含水率才能制作合成燃料,这就需要提高污泥的脱水程度。从焚烧的产物来看,干污泥颗粒可用作发电厂燃料的掺合料,也可通过干馏提取焦油、焦炭、燃料油和燃气等;污泥焚烧灰可做水泥添加剂、污泥砖、污泥陶粒等建筑材料;污泥细菌蛋白可制造蛋白塑料、胶合生化纤维板等;污泥气可用作燃料,还可制造四氯化碳、氢氰酸、有机玻璃树脂、甲醛等化工产品。

近年来,由于采用了合适的预处理工艺和焚烧手段,焚烧法达到了污泥热能的自持,并能满足越来越严格的环境要求。对于大城市,因远离填埋场造成运输费用较高时,使用焚烧法处置可能是经济有效的。人口稠密的沿海及岛屿国家(如日本、新加坡等),由于污泥的农田利用和土地填埋受到限制,加之近年来海洋排放受到强烈反对,所以十分注重污泥焚烧技术的研究和开发。1995 年,日本有近 50% 的污泥采用了焚烧方法进行处理,预计到 2005 年欧盟这一比例能够增至 38%。影响污泥焚烧的因素有焚烧温度、焚烧时间、空气量、污泥组分、泥气混合比等,具体可分为完全焚烧和湿式氧化(即不完全焚烧)两大类。

7.3.2　国内外典型污泥热干化与焚烧设备

1. 直接加热转鼓干化技术

自 20 世纪 40 年代以来,日本、欧洲和美国就采用直接加热式转鼓干燥器(也称为滚筒干化器)来干化污泥。最初所有的转鼓式干燥器都使用一次通过性空气系统,能量利用效率低,且产生大量需要除臭的气体。后来大部分采用封闭循环式干燥器,节省了能源,减少了剩余空气排放量。

图 7.3.2 所示为 Andritz 集团开发的带返料、直接加热转鼓式干化系统流程图。脱水后的污泥从污泥漏斗进入混合器,按比例充分混合部分已经被干化的污泥,使得干湿混合污泥的含固率达 60% ~ 70%,然后经螺旋输送机运到三通道转鼓式干燥器中。在转鼓内与同一端进入的流速为 1.2 ~ 1.3 m/s、温度为 700 ℃左右的热气流接触,混合集中加热,经 25 min 左右的处理,烘干后的污泥被带计量装置的螺旋输送机送到分离器。分离器将干燥的污泥和水汽进行分离,水汽几乎携带了污泥干燥时所耗用的全部热量,这部分热量需要充分回收利用。因此水汽要经过冷凝器,冷凝器冷却水入口温度为 20 ℃,出水温度为 55 ℃,被冷却的气体送到生物过滤器处理完全达标后排放。从分离器中排出的干污泥再经过筛分器,将满足要求的污泥颗粒送到贮存仓等候处理。干化的污泥干度 $t>92\%$,污泥颗粒直径控制在 1 ~ 4 mm 之间,可用作肥料或园林绿化。用于加热转鼓干燥器的燃烧器可使用沼气、天然气或热油等为燃料。

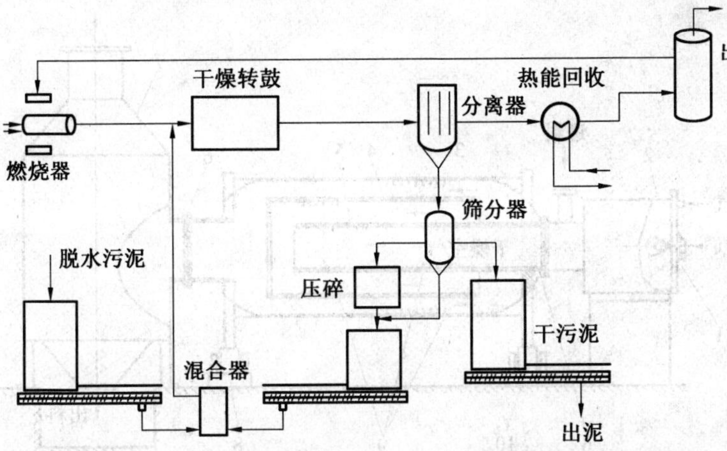

图7.3.2　带返料、直接加热转鼓式干化系统流程图

该干化系统的特点是：在无氧环境中操作，不产生灰尘，干化污泥呈颗粒状，粒径可以控制，采用气体循环回用设计减少了尾气的处理成本。

为了避免物料在干燥器中过黏，必须对干物质进行循环使用，同时这样更利于造粒。图7.3.3为三级转鼓干燥器开放式循环直接加热干燥系统的示意图，其三级直接加热转鼓干燥器的结构及其技术参数如图7.3.4所示。根据转筒直径的不同，其转速一般在5.25 r/min之间，物料投加量占整个圆筒体积的10%～20%，停留时间为10～25 min，干燥空气所需的费用就会增加。

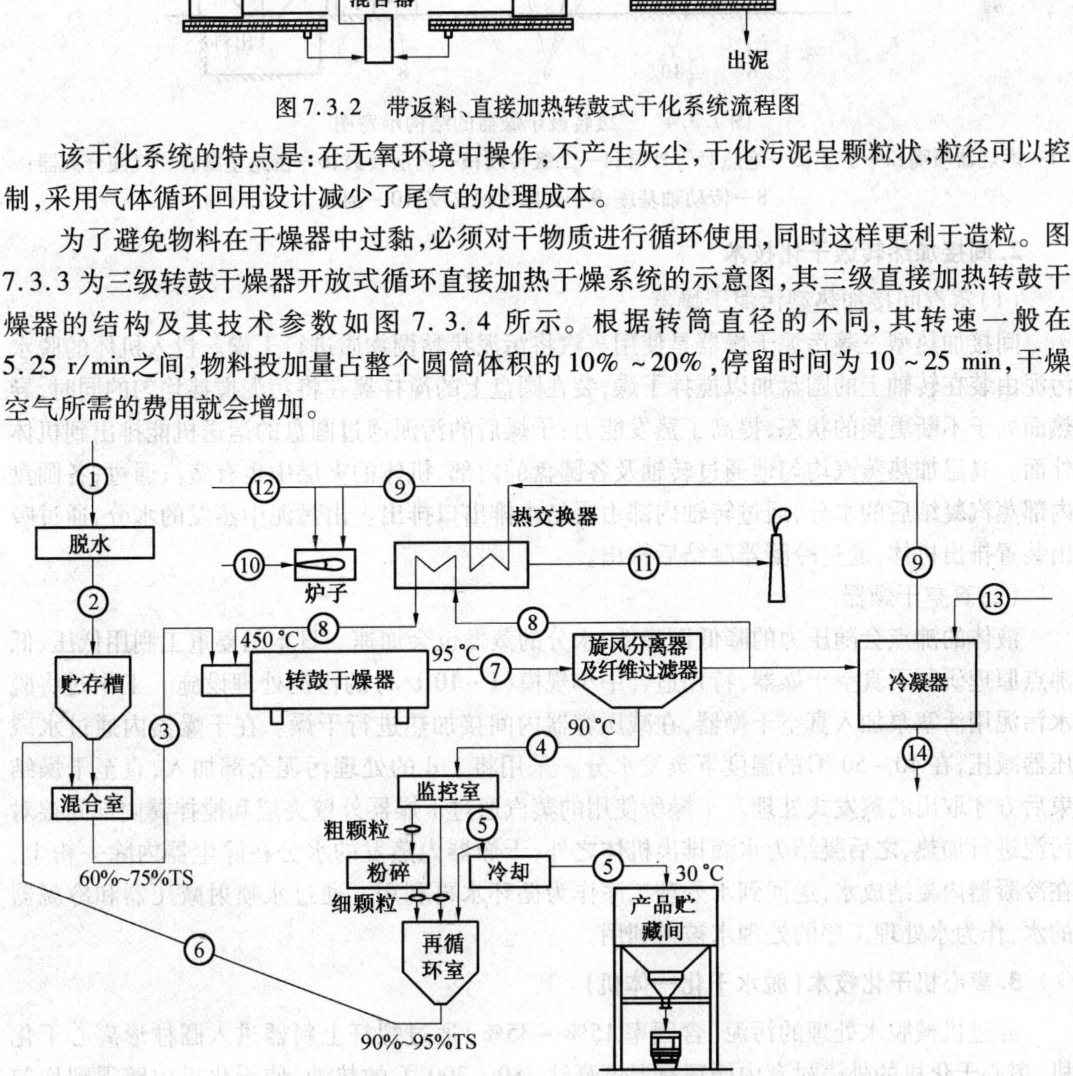

图7.3.3　三级转鼓干燥器开放式循环直接加热干燥系统示意图

1—污泥液；2—脱水后的污泥；3—混合后的进料；4—干燥产物；5—合格的颗粒产品；6—再循环的已干燥物质；7—干燥器尾气；8—再循环的干燥介质；9—干净的干燥介质；10—燃料；11—燃烧产物；12—燃气；13—冷却水；14—冷凝物

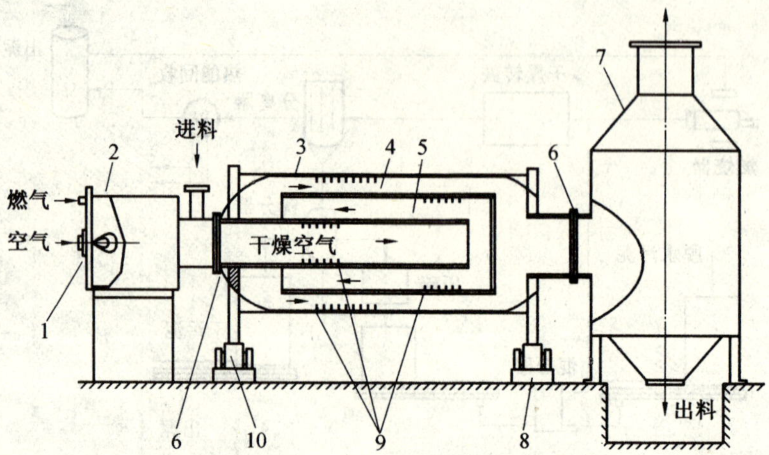

图 7.3.4　三级转鼓干燥器的结构示意图

1—燃烧器喷嘴;2—炉子;3—绝热套管外层;4—二级转鼓;5—内层转鼓;6—密封垫圈;7—气固分离器;8—传动轴基座;9—支撑滚轴支座;10—刮板

2. 间接加热转鼓干化技术

(1)蒸汽间接加热型污泥干燥器。

间接加热型三菱污泥干燥器是使用蒸汽将污泥状黏稠物质进行干燥。投入机体的脱水污泥由装在转轴上的圆盘加以搅拌干燥,装在圆盘上的搅拌翼在将污泥搅拌均匀的同时,导热面处于不断更换的状态,提高了蒸发能力;干燥后的污泥通过圆盘的运送机能排出到机体外面。高温加热蒸汽均匀地通过转轴及各圆盘的内部,机体的夹层中也有蒸汽通过;各圆盘内部蒸汽凝结后的水分,通过转轴内部由凝结水排出口排出。由污泥中蒸发的水分,通过吸出装置排出机体,通过冷凝器凝结后排出。

(2)真空干燥器。

液体的沸点会随压力的降低而降低,水分的蒸发也会加速。日本三菱重工利用低压、低沸点原理研制了真空干燥器,特别适合中小规模(1～10 t/d)的污泥处理设施。工作时将脱水污泥用活塞泵加入真空干燥器,在减压容器内间接加热进行干燥。在干燥器内通过水减压器减压,在 40～50 ℃的温度下蒸发水分。采用将 1 d 的处理污泥全部加入,直至干燥结束后方才取出的蒸发式处理。干燥所使用的蒸汽通过干燥器外壁夹层和搅拌翼内部间接对污泥进行加热,之后凝结为水滴排出机体之外;干燥器内蒸发的水分在除尘器内除去粉尘,在冷凝器内凝结成水,送回到水处理工序作为循环水再利用。通过水喷射减压器和冷凝器的水,作为水处理工序的处理水被再利用。

3. 离心机干化技术(脱水干化一体机)

经过机械脱水处理的污泥(含固率 15%～35%)通过螺杆上料器进入圆柱形离心干化机,离心干化机的外壳衬套内循环有温度高达 280～300 ℃的热油,使干化机内壁得到均匀有效的加热;在进料的同时空气从同侧进入离心干化机;与离心干化机同轴的转子在不同位置上装配有不同曲线的桨叶,含水污泥在顺流热空气的带动下,被高速旋转的转子带动,桨叶旋转所形成的涡流在反应器内壁上形成一薄层物料。该薄层以一定的速率从反应器进料一侧向另一侧螺旋移动,从而完成接触、反应、干燥、灭菌、除臭和造粒过程。处理后的固态物料、水蒸气和其他气态物质等被涡流带入旋流分离器进行气固分离，然后固态物质（即干燥后的污泥）被一个带有冷水套的螺杆装置冷却并排出，气态物质（含水蒸气、挥发物质和可燃气体）进入一个蜗轮洗涤冷凝器。转子带动桨叶高速旋转将热气体（水蒸气和其他气态物质）与分段喷入的洁净水进行充分混合冷凝；冷凝后的气体在一个气液分离器内进行除湿分离，气体被风机吸出，其中大约 3% 的轻质气体被抽至热能装置（燃油锅炉）作为能源烧掉，而大部分气体经过热交换器的预热后再次进入循环。

4. 间接式多盘热干化造粒技术

污泥热干化硬颗粒造粒工艺（也称为珍珠工艺）是由比利时西格斯清水公司开发的间接接触台阶式干化工艺。图 7.3.5 所示为珍珠工艺的流程示意图，机械脱水后的污泥（含固率 25% ~30%）送入污泥缓冲仓，然后通过污泥泵输送至位于顶部的涂层机（也称为预混合机）。在涂层机中，再循环的干污泥颗粒（含固率>90%）与进料的脱水污泥混合，使得干污泥颗粒外层涂上一层湿污泥后形成颗粒。涂覆了湿污泥的颗粒被送入硬颗粒造粒机（多盘干燥器）的上部，均匀地散在顶层圆盘上。硬颗粒造粒机是间接、立式多级圆盘干化机，有中空的圆盘排列在圆柱形的壳中呈立式布置多级分布，由闭式热油（230 ℃）循环系统加热。涂覆后的污泥颗粒由与中心转轴相连的转速为 6 r/min 的耙臂耙着在上层圆盘中做缓慢的圆周运动。污泥颗粒从内逐渐被扫到圆盘的外沿，散落到第二层圆盘上；此时连续转动的耙臂将污泥颗粒从外沿逐渐扫到开口的中心区域，散落到第三层。污泥颗粒就这样从上一层圆盘运送到下一层圆盘，直至造粒机底部圆盘，颗粒在圆盘上运动时直接和加热表面接触干化。污泥颗粒逐盘增大，并最终形成坚实的颗粒，因该过程类似于蚌中珍珠的形成过程也被称为珍珠工艺。

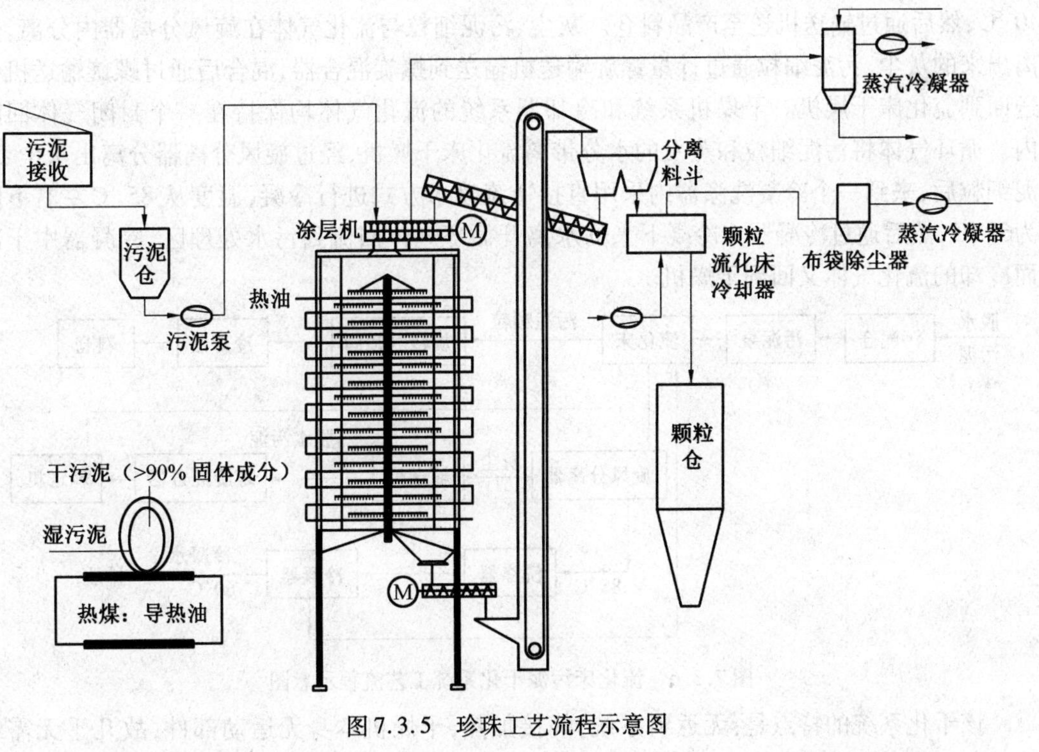

图 7.3.5　珍珠工艺流程示意图

干燥后的污泥颗粒温度为 90 ℃,粒径为 1 ~4 mm,离开干燥机后由底部的螺旋输送机收集,再由斗式提升机向上送至分离料斗。部分循环使用的颗粒被分离出来,循环进入涂层机。其余部分送入颗粒流化床冷却器,颗粒在流化床内冷却至 40 ℃送入颗粒储料仓。流化床出口处有轻微气味的热空气经过布袋除尘器除尘后,送入生物除臭器处理,达到大气排放标准后外排。硬颗粒造粒机所需的能量由热油传递,温度介于 230 ~260 ℃之间的热油在机内中空的圆盘内循环,从干燥机排出的接近 115 ℃的蒸汽经蒸汽冷凝器冷凝后的热水温度为 50 ~60 ℃。

该干化系统的特点:干燥和造粒过程氧气体积分数<2%,避免了着火和爆炸的危险性,颗粒呈圆形,坚实,无灰尘且颗粒均匀,具有较高的热值可作为燃料,尾气经冷凝、水洗后送回燃烧炉,将产生臭味的化合物彻底分解,所以其尾气能满足很严格的排放标准。

5. 流化床污泥干化技术

图 7.3.6 为流化床污泥干化系统工艺流程图。脱水污泥送至污泥计量贮存仓,然后用污泥泵送至流化床污泥干燥机中的进料口并将污泥进行分配。流化床污泥干燥机从底部到顶部基本由 3 部分组成,在干燥机的最下面是风箱,用于将循环气体分送到流化床装置的不同区域;其底部装有一块特殊的气体分布板,用来分送惰性流化气体;在中间段用于蒸发水的热量将通过加热热油送入流化床内;最上部为抽吸罩,用来使流化的干颗粒脱离循环气体,而循环气体带着污泥颗粒和蒸发的水分离开干燥机。干燥机内的干燥温度为 85 ℃,产生的污泥颗粒被循环气体流态化并产生激烈混合。由于流化床内依靠其自身的热容量,滞留时间长和产品数量大,因此即使供料的质量或水分有些波动也能确保干燥均匀;用循环的气体将污泥细粒和灰尘带出流化层,污泥颗粒通过旋转气锁阀送至冷却器,冷却到低于 40 ℃,然后通过输送机送至产品料仓。灰尘、污泥细粒与流化气体在旋风分离器内分离,分离出来的灰尘、污泥细粒通过计量螺旋输送机输送到螺旋混合器,混合后通过螺旋输送机再送回到流化床干燥机。干燥机系统和冷却器系统的流化气体均保持在一个封闭气体回路内。循环气体将污泥细粒和蒸发的水分带离流化床干燥机,经过旋风分离器分离出灰尘、污泥细粒后,来到一个冷凝洗涤器内采用直接逆流喷水方式进行冷凝,温度从 85 ℃左右下降为60 ℃,然后通过冷凝器。冷凝下来的水离开循环气体回流到污水处理区,冷凝器中干净而冷却的流化气体又回到干燥机。

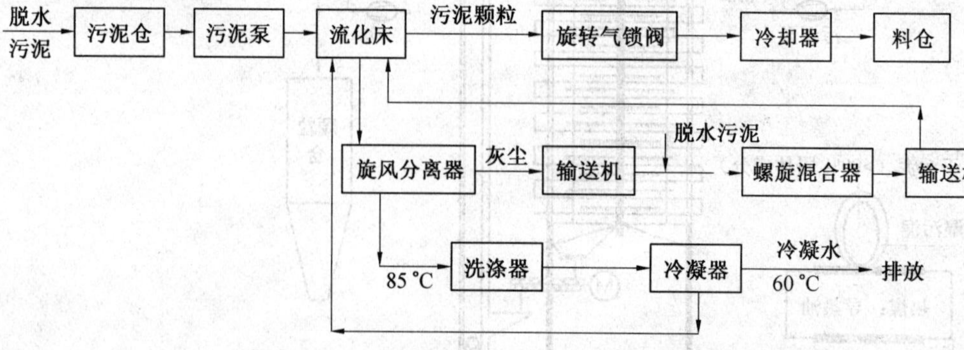

图 7.3.6　流化床污泥干化系统工艺流程示意图

该干化系统的特点是:无返料系统,间接加热,干燥机本身无运动部件,故几乎无需维修,但干化颗粒的粒径无法控制。

7.3.3　完全焚烧及其设备

1. 液体喷射式焚烧炉

如图7.3.7所示,液体喷射式焚烧炉是在耐火内衬燃烧室内安装有雾化装置(或雾化器)而构成的简单单元。雾化的目的是把液体废物或燃料分散为大量的细小液滴,使其具有较大的液体表面积,以利于热量和质量的传递,并减少所需要的停留时间。雾化器还可以把空气混入废物流,从而使液滴周围形成富氧区。

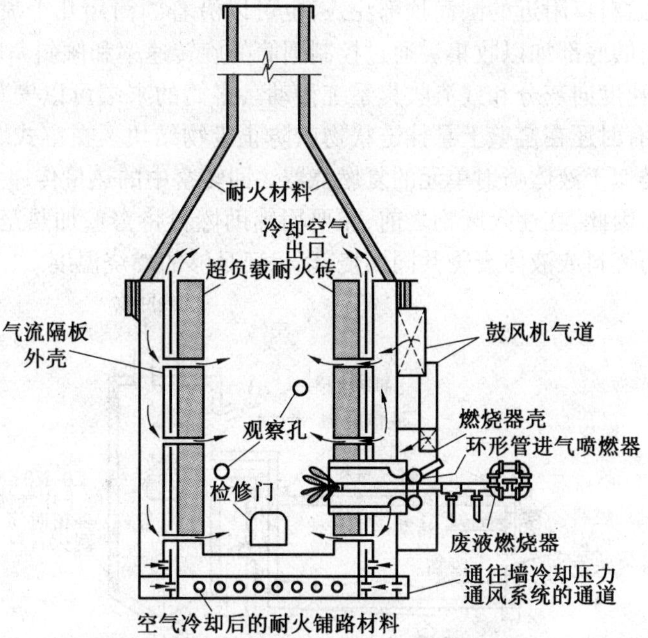

图7.3.7　液体喷射式焚烧炉的构造示意图

液体喷射式焚烧炉的优点包括:停留时间短,温度对废物燃料组成以及流速变化的影响较快,灰分产生量小,没有活动部件,运行成本低,技术上成熟可行。最主要的缺点是仅适用于处理可以雾化的废物。

2. 段焚烧炉

如图7.3.8所示,立式多段焚烧炉采用一个内衬耐火材料的钢制圆筒,一般分为6～12层。各层都从一根中心旋转轴向四周辐射分布,并有用耐高温铬钢制成的旋转齿耙。泥饼被加入到最上面的炉体中,然后在齿耙的作用下自上向下逐层下落,顶部温度在5 000 ℃以上,为干燥段;中部温度在1 000 ℃左右,为焚烧段;底部为污泥冷却和空气预热段,温度在300 ℃左右。废气则由处理单元顶部排出,灰分残渣也是从单元底部清除。热传递主要通过每个炉膛表面的辐射和传导作用,以及空气流的对流作用进行。

这种炉以逆流方式运作,热效率很高。污泥焚烧不像一般城市垃圾焚烧一样采用炉排式燃烧,主要是因为污泥类废物一般都很黏稠,点燃后易结成饼或表面灰化覆盖在燃烧物表面,使火焰熄灭。因此需要不断搅拌,反复更新燃烧表面,使污泥得以充分燃烧。在多段炉内各段均设有搅拌面,只有保证物料在炉内停留一定时间才能使污泥完全燃烧。为避免工艺出现故障,除焚烧炉外还需添置污泥器(带粉碎机)、多点鼓风系统、热量回收装置(当设二次燃烧设备时,尤其要注意此点)、辅助热源(启动燃烧器)和除灰设备等辅助设备。多段焚烧炉存在的问题主要是机械设备较多,需要较多的维修与保养;耗能相对较多,热效率较低;为减少燃烧排放的烟气污染,需要增设二次燃烧设备。

3. 回转窑式焚烧炉

如图 7.3.8 所示,回转窑式焚烧炉的结构与回转圆筒热干化器相似,是一种具有耐火内衬的长圆筒,稍微向下倾斜,炉体沿着其水平轴线缓慢旋转。废物和辅助燃料从圆筒的顶部加入;空气从废物给料口附近的圆筒顶部注入,也可以沿着圆筒用几个喷射嘴注入;气态排放物和灰分在圆筒的底部加以收集。通过控制圆筒的旋转速率和倾斜角度使废物与空气混合,并使其以一定速度向灰分和残渣收集系统移动。窑筒的末端可以安装一个挡板以增加固体的停留时间,有时还在窑壁上悬挂链状物以防止废物结块。在窑式燃烧室后面的排放气流处还有一个类似于液体喷射单元的复燃烧器。回转窑中的热量传递主要是依靠辐射作用和窑壁的传导。因此,在注入废物之前,需要用辅助燃料将窑壁加热至运行温度。此外,常常让固体废物与燃料或液体废物共同燃烧,以保证足够的燃烧温度。

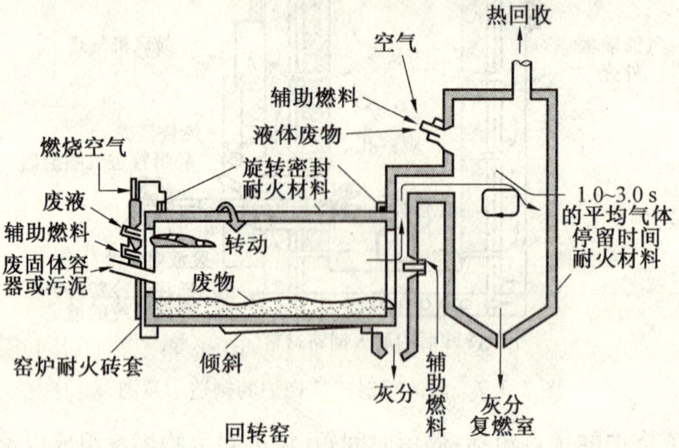

图 7.3.8 立回转窑式焚烧炉的构造示意图

4. 流化床焚烧炉

流化床燃烧是固体燃料颗粒在炉床内经气体流化后进行燃烧的技术,已经广泛应用于国民经济的许多方面。流化床焚烧炉是具有耐火内衬的燃烧室,燃烧室内含有砂子等惰性颗粒状物质,颗粒状物质可以在从燃烧室底部吹入的空气推动下发生流动和扩散,从而有利于反应器内物料的湍流混合,并为辐射型和传导型的热传递提供大的表面积。注入焚烧炉的废物和空气与流化态材料混合并被它加热,从而促进废物的有效燃烧。大的废物颗粒会一直在流化态材料中保持悬浮状态,直至完全燃烧。灰分和废气一起从单元的顶部排出。需要使用辅助燃料对惰性流化床材料和耐火内衬进行预加热。反应器底部的空气分配系统在燃烧过程中形成一层 1 ~2 m 的空气床。废物从反应器上部加入或直接加入流化床。

7.3.4　污水污泥的其他处理技术

1. 直接热化学液化处理技术

其本质是污泥中有机固体在一定温度压力条件下的裂解反应。最基本的工艺特征是在反应过程中，污泥颗粒悬浮于溶剂中，反应过程是气-液-固三相化学反应与传递过程的结合，同时反应在气相无氧的条件下进行，这就使它有别于一般的热解过程。

2. 污泥低温热解制油技术

污泥经脱水、干燥后，在转化反应器中产生衍生燃料油和同样可燃的副产物（炭、不凝气体和反应水），副产物在流化床中燃烧，其尾气中热量用于干燥和反应过程的加热。研究人员普遍认为，污泥低温热解制油的反应温度为 400～450 ℃，维持 0.5 h 可获得最大的油品收率，由于污泥在 300 ℃左右出现热解速率高峰，因此最大能量产出的温度要低于最高油品收率的温度。污泥制油技术的核心设备是转化反应器，采用带加热夹套的卧式搅拌反应器，其技术关键是具有螺旋密封结构将反应器分为蒸汽挥发和气团接触两个区域，两区以一个蒸汽内循环系统相连接，从而满足了反应过程对反应器的要求。

3. 污泥熔融或熔化技术

污泥熔融或熔化技术是将污泥进行干燥后，在超过焚烧灰熔点的温度（通常为 1 300～1 500 ℃）下燃烧。这样不仅可完全分解污泥中的有机物，燃尽其中的有机成分，并使灰分在熔化状态输出炉外，经自然冷却，固化成火山岩状的炉渣。污泥熔化所形成的熔渣密度比焚烧灰的密度高 2/3，明显减少了灰渣的体积。污泥熔融处理技术的有机质的分解率接近 100%（包括耐热分解有机物）；无机熔渣的化学性质稳定，其中的重金属几乎完全失去可溶出性，因此比一般焚烧处理有更安全的环境特性。问题是尽管该技术有上述优点，但因其操作温度很高，一次性投资及运行成本高于焚烧法，阻碍了该技术的推广应用。

7.4　污泥输送设备

污泥的输送问题是对于生活污水或工业废水处理厂而言，无论是在污水处理过程中还是后续的污泥处理，均会涉及的问题。脱水后的污泥饼一般可以直接通过链式刮板输送机等传送到转运车辆上，送往后续处理或处置设施，而脱水前含水率较高的污泥输送问题相对较为复杂。

污泥输送的主要方法有管道（压力管道和重力管道）、卡车、驳船以及它们的组合，具体采用何种方法主要取决于污泥的数量和性质、污泥处理的方案、输送距离与费用、最终处置与利用方式等。而无论采取何种输送方法，都需要污泥泵或渣泵和提升设备。实际上，从 20 世纪 50 年代开始，在市政污泥处理中开始采用污泥泵，由于具有全封闭无臭、空间利用率高、安全性好、易维护等优点，污泥泵送系统得到了越来越多的应用。输送污泥的污泥泵，在构造上必须满足不易被堵塞与磨损、不易受腐蚀等基本条件。当含固量超过 6% 时，污泥的可泵性很差，用离心泵输送困难。目前能够被有效地用于进行污泥泵送提升的设备有螺旋输送设备（螺旋排泥机、螺旋泵）、容积式输送泵（单螺杆泵、旋转凸轮泵、污泥活塞泵）、螺旋离心泵等。

7.4.1 螺旋输送设备

1. 螺旋排泥机

螺旋排泥机是一种无挠性牵引的排泥设备，在输送过程中可对泥砂起搅拌和浓缩作用。如图7.4.1、图7.4.2所示，螺旋排泥机适用于中小型沉淀池、沉砂池（矩形和圆形）的排泥除砂，对各种斜管（板）沉淀池、沉砂池更为适宜。螺旋排泥机可单独使用，也可与行车式刮泥机、链条刮泥机等配合使用。

螺旋排泥机的常用形式为有轴式和无轴式两类，无轴螺旋输送机除了用于输送含水污泥之外，还可用于脱水后污泥的输送。有轴螺旋排泥机通常由螺旋轴、首轴承座、尾轴承座、穿墙密封装置、导槽、驱动装置等部件组成。螺旋轴以空心轴上焊螺旋形叶片而成；螺旋轴由首、尾轴承座和悬挂轴承支承，首轴承座安装在池外，悬挂轴承安装在水下，尾轴承座安装在水下或池外；当螺旋轴与池外的驱动装置连接时，需经过穿墙管，并采用填料密封；导槽一般由钢板或钢板和混凝土制造，下半部呈半圆形，设有排泥口，倾斜布置时设有进泥口；驱动装置由电动机、减速器、联轴器及皮带传动等部件组成，螺旋转速为定速。

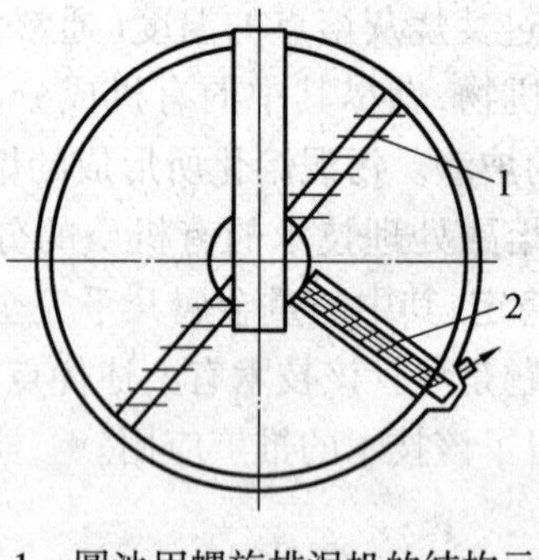

图7.4.1 圆池用螺旋排泥机的结构示意图
1—刮泥机；2—螺旋排泥机

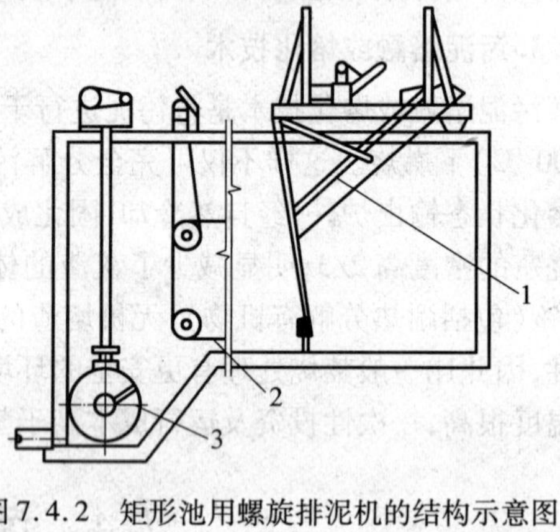

图7.4.2 矩形池用螺旋排泥机的结构示意图
1—行车式刮泥机；2—链板式刮泥机；3—螺旋排泥机

无轴螺旋排泥机通常由无轴螺旋体、带凸缘的短轴、导槽（嵌入耐磨衬）、轴承函、驱动装置等部件组成。为了便于加工、安装和运输，无轴螺旋体通常由数段无轴螺旋焊接而成，并与其端部的传动凸缘焊成一个整体。螺旋为单头，旋向应尽量制成使螺旋受拉的工况，当水平安装时，螺旋导程可较大，倾斜安装时则较小。而导槽是螺旋体的支承，并引导物料的输出，槽的形状有U形或管形，槽内加设排水罩；无轴螺旋体在耐磨衬上旋转，依靠导槽支持，仅在单侧设置轴承承受螺旋运动时产生的径向和轴向载荷；驱动装置由电动机、减速器、联轴器等组成，为使安装简单，可采用轴装式减速器，直接与无轴螺旋体的凸缘端连接。

2. 螺旋泵

早期的螺旋泵（Screw Pump）主要应用在矿山排水和农业灌溉，也用于雨水排放系统中。在污水处理厂中，螺旋泵主要用于沉淀池的排泥和污泥回流，比较典型的应用是从脱水机接料传输到指定位置、提升污泥到指定位置、从储料仓中卸出污泥以及把污泥输送到泵送设备中。如图7.4.3所示，螺旋泵的结构比较简单，一般由驱动装置、工作螺旋、下部轴承（潜水轴承）、上部轴承等部分组成，其中工作螺旋和潜水轴承是关键部件。潜水轴承多采用油脂密封,应特别注意防止污泥中砂粒的侵入。

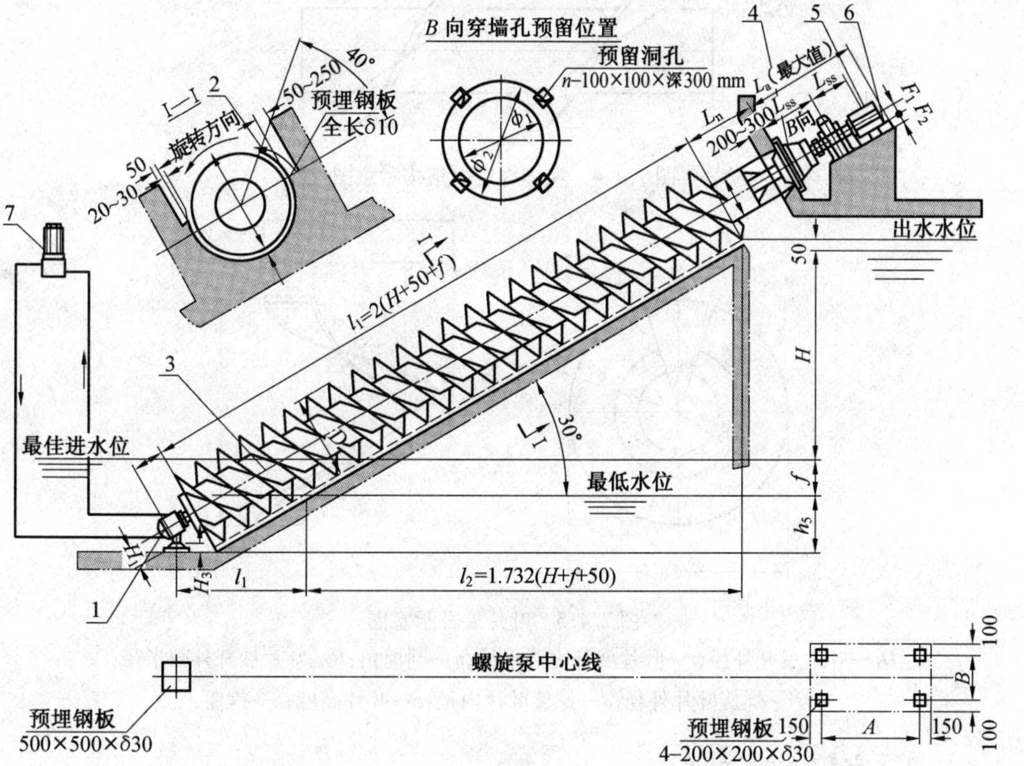

图 7.4.3　LXBF 型螺旋泵的外形结构示意图

1—下支座;2—挡水板;3—泵体;4—上支座;5—传动机构;6—滑轨;7—润滑泵

螺旋泵属于无挠性牵引的排泥设备,可以用于输送含有小颗粒砂粒的污泥,但不适宜输送含有长纤维和黏性过高的污泥。可以水平放置或倾斜放置,不同厂家对其产品在不同布置时的输送距离都有相应的要求。螺旋泵的扬程和效率较低、体积大,特别是由于在污泥输送时会发生剧烈搅拌,引起的气水混合作用可以提高回流污泥中的溶解氧,故在有厌氧或缺氧工况的工艺中应慎重选用。目前亚洲最大的螺旋泵安装在江西省南昌市青山湖污水处理厂,该螺旋泵为污水处理厂进水泵房螺旋泵,直径为 2.85 m、长 17 m,每个螺旋泵重达 20 余吨。

3. 螺旋叶片的设计计算

输送黏度小、粉状和小颗粒的泥砂时,宜采用如图 7.4.4 所示的实体面型螺旋,其结构简单、效率高,是常用的叶片形式。实体面型叶片的展开图如图 7.4.5 所示,相关设计计算参数有螺旋外径 D、螺旋叶片内径 d、叶片高 c、螺距 S,围绕叶片的计算参数有螺旋叶片外周长、螺旋叶片内周长、叶片展开外圆半径、叶片高度、叶片展开内圆半径、叶片圆周角、叶片数量、每个整圆叶片的螺旋长度;螺旋叶片的厚度随直径而异,一般为 5 ~ 15 mm;一般采用单头右旋。因螺旋外圆需要加工,所以螺旋外径 D 要增大 3 ~ 6 mm;而叶片内径焊接时需要调整,故叶片内径需增大 1 ~ 3 mm,直径小或螺旋长度短时取小值。工作螺旋应具备较好的机械性能和耐腐蚀性。

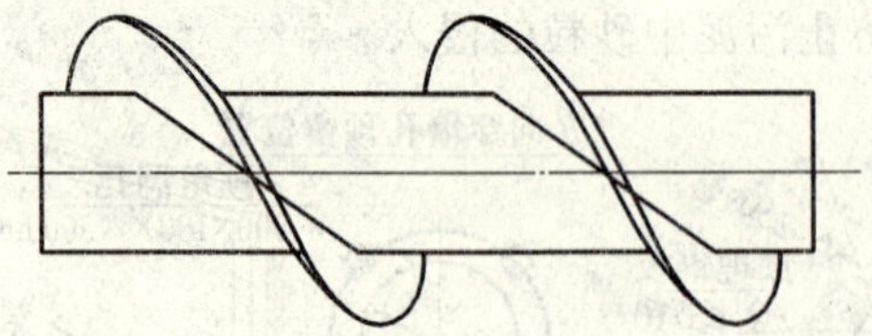

图 7.4.4　实体螺旋面结构示意图

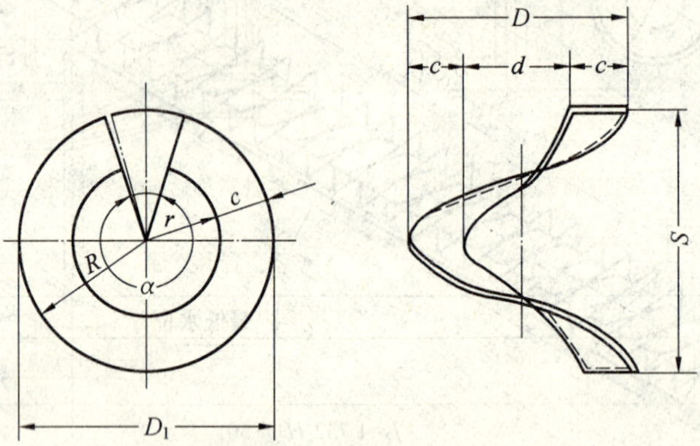

图 7.4.5　叶片展开示意图

D_1—叶片展开外径；r—叶片展开内圆半径；n—圆周角；R—叶片展开外圆半径；

D—螺旋叶片外径；d—螺旋叶片内径；c—叶片高度；S—螺距

7.4.2　容积式输送泵

1. 单螺杆泵

单螺杆泵是一种回转式容积泵，法国人 Moineau 于 1930 年左右根据对阿基米得螺旋泵的研究设计了单头单螺杆泵，因而单螺杆泵也被称为 Moineau 泵。虽然单螺杆泵同双螺杆泵、三螺杆泵、五螺杆泵等一起属于螺杆式水力机械，但其工作机理及适用场合有很多不同。

基本结构与工作原理：单螺杆泵只有一根螺杆，主要零件构成是一个钢制螺杆（转子）和一个具有内螺旋表面的橡胶衬套（定子）。螺杆转子一般采用单头螺纹，其截面为圆形，截面中心位于螺纹线上，与螺杆的轴心线偏离——偏心距 e，如图 7.4.6 所示。定子的内螺纹的旋向与转子的外螺纹的旋向相同，转子表面与定子表面之间充分配合形成一个个可封闭的工作室，当螺杆转动时，靠近吸入室的第一个工作室容积逐渐增大形成负压，在吸入室压差的作用下介质吸入工作室，随着转子继续转动，直到转过 180°，这个工作室开始封闭，将介质沿轴向推向排出室，与此同时上下两个工作室交替循环地吸入和排出介质。

从单螺杆泵的工作原理可以看出其具有如下特点：①排出压力高，输送距离可达 200 m；②自吸性能好，吸入可靠，可吸入高黏度的介质；③定子为橡胶件，富有弹性，非常适用于输送含固体颗粒的浆料及高黏度介质，输送介质最大黏度可达 0.27 m^2/s；④能够连续均匀地输送介质，没有湍流、搅动和脉动现象；⑤零件少，且容易更换，转子、定子使用寿命长，维修费用低。图 7.4.7 为 NEMO 型单螺杆泵的基本结构示意图，其输送介质动力黏度可达 50 000 MPa · s，含固量可达 60%（在污水处理厂使用时，污泥含固率一般不超过 8%）；由于流量和转速成正比，因此可以借助调速器实现流量的自动调节。图 7.4.8 为 NEMO 型单螺杆泵的性能曲线。

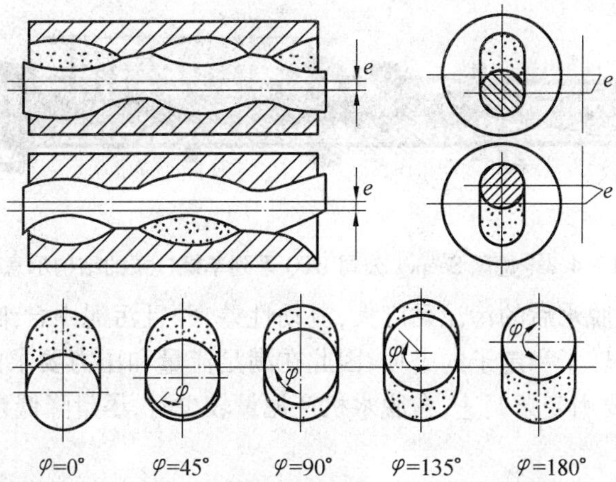

图 7.4.6　单螺杆泵的结构和工作原理示意图

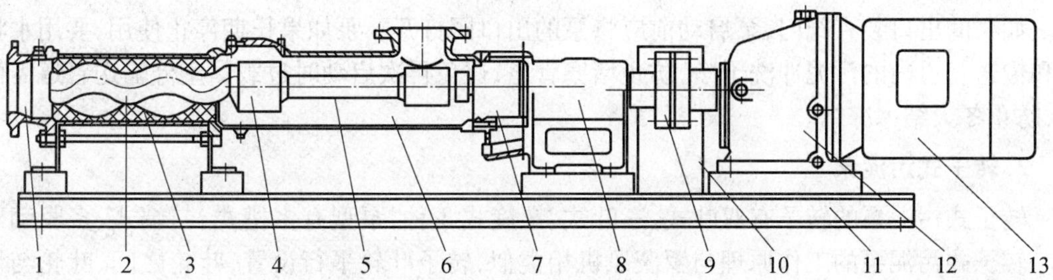

图 7.4.7　NEMO 型单螺杆泵的基本结构示意图

1—排出体；2—转子；3—定子；4—联轴节；5—连轴杆；6—吸入室；7—轴封；8—轴承架；9—联轴器；10—联轴器罩；11—底座；12—减速器；13—电动机

单螺杆泵的定子为橡胶制品，也是单螺杆泵的一个易损件，要考虑橡胶材料的耐磨性、抗老化性和耐腐蚀性，一般选用丁腈橡胶或乙丙橡胶作为定子的材料。螺杆泵转子和进料器、螺旋推进装置的材料考虑耐磨和耐腐蚀，尽量选用不锈钢材料来加工。

在污泥输送中的应用：由于单螺杆泵体积小，出泥管道可架空，占地面积小。必要时可在螺杆泵的吸入口加一螺旋进料器，将污泥强制推入螺杆泵的吸入口，螺杆泵将污泥吸入并将污泥排出。螺旋进料器加装在单螺杆泵和电机之间，同轴安装，共用一台电机，再与污水处理工程紧密结合。螺杆泵产品开发方面，德国 Seepex（西派克）公司位居世界领先水平，其 CS、D、E、N、T 系列螺杆泵都可用于环保领域，T 系列单螺杆泵可直接用于输送含固率 50% 以上的市政废水污泥。图 7.4.8 为其 BTQ 系列单螺杆泵的结构示意图，输送能力为 50 L/h。

应用单螺杆泵输送污泥时还应注意下列问题：

①螺杆泵的出口压力。螺杆泵的出口压力要大于管道中的压力损失，并且要有充分的余量。管道中的压力损失分为沿程压力损失和局部压力损失两种，压力损失的大小要根据管道管径、长度、流量和污泥的黏度来计算确定。

②单螺杆泵流量。单螺杆泵流量要依据脱水机的最大产泥量来确定，也需要考虑一定的余量。

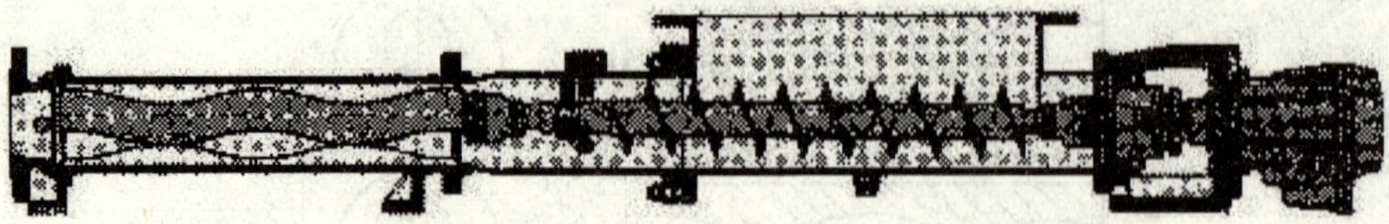

图 7.4.8　德国 Seepex 公司 BTQ 系列单螺杆泵的结构示意图

③单螺杆泵转速脱水后的污泥黏度大，流动性差，并且污泥中含细小的颗粒物质，泵的转速越高越容易引起转子和定子的磨损，因此在满足流量和压力要求的前提下泵的转速要尽可能低一些，最好要用变频调速，在脱水机产泥量较少时，尽量降低泵的转速，以减少转子和定子的磨损。

④单螺杆泵的操作。严禁单螺杆泵干运转，不能无液启动，否则会损坏定子。首次启动或再次启动长期封存的泵，螺旋进料器的料斗应先注入部分水，先点动几下，然后再投入使用。如泵的出口装有阀门，泵启动前应将泵的出口阀打开。泵如果长期停止使用，要用水将泵和输送管道内的污泥冲洗干净，防止堵塞管道，避免再次启动时过载。室外输送管道需保温，防止冬天结冰冻结。

2. 转子式污泥泵

转子式污泥泵的转子有双叶式、三叶式、螺旋式 3 种，泵型有多槽式、二端式、多驱动式等。转子式污泥泵的工作原理与罗茨风机相类似，转子叶轮平行设置，叶轮之间、叶轮与泵壳之间形成腔体，转子叶轮反向转动，实现污泥的吸入与排出。如三叶式泵工作时，转子叶轮每转动一周，完成三次吸泥、排泥。转子式污泥泵产品应首推德国博格公司的旋转凸轮泵。成立于 1975 年的博格公司是世界上最大的弹性体包覆旋转凸轮泵生产商，目前有 AL 系列、PL 系列、CL 系列、FL 系列等 17 种规格的旋转凸轮泵产品，工作流量为 0.5 ~ 600 m^3/h，自吸收扬程达 8 m，最高排出扬程达 120 m（即最大排出压力 1.2 MPa），使用范围包括污水处理、石油石化、颜料油漆、陶瓷、造纸、建筑、矿山和农业等领域。

博格旋转凸轮泵由传送腔、传动腔、密封、隔离腔、壳体、快速安装盖等零部件组成，可以采用电机驱动、固定安装，也可以采取借助其他动力的移动式解决方案。博格旋转凸轮泵的传动腔内有一对润滑良好的同步齿轮，分别驱动传送腔内的一对两叶式或三叶式转子，使之反向旋转而将介质排走。转子工作时不像齿轮泵那样需要啮合，也不像单螺杆泵那样有很长的接触线，因而传送路径很短，功率消耗仅相当于一般同类泵的 50% ~ 70%；转子轴向采用螺旋形设计，从而使得无压力脉动。转子工作转速为 150 ~ 400 r/min，还可以采用变频调速控制改变其工作流量；同时介质输送方向也可以通过改变转子转向而简单地加以改变。博格旋转凸轮泵的传动腔和传送腔是分离的，除了采用结实耐用的机械密封之外，在传动腔和传送腔之间还设计了一个隔离腔，密封位于中间隔离腔的两侧。当密封损坏时，所泄漏液体流入到中间隔离腔中，以避免对所传送介质造成污染；同时中间隔离腔中装有报警装置，泄漏到中间隔离腔时随即报警，以调控密封。博格旋转凸轮泵的最大特点是能够实施就地维修，维修时只需打开快速安装盖，便可以露出整个泵腔，进行调控密封或其他工作非常便利。而一般的泵需将其从系统中卸下后才能维护，然后再重新装上。

由于转子部分作为运动件容易发生磨损，而且磨损损坏往往发生在转子的尖部，致使内

泄加剧而无法继续工作。为此,在博格旋转凸轮泵上采用了两种措施:

①采用外包各种抗腐蚀性弹性橡胶类聚合物的铸铁转子和不锈钢转子。在金属与聚合物之间有一契块,可以使转子的大部得到延伸,补偿了转子尖部由于磨损而造成的损坏,延长其使用寿命。

②对于相对较大的转子,其尖部采用一种可卸下加以调换的结构。因此当转子磨损时,只需将其尖部换掉,而无须将整个转子扔掉。

此外,为了提高泵壳内腔的耐磨性,博格公司对旋转凸轮泵的泵壳采取了激光硬化处理;同时在泵体与转子间的径向和周向上镶嵌了硬化钢衬板,当磨损到一定程度后更换新衬板,使泵体又恢复到磨损前的状态。

3. 污泥活塞泵

随着对污泥含固率要求的不断提高,污泥泵也从最初的离心泵、螺杆泵发展到液压驱动活塞式污泥泵。在美国,几乎所有污水处理厂的污泥输送都采用泵送,而其中的污泥泵几乎都为液压驱动双缸活塞泵。活塞泵可用于对高含固率污泥的泵送,可分为单缸、双缸和多缸等,视需输送的距离而定。污泥活塞泵的结构如图 7.4.9 所示,通过油压活塞的吸力将污泥吸入泥缸,再通过油压活塞的推力将泥缸内的污泥压出。通过新的油压管线布局设计实现超低噪音运行。螺杆泵和活塞泵这两种泵都解决了臭气和溢出问题,整套系统是全封闭的,减少了脱水机房内的臭气和消除了溢出现象。通常双缸液压活塞泵输送污泥的含固率范围为 10% ~80%,与单螺杆泵相比,活塞泵经常表现为初始成本较高,但操作和维护成本较低。

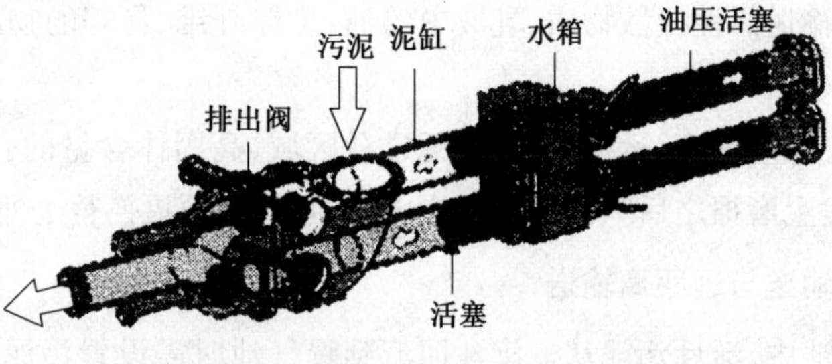

图 7.4.9　污泥活塞泵的结构示意图

4. 螺旋离心泵

秘鲁人马丁 · 斯坦勒于 1960 年发明了螺旋式离心叶轮,先后获得秘鲁、美国和西德等国的专利。马丁 · 斯坦勒于 1965 年在瑞士 Neunkirch 注册成立了 Hidrostal AG(海斯特股份有限公司),并相继在世界各地建立了分公司或代理机构;1999 年 10 月,海斯特(青岛)泵业有限公司成立。英国 Sigmund、日本荏原、久保田、太平洋机工、石川岛播磨重工等公司也相继开发出该泵的系列产品。螺旋离心泵及其叶轮结构示意图如图 7.4.10 所示。

螺旋离心泵是一种具有三元螺旋式单叶片的无堵塞泵,主要由叶轮、吸口、蜗壳、转轴、轴承框架、耐磨内衬等部件组成。该泵兼有普通心泵和螺旋泵两者的优点,其叶轮由两部分组成:螺旋部分具有正排泥作用,能提供良好的自吸能力;离心部分可以将叶轮能量在蜗壳内转换成向外的压力能。螺旋离心轮泵的特点如下:

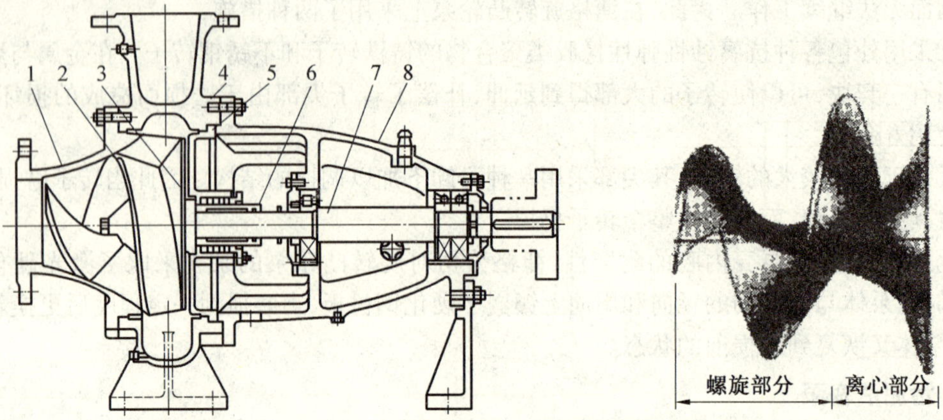

图 7.4.10　螺旋离心泵及其叶轮结构示意图

1—吸入盖;2—叶轮;3—叶轮轮段;4—泵体;5—填料箱;6—轴套;7—泵轴;8—悬架轴承部件

①真正的无堵塞性能。螺旋离心泵的大通道具有高效率、无堵塞特点,输送体积大的固体和长纤维物质较为容易。普通的所谓无堵塞离心泵,往往会在长纤维和固体进入通道时被叶片的边缘挂住,在进出口之间滞留、堵塞,造成机械故障。螺旋离心泵的螺旋叶轮会使填充物不能在进口处堵塞,而且吸口内壁和叶轮的背部还设计有可以防止纤维积聚的螺纹槽。

②柔和输送介质。"柔和输送"是指输送过程中固体物质随流而过,不撞击泵内任何部位。这一优点适于输送活性松散物质、乳液中的油、悬浮纤维、易碎的物品(如西红柿、活鱼等)。

此外,螺旋离心泵效率高,运行成本低,无过载区域、高固体含量的介质处理能力;采用可调耐磨内衬,当发生磨损之后只需更换一个内衬即可,无须更换整个外壳,既方便又经济。

5. 污泥的回流输送与远距离输送

在分建式曝气池中,活性污泥从二沉池回流到曝气池时需设置污泥回流设备或污泥提升设备。常用的污泥回流设备是叶片泵,最好选用螺旋泵或单螺杆泵;对于鼓风曝气池,也可选用空气提升器。空气提升器常附设在二沉池的排泥井中或曝气池的进泥口处,如图7.4.11所示,图中 h_1 为淹没水深、h_2 为提升高度;空气用量为最大回流量的 3 ~ 5 倍,需要在小回流比情况下工作时,可调节进气阀门。

采用污泥泵时,常把二沉池流来的回流污泥集中抽送到一个或数个回流污泥井,然后分配给各个曝气池。泵的台数视污水处理厂的大小而定,中小型厂一般采用 2 ~ 3 台,以适应不同的情况。空气提升器结构简单、管理方便,且所消耗的空气可以向活性污泥补充溶解氧,但空气提升器的效率不如叶片泵。

德国 ABS 国际泵业集团专门为污水处理厂回流污泥输送而设计了 RCP 潜水轴流泵,与一般惯用的轴流泵比较,RCP 潜水轴流泵不需要有构件放在池中,只需将泵沿导管慢慢放下,即可自动安装在输送管上。主要用于大流量、低扬程(0.1 ~ 11.8 m)的活性污泥法工艺污水处理厂回流污泥输送；防护等级为 IP68，绝缘等级为 F，具有泄漏报警等功能；流量 Q 可达 4 500 m^3/h，最大扬程 H 为 1.8 m。

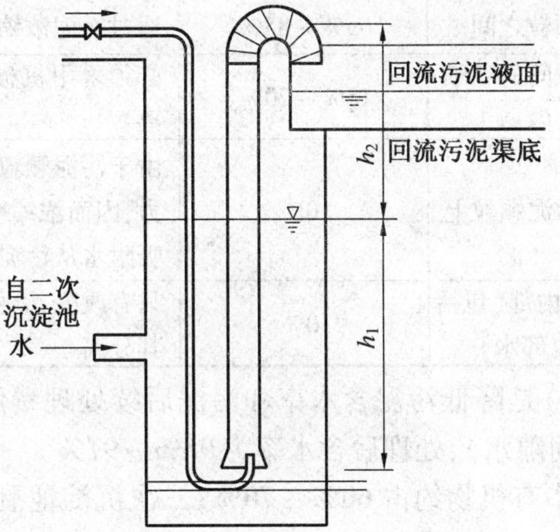

图 7.4.11　空气提升器示意图

尽管目前污水处理和污泥处理处置合建的方式仍占很大部分，但将污泥处理处置设于郊区或山谷的分建方式日渐增加，因此污泥长距离输送技术的发展也很快。污泥的长距离输送方式可考虑有脱水污泥的卡车运输、浓缩污泥的槽车运输和生污泥的管道运输等。日本曾对 3 种输送方式进行了经济性比较，结果发现：当污水处理量小于 15～20 万 m^3/d 时，用卡车运送脱水污泥费用较少，即对小型城市及工业区污水处理厂卡车运输污泥较便宜；用槽车运送浓缩污泥对任何规模的污水处理厂都不经济，管道运送生污泥在 20 万 m^3/d 以上的大中型污水处理厂较为合适。如果分建多座小型污泥处置设施，总投资和经营费用都比大型厂要高得多，因此管道运输对当前日益扩大的污水处理厂规模最为有利，在国外已经受到了很大关注。

7.5　污泥浓缩设备

7.5.1　污泥浓缩原理

污泥处理的主要目的是减少水分，为后续处理、利用和运输创造条件，消除污染环境的有毒有害物质，回收能源和资源。

污泥处理的方法取决于污水的含水率和最终处置的方式，典型的处理工艺有浓缩、消化、脱水、干化及焚烧等。例如，含水率大于 98% 的污泥，一般要考虑浓缩，使含水率降至 96% 左右，以减少污泥体积，并有利于后续处理；为了便于污泥最终处置时的运输，则要进行污泥脱水，使含水率降至 80% 以下，才能装车运输。表 7.5.1 污泥中的水分及其处理方法。

表 7.5.1　污泥中的水分及其处理方法

类　别	存在的位置	约占总水分的比例	处理方法描述
游离水或间隙水	污泥颗粒之间	65% ~85%	通过污泥浓缩可将其大部分分离出来
毛细水	污泥颗粒间的毛细管内	15% ~20%	必须采用机械脱水和自然干化进行分离
吸附水	吸附在污泥颗粒上	10%	由于污泥颗粒小,具有较强的表面吸附力,因而浓缩或机械脱水方法均难以使吸附水从污泥颗粒中分离
结合水	污泥颗粒内部(包括细胞内部水)	10%	只有改变污泥颗粒的内部结构才能将其分离

污泥浓缩(Thickening)是降低污泥含水率和污泥后续处理费用的有效方法,处理对象是污泥中的游离水(或称间隙水),处理后含水率为95% ~97%。一般初次沉淀池的污泥含水率约为95% ~96%,其中有机物约占60% ~70%;二次沉淀池剩余活性污泥的含水率约为99.6% ~99.8%,其中有机物约占55% ~65%。若污泥含水率从99.5%浓缩至98.5%,体积可减少到原来的1/3;浓缩至95%时,体积仅为原来的1/10,这就为后续处理创造了条件。如后续处理是厌氧消化,消化池的容积、加热量、搅拌能耗都可大大降低;如后续处理为机械脱水,则污泥调整的混凝剂用量、机械脱水设备的容量可大大减小。常见的浓缩方法有重力浓缩、气浮浓缩、离心浓缩、带式浓缩机浓缩和转鼓浓缩机浓缩等,应根据具体情况选择使用。

7.5.2　重力浓缩

重力浓缩是污泥在重力场作用下的自然沉降,是一个物理过程,不需要外加能量,是一种最节能的污泥浓缩方法。重力浓缩沉降可以分为4种形态:自由沉降、干涉沉降、区域沉降和压缩沉降。重力浓缩既可以在浓缩池中进行,也可以在带式浓缩机上进行。

1. 重力浓缩池

重力浓缩池的池径一般为5 ~20 m,按其运行方式可分为连续式和间歇式两种。连续式重力浓缩主要用于大、中型污水处理厂,间歇式重力浓缩主要用于小型污水处理厂。在其他条件相同的情况下,一般固体与水的密度差越大,重力浓缩的效果越好。初沉污泥的相对密度平均为1.02 ~1.03,污泥颗粒本身的相对密度约为1.3 ~1.5,因此易于实现重力浓缩。但在污水处理厂中一般将初沉污泥和二沉污泥混合后采用重力浓缩,这样可以提高重力浓缩池的浓缩效果,重力浓缩池固体表面负荷取决于两种污泥的比例。设计重力浓缩池时,最主要的是确定水平断面面积,计算该面积的理论与公式很多。重力浓缩池也可按现有的数据进行设计计算,但浓缩池的合理设计与运行取决于对污泥特性的正确掌握;对于工业废水而言,由于污泥来源不同而造成污泥特性差别很大,因此在有条件的情况下,还是应该通过试验来掌握污泥特性,得出各设计参数。

连续式重力浓缩池:连续式重力浓缩池多采用辐流式结构,可分为带污泥浓缩机、不带污泥浓缩机以及多层浓缩池(带刮泥机)3 种,浓缩池池底坡度一般为1/100 ~1/12。污泥由中心进泥管连续进泥,浓缩污泥通过污泥浓缩机收集到集泥坑中,并从排泥管排出,上清液由溢流堰溢出。污泥浓缩机有悬挂式中心传动浓缩机、垂架式中心传动浓缩机和周边传动浓缩机3种,除了满足刮泥功能之外,还要起到在池内缓慢搅拌、提高污泥浓缩效果的作用,故除了配置有污泥刮板外,还在设备钢架上安装有竖向搅动栅条。刮泥机转动过程中每个搅动栅条后面可形成微小涡流,有助于颗粒之间的絮凝,使颗粒逐渐变大,并可造成空穴,促使污泥颗粒的空隙水与气泡逸出,浓缩效果提高。搅拌机的转速要兼顾集泥效果和安装在齿耙上部支架所产生的搅拌效果,其最佳转速的确定目前还没有计算方法,操作人员应在实践运行中摸索出最佳控制范围。为了在刮泥过载时不必放水清池,一般应设有手动和电动提耙方式。

中心传动浓缩机一般适用于较小的池径(6～20 m),池径小于14 m时,采用蜗轮蜗杆传动;大于14 m时,采用减速机带动回转支承传动。图7.5.1、图7.5.2分别为STC-Ⅰ型中心传动浓缩刮泥机(半桥垂架式)、STC-Ⅱ型中心传动浓缩刮泥机(悬挂式)的结构示意图。

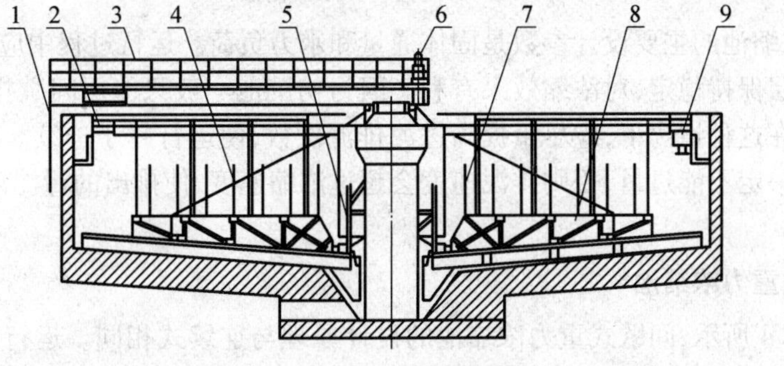

图7.5.1　STC-Ⅰ型中心传动浓缩刮泥机(半桥垂架式)的结构示意图

1—扶梯;2—浮渣刮板;3—工作桥;4—刮臂提拉杆;5—小刮刀;6—中心驱动装置;7—浓集栅条;8—刮泥架刮臂;9—浮渣漏斗

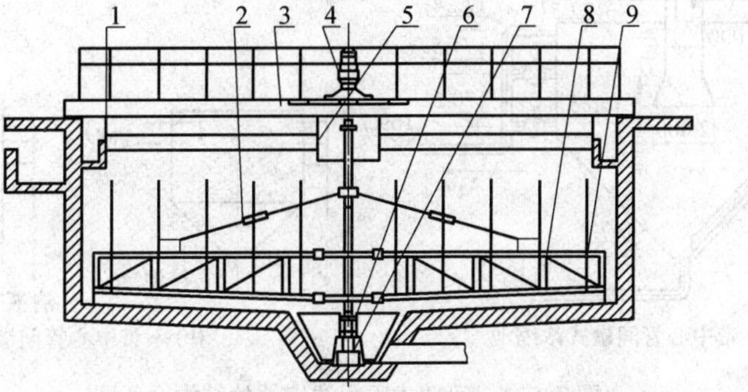

图7.5.2　STC-Ⅱ型中心传动浓缩刮泥机(悬挂式)的结构示意图

1—出水堰板;2—拉紧调整系统;3—工作桥;4—驱动装置;5—稳流筒;6—小刮泥板;7—水下轴承总成;8—刮集装置;9—浓集栅条

周边传动浓缩机主要由工作桥、中心支座、驱动装置、刮集泥装置、浮渣刮板、稳流筒、浓集栅条、溢流装置和控制箱等部分组成。驱动装置推动工作桥沿池壁顶平面圆周运行,带动刮集装置旋转,固定于刮臂上的浓集栅条穿行于污泥层,使污泥形成逸水的通道,污泥得以排水浓缩。同时底部的刮泥板将分布于池底的污泥逐渐刮至池中心的集泥槽中,使污泥通过中心排泥管排出。图7.5.3为STP系列周边传动浓缩机的结构示意图。

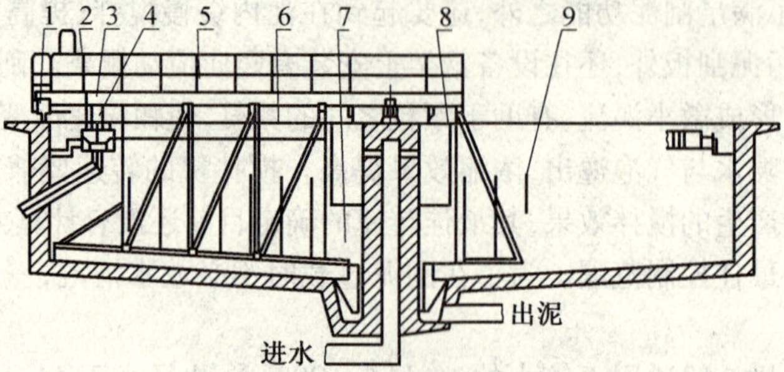

图 7.5.3　SIP 系列周边传动浓缩机的结构示意图

1—驱动装置;2—浮渣漏斗;3—工作桥;4—浮渣耙板;5—栏杆;6—刮集装置;7—小刮板;8—稳流筒;9—浓缩栅条

连续式浓缩池的主要设计参数是固体通量和水力负荷。运行过程中应该连续进泥连续排泥,使污泥层保持稳定,对浓缩效果有利。因为初沉池一般只能用间歇排泥,使浓缩池无法连续运行,在这种情况下,应尽量提高进泥排泥次数,使运行趋于连续。浓缩池排泥要及时,每次排泥一定不能过量,否则排泥速度会超过浓缩速度,使排出的污泥浓度降低,有时也破坏污泥层。

2. 间歇式重力浓缩池

如图 7.5.4 所示,间歇式重力浓缩池的设计原理与连续式相同。运行时应先排除浓缩池中的上清液,腾出池容,再投入待浓缩的污泥,为此应在浓缩池的不同深度上设置上清液排除管。浓缩时间一般不小于 12 h,浓缩后的污泥含水率为 97% ~98% 。

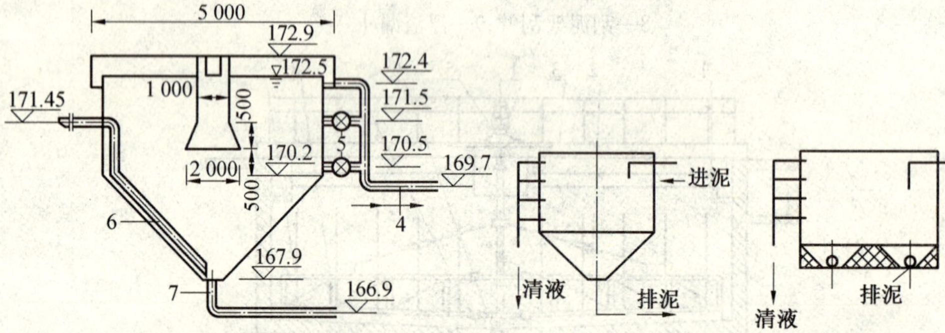

(a) 带中心管间歇式浓缩池　　(b) 不带中心管间歇式浓缩池

图 7.5.4　间歇式重力浓缩池的结构示意图

浓缩池内的状态可分为 3 个区:几乎不含固体颗粒的澄清区、污泥进行沉淀的沉降区、沉降污泥承受压密作用的底部压缩区。从工艺控制的角度来说,沉降区与水面保持合适的距离具有重要意义。如果沉降区升高,污泥停留时间增长,压密作用增大,污泥浓度便能提高。但是如果沉降区过高,污泥停留时间过长,则污泥易腐败而上浮,使溢流水水质恶化;反之,若沉降区过低,则达不到处理要求。重力浓缩池一般采用固体表面负荷进行设计,初沉污泥的固体表面负荷一般采用 90 ~150 kg/(m^2 · d),二沉污泥的固体表面负荷一般采用 10 ~30 kg/(m^2 · d)。在污水处理厂中一般将初沉污泥和二沉污泥混合后采用重力浓缩,这样可以提高重力浓缩池的浓缩效果,此时重力浓缩池固体表面负荷取决于两种污泥的比例。活性污泥浓缩时的污泥膨胀是一个很棘手的问题,由于污泥膨胀,往往无法重力浓缩而使固体物大量流失;膨胀严重时,甚至不得不把池内的污泥全部放空,冲洗后重新投入运行。如果浓缩池中出现了污泥膨胀,一般的解决方法有生物法、化学法和物理法。生物法是解决浓缩池中污泥膨胀的根本方法,主要是协调细菌的营养,当碳氮比例失调时,可在入流污泥中投加碳源(如尿素、碳酸氨、氯化铵或消化池的上清液)。

3. 重力带式浓缩机

重力带式浓缩机的结构与带式压滤机类似,是根据带式压滤机前半段即重力脱水段的原理,并结合沉淀池所排出污泥含水率较高的特点而设计的一种新型污泥浓缩设备。其总体结构如图7.5.5所示,主要由框架、污泥配料装置、滤布、调整辊和犁耙组成。絮凝后的污泥进入重力脱水段,由于污泥层有一定的厚度,而且含水率高,其透水性不好,为此设置了很多犁耙,将均铺在滤带上的污泥耙起很多垄沟,垄背上污泥脱出的水分通过垄沟处透过滤带而分离。重力带式浓缩机通常具备很强的可调节性,其进泥量、滤布走速、泥耙夹角和高度均可进行有效地调节以达到预期的浓缩效果。带式浓缩机进泥含水率高达99.2%以上,污泥经絮凝、重力脱水后含水率可降低到95%~97%,满足带式压滤机进泥含水率96%~97%的要求。设备厂家通常会根据具体的泥质情况提供水力负荷或固体负荷的建议值,但不同厂商设备之间的水力负荷可以相差很大,设备带宽最大为3.0 m。在没有详细的泥质分析资料时,水力负荷可按40~45 m^3/h考虑。

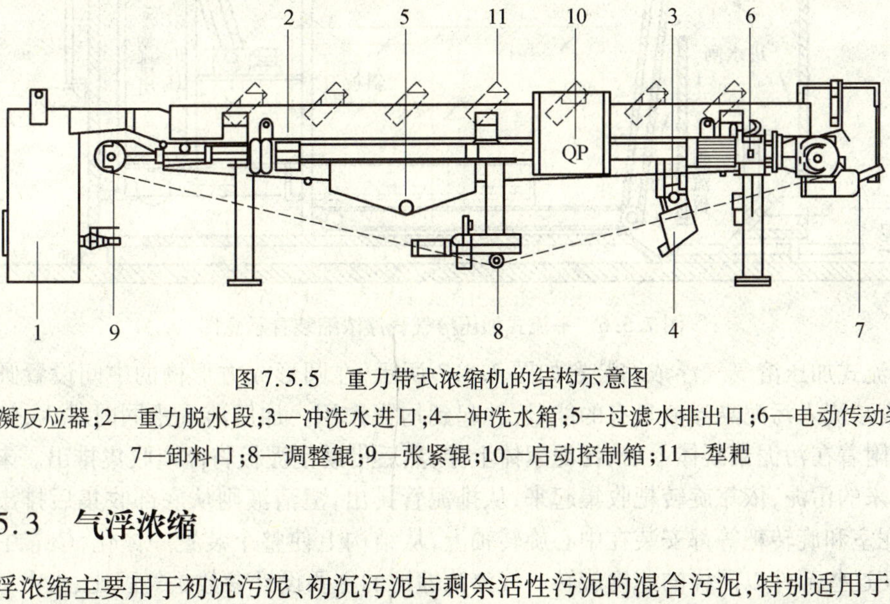

图7.5.5 重力带式浓缩机的结构示意图

1—絮凝反应器;2—重力脱水段;3—冲洗水进口;4—冲洗水箱;5—过滤水排出口;6—电动传动装置;7—卸料口;8—调整辊;9—张紧辊;10—启动控制箱;11—犁耙

7.5.3 气浮浓缩

气浮浓缩主要用于初沉污泥、初沉污泥与剩余活性污泥的混合污泥,特别适用于浓缩过程中易发生污泥膨胀、易发酵的剩余活性污泥和生物膜法污泥。活性污泥的相对密度约在1.004~1.008之间,活性污泥絮体本身的相对密度约为1.0~1.01,当处于膨胀状态时,其相对密度甚至小于1,因而相对密度过低的活性污泥一般不易实现重力浓缩,而较适合气浮浓缩。目前,压力溶气气浮(DAF)已广泛应用于剩余活性污泥浓缩中,生物溶气气浮工艺浓缩活性污泥也已有应用,涡凹气浮在污泥浓缩中的应用正在摸索中,其他几种气浮在污泥浓缩中的应用尚未见报道。

1. 压力溶气气浮浓缩

自1957年第一个DAF污泥浓缩装置在美国纽约Bay Park污水处理厂成功应用以来,

DAF 污泥浓缩技术在许多国家的城市污水处理厂得到了广泛应用,如挪威 Gross 污水处理厂采用 DAF 浓缩生物脱氮除磷工艺产生的剩余污泥,取得了满意的结果。压力溶气气浮浓缩具有较好的固液分离效果,不投加调理剂的情况下,污泥的含固率可达 3% 以上;投加调理剂时,污泥的含固率可达 4% 以上。为了提高浓缩脱水效果,通常在污泥中加入化学絮凝剂,药剂费用是污泥处理的主要费用。

DAF 污泥浓缩装置主要由压力溶气系统、溶气释放系统及气浮分离系统 3 部分组成,气浮分离系统一般可分为平流式、竖流式和综合式 3 种类型。工艺流程可分为无回流(对全部污泥加压气浮)和有回流水(用回流水加压气浮)两种方式。平流式加压溶气气浮浓缩装置如图 7.5.6 所示,在矩形池的一端设置进水室,污泥和加压溶气水在此混合,从加压溶气水中释放出来的微气泡附着在污泥絮体上,然后从上方以平流方式流入分离池,在分离池中固体与澄清液分离。用刮泥机将上浮到表面的浮渣刮送到浮渣室。澄清液则通过设置在池底部的集水管汇集,越过溢流堰,经处理水管排出。在分离池中沉淀下来的污泥集中于污泥斗之后排出。

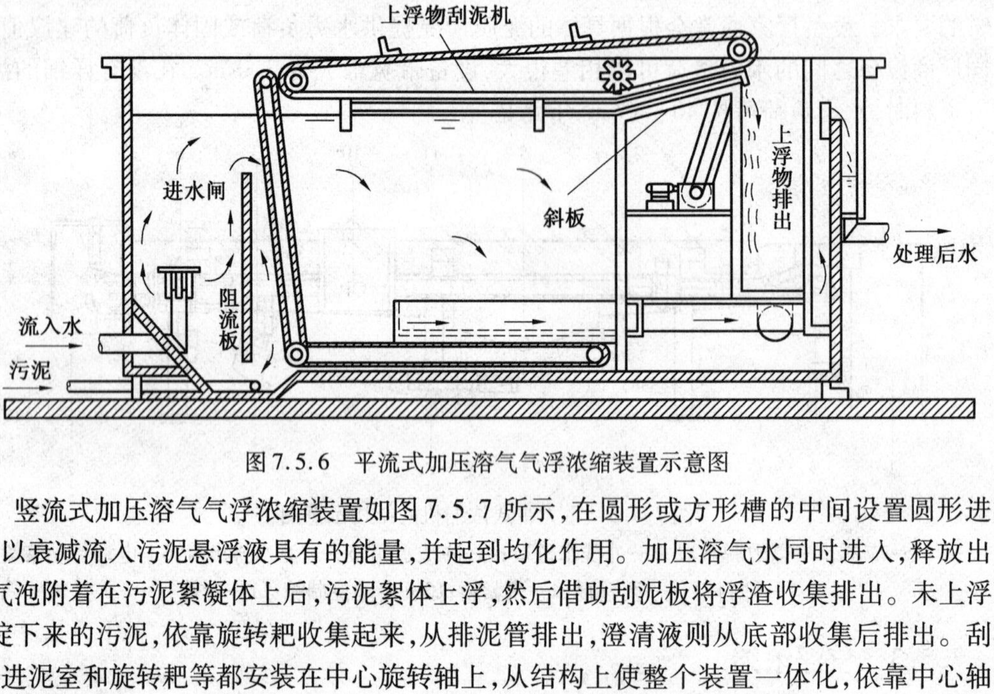

图 7.5.6　平流式加压溶气气浮浓缩装置示意图

竖流式加压溶气气浮浓缩装置如图 7.5.7 所示,在圆形或方形槽的中间设置圆形进泥室,以衰减流入污泥悬浮液具有的能量,并起到均化作用。加压溶气水同时进入,释放出的微气泡附着在污泥絮凝体上后,污泥絮体上浮,然后借助刮泥板将浮渣收集排出。未上浮而沉淀下来的污泥,依靠旋转耙收集起来,从排泥管排出,澄清液则从底部收集后排出。刮泥板、进泥室和旋转耙等都安装在中心旋转轴上,从结构上使整个装置一体化,依靠中心轴的旋转,使这些部件以同样的速度旋转。气浮浓缩池的主要设计参数是气固比、水力负荷和气浮停留时间。

压力溶气气浮污泥浓缩工艺具有占地面积小、卫生条件好、浓缩效率高、可以避免富磷污泥磷的释放等优点,但动力消耗、操作要求高于重力浓缩法。

2. 生物气浮浓缩

生物气浮浓缩工艺利用污泥自身的反硝化能力,加入硝酸盐,污泥进行反硝化作用产生气体使污泥上浮而进行浓缩。硝酸盐浓度、温度、碳源、初始污泥浓度、泥龄、运行时间等对污泥的浓缩效果有较大影响。浮泥浓度是重力浓缩的 1.3 ~3 倍,对膨胀污泥也有较好的浓缩效果,浮泥中所含气体少,有利于污泥浓缩的生物气浮浓缩工艺应用于瑞典的 Pisek、Mi-

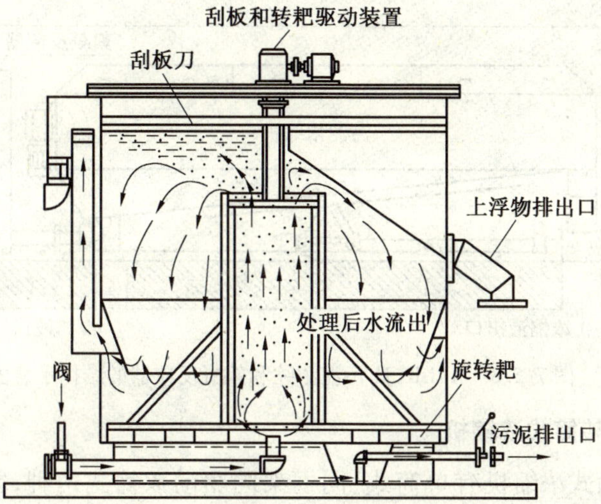

图7.5.7 竖流式加压溶气气浮浓缩装置示意图(剖面图,圆形)

levsko、Sjornlunda 污水处理厂进行了生产性试验,浓缩时间 4 ~ 24 h。生物气浮浓缩的日常运转费用比重力浓缩工艺和压力溶气气浮浓缩低,能耗小,设备简单,操作管理方便,但 HRT 比压力溶气气浮浓缩的长,需加硝酸盐。

7.5.4 转筒式浓缩机

转筒式浓缩机既可与螺旋压榨机联用进行浓缩脱水一体化,也可用于好氧或厌氧消化前的预浓缩,以达到减量化的目的;当然也可以用于一些液/固混合物流的筛分/浓缩。转筒式浓缩机的工作原理与重力带式浓缩机较为类似,主要特点是在水平放置的转筒(或转筛)内壁衬有滤布或滤网,污泥中的自由水透过滤布或滤网外流。转筒既可以通过中心转轴支撑在钢架上,也可以通过其外圆柱面底部的支撑辊轴以类似摩擦轮的方式来传动,工作过程中转筒以 5 ~ 20 r/min 的速度缓慢旋转。由于污泥滤饼可能会堵塞滤布或滤网,需要定期冲洗,在转筒外圆柱面顶部设有冲洗喷头以定期冲洗转筒内壁的污泥饼,因而转筒缓慢旋转的目的主要是为了使得整个圆柱面得到较为均匀的冲洗,而不是利用离心力来达到泥水分离。

1. ALDRUM 污泥浓缩系统

ALDRUM 污泥浓缩系统的工作原理为:经絮凝处理后的污泥通过低速旋转的转筛浓缩机进行固-液分离,污泥中的液体透过滤网流出,截流下来的污泥得到浓缩,污泥浓缩的程度可随污泥的进料流量、转筛的倾角及旋转速度的变化而改变。ALDRUM 转筛浓缩系统配有水力喷射的滤网清洗系统,由于对滤网采取间歇式清洗,水的消耗量较小,清洗水可使用饮用水,也可用污水处理厂终端排放水或浓缩机滤出液经处理过的水。如图 7.5.8 所示,ALDRUM 絮凝反应器由常压反应器及专门设计的螺旋搅拌器组成,为确保污泥的完全絮凝,螺旋搅拌器能使絮凝剂和污泥充分混合,并与污泥中的固体发生絮凝反应,螺旋搅拌器清洁光滑,避免搅拌时间对絮质的破坏。ALDRUM 污泥浓缩系统有 AFDT Mini、Midi、Maxi、Mega 等几种,处理能力相应为 7 m^3/h、15 m^3/h、30 m^3/h、60 m^3/h、120 m^3/h。

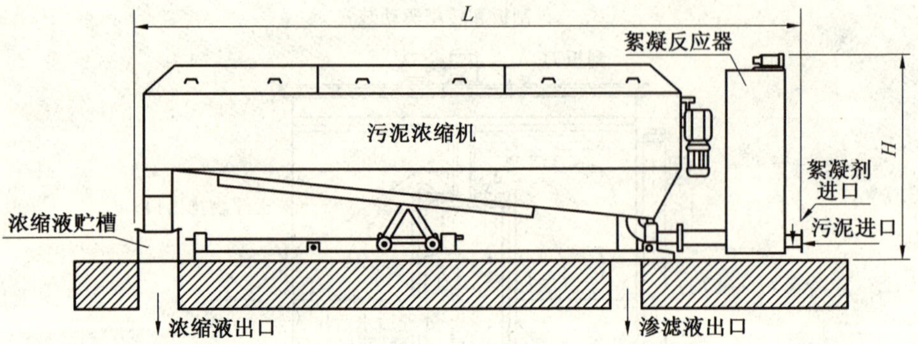

图 7.5.8　ALDRUM 污泥浓缩和絮凝反应器的结构示意图

2. ROEFILT 转筒式浓缩机

ROEFILT 转筒式浓缩机有单筒式、同框架同驱动双筒式两种，能使污泥的含固率从 0.5% 上升到 14%。浓缩转筒自动运行并通过喷淋筒用浓缩过程中产生的澄清滤液冲洗，驱动通过手动调节。为了达到良好的絮凝效果，ROEFILT 污泥浓缩转筒配有手动控制搅拌器的反应罐。浓缩污泥一般通过直接在转筒卸料槽下的污泥泵输送，污泥泵通过安装在卸料槽中的泥位电极来控制其间歇运行；为了确保污泥运送，污泥泵配有螺旋输送器。

3. HC 系列转筛式浓缩机

除了常规系列之外，日本 FKC 公司还开发有高密实度（High Consistency）的转筛式浓缩机产品，简称 HC-RST 系列。如图 7.5.9 所示，HC 系列转筛式浓缩机的最大特点就是浓缩后的污泥通过螺旋输送器外排收集。螺旋输送器轴向为圆柱-圆锥组合式结构，待浓缩管的污泥从螺旋输送器圆柱段的中心进料，在圆柱段的末端开始进入转筛，开始浓缩过程，浓缩后的污泥在螺旋叶片的挤压推动下从圆锥段的大端排出。根据处理量的大小，可以采用单转筛或双转筛式的结构。

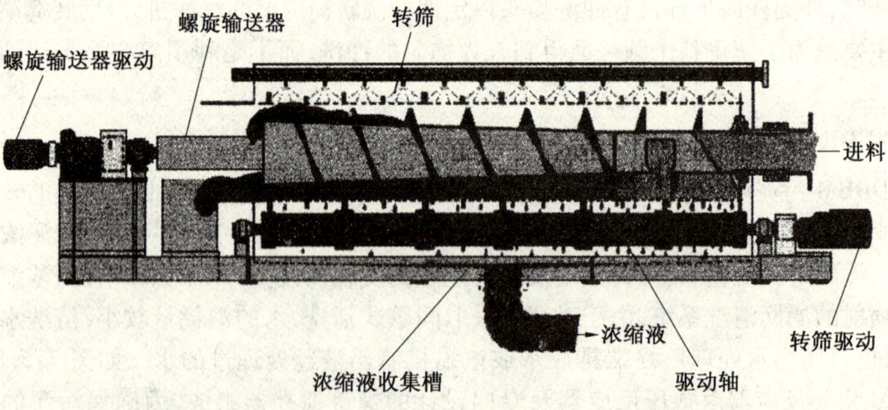

图 7.5.9　外圆柱面底部辊轴支撑转筛浓缩机的结构示意图

对于常规系列而言，单转筛结构的转筛直径有 315 mm、480 mm、630 mm、775 mm 4 种规格，转筛长度有 1 000 mm、2 000 mm、3 000 mm、3 600 mm 4 种规格；双转筛结构的转筛直径有 630 mm、775 mm 两种规格，转筛长度有 3 000 mm、3 600 mm 两种规格。对于高密实度系列而言，单、双转筛结构的转筛直径都只有630 mm、775 mm两种规格，转筛长度也都只有3 000 mm、3 600 mm两种规格。推荐冲洗水的压力为30~40 Pa。

7.5.5　离心浓缩设备

离心浓缩占地小，不会产生恶臭，对于富磷污泥可以避免磷的二次释放，提高污泥处理系统总的除磷率，造价低，但运行费用和机械维修费用高，经济性差，一般很少仅仅用于污泥浓缩，但对于难以浓缩的剩余活性污泥可以考虑使用。离心浓缩工艺始于20世纪20年代初，当时采用原始的筐式离心机，现在普遍采用转鼓式、笼式结构，其中转鼓式结构相对较为普遍。

1. 转鼓式离心浓缩机

与转鼓式离心脱水一样，转鼓式离心浓缩也采用卧式螺旋卸料沉降离心机（简称卧螺沉降离心机）。由于没有滤网，因而不存在滤网堵塞问题；由于离心加速度大，活性污泥不需形成很大絮团就能分离，因此絮凝剂的投加量相对减少。只有当需要浓缩污泥含固率大于6%时，才加入少量絮凝剂，而离心脱水则要求必须加入絮凝剂进行调质。离心浓缩的主要参数有：入流污泥浓度、排出污泥浓度、固体回收率、高分子絮凝剂的投加量等，离心浓缩的设计较为困难，通常参考相似工程实例。转鼓式离心浓缩机的典型代表为德国Flottwe公司的OSE系列转鼓式污泥浓缩机和日本Tsukishima Kikai公司的Centri Hope。OSE系列转鼓式污泥浓缩机用于对来自曝气池和二沉池的污泥进行浓缩脱水，能够24 h连续工作，处理范围在20~250 m^3/h之间。采用封闭式结构以避免臭气外溢，所有与湿污泥接触的部件都采用高质量的不锈钢制造；采用内部清洗以避免喷射散溢。

2. 笼形离心浓缩机

笼形离心浓缩机为日本Nishihara环境技术公司的产品，也称为离心过滤污泥浓缩机。如图7.5.10所示，圆锥形笼框内侧铺上滤布，驱动电机通过旋转轴带动笼框旋转。污泥从笼框底部流入，其中的水分通过滤布进入滤液室，然后排出。污泥中的悬浮固体被滤布截流实现固液分离，污泥被浓缩。浓缩的污泥沿笼框壁徐徐向上，从上端进入浓缩室再排出。当滤布被污泥滤饼堵塞而使得滤液透过能力大幅度下降时，停止泵入污泥，用水泵泵入带压冲洗水，通过洗涤喷嘴在笼框旋转的同时冲洗滤布。

这种离心浓缩机由于具有离心和过滤双重作用，大大提高了过滤效率；实现了浓缩装置小型化，大大减少了占地面积。该装置转速低（900 r/min左右）运行、操作安全方便、臭气散发少又卫生。当剩余污泥的含水率在0.5%~0.9%之间时，浓缩后的含水率为2.5%~4.5%，SS回收率为85%~94%。目前该设备在许多国外的小规模污水处理厂已有较为广泛的应用。

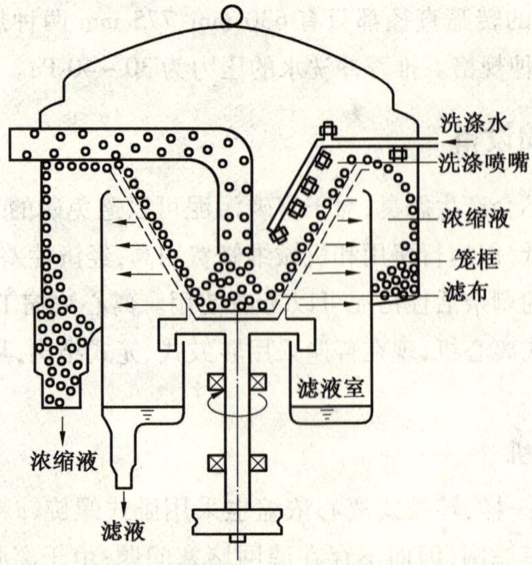

图 7.5.10　笼形立式离心浓缩机结构示意图

7.5.6　螺压浓缩机

螺压浓缩机(Rotary Screw Thickener)由楔型圆筒型不锈钢滤网和有自清洗功能、有合理梯度变化的、变螺距、变轴径的楔型筛网轴组成,机身完全由不锈钢构成,滤网由不锈钢制造,经过酸洗钝化处理,防腐能力强。其最大特点就是筒体外壁不旋转,仅仅是其中的同轴螺旋输送器旋转。德国 HUBER 公司 RoS2 型螺压浓缩机的污泥处理工艺流程如图 7.5.11 所示,整机倾斜安装、顶部出料。含固量大约 0.5% DS 的稀污泥,由泵送至絮凝反应器前,由流量仪和浓度仪检测后,投加装置定量地投入粉状或液状(投加浓度可预先设定)高分子絮凝剂。通过混合器混合,进入絮凝反应器内,经缓慢反应搅拌均匀后连续进入浓缩机。污泥由滤网、螺旋轴从低端缓慢提升到高端,在此过程中污泥被转动螺旋缓慢提升、压榨直至絮凝剂操作用水浓缩过的浆液浓缩,使泥浆含固量达到 6% ~12% 左右,污泥卸入集泥斗,进入后续处理装置。整个处理过程在全封闭式装置内进行,滤液从筛网渗出,为使稠泥浆顺利排出,浓缩机安装角度为 30°。该设备具有筛网运转过程中的转动自清洗装置和定时冲洗设施,清洗时不影响机械的运行和浓缩效果。

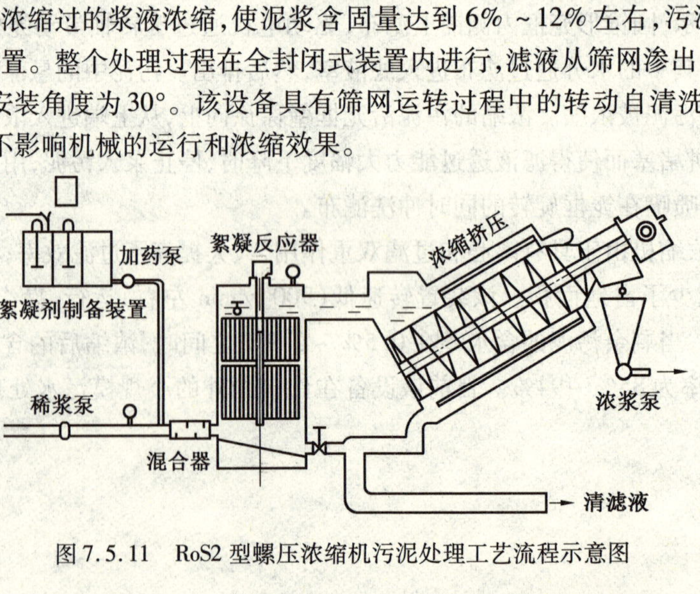

图 7.5.11　RoS2 型螺压浓缩机污泥处理工艺流程示意图

7.6 污泥消化稳定设备

污泥稳定的目的在于降低有机物含量或使其暂时不产生分解,所采用的方法有化学法和生物法。化学稳定就是采用化学药剂杀死微生物,使有机物在短期内不致腐败的过程;生物稳定就是在人工条件下加速微生物对有机物的分解,使之变成稳定的无机物或不易被生物降解的有机物。污泥生物稳定包括污泥的厌氧消化和好氧消化两种形式。19 世纪末,法国的 Vesoul 和 Louis 等设计建成生活污水污泥的厌氧消化器,无加温与搅拌设备。20 世纪初,随着对厌氧微生物研究的深入,出现了有加温与搅拌的厌氧污泥消化器。由于厌氧消化时间长,管理较为复杂,故此后的发展缓慢。第二次世界大战以后,全球环境不断恶化,加上20 世纪以来出现的能源危机,能耗低又可产生生物能(CH_3)的厌氧消化处理工艺重新受到重视,并取得迅速发展。

7.6.1 污泥的厌氧消化

目前,厌氧消化是有机污泥进行稳定处理的主要手段,也是固体含量很高有机废水(如畜禽粪便、酒糟废水)的常用处理方法。厌氧消化池的功能主要有以下几点:①把污泥或废水中的部分有机物分解为沼气和较为稳定的腐殖质;②提高污泥的脱水性,减少污泥体积一半以上;③基本杀灭污泥或废水中的致病微生物,利于污泥的进一步处理和利用。

厌氧消化池一般由池底、池体和池顶 3 部分组成,常用钢筋混凝土结构。池底为一个倒截圆锥形,有利于排泥;池体构型有圆柱形、椭圆形(蛋形)和龟甲形等几种,如图 7.6.1 所示,应用最广泛的是圆柱形;按其池顶结构形式的不同可分为固定盖式和浮动盖式两种,国内常用固定盖池顶。固定盖池顶有弧形穹顶或截头圆锥形,池顶中央装集气罩;浮动盖池顶为钢结构,盖体可随池内液面变化或沼气贮量变化而自由升降,保持池内压力稳定,防止池内形成负压或过高的正压。

消化池按容量大小可分为小型池(1 000 ~ 2 500 m^3)、中型池(2 500 ~ 5 000 m^3)和大型池(5 000 ~ 10 000 m^3)3 类;按操作温度不同可分为中温消化池(33 ~ 35 ℃)和高温消化池(50 ~ 55 ℃);按其运行方式的不同又可分为普通消化池和高速消化池两类。

(1)普通消化池。

普通消化池又称低速消化池,一般在消化池内不设加热设备和搅拌装置,相应的工艺也被称为常规中温厌氧消化。脱水污泥不经预热直接进入间歇运行的污泥罐内;为便于排放熟污泥,消化池池底一般设计为倒圆锥形;利用产生的沼气搅拌污泥。由于搅拌作用不充分,罐内的污泥有分层现象:浮渣层、上清液层(悬浮层)、活性层、熟污泥层(稳定固体层)等,其中只有活性层才进行有效的厌氧反应。稳定后的污泥由罐底部周期性地排出,上层和中层的污泥则在每次进料时一并排出,直接或经预处理后返回到污水处理设施中。由于普通消化池中微生物与有机物不能充分接触,所以其突出特点是消化罐只有 50% 的容积得到有效利用,负荷率低[1.6 ~ 6.4 kgVSS/(m^3 · d)],消化反应速率很低,HRT 为 30 ~ 60 d,故一般仅适用于小规模的污水处理厂。

(2)高速消化池。

从 1927 年开始,研究人员先后在普通消化池中加上了加热装置和机械搅拌器,使产气

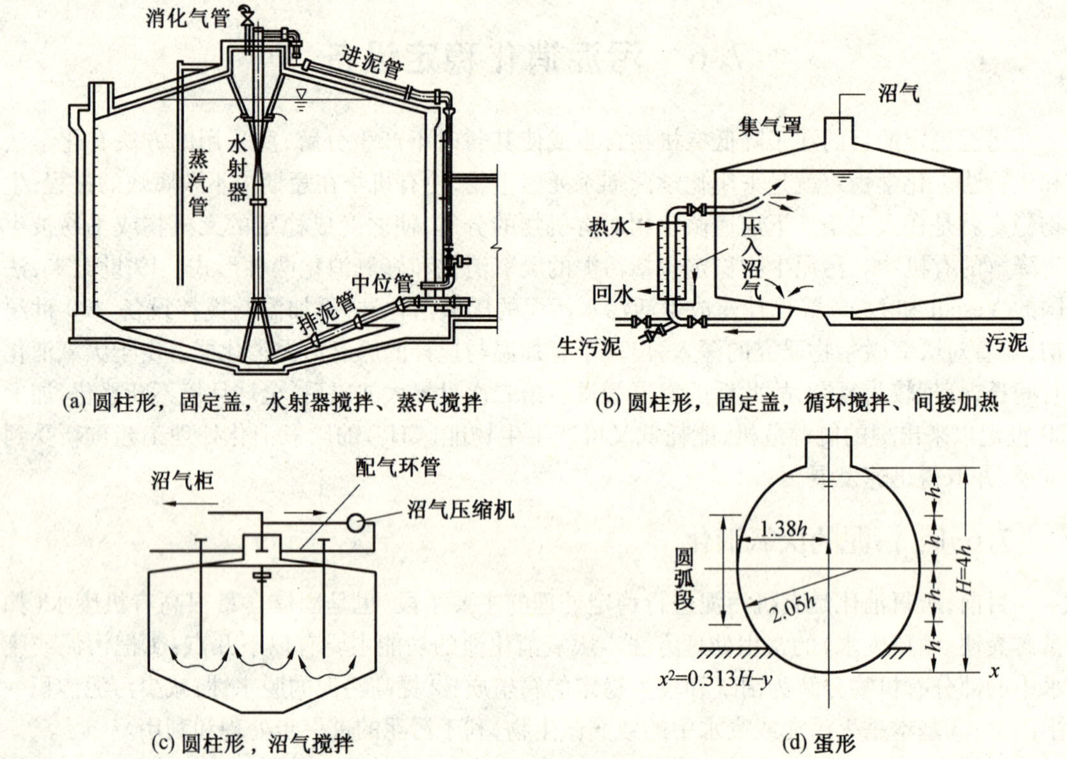

(a) 圆柱形，固定盖，水射器搅拌、蒸汽搅拌　(b) 圆柱形，固定盖，循环搅拌、间接加热

(c) 圆柱形，沼气搅拌　(d) 蛋形

图 7.6.1　厌氧消化池的池体构型示意图

速率不断提高;20 世纪 50 年代初开发出了利用沼气循环的搅拌装置,从而省去了机械搅拌器的电力驱动。如图 7.6.2 所示,带加热和搅拌装置的消化池就是高速消化池(或称高效消化池),是目前城市污水处理厂污泥处理的主导工艺。加热和搅拌装置的引入使得消化池中厌氧微生物与有机物能得到充分均匀的接触,大大提高了厌氧微生物降解有机物的能力。因此高速消化池负荷率达 1.6～6.4 kgVSS/(m^3·d)或更高,最少停留时间 10～15 d;整个消化池液处于混合状态,不分层;浓度比入流污泥低。能连续运行,提高了沼气产量和反应速率,缩短了反应时间(中温条件下的 HRT 约为 15 d),运行效果稳定。

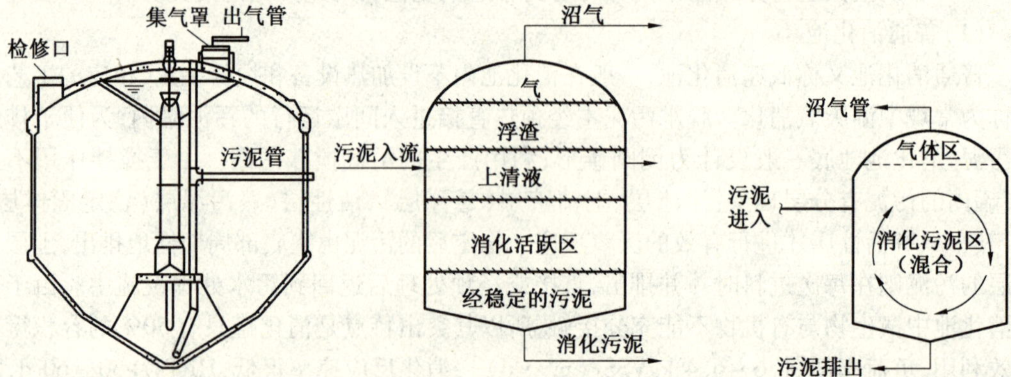

图 7.6.2　高速消化池结构无两级工艺示意图

1. 污泥厌氧消化工艺

厌氧消化工艺的运行方式有一级消化和二级消化，一级消化就是在一个消化装置内完成消化全过程。国内常用的二级厌氧消化是污泥先在第一级消化池中（设有加温、搅拌装置，并有沼气罩收集沼气）进行高温消化，经过 7 ~ 12 d 旺盛的消化反应后，排出的污泥送入第二级消化池。第二级消化池中不设加温装置，依靠来自第一级消化池污泥的余热继续消化污泥，消化温度为 33 ~ 37 ℃，气量约占总产气量的 20%，可收集或不收集。由于第二级消化池不搅拌，所以有泥水分离和浓缩污泥的作用。二级消化是对一级消化的改善，由于一级污泥中温消化有机物的分解程度为 45% ~ 55%，消化污泥排入干化厂后将继续分解，产生的污泥气体逸入大气，既污染环境又损失热量，而二级消化则可较好地解决此类问题，因此一般都采用二级消化。图 7.6.3 为污泥二级中温消化的工艺流程示意图，图 7.6.4 为法国 Degromont 公司二级厌氧污泥消化系统的示意图。

污泥消化也可以采用如图 7.6.5 所示的二级厌氧消化工艺。该工艺按照厌氧消化的原理，使消化过程的两个阶段分别在两个消化池内进行，即水解和酸化阶段在一个池中进行，甲烷转化阶段在另一个池中进行。二级厌氧消化可以克服污泥丝状菌膨胀和浮渣问题，处理后的污泥稳定性能好，污泥量也明显减少；同时可以减小消化池总体积，但基建费用和操作费用会有所增加。

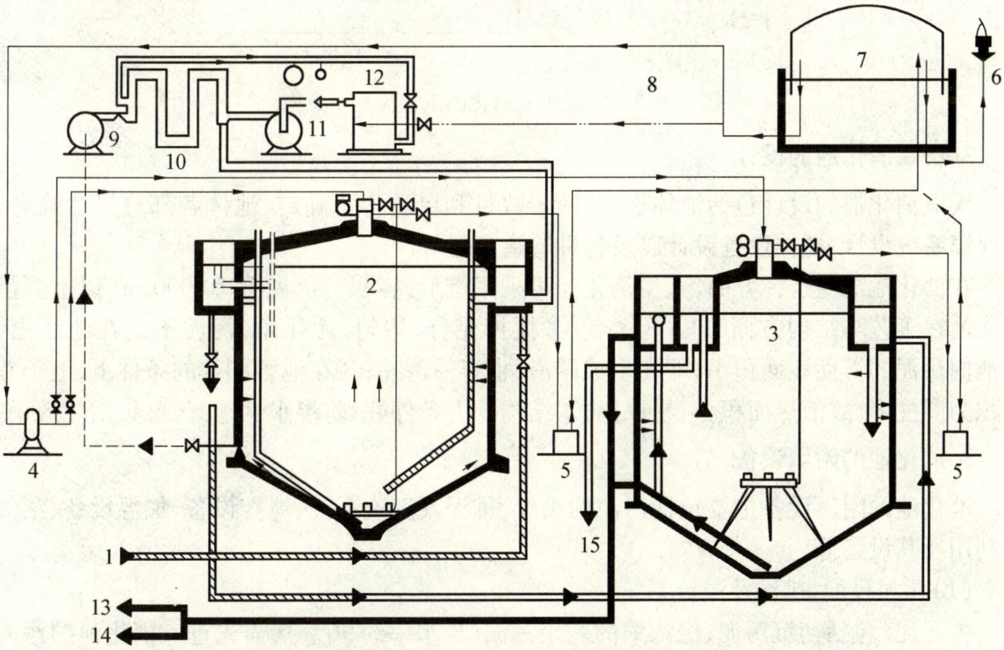

图 7.6.3　污泥二级中温消化的工艺流程示意图

1—生污泥入口；2—一级消化池；3—二级消化池；4—沼气压缩机；5—冷凝水贮罐；6—沼气燃烧器；7—储气柜；8—沼气管道；9—循环污泥泵；10—热交换器；11—热水泵；12—沼气锅炉；13，14—消化污泥出口；15—浮渣排出口

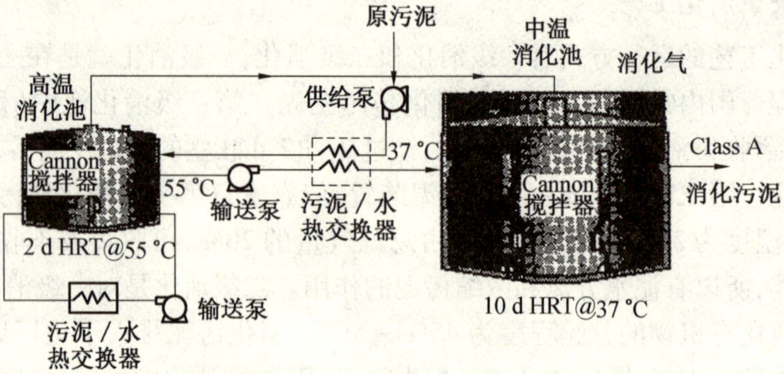

图 7.6.4　法国 Degromont 公司二级厌氧污泥消化系统示意图

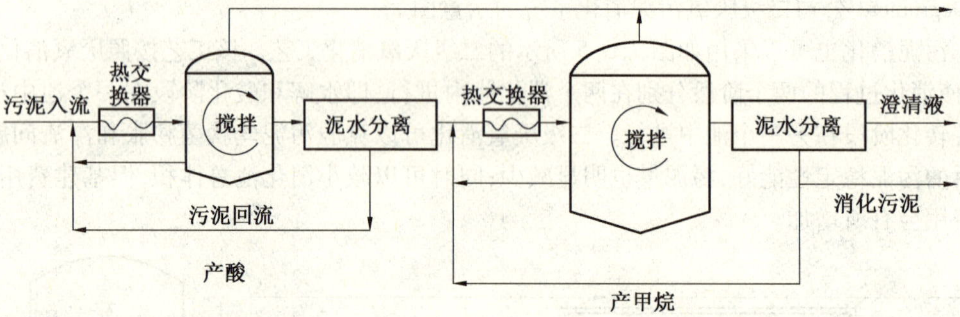

图 7.6.5　二级厌氧消化的工艺流程示意图

2. 厌氧消化池的设计

厌氧消化池的设计包括池体选型、池子数目和单池容积确定、池体各部分尺寸确定、加热保温系统设计、搅拌设备设计以及各种管道布置等。

在消化池池型选择方面，大型消化池可采用蛋形，容积可以做到 10 000 m^3 以上。蛋形消化池在工艺与结构方面有以下优点：①搅拌充分、均匀，无死角，污泥不会在池底固结；②池内污泥的液面表面积小，即使生成浮渣，也容易清除；③在池容相等的条件下，池子总表面积为圆柱形，故散热面积小，易保温；④结构受力条件好，防渗水性能好，聚集沼气效果好。

3. 消化池的附属设备

消化池的附属设备主要包括污泥的投配、排泥及溢流系统、搅拌设备、加温设备、沼气综合利用及其设备等。

(1)污泥投配、排泥及溢流系统。

生污泥(包括初沉污泥、经浓缩的剩余污泥，含水率约 96%)，需先进入消化池的污泥投配池，然后用污泥泵提升到消化池。污泥投配池一般为矩形，至少设置两个，池容根据生污泥量及投配方式确定，常用 12 h 储泥量设计。而投配池应加盖、设排气管及溢流管，若采用消化池外加热生污泥的方式，则投配池可兼作污泥加热池。消化池的排泥管设在池底，依靠消化池内的静水压力将熟污泥排至污泥的后续处理装置。目前多数设计都没有采用连续进料方式，而是允许一天之内多次进料，消化池的进料一般是靠手动阀来控制或手动泵操作。然而，近年来自动控制逐渐受到重视，通过计时器或污泥质量流量相应控制自动阀门，实现污泥进料的自动控制。消化池污泥投配过量、排泥不及时或沼气产量与用气量不平衡等情况发生时，沼气室内的沼气受压缩，气压增加甚至可能压破池顶盖，因此消化池必须设置溢流装置及水溢流，以保持沼气室内的压力恒定。溢流装置必须绝对避免集气与大气相通，溢流装置的常用形式有倒虹吸管式、大气压式及水封式等 3 种，后两种的结构如图 7.6.6 所示。对于倒虹吸管式溢流结构而言，倒虹吸管的池内端必须插入污泥面，保持淹没状态，外端插入排水槽也保持淹没状态。当池内污泥面上升，沼气受压，污泥或上清液可以由倒虹吸管排出。对于大气压式溢流结构而言，当池内沼气受压，压力超过 Δh（Δh 为 U 形管内水层厚度）时，即产生溢流。水封式溢流装置由溢流管、水封管与下流管组成，溢流管从消化池盖插入设计污泥面以下，水封管上端与大气相通，下流管的上端水平轴线高于设计污泥面，下端接入排水槽。当沼气受压时，污泥或上清液通过溢流管、下流管排入排水槽。溢流管直径至少 25 mm，对于大的消化池常常要求采用 30 mm 以上的大溢流管，并应尽量减少弯头数和其他影响流速的管件。

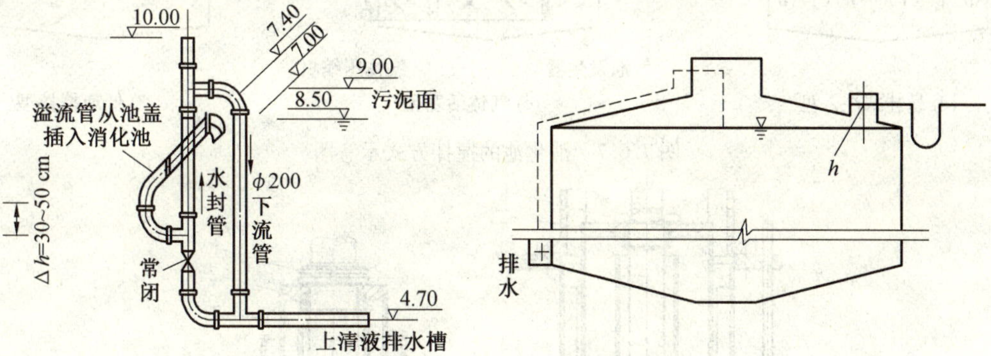

图 7.6.6　消化池的溢流装置结构图

(2)搅拌设备。

搅拌的目的是使微生物与有机污泥充分混合以加快反应器中的物质转换；使消化池内污泥温度与浓度均匀，防止污泥分层或形成浮渣层；缓冲池内碱度，从而提高污泥分解速度等。搅拌设备是高速消化池的重要组成部分，当池内各处污泥浓度相差不超过 10% 时，可以认为搅拌混合均匀。搅拌设备一般置于池中心，当池子直径很大时，可设若干均布于池内的搅拌设备，搅拌方法一般可分为泵加水射器搅拌法、消化气搅拌法和机械混合搅拌等，如图 7.6.7 所示。

机械搅拌方法有泵搅拌、搅拌机搅拌等几种。泵搅拌是用泵将消化污泥从池底抽出，将泵加压后送至浮渣层表面或消化池的不同部位进行循环搅拌，常与进料和池外加热合并在一起进行，一般只适用于小型消化池。采用专用搅拌机时耗用功率小，运行可靠，无堵塞现象，但搅拌机轴与池顶配合间隙处易漏气，应采用有效的密封，常用的密封方式有填料密封和液体密封两种，液体密封主要指水封，其形式分为内封式和外封式，如图 7.6.8 所示。我国目前常推荐采用消化气搅拌方式，如图 7.6.9 所示，用消化池自身产生的一部分沼气，经压缩机加压后通过竖管或池底的扩散器再送入消化池，达到混合搅拌的目的。保障沼气压缩机组的工作安全，在沼气压缩机进口设置过滤器，在机组出口上安装气体温度阀、压力阀、过滤罐及凝水器。

沼气搅拌有气提式、竖管式、气体扩散式和射流器抽吸式等 4 种形式。气提式搅拌是将沼气压入没在消化池中导流管的底部，使沼气与消化液混合，含气泡的污泥即沿导流管上

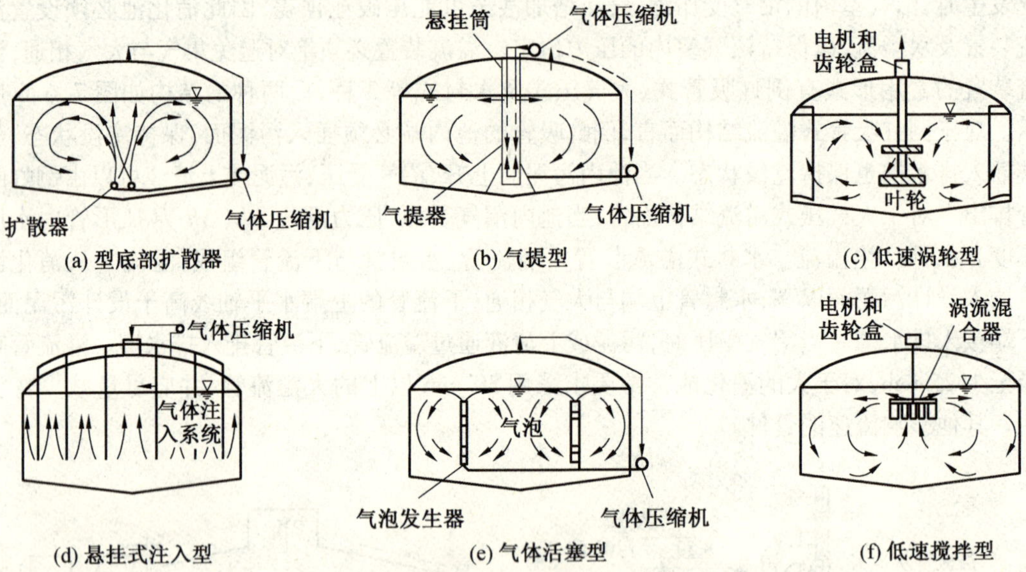

图 7.6.7　消化池的搅拌方式示意图

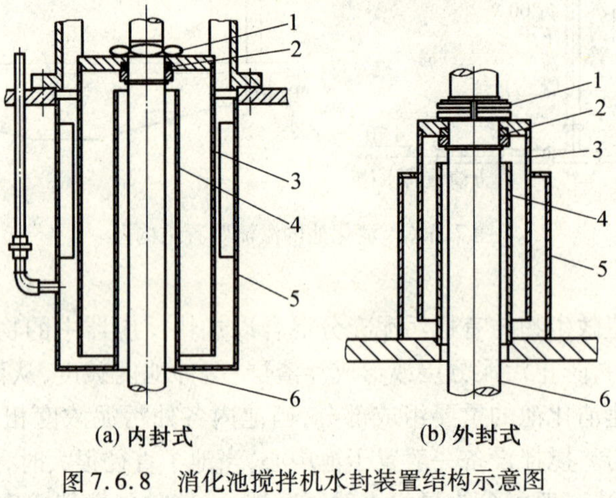

图 7.6.8　消化池搅拌机水封装置结构示意图

1—锁紧螺母;2—O 形密封圈;3—密封罩;4—内套;5—外套;6—搅拌轴

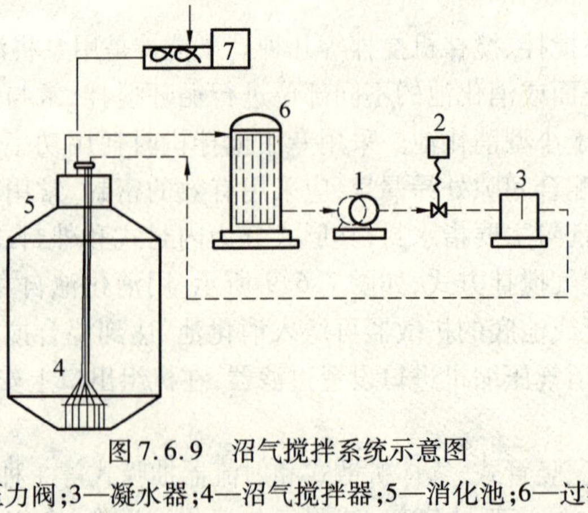

图 7.6.9　沼气搅拌系统示意图

1—沼气压缩机;2—压力阀;3—凝水器;4—沼气搅拌器;5—消化池;6—过滤器;7—高压冲洗泵

升,起提升作用,使池内消化液不断循环搅拌达到混合的目的,如图7.6.10(a)所示;竖管式搅拌装置是根据消化池直径的大小,在池内均匀布置若干根竖管,经过加压的沼气通过配气总管分配到各根竖管,从竖管下端吹出,起到搅拌作用如图7.6.10(b)所示;气体扩散式搅拌器是使经过压缩的沼气通过气体扩散器与消化池内的污泥混合,起到搅拌作用,如图7.6.10(c)所示;射流器抽吸式搅拌器是用污泥泵从消化池直筒壁高的2/3处抽吸污泥,污泥抽出后压入水射器的喷嘴,当污泥射入水射器的喉管时,形成很大的负压,经过射流器抽吸池顶的沼气,然后将混合污泥与沼气射入消化池底,形成一个循环搅拌,如图7.6.10(d)所示。法国Degromont公司的沼气搅拌器,采用24根不锈钢钢管由厌氧消化池顶部进入消化池底部,组成直径3.65 m的搅拌圆环。该搅拌器吃水深度大、气体压力大,能形成较强的上升速度,搅拌效果显著。每台搅拌器的24根管在消化池顶以上部分均安装了通气工作指示浮球,一旦发生故障,浮球就会落下,提醒检修。搅拌器的检修可在工作的同时进行,在控制室中安装了1台多级离心泵D6-25,水泵流量2 m^3/h,扬程3 MPa,通过管道将高压水送到各消化池池顶,可对各搅拌管进行高压清洗,排除阻塞故障。

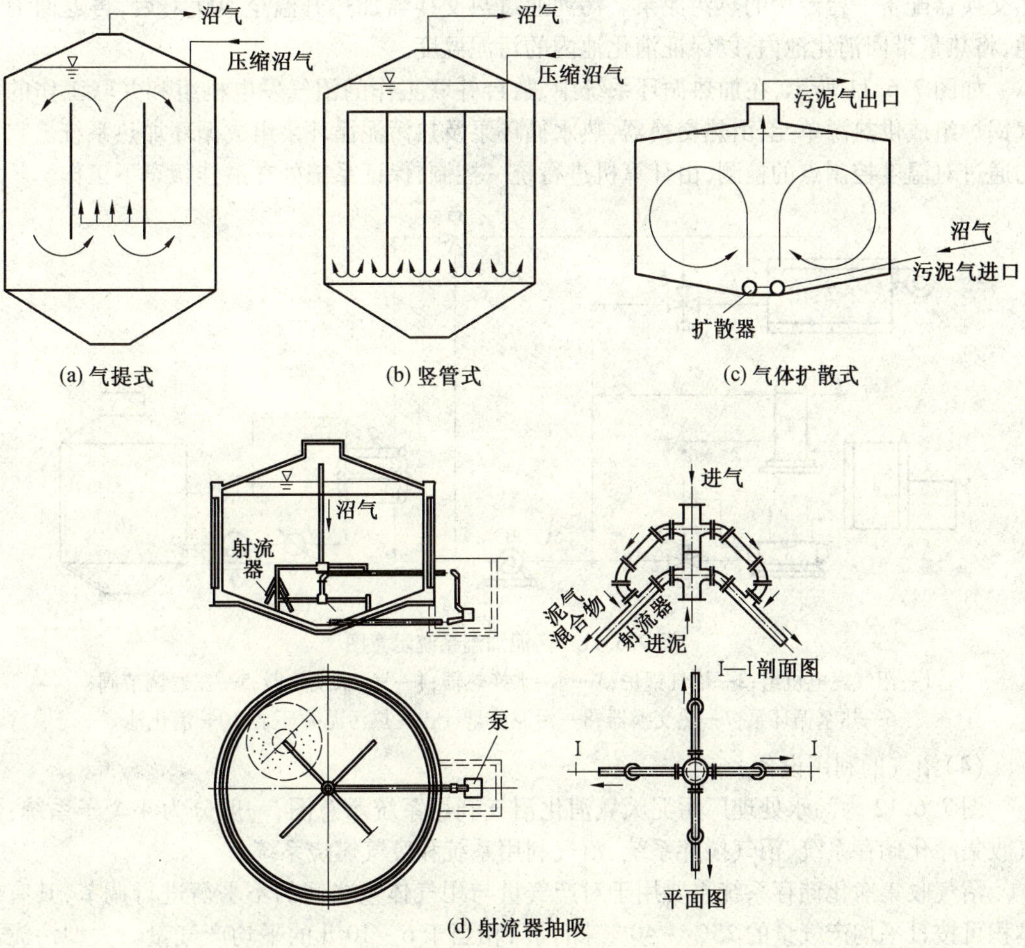

图7.6.10　几种沼气搅拌装置的结构示意图

(3)消化加热设备。

高速消化池的反应温度一般须控制在中温(33～35 ℃)范围内,所以必须对预处理污泥进行池内或池外加热,加热方式主要有池内蒸汽直接加热和池外间接加热两种类型:前者设备简单,但可能会造成局部污泥过热而影响厌氧微生物的正常代谢功能,而且蒸汽会增加污泥含水率,从而增加消化池容积;后者是把部分污泥预热后再投加到消化池中,其优点是所需预热污泥量少、易于控制、预热温度较高利于杀灭虫卵、不影响厌氧微生物新陈代谢,但设备较复杂。

池外加热设备一般采用热交换器进行热量补充,一般认为套管式泥-水热交换器或热交换器兼混合器较为合适。热水循环和控制是维持热交换器正常运转的主要保证,为使热交换器内管中污泥不致形成结块,运行中应严格控制热水温度,一般设计控制进口水温为70 ℃,出口水温为60 ℃,此时热水流量应满足要求,每台热交换器的热水循环可由统一调配的热水泵完成,每台热交换器都通过安装在进水管上的三通调节阀控制,三通调节阀通过调节流量以控制水温。污泥循环与控制是维持热交换器正常运转的另一个重要因素。每台热交换器配备一台专用的热污泥泵。污泥通过热交换器加热升温至400 ℃后,再返回消化池,将热量带回消化池内,以保证消化池内的污泥温度。

如图7.6.11所示,在加热循环系统中,数台并联工作的沼气发电机组和并联工作的沼气锅炉组成供热源单元,由热交换器、热水循环泵及热污泥循环泵组成循环加热系统。它们均通过对温度控制点的检测,由计算机进行统一控制,保证系统处在最佳状态下工作。

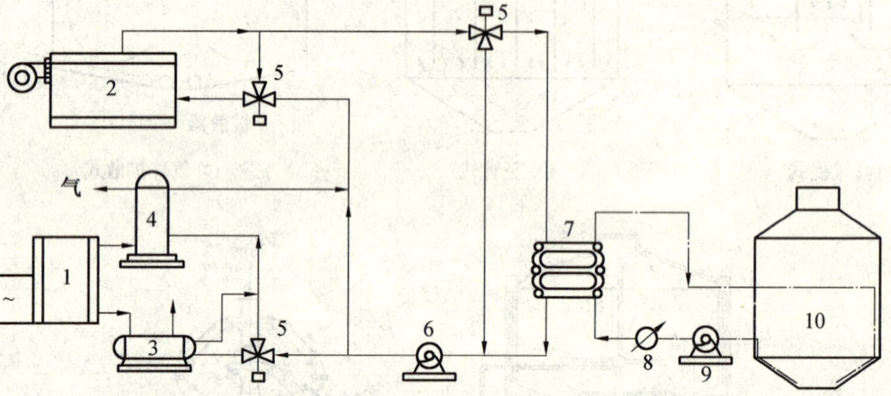

图7.6.11　污泥加温系统示意图

1—沼气发电机组;2—沼气锅炉;3—水-水换热器;4—气-水换热器;5—三通调节阀;6—热水循环泵;7—热交换器;8—污泥流量计;9—热污泥循环泵;10—消化池

(4)沼气的利用设备。

图7.6.12为污水处理厂污泥厌氧消化沼气利用系统示意图,一般分为4个子系统:沼气收集净化储存系统、沼气搅拌系统、沼气利用系统和废气燃烧系统。

沼气收集净化储存系统主要用于对产气量与用气体量之间的不平衡进行调节,其有效体积可按日平均产气量的25%～40%来计算,相当于6～10 h的平均产气量。大型污泥消化系统取低限,小型污泥消化系统取高限。沼气产率是指每单位体积生污泥所产生的沼气量,单位是m^3沼气/m^3生污泥,例如在生污泥含水率为96%、中温消化、投配率为6%～8%的条件下,产气率约为10～12 m^3沼气/m^3生污泥。

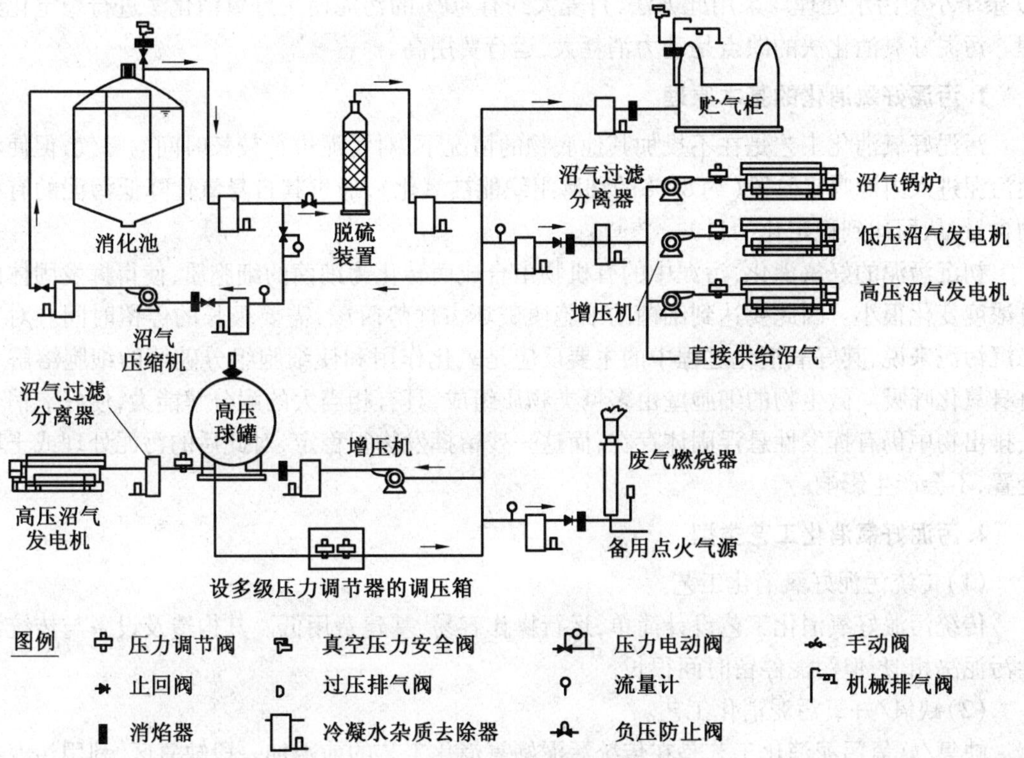

图7.6.12　污泥厌氧沼气利用系统示意图

4. 厌氧消化的发展

国内城市污水处理厂多采用污泥厌氧消化工艺处理污泥。北京高碑店污水处理厂的建设规模为13处理污水100万m^3,采用中温两级污泥厌氧消化工艺,初沉污泥和剩余污泥各约占50%,经重力浓缩送入一级消化池,一级消化池共有12座,各8 000 m^3;一级消化池共有4座,各8 000 m^3;经过两级消化的污泥脱水后形成泥饼外运;消化池中产生的沼气,供沼气发电机用于发电,可解决全厂1/3的用电量。上海松江污水处理厂的建设规模为13处理污水6.8万m^3,污泥处理工艺采用中温厌氧消化技术,消化池2座,各2 000 m^3;采用沼气搅拌技术,产生的沼气经脱硫塔脱硫后进入沼气储罐;冬季产生的沼气通过沼气焚烧炉回收热量供给消化池升温用,夏季产生的沼气燃烧器烧掉。天津市东郊污水处理厂的建设规模为13处理污水40万m^3(最大可以达到48万m^3),污泥处理部分由5座消化池、1座污泥脱水机从池底排出经脱气池进入沉淀池。沉淀池的浓缩消化污泥用回流泵连续地回流到消化池,多余的排掉。

7.6.2　污泥的好氧消化处理

污泥好氧消化法是在延时曝气活性污泥法的基础上发展起来的,其目的在于稳定污泥、减轻污泥对环境和土壤的危害,同时减少污泥的最终处理量。污泥好氧消化法具有进行稳定、投资少、管理方便、基建费用低、最终产物无臭以及上清液BOD_5浓度低等优点,因而特别适用于中小型污水处理厂的污泥处理。污泥好氧消化法20世纪60~70年代初非常盛行,美国、日本、加拿大等国家都有不少中小型污水处理厂采用此法,加拿大的一个省就有

20 余个小型污水处理厂采用此方法，丹麦大约有 40% 的污泥使用好氧消化法进行稳定化处理。污泥好氧消化法的缺点是动力消耗大，运行费用高。

1. 污泥好氧消化的基本原理

污泥好氧消化工艺是在不投加其他底物的情况下，对污泥进行较长时间的曝气，促使活性污泥进入内源呼吸阶段（约 80% 的细胞组织能被氧化），通过其自身氧化降低污泥的有机物含量，从而达到稳定化的目的。

初沉污泥的好氧消化，污泥中的有机物由合成而转化为细菌的细胞质，使得挥发固体的总浓度变化很小。因此要达到细菌的细胞质破坏占优势阶段，需要极长的停留时间。对于二沉污泥来说，其好氧消化过程中的主要反应是氧化作用和使细胞组分破坏的细胞溶解和自身氧化呼吸。微生物的细胞壁由多糖类物质组成，具有相当大的耐分解能力，使好氧消化法排出物中仍有挥发性悬浮固体存在，而这一残留挥发物很稳定，对此后的污泥处理或土壤处置，不会产生影响。

2. 污泥好氧消化工艺类型

（1）传统污泥好氧消化工艺。

传统污泥好氧消化工艺设计简单，运行操作容易，基建费用低。其构造及设备与传统活性污泥法相似，但污泥停留时间很长。

（2）缺氧/好氧污泥消化工艺。

缺氧/好氧污泥消化工艺是在传统污泥好氧消化工艺的前端加一段缺氧区，利用污泥在该段发生反硝化反应时产生的碱度来补偿硝化反应中所消耗的碱度，所以此工艺不必另行投碱就可使 pH 值保持在 7.0 左右。另外，在缺氧/好氧污泥消化工艺的耗氧量比传统污泥好氧消化工艺大约减少了 18%。

（3）污泥高温好氧消化工艺。

污泥高温好氧消化工艺的研究于 20 世纪 60 年代在美国首次开展，其设计思想产生于堆肥工艺，所以又被称为液态堆肥。自从欧美各国对处理后污泥中病原菌的数量有了严格的法律规定后，污泥高温好氧消化工艺因其较高的灭菌能力而受到重视。该工艺利用活性污泥微生物自身氧化分解释放出的热量来提高好氧消化反应器的温度。污泥高温好氧消化工艺的进泥首先要经过浓缩（TSS 质量浓度为 $4\sim6\times10^4$ mg/L 或 VSS 质量浓度最少为 2.5×10^4 mg/L），这样才能产生足够的热量。同时，反应器要采用封闭式（加盖），其外壁需采取隔热措施以减少热损失。另外，还需采用高效氧转移设备以减少蒸发热损失，有时甚至采用纯氧曝气。通过采取上述措施可使反应器温度达到 45～65 ℃，甚至在冬季外界温度为 10 ℃、进泥温度为 0 ℃的情况下也不需要外加热源。加拿大诺曼公司推出了带有专利性质的 VERTADTM 污泥处理工艺（简称 VD 工艺），目前已有三座采用该技术的污水处理厂投入运行。VD 工艺是一种先进的高温好氧污泥消化技术，初沉污泥及剩余活性污泥经 VD 工艺处理后，可转化成美国国家环保局（EPA）规定的 A 级生物固体，可直接用作土壤肥料。

该工艺的核心是深埋于地下的井式高压反应器，一般深 110 m，井的直径通常为 0.5～3 m。以 100 000 m^3/d 规模的城市污水处理厂为例，采用常规钻孔技术，只需在原有污泥处理系统中增加占地 260 m^2 即可，建成后一方面污泥性质大为好转，同时周边环境也将大为改善，可实现无人操作自动控制。VD 工艺与其他高温消化系统相比的不同之处在于将 3

个独立的功能区放在一个反应器中进行。反应器的上部是一级反应区,包括一个同心循环管路和用于混合污泥循环的循环区;一级反应区的下部为混合区,位于整个反应器的1/2深度处,空气由此处注入,通过空气的提升作用为内部的循环提供动力;反应器的底部为深度氧化区,能够提供杀死沙门氏菌和大肠杆菌等病菌所需要的高温65 ℃及停留时间,从而保证污泥产品的质量。

(4)高温好氧/中温厌氧两段消化工艺。

高温好氧消化工艺作为中温厌氧消化的预处理工艺,并结合了两种消化工艺的特点,在提高污泥消化能力及对病原菌去除能力的同时还可回收生物能。预处理高温好氧消化段的SRT一般为1 d(有时采用纯氧曝气),温度为55~65 ℃,DO维持在(1.0±0.2)mg/L。后续中温厌氧消化段的温度为(374~381)℃。该工艺将快速产酸反应阶段和较慢的产甲烷反应阶段分离在两个不同反应器内进行,有效地提高了两段的反应速率。同时,可利用好氧高温消化产生的热来维持中温厌氧消化的温度,进一步减少了能源浪费。

3. 污泥好氧消化池的池型

污泥好氧消化池的池型与完全混合式活性污泥法曝气池相似,如图7.6.13所示。主要构造包括好氧消化室(进行污泥消化)、泥液分离室(使污泥沉淀回流并把上清液排放)、消化污泥排放管、曝气系统(由压缩空气管和中心导流管组成,提供氧气并起到搅拌作用)。

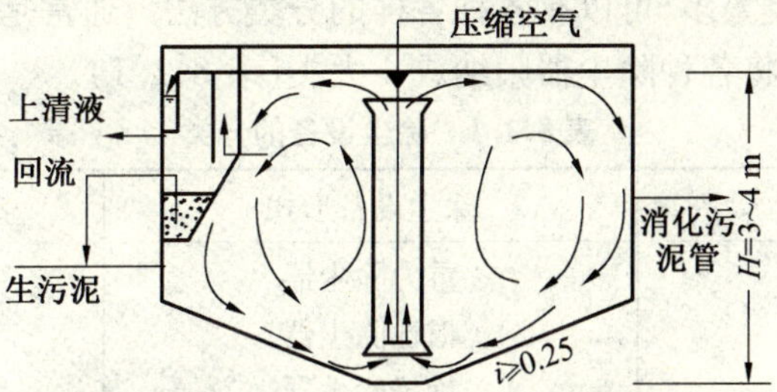

图7.6.13　污泥好氧消化池的结构示意图

思考与练习

1. 选择污泥脱水机械时,进行粒度分析的目的是什么?
2. 试进行带式压滤脱水机和离心式脱水机性能的比较。
3. 污泥焚烧的原理是什么?
4. 液体喷射式焚烧炉的优点包括哪些?

第三篇　大气污染设备

第8章　尘粒污染物控制原理与设备

通过各种技术途径和设备,创造一定的外力使悬浮于气体介质中的固体微粒或液体雾滴从气体介质中分离出来的过程称为除尘过程。

在除尘过程中用于气固分离或气液分离的设备或装置统称为除尘器(或除雾器)。除尘器是工业除尘和物料回收系统中的关键设备之一,其性能的好坏不但影响到回收物料的多少,而且影响到尾气排放的数量。前者关系到回收物料的经济价值;后者则关系到是否达到排放标准,对环境空气质量是否造成污染。

目前,除尘器的种类繁多,可以有各种各样的分类方法。通常是按捕集分离尘粒的机理来分类。按此分类法可将各种除尘器归纳成4大类(表8.1.1)。

表8.1.1　除尘设备的分类

类别	除尘设备形式	除尘效率/%
机械式除尘器	重力除尘器	40~60
	惯性除尘器	50~70
	旋风除尘器	70~92
过滤式除尘器	多管旋风除尘器	80~95
	颗粒层除尘器	85~99
	袋滤式除尘器	80~99.9
	喷淋洗涤器	75~95
湿式除尘器		90~99.9
	文丘里洗涤器	85~99
	自激式洗涤器水膜除尘器	85~99
电除尘器	干式电除尘器	80~99.9
	湿式电除尘器	80~99.9

8.1　机械式除尘器

根据除尘器内含尘气体的作用力是重力、惯性力还是离心力可以将机械式除尘器分为:重力除尘装置,即重力沉降室;惯性中除尘装置,即惯性除尘器;离心力除尘装置,即旋风除尘器。

8.1.1　重力沉降室

1. 重力沉降室的原理

重力沉降室是依靠尘粒自身的重力作用来捕集颗粒物的一种低效除尘设备，其结构如图 8.1.1 所示。

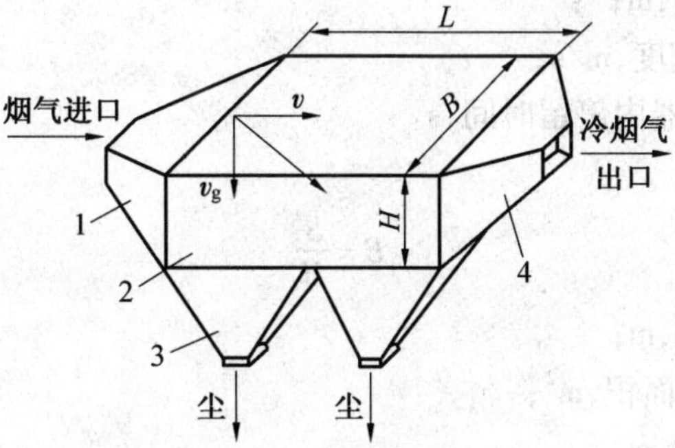

图 8.1.1　重力沉降室示意图

1—进口管；2—沉降室；3—灰斗；4—出口管

它具有结构简单、费用低廉、压损小、寿命长和便于维护管理等优点。重力沉降室可以处理高温气体，处理最高烟气温度一般为 350～550 ℃，体积较大，除尘效率较低，一般为 40%～60%，且只能去除大于 40～50 μm 的大颗粒，故一般作为预除尘器使用。

2. 重力沉降室的设计

（1）粉尘颗粒在沉降室的停留时间。

$$t=\frac{H}{v_g}\leqslant\frac{L}{v_0} \tag{8.1.1}$$

式中　t——尘粒在沉降室内的停留时间，s；

H——沉降室高度，m；

v_g——尘粒沉降速度，m/s；

L——沉降室长度，m；

v_0——沉降室内气流速度，m/s。

根据上式，沉降室的长度与尘粒在除尘器内沉降高度应满足下列关系：

$$\frac{L}{h}\geqslant\frac{v_g}{v_0} \tag{8.1.2}$$

（2）沉降室的截面积。

$$S=\frac{Q}{v_0} \tag{8.1.3}$$

式中　S——沉降室的截面积，m^2；

Q——处理气体流量，m^3/s；

v_0——沉降室内气流速度，m/s，一般要求小于 0.5 m/s。

（3）沉降室容积。

$$V=Qt \tag{8.1.4}$$

式中　V——沉降室容积,m^3;

Q——处理气体流量,m^3/s;

t——气体在除尘器内停留时间,s,一般取 30～60 s。

(4)沉降室的高度。

$$H=v_p t \tag{8.1.5}$$

式中　H——沉降室高度,m;

v_p——尘粒沉降速度,m/s;

t——气体在除尘器内停留时间,s。

(5)沉降室宽度。

$$B=\frac{S}{H} \tag{8.1.6}$$

式中　B——沉降室宽度,m;

S——沉降室的截面积,m^2;

H——除尘器高度,m。

(6)沉降室长度。

$$L=\frac{V}{S} \tag{8.1.7}$$

式中　L——沉降室长度,m;

V——除尘器容积,m^3;

S——沉降室的截面积,m^2。

要使粒径为 d(m)的尘粒在沉降室中全部沉降下来,必须使沉降室的长度 $L=\frac{H}{v_p}$,v_p 表示尘粒的沉降速度。

不同粒径的尘粒的沉降速度可以按照斯托克斯公式计算:

$$v_p=\frac{d_p(\rho_p-\rho_g)g}{18\mu_g} \tag{8.1.8}$$

式中　v_p——尘粒的沉降速度,m/s;

d_p——尘粒的直径,m;

ρ_p——尘粒的密度,kg/m^3;

ρ_g——气体的密度,kg/m^3;

g——重力加速度,9.81 m/s^2;

μ_g——气体黏度,Pa·s。

(7)气体流速。

沉降室内气体流速需根据烟尘的沉降速度和所需的除尘效率来确定,一般为 0.2～1 m/s。如果流速太小会使得沉降室的截面积过大;如果流速太大会使得已沉降的粉尘被气流重新卷起造成二次飞扬。表 8.1.2 给出某些粉尘在沉降室中允许的最高气流速度。

表 8.1.2　沉降室内不同粉尘的最高气流速度

粉尘种类	粒子密度/($kg \cdot m^{-3}$)	平均粒径/μm	最高流速/($m \cdot s^{-1}$)
铝屑尘	2 720	335	4.3
石棉尘	2 200	261	5.0
木屑尘	1 180	1 370	1.77
铁屑	6 850	96	4.64
氧化铅	8 260	14.7	7.6
石灰石	2 780	71	6.41
淀粉	1 277	64	1.77

(8)除尘效率。

沉降室对尘粒的去除效率因粒径的不同而不同,可以按以下公式计算:

$$\eta_i = \frac{d_i^2(\rho_p - \rho_g)gL}{18\mu_g Hv} \tag{8.1.9}$$

式中　d_i——尘粒的直径,m;

η_i——沉降室对粒径为 d_i 的尘粒的去除效率;

v——沉降室内气体流速,m/s。

由上式可见,要提高沉降室的除尘效率,可从三个方面入手:①降低室内气体流速;②降低沉降室高度 H;③增加沉降室长度。

(9)最小粒径。

能全部沉降在沉降室内尘粒的最小粒径(d_{min})就可按下式求得:

$$d_{min} = \sqrt{18\mu_g Hv/(\rho_g gL)} \tag{8.1.10}$$

(10)多层沉降室。

为了提高除尘效率,可以降低沉降室的高度,在沉降室中装许多水平隔板,形成一层层气流通道,这样就出现了多层沉降室,如图 8.1.2 所示。

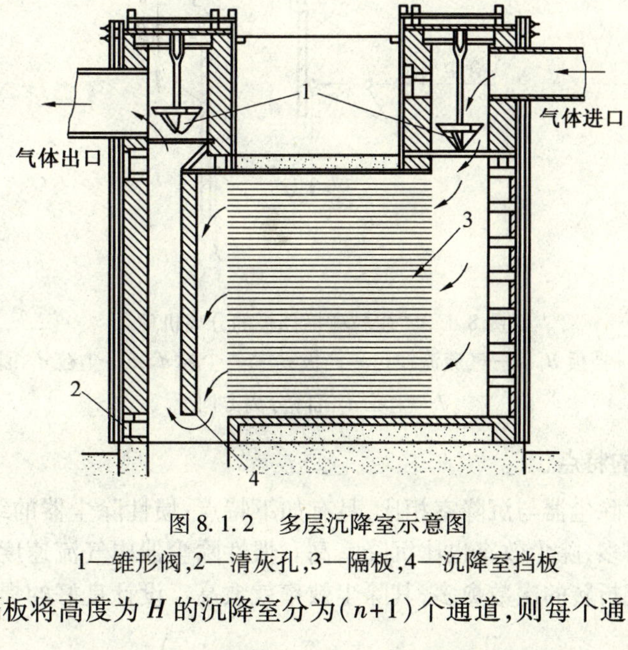

图 8.1.2　多层沉降室示意图

1—锥形阀,2—清灰孔,3—隔板,4—沉降室挡板

如果用 n 块隔板将高度为 H 的沉降室分为(n+1)个通道,则每个通道就是一个单层沉

降室,其高度为 $H/(n+1)$,此时沉降室的分级效率为

$$\eta_i=\frac{d_i^2(\rho_p-\rho_g)gL}{18\mu_g Hv}(n+1) \tag{8.1.11}$$

可捕集的最小粒径为

$$d_{min}=\sqrt{\frac{18\mu_g Hv}{(\rho_p-\rho_g)gL(n+1)}} \tag{8.1.12}$$

由上式可知,多层沉降室的分级效率比单层沉降室的效率高 $(n+1)$ 倍,而能够捕捉的最小粒径比单层沉降室小 $\sqrt{\frac{1}{n+1}}$ 倍。虽然沉降室的分层越多,除尘效率就越高,但由于分层的增多,使得清灰也越来越困难。

8.1.2　惯性除尘器

生产实践和试验研究表明,当含尘气流冲击到障碍物上并使气流方向折转时,载流介质中的尘粒将产生离心加速度形式的惯性加速度,增加尘粒的分离作用。根据这一原理,通常在惯性除尘器内设置不同形式的挡板,并使气流改变方向,从而制成各种形式的惯性除尘器。

1. 除尘机理

在工程应用范围内,通常认为通风除尘系统内的含尘气体是不可压缩的,因此,当含尘气流到达 B_1 之前,气体因受到障碍,绕过挡板,气流方向折转;气流中质量和粒径较大的尘粒,由于具有较大的运动惯性,继续保持向前流动,直至冲击到挡板 B_1 上,产生惯性碰撞,失去动能,在重力的作用下沉降分离出来。第一次未被分离出来的尘粒,有可能在冲击挡板 B_2 时分离出来,从而使含尘气体得到净化(图 8.1.3)。一般来说,在气体流速不变的情况下,变向次数越多,曲率半径越小,惯性除尘器分离效率越高。

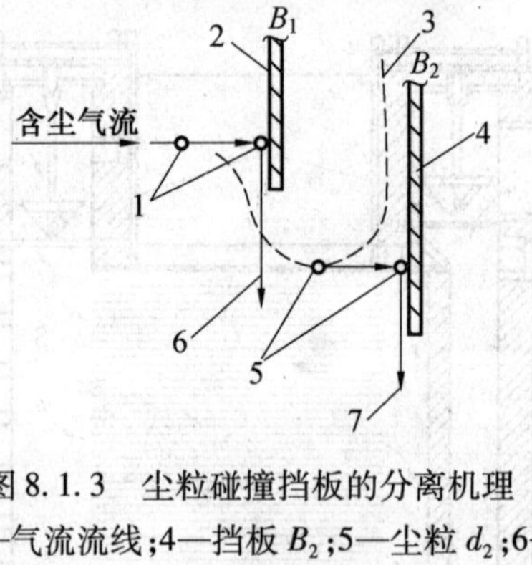

图 8.1.3　尘粒碰撞挡板的分离机理

1—尘粒 d_1;2—挡板 B_1;3—气流流线;4—挡板 B_2;5—尘粒 d_2;6—尘粒 d_1 沉降分离方向;7—尘粒 d_2 沉降分离方向

2. 惯性除尘器的特点

综上所述,惯性除尘器与沉降室相比,具有如下特点:惯性除尘器的结构比沉降室稍复杂些,但体积却小得多,除尘效率也比沉降室高。惯性除尘器内气流速度愈高,气流折转的曲率半径愈小,气流折转的次数愈多,其除尘效率就愈高。设计良好的惯性除尘器,一般可

捕集 10～20 μm 以上的尘粒，而沉降室只能捕集 50 μm 以上的尘粒。惯性除尘器的设备阻力，因其构造形式不同差别很大，一般阻力范围为 196～981 Pa。惯性除尘器对黏结性和纤维性粉尘不宜采用，一般可用于密度高、粒径较大的金属或非金属矿物粉尘的处理，通常用作多级除尘系统的前级除尘装置。

3. 构造形式

惯性除尘器有多种多样的构造形式。根据除尘原理大致可分为惯性碰撞式和气流折转式两类。

(1)惯性碰撞式除尘器。

惯性碰撞式除尘器一般是在气流流动的通道上增设若干排挡板构成。当含尘气体流经挡板时，尘粒在惯性力的作用下撞击到挡板上，失去动能后，在重力的作用下沿挡板下落，掉入灰斗内(图 8.1.4)。挡板可以单级或多级设置，一般采用多级式，目的是增加尘粒撞击的机会；挡板的形式可采用平板、折板或槽形板，槽形板可以有效地防止已捕集的粉尘被气流冲刷而再次扬起，从而提高除尘效率。采用多级设置时，挡板应交错布置，让含尘气流从两板之间的缝隙以较高的速度喷向下一排挡板，增加粉尘撞击挡板的机会。多级式一般可设置 3～6 排挡板，或者更多排数。这类除尘器的阻力一般在 100 Pa 以下，除尘效率可达 65%～75%以上。

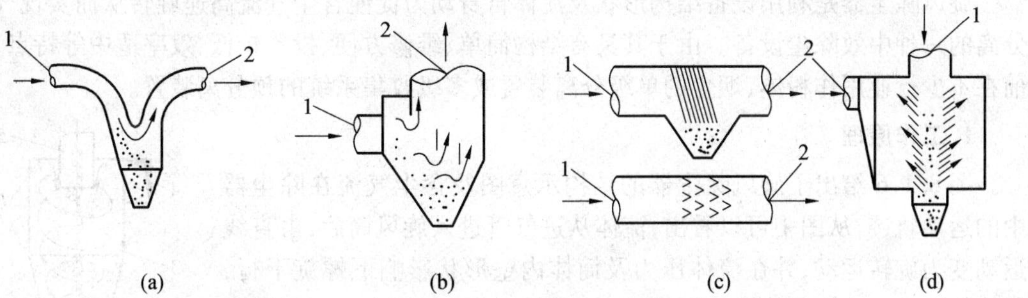

图 8.1.4　几种惯性除尘器构造示意图
1—含尘气体入口；2—净气出口

(2)气流折转式除尘器。

气流折转式除尘器一般是通过各种途径使气流急剧折转，利用气体和尘粒在折转时具有不同惯性力的特性，使尘粒在折处从气流中分离出来。图8.1.5为一种常见的百叶式气流折转惯性除尘器构造示意图。

含尘气体从百叶圆锥体底部进入，随着气流的向上运动，约有 90%以上的含尘气流通过百叶之间的缝隙，然后折转 120°～150°与粉尘脱离后排出。气流中的粉尘在通过百叶缝隙时，在惯性力的作用下撞击到百叶的斜面上，然后反射返回到中心气流中，此部分中心气流约占总气流量的 10%，使粉尘得到浓聚。这股浓缩了的气流从百叶式圆锥体顶部引入旋风除尘器(或其他除尘器)中，使尘粒进一步分离，旋风除尘器排出的气体再汇入含尘气流中。这种串联使用的除尘器的总效率可达 80%～90%。

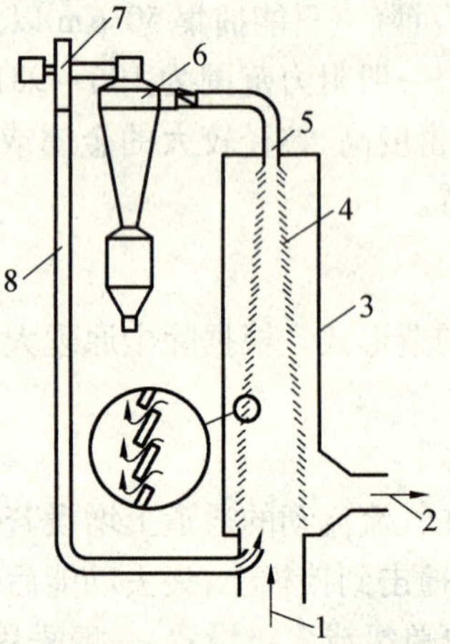

图 8.1.5　百叶式气流折转惯性除尘器

1—含尘气体入口;2—净气出口;3—惯性除尘器;4—百叶式圆锥体;5—浓缩气体出口;6—旋风除尘器;7—风机;8—管道

8.1.3　旋风除尘器

旋风除尘器是利用设备结构形状及流体自身动力促使含尘气流高速旋转从而实现气固分离的一种中效除尘设备。由于其具有结构简单、维修方便、投资较低、效率适中等特点,目前在不少行业用作粉体、烟尘的单级分离装置或多级收集系统的预分离装置。

1. 工作原理

图 8.1.6 给出了旋风除尘器的结构示意图及含尘气流在除尘器中的运动轨迹,从图中可以看出,流体从进气管进入旋风筒后,由直线运动变为旋转运动,并在流体压力及筒体内壁形状影响下螺旋下行,朝锥体运动。含尘气体在旋转过程中产生离心力,使密度大于气体的粉尘颗粒克服气流阻力移向边壁。颗粒一旦与器壁接触,便失去惯性力而在重力及旋转流体的带动下贴着壁面向下滑落,最后从锥底排灰管排出旋风筒。旋转下降的气流到达锥体端部附近某一位置后,以同样的旋转方向在除尘器中由下折返向上,在下行气流内侧螺旋上行,最终连同一些未被分离的细小颗粒一同排出排气管。

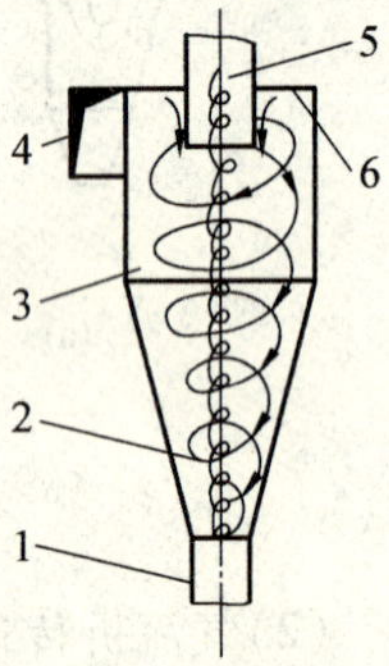

图 8.1.6　旋风除尘器

1—排灰管;2—圆锥体;3—圆筒体;4—进气管;5—排气管;6—顶盖

流体进入旋风筒后,依惯性直线运行,由于蜗壳弧面作用而逐步变为旋转运动。部分较大的颗粒直接进入蜗壳边界层而被分离,其余颗粒在离心力作用下逐渐分离。流体离开蜗壳时,其间大部分颗粒已被分离,其余较小颗粒在离心力作用下克服汇流阻力在筒体及锥体部分继续分离。分离后的粉尘在重力及旋转气流带动下螺旋下行,进入锥体后浓集于卸灰口附近,克服上升气流的作用依自重进入集尘箱。部分未被分离的细粒由汇流带入逸流区并随上升气流逸出排气管。

综上所述,可将旋风筒内粉尘分离的物理模型概括如下:惯性分离—离心捕集—成股滑落—锥底浓集—重力卸灰。旋风筒内不同区域粉尘分离的功能区分如图 8.1.7 所示。

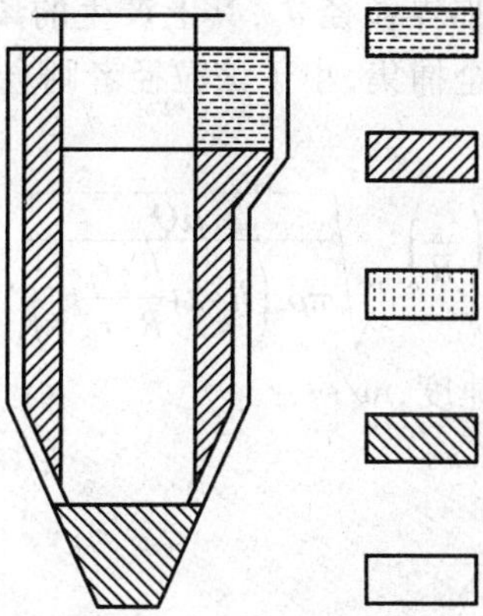

图 8.1.7　旋风筒功能分区图

2. 旋风除尘器的设计计算

(1)压力损失计算。

旋风除尘器的压力损失与其结构形式和运行条件等有关,理论上计算是困难的,且只能是近似的,主要依靠试验确定。通常,旋风除尘器的压力损失控制在 500~2 000 Pa,用压力损失系数(阻力系数)$N_{OG}=\frac{1}{1-\frac{1}{A}}\ln[(1-\frac{1}{A})(\frac{Y_1-mX_2}{Y_2-mX_2})+\frac{1}{A}]$表示,旋风除尘器的压力损失计算式为

$$\Delta p=\varepsilon\frac{\rho_g v^2}{2} \tag{8.1.13}$$

式中　Δp——旋风除尘器的压力损失,Pa;

ε——旋风除尘器的压力损失系数,无因次,见表 8.1.3;

v——旋风除尘器的进口气流速度,m/s;

ρ_g——旋风除尘器的进口气体密度,kg/m^3。

表 8.1.3　旋风除尘器的压力损失系数值

型号	进口流速/$(m\cdot s^{-1})$	压力损失/Pa	压力损失系数	型号	进口流速/$(m\cdot s^{-1})$	压力损失/Pa	压力损失系数
XCX	26	1 450	3.6	XDF	18	790	4.1
XNX	26	1460	3.6	双级涡旋	20	950	4.0
XZD	21	1400	5.3	XSW	32	1530	2.5
XLK	18	2100	10.8	SPW	27.6	1300	2.8
XND	21	1470	5.6	XLT/A	16	1030	6.5
XP	18	1450	7.5	XLT	16	810	5.1
XXD	22	1470	5.1	涡旋型	16	1700	10.7
XLP/A	16	1240	8.0	CZT	15.23	1250	8.0
XLP/B	16	880	5.7	新 CZT	14.3	1130	9.2

(2)临界分离粒径。

粉尘颗粒离心力与所受汇流阻力的差异,很大程度上取决于粉尘粒径的大小。粒径越大,离心力相对越大,粉尘越容易移向筒壁被捕集;粒径越小,汇流阻力相对增大,粉尘越容易进入逸流区而逃逸。因此,必有一临界粒径 d_c,其上产生的离心力与所受的汇流阻力刚好相等,大于该粒径的粉尘将会被完全捕集,小于该粒径者则会全部逃逸。临界粒径 d_c 可用以下公式表示:

$$d_c=\frac{3}{v}\cdot\left(\frac{r_e}{R}\right)^n\sqrt{\frac{\mu Q}{\pi\rho_g\left(h-s+\frac{R-r_e}{R-r_0}h_2\right)}} \tag{8.1.14}$$

式中 v——旋风除尘器的进口气流速度,m/s;

R——筒体半径,m;

n——旋涡指数;

μ——气体黏度,Pa·s。

Q——旋风筒处理流量,m^3;

ρ_g——旋风除尘器的进口气体密度,kg/m^3。

r_e——旋风筒排气管半径,m;

r_0——旋风筒卸灰管半径,m;

h_1——旋风筒筒体高度,m;

h_2——旋风筒锥体高度,m;

s——旋风筒排气管插入深度,m。

(3)除尘效率。

水田和木村典夫将实验得到的旋风除尘器分级捕集效率归纳为如下经验公式:

$$\eta_d=1-\exp\left[-0.693\left(\frac{d_p}{d_c}\right)^{\frac{1}{n+1}}\right] \tag{8.1.15}$$

式中 η_d——沉降室对粒径为 d_i 的尘粒的去除效率;

d_p——尘粒的直径,m。

在旋风筒三维纯态流场及两相流浓度场测定结果的基础上,有人提出了旋风除尘器分离效率 η 计算公式如下:

$$\eta=k+(1-k)R_{g(d_c)} \tag{8.1.16}$$

式中 k——分离系数;

$R_{g(d_c)}$——流体中大于旋风筒分离粒径的颗粒占全部颗粒的百分比,即

$$R_{g(d_c)}=\exp(-\alpha d_c^{\beta}) \tag{8.1.17}$$

式中 α、β——与粉体性质有关的系数,测定粉体粒径后计算或作图求得。

3. 国内外典型机械式除尘器设备

(1) XCX 型旋风除尘器。

XCX 型旋风除尘器具有长锥体结构,在排气管内设有弧形减阻器,可降低其阻力系数。这类除尘器有 14 个规格,直径在 200 ~ 1 500 mm 之间,每级间距为 100 mm,单管处理气量为 150 ~ 5 700 m^3/h。其组合形式有 ϕ800 mm 四管、ϕ1 000 mm 四管和 ϕ1 300 mm 四管 3 种规格。使用时可根据需要不设减阻器。旋风除尘器的性能见表 8.1.4。

表 8.1.4　XCX 型旋风除尘器性能

除尘器直径	项目	进口气速/$(m \cdot s^{-1})$			
ϕ800 mm 四管	气量/$(m^{-3} \cdot h^{-1})$	18	20	22	24
	压力损失/Pa	588	715	872	1 039
ϕ1 000 mm 四管	气量/$(m^{-3} \cdot h^{-1})$	14 960	16 600	18 320	20 000
	压力损失/Pa	588	715	872	1 039
ϕ1 300 mm 四管	气量/$(m^{-3} \cdot h^{-1})$	25 300	28 100	30 900	33 700
	压力损失/Pa	588	715	872	1 039

(2) XLK 型旋风除尘器。

XLK 型旋风除尘器的直径在 150 ~ 700 mm 之间共有 10 种规格。进口气速选择范围以 10 ~ 16 m/s 为宜。单个处理含尘气量在 210 ~ 9 200 m^3/h，其除尘效率随着直径的增大而下降。钢板厚度一般为 3 ~ 5 mm，排料装置多采用翻板式排料阀。XLK 型旋风除尘器的选型见表 8.1.5。

表 8.1.5　XLK 型旋风除尘器的选型

处理气量/$(m^3 \cdot h^{-1})$		气速/$(m \cdot s^{-1})$					
		10	12	14	16	18	20
直径/mm	150	210	250	295	335	380	420
	200	370	445	525	590	660	735
	250	595	715	835	955	1 070	1 190
	300	840	1 000	1 180	1 350	1 510	1 680
	350	1 130	1 360	1 590	1 810	2 040	2 270
	400	1 500	1 800	2 100	2 400	2 700	3 000
	450	1 900	2 280	2 660	3 040	3 420	3 800
	500	2 320	2 780	3 250	3 710	4 180	4 650
	600	3 370	4 050	4 720	55 400	6 060	6 750
	700	4 600	5 520	6 450	7 350	8 300	9 200

注：进口气速一般推荐采用 14 ~ 18 m/s。

(3) XLT 型旋风除尘器。

XLT 型旋风除尘器是应用最早的旋风除尘器，各种类型的旋风除尘器都是由它改进而来的。它具有结构简单，制造方便，压力损失小，处理气量大的特点。但除尘效率低，对 10 μm的尘粒的除尘效率一般低于 70%，仅适用于捕集密度和颗粒较大的、干燥的非纤维性粉尘。XLT 型旋风除尘器的结构如图 8.1.8 所示。

进口气速过高会增大压力损失，过低则会大大降低除尘效率。对于 XLT 型旋风除尘器来说，一般进口气速不应低于 10 m/s，通常取 12 ~ 20 m/s。由于 XLT 型旋风除尘器的排气管直径较大，压力损失较低。经测定，阻力系数 ζ 为 5.3。

当滑石粉的进口质量浓度为 3 g/m^3时，在带出口蜗壳情况下，进口气速与除尘效率、压力损失的关系如图 8.1.9 所示。由图可知，压力损失增大，除尘效率也增大，但当压力损失大于 140 Pa 以上时，除尘效率几乎没有增加，所以选取适当的压力损失是必需的。

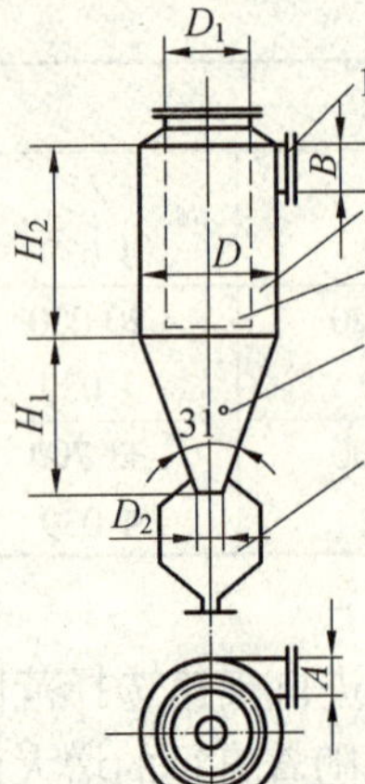

图 8.1.8　XLT 型旋风除尘器

1—进口;2—筒体;3—排气管;
4—锥体;5—灰斗

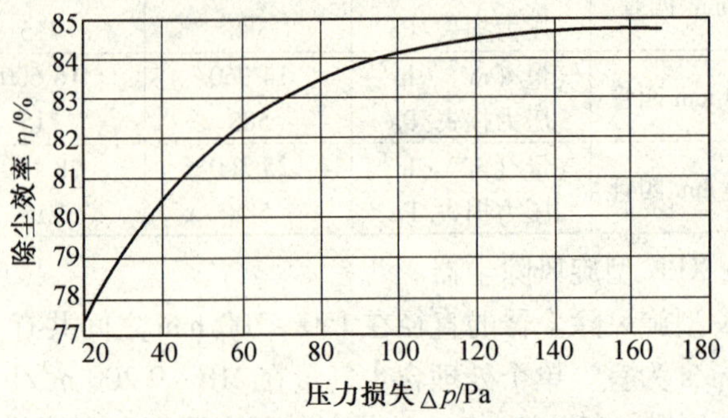

图 8.1.9　XLT 型旋风除尘器除尘效率与压力损失的关系

XLT/A 型旋风除尘器是 XLT 型旋风除尘器的一种改进型。其结构特点是具有向下倾斜的螺旋切线型气体进口,顶板为螺旋形的导向板。导向板的角度越大,压力损失越小,但除尘效率降低。由于气体从切向进入,又有导向板的作用,可消除进入气体向上流动而形成的小旋涡气流,减少动能消耗,提高除尘效率。它的另一个特点是筒体细长和锥体较长,而且锥体的锥角较小,能提高除尘效率,但压力损失也较高。

XLT/A 型旋风除尘器有两种排气形式,一种为水平(旁侧)排气(X 型),一般用于负压操作;另一种为上部(正中)排气(Y 型),用于正压或负压操作。

XLT/A 型旋风除尘器的处理气量和压力损失按下式计算:

$$Q=2\,820nvD^2 \tag{8.1.18}$$

$$\Delta p=\varepsilon\frac{\rho_t v^2}{2} \tag{8.1.19}$$

式中　Q——组合旋风除尘器处理气量,m^3/h;
n——旋风圆筒个数;
D——旋风圆筒直径,m;
v——进口气速,m/s;
Δp——单个旋风除尘器压力损失,Pa;
ρ_t——温度为 t ℃时含尘气体的密度,kg/m^3;
ε——阻力系数,X 型 $\varepsilon=5.5$,Y 型 $\varepsilon=5.0$。

(4) XP 型旋风除尘器。

XP 型旋风除尘器根据气体在除尘器内的旋转方向不同,进口方向分为顺时针旋转的右旋(S)和逆时针旋转的左旋(N)两种。适用于一般工业通风除尘、工业废气中物料回收,不适用于黏结性粉尘。

(5) XZT 型旋风除尘器。

XZT 型旋风除尘器由集尘筒、排灰管、支撑管、锥体、蜗壳、排气管、进风口等部件组成。本除尘器适用于处理较细的微颗粒粉尘的气体或纤维性气体或用于回收纤维材料,如棉纺厂、造纸厂、絮棉厂、水泥厂等企业。含尘气体从进气口以 11 ~ 15 m/s 的速度沿蜗壳的切线方向进入后获得旋转运动，并从上向下流动。向下的气流在内外圆筒间的筒体部位和锥体部位做自上而下的螺旋线运动（称为外旋流），含尘气体在旋转中产生很大的离心力。由于尘粒的惯性作用，将大部分尘粒甩向器壁，与气体分开，经锥体排入集尘筒内。由于锥体部分较长，是蜗壳直径的 5 倍，所以其除尘效率较高。主要的性能见表 8.1.6。

表 8.1.6　XZT 旋风除尘器的主要技术性能

型号	风量 /($m^3 \cdot h^{-1}$)	进口速度 /($m^3 \cdot h^{-1}$)	除尘效率 /%	设备阻力 /Pa	外形尺寸 /mm	质量 /kg
XZT-3.0	790 ~ 1 080	11 ~ 15	80 ~ 94	75 ~ 174	505×436×2 390	91
XZT-5.1	1 340 ~ 1 820	11 ~ 15	80 ~ 94	75 ~ 174	647×567×2 812	152
XZT-5.9	1 800 ~ 2 450	11 ~ 15	80 ~ 94	75 ~ 174	742×654×3 099	180
XZT-6.7	2 320 ~ 3 170	11 ~ 15	80 ~ 94	75 ~ 174	837×742×3 384	253
XZT-7.8	3 170 ~ 4 320	11 ~ 15	80 ~ 94	75 ~ 174	968×862×3 774	338
XZT-9.0	4 200 ~ 5 700	11 ~ 15	80 ~ 94	75 ~ 174	1 110×993×4196	420

(6) D 型旋风除尘器。

D 型旋风除尘器是一种新型高效旋风除尘器。开始用于石油炼制，如流化床 IV 型催化裂化装置，作为反应器、再生器的内旋风分离器。目前已广泛应用在丙烯腈、顺丁烯二酸酐、苯酐等化学工业。D 型旋风除尘器，根据结构形式，可分为 DI、DII 与 DIII 型 3 种。DI 型旋风除尘器属于螺旋面进口型旋风除尘器，它依靠圆筒顶部的螺旋形端板，使从进口管切向进入旋风环形空间的气流呈近似 10°的倾斜角强制向下做螺旋运动，使粉尘不能在顶部集中而形成尘粒环（上灰环），也不会由于粉尘而使旋风除尘器堵塞。同时，这种气流进口结构，又能避免相邻两螺旋圈的气流相互干扰，从而提高除尘效率。DII 与 DIII 型旋风除尘器的区别仅仅在于 DII 型是 90°蜗壳进口，DIII 型是切向进口。DII 与 DIII 型旋风除尘器的特点是圆筒段为平顶，分离室高度较 DI 型大，排气管与圆筒体的直径比要比 DI 型小，用以提高除尘效率。对回收含尘浓度较高的细粉尘极为理想。

D 型旋风除尘器压力损失可按下式计算：

$$\Delta p = \varepsilon \frac{v^2 \rho}{2} \tag{8.1.20}$$

式中　ε——阻力系数；

ρ——气体密度，kg/m^3；

v——进口气速，m/s。

D 型旋风除尘器的阻力系数计算公式为

$$\varepsilon = m\left(\frac{d_e}{D_0}\right)^{-n} \tag{8.1.21}$$

式中　d_e——旋风除尘器排气管直径，m；

D_0——旋风除尘器直径，m；

m、n——系数（与旋风除尘器结构形式有关），$m=2.02 \sim 2.50$，$n=2.23 \sim 2.41$。

DI、DII 与 DIII 型旋风除尘器的阻力系数见表 8.1.7。

表 8.1.7　DI、DII 与 DIII 型旋风除尘器的阻力系数

DI 型	DII 型	DIII 型	
$\varepsilon=7.82$	直管型排气管 $\varepsilon=2.26(d_e/D_0)-2.41$	直管型排气管 $\varepsilon 2.5(d_e/D_0)-2.23$	收缩型排气管 $\varepsilon=2.02(d_e/D_0)-2.35$

D 型旋风除尘器的进口气含尘质量浓度与总除尘效率关系的计算公式：

$$1-\eta=pC^{-q} \tag{8.1.22}$$

式中　η——旋风除尘器的总除尘效率，%；

C——进口气含尘质量浓度，g/m^3；

p——系数（由旋风除尘器结构及粉尘性质决定），一般 $p=0.1\sim0.3$；

q——系数（和旋风除尘器操作条件有关），一般 $q=0.05\sim0.5$，特定工况下的 p、q 值见表 8.1.8。

表 8.1.8　特定工况下的 p、q 值

除尘器形式	d_e/D_0	v	C	p	Q
DI	0.255	26.4	3～47	0.178	0.077
		16.5	6～68	0.231	0.093
DII	0.576	18.2	5～66	0.227	0.111
		12.3	7～55	0.283	0.153
	0.464	19.4	14～83	0.155	0.103
		16.9	4～64	0.149	0.087
		11.6	5～67	0.183	0.116
	0.443（收缩）	19.7	5～62	0.158	0.121
		17	3～51	0.162	0.117
		11.7	4～92	0.176	0.085
	0.312	13.9	4～68	0.094	0.193
		9.57	10～65	0.1004	0.123
DIII	0.464	19.7	2～55	0.175	0.104
		11.8	3～41	0.201	0.095
	0.443（收缩）	19.6	14～51	0.178	0.108
		11.9	17～64	0.213	0.119
	0.373（收缩）	17.3	4～46	0.158	0.125
		12.4	5～77	0.151	0.089
	0.312	14.6	6～70	0.101	0.114

（7）B 型旋风除尘器。

B 型旋风除尘器是新型的高效旋风除尘器（图 8.1.10）。由于它处理气量大，压力损失适中，对于较细粉尘的除尘效率又高，且体型较短，近年来在我国石油、化工生产上被日益广泛地应用。尤其在流化床装置中作为内旋风除尘器代替 DI 型旋风分离器，用以捕集昂贵的催化剂微粒。

B 型旋风除尘器采用 180°蜗壳进口，入口面积较大，因此具有较高的处理能力。由于 B 型旋风除尘器的入口面积大，在进口气速相同的情况下，其压力损失约为 DI 型旋风除尘器的 1.17 倍；在处理能力相同的情况下，其压力损失只有 D 型旋风除尘器的 67% 左右。B 型和 DI 型旋风除尘器性能对比见表 8.1.9 和表 8.1.10。

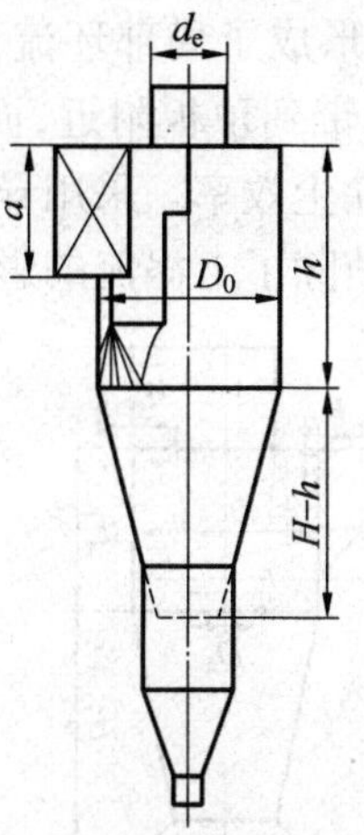

图 8.1.10　B 型旋风除尘器

表 8.1.9　进口气速相同时两种旋风除尘器处理气量、压力损失的比较

进口气速/(m·s^{-1})	B 型旋风除尘器		DI 型旋风除尘器	
	处理气量/(m^3·s^{-1})	压力损失(Δp)	处理气量/(m^3·s^{-1})	压力损失(Δp)
16	4.65	3 000	3.48	2 650
18	5.21	3 800	3.9	3 360
20	5.8	4 730	4.43	4 060
22	6.37	5 680	4.78	4 875
24	6.95	6 760	5.21	5 720
26	7.53	7 920	5.65	6 700

表 8.1.10　处理气量相同时两种旋风除尘器进口气速、压力损失的比较

处理气量/(m^3·s^{-1})	B 型旋风除尘器		DI 型旋风除尘器	
	进口气速/(m·s^{-1})	压力损失(Δp)	进口气速/(m·s^{-1})	压力损失(Δp)
4.65	16	3 000	21.4	4 590
5.21	18	3 800	24	5 730
5.8	20	4 730	26.7	6 990
6.37	22	5 680	29.4	8 480
6.95	24	6 760	32.1	9 950
7.53	26	7 920	34.80	1 161

B 型旋风除尘器内设有粉尘旁路通道结构，即“旁室”。由于旋风除尘器顶部存在着二次涡流，致使较细粉尘在顶部形成上灰环。随着灰环中的粉尘结集到一定厚度，粉尘纷纷下落，则被上升的中心气流带出排气管，影响了除尘效率。进入旁室的气体量，约为旋风除尘器内气体总量的 10% 左右。

(8) E 型旋风除尘器。

E 型旋风除尘器，属于异形进口型旋风除尘器，是近年开发研制的一种新型高效旋风除尘器。与弯曲管道内形成纵向环流的原因一样，旋风除尘器在出口管与顶部及器壁构成的环形区域内(图 8.1.11)，由于顶部下面有一个流动缓慢的边界层，它的静压随半径的变化比强旋流中的变化平缓，于是促使外侧静压较高的流体向上流入此边界层内，并沿边界层向内侧流动,经出口管外壁而转折向下,形成了局部环流,也称上涡流。这种短路流把一部分已浓集在除尘器器壁处的细颗粒向上带到顶板附近,而形成了"上灰环",并不时被带入上升的中心气流中逸出出口管,影响了除尘效率。采用异型进口的目的,是为了气流在流速较高处有相应的较大流通面积,有效地消除了上涡流的影响。

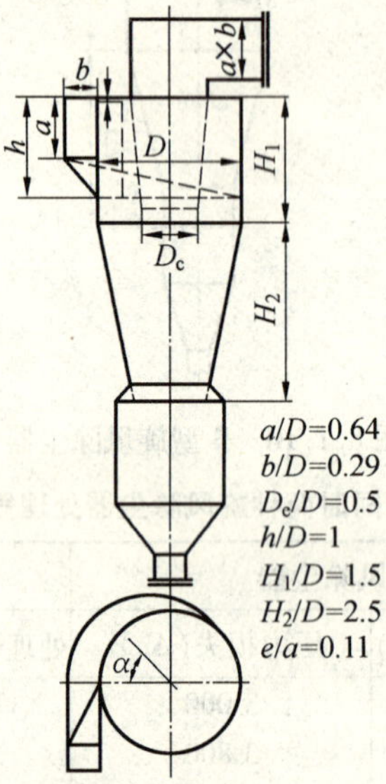

图 8.1.11 E 型旋风除尘器的结构

渐缩形导流挡板使得颗粒随气流进入旋风体内,由直线流动变为圆周流动时,由于颗粒的径向分离距离逐渐减小,因此有利于气固两相的分离,提高了除尘效率,尤其是对细颗粒的捕集。此外,导流挡板与旋风顶板保持一定的缝隙,不仅阻力有显著下降,而且分离效率又有了一定的提高。按国际净化空气会议提出的代表性粒径,直径为 830 mm 的 E 型和 B 型旋风除尘器的效率对比见表 8.1.11。

表 8.1.11 直径为 830 mm 的 E 型和 B 型旋风除尘器的除尘效率

形式	风/($m^3 \cdot h^{-1}$)	气速/($m \cdot s^{-1}$)	压力/Pa	粒级效率% 粒径/μm			
				1	5	10	20
E 型	8 148	17.9	2 210	51.1	85.0	94.4	93.8
B 型	8 970	19.8	2 620	36.4	69.8	83.9	93.8

8.2 湿式除尘器

8.2.1 湿式除尘器的除尘原理

湿式除尘器是利用液体(通常是水)与含尘气流接触,依靠液滴、液膜、气泡等形式洗涤气体的净化装置。在洗涤过程中,由于尘粒自身的惯性运动,使其与液滴、液膜、气泡发生碰撞、扩散、黏附等作用,如图 8.2.1 所示。黏附后的尘粒相互凝聚,从而将尘粒与气体分离。

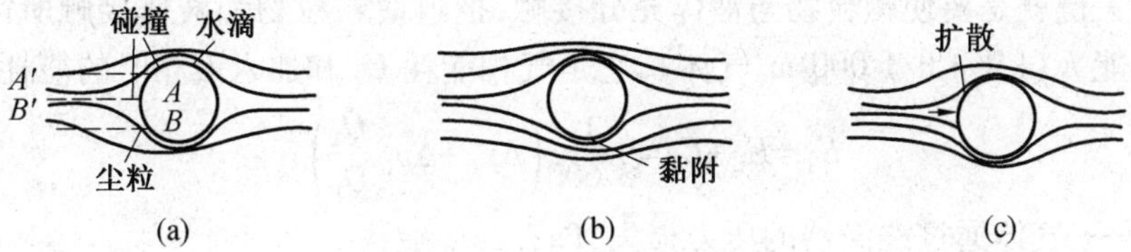

图 8.2.1　颗粒捕集机理

(1)惯性碰撞。

惯性碰撞是湿式除尘器中主要的一种捕尘方式。当含尘气体接近液滴时,气流将绕过液滴,而颗粒较大的尘粒(通常 d_p>1 μm),由于惯性作用,继续保持原来的运动方向前进,撞击到液滴上而被捕集(图 8.2.1(a))。

(2)黏附作用。

当含尘气流接近液滴时,较细尘粒随气流一起绕流,若尘粒半径大于尘粒中心到液滴边缘的距离,则尘粒因与液滴接触而被拦截。

(3)扩散作用。

含尘气体中的小颗粒因受到气体分子无规则的撞击,使之也类似气体分子一样做无规则的运动,便会发生颗粒从高浓度区向低浓度区的扩散。颗粒的扩散类似于气体分子的扩散过程。

在实际的湿式除尘器中,各种捕集机理都在发生作用,所以总的除尘效率要综合考虑上述各因素。表 8.2.1 列出了常见的湿式除尘器的主要接触表面及捕尘体的形式。

表 8.2.1　常见的湿式除尘器的主要接触表面及捕尘体的形式

除尘器	气液两相接触表面形式	捕尘体的形式
重力喷雾除尘器	液滴外表面	液滴
旋风水膜除尘器	液滴与液膜表面	液滴与液膜
贮水式冲击水浴除尘器	液滴与液膜表面	液滴与液膜
板式塔除尘器	气体射流与气泡表面	气体射流与气泡
填料塔除尘器	气体射流、气泡与液膜表面	气体射流、气泡与液膜
文丘里除尘器	液滴与液膜表面	液滴与液膜
机械动力洗涤除尘器	液滴与液膜表面	液滴与液膜表面

与其他除尘器相比,湿式除尘器具有以下优点:①在耗用相同能耗的情况下,湿式除尘器的除尘效率比干式除尘器的除尘效率高;②可以处理高温、高湿、高比阻、易燃和易爆的含尘气体;③在去除含尘气体中粉尘粒子的同时,还可以去除气体中的水蒸气及某些有毒有害的气态污染物,具有除尘、冷却和净化的作用。

但湿式除尘器也存在以下难以避免的缺点:①排出的污水和泥浆造成二次污染,需要处理;②水源不足的地方使用较为困难;③也不适用于气体中含有疏水性粉尘或遇水后容易引起自燃和结垢的粉尘;④含尘气体具有腐蚀性时,除尘器和污水处理设施需考虑防腐措施;⑤在寒冷的地区,冬季需要考虑防冻措施;⑥副产品回收代价大。

8.2.2　湿式除尘器的能耗与效率

湿式除尘器主要是利用水滴、水网、水膜和气泡来除去废气中的颗粒物。因此,设计湿式除尘器的关键就是要使颗粒物与液体充分接触,把迫使颗粒物和液体接触所需要的能量定义为接触能 E_t(kW·h/1 000 m^{3}气体),它是气相能耗 E_g 和加入液相时的能耗 E_L。

$$E_T=E_G+E_L=\frac{1}{3\ 600}\left(\Delta p_G+\Delta p_L\frac{Q_L}{Q_G}\right) \tag{8.2.1}$$

式中 Δp_G——气体通过洗涤器的压力损失,Pa;

Δp_L——加入液体的压力损失,Pa;

Q_L、Q_G——液体和气体流量,m^3/s。

定义系统的传质单元数为

$$N_t=-\int_{C_1}^{C_2}\frac{1}{C}dC=-\ln\frac{C_2}{C_1} \tag{8.2.2}$$

则洗涤器的除尘效率可表示为

$$\eta=1-\frac{C_2}{C_1}=1-e^{-N_t} \tag{8.2.3}$$

式中 C_1——进洗涤器时粉尘质量浓度,mg/m^3;

C_2——出洗涤器时粉尘质量浓度,mg/m^3。

经过大量的实验研究,传质单元数 N_t 和总能耗 E_T 在双对数坐标系上基本上是呈直线关系,于是可得如下经验关系式:

$$N_t=\alpha E_T^{\beta} \tag{8.2.4}$$

式中 α、β——特性参数,取决于要净化的粉尘的特性和洗涤器类型,Semran 给出的部分粉尘的参数见表 8.2.2。

表 8.2.2 粉尘的 α、β 参数

粉尘或尘源的类型	α	β	粉尘或尘源的类型	α	β
L-D 转炉烟尘	4.450	0.466 3	硫酸铜气溶液	1.350	1.067 9
滑石粉	3.626	0.350 6	肥皂生产排出的雾	1.169	1.414 6
磷酸雾	2.324	0.631 2	吹氧平炉升华的烟尘	0.880	1.619 0
化铁炉烟雾	2.225	0.621 0	不吹氧平炉烟尘	0.795	1.594 0
炼钢平炉烟尘	2.000	0.568 8	冷水	1.900	0.649 4
硅钢炉烟尘	1.266	0.450 0	45%黑液	1.640	0.775 7
鼓风炉烟尘	0.955	0.891 0	循环热水	1.519	0.085 9
石灰窑粉尘	3.567	1.052 9	45%和60%黑液	1.500	0.804 0
黄铜炉排出的氧化锌	2.180	0.531 7	两级喷射,热黑液	1.058	0.862 8
石灰窑排出的碱	2.200	1.229 5	60%黑液	0.840	1.248 0

8.2.3 国内外典型湿式除尘器设备

湿式除尘器的式样很多,通常是耗能低的主要用于治理废气;耗能高的一般用于除尘。要去除很细的微粒,必须消耗巨大的能量。用于除尘方面的湿式除尘器主要有:喷淋塔式除尘器、文丘里洗涤除尘器、冲击水浴式除尘器和水膜除尘器。

1. 喷淋塔式除尘器

喷淋塔式除尘器是构造最简单的一种湿式除尘器。根据喷淋除尘器内的气液流动方向不同,可将其分为顺流、逆流和错流 3 种形式,最常用的是逆流喷淋除尘器。在逆流式喷淋

塔中,含尘气流向上运动,喷嘴喷出的液滴向下运动。液滴通过惯性、拦截、扩散等效应将较大的尘粒捕集下来。如果气流速度较小,夹带了尘粒的液滴将在重力作用下落入塔底。为保证气流分布均匀,常采用多孔气流分布板。经水雾净化后的气流由塔上部排出,通常在塔的顶部安装脱水器(除雾器),以脱除那些很小的液滴。

如果假定所有液滴具有相同直径、液滴在整个过气断面上分布均匀、无凝聚现象,并在塔内很快达到最终沉降速度,喷淋塔式除尘器的总效率可按卡费特(Calvert S.)等人推导出来的公式计算:

$$\eta=1-\exp\left(-\frac{3Q_{\mathrm{L}}\eta_{\mathrm{L}}v_{\mathrm{p}}H}{2Q_{\mathrm{G}}D_{\mathrm{L}}v_{\mathrm{L}}}\right) \tag{8.2.5}$$

式中 Q_{L}——液体的喷淋量,$\mathrm{m^3/s}$;

Q_{G}——进气量,m/s;

v_{p}——尘粒的沉降速度,m/s;

v_{L}——相对于除尘器壁面的液滴速度,m/s;

H——气液接触区的高度,m;

D_{L}——液滴的直径,m;

η_{L}——液滴捕获尘粒的效率。

$$\eta_{\mathrm{L}}=\frac{S_{\mathrm{t}}^2}{(S_{\mathrm{t}}+0.35)^2} \tag{8.2.6}$$

即

$$\eta_{\mathrm{L}}=1-0.15S_{\mathrm{t}}^{-1.24} \tag{8.2.7}$$

横向错流喷淋塔式除尘器的效率可用下式计算:

$$\eta=1-\exp\left(-\frac{3Q_{\mathrm{L}}\eta_{\mathrm{L}}H}{2Q_{\mathrm{G}}D_{\mathrm{L}}}\right) \tag{8.2.8}$$

实验表明,喷淋除尘器在设计时,一般进气流速取 0.6~1.2 m/s;耗水量取 0.4~1.35 $\mathrm{L/m^3}$;除尘器的阻力一般为 200~400 Pa,此时对于 10 μm 以上的尘粒去除效率比较高,一般可达 90% 左右。

2. 文丘里湿式除尘器

文丘里湿式除尘器是一种高效湿式除尘器,是由文氏管和脱水装置(如在文氏管后接旋风分离器)两部分组成。文氏管由渐缩管、喉管和渐扩管组成,其结构如图 8.2.2 所示。

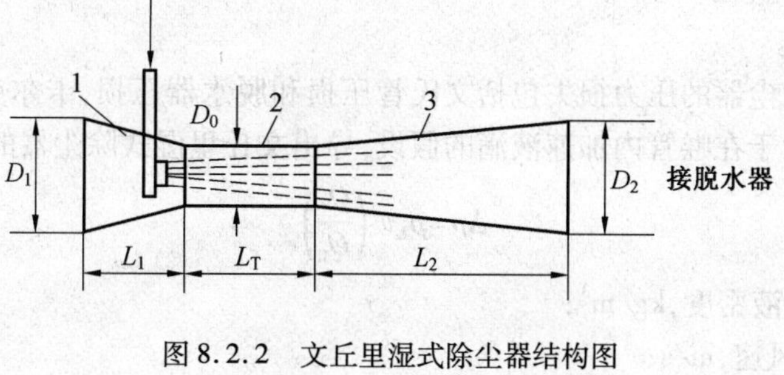

图 8.2.2　文丘里湿式除尘器结构图

1—渐缩管;2—喉管;3—渐扩管

(1)运行参数与几何尺寸设计。

含尘气流由进气管进入渐缩管后,流速逐渐增大,气流的压能逐渐变为动能,在喉管处,风速达到最大,一般为50~180 m/s。洗涤液通过沿喉管周边均匀分布的喷嘴进入,液滴被高速气流雾化和加速,耗水量(液气化)一般为0.7 L/m^{3}左右。充分雾化是实现高效除尘的基本条件。通常假定微尘以与气流相同的速度进入喉管;洗涤液的轴向速度为零,液滴在气流的抽力作用下被逐渐加速,加速运动的液滴与粒子发生惯性碰撞,液滴附着于粒子上。在喉管下游,液滴接近气流的速度,惯性碰撞作用减小,因此气流入口速度必须高。在渐扩管中,风速的减小和压力的回升,使以微尘为凝结核的凝聚作用增强,形成直径较大的含尘液滴,以便于被后续的湿式除尘器或除雾器捕集下来。文丘里湿式除尘器的几何尺寸(图8.2.3)主要包括渐缩管、喉管和渐扩管的长度、直径以及渐缩管和渐扩管的张开角度等。渐缩管的直径D_1按与之相连的管道直径确定,管道风速一般为15~25 m/s。

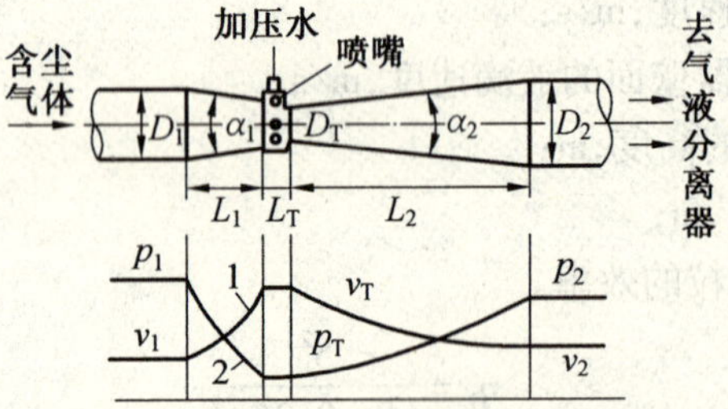

图8.2.3 文丘里湿式除尘器几何尺寸图

喉管大小由选定的喉管气速和处理的废气量确定。喉管长度可由经验关系式$L_T/D_T=0.8\sim1.5$确定,一般喉管的长度为200~350 mm,最大不超过500 mm。

渐缩管和渐扩管的长度和大小由收缩角α_1和扩散角α_2确定,一般取$\alpha_1=23°\sim28°$,$\alpha_2=6°\sim7°$,则渐缩管和渐扩管长度为

$$L_1=\frac{D_1-D_T}{2}\cot\frac{\alpha_1}{2} \tag{8.2.9}$$

$$L_2=\frac{D_2-D_T}{2}\cot\frac{\alpha_2}{2} \tag{8.2.10}$$

式中 L_1、L_2——渐缩管和渐扩管的长度,m;

D_1、D_2——渐缩管和渐扩管的直径,m;

D_T——喉管直径,m。

(2)压力损失。

文丘里湿式除尘器的压力损失包括文氏管压损和脱水器压损,卡尔弗特等人基于气流损失的能量全部用于在喉管内加速液滴的假设,导出文丘里湿式除尘器的压力损失为

$$\Delta p=\rho_L v^2\left(\frac{Q_L}{Q_0}\right) \tag{8.2.11}$$

式中 ρ_L——洗涤液密度,kg/m^3;

v——喉管风速,m/s;

Q_L、Q_0——洗涤液流量和含尘气流量,m^3/s。

考虑喉管尺寸的影响,根据多种形式文丘里湿式除尘器压损的实验数据,给出如下经验

公式：

$$\Delta p=0.862\rho v^2 S^{0.133}\left(\frac{1\,000Q_L}{Q_0}\right)^{0.78} \tag{8.2.12}$$

式中　ρ——含尘气流密度，kg/m^3；

S——喉管断面积，m^2。

(3)除尘效率。

文丘里湿式除尘器的除尘效率取决于文氏管中粒子（雾滴和粉尘）的凝聚速率和脱水器的效率。这两方面存在一定的不确定性，即喷雾形式和雾化效果不是已知的，不同的脱水器的脱除效率也有很大差异。因此，目前尚缺乏可靠的计算除尘效率的通用表达式。

卡尔弗特等人作了一系列简化后得出随压力损失变化的效率公式为

$$\eta=1-\exp\left(-\frac{6.1\times10^{-9}\rho_L C_u d_p^2}{\mu^2}f^2\Delta p\right) \tag{8.2.13}$$

式中　ρ_L——液体密度，kg/m^3；

ρ——气体密度，kg/m^3；

C_u——滑移修正系数；

d_p——粉尘直径，m；

f——经验系数，$f=0.1\sim0.4$，推荐取 $f=0.25$；

Δp——文氏管湿式除尘器压力损失，Pa。

通过对文丘里湿式除尘器中尘粒和水滴的运动分析，还可得到随喉管风速和斯托克斯数变化的效率公式：

$$\eta=1-\exp\left[\frac{2Q_L v\rho_L D_c}{55Q_0\mu}F(S_{tk},f)\right] \tag{8.2.14}$$

式中　D_c——水滴直径，m；

f——经验系数；

S_{tk}——按喉管内流速 v 确定的斯托克斯数。

函数 $F(S_{tk},f)$ 由下式决定：

$$F(S_{tk},f)=\frac{1}{S_{tk}}\left[-0.7-S_{tk}f+1.4\ln\left(\frac{S_{tk}f+0.7}{0.7}\right)+\frac{0.49}{0.7-S_{tk}f}\right] \tag{8.2.15}$$

在常见的设计过程中，经验系数 f 的数值确立可根据以下原则：捕集憎水性粉尘，$f=0.1\sim0.3$；对亲水性粉尘，$f=0.4\sim0.5$，大型文丘里湿式除尘器试验 $f=0.5$。

3. 水膜除尘器

采用喷雾或其他方式，使除尘装置的壁上形成一薄层水膜，以捕集粉尘。常用的水膜除尘器有以下几种形式。

(1)立式旋风水膜除尘器。

立式旋风水膜除尘器是一种运行简单、维护管理方便、运用比较广泛的湿式除尘器，国内所用的型号为 CLS 型。这种除尘器是在筒体的上部以环形方式安装一排喷嘴，喷雾沿切向喷向筒壁，使内壁形成一层很薄的不断下流的水膜。含尘气体由筒体下部切向导入，旋转上升，靠离心力作用甩向壁面的尘粒被水膜黏附，沿筒壁流下。粉尘粒子随沉渣水由除尘器底部排渣口排出，净化后的气体由筒体上部排出。这种除尘器净化效率一般可达 90% 以上,其入口最大允许质量浓度为2 g/m^3,处理大于此质量浓度的含尘气体时,应在其前设一预除尘器,以降低进气含尘质量浓度。

立式旋风水膜除尘器的出口方式有两种,带有蜗壳形的出口称为X型,不带蜗壳形的出口称为Y型。另外,根据气体进入除尘器内的旋转方向(从顶视判断)又分为N型(逆时针)和S型(顺时针)两种。此除尘器按其规格不同设有3~6个喷嘴,喷水压力为30~50 kPa,耗水量为0.1~0.3 L/m^3(气),压力损失为500~750 Pa,具体性能见表8.2.3。该除尘器的净化效率取决于两个因素:第一,净化效率随入口速度增大而提高,但气速不能太大。入口速度过太,不但压力损失激增,而且还会破坏水膜层,使净化效率反而降低,同时出现带水现象,所以入口速度一般范围为15~22 m/s。第二,除尘器净化效率随筒体直径减小而减小,随筒体高度增加而提高,但直径不能太小,高度不能太高,筒体高度一般不大于5倍筒体直径。

表8.2.3 立式旋风水膜除尘器的主要性能

型号	进口气速 /(m·s^{-1})	处理气量 /(m^3·h^{-1})	用水量 /(L·s^{-1})	喷嘴数	压力损失/Pa	
					X型	Y型
D315	18	1 600	0.14	3	550	500
	21	1 900			760	680
D443	18	3 200	0.20	4	550	500
	21	3 700			760	680
D570	18	4 500	0.24	5	550	500
	21	5 250			760	680
D634	18	5 800	0.27	5	550	500
	21	6 800			760	680
D730	18	7 500	0.30	6	550	500
	21	8 750			760	680
D793	18	9 000	0.33	6	550	500
	21	10 400			760	680
D888	18	11 300	0.36	6	550	500
	21	13 200			760	680

(2)卧式旋风水膜除尘器。

卧式旋风水膜除尘器是一种阻力不高而效率比较高的除尘器。其结构简单,操作维护方便,耗水量小,而且不易磨损,在机械、冶金等行业使用较多,卧式旋风水膜除尘器的结构如图8.2.4所示。

它具有横置筒形的外壳和横断面为倒梨形的内芯,在外壳和内芯之间有螺旋导流片,筒体的下部接灰浆斗。含尘气体由一端沿切线方向进入除尘器,并在外壳、内芯间沿螺旋导流片做螺旋状流动前进,最后从另一端排出。每当含尘气体经一个螺旋圈下部的水面时,沿着气流方向把水推向外壳外壁上,使该螺旋圈形成水膜。当含尘气体经各螺旋圈后,除尘器各螺旋圈也就形成了连续的水膜。卧式旋风水膜除尘器之所以有较高的除尘效率,是在于各螺旋圈外壳内壁形成完整的水膜和气体对各圈水面的冲击,以及产生大量的水滴与泡沫。为了达到上面的条件,要求有合理的横断面及各螺旋圈下都具有合适的水位即有合适的通道速度。

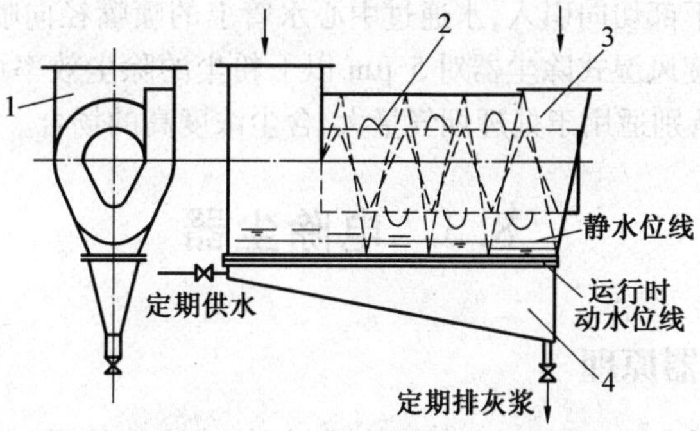

图 8.2.4　卧式旋风水膜除尘器

1—外壳;2—螺旋导流片;3—内芯;4—灰浆斗

卧式旋风水膜除尘器主要的特点是:卧式旋风水膜除尘器系列的设计额定气量为 1 500 ~30 000 m/s,其间分 11 个型号。额定螺旋通道气速(或进口气速)为 14.5 m/s,使用气速范围为 11 ~16 m/s。横断面为倒梨形,内芯与外壳直径比为 1 ∶ 3。三个螺旋圈等螺距、水平安装。全隔开式灰浆斗。螺旋通道长宽比,即通道宽度与螺距之比为 0.7 ~0.8。脱水方式分檐板和旋风两种。采用檐板脱水时,其最大出口气速即最大使用气量下气速为 3 m/s,两檐板间最大气速为 4 m/s。7 ~11 型号的除尘器也可采用旋风脱水,其脱水段长度与插入管插入深度比为 1 ∶(0.645 ~0.655),其脱水段直径与喇叭口直径比为 1 ∶(0.745 ~0.755)。除尘器采用定期排灰浆后换水和连续供水、排水相结合的操作制度,灰浆排放阀宜用快放阀。在除尘器后的系统管道水平段内,应设置泄水管,以防止系统出口带水。

4. 旋风湿式除尘器

旋风湿式除尘器与干式旋风器相比,由于附加了水滴、水膜的捕尘作用,除尘效率明显提高。由于在旋风湿式除尘器中带水较少,则可以采用比喷淋塔更细的喷雾。气体的螺旋运动所产生的离心力,把水滴甩向边壁形成壁流,因而水滴在气体中的滞留时间短。因旋风湿式除尘器内壁上形成的水膜,可以有效地防止二次扬尘,从而可采用比干式旋风除尘器更高的入口风速,一般可取 15 ~45 m/s。中心喷雾的旋风湿式除尘器如图 8.2.5 所示。

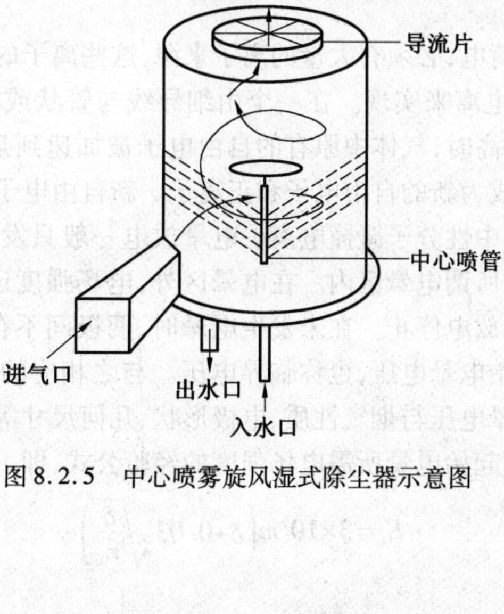

图 8.2.5　中心喷雾旋风湿式除尘器示意图

含尘气体由筒体下部切向引入,水通过中心水管上的喷嘴径向喷出,与旋转气流相碰,使尘粒被捕集下来。旋风湿式除尘器对 5 μm 以下粉尘的除尘效率可达 90% 以上,压力损失为 500 ~1 500 Pa,特别适用于处理烟气量大、含尘浓度高的场合。

8.3　电除尘器

8.3.1　电除尘器原理

电除尘器是利用静电力(库仑力)实现粒子(固体或液体粒子)与气流分离沉降的一种除尘装置。电除尘器利用静电力直接作用在粒子上,因此,分离尘粒所消耗的能量较小、压力损失也较小。由于作用在粒子上的静电力相对较大,所以即使对亚微米级的粒子也能有效地捕集。电除尘器的除尘原理如图 8.3.1 所示,包括电晕放电、气体电离、粒子荷电、粒子的迁移和补集、粒子清除 4 个过程。

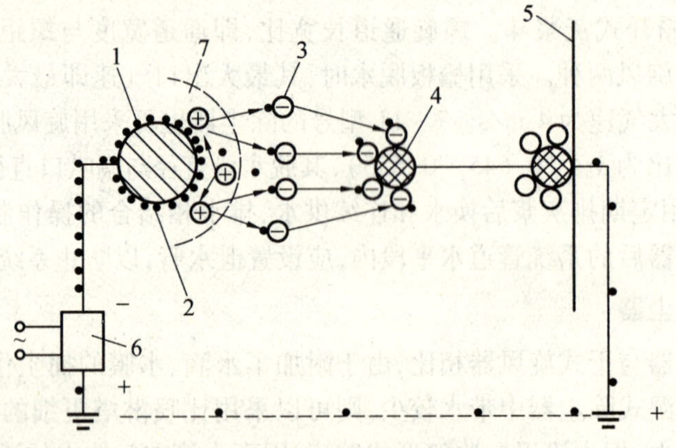

图 8.3.1　电除尘器的除尘过程示意图

1—电晕极;2—电子;3—离子;4—尘粒;5—集尘极;6—供电装置;7—电晕区

1. 电晕放电

要使气流中的尘粒荷电,必须有大量的离子来源,这些离子的产生大多采用放电电极周围的"电晕"现象使气体电离来实现。在一个由细导线与管状或板状集成极形成的非均匀电场中,当直流电压足够高时,气体中原有的自由电子被加速到某一很高的速度,并通过碰撞使气体中性分子电离成为新的自由电子和正离子。新自由电子和正离子又被加速到某一很高的速度,又引起气体中性分子碰撞电离。电晕放电一般只发生在非均匀电场中放电极表面附近的小区域内,即所谓电晕区内。在电晕区外,电场强度迅速减小,不足以引起气体分子碰撞电离,因而电晕放电停止。在未发生电晕时,两极间不存在空间电荷,开始发生电晕放电时的电压称为起始电晕电压,也称临界电压。与之相应的电场强度称为起始电晕场强或临界场强。起始电晕电压与烟气性质、电极形状、几何尺寸等因素有关。皮克通过大量试验研究,提出如下计算起始电晕所需电场强度的经验公式,即

$$E_c = 3\times10^6 m\left(\delta + 0.03\sqrt{\frac{\delta}{r_0}}\right) \qquad (8.3.1)$$

式中　E_c——起始电晕电场强度,V/m;

δ——空气的相对密度,$\delta=(T_0p)/(Tp_0)$,其中 $T_0=298$ K,$p_0=101.33$ kPa;

T、p——运行状况下空气的温度和压力;

m——导线光滑修正系数,无因次,一般 $0.5<m<1.0$,对清洁的光滑导线,$m=1$,实际中可取 $m=0.6\sim0.7$。

在电晕电极表面上,起晕电压 V_c 可表示为

$$V_c=3\times10^6 am\left(\delta+0.03\sqrt{\frac{\delta}{r_0}}\right)\ln\frac{r_c}{r_0} \tag{8.3.2}$$

式中　r_0——电晕线半径,m;

r_c——管式电极的半径,m。

影响电晕放电的因素主要包括:

(1)气体组成的影响。不同气体对电子的亲和力不同,电负性不同,电子附着形成负离子的过程也不同。氢、氮和氩等惰性气体,对电子没有亲和力,不能使电子附着并形成负离子;很多工业废气中存在的氧、二氧化硫等电负性气体,能很快俘获电子,形成稳定的负离子;另外一些气体,最明显的是二氧化碳和水蒸气,对电子虽没有亲和力,但当其与高速电子碰撞时首先电离出一个氧原子,然后电子附着在氧原子上,也形成了负离子。对电子亲和力高和迁移率低的气体施加更高的电压,即更高的电场强度,可改善电除尘器的性能。

(2)温度和压力的影响。气体的温度和压力既能改变起晕电压,又能改变伏安特性。温度和压力改变的一种影响是使气体密度改变,因而使电子平均自由程改变,即改变了使电子加速到电离所需要的速度时所必需的场强。因此,气体的压力升高和温度降低时,气体密度增大,起晕电压增高。谢尔(Shale)提出,离子迁移率随下面三个因素而增大:①温度和场强不变时,减小气体密度;②气体密度和场强不变时,提高温度;③气体的温度和密度不变时,增大场强。

2. 粒子荷电

粒子荷电分为以下两种方式:

(1)电场荷电。电场荷电是指离子在电场中沿电力线做定向运动而与粒子碰撞并使其荷电,这是粒径大于 1.0 μm 的大粒子的主要荷电机制。作为电介质的粒子,未荷电前将把其附近的电力线吸向自己(图 8.3.2(a)),使沿电力线运动的离子迅速与之碰撞并依附其上。随着粒子逐渐荷电,电力线逐渐受到排斥,直到最后全部电力线都不由粒子发出(图 8.3.2(b)),离子不再同粒子碰撞。这时电场荷电停止,粒子由于离子碰撞已获得了最大电荷,即认为粒子荷电达到饱和,此时的电荷值称为饱和电荷。在假定粒子是球形的,且相邻粒子的电场之间互不影响及电场强度不变时,饱和荷电量可按下式估算:

$$q_s=3\pi E_0\varepsilon_0 d_p^2\left(\frac{\varepsilon_p}{\varepsilon_p+2}\right) \tag{8.3.3}$$

式中　q_s——饱和荷电量,C;

d_p——粒子直径,m;

E_0——两极间的平均电场强度,V/m;

ε_0——真空介电系数,$\varepsilon_0=8.85\times10^{-12}$,$C^2/(N\cdot m^2)$;

ε_p——粒子的相对介电系数(与真空条件下的介电系数相比较),无因次,大多数材

料,粒子相对介电系数的变化范围为1～∞,如硫黄约为4.2,石膏约为5,石英玻璃为5～10,金属氧化物为12～18,纯水约为81.5,真空约为1.0,空气为1.000 59,导电粒子(金属)为∞。

(2)扩散荷电。扩散荷电是离子做不规则热运动与粒子碰撞使粒子荷电,是粒径小于0.4 μm左右的小粒子的主要荷电机制。扩散荷电速率取决于粒子附近离子密度和离子的热运动速度。由于热运动的不规则性,有些离子能够克服荷电粒子产生的排斥力而与之碰撞,因而理论上不存在可达到的最大荷电极限,这与电场荷电过程不同,但是随着粒子扩散荷电量的增加,对其周围离子的斥力不断增大,荷电速率将会越来越低。

怀特利用分子热运动理论推导出扩散荷电的理论方程:

$$q_t = \frac{2\pi\varepsilon_0 d_p kT}{e^2}\ln\left(1+\frac{e^2 \bar{v} d_p N_0 t}{8\varepsilon_0 kT}\right) \tag{8.3.4}$$

式中 k——波尔兹曼常数,$k=1.38\times10^{-23}$,J/K;

T——气体温度,K;

$\bar{v}$——气体离子的算术平均热运动速度,$\bar{v}=\sqrt{\frac{8kT}{m\pi}}$;

m——单个气体分子的质量,kg。

3.粒子的捕集

德意希从理论上推导出捕集效率方程式,方程推导过程中作了如下假定:①电除尘器中的气流处于紊流状态,通过除尘器任一横断面的粒子浓度和气流分布是均匀的,速度大小等于气流平均速度 v;②在集尘极板附近的边界层内,气流处于层流状态,粒子以驱进速度 ω 运动,不受气流速度的影响;③进入除尘器的粒子立刻达到了饱和荷电;④忽略电风、气流分布不均匀、被捕集粒子重新进入气流等影响。方程的推导如图8.3.2所示。

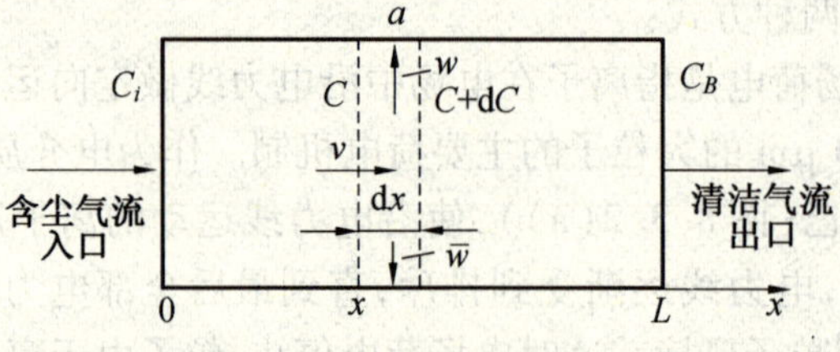

图8.3.2 捕集效率方程式推导示意图

设气流方向为 x,气体和粒子在 x 方向的流速皆为 v(m/s),气体流量为 Q(m^3/s),粒径为 d_{pi} 的粒子质量浓度为 C_i(g/m^3),粒子驱进速度为 ω_i(m/s),流动方向上每单位长度的集尘极板面积为 a(m^2/m),总集尘极板面积为 A(m^2),电场长度为 L(m),流动方向上的横断面积为 F(m^2),则在时间 dt 内于长度为 dx 的空间所捕集的粒子质量为

$$dm = a(dx)\omega_i C_i(dt) = -F(dx)(dC_i) \tag{8.3.5}$$

由于 vdt=dx 代入上式得

$$\frac{a\omega_i}{Fv}dx = -\frac{dC}{C} \tag{8.3.6}$$

将其由除尘器入口（d_{pi}粒子浓度为 C_{1i}）到出口（含尘质量浓度为 C_{2i}）进行积分，并考虑到 $Fv=Q, aL=A$，则可得理论分级捕集效率方程：

$$\eta = 1-\frac{C_{1i}}{C_{2i}} = 1-\exp\left(-\frac{A}{Q}\omega_i\right) \tag{8.3.7}$$

该式被称为德意希-安德森捕集效率方程，只有当粒子的粒径相同且驱进速度不超过气流速度的 10% ~20% 时，这个方程理论上才是成立的，作为除尘效率的近似估算，ω 应取某种形式的平均驱进速度。若驱进速度取粒径 d_{pi} 的函数，德意希-安德森捕集效率方程实际上表示的是除尘分级效率。实际中往往是根据某种除尘器结构形式在一定运行条件下测得的总捕集效率值，代入分级效率方程，反算出相应的驱进速度，称为有效驱进速度，用 ω_p 表示。理论计算的驱进速度值比实测所得的有效驱进速度可能大 2 ~10 倍，因此，可用此有效驱进速度来描述工业电除尘器的性能，并作为同类除尘器设计中确定其尺寸的基础，即用有效驱进速度 ω_p 代替理论驱进速度 ω_i：

$$\eta = 1-\exp\left(-\frac{A}{Q}\omega_p\right) \tag{8.3.8}$$

在工业应用的电除尘器中，有效驱进速度大致范围为 0.02 ~0.2 m/s。表 8.3.1 列出了各种工业粉尘的有效驱进速度。

表 8.3.1　各种工业粉尘的有效驱进速度

粉尘种类	$\omega_p/(m\cdot s^{-1})$	粉尘种类	$\omega_p/(m\cdot s^{-1})$
煤粉（飞灰）	0.10 ~0.14	冲天炉	0.03 ~0.04
纸浆及造纸	0.08	水泥生产（干法）	0.06 ~0.07
平炉	0.06	水泥生产（湿法）	0.10 ~0.11
酸雾（H_2SO_4）	0.06 ~0.08	多层床式焙烧炉	0.08
酸雾（TiO_2）	0.06 ~0.08	红磷	0.03
飘悬焙烧炉	0.08	石膏	0.16 ~0.20
催化剂粉尘	0.08	二级高炉（80% 生铁）	0.125

8.3.2　电除尘器的结构及设计

1. 电除尘器的结构

电除尘器的形式多种多样（表 8.3.2），但从其结构来看，一般包括以下几个主要部分：电晕电极、集尘电极、电晕极和集尘极的清灰装置、气流分布装置、壳体、输灰装置及供电装置等，图 8.3.3 为典型的板式电除尘器本体结构图。

表 8.3.2　电除尘器的分类

分类依据	分类	特性
按气体流向	立式电除尘器	气体在电除尘器内，从下往上垂直流动。通常规格较小，处理气量少，适宜在粉尘性质易被静电捕集的情况下使用
	卧式电除尘器	气体在电除尘器内沿水平方向流动。其特点是除尘效率高；可以回收不同成分、不同粒径的粉尘；粉尘二次飞扬比立式电除尘器少；设备高度较低，安装、维护方便。但占地面积较大，基建投资费用较高
按清灰方式	干式电除尘器	收下来的粉尘呈干燥状态。操作温度一般要求高于处理气体露点 20 ~ 30 ℃，使用温度可达 350 ~ 450 ℃，甚至更高。常用于收集经济价值较高的粉尘
	湿式电除尘器	收下来的粉尘为泥浆状。操作温度较低，对于一般含尘气体都需进行降温处理，在温度降至 40 ~ 70 ℃ 再进入电除尘器。设备需采取防腐蚀措施
按使用温度	低温电除尘器	进入电除尘器的含尘气体温度低于 150 ℃。存在含尘气体易冷凝结露，造成设备腐蚀，粉尘黏结电极和绝缘件易爬电击穿等
	中温电除尘器	处于含尘气体温度 150 ~ 300 ℃，属常规电除尘器，在工业领域得到广泛应用
	高温电除尘器	进入电除尘器的含尘气体温度为 300 ~ 500 ℃，甚至更高，构件容易变形，壳体焊缝易开裂，部分或全部构件须采用耐热钢制作
按沉尘极结构形式	管式电除尘器	沉尘极为圆管、蜂窝管、多段喇叭管和扁管等。除硫黄、黄磷等特殊情况外，一般用于湿式电除尘器或电除雾器
	板式电除尘器	沉尘极由平板按设定规律排列组成，电场强度变化不够均匀，清灰效果好，制作、安装和维护检修比较方便容易
按电极配置位置	单区式电除尘器	气体含尘粒荷电和积尘在同一区域进行，电晕极系统和沉尘极系统都装在这个区域内，在工业生产中已被普遍采用
	双区式电除尘器	气体含尘尘粒荷电和积尘在结构不同的两个区域进行，前一区域装电晕极系统以产生带电离子，后一区域装沉尘极系统以捕集粉尘。其供电电压较低，结构简单

(1)电晕电极。

电晕电极是电除尘器中使气体产生电晕放电的电极，包括电晕线、电晕框架、电晕框悬吊架、悬吊杆和支撑绝缘套管等。电晕线是产生电晕放电的主要部件，其性能好坏直接影响除尘器的性能。电晕线的形式有光滑圆形线、星形线、螺旋形线、芒刺线、锯齿线、麻花线等。表面曲率大的起晕电压低，在相同电场强度下，能够获得较大的电晕电流；表面曲率小的，则电晕电流小，但能形成较强的电场。对电晕线的一般要求是：起晕电压低、电晕电流大、机械强度高、能维持准确的极距以及容易清灰等。

(2)集尘电极。

集尘电极的结构对粉尘的二次飞扬、金属消耗量和造价有很大影响。对集尘电极要求：

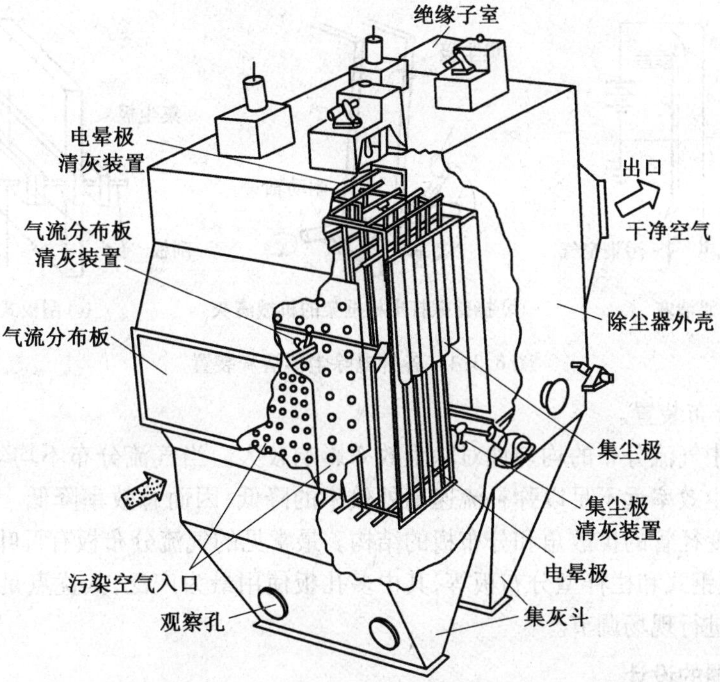

图 8.3.3　平板型干式电除尘器的本体结构

易于粉尘在板面上沉积，避免二次扬尘，便于清灰，形状简单易于制作并有足够的刚度和强度。集尘极形式有板式、管式两大类。其中板式又可分为：①平板型：包括网状、棒帷式等；②箱式：包括鱼鳞板和袋式（郁金香式）电极等；③型板式：包括 Z 型、C 型、CS 型、波型、槽型电极等。平板型电极一般多用在特殊的场合，例如电极上积灰难以抖落，要求集尘极经受振打力很大时，或气体温度很高，要求集尘极不易变形时等。平板型电极由于气流直接冲刷电极表面，会使沉积粉尘返回气流，使除尘效率下降。因此，为减少二次扬尘，保证除尘效率，一般要求气流速度低于 0.8 m/s。箱式电极由于结构复杂、耗钢量大、易被积尘堵塞，所以已很少采用。型板式电极是用厚（1.2 ~2）mm 钢板冷轧加工成一定形状的型板。极板两面通常设有沟槽和挡板，既能增大极板刚度，又能在板面附近的边界层中形成涡流区，以利于粒子沉降，减少二次扬尘。型板式电极在捕集效率、钢耗、振打清灰性能等方面，皆优于平板式和箱式电极。

（3）清灰装置。

电除尘器清灰的主要方式有机械振打、电磁振打、刮板清灰、水膜清灰等，如图 8.3.4 所示。

在湿式电除尘器的液体粒子气溶胶捕集器中，如焦油分离和酸雾捕集器等，沉降到极板上的液滴凝聚成大液滴，靠自重流下而排掉。对于固体粒子捕集器，则用喷雾或溢流水冲洗极板的方法清除掉，即水膜清灰（图 8.3.4（a））。极板的清灰有机械振打、压缩空气振打、电磁振打及电容振打等方式。目前应用最广的是挠臂振打电极框架的机械清灰方式（图 8.3.4（b））。对于不易靠振打清灰的黏结性粉尘，一般采用移动刮板的清灰方式（图 8.3.4（c））。

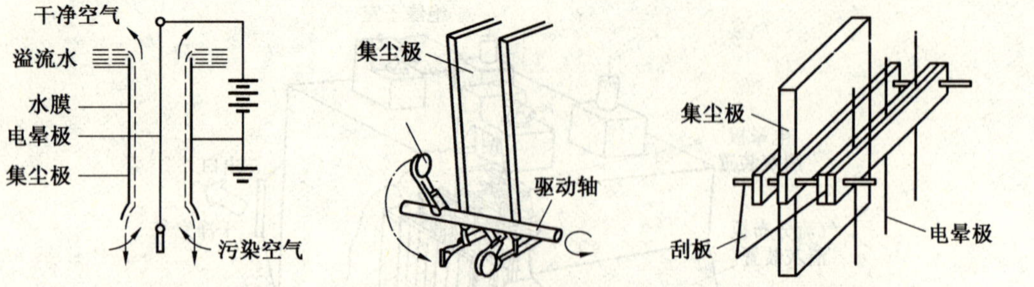

(a) 水膜清灰　(b) 挠臂振打电极框架的机械清灰　(c) 刮板式清灰

图 8.3.4　各种电除尘器清灰装置

(4)气流分布装置。

电除尘器中气流分布的均匀性对除尘效率影响较大。当气流分布不均匀时,在流速低处所增加的除尘效率远不足以弥补流速高处效率的降低,因而总效率降低。气流分布的均匀程度取决于变径管的扩散角和分布板的结构。最常见的气流分布板有百叶窗式、多孔板、分布格子、槽型钢式和栏杆型分布板等,其中多孔板使用最为广泛,其优点是可以根据气流实际分布情况进行现场调节。

2. 电除尘器的设计

对于平板式电除尘器,其设计计算主要是根据需要处理的含尘气体流量和净化要求,确定集尘面积、电场段面积、电场长度、集尘极和电晕极的数量和尺寸等。

(1)集尘极面积。

$$A=\frac{Q}{\omega_p}\ln\frac{1}{1-\eta} \tag{8.3.9}$$

式中　A——集尘极面积,m^2;

η——集尘效率;

Q——处理气量,m^3/s;

ω_p——粉尘的有效驱进速度,m/s。

(2)电场段面积。

$$A_c=\frac{Q}{v} \tag{8.3.10}$$

式中　A_c——电场段面积,m^2;

v——气体平均流速,m/s。

对于一定结构的电除尘器,当气体流速增加时,除尘效率降低,因此气体流速不宜过大;但如其过小,又会使除尘器体积增加,造价提高,除尘效率降低,因此气体流速不宜过大,一般 $v=1.0$ m/s 左右。

(3)集尘极与放电极的间距和排数。

集尘极与放电极的间距对电除尘器的电气性能及除尘效率均有很大影响。如间距太小,由于振打引起的位移、加工安装的误差和积尘等对工作电压影响较大。如间距太大,要求工作电压高,往往受到变压器、整流设备、绝缘材料的允许电压的限制。目前,一般集尘极的间距($2b$)采用 200 ~ 300 mm,即放电极与集尘极之间的距离(b)为 100 ~ 150 mm。

集尘极的排数可以根据电场段面宽度和集尘极的间距确定：

$$n=(B/\Delta B)+1 \tag{8.3.11}$$

式中　n——集尘极排数；

B——电场断面宽度，m；

ΔB——集尘极板间距，m，$\Delta B=2b$。

(4)电场长度。

根据净化要求、有效驱进速度和气体流量，可以算出集尘极的总面积，再根据集尘极排数和电场高度算出必要的电场长度。在计算集尘板面积时，靠近电除尘器壳体壁面的集尘极，其集尘面积按单面计算；其余集尘极按双面计算。故电场长度的计算公式为

$$L=\frac{A}{2(n-1)H} \tag{8.3.12}$$

式中　L——电场长度，m；

H——电场高度，m。

(5)工作电压。

根据实际经验，一般可按下式计算工作电压：

$$U=250\Delta B \tag{8.3.13}$$

式中　U——工作电压，kV。

(6)工作电流。

工作电流可按下式计算：

$$I=Ai \tag{8.3.14}$$

式中　I——工作电流，A；

i——集尘极电流密度，可取 0.000 5 A/m^2。

8.3.3　典型电除尘器

1. 立管式电除尘器

立管式电除尘器由圆形的立管、鱼刺形电晕线和高压电源组成。它的主要优点是结构简单、效率较高、阻力低、耗电省等，因此广泛应用于冶金、化工、建材、轻工等工业部门，但这种除尘器仅适用处理小烟气量的场合。

(1)GL 型管式电除尘器。

由高压控制箱和高压硅整流器控制的高压直流电压(60～150 kV)施加到电晕线与集尘极之间时，形成了高压静电场。所加的电压到某一限度后，电晕线开始产生电晕，这时电场间的气体被电离而产生正、负离子，正离子中的绝大部分在电晕线附近被中和，负离子充满空间。当含尘气体通入时，粉尘在电场中荷电，在电场力作用下，带负电的尘粒移向正极而被捕集在阳极表面，释放电荷后即完成收尘过程。通过机械振打，粉尘沿集尘极表面下落至灰斗，经电动排灰阀排出。GL 系列管式电除尘器有 4 种形式，A、B 型适合于正压操作，其中 A 型可安放于单体设备之旁，B 型可直接安放于烟囱上部；C、D 型适合于负压操作，其中 C 型可放在单体设备之旁，D 型可直接安放在烟囱上部。

(2)GJX 型高压静电除尘器。

GJX 型高压静电除尘器是立管式电除尘器的一种，它由高压直流电源、吸尘筒体和带有

金属刺的电晕极组成。其特点是投资省、见效快、结构简单、操作方便、节约能源。GJX 型电除尘器可收集大于 0.01 μm 的粉尘,当粉尘质量浓度小于 20 g/m³时,净化后的气体含尘质量浓度低于 150 mg/m³。但要求含尘气体温度低于 150 ℃,电场中含尘气体的流速为 1.2～1.7 m/s,效率可达 99%。

2. 管极式电除尘器

GD 型管极式电除尘器的结构特点是,采用三电极结构,阳极为管状,电晕极为鱼刺状,并外加一个能控制电流大小及电场状态的管状辅助电极。管极式三电极电除尘器具有驱进速度高,占地面积小,适应粉尘比电阻宽,抗热变性能好,加工安装容易等优点。

3. 板极式电除尘器

板极式电除尘器是我国应用最广泛的电除尘器,在工业锅炉、冶金、建材、机械、电站锅炉等部门都有应用。

(1)SWB 型电除尘器。

SWB 型电除尘器的主要技术参数见表 8.3.3。

表 8.3.3 SWB 型电除尘器的性能参数

型号	3	5	10	15	20	30	40	50	60
有效截面积/m²	3.2	5.1	10.4	15.2	20.11	30.39	40.6	53	63.3
处理烟气量/(m³·h⁻¹)	6 900～9 200	11 000～14 700	30 000～37 400	43 800～54 700	57 900～72 400	10 900～13 600	146 000～183 000	191 000～248 000	228 000～296 000
电场风速/(m·s⁻¹)	0.6～0.8	0.6～0.8	0.6～0.8	0.6～0.8	0.6～0.8	1～1.25	1～1.25	1.0～1.3	1.0～1.3
电场长度/m	4	4	5.8	5.6	5.6	6.4	7.2	8.8	8.8
设计效率%	98	98	98	98	98	98	98	98	98

(2)SS 型电除尘器。

SS 型电除尘器适合于冶金行业烧结机烟气除尘,运行稳定可靠,比较容易操作。可供选用的两种规格见表 8.3.4。

表 8.3.4 SS 型电除尘器的主要技术参数

型号	流通面积/m²	处理烟气量/(m³·h⁻¹)	除尘效率/%	允许工作温度/℃	设备尺寸/m
SS20	20.11	70 000	98	50	16.3×7×10.2
SS60	63.3	260 000	99.5	130	24.1×9.6×19.1

(3)屋顶式电除尘器。

屋顶式电除尘器是安装在排放尘源上方——车间屋顶上的一种轻型电除尘器,它是钢铁厂控制阵发性粉尘的有效装置之一。屋顶电除尘器具有以下特点:不占用总面积;操作稳定,除尘效率达 90% 以上;能耗低,可不用风机或仅用轴流风机;投资省,维护费用低。

屋顶式除尘器安装在厂房屋顶天窗上,结构示意图如图 8.3.5 所示,其主要结构为气流分布板、收尘极板、放电极、清灰装置和供电装置。

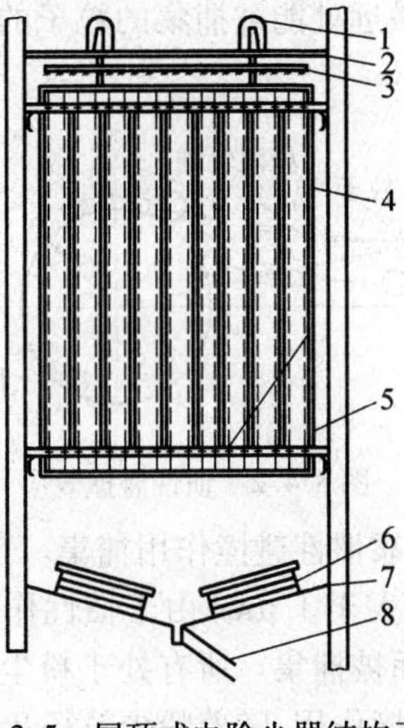

图 8.3.5　屋顶式电除尘器结构示意

1—高压瓷瓶;2—内部走台;3—喷淋管网;4—收尘极板;5—放电线框架;6—分风室;7—接水盘;8—排水管

8.4　过滤式除尘器

8.4.1　过滤除尘原理

气体中的粒子往往比过滤层中的空隙要小得多,因此通过筛滤效应收集粒子的作用是有限的。尘粒之所以能从气流中分离出来,主要是拦截、惯性碰撞和扩散效应。其次还有静电力、重力作用等,如图 8.4.1 所示。一般来讲,粉尘粒子在捕集体上的沉降并非只有一种沉降机理在起作用,而是多种沉降机理联合作用的结果。

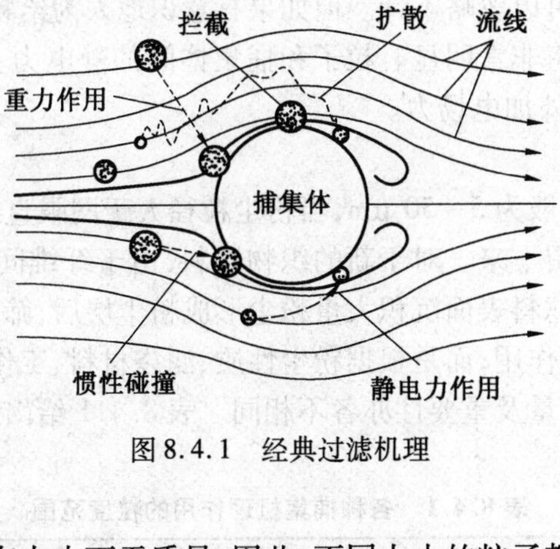

图 8.4.1　经典过滤机理

(1)拦截效应。

拦截机理认为:粒子有大小而无质量,因此,不同大小的粒子都跟着气流的流线而流动。因此当含尘气流接近滤料纤维时,较细尘粒随气流一起绕流,若尘粒半径大于尘粒中心到纤维边缘的距离时,尘粒即因与纤维接触而被拦截。

(2)惯性碰撞效应。

开始时,粒子沿流线运动,绕流时,流线弯曲。有质量为 m 的粒子由于惯性作用而偏离流线,与捕集体相撞而被捕集。最远处能被捕集的粒子的运动轨迹是极限轨迹。惯性碰撞效应如图 8.4.2 中的虚线所示。

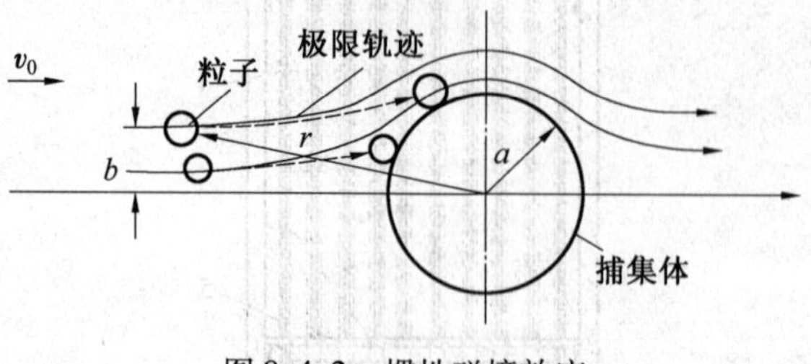

图 8.4.2 惯性碰撞效应

一般粒径较大的粉尘主要依靠惯性碰撞作用捕集。当含尘气流接近滤料的纤维时,气流将绕过纤维,其中较大的粒子(大于 1 μm)由于惯性作用,偏离气流流线,继续沿着原来的运动方向前进,撞击到纤维上而被捕集。所有处于粉尘轨迹临界线内的大尘粒均可到达纤维表面而被捕集。这种惯性碰撞作用,随着粉尘粒径及气流流速的增大而增强。因此,提高通过滤料的气流流速,可提高惯性碰撞作用。

(3)扩散效应。

当气溶胶粒子很小时,这些粒子在随气流运动时就不再沿流线绕流捕集体,此时,扩散效应将起作用。对于小于 1 μm 的尘粒,特别是小于 0.2 μm 的亚微米粒子,在气体分子的撞击下脱离流线,像气体分子一样做布朗运动,如果在运动过程中和纤维接触,即可从气流中分离出来。这种作用即称为扩散作用,它随流速的降低、纤维和粉尘直径的减小而增强。

(4)重力沉降作用。

进入除尘器的含尘气流中,部分粒径与密度较大的颗粒会在重力作用下自然沉降。

(5)静电作用。

气溶胶粒子和捕集体通常带有电荷,这会影响粒子的沉积。粒子和捕集体的自然带电量是很少的,此时静电力可以忽略不计。但如果有意识地人为给粒子和捕集体荷电,以增强净化效果时,静电力作用将非常明显。粒子和捕集体间的静电力主要有 4 种:库仑力、象力(感应力)、空间电荷力和外加电场力。

(6)筛滤作用。

过滤器的滤料网眼一般为 5 ~ 50 μm,当粉尘粒径大于网眼直径或粉尘沉积在滤料间的尘粒间隙时,粉尘即被阻留下来。对于新的织物滤料,由于纤维间的空隙远大于粉尘粒径,所以筛滤作用很小,但当滤料表面沉积大量粉尘形成粉尘层后,筛滤作用显著增强。上述分离效应一般并不同时发生作用,而是根据粉尘性质、滤袋材料、工作参数及运行阶段的不同,产生作用的分离效应的数量及重要性亦各不相同。表 8.4.1 给出了各种捕集机理作用的粒度范围。

表 8.4.1 各种捕集机理作用的粒度范围

机理	粒度范围/μm	机理	粒度范围/μm
筛滤	>过滤层微孔尺寸	拦截作用	>1
惯性碰撞	>1	扩散效应	<0.01 ~ 0.5
静电作用	<0.01 ~ 5	重力沉降	所有粒径

8.4.2　常用滤料的种类及选用

1. 常用滤料

滤料按制作方法分为纺织滤料、无纺滤料、复合滤料、陶瓷纤维滤料等。按制作材质分为天然纤维滤料、合成纤维滤料和无机纤维滤料。

(1)纺织滤料。

早期的滤料多是以纺织物制成的。随着无纺纤维滤料和化纤工业的发展,无纺纤维滤料逐步成为气体中颗粒物收集的主要过滤原料。但是,由于纺织滤料具有一定的特性和实际过滤条件的要求,纺织滤料在很多方面仍得到应用。纺织滤料和无纺纤维滤料相比,有如下优缺点:①可制成具有较大强度和耐磨性的滤料;②尺寸稳定性好;③易形成平整光滑表面或薄形柔软的织物,易于清灰;④易调整织物的紧密程度,即可制成较疏松的也可制成紧密的滤料;⑤内部过滤作用小,初始效率低,只有在纺织滤料表面形成粉尘层后,才能过滤较小的粒子,未形成粉尘层或因某种原因使粉尘层遭到破坏时,效率明显下降;⑥在同样过滤风速情况下,纺织滤料阻力大;⑦为达到应有的效率,气布比较低。

(2)无纺纤维。

无纺纤维的发展始于 20 世纪 60 年代,1970～1980 年的 10 年间产量增长了 79%。当前,袋滤式除尘器用的无纺纤维绝大部分是针刺毡。针刺毡分为有基布和无基布两类。

(3)复合滤料。

为扬长避短,可用两种或两种以上各具特色的材料加工成滤料,这种滤料称为复合滤料。有底布的针刺毡就是一种复合滤料。这种滤料用基布以增加强度,用纤网以获得理想的过滤效率。基布与面层材质相同者,严格地讲,也属复合滤料,只是人们已习惯于称之为针刺毡。如在合成纤维 Nomex 基布上刺以细玻纤制成针刺毡,可避免玻纤不抗折的缺点,又可获得耐温与抗腐蚀的优势。

(4)玻璃纤维滤料。

玻璃纤维滤料是由熔融的玻璃液拉制而成的,是一种无机非金属材料。玻纤的耐温性好,可以在 260～280 ℃的高温下使用,可减少结露的危险。经过特殊表面处理的玻纤滤料,具有柔软、润滑、疏水等性能,使粉尘容易剥离,仅用反吹风方式即可充分达到清灰的目的。用于袋滤式除尘器的玻璃纤维过滤材料主要有玻璃纤维平幅过滤布、玻璃纤维膨体纱过滤布和玻璃纤维针刺毡滤料。

(5)防静电滤料。

作为过滤用纤维,自身或使用过程中气流或粒子的摩擦,或多或少都带有一定的电荷。但一些纤维,特别是合成纤维极易荷电。静电放电产生的火花能引燃所过滤的可燃粉尘,当粉尘浓度高于爆炸下限时会造成爆炸。另外,易荷电的粒子积聚在滤料上,相互之间很强的引力作用会严重影响清灰效果。压损增大,滤料会在高粉尘负荷作用下破损。为预防上述静电危害,对高比电阻纤维滤料,需提高其导电性。采用的方法是在过滤材料中引入导电纱线(电荷经导电纱线通过接地除尘器壳体释放)。导电纱线可用不锈钢丝、含石墨纤维纱等。

(6)陶瓷纤维滤料。

高温陶瓷滤料是纤维过滤领域的高科技,陶瓷滤料具备了几乎所有过滤净化所需要的优良性能。陶瓷过滤器几乎对烟气条件无任何限制，其过滤风速远大于常规袋式除尘器，净化效率极高。

2. 滤料的选用

如今，纤维滤料的品种极为广泛多样，表8.4.2给出了一些常见滤料的性能。任何一种滤料都不可能既经济又具备完全优良的性能。针对所给定的生产系统的运行条件做出正确的滤料选择才是至关重要的。

表8.4.2　滤料性能

滤料	工作温度/℃	最高承受温度/℃	吸湿率/%	耐酸性	耐碱性	强度*
棉	75~85	95	8	不好	稍好	1
羊毛	80~90	100	10~15	稍好	不好	0.4
尼龙	75~85	95	4~4.5	稍好	好	2.5
奥纶	125~135	150	6	好	不好	1.6
涤纶	140	160	6.5	好	不好	1.6
玻璃纤维	250	—	0	好	不好	1.0
芳砜纶	220	260	4.5~5	不好	好	2.5
聚四氟乙烯	220~250	—	0	很好	很好	2.5

注：以棉纤维的强度为1。

(1)根据气体的特性选择滤料。

气体的性质包括温度、湿度、腐蚀性、燃烧爆炸性。前面较详细地介绍了各种常用纤维的物化特性，针对特定气体的性质，便可做出合理的滤料选择。

(2)根据粉尘的特性选择滤料。

对细尘捕集，纤维宜选择较细、较短、卷曲形，不规则断面型；结构以针刺毡为优，如针刺毡表面烧毛或热熔压光处理。织物或针刺毡表面覆膜是过滤超细粒子的优化选择。对于潮湿黏性粉尘，宜选用经硅类疏水剂处理的尼龙、玻纤、长丝织物滤料，或经表面烧毛、压光、镜面处理的针刺毡滤料，表面覆膜滤料。对于磨损性粉尘，如硅尘、铝粉、烧结矿尘等，宜采用化纤、表面拉绒滤料，表面压光、涂覆滤料。如用玻纤，宜选用经硅油、石墨、聚四氟乙烯处理的玻纤。对于可燃、易爆粉尘，就滤料选择讲，宜选用阻燃、消静电滤料。此外，还需采取防爆、阻燃措施，如烟气中掺入惰性气体，提高含湿量，增设卸压安全装置。

(3)根据清灰方式选择滤料。

对于机械振动清灰方式，要求滤料薄而光滑柔软，通常选用缎纹或斜纹滤布。回转反吹和往复反吹袋式除尘器常用扁袋，宜选用较柔软、较耐磨的滤料。优先选用中厚针刺毡滤料。气环滑动反吹袋式除尘器要求滤料耐磨、不起毛，宜选用针刺毡、压缩毡。脉冲喷吹袋式除尘器要求选用厚实、耐磨、抗张力强的滤料，优先考虑化纤针刺毡或压缩针刺毡。

8.4.3　袋式除尘器

1. 袋式除尘器的结构

袋式除尘器是含尘气体通过滤袋滤去其中粉尘粒子的分离捕集装置，是一种干式高效过滤式除尘器。袋式除尘器的结构形式多种多样，根据不同的分类标准可以分为不同类型：

(1)按滤袋形状分类。

按滤袋截面形状分为圆筒形和扁平形，如图 8.4.3 所示。

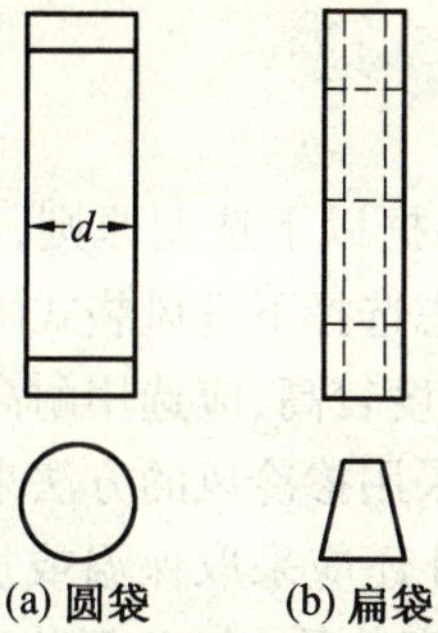

图 8.4.3　滤袋形状

圆袋应用较早且较多，主要特点是受力均匀，连接简单，换袋容易。扁袋和圆袋相比，在同样体积内可多布置 20% ~40% 的过滤面积的滤袋。因此，在处理流量和粉尘负荷相同的条件下，扁袋除尘器体积较小。但为了保持形状，扁袋滤布内一般需加钢筋骨架进行支撑。

(2) 按进气位置分类。

按除尘器的进气位置分为上进气和下进气，如图 8.4.4 所示。含尘气体从除尘器上部进气时，粉尘沉降方向与气流方向一致，粉尘在袋内移动距离较远，粉尘层形成均匀，过滤性能较好。但滤袋安装较为复杂，且配气室需设在壳体顶部，使除尘器高度有所增加。采用下进风时，粒径较大的粉尘直接沉入灰斗，一般只有细粉尘与滤袋接触，因此滤袋磨损小。但由于气流方向与颗粒沉降方向相反，会造成清灰后细粉尘的返混现象，重新积附于滤袋表面，从而降低清灰效率。与上进风相比，下进风方式设计合理、构造简单、造价便宜，因而使用较多。

(3) 按过滤方向分类。

按过滤方向可分为内滤式和外滤式，如图 8.4.4 所示。内滤式除尘器的含尘气流首先进入滤袋内部，由内向外过滤，捕集的粉尘积于滤袋内层，滤袋外部为洁净气体侧，便于工人检查和换袋。内滤式适用于机械清灰和逆气流清灰的袋式除尘器。外滤式除尘器的含尘气流首先进入滤袋外部，由外向内进行过滤，为防止滤袋压瘪，滤袋内部需设支撑骨架。外滤式适用于脉冲喷吹袋式除尘器、高压气流反吹袋式除尘器等。

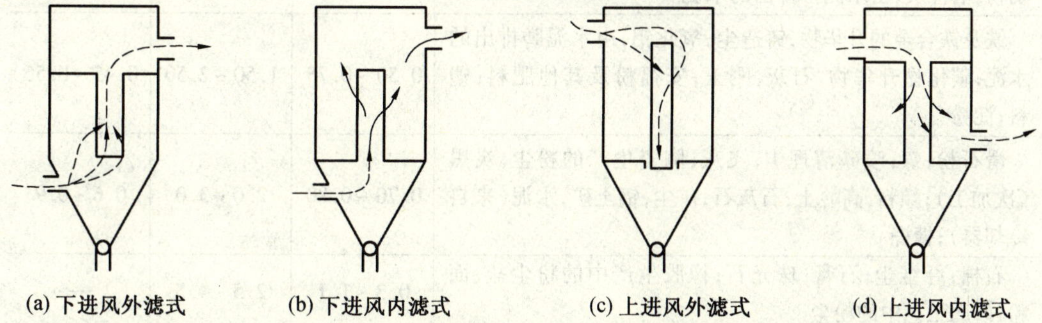

图 8.4.4　袋式除尘器进气位置及过滤方向

(4) 按清灰方式分类。

按清灰方式可分为简易清灰式、机械振动清灰式、逆气流反吹清灰式、气环反吹清灰式、脉冲喷吹清灰式及联合清灰式等。

2. 袋式除尘器的选型设计

(1)袋式除尘器的选型。

若袋式除尘器采用定型产品,根据以下选型原则,即可初步确定除尘器类型及过滤方式:若设备安装高度受到限制,应考虑选择下进风袋式除尘器;若安装面积比较狭窄,则扁袋除尘器是较好的选择;若含尘气流温度较高,应选用耐高温的滤料,此外也可采取降温措施,如系统内增加热交换设备或简单地采用掺冷风的方法来降低温度;当含尘气流湿度较大时,考虑选用气环反吹袋式收尘器,此外还应采取保温或加温的措施,防止水汽在除尘器内结露,产生糊袋现象;若含尘气体中有害物质(如二氧化硫、氮氧化物及其他化学物质)超标时,除对过滤及壳体材料有进一步要求外,系统中还应考虑有害物质的净化问题。初步确定除尘器类型及过滤方式后,可以根据处理风量及过滤风速(参照产品样本)计算过滤面积:

$$A=\frac{Q}{60v_{\mathrm{f}}} \tag{8.4.1}$$

式中 A——过滤面积,m^2;

Q——处理风量,m^3/h;

v_{f}——过滤风速,m/min。

过滤面积确定后,即可选定袋式除尘器的型号规格。

(2)袋式除尘器的设计。

当无法采用定型产品,必须自行设计时,可按下述步骤进行。根据处理气体流量,按式(8.4.2)计算总过滤面积。过滤风速应根据含尘浓度、粉尘特性、滤料种类及清灰方式进行确定。袋式除尘器的参考过滤风速一般可参考表 8.4.3 的数据。

表 8.4.3 袋式除尘器的参考过滤风速(m/min)

粉尘种类	清灰方式		
	振打与逆气流	脉冲喷吹	反吹风
炭黑,氧化硅(自炭黑);铅、锌的升华物以及其他在气体中由于冷凝和化学反应而形成的气溶胶;化妆粉;去污粉,奶粉,活性炭,由水泥窑排出的水泥	0.45~0.50	0.8~2.0	0.33~0.45
铁及铁合金的升华物,铸造尘,氧化铝,由水泥磨排出的水泥;碳化物升华物,石灰,刚玉;安福粉及其他肥料;塑料;淀粉	0.50~0.75	1.50~2.50	0.45~0.55
滑石粉;煤;喷砂清理尘;飞灰;陶瓷生产的粉尘,炭黑(次加工);颜料,高岭土;石灰石;矿尘,铝土矿,水泥(来自冷却器);搪瓷	0.70~0.80	2.0~3.0	0.6~0.9
石棉;纤维尘;石膏;珠光石;橡胶生产中的粉尘盐、面粉;研磨工艺中的粉尘	0.3~1.1	2.5~4.5	—
烟草;皮革粉;混合饲料,木材加工中的粉尘;粗植物纤维(大麻、黄麻等)	0.9~2.0	2.5~6.6	—

(2)确定滤袋尺寸。

滤袋尺寸包括滤袋直径 d 和滤袋长度 l。滤袋直径一般为 100~300 mm,直径小,易堵灰;直径大,有效空间利用率低。袋长多为 2 ~ 12 m,脉冲喷吹式袋长较小,回转反吹风式滤袋可长一些。一般说来,直径小,滤袋短;直径大,滤袋长。

计算每个滤袋面积 a:

$$a=\pi dl \tag{8.4.2}$$

计算滤袋数 n:

$$n=\frac{A}{a} \tag{8.4.3}$$

当所需滤袋数较多时,可根据清灰方式及运行条件,按一定间隔将其分为若干组,以方便检修和换袋。壳体及附属装置设计(该部分内容包括除尘器箱体、进排气口形式、灰斗形状、支架结构、检修孔及操作平台等)、粉尘清灰机构的设计及清灰制度的确定及卸灰装置的设计。

3. 常用袋式除尘器

(1) 机械振打袋式除尘器。

含尘气体由进气口经隔气板进入过滤室,过滤室按不同规格分成 2 ~ 9 个分室,每个分室有 14 个滤袋,含尘气体经滤袋净化后由排气管排出。经一定过滤时间,振打装置将排气管阀门关闭并将回气管阀门打开,同时振动框架,滤袋随框架抖动,附着在滤袋上的粉尘被清除并落入灰斗,由螺旋输送机或星形阀排出。

(2)简易清灰袋式除尘器。

简易清灰袋式除尘器包括各种简易清灰方法,它们依靠尘粒自重和风机启动、停止,使滤袋变形,粉尘自行脱落而清灰。有的使用人工定期拍打或设手工摇动机构抖动而清灰,也有利用空气振动的。简易清灰袋式除尘器的过滤风速,比其他形式都低,一般采用 0.2 ~ 0.8 m/min,当用棉布、绒布滤料时取 0.15 ~ 0.3 m/min,采用毛呢滤布时取 0.3 ~ 0.6 m/min。其压力损失一般控制在 600 ~ 1 000 Pa 以下,设计、使用得好时,除尘效率可达 99%。简易清灰袋式除尘器的特点是结构简单、安装操作方便、投资省、对滤料要求不高、维修量小、滤袋寿命长。主要缺点是由于过滤风速小,使得除尘器庞大,占地面积大,正压下运行时,人工清灰的工作环境差。这种除尘器目前已经应用较少。

(3)脉冲喷吹袋式除尘器。

脉冲喷吹袋式除尘器是一种周期地向滤袋内喷吹压缩空气来达到清除滤袋积灰的袋式除尘器。它是一种新型高效除尘器,净化效率可达 99% 以上,压力损失约为 1 200 ~ 1 500 Pa,过滤负荷较高,滤布磨损较轻,使用寿命较长,运行安全可靠,已得到普遍使用。但它需要高压气源作清灰动力,电力用量消耗较大,对高浓度、含湿量较大的含尘气体的净化效果较差。脉冲喷吹袋式除尘器的结构如图 8.4.5 所示。

常用的脉冲喷吹袋式除尘器主要有顺喷式、逆喷式、环隙喷吹等脉冲袋式除尘器。顺喷式脉冲袋式除尘器是由顶部或上部进气,下部排气,气流方向与脉冲喷吹方向相同,且净化后的空气不经过引射器喉管。这种设计可有效地降低除尘器阻力损失,节省动力消耗,并有利于粉尘的沉降。逆喷式脉冲袋式除尘器中含尘气体从下侧部进入除尘器,经滤袋外滤,净化后的气体从滤袋上部文氏管排出。文氏管上部设有压缩空气喷吹管,每隔一定时间用压缩空气喷吹一次,吹落的粉尘落入集灰斗,经排灰装置排出。这种脉冲袋式除尘器由于采用的文氏管喉管直径较小,增加了除尘器的阻力损失。环隙喷吹脉冲袋式除尘器的主要特点是压力损失低,过滤气速高,但压缩空气耗量大。

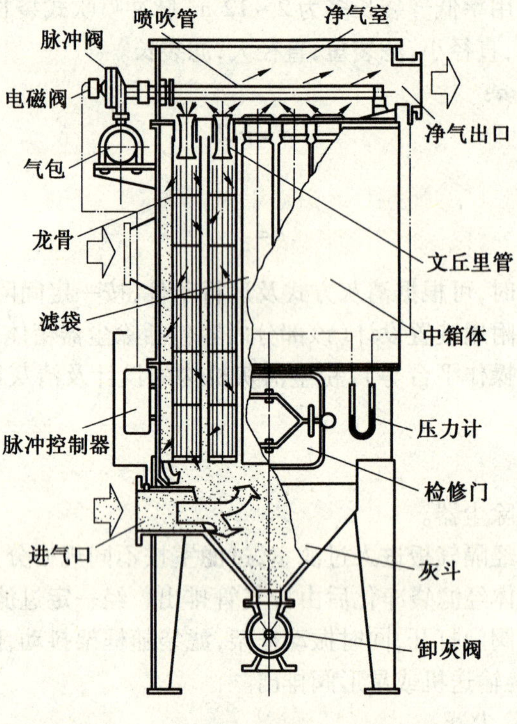

图 8.4.5　常用的脉冲喷吹袋式除尘器

(4)回转反吹袋式除尘器。

回转反吹袋式除尘器的入口形状为蜗壳形设计,含尘气体由切向进入过滤室上部空间,较大粒径的粉尘在离心力作用下沿筒壁旋落至灰斗,微细尘埃弥散于过滤室筒体袋间空隙并被滤袋阻留,气体透过滤袋汇集于清洁气体室,由风机吸出并排放于大气中。随着过滤工况的进行,滤袋积灰逐步加厚,阻力损失亦逐渐增加。当达到反吹风控制阻力上限时,由压差变送器发出信号自动启动反吹风机构工作。该除尘器顶盖上设有回转揭盖装置及操作人孔,换袋在顶部清洁室操作,不必揭盖。由于滤袋为扁袋,故具有占地面积小、结构紧凑等特点。

8.4.4　颗粒层除尘器

1. 颗粒层除尘器的结构

颗粒层除尘器是利用颗粒过滤层使粉尘与气体分离,从而达到净化气体的目的。它具有结构简单、过滤颗粒来源广、耐高温、耐腐蚀、磨损小、效率高等特点。但对微细粉尘的除尘效率不及袋式除尘器,且由于颗粒层滤料容量有限,不适合用于含尘浓度过大的气体。颗粒层除尘器的滤料要求耐磨、耐腐蚀、价廉,对高温气体还要求耐热。一般选择含二氧化硅质量分数 99% 以上的石英砂作滤料,也可用无烟煤、矿渣、焦炭、河砂、卵石、陶粒、玻璃珠等。颗粒层除尘器结构如图 8.4.6 所示。

颗粒层除尘器按过滤床层的位置分类,可分为垂直床层和水平床层颗粒层除尘器;按床层的状态分类,可分为固定床、移动床和流化床颗粒层除尘器。按清灰方式分类,可分为不可再生（或器外再生)、振动加反吹风清灰、耙子加反吹风清灰及沸腾反吹风清灰等颗粒层

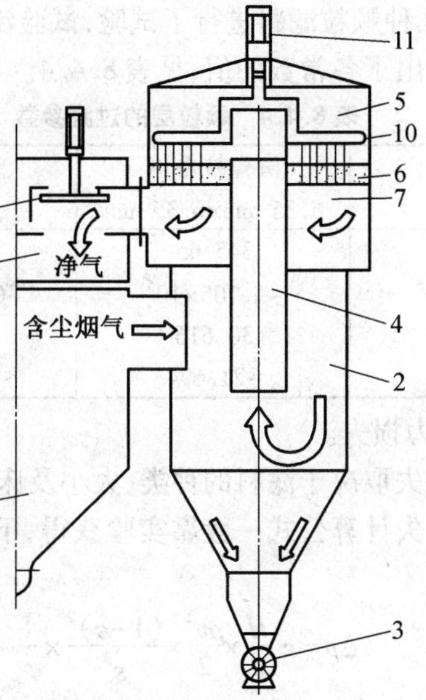

图 8.4.6　颗粒层除尘器

1—含尘气体总管;2—旋风筒;3—卸灰阀;4—内筒;5—过滤室;6—过滤床层;7—洁净气体;8—换向阀门;9—洁净气体总管;10—耙子;11—电动机

除尘器。颗粒层除尘器的主要优点有:①除尘效率高,一般为 98% ~99.9%,只要设计和操作正常,一般不难达到 99%。②适应性广,可以捕集大部分物性粉尘,比电阻对其除尘效率影响甚微。③处理粉尘气量、气体温度和入口浓度等参数的波动对效率的影响,不像其他除尘设备那么敏感。④这类除尘器采用适当的滤料,可耐高温,例如常用的石英砂滤料,其工作温度可达 350 ~450 ℃,而且不易燃烧和爆炸;石英砂滤料特别耐磨,使用数年也不用变换。这类滤料资源丰富,价廉物美。颗粒层除尘器均为干式作业,不需用水,不存在二次污染。设备运行阻力中等,运行费也不算高。

2. 颗粒层除尘器的性能特征

(1) 除尘效率。

对颗粒层除尘器的除尘效率影响最大的因素是滤料粒径、层厚和过滤速度。此外,滤料及粉尘性质、表面状态、气体温度及含湿量、灰尘充塞程度等,也直接影响除尘器的除尘效率。在整个过滤过程中,随着颗粒层中逐步充塞粉尘,其除尘效率也不断发生变化。考虑到扩散、拦截、惯性及重力等各效应的影响,颗粒层除尘器总除尘效率可写成如下形式:

$$\eta = \exp\{-H[a(8Pe - 1 + 2.308 Re_d^{\frac{1}{8}} Pe^{\frac{5}{8}}) + bR^{-2} + cStk + dG]\} \tag{8.4.4}$$

式中　a、b、c、d——与滤料种类有关的常数;

Pe——Peclet 数;

Re_d——粉尘粒子的雷诺数;

R——粉尘粒子的拦截数;

Stk——Stokes 数;

G——重力沉降参数;

H——床层厚度,m。

M. O. Abdullah 等人对几种颗粒滤料进行了试验，试验流速为 17 ~ 26 cm/s，床层厚度为 5 ~ 20 cm，通过回归分析，得出了各常数的值，见表 8.4.4。

表 8.4.4　颗粒层的过滤参数

参数	玻璃球 6 mm	陶瓷拉希球 6.35 mm×6.35 mm	塑料丝网 1 mm	玻璃毛 25.4 μm
a	6.337	345.65	128.283	0.188
b	7.116×10^{5}	-5.705×10^{5}	-0.289×10^{4}	−0.163
c	11.583	30.616	0.502	0.157×10^{-4}
d	−28.797	−21.694	−2.291	0.178

(2) 颗粒层除尘器的阻力损失。

颗粒层除尘器的阻力损失取决于滤料的种类、大小及床层厚度，并随气流速度的增加而增加。颗粒层除尘器阻力损失计算公式一般靠实验获得，下面即是一个较为通用的计算阻力损失的式子：

$$\Delta p=\varepsilon\frac{H}{d}\times\frac{\rho v^{2}}{2}\times\frac{(1-\varepsilon)^{2}}{\varepsilon^{3}}\times\frac{1}{\varphi_{s}} \tag{8.4.5}$$

式中　Δp——气体流过固定床的阻力损失，Pa；

H——床层高度，m；

d——滤料直径，m；

ρ——气体密度，kg/m^3；

v——空管流速，m/s；

ε——阻力系数；

φ_s——粒子形状系数。

在层流时，阻力系数 ε 可以按下式计算：

$$\varepsilon=\frac{220}{Re} \tag{8.4.6}$$

式中　Re——雷诺数，可以按下式计算：

$$Re=\frac{\mathrm{d}v}{\nu} \tag{8.4.7}$$

式中　ν——气体运动黏度，m^2/s。

如果取粒径作为特征长度，空管流速代表流速，则判别气体流动状态的界限是：当 $Re\leqslant35$ 时为层流；$Re=70\sim7\,000$ 时为过渡状态；而 $Re>7\,000$ 时，气体处于紊流状态。

颗粒层除尘器的阻力还与采用的颗粒层的性质有关。M. O. Abdullah 等人通过试验得出：

$$\frac{\Delta p}{H}=Av_{*}^{B} \tag{8.4.8}$$

式中　v_*——迎面流速，cm/s；

A、B——阻力常数，由试验得出，见表 8.4.5。

表 8.4.5　颗粒层除尘器的阻力常数

阻力常数	玻璃球	拉希环	塑料丝网	玻璃毛
A	0.008	0.006	0.001	0.003
B	1.814	1.775	1.685	1.516

思考与练习

1. 湿式除尘器机理是什么？
2. 湿式除尘器的分类有哪 7 种类型？
3. 提高重力沉降室的除尘效率有哪些途径？
4. 电除尘器的优缺点分别是什么？

第9章　气体污染物净化设计与设备

9.1　集气罩的设计

一般来说气体收集装置一般被称为集气罩或吸气罩，在不同的场合下也被称为排气罩、排风罩、吸风罩、吸尘罩、集气吸尘罩等。

9.1.1　集气罩的捕气机理和结构

1. 集气罩的捕气机理

集气罩能够进行气体的收集，主要的原因在于罩口气流的运动规律，一般来说，集气罩罩口的运动方式有两种：一种是吸气口气流的吸入流动；另一种是吹气口气流的射流流动。

(1)吸入流动。

当吸气口吸气时，在吸气口附近形成负压，周围空气从四面八方流向吸气口，形成吸入气流或汇流。当吸气口面积较小时，可视为“点汇”。

假定流动没有阻力，在吸气口外气流流动的流线是以吸气口为中心的径向线，等速面是以吸气点为球心的球面，如图9.1.1(a)所示。如果假设点汇的吸气量为V，等速面的半径分别为r_1和r_2，相应的气流速度为v_1和v_2，则有

$$V=4\pi r_1^2 v_1=4\pi r_2^2 v_2 \tag{9.1.1}$$

即

$$\frac{v_1}{v_2}=\left(\frac{r_2}{r_1}\right)^2 \tag{9.1.2}$$

从公式(9.1.2)可以看出，点汇外某一点的流速与该点至吸气口距离的平方成反比，这说明吸气口外的气流速度衰减很快。因此设计集气罩时，应尽量减小罩口到污染源的距离。

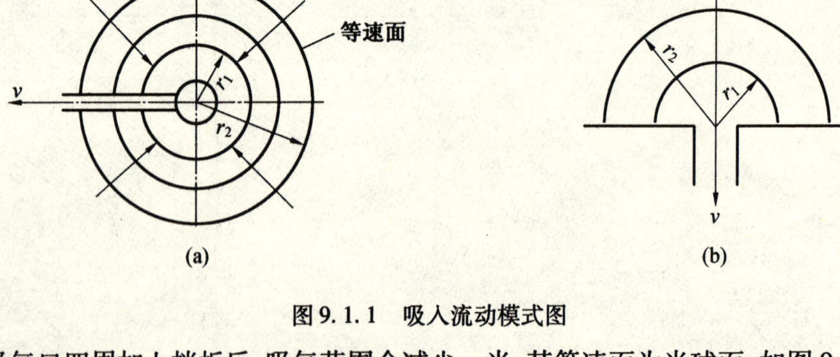

图9.1.1　吸入流动模式图

当吸气口四周加上挡板后，吸气范围会减少一半，其等速面为半球面，如图9.1.1(b)所示，此时吸气口的吸气量为

$$Q=2\pi r_1^2 v_1=2\pi r_2^2 v_2 \tag{9.1.3}$$

由该公式可以看出，在同样距离上以相同的速度吸气时，没有挡板的吸气口的吸气量比

有挡板的吸气口的吸气量要大1倍。在吸气量和距离相同的情况下,没有挡板的吸气口的吸入速度比有挡板的吸气口的吸入速度小1倍。因此,在设计外部吸气罩时,应尽量减少吸气范围,以便增强吸气效果。实际使用的排气罩罩口都是有一定面积的,不能都看成一个点,而且空气流动也是有阻力的,因此不能把点汇流吸风口的流动规律直接用于排气罩的计算。为了解决生产实践中提出的问题,很多人曾对各种吸风口的气流运动规律进行大量的实验研究。实践证明,吸风口周围空气流动的等速面不是球面而是椭球面。当离开吸风口的距离 r 与吸风口直径 d_0 的比 $r/d_0>0.5$ 时,可以按式(9.1.1)计算吸风口作用区内各点的流速;当 $r/d_0<0.5$ 时,可以采用下面的经验公式。

圆形吸风口轴线上的流速:

$$\frac{v_r}{v_0}=\frac{1}{1+\left(\frac{r}{\sqrt{F_0}}\right)^{1.4}} \tag{9.1.4}$$

矩形吸风口轴线上的流速:

$$\frac{v_r}{v_0}=\frac{1}{1+7.7\left(\frac{a_0}{b_0}\right)^{0.34}\left(\frac{r}{\sqrt{F_0}}\right)^{1.4}} \tag{9.1.5}$$

式中　r——离开吸风口的距离,m;

F_0——吸风口的横断面积(圆形 $F_0=\frac{1}{4}\pi d_0^2$,d_0 为圆形吸风口的直径;矩形 $F_0=a_0b_0$),m^2;

a_0——矩形吸风口的长边,m;

b_0——矩形吸风口的短边,m。

根据试验结果,吸气口气流速度分布具有以下特点:①吸气口气流速度衰减较快。当 $r/d_0=1$ 时,该点气流速度已大约降至吸气口流速的7.5%;②对于结构一定的吸气口,不论吸气口风速大小如何,其等速面形状大致相同,而吸气口结构形式不同,其气流衰减规律则不同。

(1)射流流动。

空气从孔口吹出,在空间形成一股气流称为吹出气流或射流。喷吹孔可以是圆形、矩形和扁矩形(长短边之比大于10:1)。

射流流动根据不同的标准可以分为以下几类:

①根据空间界壁对射流扩展影响的不同,可分为自由射流、受限射流和半受限射流。自由射流是指不受界壁限制的射流。当房间的横断面积比射流出口横断面积大得多,射流不受墙壁地板和顶棚的限制时称自由射流,也叫无限空间射流。反之,当射流的扩展受到界壁的限制时称受限射流,也称有限射流。如在比较狭窄的房间内传播的射流,可认为是受限射流。若受限射流仅一面受限,在另一面可自由扩展,则称半受限空间射流,即贴附射流。

②根据射流温度与周围空气温度之间有无差异可分为等温射流和非等温射流。等温射流是指射流出口温度和周围空气温度相同的射流;非等温射流是沿射程被不断冷却或加热的射流。

③按喷射口的形状不同,可分为圆形射流、矩形射流和扁射流(也称条缝射流)。矩形

喷射口长边与短边之比大于10∶1时就称扁射流。

④根据射流的流速方向可分为集中射流和分散射流。集中射流的流速向量是平行的，如圆形射流、矩形射流都属于集中射流，其特点是沿射流的轴线方向速度衰减较慢，可达到较远的射程；而分散射流是空气流出后向各方向分散，速度衰减很快。如扇形射流和圆锥形射流均属于分散射流。

为了便于对空气射流特性的研究，必须作简化假定。由于射流流速比较高，可以假定空气在管道内流动一般都属于紊流。紊流运动出口断面上各点的速度是近乎均匀一致的。为此可以假定射流在喷口断面上的速度分布也是一致的。此外，假定射流各断面的动量是相等的，如图9.1.2所示。射流核心消失的断面称为过渡断面，出口断面至过渡面称为起始段，过渡断面以后称为主体段。理论和实践证明，射流的边界角是圆锥面。圆锥的顶点称极点，圆锥的半顶角称射流的极角(θ)。θ的理论计算公式为

$$\tan\theta=\alpha\phi \tag{9.1.6}$$

式中 θ——射流极角，为整个扩张角的一半，对圆形管$\theta=14°30'$；

ϕ——射流管口的形状系数，由实验确定；

α——紊流系数，由实验数据确定，其大小取决于喷嘴的结构及空气的扰动情况，通常θ角越大，α值就越大，设计时α值可从表9.1.1中查到。

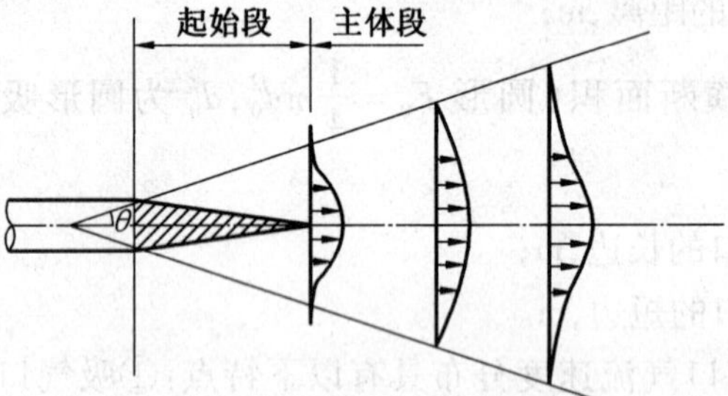

图9.1.2 射流流动的模式图

表9.1.1 射流流动紊流系数

射流喷口形状	紊流系数α	射流喷口形状	紊流系数α
有缩口的光滑卷边喷口	0.066	巴土林喷管(有导风板)	0.12
圆柱形喷管	0.08	轴流风机(有导风板)	0.16
有导风板或栅栏的喷管	0.09	轴流风机(两侧风板)	0.20
方形喷管	0.10	条缝喷口	0.11~0.12

射流流动的一般特性为：①射流边缘有卷吸周围空气的作用，这主要是由于紊流动量交换引起的。②由于射流边缘的卷吸作用，射流断面不断扩大，射流质量不断增加。③射流核心区呈锥形不断缩小。④射流各断面的速度值虽然不同，但速度分布是相似的。⑤射流中的静压与周围静止空气的压强相同。⑥射流各断面的动量相等。

(2)吸入流动与射流流动的比较。

吸入流动与射流流动的不同主要表现在两个方面：①射流流动由于卷吸作用，沿射程前进方向流量不断增加，射流作用区呈锥形；②吸入流动作用区内的等速面为椭球面，通过各等速面的流量相等，并等于进入吸入口的流量。射流流动轴线上的速度基本上与射程成反

比,而吸入流动区内空气速度与离开吸风口的距离平方成反比,所以吸风口的能量衰减很快。吹出气流在较远处仍能保持其能量密度,吸入气流则在离吸气口不远处其能量密度就急剧下降。这亦表明,吹出气流的控制能力大,而吸入气流则有利于接受。因此,可以利用吹出气流作为动力,把污染物输送到吸气口再捕集,或者利用吹出气流阻挡、控制污染物的扩散。这种利用其各自长处进行配套,把吹和吸结合起来的集气方式称为吹吸气流。

2. 集气罩的结构特性

按罩口气流流动方式可将集气罩分为两大类:吸气式集气罩和吹吸式集气罩。利用吸气气流捕集污染空气的集气罩称为吸气式集气罩,而吹吸式集气罩则是利用吹吸气流来控制污染物扩散的。按集气罩与污染源的相对位置及适用范围,还可将吸气式集气罩分为密闭罩、排气柜、外部集气罩、诱导型集气罩等。

(1)密闭罩。

密闭罩是将污染源的局部或整体密闭起来的一种集气罩。其作用原理是使污染物的扩散限制在一个很小的密闭空间内,仅在必须留出的罩上开口缝隙处吸入若干室内空气,使罩内保持一定负压,达到防止污染物外逸的目的。罩子把污染源局部或整体密闭起来,使污染物的扩散被限制在一个很小的密闭空间内,同时从罩内排出一定量的空气,使罩内保持一定的负压,罩外的空气经罩上的缝隙流入罩内,以防止污染物外逸。

按密闭罩的围挡范围和结构特点,可将其分为局部密闭罩、整体密闭罩和大容积密闭罩。局部闭密罩只在设备的污染物产生点设置罩子,而设备的其余部分都露在罩子之外。它一般适用于污染气流速度较小,且连续散发的地点,如图9.1.3(a)所示。整体密闭罩把污染源全部或大部分密闭起来,只把设备需要经常观察和维护的部分留在罩外。它适用于气流较大的设备,或全面散发污染物的污染源,如图9.1.3(b)所示。大容积密闭罩将产生污染的设备或地点全部密闭起来,适用于多点、阵发性、污染气流速度大的设备或地点,如图9.1.3(c)所示。

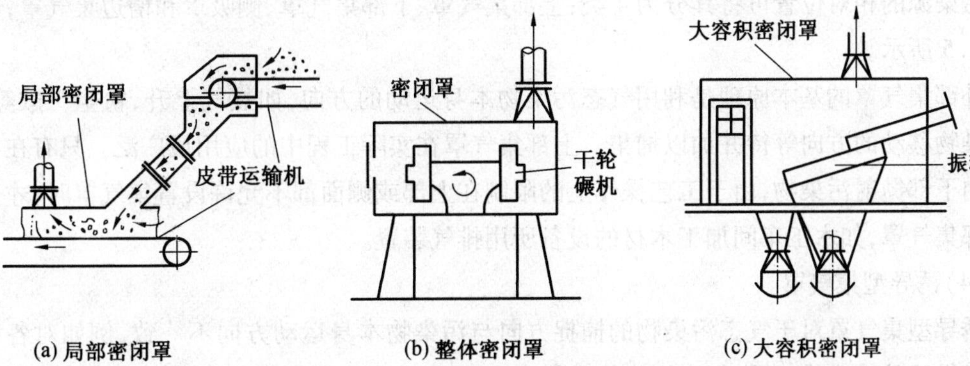

图9.1.3　密闭罩

密闭罩的特点是所需排气量最小,控制效果最好,而且不受横向气流的干扰,如手套箱等,适于处理毒性较大的气态污染物,如放射性物质等。密闭罩的换气次数可达20次/小时以上,所排出的污染物必须经过高效过滤或净化处理才能排入大气。因此,在设计集气罩时,在操作工艺允许的条件下,应优先采用密闭罩。

(2)排气柜。

排气柜也被称为半密闭罩或通风柜,是在密闭罩上开有较大的操作孔,通过操作孔吸入大量的气流来控制污染物的外逸,多呈柜形和箱形。其捕集机理和密闭罩一样,可视为开有较大孔口的密闭罩。其特点是控制效果好,排风量比密闭罩大,而小于其他形式集气罩(图9.1.4)。

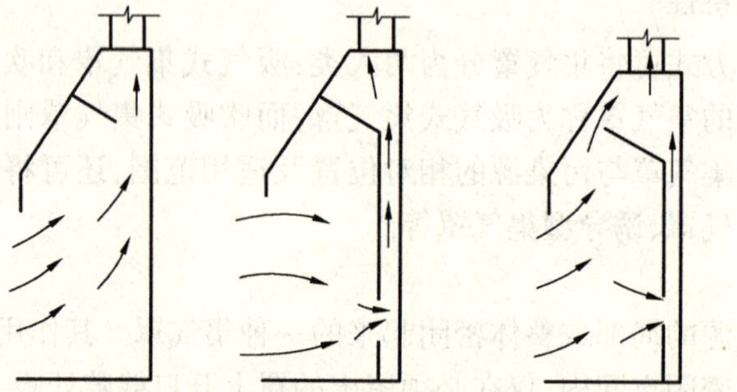

图9.1.4　排气柜

如按气流方向来分,又可分为水平式通风柜和垂直式通风柜。按吸风口的位置来分,又可分为上吸式、下吸式以及上下联合抽气式等。当柜内产生的气态污染物的温度较高或密度较小时适用于上吸式,密度比空气大且是冷源时适用于下吸式。上下联合抽气式可调节上下抽气量的比例,适合柜内发生各种不同密度的有害气体或有热源存在时采用。

(3)外部集气罩。

由于工艺条件的限制,有时无法对污染源进行密闭,则只能在其附近设置外部集气罩。外部集气罩依靠罩口外吸入气流的运动而实现捕集污染物。外部集气罩形式多样,按集气罩与污染源的相对位置可将其分为4类:上部集气罩、下部集气罩、侧吸罩和槽边集气罩,如图9.1.5所示。

外部集气罩的基本原理是利用气态污染物本身运动的方向,如热气上升、粉尘飞散等,在污染物移动的方向等待并加以捕集。上部集气罩在实际工程中的应用最广泛。只有在污染源向下部抛射污染物,由于工艺操作上的限制在上部或侧面都不允许设置集气罩时,才采用下部集气罩,如木工车间加工木材的设备所用排气装置。

(4)诱导型集气罩。

诱导型集气罩对于气态污染物的捕捉方向与污染物本身运动方向不一致,例如对各种工业槽设置的槽边排气罩,气态污染物由槽内向上运动,排气罩对污染物进行侧方诱导,让污染物沿侧向排出。这样既可以不影响工艺操作,又可以使得有害物排出时不经过人的呼吸区。但诱导型集气罩往往需要较大的排风量,增加了运行的成本。诱导型集气罩一般分为单侧和双侧,当槽子宽度大于700 mm时一般采用双侧排风,如图9.1.6所示。

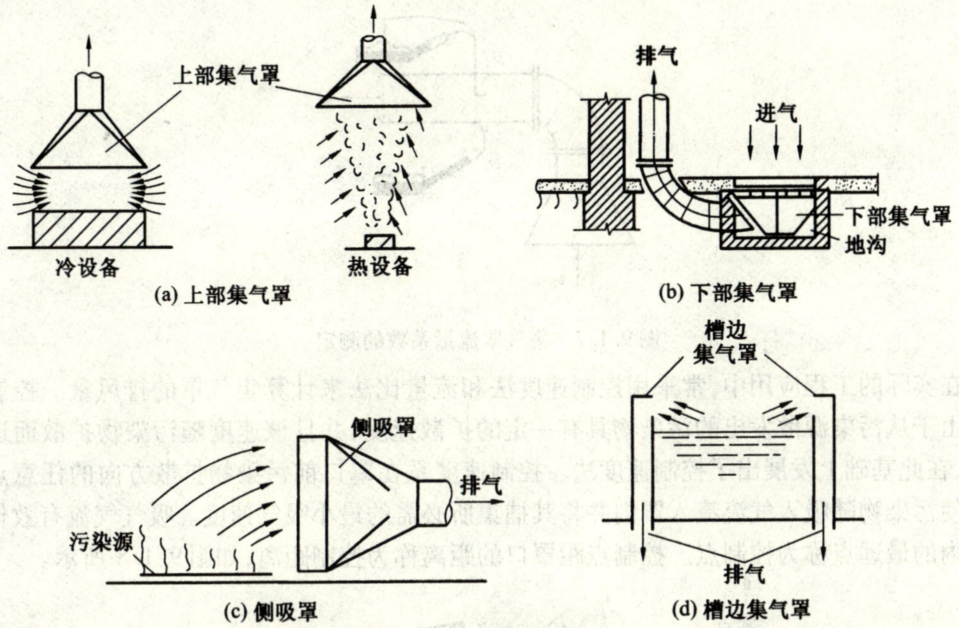

图 9.1.5　外部集气罩

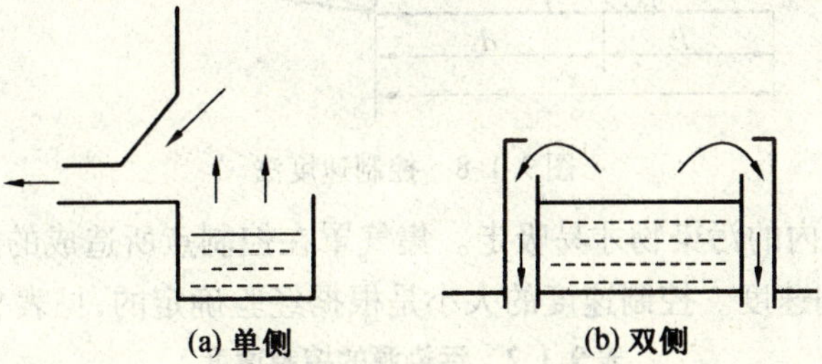

图 9.1.6　诱导型集气罩

9.1.2　集气罩的性能与设计

1. 集气罩的性能特性

表示集气罩性能特性的主要技术经济指标为排风量、流量比法、结构尺寸和压力损失。

(1) 排风量。

集气罩排风量 $Q(m^3/s)$ 可通过测罩口上的平均吸气速度 $v_0(m/s)$ 和罩口面积 $A_0(m^2)$ 确定：

$$Q=A_0v_0 \tag{9.1.7}$$

也可以通过实测连接集气罩直管中的平均速度 $v(m/s)$、气流动压 $p_d(Pa)$ 或气体静压 Ps(Pa) 及其断面积 $A(m^2)$ 按下式确定（图 9.1.7）：

$$Q=Av=A\sqrt{(2/\rho)p_d} \tag{9.1.8}$$

或

$$Q=\varphi A\sqrt{(2/\rho)\,|p_d|} \tag{9.1.9}$$

式中　ρ——气体密度，kg/m^3；

φ——集气罩的流量系数。

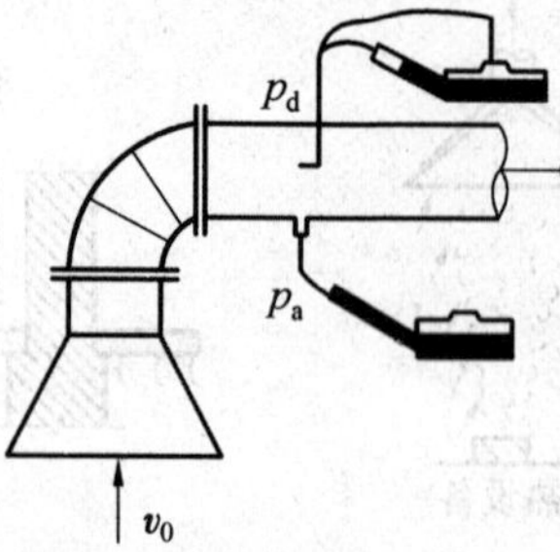

图 9.1.7 集气罩流量系数的测定

在实际的工程应用中,常采用控制速度法和流量比法来计算集气罩的排风量。控制速度法由于从污染源散发出的污染物具有一定的扩散速度,并且该速度随污染物扩散而逐渐减小,在此基础上发展出了控制速度法。控制速度系在罩口前污染物扩散方向的任意点上均能使污染物随吸入气流流入罩内并将其捕集所必需的最小吸气速度。吸气气流有效作用范围内的最远点称为控制点。控制点距罩口的距离称为控制距离,如图 9.1.8 所示。

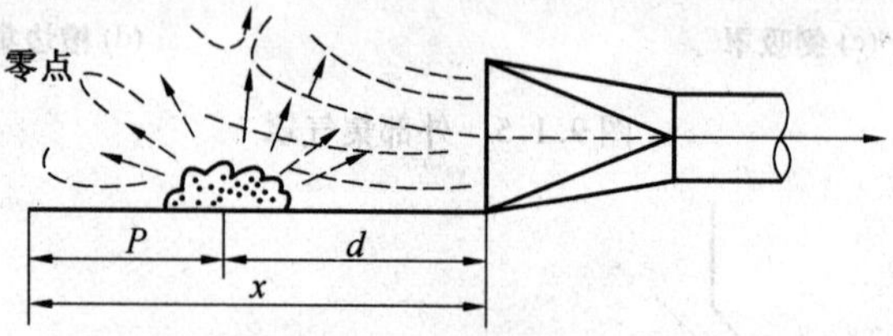

图 9.1.8 控制速度法

只有在控制点以内的污染物才易吸走。集气罩在控制点所造成的能吸走污染物的最小气流速度 v_x 称为控制速度。控制速度的大小是根据经验确定的,见表 9.1.2。

表 9.1.2 污染源的控制速度

污染物的产生状况	举例	$v_x/(\mathrm{m\cdot s^{-1}})$
以轻微的速度放散到平静的空气中	蒸汽的蒸发,气体或烟气从敞口容器中外逸	0.25~0.5
以轻微的初速度放散到尚属平静的空气中	喷漆室内喷漆,断续地倾倒有陈屑的干物料到容器中,焊接	0.5~1.0
以相当大的速度放散出来,或放散到空气运动迅速的区域	翻砂,高速(大于 1 m/s)皮带运输机的转运点、混合、装袋或装箱	1.0~2.5
以高速放散出来,或是放散到空气运动迅速的区域	磨床,重破碎	2.5~10

(2)流量比法。

为了准确地计算集气罩的排风量,日本学者研究了集气罩罩口上同时有污染气流和吸气气流的气流运动规律,提出了按罩口污染气流与吸气气流的流线合成来求取排风量的流量比法。流量比法的基本思路是:把集气罩的排风量 Q_3 看成是污染气流量 Q_1 和从罩口周围吸入室内空气量 Q_2 之和,即

$$Q_3=Q_1+Q_2=Q_1(1+Q_2/Q_1)=Q_1(1+K) \tag{9.1.10}$$

比值 $Q_2/Q_1=K$ 称为流量比。显然,K 值越大,污染物越不易溢出罩外,但集气罩排风量

Q_3 也随之增大。考虑到设计的经济合理性，把能保证污染物不溢出罩外的最小 K 值称为临界流量比，用 K_V 表示。

$$K_V = (Q_2/Q_1) \tag{9.1.11}$$

综上，K_V 值是决定集气罩控制效果的主要因素。这种依据 K_V 值计算集气罩排风量的设计方法称为流量比法。显然，求取合理的 K_V 值是流量比法的关键。工程设计中采用的 K_V 计算公式需要通过实验研究求出。实验的研究结果表明，K_V 与污染物发生量无关，只与污染源和集气罩的相对尺寸有关。下面以上部伞形罩和侧吸罩为例，来说明影响 K_V 的主要因素及 K_V 的计算方法。图 9.1.9 分别为上部伞形罩和侧吸罩与污染源的相对尺寸。

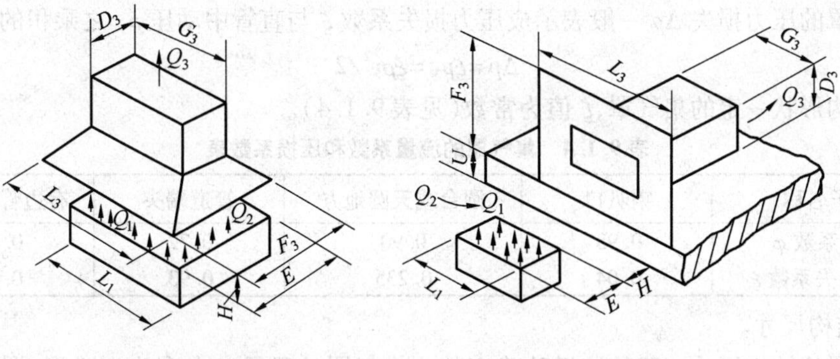

图 9.1.9　上部伞形罩和侧吸罩示意图

图中 F_3 为罩口法兰边全宽，如不设法兰边则为罩口宽度；L_3 为罩口法兰边全长，如不设法兰边则为罩口长度；D_3 为集气罩连接风管直径或短边尺寸；G_3 为长边尺寸；E 为污染源直径或短边尺寸；L_1 为污染源长边尺寸；H 为罩口至污染源距离；U 为侧吸罩（三维集气罩）法兰边至污染源距离；Q_1 为污染物发生量；Q_2 为吸入室内空气量；Q_3 为集气罩排风量。

实验研究表明，K_V 值随 H/E 的增加而增大。所以，工程设计中一般要求 $H/E<0.7$。当 $H/E>0.7$ 时，可考虑选用吹吸式集气罩。另外，K_V 随 F_3/E 的增加而减小，即增大 F_3 可以减少吸气范围，提高控制效果。但实验表明，当 $F_3/E>(1.5\sim2.0)$ 时，对 K_V 不再有明显影响。对于侧吸罩，当 $F_3/D_3<2$ 时，K_V 急剧增大；而当 $F_3/D_3>2$ 时，K_V 趋于常数，设计时应取 $F_3/D_3\geqslant2$。另外，对于如图 9.1.9(b)所示的侧吸罩应保证 $1\leqslant F_3/E\leqslant2$。对于长方形污染源，且污染气流运动方向与吸气方向一致的上部伞形罩，K_V 值可按下式计算：

$$K_V = [1.4(H/E)^{1.5}+0.3]\times[0.4(F_3/E)^{-3.4}+0.1](E/L_1+1) \tag{9.1.12}$$

对于长方形污染源，且污染气流运动方向与吸气方向垂直的侧吸罩，K_V 值可按下式计算：

$$K_V = \left[1.5\left(\frac{F_3}{E}\right)^{-1.4}+2.5\right]\times\left[\left(\frac{E}{L_1}\right)^{-1.7}+0.12\right]\times\left[\left(\frac{H}{E}\right)^{1.5}+0.2\right]\times\left[0.3\left(\frac{U}{E}\right)^{2.0}+1.0\right] \tag{9.1.13}$$

当污染气体与周围空气有一定温差时，K_V 值会相应增大，按下式计算（$\Delta t<200$ ℃）：

$$K_{V(\Delta t)} = K_{V(\Delta t=0)} + \frac{3}{2\,500}\Delta t \tag{9.1.14}$$

式中　Δt——污染气体与周围空气的温差，℃。

在计算室内横向气流的集气罩排风量时，应增加适当的安全系数，表示为

$$Q_3 = Q_1(1+mK_V\Delta t) \tag{9.1.15}$$

式中　m——考虑干扰气流影响的安全系数，见表9.1.3。

表9.1.3　安全系数 m

横向干扰气流速度/($m\cdot s^{-1}$)	安全系数 m	横向干扰气流速度/($m\cdot s^{-1}$)	安全系数 m
0～0.15	5	0.30～0.45	10
0.15～0.30	8	0.45～0.60	15

(3)压力损失。

集气罩的压力损失 Δp 一般表示成压力损失系数 ξ 与直管中动压 p_V 之乘积的形式：

$$\Delta p = \xi p_V = \xi \rho v^2/2 \tag{9.1.16}$$

对结构形状一定的集气罩，ξ 值为常数(见表9.1.4)。

表9.1.4　集气罩的流量系数和压损系数表

罩子名称	喇叭口	圆台或天圆地方	管道端头	有边管道弯头
流量系数 φ	0.98	0.90	0.72	0.82
压力损失系数 ξ	0.04	0.235	0.93	0.49

(4)结构尺寸。

排气罩的结构尺寸一般是按经验确定的。排气罩的吸风口大多为喇叭形，罩口面积 F 与风管横断面积 f 的关系为

$$F \leqslant 16f \tag{9.1.17}$$

或

$$D \leqslant 4d \tag{9.1.18}$$

喇叭口的长度 L 与风管直径 d 的关系为

$$L \leqslant 3d \tag{9.1.19}$$

如使用矩形风管，矩形风管的边长 B(长边)为

$$B = 1.13\sqrt{F} \tag{9.1.20}$$

2. 集气罩的设计

集气罩设计内容主要包括集气罩结构形式、安装位置及性能参数确定等内容。集气罩设计得合理，使用较小的集气量就可以有效控制污染物的扩散。反之，用很大的集气量也不一定能达到预期的效果。设计集气罩时应注意：①尽可能将污染源包围起来，或靠近污染源；②集气罩的吸气方向应尽可能与污染气流运动方向一致；③在保证控制污染的条件下，尽量减少集气罩的开口面积或加法兰边，使其排气量最小；④侧集罩或伞形罩应设在污染物散发的轴心线上；⑤不允许集气罩的吸气流先经过人的吸收区，再进入罩内；⑥集气罩的结构不应妨碍操作和设备检修。

(1)伞形集气罩。

自然抽风的伞形罩常用于收集顶部敞开的热气流，主要用于将热的和潮湿的气体的排出，它的作用有限，不可能将大量的污染烟气排出。典型的自然抽风的伞形罩中的空气流速要比侧吸罩中低得多，因此它不能用于冷气流的抽风，也不能用于有毒有害物质的排气。在设计伞形罩时，其罩口的截面和形状应尽可能一与尘源的水平投影相似。为了使罩口风速较均匀，吸尘罩的开口角度不要大于仅60°。开口越大，则边缘风速越小，而中心则越大。

当尘源平面尺寸较大时，为了减小吸尘罩的高度，对于边较长的矩形风罩，可将长边分段设置。为了减小周围空气混入排风系统，以减少排风量，伞形罩口宜留一定的直边。在条件允许时，罩口均应有边，有边侧吸罩较无边侧吸罩可减少排风量25%，并减少入口阻力损失。

对于"低"罩（低于1 m或槽的直径），其设计公式如下。

对圆形罩：

$$Q_h = 4.77(D_h)^{2.33}(\Delta t)^{0.437} \tag{9.1.21}$$

对矩形罩：

$$Q_h = 6.2L(W)^{2.33}(\Delta t)^{0.417} \tag{9.1.22}$$

式中　Q_h——伞形罩的排气量，m^3/h；

D_h——伞形罩的直径（一般比气体发生槽的直径大300～600 mm），m；

L——伞形罩的长度（一般比气体发生槽的长边长300～600 mm），m；

W——伞形罩的宽度（一般比气体发生槽的短边长300～600 mm），m；

Δt——热气源和环境间的温差，℃。

（2）侧吸罩。

侧吸罩是为了将污染气流从工作台附近以足够高的气速将其抽出而安装的，主要依靠罩口的吸气使在尘源处造成一定的流速，从而在其大于该尘源的吸捕速度时将粉尘吸入罩内。侧吸罩的效果要比伞形罩差，同时要求的吸气量也较伞形罩大，但在许多特殊场合是必不可少的。设计侧吸罩，主要的考虑是控制速度，所谓控制速度，就是吸气气流经过控制面时的速度。因为，从捕捉的观点来看，进入侧吸罩的流速并不重要，但进入控制面的风速却很重要。它是影响捕尘效果和系统经济性的重要指标。速度选得过小，粉尘不能吸入罩内而污染周围环境，选取过大，则必然增大吸气量，随之而来使系统负荷及设备均要增加。对于室温下的情况，不同毒性及不同操作场合的推荐控制速度见表9.1.5。

表9.1.5　推荐的控制速度

环境条件	毒性较小的污染物质的控制速度/（$m \cdot s^{-1}$）	毒性较大的污染物质的控制速度/（$m \cdot s^{-1}$）
车间不通风或有挡板隔离	0.2～0.3	0.25～0.35
中等通风	0.25～0.35	0.3～0.4
无挡板强力通风	0.35～0.45	0.4～0.6

（3）密闭式集气罩。

密闭罩的选择要根据工艺操作条件、设备的维修以及车间的布置等条件来进行。一般应优先考虑采用局部密闭罩，因为它的抽气量及材料消耗都是较经济的。决定密闭罩抽气量的原则是要保证罩内各点都处于负压（各种设备所需负压大小可参考有关设备方面的资料）。一般来说，在排气罩内风速小于0.25～0.37 m/s的气流，不致使静止的物料散发到空气中，而风速大至2.5～5.0 m/s时，物料就可能被气流带走。

从理论上分析，要满足密闭罩内进、排气量的总平衡，需要的抽气量必须满足：

$$Q = Q_1 + Q_2 + Q_3 + Q_4 + Q_5 - Q_6 \tag{9.1.23}$$

式中　Q——抽气量；

Q_1——被运送物料携入密闭罩的量；

Q_2——通过密闭罩不严密处吸入的空气量；

Q_3——由于设备运转鼓入密闭罩的空气量；

Q_4——因物料和机械加工散热而使空气热膨胀和水分蒸发增加的空气量；

Q_5——被压实的物料容积排挤出的空气量；

Q_6——从该设备排除的物料所带走的空气量。

9.2 气态污染物净化原理与设备

化学上可将气态污染物分为两大类：一类是有机污染气体，另一类是无机污染气体。有机污染气体主要包括各种烃类、醛类、酸类、醇类、酮类以及胺类等。无机污染气体主要包括以 NO 和 NO_2为主的含氮化物，以 SO_2为主的含硫化合物，碳的氧化物，卤素及其化合物等。气态污染物在废气中呈分子态，分布均匀，不能像颗粒物那样可以利用重力、离心力、静电力等使其与废气得以分离。气态污染物的控制主要是利用其物化性质，如溶解度、吸附力、湿度、露点和选择性化学反应等的差异，将污染物从废气中分离出来；或者将污染物质转化为无害或易于处理的物质。常用的方法有吸收法、吸附法、冷凝法、催化转化法和燃烧法等。本节将对用于气态污染物控制的典型设备及其原理进行阐述。

9.2.1 吸收法净化原理

吸收是根据气体混合物中各组分在液体溶剂中的物理溶解度或者化学反应活性的不同将混合物进行分离的一种方法。吸收净化法具有效率高、设备简单的特点，被广泛应用于气态污染物的控制工程，它不仅是减少或消除气态污染物向大气排放的重要途径，且还可以将污染物转化为有用的产品。

可将吸收分为物理吸收和化学吸收两类。在物理吸收中，气体组分在吸收剂中只是单纯的物理溶解过程。化学吸收则是伴有显著化学反应的吸收过程，被吸收的气体（简称吸收质）与吸收剂中的一个或多个组分发生化学反应。例如，用各种酸溶液吸收 NH_3，用碱液吸 SO_2、CO、H_2S 等。大气污染治理问题往往具有污染物浓度低、废气量大、气体成分复杂及排放标准要求高等特点，物理吸收难以达到上述要求，因此大多采用化学吸收。与物理吸相比，化学吸收使得吸收推动力增大，总吸收系数增大，吸收设备的有效接触面积增大，能满足处理低浓度气态污染物的要求。

1. 气液相平衡

物理吸收的气液相平衡：当混合气体与吸收剂相互接触时，气体中的部分吸收质向吸收剂进行质量传递，吸收过程同时也会发生溶液中的吸收质向气相逸出的质量传递（解吸过程）。在一定的温度和压力条件下，吸收过程的传质速率等于解吸过程的传质速率时，气液两相就达到了动态平衡，简称相衡。当总压不高（一般约小于 5×10^5 Pa）时，在一定的温度下，稀溶液中溶质的溶解度与气中溶质的平衡分压成正比，此时气液两相的平衡关系可用亨利定律来表达。

①如果用体积摩尔浓度 c 表示溶质在液相中的组成，则亨利定律表示为

$$p=\frac{c}{H} \tag{9.2.1}$$

式中 p——溶质在气相中的平衡分压，MPa；

c——单位体积溶液中溶质的摩尔浓度，kmol/m^3；

H——溶解度系数，kmol/(m^3·MPa)。

②若液相组成用摩尔分数来表示，则液相上方气体中溶质的分压与其在液相中的摩尔浓度之间存在如下的关系，即

$$p_e = Ex \tag{9.2.2}$$

式中　x——平衡状态下，溶质在溶液中的摩尔浓度；

E——亨利系数，单位与 p_e 相同，其值随物系特性及温度变化而变，由实验测定或查相关手册可得。难溶气体的 E 值很大，易溶气体的 E 值很小。

③若溶质在气相与液相中的组成分别用摩尔分数 y 和 x 表示时，亨利定律又可写成如下形式：

$$y_e = mx \tag{9.2.3}$$

式中　y_e——与 x 相平衡的气相中溶质的摩尔浓度；

m——相平衡常数，无量纲，其值通过实验测定，m 值越小，表明该气体的溶解度越大。对于一定的物系，m 是温度和压强的函数。

④若以摩尔比表示，则亨利定律可写成如下形式：

$$Y_e = mX \tag{9.2.4}$$

式中　Y——摩尔比，$Y=\dfrac{y}{1-y}$；

X——摩尔比，$X=\dfrac{x}{1-x}$。

化学吸收的气液相平衡：如果溶于液体中的吸收质与吸收剂发生了化学反应，那么被吸收组分在气液两相的平衡关系既满足相平衡关系，同时也服从化学平衡关系。

设吸收组分 A 与溶液中所含的 B 组分发生化学反应生成，其反应产物为 M、N，因同时满足平衡与化学平衡关系，可以求得：

$$a\mathrm{A}+b\mathrm{B} \rightleftharpoons m\mathrm{M}+n\mathrm{N}$$

$$[c_\mathrm{A}] = \left\{\frac{[c_\mathrm{M}]^m[c_\mathrm{N}]^n}{K[c_\mathrm{B}]^b}\right\}^{\frac{1}{n}} \tag{9.2.5a}$$

式中　c_M、c_N、c_A、c_B——各组分浓度；

a、b、m、n——各组分的化学计量系数；

K——化学平衡常数。

将这些值代入亨利定律可得

$$p_{e\mathrm{A}} = \frac{1}{E_a}\left\{\frac{[c_\mathrm{M}]^m[c_\mathrm{N}]^n}{K[c_\mathrm{B}]^b}\right\}^{\frac{1}{n}} \tag{9.2.5b}$$

2. 吸收传质机理

气液两相间物质传递过程的理论是研究者们近数十年来一直在研究的问题。目前已经提出的理论很多，包括 1926 年 Whitman 提出的双膜理论（亦称滞留膜理论）、1935 年 Higbie 提出的溶质渗透理论以及 1951 年 Danckwerts 提出的表面更新理论等。其中"双膜理论"一直占有非常重要的地位，它不仅适用于物理吸收，也适用于化学吸收。该理论的基本论点如

下：

①相互接触的气液两流体之间存在着稳定的相界面，界面的两侧各有一层有效滞流膜，分别称之为气膜和液膜，吸收质以分子扩散的方式通过双膜层。

②在相界面处，气、液两相达到平衡。

③在膜层以外的气、液两相的中心区，由于流体充分湍流，吸收质浓度均匀，即两相中心区内浓度梯度都是零，全部浓度变化集中在两相的有效膜内。通过以上假设，就把复杂的相际传质过程简化为经由气、液两膜的分子扩散过程。

根据生产任务进行吸收设备的设计计算，计算混合气体通过指定设备所能达到的吸收程度都需要知道的是吸收速率。吸收速率指的是单位时间单位相际传质面积上吸收的溶质的量，根据“双膜理论”，吸收速率=吸收系数×吸收推动力。由于吸收系数及其相应推动力的表达方式及范围不同出现了多种形式的吸收速率方程式，现结合图 9.2.1 进行如下阐述。

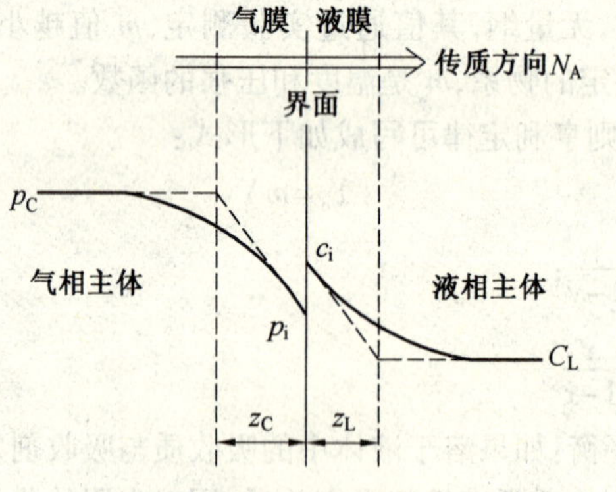

图 9.2.1 双膜理论示意图

气膜吸收速率方程式：

$$N_A = k_C(p_C - p_i) \text{ 或 } N_A = k_{气}(Y_C - Y_i) \tag{9.2.6}$$

式中 N_A——单位时间内溶质 A 扩散通过单位面积的物质的量，即传质速率，kmol/(m^2·s)；

p_C、p_i——溶质 A 在气相主体和相界面处的分压，kPa；

Y_C、Y_i——溶质 A 在气相主体和相界面处的比摩尔分数；

k_C——以 $p_C - p_i$ 为推动力的气相分吸收系数或气相传质系数，kmol/(m^2·s·kPa)；

$k_{气}$——以 $Y_C - Y_i$ 为推动力的气相分吸收系数或气相传质系数，kmol/(m^2·s)。

液膜吸收速率方程式：

$$N_A = k_{液}(c_i - c_L) \text{ 或 } N_A = k_x(x_i - x_L) \tag{9.2.7}$$

式中 c_L、c_i——溶质 A 在液相主体和相界面处的浓度，kmol/m^3；

x_L、x_i——溶质 A 在液相主体和相界面处的比摩尔分数；

$k_{液}$——以 $c_i - c_L$ 为推动力的液相分吸收系数或液相传质系数，m/s；

k_x——以 $x_i - x_L$ 为推动力的液相分吸收系数或液相传质系数，kmol/(m^2·s)。

总传质速率方程式：

$$N_A = K_G(P_G - p_e) = K_L(c_e - c_L) \tag{9.2.8}$$

或
$$N_A=K_y(y-y_e)=K_x(x_e-x) \tag{9.2.9}$$

式中　K_G——以压力差为推动力的气相总吸收系数，$\text{kmol}/(\text{m}^2\cdot\text{s}\cdot\text{kPa})$，$\frac{1}{K_G}=\frac{1}{Hk_L}+\frac{1}{k_G}$；

K_y——以摩尔分率差为推动力的气相总吸收系数，$\text{kmol}/(\text{m}^2\cdot\text{s})$，$\frac{1}{K_y}=\frac{1}{k_y}+\frac{m}{k_x}$；

K_L——以浓度差为推动力的液相总吸收系数，m/s，$\frac{1}{K_L}=\frac{1}{k_L}+\frac{H}{k_G}$；

K_x——以摩尔分率差为推动力的液相总吸收系数，$\text{kmol}/(\text{m}^2\cdot\text{s})$，$\frac{1}{K_x}=\frac{1}{k_x}+\frac{1}{mk_y}$。

对于易溶气体来说，吸收速率主要取决于气膜阻力，而液膜阻力可以忽略，吸收过程为气膜控制。相反地，难溶气体则可忽略气膜阻力，只考虑液膜阻力，吸收过程为液膜控制。介于易溶与难溶之间的气体，吸收过程则为双膜控制，需要同时考虑气膜和液膜的阻力。

3. 吸收塔的物料平衡

在吸收时，从气相传递到液相的组分量等于气相中组分的减量，并等于在液相中组分的增量。那么，逆流操作吸收设备（图 9.2.2）的全塔物料衡算就可以写成：

$$G(Y_1-Y_2)=L(X_1-X_2) \tag{9.2.10}$$

式中　G——单位时间通过吸收塔任一截面单位面积的惰性气体的量，$\text{kmol}/(\text{m}^2\cdot\text{s})$；

L——单位时间通过吸收塔任一截面单位面积的纯吸收剂的量，$\text{kmol}/(\text{m}^2\cdot\text{s})$；

Y_1、Y_2——在塔底和塔顶的被吸收组分的气相摩尔比，（kmol 被吸收组分/kmol 惰性气体）；

X_1、X_2——在塔底和塔顶的被吸收组分的液相摩尔比，（kmol 被吸收组分/kmol 吸收剂）。

对于图 9.2.2，若塔的任意截面与塔底之间进行物料衡算，就有：

$$G(Y_1-Y)=L(X_1-X) \tag{9.2.11}$$

或
$$Y=\frac{L}{G}X+\left(Y_1-\frac{L}{G}X_1\right) \tag{9.2.12}$$

在 $Y-X$ 图中，式(9.2.12)是一条直线，如图 9.2.3 所示，其斜率 L/G 称为气液比，这条直线称为吸收操作线，该方程称为吸收操作线方程，该方程是由操作条件决定的。

对于一定的气液系统，当温度压力一定时，平衡关系就能全部确定，也就是说平衡线在 $Y-X$ 图上的位置是确定的（图 9.2.3 中的 OC 线）。操作线方程式的作用是说明塔内气液浓度的变化情况，更重要的是通过气液浓度变化情况与平衡关系的对比，确定吸收推动力，对于吸收操作来说，操作线必须位于平衡线之上，操作线与平衡线之间的距离反映出了吸收推动力的大小，对于图 9.2.3 中的任一点 A，垂线段 AD 等于吸收推动力 Y_1-Y_e，而水平线 AC 就等于吸收推动力 X_e-X_1。

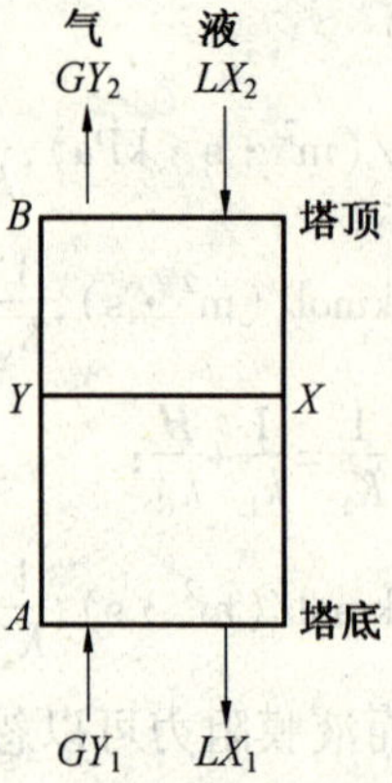

图 9.2.2　逆流吸收塔示意图

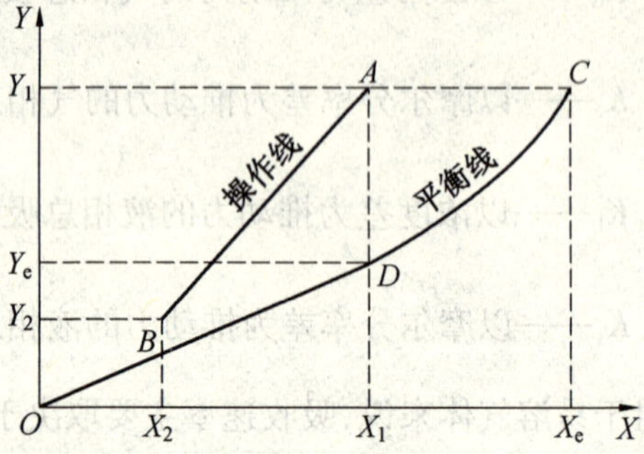

图 9.2.3　吸收操作线与推动力

在进行设计计算时,气体进塔和出塔浓度 Y_1、Y_2 以及惰性气体量 G 都是已知的,液相进塔浓度 X_2 也已知,而由式(9.2.12)可知:

$$\frac{L}{G}=\frac{Y_1-Y_2}{X_1-X_2} \tag{9.2.13}$$

由以上分析可知,当 X_1 最大时,L 最小,而根据气液平衡关系可知,X_1 最大值时,与 Y_1 达到平衡,此时操作线与平衡线相交,则吸收推动力为零,线是直线,那么根据平衡常数,由下式计算:

$$X_e=\frac{Y_1}{m} \tag{9.2.14}$$

$$L_{\min}=\frac{Y_1-Y_2}{X_e-X_2}G=\frac{Y_1-Y_2}{\frac{Y_1}{m}-X_2}G \tag{9.2.15}$$

4. 收液的解吸

为了回收溶质或回收溶剂进行循环使用,需要对吸收液进行解吸处理(溶剂的再生)。使溶于液相中的气体释放出来的操作就称为解吸(或者称为脱吸)。解吸的方法主要有如下几种:

①气提解吸。气提解吸法也称为载气解吸法,其过程类似于逆流吸收,只是解吸时溶质由液相传递到气相。吸收液从解吸塔顶喷淋而下,载气从解吸塔底通入自下而上地流动,气液两相在逆流的过程中,溶质将不断地由液相转移到气相。其中以空气、氮气和二氧化碳作为载气,称为中性气体气提;以水蒸气作为载气,同时又兼作加热热源的解吸常称为汽提;以溶剂蒸气作载气的解吸,也称为提馏。

②减压解吸。对于在加压情况下获得的吸收液,可以采用一次或多次减压的方法,使溶质从吸收液中释放出来。溶质被解吸的程度取决于解吸操作的最终压力和温度。

③加热解吸。一般来说,气体溶质的溶解度随着温度的升高而降低,若将吸收液的温度升高,则必然有一部分溶质从液相中释放出来。如采用“热力脱氧”法处理锅炉用水,就是通过加热使溶解在热水中的气体从水中逸出。

④加热-减压解吸。将吸收液加热升温之后再进行减压,加热和减压的结合,能显著提高解吸推动力和溶质被解吸的程度。在工程实际中很少采用单一的解吸方法,往往是先通

过升温再减压至常压，最后再采用气提法解吸。

9.2.2　国内外典型吸收法净化设备

由于气液两相界面的状况对吸收过程有着决定性的影响，所以吸收设备的主要功能就在于建立最大的并能迅速更新的相接触表面。根据气液两相界面的形成方式，吸收设备分为表面吸收器、鼓泡式吸收器和喷洒吸收器 3 大类。表面吸收器的两相界面是静止的气相表面或流动的液膜表面，表面吸收器、液膜吸收器、填料吸收器、机械膜式吸收器就属于这类吸收器。鼓泡式吸收器的特点是气体以气泡形式分散在吸收剂中，属于此类的吸收器有湍球塔、泡沫吸收塔、泡罩吸收塔、板式吸收器和带有机械搅动的吸收器。喷洒吸收器中，液体以液滴形式分散于气体之中。这类吸收器主要有喷淋塔、高气速并流喷洒吸收器和机械喷洒吸收器等。

在大气污染净化中，因为气体量大而且浓度低，所以往往选用以气相为连续相、湍流程高、相界面大的吸收设备，常用的是填料塔、喷淋塔和文丘里吸收器。

1. 填料塔

如图 9.2.4 所示，填料塔以填料作为气液接触的基本构件。塔体为直立的圆筒，筒内支承板上堆放一定高度的填料。气体从塔底送入，经过填料间的空隙上升。吸收剂自塔顶经喷淋装置均匀喷洒，沿填料的表面下流。填料的润湿表面就成为气液连续接触的传质表面，净化气体最后从塔顶排出。填料塔具有操作稳定、结构简单、便于用耐腐蚀材料制造、压力损失小、适用范围广、适用于小直径塔等优点。塔径在 800 mm 以下时，较板式塔造价低、安装检修简单。但是用于大直径的塔时，则存在重量大、效率低、造价高以及清理检修麻烦等缺点。近些年来，随着性能优良的新型填料的不断涌现，填料塔的适用范围正在不断扩大。

(1) 波纹填料塔。

阻力较一般乱堆填料低很多，属于整砌型填料，因而空塔速度可以达到 2 m/s。同时由于其结构紧凑，具有很大的比表面积，因而效率较高。此外，它的操作弹性大，可用各种金属、非金属材料制造，而且便于处理腐蚀性物料。

(2) 湍球塔。

近十年来发展的高效吸收设备，属于填料塔中的特殊塔形，如图 9.2.5 所示。它是以一定数量的轻质小球作为气液两相接触的媒体。塔内有开孔率较高的筛板，将一定数量的轻质小球置于筛板上。吸收液从塔上部的喷头均匀地喷洒在小球表面。需处理的气体由塔下部的进气口经导流叶片和筛板穿过湿润的球层。当气流速度达到足够大时，小球在塔内湍动旋转，相互碰撞使得气、液、固三相充分接触，由于小球表面的液膜不断更新，使得废气与新的吸收液接触，从而增大了吸收推动力，提高了吸收效率。净化后的气体经过除雾器脱去湿气，由塔顶部的排出管排出湍球塔的优点是设备体积小，吸收效率高；气流速度大，处理能力大；还可以同时对含尘气体进行除尘；由于填料剧烈的湍动，一般不易被固体颗粒堵塞。其缺点是随着小球的运动，有一定程度的返混；段数多时阻力较高；塑料小球不能承受高温，且磨损较大，使用寿命短，需要经常更换。常用于处理含颗粒物的气体或液体以及可能发生结晶的过程。

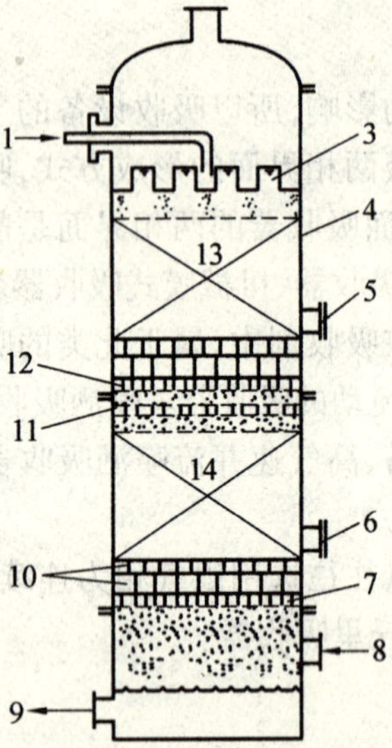

图 9.2.4 填料塔结构示意图

1—液体入口；2—气体出口；3—液体分布器；
4—外壳；5—填料卸出口；6—人孔；
7、12—填料支承；8—气体入口；9—液体出口；
10—防止支承板堵塞的大填料和中等填料层；
11—液体再分布器；13、14—填料

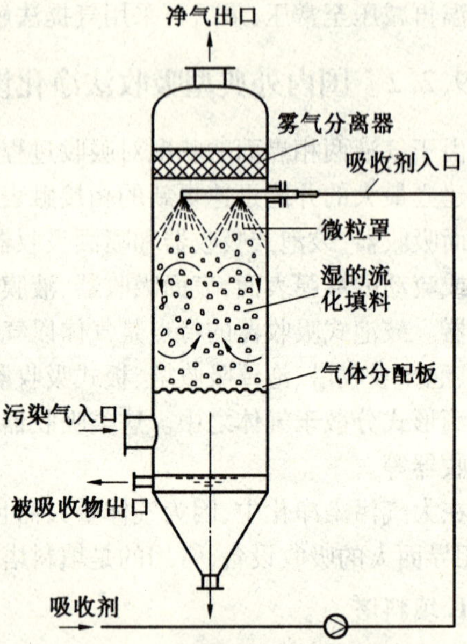

图 9.2.5 湍球塔结构示意图

2. 板式塔

如图 9.2.6 所示，板式塔通常由一个呈圆柱形的壳体及沿塔高按一定的间距水平设置的若干层塔板所组成。在进行操作时，吸收剂从塔顶进入，依靠重力作用由顶部逐渐流向塔底排出，并在各层塔板的板面上形成流动的液层；气体由塔底进入，在压力差的推动下，由塔底向上经过均分布在塔板上的开孔，以气泡形式分散在液层中，形成气液接触界面很大的泡沫层。气相中部分有害气体被吸收，未被吸收的那些气体经过泡沫层后进入上一层塔板，气体逐板上升与板上的液体相互接触，被净化的气体最后由塔顶排出。由此可见，塔板是塔内气液接触的基本构件。

板式塔的类型有很多，主要区别在于塔内所设置的塔板结构不同。板式塔的塔板可分为有降液管及无降液管的两大类，如图 9.2.7 所示。在有降液管的塔板上，有专供液体流通的降液管，每层板上的液层高度可以由溢流挡板的高度进行调节。在塔板上气液两相呈错流方式接触。常用的板型有泡罩塔、浮阀塔和筛板塔等。在无降液管的塔板上，没有设置降液管，气液两相相同时逆向通过塔板上的小孔呈逆流方式接触，常用的板型有筛孔和栅条等形式。除此之外，还有其他类型的塔盘，如网孔塔、导向筛板塔、旋流板塔等。

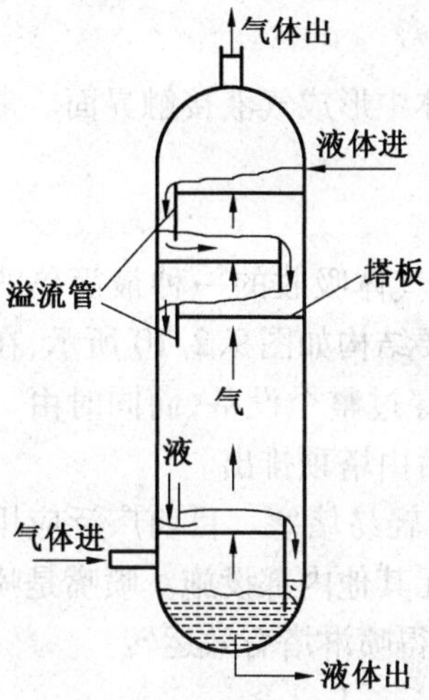

图 9.2.6　板式塔结构示意图

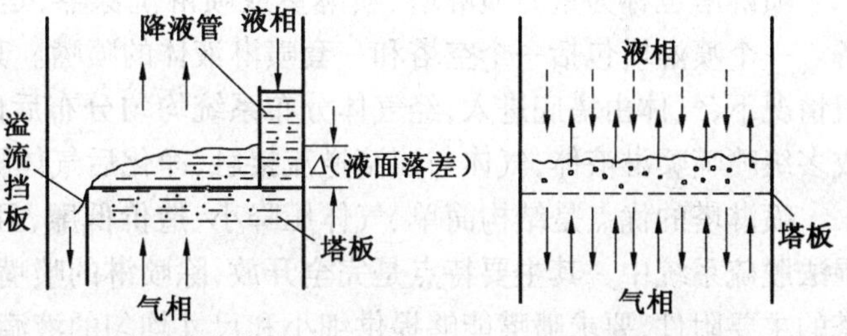

(a) 有降液管塔板　(b) 无降液管塔板

图 9.2.7　板式塔的塔板结构类型示意图

与填料塔相比,板式塔的空塔速度高,因而生产能力大,但压降较高。直径较大的板式塔,检修清理较容易,而且造价较低。大气污染控制工程中用得较多的板式塔主要是筛板塔和旋流板塔。

旋流板塔是我国 20 世纪 70 年代研究出来的塔形,目前在用于除尘脱硫、除雾中效果良好,其结构如图 9.2.8 所示。

旋流塔盘是一种喷射型塔盘,如图 9.2.9 所示,其形状犹如风车的叶轮,气流通过叶片间隙时产生旋转和离心运动;液体自盲板中流向各叶片上,形成薄液层,与旋转向上的气流相遇,喷散成小液滴,且随着气流旋转,同时又受到离心力作用,甩向塔壁聚成液膜,因重力作用沿壁下降至集液槽,通过异型降液管以及圆形降液管,流到下一层盲板上。

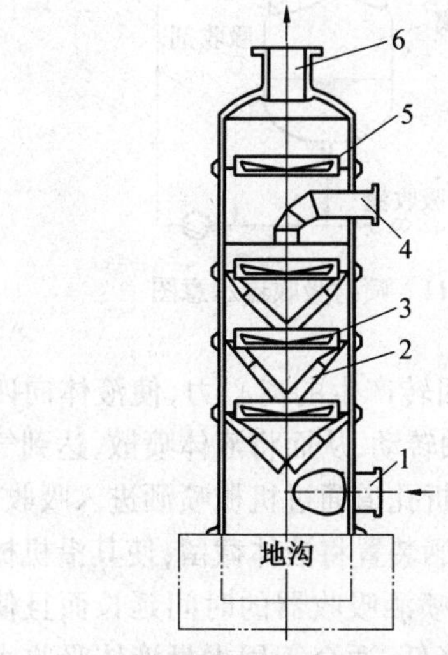

图 9.2.8　旋流板塔示意图

1—气体进口;2—溢流管;3—旋流板;4—液体进口管;5—除雾旋流板;6—气体出口

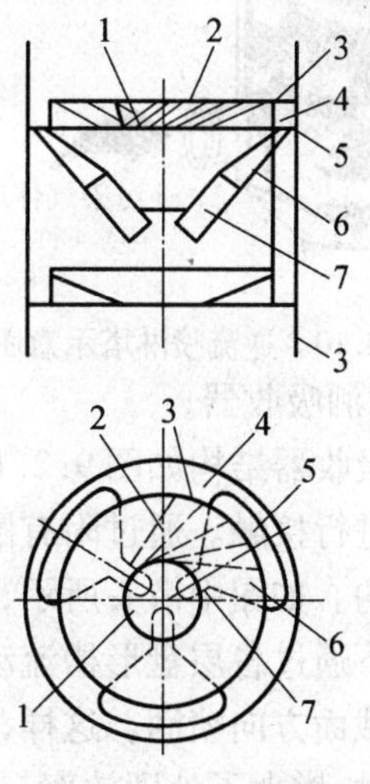

图 9.2.9　旋流塔盘示意图

1—盲板;2—旋流叶片;3—罩筒;4—集液槽;5—溢流口;6—异形降液管;7—圆形降液管

3. 特种接触塔形

在这种塔形中,气体是连续相,液体以液滴形式分散于气体中形成气液接触界面。常用的有喷淋塔、喷射吸收器、机械喷洒吸收器和文丘里吸收器等。

(1)喷淋塔。

喷淋塔也称为重力喷淋塔、喷淋室或喷淋洗涤器,是用于气体吸收的一种最简单的设备。一个喷淋塔包括一个空塔和一套喷淋液体的喷嘴。其主要结构如图 9.2.10 所示,在一般情况下,气体由塔底进入,经气体分布系统均匀分布后向上穿过整个设备,而同时由一级或多级喷嘴喷淋液体,气体与液滴逆流接触,净化后气体除雾后由塔顶排出。

喷淋塔的优点是结构简单、气体压降小、造价低廉,且不会轻易堵塞。目前广泛应用于湿法脱硫系统中。其主要特点是完全开放,除喷淋的喷嘴外,无其他内部设施。喷嘴是喷淋塔的主要附件,要求喷嘴能够提供细小和尺寸均匀的液滴以使得喷淋塔有效运转。

(2)喷射吸收器。

如图 9.2.11 所示。吸收剂由顶部压力喷嘴高速喷出,形成射流,产生的吸力将气体吸入后并流经吸收管,液体被喷成细小的雾滴与气体充分接触,完成吸收过程,然后进行气液分离,净化气体经除沫后排出。其优点是气体不需风机输送,气体压降小;缺点是能耗较高。

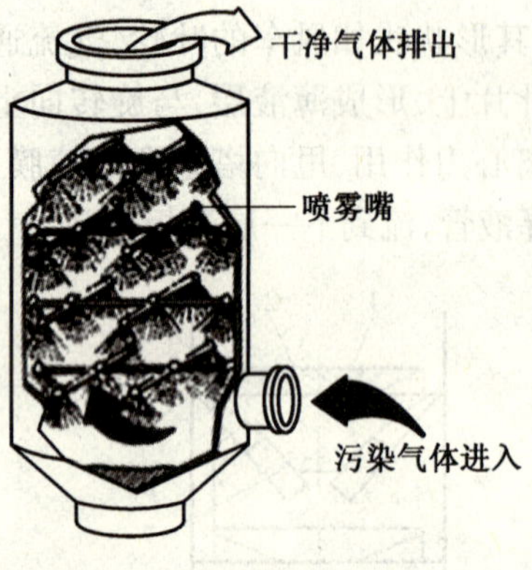

图 9.2.10　逆流喷淋塔示意图

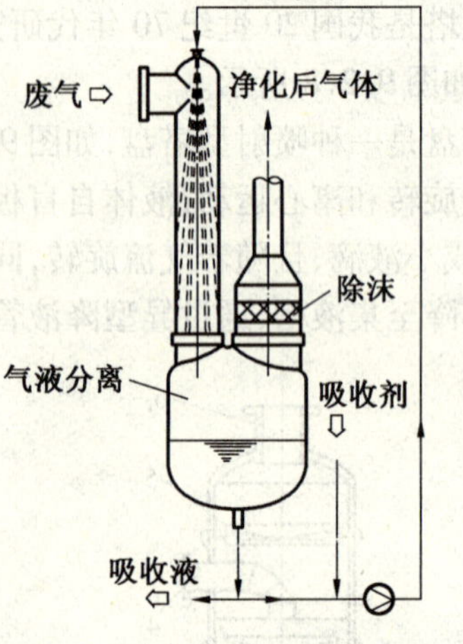

图 9.2.11　喷射吸收器示意图

(3)机械喷洒吸收器。

机械喷洒吸收器结构如图 9.2.12 所示,用机械部件回转产生的离心力,使液体向四周喷洒而与气体进行接触。通过附有圆锥形喷洒装置的直轴转动,从而将液体喷散,达到气液两相接触的目的。如图中箭头所示,气体是沿盘形槽间曲折孔道通过机械喷洒进入吸收器。当液体自上而下通过各层盘形槽流动时,附着于轴上的喷洒装置将液体截留,使其沿机械喷洒吸收器的横截面方向喷洒。这样,不仅使液体通过机械喷洒吸收器的时间延长而且使气液两相充分接触,增大了处理效率。其特点是效率高、压降低,适合于用少量液体吸收大量的气体。其缺点是结构复杂,而且需要较高的旋转速度,消耗的能量较多,同时它还不适用于处理强腐蚀性的气体。

(4)文丘里吸收器。

可分为气体引流式文丘里吸收器和液体引射式文丘里吸收器两种类型,它们的原理和

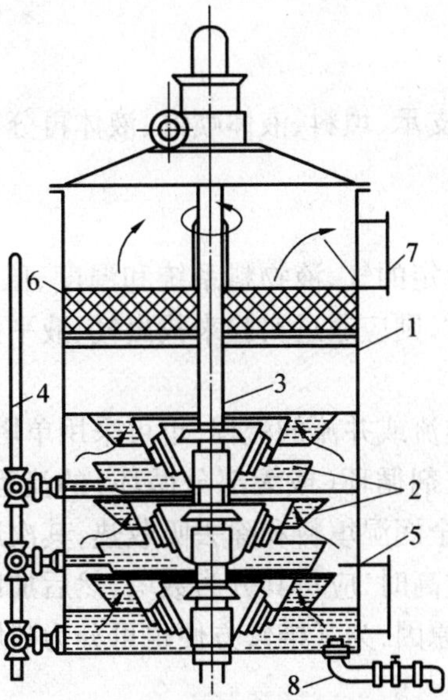

图 9.2.12　机械喷洒吸收器示意图

1—外壳;2—盘形槽;3—装有喷洒器的轴;4—液体进口;5—气体进口;6—除雾器;
7—气体出口;8—液体出口

构造基本相同。如图 9.2.13 所示是气体引流式文丘里吸收器,它是靠气体带动吸收液进入喉管,与气体接触进行吸收。图 9.2.14 是靠吸收液引射气体进入喉管的液体引射式文丘里吸收器,这样可省去风机,但液体循环能量消耗大,仅适用于气量较小的场合,气量大时,需要几台文丘里管并联使用。

在液体引射式文丘里吸收器中,由于喉管内气速较低,一般为 20 ~ 30 m/s,液气比气体引流式文丘里除尘器的高得多,通常为 5.5 ~ 11 L/m³。液体引射式文丘里吸收器是一种并流式吸收器,随着气体分子不断被吸收,逐渐接近平衡浓度,直到没有更多的吸收发生为止。液体引射式文丘里吸收器的优点是体积小,处理能力大;缺点是噪声大,消耗能量多。

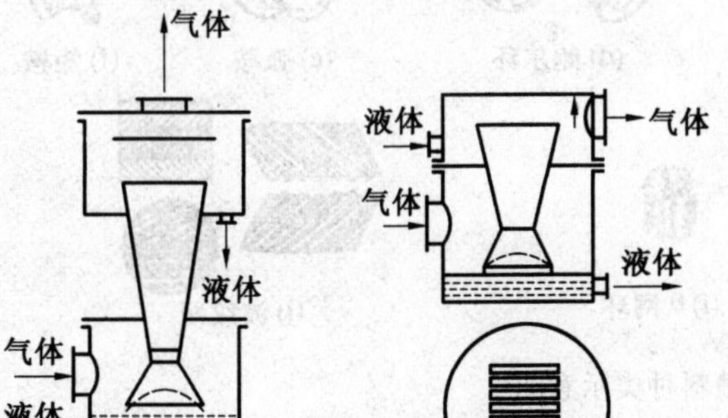

图 9.2.13　气体引流式文丘里吸收器

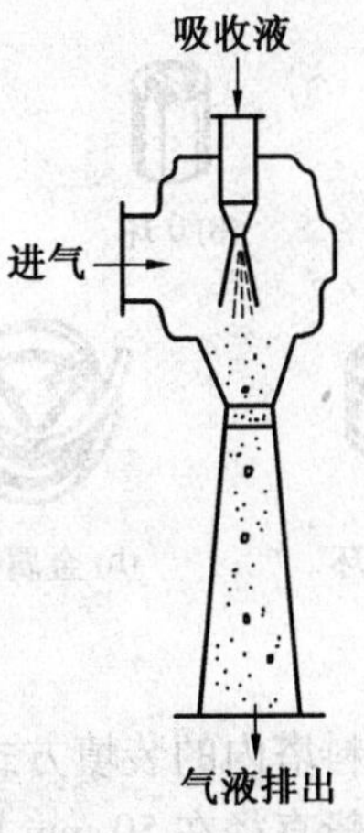

图 9.2.14　液体引射式文丘里吸收器

9.2.3　填料塔的设计

填料塔主要由塔体、填料支承、填料、液体喷淋、液体再分布、气体进口管等部件所组成，其设计程序如下。

(1)收集资料。

根据实地调查或任务书给定的气、液物料系统和温度、压力等条件，查阅手册或相关资料。若无合适数据可供采用时，则应通过实验来找出气、液平衡关系。

(2)确定流程。

吸收流程可以采用单塔逆流或并流的流程，也可采用单塔吸收、部分吸收剂再循环的流程，或采用多塔串联、部分吸收剂循环(或无部分循环)的流程。部分吸收剂再循环的主要作用是提高喷淋密度，保证完全润湿填料和除去吸收热，其次还可以调节产品的浓度。

当设计计算所得填料层过高时，应将其分为数塔，然后加以串联。有时填料层虽不是太高，由于系统容易堵塞或其他原因，为了维修方便也可分为数塔串联。

(3)计算吸收剂用量。

当吸收过程中平衡线是直线时，吸收剂的最小用量可按下式计算，

$$L=(1.2\sim2.0)L_{min} \tag{9.2.16}$$

但为保证填料表面能够充分润湿，必须保证一定的喷淋密度。

(4)选择填料。

填料塔中大部分容积被填料所填充，填料的作用是增加气液两相的接触面积和提高气相的湍动程度，从而促进吸收过程的进行，它是填料塔的核心部分，是影响填料塔经济性的一个重要因素。填料的种类很多，大致可分为通用型填料和精密填料两大类，如图 9.2.15 所示。鲍尔环、拉西环、矩鞍和弧鞍填料等属于通用型填料，其特点是适用性好，但效率较低，可由金属、陶瓷、塑料、焦炭及玻璃纤维等材质制成。网环和波纹网填料属于精密填料，它们的特点是效率较高，但要求比较苛刻，应用受到限制，其主要材质为金属材料，部分填料也可以用非金属材料制成。

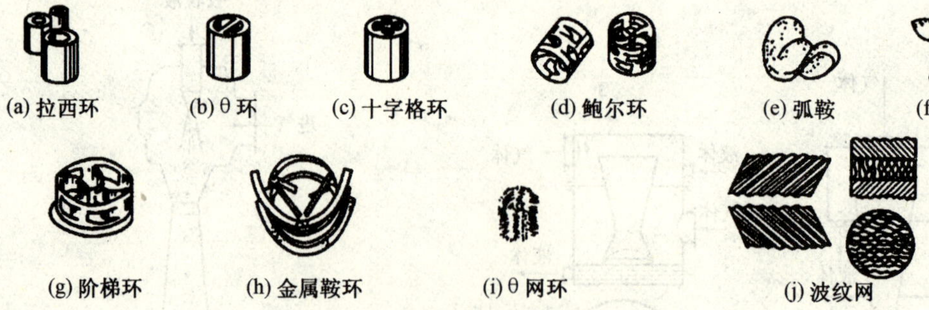

图 9.2.15　填料种类示意图

填料在填料塔内的装填方式有乱堆(散装)和整砌(规则排列)两种。乱堆填料装卸方便，压降大，一般直径在 50 mm 以下的填料多采用乱堆方式进行装填；整砌装填常用规整填料整齐砌成，压降小，适用于直径在 50 mm 以上的填料。常见填料的特性数据见表 9.2.1。

表 9.2.1　几种填料的特性数据(摘录)

填料类别及名义尺寸/mm		实际尺寸(外径×高×厚)/mm	比表面积/($m^2 \cdot m^{-3}$)	空隙率/($m^3 \cdot m^{-3}$)	堆积密度/($kg \cdot m^{-3}$)	填料因子/(m^{-1})
陶瓷拉西环(乱堆)	15	15×15×2	330	0.70	690	1020
	25	25×25×2.5	190	0.78	505	450
	40	40×40×4.5	126	0.75	577	350
	50	50×50 ×4.5	93	0.81	457	205
陶瓷拉西环(整砌)	50	50×50×4.5	124	0.72	673	
	80	80×80×9.5	102	0.57	962	
	100	100×100×13	65	0.72	930	
钢拉西环(乱堆)	25	25×2.5×0.8	220	0.92	640	390
	35	35×35×1	150	0.93	570	260
	50	50×50×1	110	0.95	430	175
陶瓷鲍尔环(乱堆)	25	25×25	220	0.76	505	300
	50	50×50×4.5	110	0.81	457	130
钢鲍尔环(乱堆)	25	25×25×0.6	209	0.94	480	160
	38	38×38×0.8	130	0.95	379	92
	50	50×50×0.9	103	0.95	355	66
塑料鲍尔环(乱堆)	25		209	0.90	72.6	170
	38		130	0.91	67.7	105
	50		103	0.91	67.7	82
塑料阶梯环(乱堆)	25	25×12.5×1.4	223	0.90	97.8	172
	38	38.5×19×1.0	132.5	0.91	57.5	115
陶瓷弧鞍(乱堆)	25		252	0.69	725	360
	38		146	0.75	612	213
	50		106	0.72	645	148

(5)填料塔直径的计算。

填料塔直径是根据生产能力和空塔气速确定的。选择小的空塔气速,则压降小,动力消耗少,操作弹性大,设备投资大,但生产能力低;低气速也不利于气液充分接触,使分离效率降低。若选择较高的空塔气速,则不仅压降大,且操作不够稳定,难于控制。

计算填料塔的直径时,先用泛点和压降通用关联图(图 9.2.16)计算泛点气速,该关联图显示了泛点与压降、填料因子、液气比等参数之间的关系。

空塔气速通常为泛点气速的 50% ~80%,当空塔气速 u 确定后,填料塔直径 D(m)可由下式计算:

$$D=\sqrt{\frac{4V_s}{\pi u}} \tag{9.2.17}$$

式中　V_s——操作条件下混合气体的体积流量,m^3/s。

逆流吸收过程中,由于吸收质不断进入液相,所以混合气体量由塔底至塔顶逐渐减小。在计算塔径时,一般应以塔底的气量为依据。

当计算出的塔径不是整数时,需要根据加工要求及设备定型进行取整。直径在 1 m 以下时,间隔为 100 mm;直径在 1 m 以上时,间隔为 200 mm。当塔径确定后,应对填料尺寸进行校核。

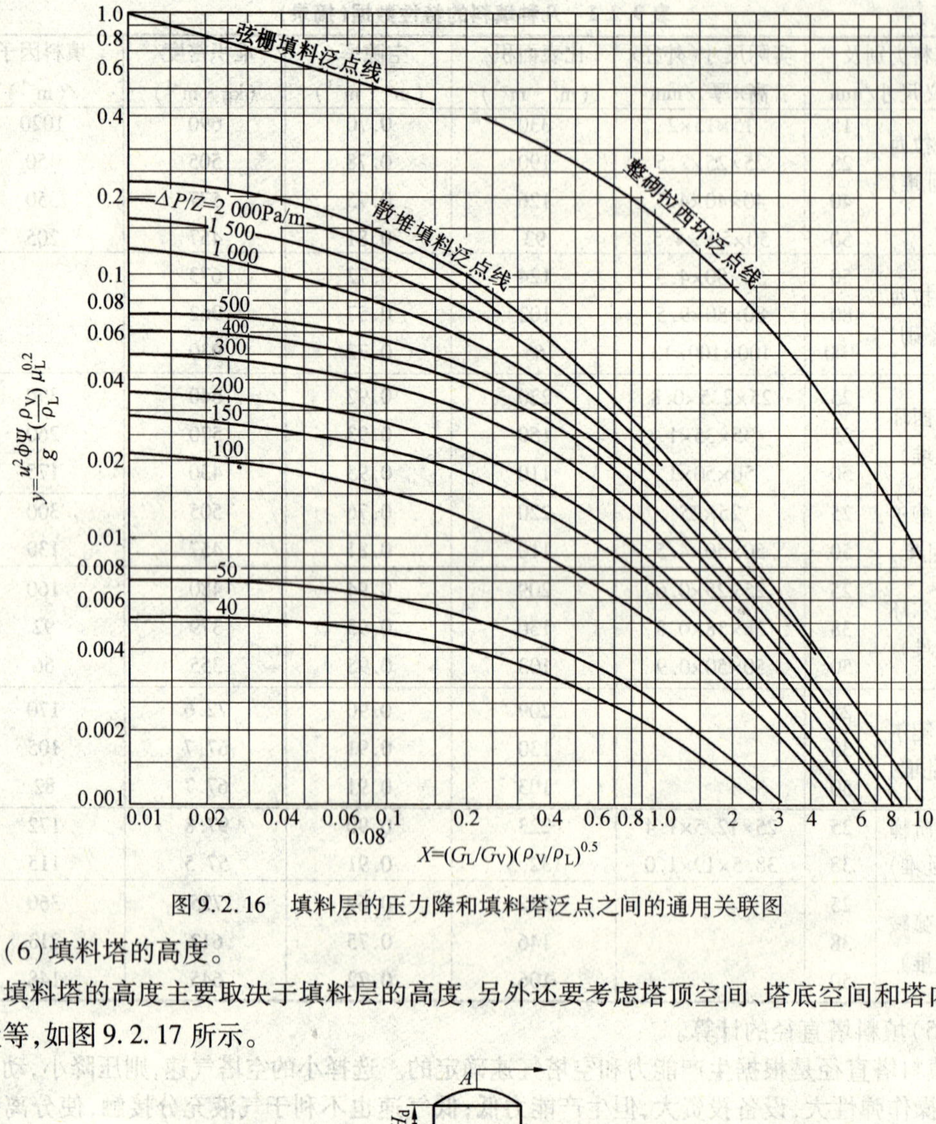

图 9.2.16　填料层的压力降和填料塔泛点之间的通用关联图

(6)填料塔的高度。

填料塔的高度主要取决于填料层的高度,另外还要考虑塔顶空间、塔底空间和塔内附属装置等,如图 9.2.17 所示。

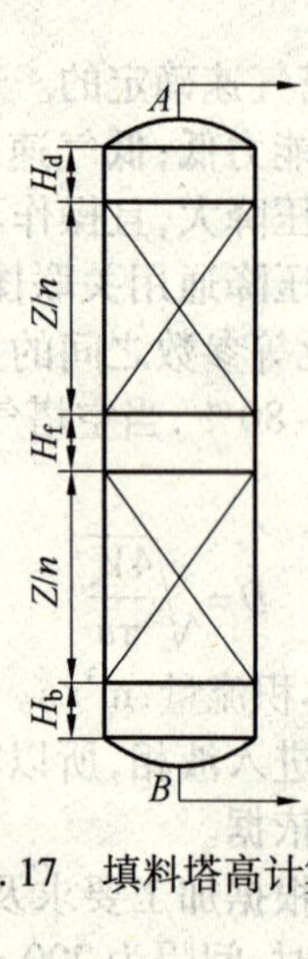

图 9.2.17　填料塔高计算示意图

填料塔的高度计算如下：

$$H=H_d+Z+(n-1)H_f+H_b \tag{9.2.18}$$

式中　H——塔高（$A\sim B$，不包括封头、支座高），m；

Z——填料层高度，m；

H_f——液体再分布器的空间高，m；

H_d——塔顶空间高（不包括封头部分），一般取 0.8～1.4 m；

H_b——塔底空间高（不包括封头部分），一般取 1.2～1.5 m；

n——填料层分层数。

上式中的填料层高 Z 可通过联解吸收速率方程和物料衡算方程来求得。选取填料吸收塔中任意一段高度为 dh 的微元填料层来进行研究，当高度变化 dh 时，气体的浓度由 $Y\to Y+\mathrm{d}Y$，设塔的内截面为 A，单位体积填料层所提供的有效接触面积为 a。则单位时间由气相传到液相的吸收量为

$$G\cdot A\cdot \mathrm{d}Y=N_A\cdot A\cdot h\cdot a=K_Y\cdot(Y-Y_e)\cdot A\cdot h\cdot a \tag{9.2.19}$$

列出变数后，再从塔顶到塔底积分可以得到填料层高度的计算式如下：

$$h=\int_0^h \mathrm{d}h=\frac{G}{K_Y\cdot a}\int_{Y_2}^{Y_1}\frac{\mathrm{d}Y}{(Y-Y_e)} \tag{9.2.20}$$

若令

$$H_{OG}=\frac{G}{K_Y\cdot a},N_{OG}=\int_{Y_2}^{Y_1}\frac{\mathrm{d}Y}{Y-Y_e} \tag{9.2.21}$$

式中　H_{OG}——气相总传质单元高度，m；

N_{OG}——气相总传质单元数。

求填料层高度 Z 的关键问题在于如何去求算总传质单元数，$\int_{Y_2}^{Y_1}\frac{\mathrm{d}Y}{Y-Y_e}$ 即积分的数值。它的求解方法可分为解析法、图解积分法和梯级积分法。解析法应用于平衡线能用简单的数学式（如直线）表示的情况；图解积分法适用于平衡线不能用数学式来表示或数学表达式太复杂的情况；梯级积分法适用于平衡线为直线或弯曲程度不大的曲线的情况。这里主要对解析法进行介绍，解析法主要有对数推动力法与吸收因子法两种。

① 对数平均推动力法。对于低浓度气体的吸收，操作线接近于直线，若在操作浓度范围内，平衡关系符合亨利定律，那么平衡线亦为直线，即

$$Y_e=mX \tag{9.2.22}$$

操作线上任一点与平衡线的差值为

$$\Delta Y=Y-Y_e \tag{9.2.23}$$

由以上分析可以得出 ΔY 与 Y 成直线关系，所以有

$$\frac{\mathrm{d}(\Delta Y)}{\mathrm{d}Y}=\frac{(\Delta Y)_1-(\Delta Y)_2}{Y_1-Y_2} \tag{9.2.24}$$

则

$$N_{OG}=\int_{Y_2}^{Y_1}\frac{\mathrm{d}Y}{Y-Y_e}=\int_{Y_2}^{Y_1}\frac{\mathrm{d}Y}{\Delta Y}=\int_{Y_2}^{Y_1}\frac{\mathrm{d}Y}{\mathrm{d}(\Delta Y)}\cdot\frac{\mathrm{d}(\Delta Y)}{\Delta Y}=\frac{Y_1-Y_2}{(\Delta Y)_1-(\Delta Y)_2}\int_{Y_2}^{Y_1}\frac{\mathrm{d}(\Delta Y)}{\Delta Y} \tag{9.2.25}$$

那么，进一步推出：

$$N_{OG}=\frac{Y_1-Y_2}{(\Delta Y)_1-(\Delta Y)_2}\ln\frac{(\Delta Y)_1}{(\Delta Y)_2}=\frac{Y_1-Y_2}{\dfrac{(\Delta Y)_1-(\Delta Y)_2}{\ln\dfrac{(\Delta Y)_1}{(\Delta Y)_2}}}=\frac{Y_1-Y_2}{\Delta Y_m} \tag{9.2.26}$$

式中 ΔY_m——气相对数平均推动力，其计算公式如下：

$$\Delta Y_m=\frac{(\Delta Y)_1-(\Delta Y)_2}{\ln\dfrac{(\Delta Y)_1}{(\Delta Y)_2}} \tag{9.2.27}$$

② 吸收因子法。

对于图 9.2.2，塔内任一截面与塔顶之间作物料衡算，可以得出一般操作线方程为

$$G(Y-Y_2)=L(X-X_2) \tag{9.2.28}$$

当相平衡关系为直线 $Y_e=mX$ 时，就可以得出：

$$Y_e=m\left[\frac{G}{L}(Y-Y_2)+X_2\right] \tag{9.2.29}$$

那么，传质单元数为

$$N_{OG}=\int_{Y_2}^{Y_1}\frac{\mathrm{d}Y}{Y-Y_e}=\int_{Y_2}^{Y_1}\frac{\mathrm{d}Y}{Y-m\left[\dfrac{G}{L}(Y-Y_2)+X_2\right]} \tag{9.2.30}$$

对上式进行积分，并整理后可得

$$N_{OG}=\frac{1}{1-\dfrac{1}{A}}\ln\left[\left(1-\frac{1}{A}\right)\left(\frac{Y_1-mX_2}{Y_2-mX_2}\right)+\frac{1}{A}\right] \tag{9.2.31}$$

式中 A——吸收因子，其计算公式为

$$A=\frac{L}{mG} \tag{9.2.32}$$

从理论上来讲，填料层内的传质是连续进行的，气、液两相组成连续变化，因此用传质单元数法计算填料层高度是最为合适的。但计算传质单元数时依据的相平衡数据与传质动力学参数有所偏差，因此应该对填料层总高度的理论计算值进行修正，引入 1.3～1.5 的安全系数，即

$$Z_{实际}=(1.3\sim1.5)Z_{计算} \tag{9.2.33}$$

填料层如果太高，塔内液流的器壁效应就会很严重，这将导致填料表面利用率的下降，因此当填料层高度超过一定数值时，塔内填料就要分层，层与层间加设液体再分布器，以保证塔截面上液体喷淋均匀。

(7)填料塔附件的设计与选用。

填料塔的附件包括填料紧固装置、填料支承装置、液体分布装置及再分布装置、气液进口及出口装置、除雾装置等。

①填料紧固装置。为了保持填料塔的正常稳定操作，在填料床层的上端必须安装填料压紧器或床层定位器，否则在高气速或负荷突然变动时，填料层将会发生松动。在一般情况下，陶瓷、石墨等脆性材料使用填料压紧器；金属、塑料以及所有规整填料需要使用床层定位器。填料压紧器主要分为 3 种：一种是栅条压板，与支撑栅板结构相同(图 9.2.18)；另一种

是丝网压板,这种丝网压板由金属丝编织成的大孔金属网与扁钢圈焊接而成;还有一种是大塔用的填料压紧器,当塔的直径大于 1 200 mm 时,简单的填料压紧网板结构不易达到足够的压强,而且塔径越大,所需压强越接近上限值(1 400 Pa)。故需用到填料压紧器,在设计时除适当增加钢圈及栅高度外,一般情况下要加金属压块以达到所需压强,为了不减少网板孔隙率,压块的安装方向应与栅条方向一致。

②填料支承装置。支承装置的作用是支承填料及填料上的持液量,因此支承装置应有足够的机械强度。填料的支撑装置有栅板型、孔板型、气液分流型和栅梁型。其中由于栅板型结构简单,气液分流型开孔率高,广泛应用于填料塔之中。栅梁型主要用于直径大于 2 000 mm以上的大塔之中。

由于填料的不同,使用的支撑装置也不一样。对于散装填料最简单的支撑装置为如图 9.2.18 所示的栅板型支撑装置。气液分流型支撑装置是高通量低压降的支撑装置,其中的孔管式支撑装置(图 9.2.19)适用于散装填料和用法兰连接的小塔,驼峰式支撑装置(图 9.2.20)是目前最好的散装填料支撑装置,适用于直径 1.5 m 以上的大塔。

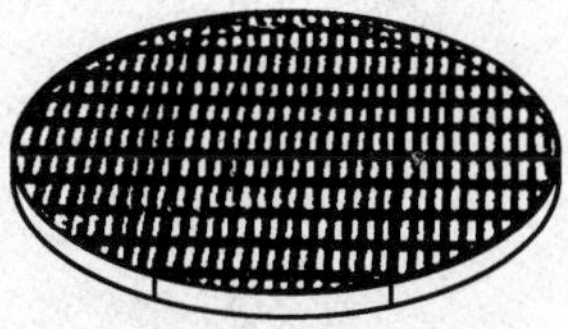

图 9.2.18　栅板型支撑装置

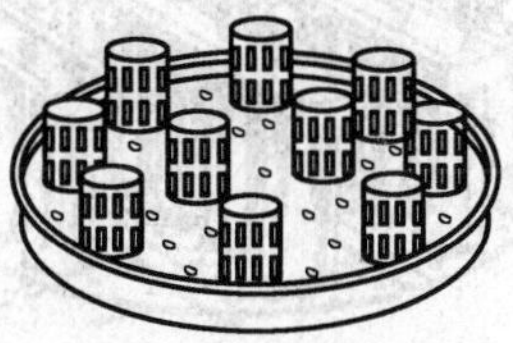

图 9.2.19　孔管式支撑装置

图 9.2.20　驼峰式支撑装置

由于规整填料所具有的固有特点,使用的支撑装置结构较为简单,对于筒体用法兰连接的小塔(一般直径小于 1 m)可制成整体式结构。在大直径塔中,为了减小阻力,节省材料以及有利于气体分布,需用栅梁型支承装置。

③液体分布装置。液体分布装置(也称液体分布器)对填料塔的操作影响很大,若液体分布不均匀,则填料层的有效润湿面积就会减少,并可能出现偏流和沟流现象,影响传质效果。液体分布器按出液推动力可分为重力型和压力型两种,按结构可分为管式、槽式、喷射式和盘式。

槽式液体分布器为重力型液体分布器,由于它靠液位分布液体,易于达到液体分布均匀及操作稳定等要求。槽式分布器又分为二级槽式液体分布器及单级槽式液体分布器。二级槽式液体分布器如图 9.2.21 所示,它由主槽(一级槽)及分槽(二级槽)组成,主槽置于分槽上面,加料液体由置于主槽上方的进料管进入主槽中,再由主槽按比例分配到各分槽中。

排管式液体分布器有重力型和压力型两种形式,重力型排管式液体分布器如图 9.2.22 所示,它是由进液口、液位管、液体分布管以及布液管所组成的。

喷射式液体分布器是在压力下通过喷嘴将液体分布在填料上,其结构如图 9.2.23 所示。最早出现的喷射式液体分布器是莲蓬头式喷溅式液体分布器,由于它的分布性能较差,所以不再推荐使用。利用优化设计的喷嘴代替莲蓬头,取得了良好的分布效果。

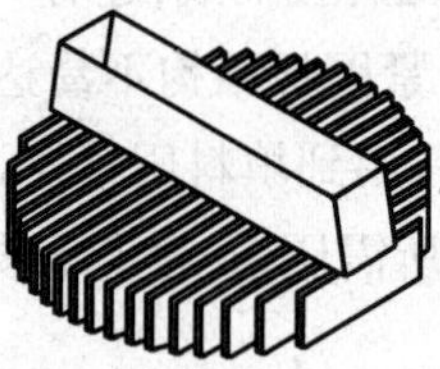

图 9.2.21　槽式二级液体分布器

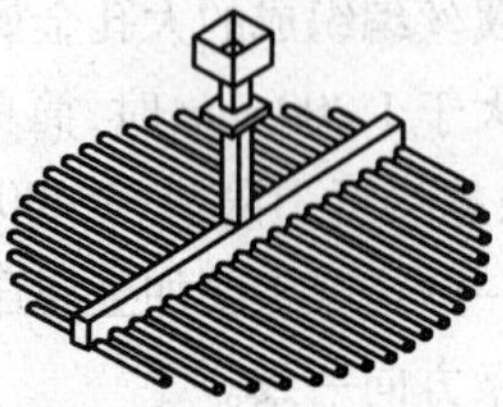

图 9.2.22　排管式液体分布器

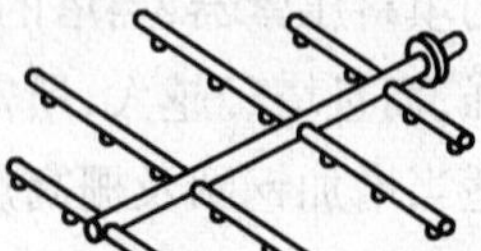

图 9.2.23　喷射式分布器

盘式液体分布器是常用的液体分布器，可分为孔流式和溢流式两种，其中盘式孔流液体分布器如图 9.2.24 所示，它是在底盘上开设布液孔和升气管，气体从升气管上升，而液体从小孔中流下。盘式溢流液体分布器是将盘式孔流型液体分布器的布液点小孔改成溢流管，也可以在底盘上均匀排列升气管，升气管上端开 V 形槽作为溢流孔，这种升气管与溢流管合一的结构容易造成雾沫夹带，因而只能应用在小气量的塔中。

图 9.2.24　盘式孔流型液体分布器

④液体再分布装置。液体在乱堆填料层向下流动的时候，有一种逐渐偏向塔壁的趋势，称为壁流现象。为了改善壁流造成的液体分布不均，在填料层中每隔一定高度应设置液体再分布器。简单的液体再分布器为截锥式再分布器，适用于直径 600 ~ 800 mm 以下的塔，结构如图 9.2.25 所示。图 9.2.25(a)的结构最简单，是将截锥筒体焊在塔壁上，截锥筒本身不占空间，其上下仍然能够充满填料；图 9.2.25(b)的结构是在截锥筒的上方加设支承板，截锥下面要隔一段距离再放填料。

安排再分布装置时，应注意其自由截面积不得小于填料层的自由截面积，以免当气速增大时先在此处发生液泛现象。对于整砌填料，一般无需设再分布装置，因为在这种填料层中液体沿竖直方向流下，没有趋向塔壁的效应。

⑤液体进口及出口装置。液体进口管通常与液体分布装置相连，其结构由液体分布装置来确定。液体的出口装置既要便于塔内排液，又能将塔内部与外部大气相隔离。常用的液体出口装置可采用液封装置，如图 9.2.26(a)所示，这种装置一般用于负压塔。若塔的内外压差较大，又可采用倒 U 形管密封装置。如图 9.2.26(b)所示，把塔下部当作缓冲器，使其具有一定的液体，并保持液面恒定。

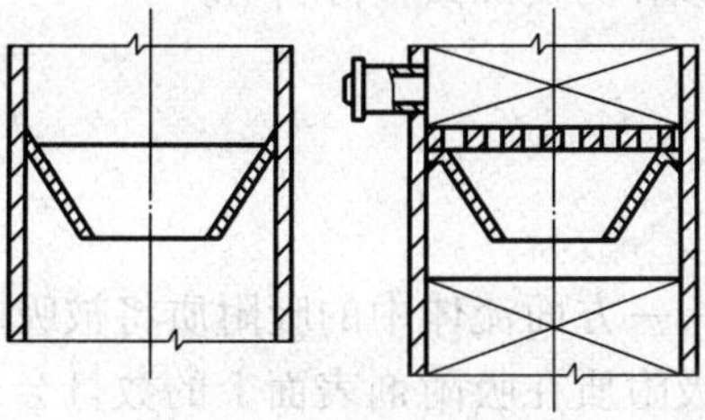

(a)　　(b)

图 9.2.25　截锥式再分布器结构示意图

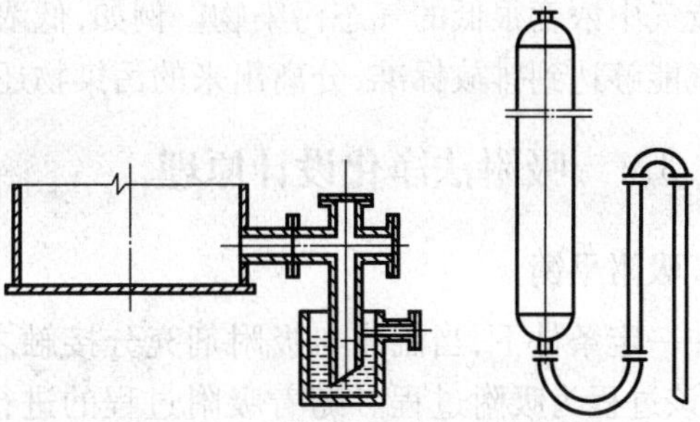

(a)　　(b)

图 9.2.26　液体出口装置示意图

⑥气体进口及出口装置。为了获得填料塔的最佳性能，必须设计合理的气流入塔装置及分布装置。对于塔直径小于 2.5 m 的小塔，可以采用简单进气及分布装置。它有两种方式，一种是气流直接进塔的装置；另一种是具有缓冲挡板的简单进料装置，当气流进入时，由于缓冲挡板的阻挡作用使气体从两个侧面环流向上，并均匀地分布到填料层中去。

当塔的直径大于 2.5 m 时，采用上述的气流进入装置效果较差，这时应采用底部敞开式气体进口管（图 9.2.27），管端封口作为缓冲挡板。这种形式的进气装置性能良好，应用最为广泛。对于大直径、高气相负荷时更为适用。它有各种不同的变体以适应不同的需要，其中之一是具有中间缓冲挡板的进气管，如图 9.2.28 所示，它加大进口管直径，同时加一中间缓冲挡板将其分割成两个进口。该挡板仅挡住下一半，进入的气体将被挡住一部分，其余部分则从上方通过，进入第二个进口，这样就可使气体较均匀地分配入塔。

气体出口装置应能保证气流的畅通，并能尽量除去被气体夹带的液体雾滴，所以应在塔内设除雾装置，以分离出气体中所夹带的雾滴。最简单的除雾器是在塔的出口加装挡板，常用的除雾装置有丝网除雾器、折流板除雾器、填料除雾器以及旋流除雾器。丝网除雾器由于比表面积大、空隙率大、结构简单以及除雾效率高、压力降小而广泛用于填料塔的除雾沫装置中，其主要元件是针织金属或塑料丝网，有多种结构形式。

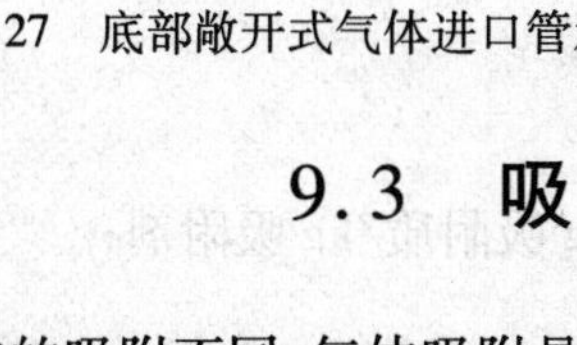

图 9.2.27　底部敞开式气体进口管示意图

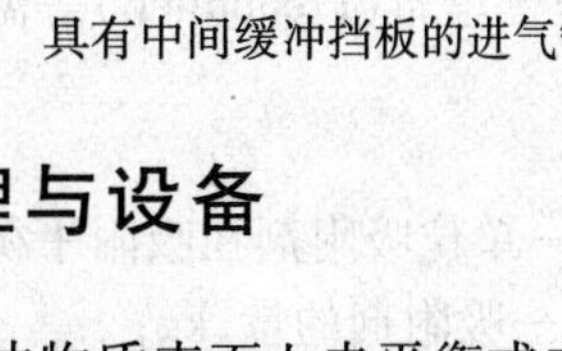

图 9.2.28　具有中间缓冲挡板的进气管示意图

9.3　吸附法净化原理与设备

与液体的吸附不同，气体吸附是利用某些多孔性固体物质表面上未平衡或未饱和的分子力，把气体混合物中的一种或几种有害组分吸留在固体表面上，然后将其从气流中分离并除去的净化操作过程。

吸附法净化是一种干法工艺，与湿法（例如吸收净化法）相比，具有工艺流程简单、净化效率高、无腐蚀性、一般无二次污染等优点。在大气污染控制当中，吸附过程能够有效地分离出废气中浓度很低的气态污染物。例如,低浓度 SO_2 和 NO_2 尾气的净化处理,吸附净化后的尾气能够达到排放标准,分离出来的污染物还可以作为资源回收再利用。

9.3.1 吸附法净化设计原理

1. 吸附平衡

在一定条件下,当流体与吸附剂充分接触之后,一方面流体中的吸附质将被吸附剂吸附,称该过程为吸附过程。随着吸附过程的进行,吸附质在吸附剂表面上的数量会逐渐增加,一部分已被吸附的吸附质,由于热运动的结果而脱离吸附剂的表面,回到混合气体中去,该过程称为解吸过程。在一定的温度下,当吸附速度和解吸速度相等(即达到吸附平衡)时,流体中吸附质的浓度(或分压)称为平衡浓度(或平衡分压),而吸附剂对吸附质的吸附量为平衡吸附量。平衡吸附量与平衡浓度(或平衡分压)之间的关系即为吸附平衡关系,通常用吸附等温曲线或吸附等温式来表示。

(1)吸附等温线。

图 9.3.1 所示为吸附过程中出现的 5 种等温吸附线类型,其形状的差异是由于吸附剂和吸附质分子之间的作用力不同而造成的。Ⅰ型曲线表示吸附剂毛细孔的孔径比吸附质分子尺寸略大时的单分子层吸附;Ⅱ型曲线表示完成单层吸附后再形成多分子层吸附;Ⅲ型曲线表示吸附气体量不断随组分分压增加而增加直至相对饱和值趋于 1 为止;类型Ⅳ为类型Ⅱ的变形,能形成有限的多层吸附;类型 V 偶然见于分子互相吸引效应很大的情况。

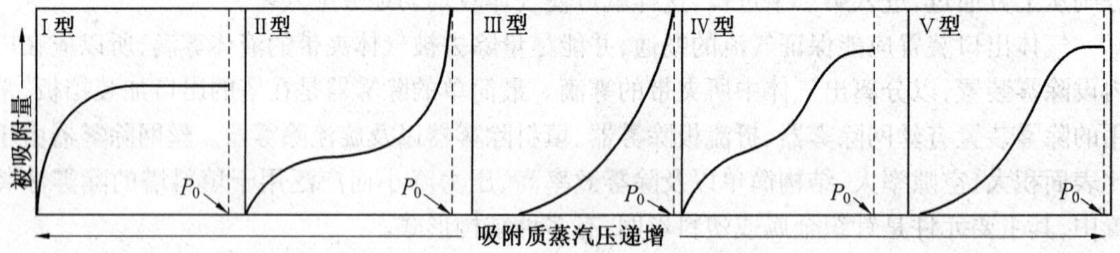

图 9.3.1 吸附等温线类型

(2)吸附等温方程式。

在等温条件下的吸附平衡,由于各研究者对平衡现象的描述采用了不同的假定和模型,因而推导出多种经验方程式,即为吸附等温方程式。常用的有弗罗德里希(Freundlich)等温吸附方程式、朗格缪尔(Langmuir)等温吸附方程式和 BET 方程。

①弗里德里希(Freundlich)等温吸附方程式:

$$q=\frac{x}{m}=kp^{\frac{1}{n}} \tag{9.3.1}$$

式中 q——单位吸附剂在吸附平衡时的饱和吸附量,kg 吸附质/kg 吸附剂;

m——吸附剂的量,kg;

x——所吸附之吸附质的量,kg;

p——吸附质的平衡分压,kPa;

k、n——经验常数,随着温度的变化而变化,在一定温度下对一定体系而言是一个常数。

该方程描述的是在等温条件下,吸附量和压力的指数分数成正比。压力增大,吸附量也随之增大,但当压力增到一定程度后,吸附量不再变化。一般认为在中压范围内能很好地符合实验数据。

②朗格缪尔(Langmuir)等温吸附方程式:

$$q=\frac{Kq_{m}p}{1+Kp} \tag{9.3.2}$$

式中　q_m——吸附剂表面单分子层盖满时的最大吸附量,kg 吸附质/kg 吸附剂;

K——吸附平衡常数,L/g。

朗格缪尔方程符合Ⅰ型等温线和Ⅱ型等温线的低压部分。

③BET 方程:

$$q=\frac{q_{m}bp}{(p^{0}-p)\left[1+(b-1)\frac{p}{p^{0}}\right]} \tag{9.3.3}$$

式中　p_0——同温度下该气体的液相饱和蒸气压,Pa;

b——与吸附热有关的常数,其余物理量同前。

勃劳纳尔(Brunauer)、埃米特(Emmett)、泰勒(Teller)三人联合建立的 BET 方程能够更好地适应吸附的实际情况,应用范围较宽,它可以适用于Ⅰ型、Ⅱ型和Ⅲ型等温线。

工业吸附过程所涉及的都是气体混合物而不是纯气体。如果在气体混合物中除 A 之外所有其他组分的吸附均可忽略,那么 A 的吸附量可按纯气体的吸附估算,但其中的压力应采用 A 的分压。而多组分气体吸附时,一个组分的存在对于另一组分的吸附有很大影响,这个过程十分复杂。一些实验数据表明,混合气体中的某一组分对另外组分吸附的影响可能是增加、减小或没有影响,取决于吸附分子间的相互作用。

2. 吸附速率

吸附剂对吸附质的吸附效果,除了用吸附容量表示之外,还必须以吸附速率来衡量。所谓的吸附速率,指的是单位质量的吸附剂(或单位体积的吸附剂)在单位时间内所吸附之吸附质的量。吸附速率决定了需要净化的混合气体和吸附剂的接触时间,吸附速率快,所需要的接触时间就短,需要的吸附设备容积就小。通常吸附质被吸附剂吸附的过程可以分为三步(图 9.3.2):①吸附质从气流主体穿过颗粒层周围气膜扩散至吸附剂颗粒的外表面,称为外扩散过程;②吸附质从吸附剂颗粒的外表面通过颗粒上的,微孔扩散进入颗粒内部,达到颗粒的内表面,称为内扩散过程;③在吸附剂内表面上的吸附质被吸附剂吸附,称为表面吸附过程。解吸时这些过程则逆向进行,首先进行被吸附质的解吸,经内扩散传递至外表面,再从外表面扩散至流动相主体,完成解吸过程。

对于物理吸附而言,通常吸附表面上的吸附过程往往进行得很快,所以决定吸附过程总速率的是内扩散过程和外扩散过程。

根据上述机理,对于某一瞬间,按拟稳态来处理,吸附速率可分别用外扩散、内扩散或总传质速率方程来表示。由于吸附剂外表面处的浓度无法测定,因此通常按照拟稳态处理,将吸附速率用总传质速率方程可表示为

$$\frac{\partial q}{\partial t}=K_{F}\alpha_{P}(c-c^{*})=K_{S}\alpha_{P}(q^{*}-q) \tag{9.3.4}$$

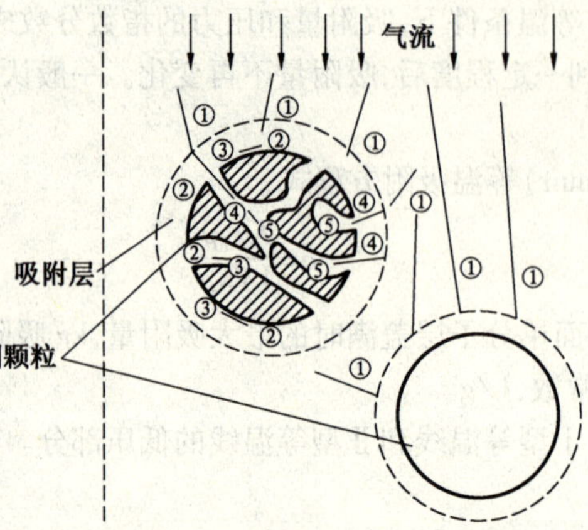

图 9.3.2 吸附质在吸附剂上的扩散示意图

式中 c^*——与吸附质质量为 g 的吸附剂呈平衡状态的流体中吸附质的质量浓度,kg/m³;

q^*——与吸附质质量浓度为 c 的流体呈平衡的吸附剂上吸附质的含量,kg/kg;

t——吸附时间,s;

K_F——以 $\Delta c=c-c^*$ 为推动力的总传质系数,m/s;

K_S——以 $\Delta q=q^*-q$ 为推动力的总传质系数,kg/(m²·s);

α_P——单位体积吸附剂的吸附表面积,m²/m³。

对于稳态传质过程,存在如下关系:

$$\frac{\partial q}{\partial t}=K_F\alpha_P(c-c_i)=K_S\alpha_P(q_i-q) \tag{9.3.5}$$

如果在操作的浓度范围内吸附平衡为直线,即存在 $q_i=mc_i$,那么根据上式整理可得

$$\frac{1}{K_F}=\frac{1}{k_F}+\frac{1}{mk_S} \tag{9.3.6a}$$

$$\frac{1}{K_S}=\frac{1}{k_S}+\frac{m}{k_F} \tag{9.3.6b}$$

式中 k_F——流体相侧的传质系数,m/s;

k_S——吸附剂固相侧的传质系数,kg/(m²·s)。

k_F 与颗粒几何形状、流体物性、两相接触的流动状况以及温度、压力等操作条件有很大关系。有些关联式可供使用,具体可参考有关专著。k_S 与吸附剂的微孔结构性质、吸附质的物性以及吸附过程持续时间等多种因素有关,一般通过实验测定。式(9.3.6a)、(9.3.6b)表示吸附过程的总传质阻力为外扩散阻力与内扩散阻力之和。

在大多数情况下,内扩散的速率较外扩散慢,吸附速率由内扩散速率决定,吸附过程称为内扩散控制过程,此时 $K_S=k_S$;但有的情况下,外扩散速率比内扩散慢,吸附速率由外扩散速率决定,称为外扩散控制过程,此时 $K_F=k_F$。

9.3.2 国内外典型吸附法净化设备

在气态污染物的吸附净化过程中,根据操作的连续性,可将吸附工艺分为间歇式流程、半连续式流程或连续式流程。根据吸附操作时吸附剂的运动状态,可以将吸附器分为固定床、移动床、流化床(沸腾床)以及其他类型的吸附器。

1. 固定床吸附器

固定床吸附器内的吸附剂颗粒均匀地堆放在多孔支撑板上,成为固定吸附剂床层,仅是气体流经吸附床,根据气流方向可分为立式、卧式和环式 3 种,如图 9.3.3 所示,其中一段式适用于浓度较高的废气净化,其他形式固定床适用于浓度较低的废气净化。固定床吸附器结构简单、性能可靠、工艺成熟,特别适用于小型、分散、间歇性的污染源治理。

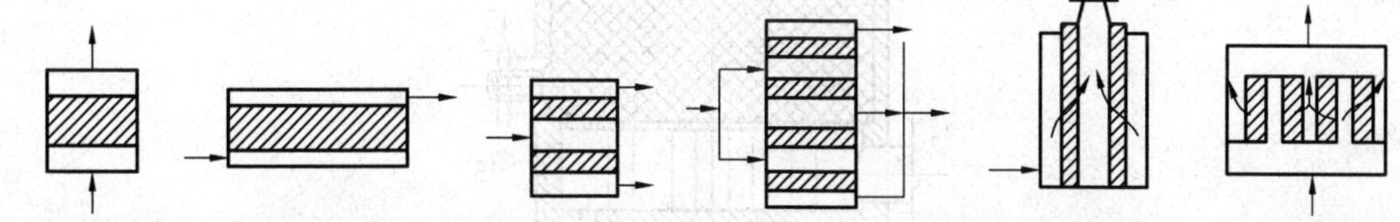

图 9.3.3　固定床吸附器的形式示意图

(1)立式吸附器。

固定床立式吸附器主要适合于高浓度小气量的情况,分为锥形和椭圆形两种。其中锥形立式吸附器如图 9.3.4 所示,椭圆形立式吸附器如图 9.3.5 所示。

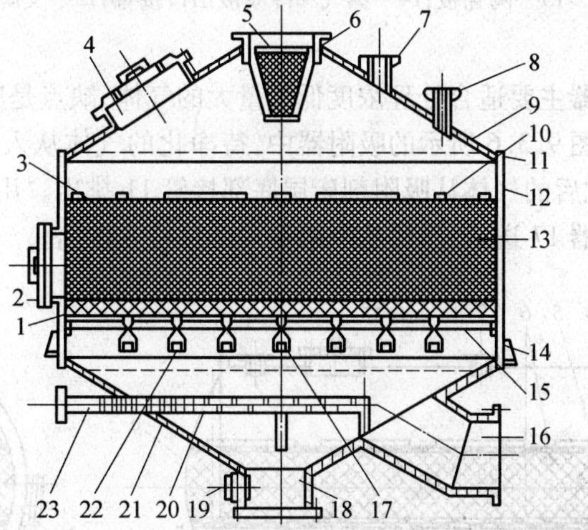

图 9.3.4　圆锥形立式吸附器

1—砾石;2—卸料机;3—网;4—装料孔;5—原料混合物及通过分配阀用于干燥和冷却的空气入口接管;6—挡板;7—脱附时蒸气排出管;8—安全阀接管;9—顶盖;10—重物;11—刚性环;12—外壳;13—吸附剂;14—支撑环;15—栅板;16—净化气出口接管;17—梁;18—视孔;19—冷凝液排放及供水接管;20—扩散器;21—底封头;22—梁的支架;23—进入扩散器的水蒸气接管

在图 9.3.4 中,吸附剂填充在可拆卸的栅板之上,栅板安装在主梁上。为了防止吸附剂漏到栅板下面,在栅板上面放置两层不锈钢网或块状砾石层。为了使吸附剂再生,最常用的方法是从栅板下方将饱和蒸汽通向床层,栅板下面设置的有一定孔径的环形扩散器可直接通入蒸气。为了防止吸附剂颗粒被带出,床层上方用钢丝网覆盖,网上用铸铁进行固定。

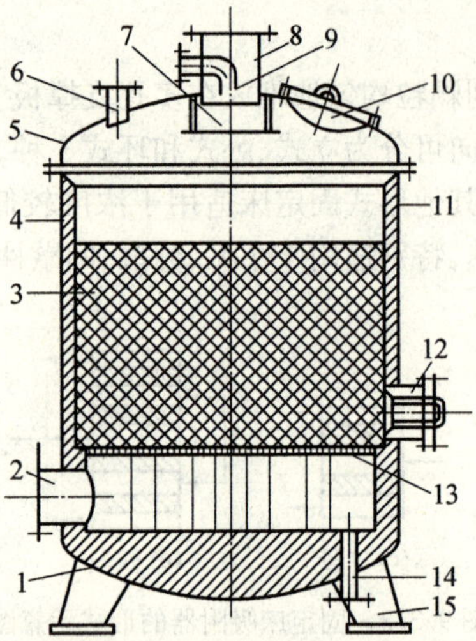

图 9.3.5　具有内衬的立式吸附器

1—底封头;2—原料混合物及用于干燥和冷却的空气入口接管;3—吸附剂;4—筒体;5—顶盖;6—安全阀接管;7—挡板;8—净化气出口接管;9—水蒸气入口接管;10—装料孔;11—内衬;12—卸料孔;13—陶瓷板;14—蒸气和冷凝液出口接管;15—支脚

(2)卧式吸附器。

固定床卧式吸附器主要适合处理浓度低气量大的气体,缺点是床层截面积大,容易造成气流分布不均匀。在图 9.3.6 所示的吸附器中,待净化的气体从入口接管 2 被送入吸附剂床层的上方空间,净化后的气体从吸附剂床层底部接管 11 排出。用于脱附的饱和蒸汽经过一定孔径的环形扩散器 17 送入,然后从吸附器顶部接管 8 排出。

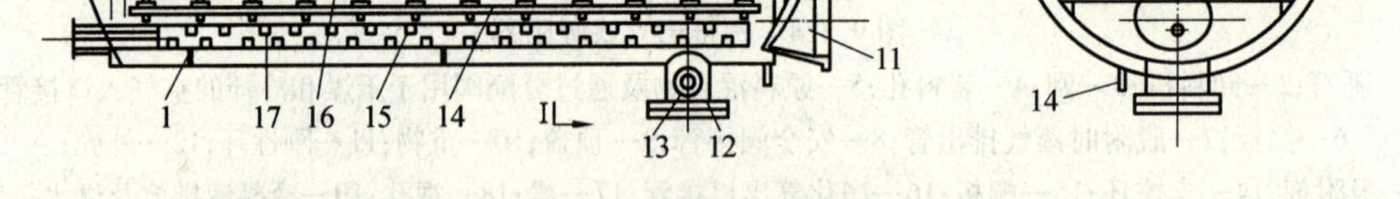

图 9.3.6　BTP 卧式吸附器

1—壳体;2—吸附时送入蒸气空气混合物及干燥和冷却时送入空气的接管;3—分布网;4—带有防爆板的装料孔;5—重物;6—网;7—安全阀接管;8—脱附段蒸气出口接管;9—吸附剂层;10—卸料孔;11—吸附阶段导出净化气体及干燥和冷却时导出废空气的接管;12—视孔;13—排出冷凝液和供水的接管;14—梁的支架;15—梁;16—可拆栅板;17—扩散器

(3)环式吸附器。

环式吸附器的结构比立式和卧式吸附器要更加复杂,但其结构紧凑,吸附截面积大,阻力小,处理能力更大,在气态污染物的净化上具有独特的优势。目前使用的环式固定床吸附器多使用活性炭纤维作为吸附材料，用以净化有机蒸汽。环式吸附器结构如图 9.3.7 所示。吸附剂填充在具有多孔的两个同心圆筒构成的环隙之间，因此具有比较大的吸附截面积。待净化的气体从吸附器的底部左侧接管 2 进入，沿径向通过吸附剂床层，然后从底部中心管排出。

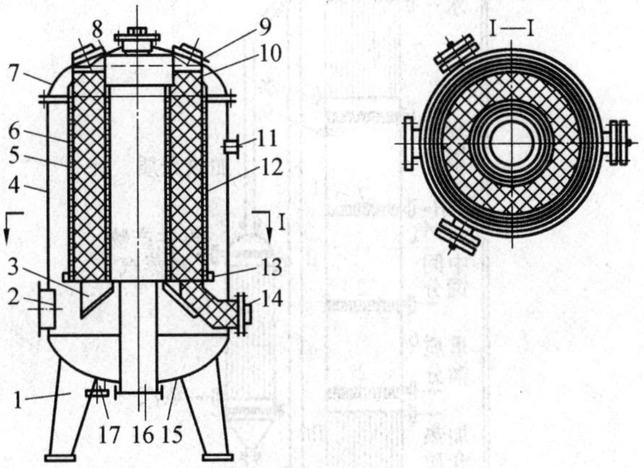

图 9.3.7　BTP 环式吸附器

1—支脚；2—蒸汽空气混合物及用于干燥和冷却的空气入口接管；3—吸附剂筒底支座；4—壳体；5、6—多孔外筒和内筒；7—顶盖；8—视孔；9—装料孔；10—补偿料斗；11—安全阀接管；12—活性炭层；13—吸附剂筒底座；14—卸料孔；15—器底；16—净化气和废空气出口及蒸汽入口接管；17—脱附排出蒸汽

2. 移动床吸附器

移动床吸附器在固体吸附剂和含污染物气体的连续逆流运动中完成吸附过程，一般吸附剂自上而下运动，而气体则由下向上流动，形成一个逆流操作的过程。典型的移动床吸附装置如图 9.3.8 所示，其流程为被分离气体从吸附器中段引入，与从和冷凝液及供水用接管吸附器顶端下降的吸附剂逆流相遇，吸附剂在下降的过程中，经历了冷却、降温、吸附、增浓、汽提、再生等几个阶段，在同一装置内交错完成成了吸附、脱附过程。吸附过程实现连续化，克服了固定床间歇操作带来的弊病，对于连续、稳定、量大的废气净化，其优越性比较明显，缺点是动力和热量消耗较大，吸附剂磨损较为严重。下面对该装置的主要部件做简要介绍。

(1) 吸附剂加料装置。

加料装置一般分为机械式和气动式。机械式加料器如图 9.3.9 所示，对于图 9.3.9(a) 的闸板式加料器，固体颗粒的加入速度是靠闸板来进行调节；对于图 9.3.9(b) 的星形轮式加料器，固体颗粒的加入靠改变星形轮的转数来实现；而图 9.3.9(c) 的盘式加料器是以改变转动圆盘的转数来调节吸附剂的加入量。脉冲气动式加料器的操作原理为用电磁阀控制的气源周期性通气与断气，从而使得置于圆盘中心上方的气嘴周期地向堆在圆盘上的颗粒物料吹气，从而使盘上的物料被周期性地排出。

(2) 吸附剂卸料装置。

移动床吸附剂的移动速度由卸料装置控制，最常见的是由两块固定板和一块移动板组成，如图 9.3.10 所示移动板借助于液压机械来完成在两块固定板间的往复运动。

(3) 吸附剂分配板。

吸附剂分配板的作用是使吸附剂颗粒沿设备的截面足够均匀地分布。分配板制成带有

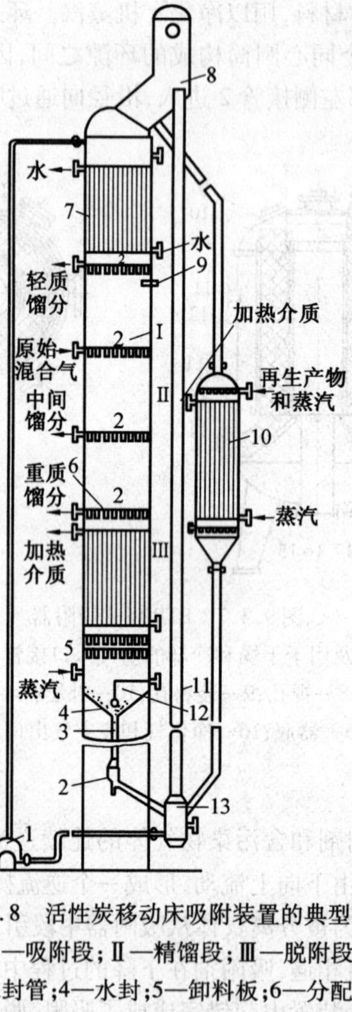

图 9.3.8　活性炭移动床吸附装置的典型流程

Ⅰ—吸附段；Ⅱ—精馏段；Ⅲ—脱附段

1—鼓风机；2—闸门；3—水封管；4—水封；5—卸料板；6—分配板；7—冷却器；8—料斗；9—热电偶；10—再生器；11—气流输送管；12—料面指示器；13—收集器

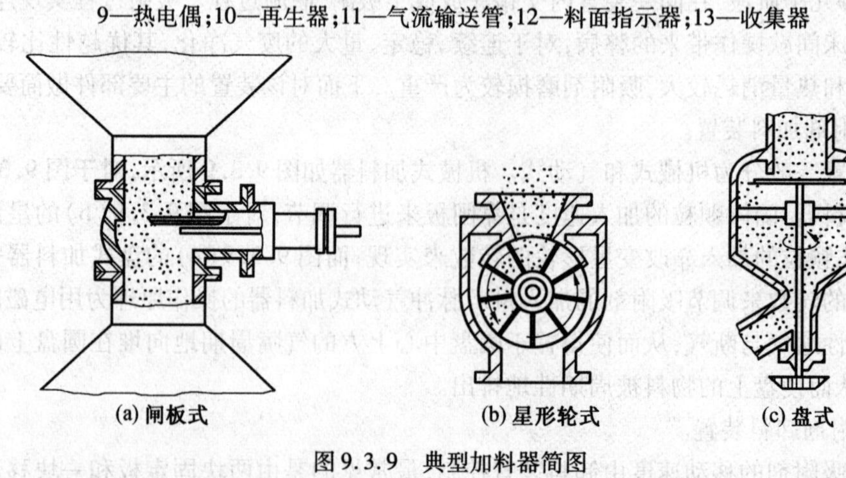

图 9.3.9　典型加料器简图

连接短管的管板形式，安装时分配板的短管一面向下。有时候采用板上均匀排列 6 孔数逐渐减少的孔板系列分配器，如图 9.3.11 所示。

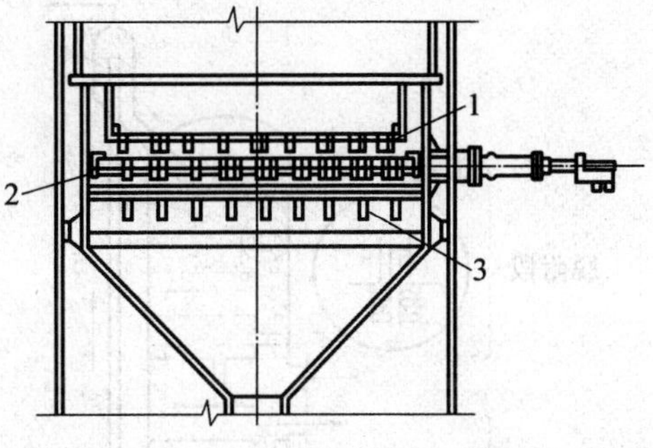

图 9.3.10　吸附剂卸料装置

1,3—固定板;2—移动板

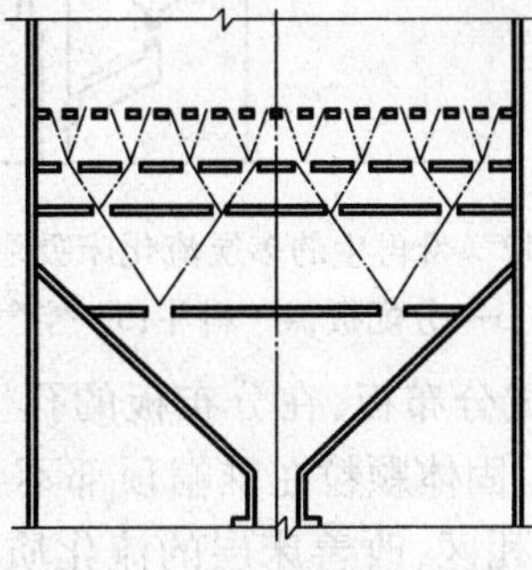

图 9.3.11　孔板系列分布器

(4)吸附剂脱附器。

吸附剂脱附器为连接在两块管板中的直立管束。吸附剂和水蒸气沿管束移动,而在管隙间通入加热介质。

3. 流化床吸附器

在流化床吸附器内,废气以较高的速度通过床层,使吸附剂呈悬浮状态。流化床吸附器的结构如图 9.3.12 所示,这种类型的吸附器的吸附段和脱附段设置在一个塔内,塔上部为吸附工作段,下部为脱附工作段。气体混合物从塔的中部进入吸附段,与多孔板上较薄的吸附层逆流接触,吸附剂颗粒通过溢流管从上一块板位移到下一块板。经过再生的吸附剂由空气升到吸附段顶部进行循环使用,这种流化床的一个严重缺点是由床层流态化造成的吸附剂磨损大。与固定床相比,流化床所用的吸附剂粒度较小,气流速度要大 3 ~4 倍以上,气、接触相当充分,吸附速度快,但是吸附剂的损耗较多。流化床吸附器适用于连续、稳定的大气污染源治理。

(1)气体分布板。

气体分布板是流化床装置的主要部件之一,对于流态化质量的影响极为重要,成功的气布板设计对产生均匀而平稳的流态化状态十分关键。

气体分布板的结构形式有很多,几种常用的气体分布板形式如图 9.3.13 所示。图 9.3.13(a)和图(b)为单层直孔式分布板,其中图(a)因气流方向与床层垂直,易使床层形成沟流,且小孔易堵塞,停车时易漏料。而图(b)中的双层错叠多孔板具有良好的气体分布性能。图(c)和图(d)为弓形多孔分布板,适应于大直径流化床,但这两种形式分布板的制作

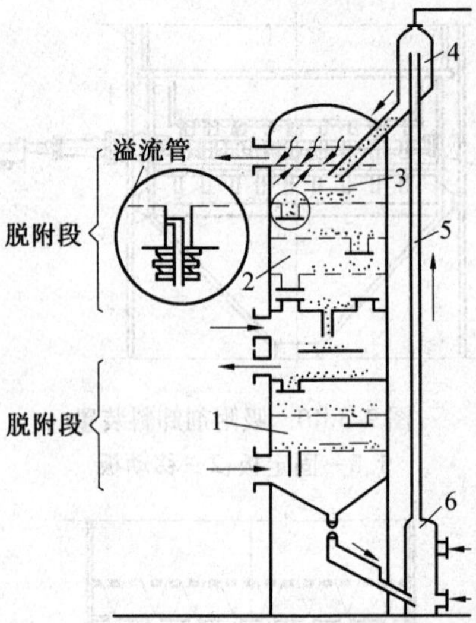

图 9.3.12 带再生的多层流化床吸附装置

1—脱附器;2—吸附器;3—分配板;4—料斗;5—空气提升机;6—冷却器

比较困难。图(e)和图(f)是侧流式分布板,在分布板的孔上装有锥形风帽,气流从锥帽底部的侧缝或锥帽四周的侧孔流出。固体颗粒在锥帽顶部不会形成死区,且气体紧贴分布板面吹出,可消除在分布板面形成的死区,改善床层的流化质量。图(g)是填充式分布板,它是在直孔筛板或栅板和金属丝网层间铺上卵石-石英砂-卵石,形成固定床层,这种分布板结构比较简单,布气均匀,还能起到良好的隔热效果。

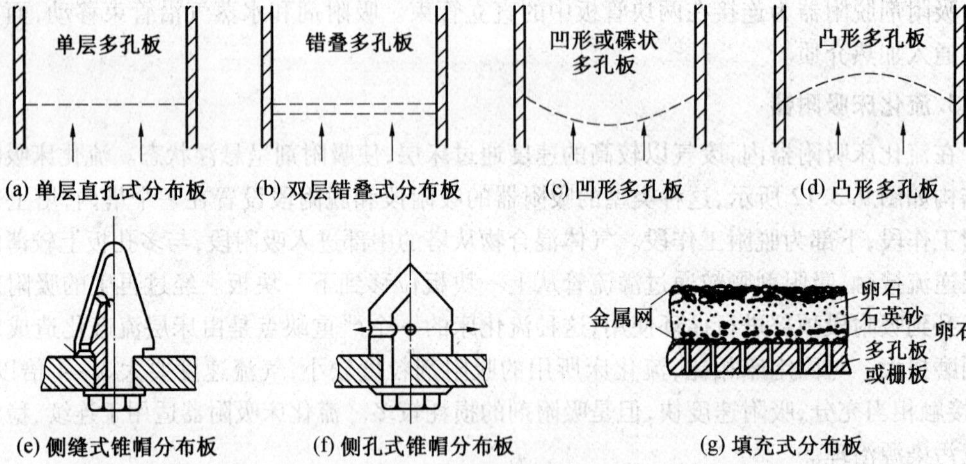

图 9.3.13 各种气体分布板的结构形式

(2)溢流管。

溢流管是实现多层流化床中固体原料从上一床层移位到下一床层的部件。溢流管也有多种结构形式,几种主要的结构形式如图 9.3.14 所示。

在设计溢流管时,还应考虑到溢流管太狭窄时可能发生的板状和散状物料的悬浮。在流化床吸附器中,固体物料的加料、卸料装置以及气流输送系统,基本上与移动床吸附器相同。

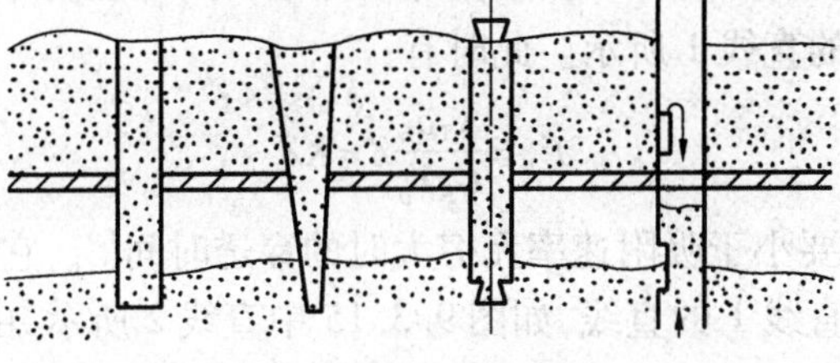

图 9.3.14　流化床内溢流管的结构形式

9.3.3　固定床吸附器的设计

1. 收集数据

固定床吸附器操作时影响吸附过程的因素有很多。床层内包括已饱和区、传质区和未利用区,在传质区内吸附质的浓度随时间而改变;随着传质区的移动,三个区的位置又不断改变。因此,设计吸附器时需收集废气风量、废气成分、浓度、温度、湿度以及排放规律等。

除此之外,还应尽可能地选用与工业生产条件相似的模拟实验,或参照相似的生产装置,取得饱和吸附量和穿透规律等必要的数据。

2. 吸附剂的选用

选择吸附剂时最重要的条件是饱和吸附量大和选择性好。除此之外,还应具备解吸容易、稳定性好、机械强度高、气流通过阻力小等条件。粉状吸附剂阻力大,而且容易被气流夹带,所以不便直接使用。为减少气相阻力,一般应采用颗粒状(球形、圆柱形)的吸附剂。

3. 吸附区高度的计算

吸附器主要尺寸和穿透时间的计算常用穿透曲线法和希洛夫近似计算法,本节仅介绍希洛夫近似计算法。希洛夫近似计算法基于如下假设:①吸附速率为无穷大,即吸附质一旦进入吸附层立即被吸附;②达到穿透时间时,吸附剂床层全部达到饱和,因此饱和吸附量应等于吸附剂静平衡吸附量,饱和度 $S=1$。

根据以上两个假设,穿透时间内气流带入床层的吸附质的量应等于该时间内吸附剂床层所吸附的吸附剂的量,即

$$G_S t_b' A Y_0 = Z A \rho_b X_T \tag{9.3.7}$$

式中　G_S——通过床层的惰性气体流率,$kg/(m^2 \cdot s)$;

t'_b——穿透时间,s;

A——吸附剂床层截面积,m^2;

Y_0——气流中吸附质初始浓度,kg 吸附质/kg 载气;

Z——吸附床层高度,m;

ρ_b——吸附剂堆积密度,kg/m^3;

X_T——与 Y_0 达吸附平衡时吸附剂的平衡吸附量,即静活性(kg 吸附质/kg 吸附剂)。

由上式可以得到

$$t'_b = \frac{X_T \rho_b}{G_S Y_0} Z \tag{9.3.8}$$

由上式可知，当吸附速率无穷大时，吸附床的穿透时间与吸附床高度关系线是通过原点的直线，如图 9.3.15 中的直线 1 所示。此时有：

$$t'_b=\frac{X_T\rho_b}{G_S Y_0}Z=KZ \tag{9.3.9}$$

但实际穿透时间 t_b 要小于吸附速率无穷大时的穿透时间 t'_b，它们的差值为 t_0。实测的直线是离开原点平行于直线 1 的直线，如图 9.3.15 中直线 2 所示，由图中可知

$$t_b=t'_b-t_0 \tag{9.3.10}$$

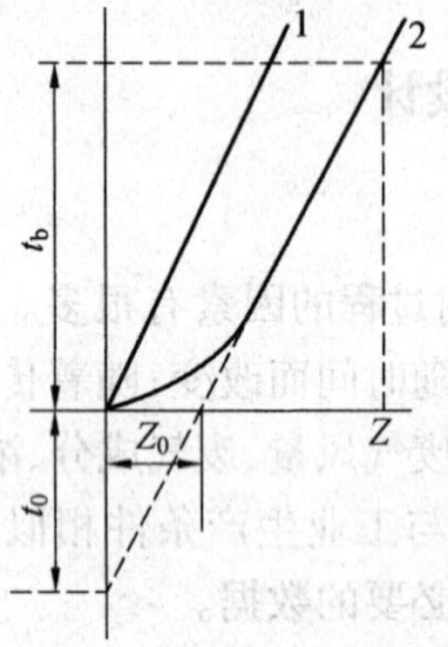

图 9.3.15　t–Z 曲线与理想线的比较

1—理想线；2—实际曲线

所以在实际操作中，将式(9.3.9)进行修正，得到

$$t_b=KZ-t_0=K(Z-Z_0) \tag{9.3.11}$$

式中　τ_0——穿透操作的时间损失，s，可由实验确定；

Z——吸附床层中未被利用的长度，也称为吸附床层的长度损失，m，由实验确定；

K——常数，通常由实验测得。

上式即为著名的希洛夫方程式，由此可推导出床层高度 Z 的计算公式：

$$Z=\frac{t_b+t_0}{K} \tag{9.3.12}$$

用上式计算所需吸附剂床层高度，若求出 Z 太高，可分为 n 层布置，或分为 n 个串联吸附床布置。为便于制造和操作，通常取各床层高度相等，串联的床数 $n\leqslant3$。

4. 空塔气速与吸附层截面的计算

固定床空塔气速过小则处理能力低，空塔气速太大，不仅阻力增大，而且吸附剂易流动而影响吸附层气流分布。固定床吸附器的空塔气速一般为 0.2～0.5 m/s，可以参考类似装置来选取。固定床层的高度一般取 0.5～1 m，立式直径与床层高度大致相等，卧式长度大约为床层高度的 4 倍。空塔气速确定后吸附层截面积 $A(\mathrm{m}^2)$ 由下式计算：

$$A=\frac{Q}{3\,000u} \tag{9.3.13}$$

式中　Q——处理气体量，$\mathrm{m^3/h}$；

u——空塔气速，m/s。

若 A 太大，可分为 n 个并联的小床，则每个小床的截面积为

$$A'=\frac{A}{n} \tag{9.3.14}$$

5. 吸附剂质量计算

每次吸附剂装填总质量 m(kg)为

$$m=AZ\rho b=nA'Z\rho b=nm' \tag{9.3.15}$$

$$m'=A'Z\rho b \tag{9.3.16}$$

式中　m'——每个小床或每层吸附剂的质量,kg。

考虑到装填损失,每次新装吸附剂时需用吸附剂量为 1.05～1.2m。

6. 吸附周期的确定

出现穿透的时间即为吸附周期 t,可以用下式确定:

$$t=\frac{W_a}{G_S} \tag{9.3.17}$$

式中　W_a——床层穿透至床层耗竭时通过吸附床的惰性气体量,kg/m^2。

7. 固定床吸附装置的压力降计算

流体通过固定床吸附剂床层的压力降 Δp(Pa)可用下式近似计算:

$$\frac{\Delta p}{Z}\times\frac{\varepsilon^3 d_p\rho}{(1-\varepsilon)G_S^2}=\frac{150(1-\varepsilon)}{Re}+1.75 \tag{9.3.18}$$

式中　ε——吸附层孔隙率,%;

d_p——吸附剂颗粒平均直径,m;

ρ——气体密度,kg/m^3;

Re——气体绕吸附剂颗粒流动的雷诺数,$Re=d_pG_S/\mu$;

μ——气体黏度,Pa·s;

其余各量的物理意义同前。

8. 其他设计

设计吸附剂的支承与固定装置、气流分布装置、吸附器壳体,各连接管口及进行脱附所需的附件等。例如某厂产生含四氯化碳废气,气量 Q=1 000 m^3/h,质量浓度为 4～5 g/m^3,一般均在白天操作,每天最多工作 8 h。拟采用吸附法净化并回收四氯化碳,试设计需用的立式固定床吸附器。

①四氯化碳为有机溶剂,沸点为 76.8 ℃,微溶于水,可以选用活性炭作吸附剂进行吸附,采用水蒸气置换脱附,脱附气冷凝后沉降分离回收四氯化碳。根据市场供应情况,选用粒状活性炭作吸附剂,其直径为 3 mm,堆积质量密度 300～600 g/L,空隙率为 0.33～0.43。

②选定在常温常压下进行吸附,维持进入吸附床的气体在 20 ℃以下。根据经验,选取空床流速为 20 m/min。

③将穿透点质量浓度设定为 50 mg/m^3。以含四氯化碳 5 g/m^3 的气流在①、②、③所指出的条件下进行动态吸附实验,测定不同床层高度下的穿透时间,得到表 9.3.1 所示的实验数据。

表 9.3.1 穿透时间与床层高度的关系

床层高度/m	0.1	0.15	0.2	0.25	0.3	0.35
穿透时间/min	109	231	310	462	550	651

最后需要强调指出的是,对于易燃易爆类气态污染物的吸附,本质上具有不安全的因素,需要靠外部条件来进行控制。床层的厚度要利于疏导静电和与吸附组分密切相关的缓慢氧化产生的热量,不使之积聚,厚床层是不可取的。活性炭床的着火甚至爆炸屡见不鲜,这是活性炭吸附因忽视安全或缺乏认识而存在的主要问题。受技术经济制约的床层厚度取决于再生周期,延长周期以缓解再生的繁杂操作并不可取,解决该问题的出路在于自动化和相关的工艺改进,如吸附加催化燃烧。减少装炭量提高安全性与工程本身的经济性相统一,更利于解决安全问题,即使用蒸汽再生。

9.4 冷凝法净化原理与设备

在气液两相共存的体系中,存在着组分的蒸气态物质由于凝结变为液态物质的过程,瞬时也存在着该组分液态物质由于蒸发变为蒸气态物质的过程。当凝结与蒸发的量相等时达到相平衡的状态,此时液面上的蒸气压即为该温度下与该组分相对应的饱和蒸气压(在不同温度下一些物质的饱和蒸气压可查阅相关手册)。若气相中组分的蒸气压小于其饱和蒸气压时,则液相组分将挥发至气相;若气相组分蒸气压大于其饱和蒸气压,那么蒸气就将凝结为液体。

9.4.1 冷凝法净化设计原理

冷凝净化法是利用同一物质在不同温度下具有不同的饱和蒸气压,或不同物质在同样流度下有不同的饱和蒸气压这一性质,采用降低系统温度或提高系统压力,使处于蒸气状态的污染物质冷凝成液体或在高压下使蒸气凝聚成液体,并从废气中分离出来。冷凝法适用于回收蒸气状态的高浓度有害污染物,例如高浓度有机蒸气的回收、高浓度的 HCl 废气、氯碱工业中高浓度含汞蒸气等的冷凝回收。冷凝法通过降低温度或提升压力,从理论上可以获得很高的净化程度,但高压或低温操作往往使费用增加,操作复杂,因此常用冷却剂进行常压冷凝。冷凝法常作为吸附、吸收、燃烧等净化方法的前处理,以减轻这些方法的负荷,并可在低成本下回收高纯度物质。如炼油厂、油毡厂氧化沥青生产中的尾气就是先冷凝回收,馏出油及大量水分,以大大减少气体量,有利于进行下一步的燃烧净化。

9.4.2 国内外典型冷凝法净化设备

冷凝法净化设备按冷却介质与废气是否直接接触分为接触冷凝器和表面冷凝器两大类。

1. 接触冷凝器

接触冷凝器又称为混合冷凝器,有害气体与冷却剂直接接触,冷却回收难溶于水的物质,一般用水作冷却剂。大部分的吸收设备都能作为直接冷凝器,如填料塔、喷淋塔、板式塔、文氏洗涤器、喷射塔等。使用这类设备冷却效果好,但冷凝物质不易回收,且对排水要进行适当处理，否则易造成二次污染。

(1)类型简介。

①喷射式接触冷凝器。喷射式接触冷凝器如图 9.4.1(a)所示。喷出的水流既冷凝蒸汽，又将废气带出，不必另加抽气设备。

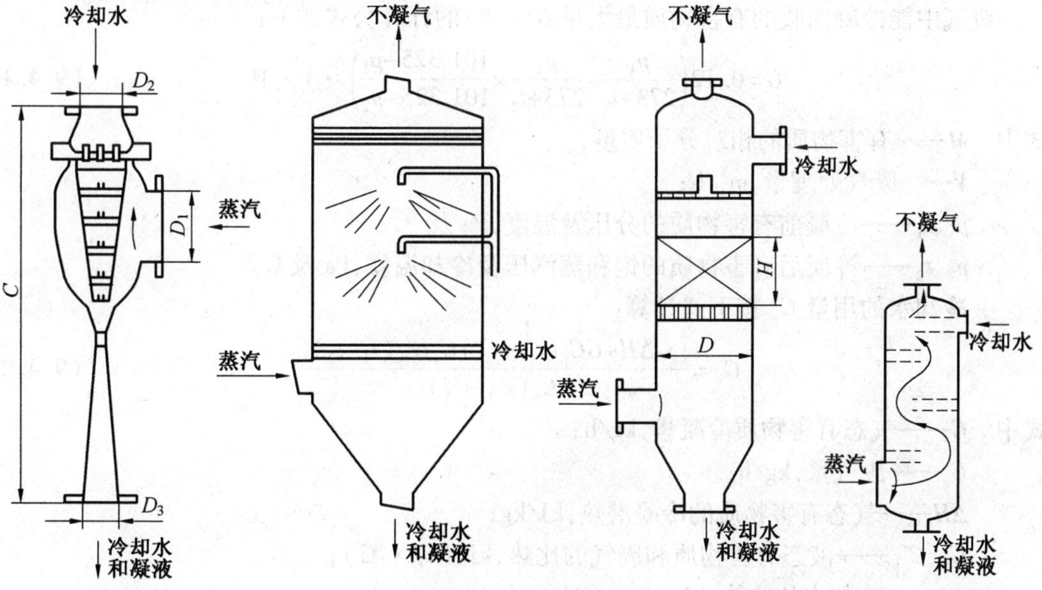

(a) 喷射式　(b) 喷淋式　(c) 填料式　(d) 塔板式

图 9.4.1　接触冷凝器示意图

表 9.4.1　喷射冷凝器的参考尺寸

冷却水量 $/(m^3 \cdot h^{-1})$	D_1/mm	D_2/mm	D_3/mm	C/mm	冷却水量 $/(m^3 \cdot h^{-1})$	D_1/mm	D_2/mm	D_3/mm	C/mm
1.5	32	25	25	345	90	300	100	125	1 472
3.5	50	38	38	410	136	350	125	125	2 070
7	75	38	50	570	194	450	150	150	2 500
13	100	50	62	750	252	500	175	200	2 800
21	150	62	75	1 060	450	600	200	250	3 200
30	200	75	88	1 260	650	750	250	300	3 800
54	250	88	100	1 410					

②喷淋式接触冷凝器。喷淋式接触冷凝器的结构类似于喷洒吸收塔，如图 9.4.1(b)所示。利用塔内喷嘴把冷却的水分散在废气中，在液体表面进行热交换。

③填料式接触冷凝器。填料式接触冷凝器的结构类似于填料吸收塔，如图 9.4.1(c)所示。利用填料表面进行热交换。填料的比表面积和孔隙率很大，有利于增加接触面积和减少阻力。

④塔板式接触冷凝器。塔板式接触冷凝器的结构类似于板式吸收塔，如图 9.4.1(d)所示。塔板筛孔直径为 3.8 mm，开孔率为 10% ~15%。与填料塔相比，单位容积的传热量更大，塔板式为 41 900 ~105 000 kJ/($m^3 \cdot h$)，填料塔为 3 350 ~4 190 kJ/($m^3 \cdot h$)，但这种冷凝器的阻力较大。

(2)接触冷凝器的计算。

接触冷凝器的计算,可以用热量衡算来解决。有害蒸汽冷凝放出的冷凝潜热及废气和冷凝液进一步释放的显热都需要用冷却水来吸收。冷却水用量及管道、水池等有关设备的计算根据最大冷凝量来决定。

废气中能冷凝回收的有害物质最大量 G(g/h)的计算公式如下:

$$G=0.12\left(\frac{p_1}{273+t_1}-\frac{p_2}{273+t_2}\times\frac{101\ 325-p_1}{101\ 325-p_2}\right)\cdot V\cdot M \tag{9.4.1}$$

式中 M——有害物质的相对分子质量;

V——废气处理量,m^3/h;

p_1、t_1——冷凝前有害物质的分压及温度,Pa 及 ℃;

p_2、t_2——冷凝后有害物质的饱和蒸汽压及冷却温度,Pa 及℃。

冷却水的用量 G_w 按下式计算:

$$G_w=\frac{[G\Delta H+GC_p(t_1-t_2)+G_gC'_p(t_1-t_2)]}{C_w(t'_2-t'_1)} \tag{9.4.2}$$

式中 G——气态有害物质冷凝量,kg/h;

G_g——废气量,kg/h;

ΔH——气态有害物质的冷凝潜热,kJ/kg;

C_p、C'_p——液态有害物质和废气的比热,kJ/(kg · ℃);

C_w——冷却水的比热,kJ/(kg · ℃);

t'_1、t'_2——冷却水进、出口温度,℃。

2. 表面冷凝器

表面冷凝器又称为间壁式冷凝器。在表面冷凝器里,有害气体被间壁另一侧的冷却剂冷却,使用这类设备可回收被冷凝组分,无二次污染,但冷却效果比较差。表面冷凝器有列管式冷凝器、螺旋式冷凝器、喷洒式冷凝器、蛇管冷凝器等。

(1)类型简介。

①翅管空冷冷凝器。翅管空冷冷凝器也称为空冷器,如图 9.4.2 所示。其特点是换热管外装有许多金属翅片,翅片可用机械轧制、焊接或铸造。它是利用空气在翅片管的外面流过,以冷却冷凝管内通过的流体,一般当冷热流体的传热膜系数相差 3 倍或更多时采用。它的优点是节约水;缺点是装置庞大,占空间大,动力消耗大,适用于缺水地区。

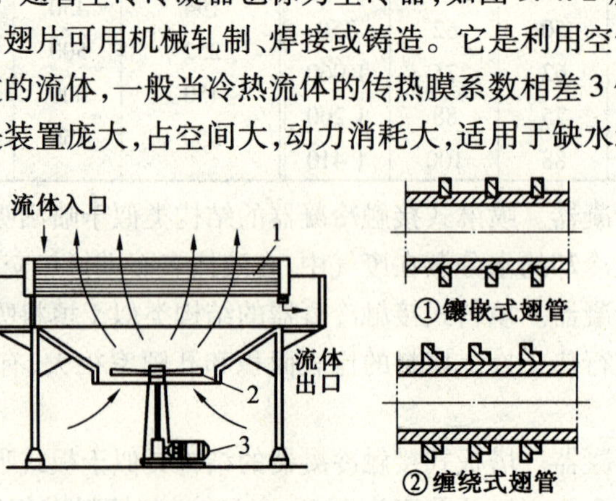

图 9.4.2　翅管空冷冷凝器

1—翅管;2—鼓风机;3—电动机

②螺旋式冷凝器。螺旋式冷凝器的结构如图9.4.3所示,其结构紧凑,传热效率高,而且不易堵塞。缺点是操作压力和温度不能太高。目前国内已有系列标准的螺旋板式换热器,采用的材质主要为碳钢和不锈钢两种。

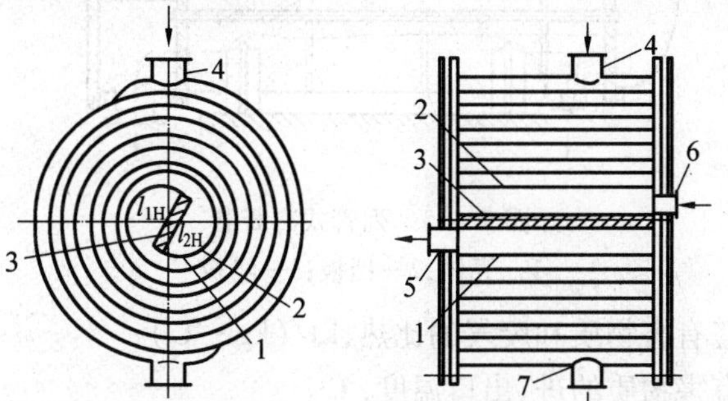

图9.4.3　螺旋式冷凝器

1,2—金属片;3—隔板;4,5—冷流体连接管;6,7—热流体连接管

③淋洒式冷凝器。淋洒式冷凝器的结构如图9.4.4所示。被冷却的流体在管内流动,冷却水自上喷淋而下。其优点是传热效果好,结构简单,便于检修和清洗;缺点是占地面积较大,水滴易溅洒到周围环境,且喷淋不易均匀。

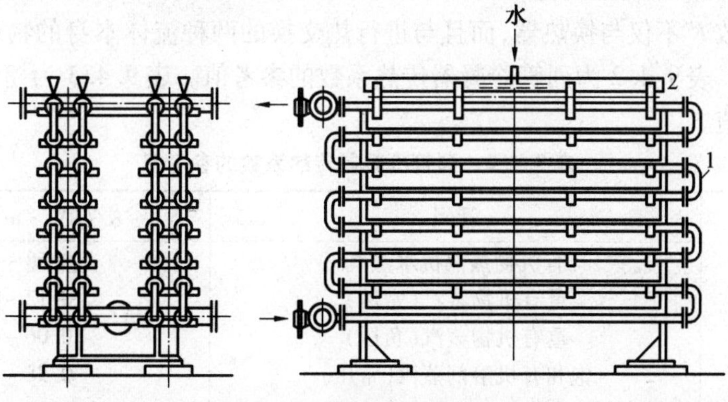

图9.4.4　淋洒式冷凝器

④列管式冷凝器。列管式冷凝器如图9.4.5所示,其结构简单、坚固,处理能力大,适应性较强,操作弹性较大。其中固定管板式结构最简单,适用于管、壳温度差小于60~70 ℃,壳程压力较小的情况;浮头式适应性强,但结构较复杂,造价较高;U形管式特别适用于高温、高压情况,但管程不易清洗。浮头式和U形管式换热器,我国已有系列化标准,可根据需要经初步设计后选用。

(2)表面冷凝器的换热计算。

在选用和设计冷凝器之前,都需要对其进行换热计算,以确定所需要的传热面积。表面冷凝器的总换热量值包括气态有害物质冷凝放出的潜热、冷凝液进一步冷却的显热和废气冷却的显热。总换热量Q(kJ/s)可按下式计算:

$$Q=G\Delta H+GC_p(t_1-t_2)+G_gC'_p(t_1-t_2) \tag{9.4.3}$$

式中　ΔH——气态有害物质的冷凝潜热,kJ/kg;

G_g——废气量,kg/h;

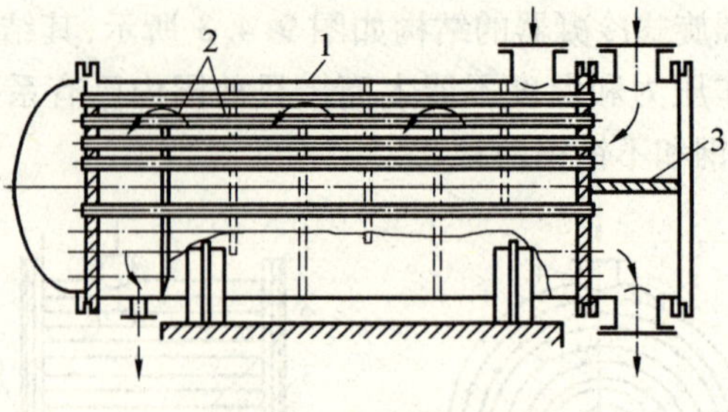

图 9.4.5　列管式冷凝器

1—壳体；2—挡板；3—隔板

C_p、C'_p——液态有害物质和废气的比热，kJ/(kg·℃)；

t_1、t_2——气态有害物质的进、出口温度，℃。

根据传热理论，总传热方程为

$$Q = KF\Delta t_m \tag{9.4.4}$$

式中　Q——总换热量，kJ/s；

K——总传热系数，kW/(m²·℃)；

F——冷凝器传热面积，m²；

Δt_m——对数平均温度差，℃。

总传热系数 K 不仅与换热器，而且与进行热交换的两种流体本身的物理性质和流动状态有很大关系。表 9.4.2 为列管冷凝器传热系数的参考值。表 9.4.3 为翅管空冷冷凝器传热系数的参考值。

表 9.4.2　列管冷凝器传热系数的参考值

管内	管间	$K/(\mathrm{kW\cdot m^{-2}\cdot ℃^{-1}})$
水	有机物蒸汽机水蒸气	0.58～1.16
水	重有机物蒸汽(常压)	0.12～0.35
水	重有机物蒸汽(负压)	0.06～0.18
水	饱和有机溶剂蒸汽(常压)	0.58～1.16
水	饱和水蒸气的氯气(50～20 ℃)	0.38～0.18
水	SO_2(冷凝)	0.81～1.16
水	NH_3(冷凝)	0.70～0.93
水	氟利昂(冷凝)	0.76
水或盐水	饱和有机溶剂蒸汽(常压，有不凝气)	0.23～0.46
水或盐水	饱和有机溶剂蒸汽(常压，不凝气较多)	0.06～0.23
水或盐水	饱和有机溶剂蒸汽(负压，有不凝气)	0.18～0.35
水或盐水	饱和有机溶剂蒸汽(负压，不凝气较多)	0.010～0.17

注：水蒸气含量越低，K 值越小。

表 9.4.3　翅管空冷冷凝气传热系数的参考值

介质	$K/(\mathrm{kW\cdot m^{-2}\cdot ℃^{-1}})$	介质	$K/(\mathrm{kW\cdot m^{-2}\cdot ℃^{-1}})$
水蒸气	730～790	氟利昂-22	340～450
氨	570～690	甲醇甲酸	510

根据传热计算求得总的传热量后，便可由总传热方程估算所需传热面积 F，进而可选用或自行设计冷凝器。

(3)列管冷凝器设计。

在列管冷凝器中一般冷却水走管程，蒸汽走壳程。列管冷凝器设计包括：计算管程流通截面积，确定管子尺寸、数目以及流程数；选择管子的排列方式，确定外壳直径；计算进出口连接管尺寸等。

①管程流通截面积的计算。单程冷凝器的管程流通截面积 $A_t(m^2)$ 按下式计算：

$$A_t=\frac{M_t}{3\,600\rho_t u_t} \tag{9.4.5}$$

式中　M_t——管程流体的质量流量，kg/h；

ρ_t——管程流体的密度，kg/m^3；

u_t——管程流体的流速，m/s。

为保证流体依上述流量和流速通过冷凝器，则所需的管数 n 为

$$n=\frac{4A_t}{\pi d_i^2} \tag{9.4.6}$$

式中　d_i——管子内径，m。

管子的长度 L 为

$$L=F/(n\pi d) \tag{9.4.7}$$

式中　d——管子的计算直径，m；

F——热计算所需的传热面积，m^2；

n——管子的根数。

在选定每一流程的管长时应该考虑到，当传热面积 F 一定时，增大管子长度可使换热器的直径减少，从而使热交换器的成本有所降低。另一方面，管子太长会给管子的清洗和拆换带来困难，又使检修时抽出管子所需空间增大。

目前所采用的换热管长度与壳体直径之比一般在 4 ~ 25 之间，常用为 6 ~ 10；立式热交换器，其比值为 4 ~ 6。《换热器规定》推荐的换热管长度采用：1 500 mm、2 000 mm、2 500 mm、3 000 mm、4 500 mm、6 000 mm、7 500 mm、9 000 mm、12 000 mm 等。

因此，如果按式(9.4.7)所得管长过长时，就应做成多流程的热交换器。当管子的长度选定为 Z 之后，所需的管程数 Z_t 就可按下式确定：

$$Z_t=L/l \tag{9.4.8}$$

那么总的管子根数为

$$n_t=nZ_t \tag{9.4.9}$$

式中　n_t——管子的总根数；

n——每程管数。

在确定流程数时，还要考虑到程数过多会使隔板在管板上占用过多的面积，使管板上能排列的管数减少，流体穿过隔板垫片短路的机会就会增多。程数增多，也增加了流体的转弯次数，增加了流动阻力。此外，程数最好选取偶数，这样可使流体的进、出口连接管做在同一个封头管箱上，便于制造。

②壳体直径的确定。在确定壳体直径时，首先应确定它的内径。尤其是确定多程热交

换器内径的大小时,最可靠的方法是根据所选择的管径、管间距、管子排列方法以及计算出的实际管数及隔板的大小和尺寸,还需考虑壳体内径和最大布管圆直径之间的关系,通过作图法加以确定。

在初步设计中,也可用下述关系估计壳体内径 D_s(mm):

$$D_s=(b-1)S+2b' \tag{9.4.10}$$

式中 b——沿六边形对角线上的管子数;

S——相邻两管的中心距,$S=(1.3\sim1.5)d_0$;

b'——管数中心线上最外层管的中心至壳体内壁的距离,$b'=(1\sim1.5)d_0$;

d_0——管子的外径,mm。

按计算或作图得到的内径应精确到标准尺寸。至于壳体厚度应该通过强度计算加以确定,并应符合《钢制压力容器》(GB 150—98)中关于最小壁厚和壁厚附加量的要求。我国规定公称直径小于400 mm的热交换器,采用无缝钢管作为壳体,公称直径≥400 mm的,用卷制壳体,以400 mm为基础,以100 mm作为进级挡,必要时允许以50 mm为进级挡。

③进出口连接管直径的计算。

$$D=1\cdot 13\sqrt{\frac{M}{3\,600\rho\cdot u}} \tag{9.4.11}$$

式中 M——流体质量流量,kg/h;

ρ——流体密度,kg/m^3;

u——流速,m/s。

9.4.3 冷凝法的典型工程应用

1. 高浓度有机气体的回收

油库、加油站产生的油气质量分数一般达到了40%左右,属于高质量分数的有机气体,可以利用冷凝法进行回收。图9.4.6所示为美国Edwards Engineering公司冷凝法油气回收的典型工艺流程,一般按预冷、机械制冷、液氮制冷等步骤来实现。预冷器是一单级冷却装置,其运行(冷凝)温度在油气各成分的凝固温度以上,使进入回收装置的油气温度从环境温度下降到4 ℃左右,使油气中的大部分水汽凝结成水,从而使进入低温冷凝器的挥发气状态标准化(一致),减少回收装置的运行能耗。油气离开预冷器之后进入机械制冷级,一级冷却器的工作温度范围为-35 ~ -10 ℃,二级冷却器(串联一级冷却器和低温制冷系统)的工作温度范围为-73 ~ -40 ℃。经过一、二级机械制冷可以使大部分挥发性有机化合物冷凝成液体得以回收,排放的贫油空气中的油气质量浓度能够达到35 mg/L。如果要求排放的贫油空气中的油气质量浓度更低,如20 mg/L或10 mg/L,就需要在机械制冷级之后连接三级冷却器,三级冷却器可以采用液氮制冷。由于一级、二级和三级冷却器的工作温度都在0 ℃以下,油气中的水分将在冷凝器表面凝结成霜,因而需要定期除霜。一般以24 h为一个周期的时间内,需停止运行1 ~2 h作为除霜时间。有的回收装置采用两套冷凝系统交替工作,则不需专门安排停机时间来给冷凝器除霜。除霜所需的热量来自制冷压缩机的气体-液体热交换器,通过冷凝器中的第二套管道传送热暖流使冷凝器上的结霜溶化。

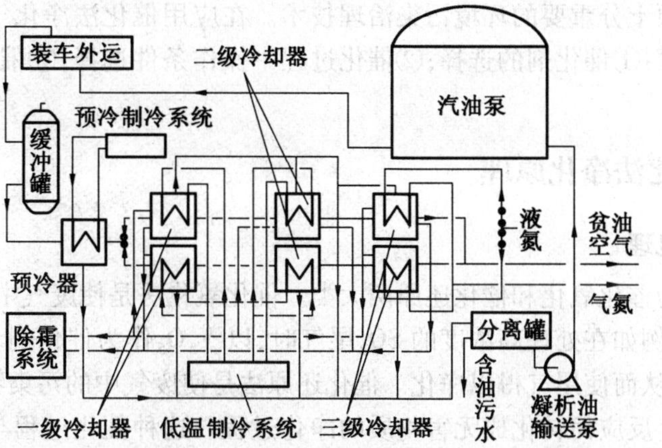

图9.4.6　直接冷凝法回收油气的工艺流程示意图

2. 冷凝法处理高浓度的 HCl 废气

对于高浓度的 HCl 废气,可以采用石墨冷凝器回收利用,废气走管内,冷却介质走管间,废气温度降低到露点以下,HCl 就会冷凝下来,同时废气中的水蒸气也冷凝下来。通常以自来水作为冷却介质。

图9.4.7所示为冷凝法的工艺流程, HCl 首先在冷凝器中被冷凝下来,和冷凝水进行混合,部分 HCl 也可被管壁液所吸收,供生产中调配使用。从冷凝器中排出的废气在喷淋塔进一步用水喷淋吸收,然后排至大气中,HCl 的总净化效率达到90%以上。

石墨冷凝器中,既有传热过程,又有传质过程,其冷凝吸收效率与操作温度、气速、HCl浓度等因素有关。

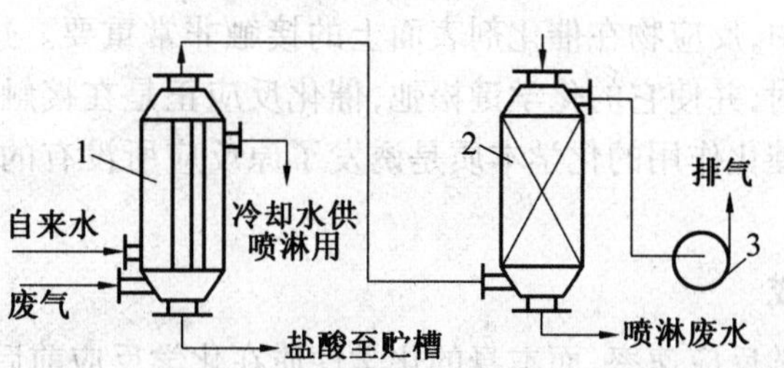

图9.4.7　冷凝法处理高浓度 HCl 的工艺流程示意图

1—石墨冷凝器;2—填料塔;3—风机

9.5　催化法净化原理与设备

催化法是利用催化剂的催化作用,将废气中的污染物转化为无害物质,甚至是有用的副产品,或者转化为更容易从气流中分离去除的物质。前一种催化操作直接完成了对污染物的净化过程;而后者还需要附加吸收或吸附等其他操作工序,才能实现全部的净化过程。利用催化法净化气态污染物,一般是属于前一种过程。催化法净化气态污染物的优点是:①提高了反应速率,从而减少了所需要的设备;②能够使反应在较低的温度下进行,从而减少了热力与动力的消耗;③催化剂使用过程中无需投加其他化学药品,既节省了费用,又不会有无用的副产品生成。

催化法是一项十分重要的环境污染治理技术。在应用催化法净化气态污染物时，需要把握3个关键步骤：①催化剂的选择；②催化过程中操作条件选择；③催化设备的选型与设计。

9.5.1 催化法净化原理

1. 催化净化机理

催化法可分为催化氧化和催化还原两大类。催化氧化法是使废气中的污染物在催化剂的作用下被氧化，例如在处理高浓度的 SO_2 尾气时，以 V_2O_5 作为催化剂，SO_2 氧化成 SO_3，用水吸收制取硫酸，从而使尾气得以净化。催化还原法是使废气中的污染物在催化剂作用下，与还原性气体发生反应而转化成无害物质的净化过程。这种催化过程与吸收、吸附净化法的根本区别是：不必再把污染物从气流中分离出来，而是将其转化为无害物质，这样既不会发生二次污染，还大大简化了净化过程。

催化燃烧可以看作是催化净化的一个特殊分支，即使用催化剂使废气中的可燃物质在较低温度下氧化分解，该法主要用于碳氢化合物的废气净化处理。

2. 催化作用

催化剂在化学反应过程中所起的作用称为催化作用，工业上通常根据催化剂和反应物系的状态将催化作用分为均相和多相两大类。

当催化剂和反应物同处在一个由溶液或气体混合物组成的均匀体系中时，其催化作用就称为均相催化作用。而当催化剂与反应物处在不同的相时（通常催化剂呈固体，反应物为液体或气体），其催化作用称为多相催化作用。催化净化气态污染物，就属于多相催化作用。在多相催化作用中，反应物在催化剂表面上的接触非常重要。这种接触导致了反应物在催化剂表面上的吸附，并使它的化学键松弛，催化反应正是在接触面上发生的，因而也称固体催化剂为触媒。催化作用的化学本质是诱发了原反应所没有的中间反应，使化学反应沿着新的途径进行。

3. 催化剂及其组成

凡是能够加速化学反应速率，而本身的化学性质在化学反应前后保持不变的物质，称为催化剂。工业催化剂通常是由多种物质组成的复杂体系，也有的只是一种物质。按照其存在的状态又可以分为气态、液态和固态3类。其中固体催化剂最重要，应用也最广泛，它通常由主活性物质、助催化剂和载体组成，有的还加入成型剂和造孔物质，以便制成所需要的形状和孔结构。

(1)活性物质。

活性物质是决定催化剂有无活性的关键组分，一般以该组分的名称来命名催化剂。铂的催化活性高，又具有化学惰性和稳定的耐高温性能，常常单独使用或与其他贵重金属联合使用作活性物质。以非贵重金属作活性物质的主要有铁、钡、锰、铬、钴、镍、铜和锌等，通常在这些金属中选择几种金属合制成一种多活性组分催化剂。

(2)助催化剂。

助催化剂是加到催化剂中的少量物质，这种物质本身没有活性或者活性很小，能提高主要催化活性物质的活性、选择性及稳定性。

(3)载体。

载体是催化活性物质的分散剂、胶黏剂和支持物。载体提高了催化剂的机械强度和热稳定性。片粒状载体又包括片状、棒状、球状、圆柱状以及其他挤压成型的形式。蜂窝状结构由于压力损失小,对热冲击适应性强,是一种很有发展前途的结构。

9.5.2　一般催化法净化设备和工艺

1. 催化设备的类型与选择

气态污染物的净化过程用的催化反应器一般是气-固相催化反应器,该反应器与吸附净化装置相类似,一般分为固定床和流化床两种。目前,气态污染物的净化主要采用中小型固定床反应器,且多为间歇式操作,而大型设备多为连续的流化床反应器。

(1)固定床催化反应器。

固定床催化反应器体积小,结构简单,催化剂用量少,且在反应器内磨损较少,气体与催化剂接触紧密,催化效率高,而且气体在反应器内的停留时间容易控制,操作管理方便。但是这类反应器的缺点是催化剂层的温度不均匀,当床层较厚或气体穿过速度较高时,动力消耗大,不能采用细粒催化剂,以免被气流带走,催化剂更换或再生也不方便。

大多数催化反应是吸热或放热的过程,而在生产过程中,需要反应器内保持一定的温度,这就要求反应器能适当地输入或输出热量。根据换热要求和方式的不同,固定床催化反应器可以分为绝热式和换热式两种。用于气态污染物净化的反应器通常为绝热式反应器,又可将其分为单段式、多段式、列管式(图 9.5.1)及径向反应器(图 9.5.2)。

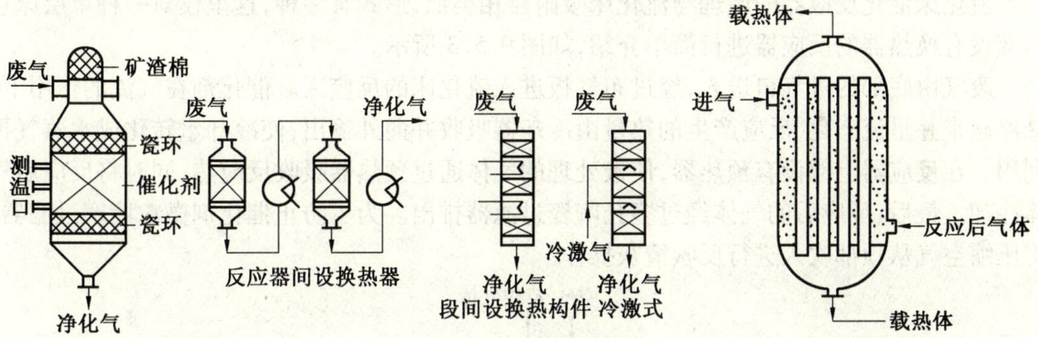

(a) 单段式　(b) 多段式　(c) 列管式

图 9.5.1　绝热式反应器

①单段绝热式反应器。单段绝热式反应器的外形一般呈圆筒形,在反应器的下部装有栅板,催化剂均匀堆置在栅板上形成床层,物料进口处有保证气流均匀分布的气体分布器。气体由上部进入,自上而下均匀地通过催化剂床层并进行反应,整个反应器与外界无热量交换。这种反应器的优点是结构简单、气体分布均匀、反应空间利用率高和造价低等,适用于反应热效应较小,反应过程对温度变化不敏感、副反应较少的反应过程。

②多段绝热式反应器。多段绝热式反应器实际上可以看作是串联起来的单段式绝热反应器,它把催化剂分成数层,热量由两个相邻床层之间引出(或加入),避免了床层热量积累,使得每段床层的温度保持在一定范围内,并具有较高的反应速率。多段绝热式反应器又可分为各段间设换热构件、反应器间设换热器、冷激式等几种形式。这种反应器适用于中等热效应的反应。

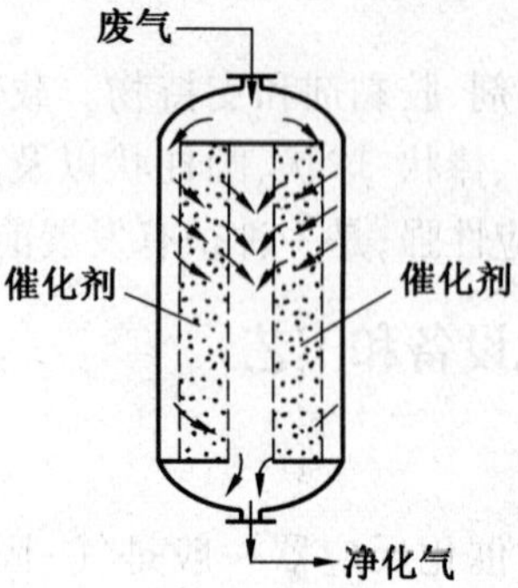

图 9.5.2 径向固定床反应器示意图

③列管式反应器。列管式反应器结构与列管式换热器相似。通常在管内装填催化剂，管间通入热载体（用作高压介质作热载体时，催化剂放在管间，管内通入热载体），原料气自上而下通过催化床层进行反应，而反应热则由床层通过管壁与管外的热载体进行热交换。管式反应器传热效果好，适用于反应热比较大的情况。

④径向反应器。径向反应器是一种新型的气-固相固定床催化反应器，可以将其视为单段绝热反应器的一种特殊形式。废气由反应器顶部进入，在反应器内沿径向穿过催化剂，如图 9.5.2 中箭头所示。与前面介绍的几种轴向流动反应器相比，阻力小，气流流程短，所以，动力消耗减小，还可以使用较小粒度的催化剂，提高气固有效接触。

（2）流化床催化反应器。

流化床催化反应器的原理与流化床吸附器相类似，形式有多种，这里仅对一种单层床且内部设有换热器的反应器进行简单介绍，如图 9.5.3 所示。

废气由底部的进气口送入，经过布气板进入流化床的反应区。催化剂在气流的作用下，悬浮起来并呈流态化，反应产生的热量由冷却器吸收并向外输出，使冷却水转化成水蒸气再利用。在反应器上部设有预热器，使被处理的气体通过预热器吸收反应热，同时将反应后气体冷却。最后，反应后的气体经过多孔陶瓷过滤器排出。为了防止催化剂微粒堵塞过滤器，将压缩空气从顶部吹入进行反吹清灰操作。

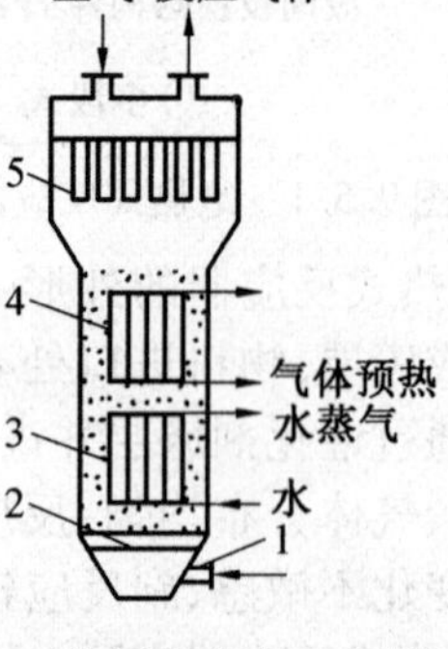

图 9.5.3 单层流化床反应器示意图

1—进气口；2—布气板；3—冷却器；4—预热器；5—过滤器

流化床反应器的优点是能够采用较细的催化剂，从而提高了催化剂表面与废气接触的概率，相应地提高了反应转化率。流化床内催化剂床层的温度分布比较均匀。由于操作过程中催化剂在激烈运动中相互碰撞,因此其主要缺点是催化剂容易磨损和破碎,但催化剂的再生与更换比较方便。

(3)气-固反应器的选择。

在选择气-固反应器的类型时,可遵循以下几条原则进行。

①根据催化反应热的大小,以及催化剂的活性温度范围,选择合适的结构类型,并保证催化剂床层的温度控制在允许的范围内;

②在净化气态污染物时,要使催化剂床层的阻力尽量减小,降低能耗;

③在满足温度条件的前提下,尽量提高催化剂的装填率,以提高反应设备的利用率;

④反应器操作方便、结构简单、安全可靠、投资省、运行费用低。

由于废气中的污染物含量低,反应热比较低,而废气量又很大,因此需要反应设备具有很高的催化效果,才能达到排放标准。各种单段绝热反应器在对气态污染物的催化时比较常用。现在对 NO_x 催化、有机废气催化燃烧以及汽车尾气净化中,大多采用单段式绝热反应器。

2. 催化法净化废气的一般工艺

催化法净化废气的一般工艺过程包括:废气预处理(去除催化剂毒物及固体颗粒物)、废气预热(到要求的反应温度范围)、催化反应、废热和副产品的回收利用等。

(1)废气预处理。

废气中含有的固体颗粒或液滴会覆盖在催化剂活性中心上而使其活性降低,废气中的微量致毒物会使催化剂中毒,所以必须除去。如非选择性还原法治理烟气中 NO_x 的流程中,常需在反应器前设置除尘器、水洗塔、碱洗塔等,以除去其中的粉尘及 SO_2 等。

(2)废气预热。

废气预热是为了使废气温度在催化剂活性温度范围以内,使催化反应有一定的速度,否则废气温度低,减缓反应速率,达不到预期的去除效果。例如,选择性催化还原法去除 NO_x 废气的预热温度需达 200 ~ 220 ℃以上。

对于有机废气的催化燃烧,如果废气中有机物浓度较高,反应热效应大,则只需较低的预热温度,过高的预热温度会产生大量的中间产物,从而给后面的催化燃烧带来一些困难。废气预热可利用净化后气体的热焓,但在污染物浓度较低,反应热效应不足以将废气预热到反应温度时,需利用辅助燃料产生高温燃气与废气混合以升温。

(3)催化反应。

调节催化反应的各项工艺参数中,温度是一项非常重要的参数。它对脱除污染物的效果及转化率都有很大影响。控制一个最佳的温度,使得在最少的催化剂用量下,达到满意的脱除效果,是催化法的关键。

(4)废热和副产品的回收利用。

废热常用于废气的预热。废热与副产品的回收利用关系到治理方法的经济效益,还关系到治理方法的二次污染,进而关系到治理方法有无生命力,所以必须予以重视。

9.5.3　催化法的典型工程应用

催化法在气态污染物净化领域的典型工程应用有汽车尾气的催化净化、烟气脱硫、烟气脱硝等,这里只对汽车尾气的催化净化和烟气脱硫进行简要介绍。

1. 汽车尾气的催化净化技术

汽车排气中的主要污染物有烃类、CO、NO_x 及铅化合物等，其中 CO 和烃类是因燃烧不完全而产生的，NO_x 则是气缸中的高温条件所造成的，铅化合物是因其中加入了防爆剂四基乙铅等而造成的，目前铅化合物的污染治理重点是研制无铅汽油。解决烃类、CO 和 NO_x 的污染问题，可以通过改进内燃机的结构，使燃烧在最有利的条件下进行，以减少有害物质的排放，也可以通过用催化剂将排气中的有害物质除去。即使使用第一种方法，也仍有尾气的净化问题。

(1)二段净化法净化原理。

二段净化法又称催化氧化还原法，是由两段反应器组成的，第一段反应器是催化还原反应器，第二段反应器是催化氧化反应器。汽车发动机所排出的气体先通过第一段反应器，在催化剂的作用下，利用汽车排气中的 CO 作为还原剂，可将 NO_x 还原为 N_2；从还原反应器出来的气体再进入第二段反应器，并由空气泵供给足够空气，使 CO 和烃类在催化剂作用下氧化成 CO_2 和 H_2O。为减少 NO_x 的生成量，净化后的大部分气体排空，使一部分净化后的气体循环进入发动机。这样就会消耗掉部分燃料（还原 NO_x），此外还原反应器要靠 CO 和烃类的氧化反应来升温启动，氧化还原的不断交替会损害还原 NO_x 催化剂的寿命。

还原段净化原理：在催化剂的作用下，利用汽车排气中的 CO 作还原剂，可将 NO_x 还原为氮气，同时 CO 被氧化成 CO_2，该反应如下：

$$NO_2+2CO \xrightarrow{\text{催化剂}} \frac{1}{2}N_2+2CO_2 \tag{9.5.1}$$

氧化段净化机理：烃类和未氧化完全的 CO 可在催化剂的作用下，与新鲜空气继续发生氧化作用，生成 CO_2 和 H_2O。

二段净化法工艺系统，如图 9.5.4 所示。

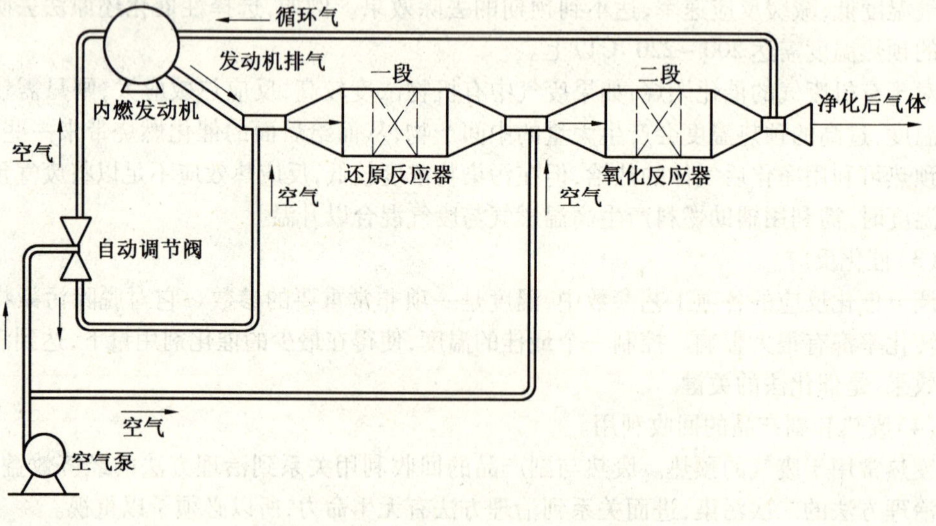

图 9.5.4　汽车尾气二段净化不意图

(2)三效催化法净化原理。

三效催化法净化是在能同时对 CO、NO_x 和烃类有催化作用的催化剂的作用下，利用排气中的 CO、烃类将 NO_x 还原为氮气，即

$$HC+NO_x \xrightarrow{\text{催化剂}} N_2+CO_2+H_2O \tag{9.5.2}$$

$$NO_x+CO \xrightarrow{\text{催化剂}} N_2+CO_2 \tag{9.5.3}$$

此法可同时使排气中三种有害气体大幅度减少，但进入发动机的空气与燃料配比（即空燃比）必须控制在14.7±0.1的较狭窄范围内，因为只有在这样的条件下，才会有较高的净化效率。用这种方法对汽车排气净化，需要在催化反应器排出口处安装测定排气中含氧浓度的检测器（氧传感器），随时将排气中的氧浓度信号传给发动机前的控制器，以便对空燃比进行调整。当空燃比控制在14.7±0.1的范围内，烃类、CO和NO_x三者的转化率均可大于85%，当空燃比小于这个值时，反应器处于还原气氛，NO_x的转化率升高，而CO和烃类的转化率则会下降；当空燃比大于此值时，反应器处于氧化气氛，烃类和CO的转化率就会提高，而NO_x的转化率则会下降。

三效催化净化工艺流程如图9.5.5所示，在这项工艺中，所用的单段绝热式催化反应器又称为三效催化反应器，所用的催化剂称为单元（三效）催化剂。

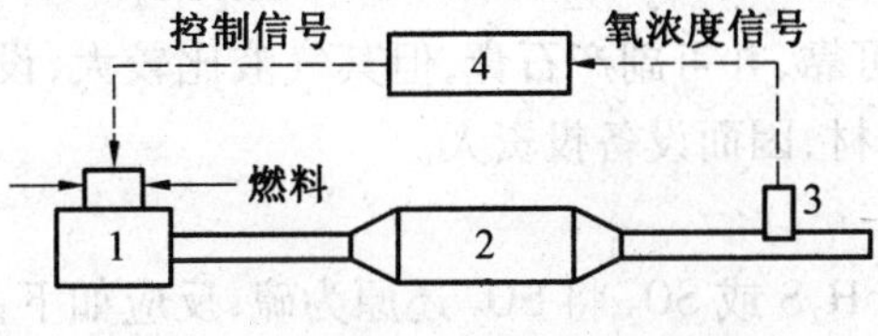

图9.5.5　三效催化净化工艺流程图

1—发动机；2—催化反应器；3—氧感应器；4—控制器

2. 烟气脱硫

烟气中SO_2的催化净化可分两种方法：催化氧化和催化还原，其中催化氧化还可分为气相催化和液相催化两种。

（1）催化氧化法。

①气相催化法。气相催化法是在处理硫酸尾气的基础上发展而来的，该方法通常使用V_2O_5作为催化剂，将SO_2氧化成SO_3，再制成硫酸。该法处理硫酸尾气技术成熟，已成功应用于有色冶炼烟气制酸。

图9.5.6所示为烟气脱硫催化氧化工艺流程。它必须首先进行除尘等预处理，然后对烟气加热升温至反应温度，才可进入催化转化室。进入吸收塔之前的降温和热量利用，视整个系统情况而定，对于锅炉（包括电站锅炉）系统，一般作为省煤器和空气预热器的热源。采用一转一吸流程通常可以达到90%左右的净化率。除此之外，在转化器的设计上，要注意催化剂装卸方便，以便于清灰。吸收塔的顶部或后面，要加装旋风板或其他除雾装置，以保证其脱硫率；而系统其他部分的气体温度应控制在露点以上，以减轻设备与管道的腐蚀。

②液相催化法。液相催化法治理废气中的SO_2是利用溶液中的Fe^{3+}或Mn^{2+}作催化剂，用水或稀硫酸作为吸收剂，将SO_2吸收后直接氧化为硫酸。其转化过程可分为吸收和氧化两个步骤。

吸收反应：

$$Fe_2(SO_4)_3+SO_2+2H_2O \longrightarrow 2FeSO_4+2H_2SO_4 \tag{9.5.4}$$

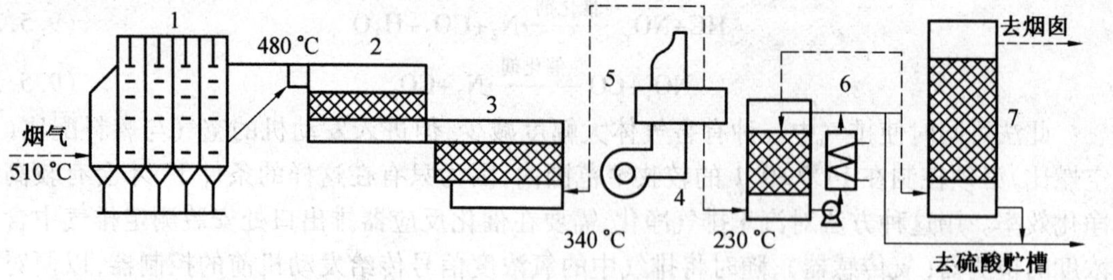

图 9.5.6 烟气脱硫催化氧化工艺流程

1—除尘器;2—反应器或转化器;3—节能器(或省煤器);4—风机;5—空气预热器;6—吸收塔;7—除雾器

氧化反应:

$$2FeSO_4+SO_2+O_2 \longrightarrow Fe_2(SO_4)_3 \tag{9.5.5}$$

总反应式可表示为

$$2SO_2+O_2+2H_2O \xrightarrow{Fe^{3+}} 2H_2SO_4 \tag{9.5.6}$$

该法工艺简单,运行可靠,并可副产石膏,但其气液比较大,设备庞大,而且稀硫酸腐蚀性强,需要钛、钼等特种钢材,因而设备投资大。

(2)催化还原法。

催化还原法脱硫是用 H_2S 或 SO_2 将 SO_2 还原为硫,反应如下:

$$SO_2+2H_2S \longrightarrow 2H_2O+3S \tag{9.5.7}$$

$$SO_2+2CO \longrightarrow 2CO_2+S \tag{9.5.8}$$

由于操作过程中有 H_2S 和 CO 二次污染问题及催化中毒问题,尚未得到恰当的解决,因此催化还原法处理 SO_2 气体还未达到实用的阶段。

9.6 燃烧法净化原理与设备

9.6.1 燃烧法净化原理

1. 燃烧法净化理论

目前,燃烧法净化大气污染物主要有两种理论:热损失理论和自由基反应理论。前者认为,火焰是燃烧放出的热量,传播到火焰周围混合气体,使之达到着火温度而燃烧并继续传播的;后者认为,在火焰中存在着大量的活性很强的自由基,它们极易与别的分子或自由基发生化学反应,在火焰中引起连锁反应,向四周传播。

以上两种理论都有一定的适用范围和局限性。例如,对于含有少量水蒸气的火焰,自由基的作用要比温度(热量传播的推动力)重要得多;又如热力燃烧就是利用火焰中存在的过量自由基来加速废气中可燃组分的氧化销毁;而丙烷燃烧却与热传播理论相符,与自由基连锁反应理论不符。在实际应用中,可认为火焰传播是热量与自由基同时向外传播,只是不同的反应主次地位不同。

2. 燃烧的必要条件

燃烧反应速度是燃烧过程的关键,氧化反应速度通常表示为

$$\gamma = k_0 e^{-\frac{E}{RT}} C^n [O_2]^m \tag{9.6.1}$$

式中　γ——单位时间内单位容积中反应物的减少量；

C——可燃气体浓度；

$[O_2]$——氧的浓度，当氧足够时，氧浓度可近似看作常数；

E——可燃物质氧化反应的总活化能；

k_0——频率因子；

n、m——可燃物质和氧气的反应级数。

由此可以看出，燃烧的必要条件是：一定的可燃物浓度、一定的温度、一定的氧浓度及活化能。于是可以得出以下结论：

①活性强的可燃气体（E 较小）比较易于燃烧，具有较低的着火温度，如乙炔比甲烷更易着火；

②对于同一种可燃混合物而言，若采用催化剂催化燃烧反应，由于催化剂能降低反应的活化能 E，可降低着火温度，并加快反应速度，因而在处理有害可燃气体时，出现了催化燃烧法；

③可燃气体的浓度太低时不能着火或不易着火。当废气中可燃有害气体的浓度过低而不能着火燃烧时，必须借助高浓度辅助燃料的燃烧提供有害气体氧化分解所需热量和温度，即热力燃烧法；

④减少散热损失，如采用保温材料、减少散热面积、减少散热系数等，利于可燃物的燃烧；

⑤提高初始温度，容易着火燃烧。

3. 爆炸极限浓度范围

一定浓度范围内的氧气和可燃组分混合，在某一点着火后所产生的热量，可以继续引燃周围的可燃混合气体，在有控制的条件下就形成火焰，维持燃烧；若在一个有限的空间内，无控制地迅速发展，就会形成气体爆炸。可以看出，可燃组分与空气混合物的燃烧（或爆炸）是在符合某些条件下发生的，这些条件包括混合物中可燃组分与氧气的相对浓度、混合物的浓度极限、点火源的存在以及混合物的流速等。燃烧与爆炸有几个重要的区别，但从混合气体的组分相对浓度来讲，可燃的混合气体就是爆炸性的混合气体，燃烧极限浓度范围也就是爆炸极限浓度范围。对于空气来说，由于其中的氧含量一定，故只要确定可燃组分浓度即可。

燃烧极限浓度范围是一个变值，它因可燃气与空气混合的温度、压力及进行试验的管子与设备的尺寸、混合气的流动速度等试验条件而变。爆炸浓度范围可从有关手册查得。当几种可燃物质与空气混合时，其爆炸极限浓度范围的近似值为

$$A_{混} = \frac{100}{\frac{a}{A_1} + \frac{b}{A_2} + \frac{c}{A_3} + \cdots} \tag{9.6.2}$$

式中　$A_{混}$——几种可燃物与空气混合时的爆炸极限；

A_1、A_2、A_3——每个组分各自的爆炸极限；

a、b、c——各组分在混合物中的体积分数，%。

在燃烧净化中，往往把废气中可燃组分的浓度用爆炸下限浓度的百分数来表示，简写为

LEL(Lower Explosive Limit)。在实验中发现，某些可燃物质，虽然它们的爆炸浓度下限不同，但它们在爆炸浓度下限时的燃烧热值和燃烧时的升温都相差不多，这样就可以将爆炸浓度与过程效应联合起来。一般来说，每1%质量分数的碳氢化合物的燃烧值，大约可以使废气本身的温度提高15.3 K。同时，为安全起见，可将废气中可燃物质的质量分数控制在20%～25% LEL，以防止爆炸。

9.6.2 燃烧法净化典型类型

燃烧法按燃烧温度与状态不同可分为直接燃烧法、热力燃烧法及催化燃烧法。

1. 直接燃烧法

直接燃烧法也称之为直接火焰燃烧法，它是指把废气中可燃的有害组分当作燃料直接烧掉。若可燃组分的浓度高于燃烧上限，则可以混入空气后燃烧，如可燃组分的浓度低于燃烧下限，则可以加入一定数量的辅助燃料如天然气等，以此来维持燃烧。该法可采用如窑、炉等设备的直接燃烧，或者是火炬燃烧。

(1)采用窑、炉等设备的直接燃烧。直接燃烧的设备可以采用一般的燃烧炉、窑，或者通过一定装置将废气导入锅炉作为燃料气进行燃烧。直接燃烧的温度一般需在1 100 ℃左右，其最终产物为CO_2、H_2O、N_2，该法不适用于处理低浓度的废气。

(2)火炬燃烧。由于火炬燃烧的结果不仅产生了大量的有害气体、烟尘及热辐射而危害环境，也造成了有用燃料气的大量损失，故应尽量减少和预防火炬燃烧，具体方法如下：①设置低压石油气回收设施，对系统及装置放空的低压气尽量加以回收利用；②在工程设计上以及实际生产中搞好液化石油气和高压石油气管网的产需平衡；③提高装置及系统的平稳操作水平和健全管理制度；④采用能耗低、燃烧效率高的火炬燃烧器，如火炬头。

2. 热力燃烧法

热力燃烧法适用于可燃有机物质含量较低的废气的净化处理。由于该类废气中可燃有机组分的含量很小，因此废气本身不能燃烧，并且其中可燃组分燃烧后放出的热量很低，不能维持燃烧。在热力燃烧中，被净化的废气不是作为燃烧所用的燃料，而是在含氧量足够时作为助燃气体，不含氧气时则作为燃烧的对象。在进行热力燃烧时，一般燃烧其他的燃料，如天然气、煤气、油等，来提高废气的温度，达到热力燃烧所需的温度，把其中的气态污染物进行氧化。

(1)燃烧过程。

燃烧过程如图9.6.1所示，其具体过程是：①辅助燃料燃烧——提供热量；②废气与使废气中高温燃气混合——达到反应所需温度；③在反应温度下，保持废气有足够的停留时间，可燃的有害组分氧化分解——达到净化排气的目的。

为使废气温度提高到有害组分的分解温度，需用辅助燃料燃烧来提供热量。但燃料不能直接与全部要净化处理的废气混合，这会导致混合气中可燃物浓度低于燃烧下限，最终不能维持燃烧。若废气以空气为本底而含有足够的氧，用不到一半的废气来使辅助燃料燃烧，用高温燃气与剩余的废气混合以达到热力燃烧的温度。

(2)热力燃烧的条件及其影响因素。

在燃烧过程中，废气中有害的可燃组分经氧化会生成CO_2和H_2O，但不同组分燃烧的

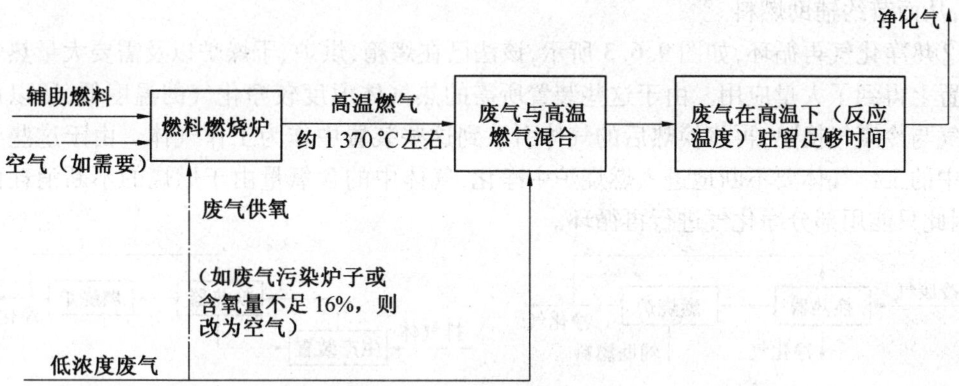

图 9.6.1　热力燃烧过程图解

氧化条件不同。一般来说，大多数碳氢化合物在 590～820 ℃就可以完全氧化。影响热力燃烧的重要因素是温度和时间。不同的气态污染物，在燃烧炉中燃烧时所需的反应温度和停留时间不同。某些含碳氢化合物的废气在燃烧净化时所需的反应温度和停留时间列于表 9.6.1。

表 9.6.1　废气燃烧净化所需的反应温度和停留时间

废气净化范围	燃烧炉停留时间/s	反应温度/℃
碳氢化合物（HC 销毁 90% 以上）	0.3～0.5	680～820
碳氢化合物+CO（HC+CO 销毁 90% 以上）	0.3～0.5	680～820

在热力燃烧炉的设计当中，考虑到大多数碳氢化合物和 CO 的燃烧，一般反应温度采用 740 ℃，停留时间为 0.5 s。

(3) 热力燃烧装置。

热力燃烧装置一般分为专用热力燃烧装置和普通燃烧炉。

①专用热力燃烧装置。热力燃烧炉是指进行热力燃烧的专用装置，其结构要满足热力燃烧时的条件要求：能够获得 740 ℃以上的温度和 0.5 s 左右的接触时间，这样才能保证对一般碳氢化合物及有机蒸气的燃烧净化。热力燃烧炉的主体结构包括燃烧器和燃烧室两部分。前者的作用是使辅助燃料燃烧生成高温燃气；后者的作用是使高温燃气与旁通废气湍流混合达到反应温度，并使废气在其中停留时间达到要求。按使用的燃烧器不同，热力燃烧炉又可分为配焰燃烧系统和离焰燃烧系统。

②普通燃烧炉。由于普通锅炉、生活用锅炉以及一般的加热炉炉内条件可以满足热力燃烧的要求，因此可以用作热力燃烧炉使用，这样不仅可以节省设备投资，也可以节省辅助燃料。

(4) 燃烧法的热量回收。

由于碳氢化合物在燃烧过程中会放出大量的热量，这些热量可以回收利用。此外，在进行热力燃烧时，所消耗的辅助燃料在其消耗过程中也会产生大量的热量，对这部分热量也应加以回收利用。热量回收的好坏也是评价燃烧净化方法是否经济合理的标准之一，常用回收燃烧热量的方法有以下 3 种。

①热量回用加热进入废气，如图 9.6.2 所示，用管式热交换器或循环式的蓄热再生装置，使净化反应的高温气体与进入的低温废气进行热量交换，这样可以提高进入炉中废气的

温度,从而节约辅助燃料。

②热净化气再循环,如图 9.6.3 所示,该法已在烤箱、烘炉、干燥炉以及需要大量热气体的装置上得到了大量应用。由于这些装置所需的热气体温度较净化气的温度低,所以可使净化气与冷废气换热,再将换热后的气体引入到这些装置中作为工作气体。由于这些生产装置中的工作气体要不断地进入燃烧炉中净化,气体中的含氧量由于燃烧的不断消耗而降低,因此只能用部分净化气进行再循环。

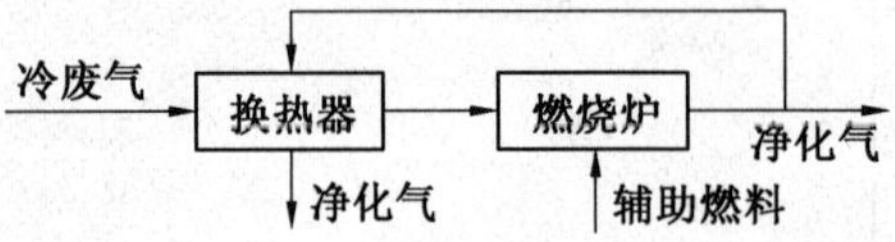

图 9.6.2　加热进入废气的回用热量示意

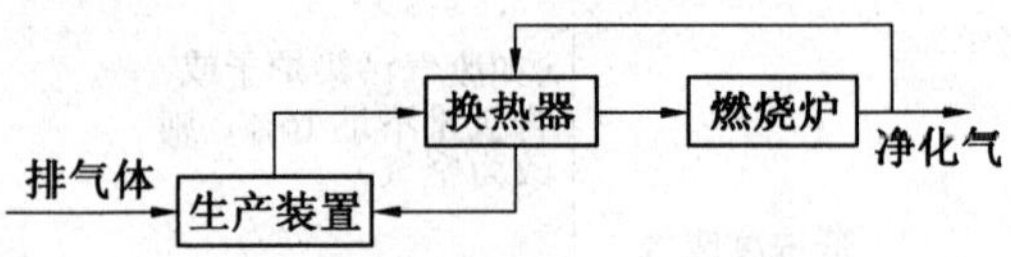

图 9.6.3　热净化气部分再循环示意

③废热利用。若采用以上的方法不能全部利用净化气中的热量时,可采用以下措施将其余的热量应用到生产实际中去:如直接作为加热某些生产装置时的载热体;用其来加热水、油等;通到废热锅炉中生产热水或蒸汽而用于生产或生活中。

3. 催化燃烧法

催化燃烧过程常用的催化剂一般采用以下几类。

(1)以 Al_2O_3 为载体的催化剂。

该载体一般做成蜂窝状或粒状等,然后再将活性组分负载其上。现在使用的有蜂窝陶瓷铂催化剂、蜂窝陶瓷钯催化剂、蜂窝陶瓷非贵金属催化剂等。

(2)以金属作为载体的催化剂。

如采用镍镉合金、镍镉镍铝合金、不锈钢等金属作为载体。现已应用的有不锈钢丝网钯催化剂、镍铬丝蓬体球钯催化剂、金属蜂窝的催化剂等。

9.6.3　燃烧法的典型工程应用

1. 低 NO_x 的燃烧技术

一般而言,影响燃烧过程中 NO_x 生成的主要因素有燃烧温度、烟气在高温区的停留时间、烟气中各种组分的浓度及混合程度。从实用的观点来分析,控制燃烧过程中的 NO_x 形成的因素包括:空气-燃料比,燃烧空气的预热温度,燃烧区的冷却程度,燃烧器的形状设计。综合考虑以上因素,则得出了低 NO_x 的燃烧技术,即燃料分级、空气分级燃烧、烟气再循环技术。

(1)空气分级燃烧。

空气分级燃烧是最简单、而且比较有效的 NO_x 排放控制技术。采用综合空气分级燃烧技术,与原来未采用此措施的 NO_x 排放量相比,燃烧天然气时可降低 60% ~70%,燃烧煤或油时可降低 40% ~50%。根据 NO_x 的形成机理可以看出,反应区内的空燃比极大地影响 NO_x 的形成。由于反应区在过量空气状态下会使 NO_x 排放增加,因此就采用了风分级的办法来控制反应区内的氧气含量。所谓风分级,就是把供燃烧用的空气由原来的一般分为两股或多股,在燃烧开始阶段只加部分空气,造成一次气流燃烧区域的富燃料状态。它是一种形成富燃料区的常用方法,也是二级燃烧过程,所以可描述为富燃料(贫氧)燃烧-贫燃料(富氧)燃烧。采用空气分级燃烧的主要燃烧机理是:由于富燃料缺氧,故在该区域的燃料只是部分燃烧,使得有机结合在燃料中的氮的一部分生成无害的氮分子,从而减少了“热力”NO_x 的形成。作为二次风的供燃烧完全用的空气喷射到一次富燃料区域的下游,形成二次燃烧完全区,在这个区域内完成燃烧。此外,由于一次燃烧区域的燃烧产物进入二次区域,同时降低了氧浓度和火焰温度,于是二次区域内 NO_x 的形成受到了较大限制。低氮氧燃烧器风分级示意如图 9.6.4 所示,其结构示意如图 9.6.5 所示。

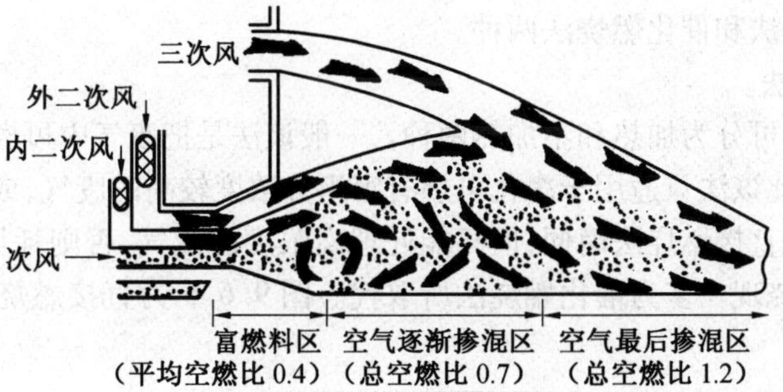

图 9.6.4　低氮氧燃烧器风分级示意图

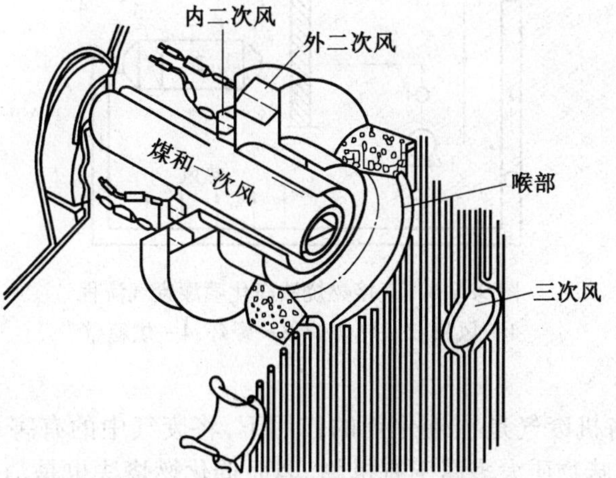

图 9.6.5　低氮氧燃烧器风分级结构示意图

观察图中结构可知,燃烧过程分为 3 个区:煤和一次风在出口处形成的富燃料区、二次风逐渐掺混的持续富燃料区、三次风掺入最终形成的完全燃烧区。

风分级可以在燃烧器内进行,也可以在炉内进行。

(2)燃料分级。

燃料分级是一种燃烧改进技术,也可以称为再燃烧或 NO_x 再燃烧,它是用燃料作为还原剂来还原燃烧产物中的 NO_x。燃料分级过程是大部分燃料从燃烧器进入一次燃烧区并造成富燃料状态,而小部分燃料喷到携带 NO 的一次燃烧产物中,故在一次燃烧区内生成的 NO 在二次燃烧区大量地被烃还原成为无害的氮分子。

燃料分级可以分为炉内 NO 还原、燃烧器内 NO 还原,这表明 NO 再燃烧在炉内或在燃烧器内进行。一般燃料分级方法可减少 NO_x 排放的 50%。

(3)烟气再循环技术。

对烟气进行再循环是减少 NO_x 形成的有效方法之一,其原理为:部分冷却了的烟气再被送回到燃烧区,同时这些烟气会起到热量吸收体的作用,进而降低了燃烧温度和氧的浓度,这两方面都减少了 NO_x 的生成。

2. 有机废气的燃烧净化法

一般的有机废气为可燃气体,所以可以对其采取氧化还原的燃烧净化方法。对有机废气进行燃烧时,各种有机物都可以在高温下完全氧化为 CO_2、H_2O 和其他组分的氧化物。燃烧法分为直接燃烧法和催化燃烧法两种。

(1)直接燃烧法。

直接燃烧法又可分为加热和不加热两种。一般该法是把废气中可燃的有害组分当作燃料直接燃烧掉,因此该法只适用于净化可燃有害组分浓度较高的废气,或者适用于净化有害组分燃烧时热值较直接燃烧法简便,但只能处理高浓度的废气,否则耗用大量燃料,很不经济。所以,直接燃烧现在多为催化燃烧法所取代。图 9.6.6 为直接燃烧法净化喷漆废气的流程。

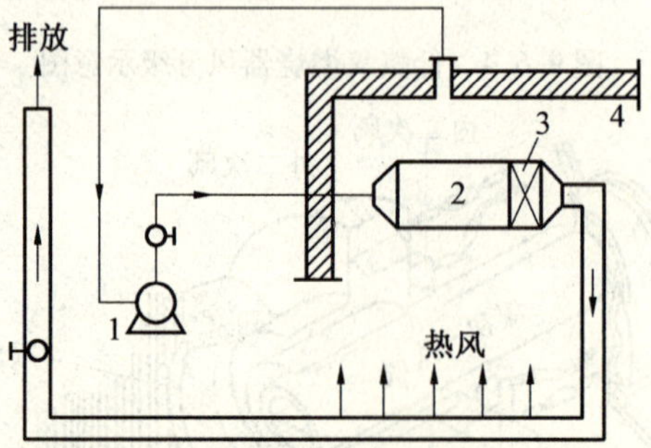

图 9.6.6 直接燃烧法净化喷漆废气流程
1—风机;2—燃烧炉;3—瓷环;4—烘箱壁

(2)催化燃烧法。

催化燃烧净化有机废气是在催化剂的作用下,将废气中的有害可燃组分完全氧化成 CO_2 和 H_2O。一般臭味物质大多属于有机物,因而催化燃烧法也是消除恶臭气体的很有效的方法。又由于大部分有机物均具有可燃烧性,因而催化燃烧法也成为净化含碳氢化合物废气的有效手段之一。催化燃烧器具有净化率高、能量消耗少、工作温度低、操作简便和安全性好等特点,已成为净化有机蒸气的重要手段,在各种气态污染物催化转化设备制造方面,它是国内目前唯一有批量生产净化设备的方法。

催化燃烧法一般用于金属印刷、漆包线、绝缘材料、炼焦、化工等行业中的有机废气的净化,对于如漆包线、绝缘材料等生产过程中排放出的烘干废气,由于废气的温度及有机物浓度均较高,对燃烧反应及热量平衡很有利,所以说在不需要回收热量或回收热量得不到很好利用的情况下,催化燃烧法比直接燃烧法经济。

如图 9.6.7 所示,催化燃烧的主要工序为:废气预处理、预热混合、催化反应、热量回收利用以及排空。

①废气预处理。在有机废气进入催化燃烧装置之前,首先应经预处理除去液滴、粉尘、有害成分,这样以避免催化床层的堵塞和催化剂的中毒。

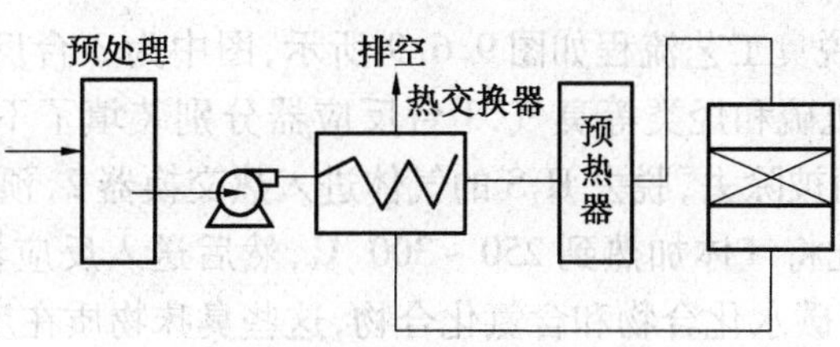

图9.6.7　催化燃烧常见的工艺流程

②预热混合。经预处理后的废气由风机送入预热器预热至所用催化剂的起燃温度以上,再进入催化床进行反应,如果废气本身温度较高,就不必设置预热装置。催化床也要在启动段加热至起燃温度以上,启动加热方式一般有两种:一种是在催化床下面设置电热管,利用反应器内部空气的对流和电热管的热辐射将热量传递给催化床;另一种是设置空气回路,循环空气从预热器获得热量,在穿过床层时把部分热量传给催化床,再返回预热器重新预热,最后把床温升高至起燃温度以上。从需要预热这一点出发,催化燃烧法最适用于连续排气的净化,如果间歇排气,不仅每次预热需要耗能,而且反应热也无法回收利用。预热混合阶段要选择预热器和换热器。

燃烧开始后,应尽可能利用燃烧的废热进行预热以减少能耗。换热器一般采用列管式换热器或蓄热式热交换器,列管式换热器的管间距一般按管外径的1.25倍进行布置。

③催化反应。经过预处理和预热的反应气进入反应器发生氧化燃烧反应,放出热量。目前催化燃烧装置根据具体情况,主要可分为两大类:一类是分建式,即换热器、预热器和反应器均作为独立设备分别设立,其间用相应的管路连接,一般用于气量较大的场合。反应器视具体情况可用单段式反应器(浓度较低时)或多段式反应器(浓度较高时)。另一类是合建式(组合式),即将预热器、换热器和反应器等部分组合安装在同一个设备中,即所谓催化燃烧炉(图9.6.8),其流程紧凑、占地小,一般适用于处理气量较小的场合。

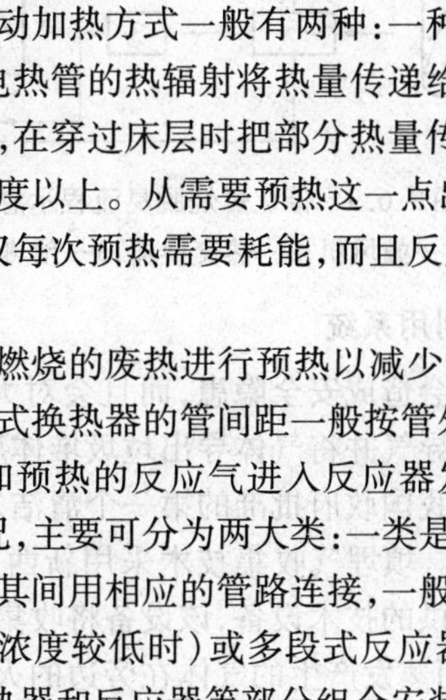

图9.6.8　立式催化燃烧炉

3. 催化燃烧法脱臭

催化燃烧法脱臭的工艺流程与设备和有机物催化燃烧的情况基本相同,但是由于臭气种类繁多、组分复杂,而且含量一般都较低,加之它们的嗅觉阈值很小,国家对一些主要的恶臭污染物排放要求又非常严格(见《恶臭污染物排放标准》),因此在设计和工艺的选择上应保证高的净化效率,脱臭工艺视具体情况可采取催化燃烧及吸附-催化燃烧、吸收-吸附-催化燃烧等组合工艺。

典型的催化燃烧、脱臭工艺流程如图9.6.9所示，图中为3台反应器串联的脱臭流程，用于处理含有H_2S、有机硫和烃类等臭气，3台反应器分别装填了不同催化剂，在反应器Ⅰ中H_2S与催化剂接触而被除去，脱去H_2S的气体进入热交换器2，预热到100～150 ℃，再将气体送入预热器3，在此将气体加热到250～300 ℃，然后送入反应器Ⅱ，脱除有机硫；脱除有机硫后的气体还含有碳水化合物和含氮化合物，这些臭味物质在反应器Ⅲ中被除去，从反应器Ⅲ中出来的气体已经达到完全脱臭的目的，回收热能之后，排入大气，不会再造成污染。

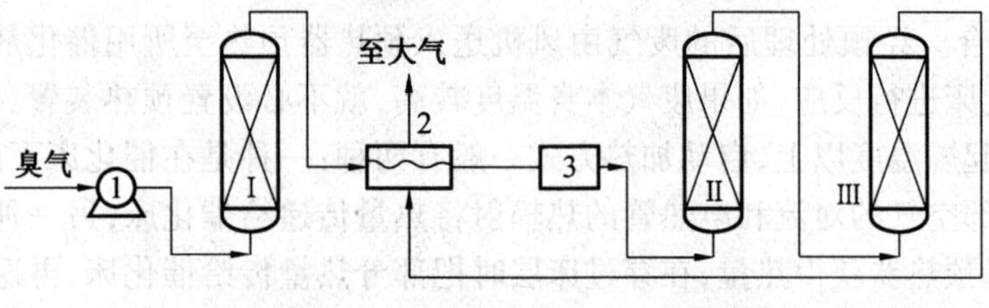

图9.6.9 催化燃烧脱臭流程示意图

1—鼓风机；2—热交换器；3—预热器

4. 垃圾填埋气LFG收集利用系统

垃圾填埋产生的沼气不仅会造成安全隐患，而且会对大气造成污染。目前国内大多数垃圾填埋场的处理方法是依靠导气井将气体导出垃圾堆体后自然扩散进入大气环境。

北京安定填埋场通过实施我国政府批准的第一个清洁发展机制（CDM）项目，安装了一套填埋气（LFG）收集利用系统。填埋气收集技术采用新西兰的混合技术，沼气利用则采用美国绍尔集团（Shaw Group）提供的技术设备，该设备将收集到的填埋气作为燃料，在一个渗滤蒸发器中把渗滤液蒸发掉，而蒸发产生的气体在旁边的火炬中进行二次燃烧，火炬中的燃烧温度超过1 000 ℃，在渗滤液注入过程中产生的臭气及其他有害有毒气体充分燃烧分解，避免了二噁英等有害气体的产生。

垃圾渗滤液完全分解，以水蒸气的形式排出，实现了收集废气、治理废水的以废的治废双重目标。垃圾填埋气火炬和渗滤液蒸发气系统的尾气排放按照美国EPA的国际标准进行设计，整个系统的运行完全实现全程电脑操作，在控制台上的电脑中可以对整个运行过程、燃烧温度、气体燃烧量、蒸发量进行控制和显示，系统可以在各种环境和条件下使用。预计2005～2014年，该项目产生的全部温室气体减排量为80 t CO_2当量。根据《京都议定书》的相关规定，减排的废气指标将出售给国际能源系统（荷兰）公司。按目前每吨10美元的价格计算，10年的减排量最高可换回800万美元。

9.7 气态污染物其他技术

9.7.1 气体膜分离技术

气体膜分离技术是一种较新的气体分离技术，应用于环境工程领域始于20世纪60年代，该非对称或复合膜法的主要特点是无相变、装置规模根据处理量的要求气体可大可小，而且设备简单、操作方便，运行可靠性高等。

1. 气体膜分离理论

(1)气体膜分离原理。

如图 9.7.1 所示,含有某些低分子组分和少量大分子组分的气体混合物在压差的作用下,透过特定薄膜时,因不同种类的气体分子在通过膜时具有不同的传递速率,从而使得气体混合物中的各个组分得以分离或富集。通常情况下,气体混合物一侧具有较高的压力 p_1,膜的另一侧维持较低的压力 p_2。

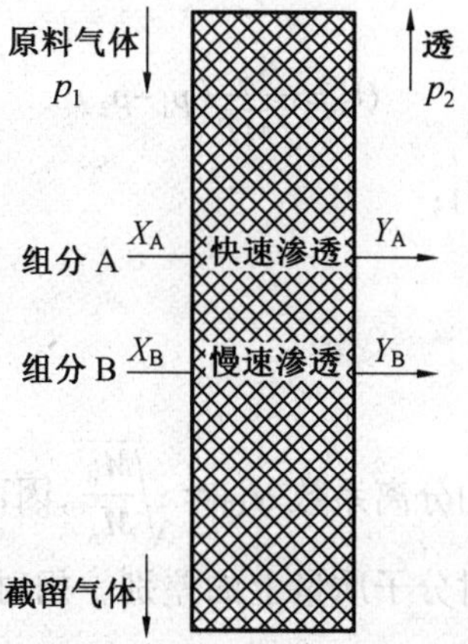

图 9.7.1　气体膜分离过程示意图

(2)气体分离膜的分类。

理想的气体膜分离材料应同时具有良好的分离性能、优良的热和化学稳定性、较高的机械强度。气体分离膜的种类很多,按照膜孔隙大小差别可分为多孔膜与非多孔膜两种。多孔膜的孔径一般在 0.5 ~3 μm,如烧结玻璃及多孔醋酸纤维膜等;非多孔膜的孔径很小,如离子导电性固体(氧化锆、氧化铝)、硅氧烷橡胶、均质醋酸纤维、聚碳酸醋等,由于薄膜孔径很小,气体的渗透只能通过薄膜分子结构的间隙进行。按膜的结构可分为均质膜和复合膜(非多孔质体与多孔质体组成的多层复合结构);按膜的制作材料可分为无机膜(合金膜、金属膜、陶瓷膜和玻璃膜,如金属钯膜、金属银膜以及钯-镍、钯-银、钯-金、氧化钛、氧化锆及玻璃膜等)与聚合物膜(聚芳酰胺、聚砜、硅橡胶、四溴聚碳酸酯、聚苯醚和醋酸纤维素系列等);按膜的制作形状分为管式、平板式、中空纤维式等。

(3)膜分离机理。

由于膜的结构与化学特性不同,气体膜分离的机理也不尽相同,主要有微孔扩散机理、溶解-扩散机理等,下面进行简单介绍。

①多孔膜的微孔扩散机理如图 9.7.2 所示,用于气体分离的多孔膜孔径 d 必须与气体分子的平均自由程 A 差不多,或者更小。依据扩散机理,可将气体通过多孔膜的行为分为表面扩散流、分子流、黏性流、分子筛筛分机理、毛细管凝聚机理等,一般可采用 Knudsen 数(K_n)区别如下:

$$K_n=\frac{\lambda}{d}>1,\text{流动为分子流(有分离可能)}$$

$$K_n=\frac{\lambda}{d}<1,\text{流动为黏性流(无分离可能)}$$

式中 λ——分子的平均自由程，μm；

d——微孔孔径，μm。

气体-膜体系的 A/d 值不同，分子流与黏性流占的比例也不同，例如当 $A/d>0.5$ 时，分子流占优势，而当 $A/d<1/10$ 时，则 90% 以上为黏性流。在大气压力下，气体分子的平均自由程一般在 1.03×10^{-7} m 左右，所以要使分子流占优势，得到良好的分离效果，膜的微孔半径必须在 5×10^{-7} m 以下。在 $K_n=\lambda/d>1$ 时，根据 Knudsen 理论，气体通过单位面积的流量 Q_K 为

$$Q_K=\frac{K_m}{\sqrt{MT}}(p_1-p_2) \tag{9.7.1}$$

式中 p_1、p_2——膜两侧气体压力；

K_m——膜常数；

M——相对分子质量；

T——绝对温度。

根据上式可推出混合气体的分离系数 $\alpha_{AB}\propto\sqrt{\frac{M_B}{M_A}}$，因而采用多孔膜进行气体分离时常利用被分离气体组分分子间相对分子质量上的差别。相对分子质量的差别越大，分离效果就越好。

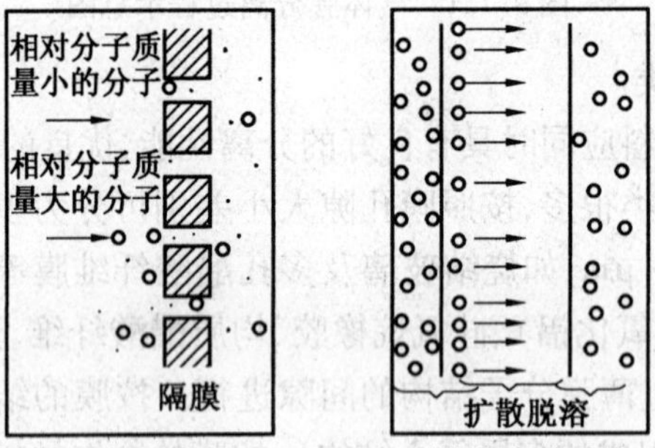

(a) 多孔质膜　(b) 非多孔质膜

图 9.7.2　多孔质与非多孔质分离机理

②非多孔膜的溶解-扩散机理气体透过非多孔膜时，其分离过程一般用溶解-扩散机理来描述。该理论假设气体透过膜的过程由下列三步组成：气体在膜的上游侧表面吸附溶解，是吸着过程；吸附溶解在膜上游侧表面的气体在浓度差的推动下扩散透过膜，这是扩散过程；膜下游侧表面的气体解吸，这是解吸过程。

开始时，气体在膜内浓度呈非线性分布，根据 Fick 第一定律（即 1855 年由 Fick 提出的物质转移量与浓度梯度呈正比的定律），气体组分 K 在膜内沿浓度梯度方向的扩散通量 J_K 为

$$J_K=-D_K\cdot\frac{dC_K}{dl} \tag{9.7.2}$$

式中 D_K——组分 K 在膜内的扩散系数，m^2/s；

$\frac{dC_K}{dl}$——组分 K 在膜内的浓度梯度。

假设气体在膜内的溶解符合 Henry 定律，则气体组分 K 在膜内的浓度 C_K 可以表示为

$$C_K = S_K P \tag{9.7.3}$$

假设传递过程阻力主要集中在两侧的气膜上，那么由式(9.7.2)、(9.7.3)可得到气体组分 K 通过膜的传递通量 J_K 为

$$J_K = q_K \cdot (p_H \cdot X_K - p_L \cdot Y_K) \tag{9.7.4}$$

式中　q_K——组分 K 的渗透系数，$q_K = \dfrac{D_K \cdot S_K}{\delta}$；

p_H——膜高压侧的压力，kPa；

p_L——膜低压侧的压力，kPa；

X_K——组分 K 在膜高压侧的含量；

Y_K——组分 K 在膜低压侧的含量；

S_K——组分 K 在膜中溶解度系数，$m^3/(m^3 \cdot kPa)$；

δ——膜的厚度，m。

另外，提高迁移时的温度，可以导致扩散作用的加强，提高渗透速度。由于气体分子通过非多孔膜的分子结构间隙进行渗透，虽然大多数气体与薄膜间的相互作用很弱，膜中吸着的气体并不会妨碍(或影响)膜的结构。但气体的迁移行为受膜组分、结构和形态性质的影响极大，这是与气体通过多孔膜时行为的不同之处。

③非对称膜的阻力模型。一般说来，多孔膜的渗透量大，但分离效果差；非多孔膜分离效果好，但渗透量小。为克服上述两种膜的缺点，已制造出了一种非对称膜，它是将一极薄(0.1～1 μm)的非多孔质支撑在多孔质的底材上形成，也称之为多层复合膜。这种膜既能维持较高的渗透量，同时又能保证较高的分离效果。混合气体通过非对称膜的移动具有如下几个步骤：①气体通过致密层溶解于膜中并在致密层中扩散；②通过皮层下部微孔过渡区流动；③通过多孔支撑层的黏性流动。这样可将不同情况下的传质阻力看作是串联和并联组成，如图 9.7.3 所示，其中 R_1、R_2、R_3 分别表示气体通过表面皮层 1 多孔介质 2 及被涂层充填一定深度的微孔 3 等部分的阻力。A 组分渗透气量 Q_A 可按下式计算：

$$Q_A = \frac{\Delta p_A}{\left(\dfrac{R_{A2} \cdot R_{A3}}{R_{A2} + R_{A3} + R_{At}}\right)} \tag{9.7.5}$$

$$R_{An} = \frac{L_n}{K_{An} \cdot A_n} \tag{9.7.6}$$

式中　L_n——当 n 为 1、2、3 时，分别为涂层厚度、多孔质厚度、涂层深入微孔部分平均深度；

A_n——当 n 为 1、2、3 时，分别为涂层表面积、多孔体的总表面积、微孔的总横截面积；

K_{An}——气体 A 的渗透系数，n 为 1、3 时，为组分气体在涂层材质内渗透系数，n 为 2 时是多孔质体的渗透系数。

(4)气体分离膜的特性参数。

①渗透系数 K 表示膜对气体的渗透能力，可查阅相关手册。在一定温度下，对某种膜-气体体系来说，K 是一常数。要达到好的分离效果，需选择 K 较大的膜。稳态下气体透过膜时，若气体与膜结构分子间的相互作用可以忽略，则有

$$K = \frac{Q_K L}{t A \Delta p} \tag{9.7.7}$$

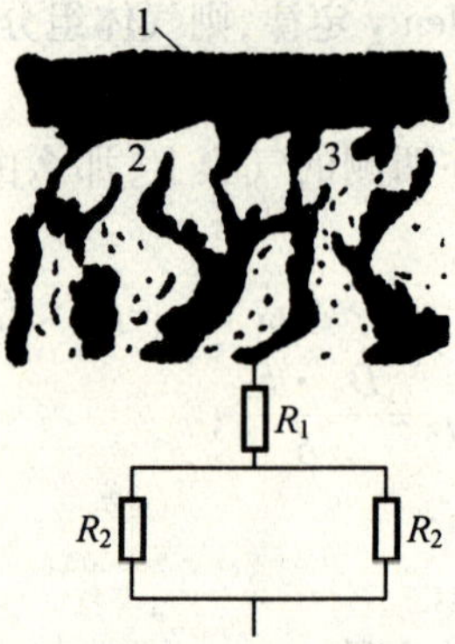

图 9.7.3　多层复合膜的阻力模型

1—表面皮层;2—多孔介质;3—微孔

式中　Q_K——在时间 t 内,膜透过面积为 $A(cm^2)$、厚度为 $L(cm)$时气体的渗透量,cm^3;

Δp——膜两侧的分压差,$\Delta p = p_1 - p_2$,$p_1 > p_2$,Pa;

t——透过时间,s;

L——膜的厚度,cm;

A——膜的总面积,cm^2。

由上式可知,在膜选定的情况下,即 K 一定时,增加膜的透过面积、增大膜两侧的压差、减少膜厚度均可提高膜的渗透量。

②分离系数 α 用来评价膜对混合气体的分离能力,可通过某些手册查得。在图 9.7.1 中,分离系数 α_{AB} 可定义为

$$\alpha_{AB} = \frac{\dfrac{Y_A}{Y_B}}{\dfrac{X_A}{X_B}} = \frac{Y_A}{X_A} \cdot \frac{X_B}{Y_B} \tag{9.7.8}$$

式中　Y_A、Y_B——分别为 A、B 组分在透过气中的浓度;

X_A、X_B——分别为 A、B 组分在原料气中的浓度。

当 p_1 远大于 p_2 时,($\alpha_{ABmax} = \dfrac{K_A}{K_B}$)(在理想情况不可能实现)。$\alpha$ 越大,分离效果越好。

③溶解度系数 S 表示的是膜收集气体的能力。一般气体在膜中的溶解度为压力的线性函数,即

$$C = Sp \tag{9.7.9}$$

式中　C——气体在膜中的浓度;

S——溶解度系数,是温度的函数,可查得;

p——与膜相接触的气相分压。

除了与膜间相互作用较强的气体之外,多数气体在膜中的溶解度遵循亨利定律。溶解度系数 S 与气体扩散系数 D 及渗透系数 K 之间有如下关系:

$$K = DS \tag{9.7.10}$$

2. 气体膜分离的流程

气体膜分离可以为单级的或者多级的。一级配置是指原料气经一次膜分离;同一级中

排列方式相同的膜器件组成一个段(可以是并联或串联)。典型的一级配置有一级一段连续式、一级一段循环式、一级多段连续式、一级多段循环式等。当分离系数不高、原料气的浓度低或要求产品较纯时,单级膜分离就不能满足工艺要求,因此应采用多级膜分离,即将若干膜器串联使用,组成级联。常用的气体膜分离级联有以下 3 种类型。

(1)简单级联。

简单级联如图 9.7.4 所示,每一级的渗透气作为下一级的进料气,每级分别排出渗余气,物料在级间没有循环,进料气量逐级下降,末级的渗透气是级联的产品。

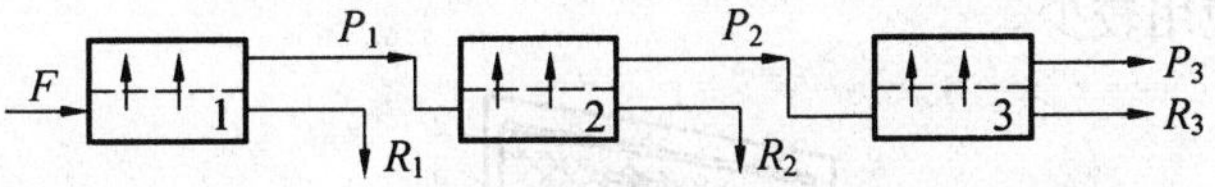

图 9.7.4　简单级联的流程示意图

(2)精馏级联。

精馏级联的流程如图 9.7.5 所示,每一级的渗透气作为下一级的进料气,将末级的渗透气作为级联的易渗产品,其余各级的渗余气进入前一级的进料气中,还将部分易渗产品作为回流返回本级的进料气中,整个级联只有两种产品。它的优点是易渗产品的产量与纯度比简单级联有所提高。

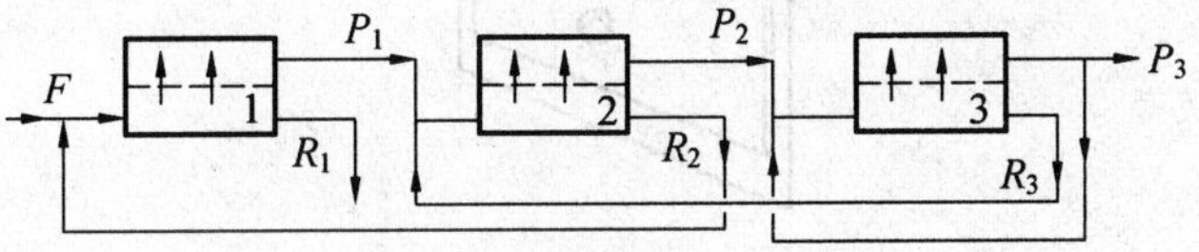

图 9.7.5　精馏级联的流程示意图

(3)提馏级联。

提馏级联的流程如图 9.7.6 所示,每一级的渗余气作为下一级的进料气,将末级的渗余气作为级联的产品,第一级的渗透气作为级联的易渗产品,其余各级的渗透气并入前一级的进料气当中。整个级联只有两种产品,其优点是难渗产品的产量与纯度比简单级联有所提高。新型的级联构型还包括双膜渗透器式、连续膜塔式、内部分级渗透器式等。

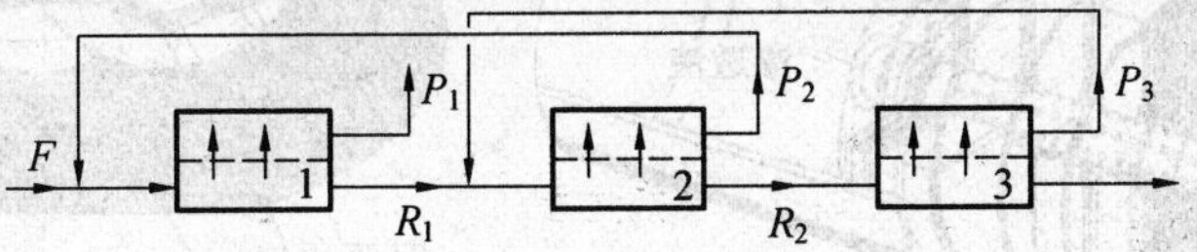

图 9.7.6　提馏级联的流程示意图

3. 气体膜分离器

常用的气体膜分离器有螺旋卷式、板框式、中空纤维式等 3 种,其中前两种都使用平板膜制成。鉴于后两种气体膜分离器与水处理行业中的相应结构较为类似,先介绍板框式气体膜分离器。

板框式膜分离器也称平板式膜器件,是以传统的板框式压滤机为原型而开发出来的。美国 Union Carbide 公司早期的氦气回收装置就属于这种类型,平板膜制成板框式膜叶后,密封固定在圆柱形钢外壳中,组成外径为 0.25 m、长度为 1.5 m 的板框式膜分离器,单个膜分离器的有效膜面积约 18 m^2,膜组件的结构如图 9.7.7 所示。

图 9.7.8 所示为德国 GKSS 研究中心开发出来的板框式膜分离器,用于从空气中脱除有机蒸气。其结构特点是,在中间开孔的两张椭圆形平板膜之间夹有间隔层,周边经热压密封后组成信封状的膜叶。多个膜叶由多孔中心管连接组成膜堆,固定于外壳中即成为分离器。典型的分离器长约 0.5 m,直径 0.32 m,有效膜面积约为 8 ~ 10 m^2。分离器内设有多重挡板以增大气流速度并改变流动方向,使气流与膜表面有效接触。其优点是操作方便,膜片容易更换,而且无需黏合即可使用。缺点是装填密度较低,例如德国 GKSS 研究中心平板式膜组件的装填密度只有 200 m^2/m^3,是螺旋卷式的 1/5,是中空纤维式的 1/15,所以这种膜组件在气体分离中使用较少。

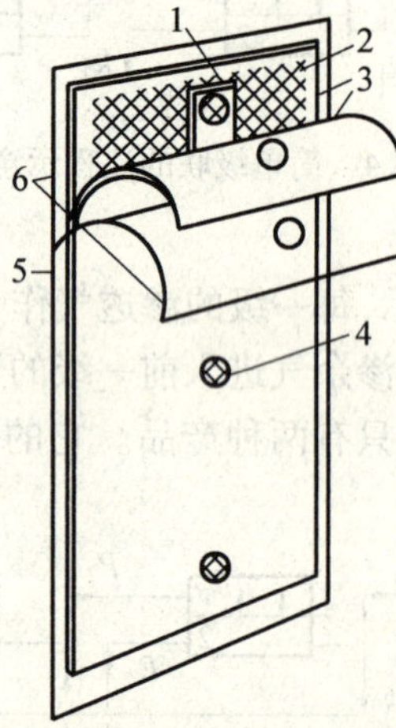

图 9.7.7　美国 Union Carbide 板框式膜分离器示意图

1—金属间隔;2—网;3—纸;4—渗透物出口;5—热密封;6—渗透膜

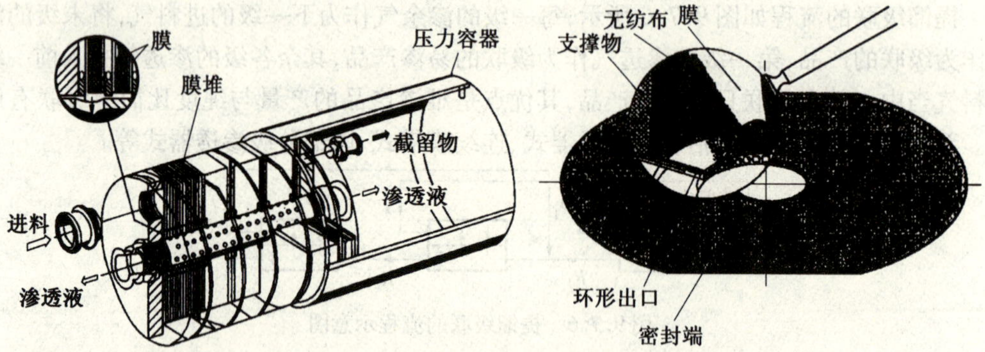

图 9.7.8　德国 GKSS 研究中心平板型膜组件示意图

4. 气体膜分离技术的应用

目前已成功和正在开发的气体膜分离工业应用领域有:H_2 的回收、O_2/N_2 与 H_2/O_2 的分离、酸硅气体和碳氢化合物的分离、气体脱湿、有机气体回收等。气体膜分离技术发展非常迅猛,这里仅介绍有机蒸气的膜分离技术。

在制药、石油化工、油漆涂料、半导体工业中,每天都有大量的有机废气向大气中散发。有机蒸气的膜分离技术相应发展较快,日本的日东电工、美国的 Membrane Technology and

Research Inc.(MTR)、德国的GKSS研究中心等已经实现了商品化,汽油等轻质油品的油气回收问题在其中最具代表性。而当前国内的一个热点问题就是加油站的第二阶段油气回收中地下储油罐压力的控制问题。由于加油站的强化油气回收处理问题有其特殊性,如果采用复杂流程就很难产生经济效益,德国、美国等发达国家在20世纪90年代末期相继推出了面向加油站的膜分离油气回收处理装置。德国的Vaconovent膜法油气回收处理装置的工艺流程如图9.7.9所示,该装置通过监测地下储油罐的油气压力来控制系统的间歇式自动操作。当地下储油罐内的油气压力升高到一定值时,膜分离装置就会自动启动。在真空泵的抽吸作用下,地下储油罐内的油气进入膜分离装置,油气优先透过膜,脱除油气后的净化空气则直接排入大气,地下储油罐油内的压力也会随之下降;当地下储油罐内的压力降到设定的正常水平后,装置将自动停止运行。如此往复,就完成了油气的回收过程。

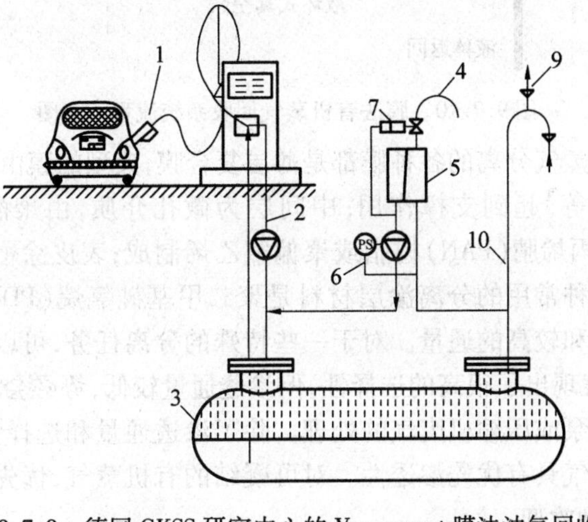

图9.7.9　德国GKSS研究中心的Vaconovent膜法油气回收

1—油气回收型加油枪;2—油气返回管线;3—地下储油罐;4—通风口;5—膜组件;
6—真空泵(压力开关控制);7—尾气阀;8—进气阀;9—排气阀;10—呼吸管

图9.7.10为满足欧洲最严格排放控制标准的油气回收工艺流程,该工艺由3大部分组成:第一部分为压缩机与吸收塔构成传统的压缩/冷凝、吸收工艺;第二部分为膜分离工艺;第三部分为变压吸附工艺。根据不同的排放要求,第三部分可选。原料气中的油气浓度与压力、温度及汽油的装卸过程有关,一般为30%~40%。油气经压缩机增压后送入吸收塔用汽油吸收。从吸收塔顶流出的饱和油气/空气混合物流进入膜分离单元,进一步回收其中的油气。经过膜分离器后产生两股物流:富集油气的渗透气,返回压缩机前循环;净化后的空气,其中含有少量的油气(10 g/m^3),可以满足欧洲Ⅱ号标准94/63/EC规定空气中的烃的质量浓度为35 g/m^3;如果在膜分离后采用变压吸附工艺,可进一步将油气质量浓度降至150 mg/m^3,满足德国的TL空气质量标准。

该流程充分发挥了各种工艺的优点。首先,利用压缩/冷凝、吸收工艺将原料气压力升高,既可以借助冷凝、吸收工艺回收其中的部分油气,又为吸收和膜分离操作创造了有利条件。因为压力越高,冷凝、吸收的效果越好;同时膜以压差为推动力,膜的进料压力和渗透压力相差越大越利于膜的分离操作。如果在膜单元后接入一个变压吸附单元,由于大部分的油气在进入变压吸附前已经被回收,会使变压吸附单元的负荷大大降低,从而降低PSA的投资和维护成本,提高其使用寿命,最终使整个油气回收流程得以优化。

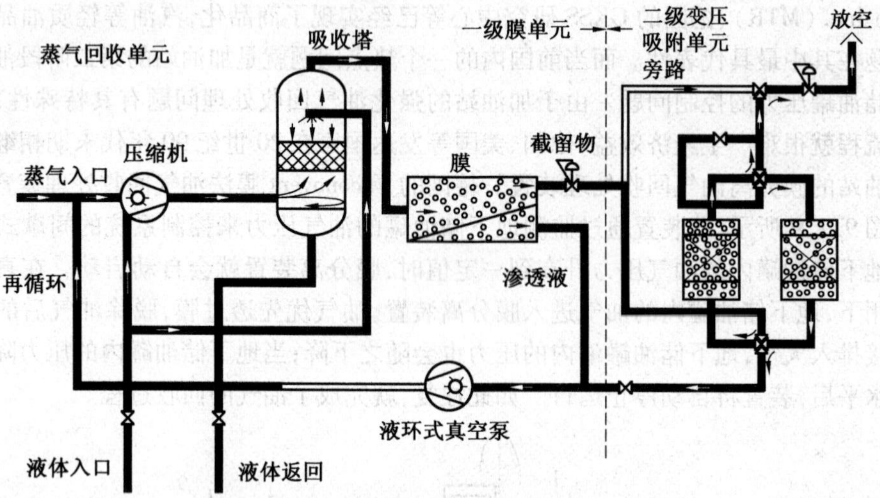

图 9.7.10 膜法有机蒸气回收系统流程示意图

目前应用于有机蒸气分离的各种膜都是薄层复合膜,典型的膜由三层结构组成:底层为无纺布材料,如聚酯等,起到支撑作用;中间层为微孔介质,由聚醚酰亚胺(PEI)、聚砜(PSF)、聚醚胺脂、聚丙烯腈(PAN)树脂或聚偏氟乙烯制成;表皮涂覆一层橡胶高分子无孔材料作为分离层。一种常用的分离涂层材料是聚二甲基硅氧烷(PDMS),它对很多有机蒸气具有独特的选择性和较高的通量。对于一些特殊的分离任务,可以使用聚辛基甲基硅氧烷(POMS)。POMS 表现出了很高的选择性,但渗透通量较低,势必会增加购买膜的投资,该膜可以用于小型真空泵或压缩机废气的处理。除了渗透通量和选择性方面的优点外,这些橡胶膜材料对有机蒸气具有优先渗透性。对可凝结的有机蒸气,优先渗透性可以避免在膜表面的凝结,因此受到欢迎。

9.7.2 脱硫除尘一体化工艺技术与设备

随着国家对大气污染控制区及两控区要求越来越严格,锅炉烟气只进行除尘已经不能满足要求,脱硫已势在必行。脱硫除尘一体化设备是一种节省投资、便于维护、运行费用低、适合于中小型锅炉的除尘脱硫装置。目前国内外已开发了大量的脱硫除尘一体化装置,主要有湿法脱硫除尘一体化技术和半干法脱硫除尘一体化技术。

1. 湿法脱硫除尘一体化技术

湿法脱硫除尘一体化技术主要有湿式脱硫兼除尘装置、基于湿法脱硫技术原理开发的简易脱硫除尘技术、旋流板塔脱硫除尘装置、筛板塔脱硫除尘装置、三相流化床脱硫除尘一体化装置等。

(1)湿式脱硫兼除尘装置。

如湿式水膜除尘器、冲击式水浴除尘器、文丘里旋风水膜除尘器、卧式旋风水膜除尘器、自激式除尘器及其组合工艺,一般利用一定浓度的碱液来代替清水以达到脱硫的目的。

这些装置中虽然冲击式水浴除尘器、湿式水膜除尘器、卧式旋风水膜除尘器和自激式除尘器投资和运行费用低,但除尘和脱硫效果较差;文丘里旋风水膜除尘器在国内中小型锅炉气治理中应用最广泛,虽然除尘效率达 95% 以上,但脱硫效果只有 30% 左右,且设备阻力大、运行费用高。

(2)基于湿法脱硫技术原理开发的简易脱硫除尘技术。

本工艺主要对投资费用较高的湿式石灰石-石膏法脱硫技术进行改进,使在其脱硫的同时具有除尘的功能,技术原理如图9.7.11所示。除尘系统采用两级除尘技术对烟气中的飞灰进行除尘,总除尘效率为99.6%。一级除尘利用在除尘脱硫塔中的喷嘴形成由上而下的水膜,与向上流动的含尘烟气进行充分碰撞、拦截和凝集等作用,对灰尘进行洗涤除尘。通过水膜与灰尘的充分接触,不仅降低了烟气在除尘脱硫塔内的流速,而且浆体中的灰尘经沉降池沉降之后,含灰浓度低的灰水可以循环使用,降低了除尘系统的耗水量。二级除尘由文丘里管和捕滴器两部分组成,从除尘脱硫塔流出60 ℃左右的饱和烟气进入文丘里管,由于文丘里管内的压差变化,饱和烟气中的水分以没有被除掉的细小灰尘颗粒为中心,形成细小含灰水滴。通过文丘里管出口小喷嘴喷出的水膜离心作用和绝热膨胀作用,使细小含灰水滴形成大液滴,最后利用重力作用将其排出。从文丘里管流出的饱和烟气进入到现有的捕滴器,捕滴器不仅可除去烟气中的部分水分,而且还可以对烟气中剩余的含灰水滴进行除尘。

除尘洗涤系统由一级沉降池、二级沉降池、循环泵以及除尘脱硫塔组成。一级沉降池位于除尘脱硫塔下方,上部与除尘脱硫塔相互连通,底部与排灰沟相连。从除尘脱硫塔内喷嘴喷出的循环水对烟气除尘洗涤后,进入一级沉降池,一部分高浓度灰浆从底部排掉,沉降池上部的灰水通过管道进入二级沉降池,灰浆中固体颗粒经过较充分沉降后沉淀,而上部的低浓度灰水经循环水泵输送到除尘脱硫塔的喷嘴中进行除尘循环。

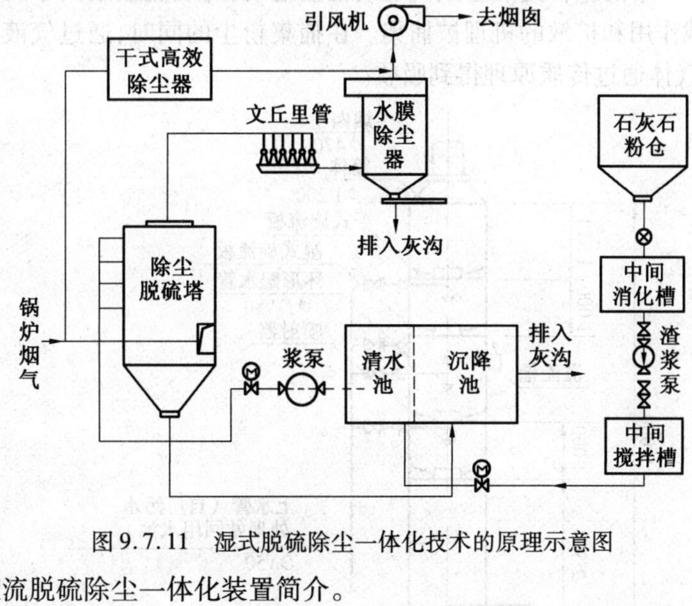

图9.7.11　湿式脱硫除尘一体化技术的原理示意图

(3)湿式旋流脱硫除尘一体化装置简介。

该湿式脱硫除尘一体化装置具有旋风水膜除尘器和旋流板洗涤器的共同特点,锅炉烟气由切向进入筒体之后,作螺旋上升运动,大颗粒在离心力的作用下被甩向器壁,通过水膜的拦截作用被捕集。而含有SO_2的烟气在旋流板导向作用下做螺旋上升运动的过程中,与自下而上的吸收液逆向对流接触,将旋流板上的吸收液雾化,形成良好的雾化吸收区,烟气与吸收液在雾化区内充分接触反应,然后烟气通过最上层的旋流板,完成烟气的旋转作用与旋流除雾器的导向作用,除去烟气中的液滴,最后经塔顶的排烟管直接排放出去。其工艺流程图如9.7.12所示。

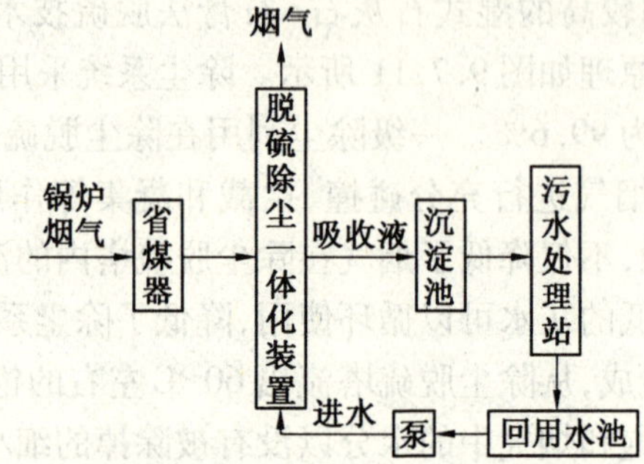

图9.7.12 湿式旋流脱硫除尘一体化装置的工艺流程简图

该塔一般需设置多层旋流板和一层除雾板,图9.7.13所示为4层旋流板,除最上层具有除雾功能之外,其他3层具有除尘脱硫的功能。塔体有两种供水形式,一种是在第2层旋流板下面设置溢流式外水槽,通过除尘器内外的压差溢流供水,只要保持溢流槽内水位恒定,溢流的水压就为一恒定值,就可以在塔体内壁形成稳定的水膜;另一种是喷射器供水,喷射器采用不易堵塞、耐腐蚀的喷雾喷头,喷射器喷出的水雾与筒体内壁、旋流板面接触变成流动水膜,锅炉烟气从筒体下部以很高的速度切向进入筒体,并沿筒壁呈螺旋式上升,含尘气体中的较粗尘粒在离心力的作用下被甩向筒壁,经自上而下在筒内壁产生的水膜湿润捕获后随水膜下流,细小的颗粒则随着烟气继续往上运动,与旋流板上的水膜充分接触后,通过惯性碰撞、拦截作用和扩散的机理被捕集。在捕集粉尘的同时,通过气液的充分接触,烟气中所含的SO_2气体通过传质原理得到吸收。

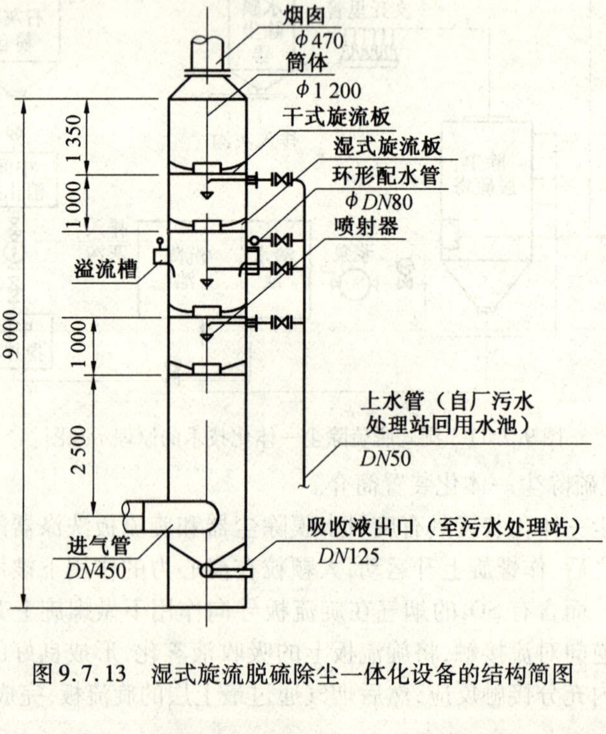

图9.7.13 湿式旋流脱硫除尘一体化设备的结构简图

(4)三相流化床脱硫除尘一体化。

该工艺系主要考虑到工业锅炉脱硫设备的初投资和运行、维护费用等因素,对湿法脱硫工艺进行改造后提出的烟气脱硫除尘一体化工艺。具有的主要技术特点为:可利用生产过程中产生的碱性废液作脱硫剂,既降低了脱硫成本,同时又大大减少了废液的处理费用;使用低阻旋风除尘器取代了静电除尘器,可以有效降低风机的磨损。工艺流程如图9.7.14所示,从锅炉里来的20%~30%的烟气通过多管旋风除尘器除尘,70%~80%的烟气通过脱硫除尘器,再经过两级除雾,混合后共同进入烟囱排放;将从多管除尘器和脱硫除尘器出来的烟气直接混合,加热了经过脱硫除尘的烟气,减少了烟气对设备的腐蚀和烟气排放的抬升问题,有利于烟气的排放;虽然牺牲了少量的脱硫效率,但与其他脱硫除尘系统工艺相比,省去了热交换器、静电除尘器、增压风机等技术含量比较高的设备,在保证实现烟气再加热的前提下,具有效果好、投资少、操作维护简单的特点。

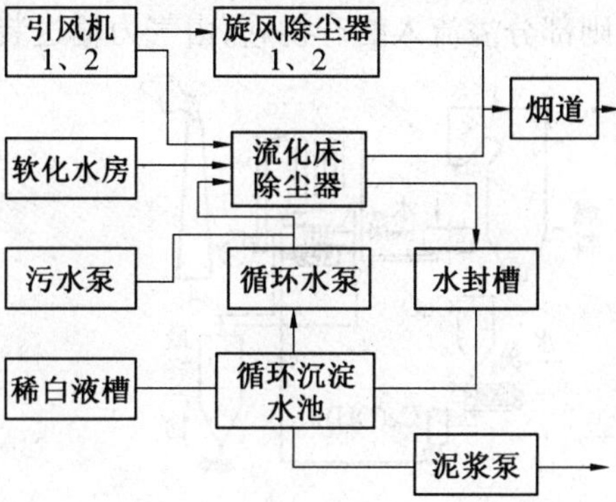

图9.7.14　三相流化床脱硫除尘系统的工艺流程示意图

(5)筛板塔除尘脱硫一体化。

筛板塔除尘脱硫一体化的工艺流程如图9.7.15所示。含尘烟气由塔的中部进入干式除尘段,除去颗粒较大的粉尘。然后烟气由中间芯管上升到筛板段,在筛板上布有吸收液,在上升烟气的冲击下呈沸腾状,烟气与吸收液进行充分接触可除去SO_2和微细粉尘;最后烟气经脱水段脱水,并经出口处设置的除雾装置除去烟气中蒸汽冷凝所形成的水珠后排出。循环池、循环泵和再生罐的作用是对吸收液进行再生并循环使用。影响该装置除尘脱硫效率的主要因素包括吸收液的pH、空塔速度、液气比等。

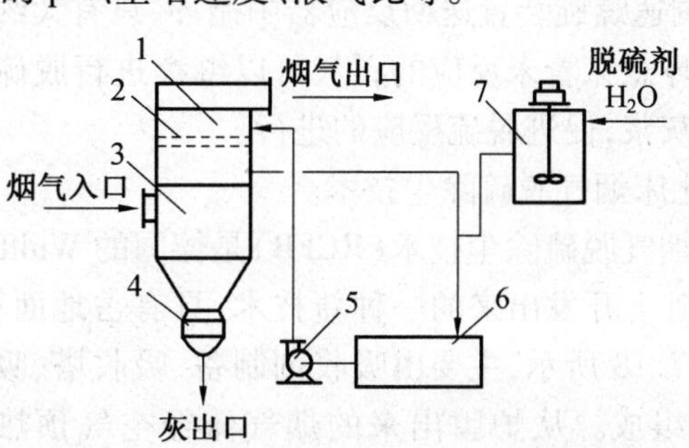

图9.7.15　筛板塔除尘脱硫装置工艺流程

1—脱水段;2—筛板;3—干式除尘段;4—干灰斗;5—循环泵;6—循环池;7—再生罐

2. 半干法脱硫-除尘一体化技术

(1)增湿灰循环脱硫技术。

增湿灰循环脱硫技术(NID)是 ABB 公司在喷雾干燥烟气脱硫技术基础上发展起来的烟气脱硫方法,适用于中小型发电机组,当燃中、低硫煤时,脱硫效率至少可达 80%。NID 工艺设备紧凑、占地面积小,能方便安装到原有设备上。其工艺流程如图 9.7.16 所示。

NID 技术常用的脱硫剂为 CaO,CaO 在专用的消化器中加水反应生成 $Ca(OH)_2$,然后与布袋除尘器或电除尘器除下的大量循环灰进入混合增湿器,在此加水增湿使混合灰的水分质量分数从 2% 增加到 5%,然后含钙循环灰被导入烟道反应器,大量脱硫循环灰进入反应器后,由于有极大的蒸发表面,水分很快被蒸发,在极短的时间内,烟气温度降低,湿度增加,加速了 SO_2 的吸收速率。同时,由于有大量的灰循环,没有反应的 $Ca(OH)_2$ 进一步参与循环脱硫,所以反应器中 $Ca(OH)_2$ 的浓度很高,从而可以弥补反应时间的不足,使脱硫剂的有效利用率达 95% 以上,最终产物则部分溢流入终产物仓,由气力输送装置外送。

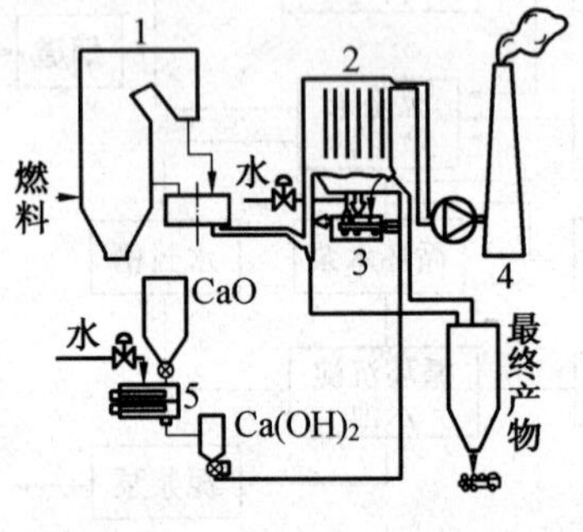

图 9.7.16　NID 技术工艺流程示意图

1—锅炉;2—布袋除尘器;3—加湿器;4—烟囱;5—消石灰器

(2)气体悬浮吸收烟气脱硫除尘技术。

丹麦 FLS. Miljo 公司的气体悬浮吸收技术(GSA)是一种简单有效的脱硫除尘技术,它包括圆柱形反应器、用于分离床料循环使用的旋风分离器、石灰浆制备系统(包括喷浆用喷嘴)3 个部分。如图 9.7.17 所示干燥过程中与烟气中的 SO_2 及其他酸性气体进行中和反应。反应后的烟气经过旋风分离器分离粉尘后,进入电除尘器或布袋除尘器进行进一步除尘,然后经由烟囱排放到大气中。含有脱硫灰和未反应完全石灰的流化床床料在旋风分离器中分离,其中 99% 的床料经调速螺旋装置送回反应器中循环,只有大约 1% 的床料作为脱硫灰渣排出系统。脱硫灰的循环意味着未反应的石灰可以继续进行脱硫反应,并且脱硫灰的循环可以更好地分散雾化石灰浆,促进脱硫反应的进行。

(3)回流式循环流化床烟气脱硫除尘技术。

回流式循环流化床烟气脱硫除尘技术(RCFB)是德国的 Wulff 公司在 Lurgi 公司烟气循环流化床(CFB)技术基础上开发出来的一种新技术,具有占地面积小、投资少、流程简单等特点。工艺流程如图 9.7.18 所示,主要由吸收剂制备、吸收塔、吸收剂再循环系统、除尘器以及控制设备等几部分组成。从炉膛出来的烟气流经空气预热器,经冷风冷却到 248 ~ 356 ℃后被引入到吸收塔。吸收塔底部是一文丘里装置,烟气流过时,被加速,并与很细的吸收剂相混合,吸收剂与烟气中的 SO_2 发生反应,生成亚硫酸钙。反应后的烟气带着大量固体颗粒由吸收塔顶部排除,进入除尘器中,被除尘的清洁空气经过烟囱外排,而除尘器捕集下来的大部分颗粒经过一个中间仓返回到吸收塔,小部分颗粒排至灰库。RCFB 吸收塔中的烟气和吸收剂颗粒在向上运动时,会有一部分烟气产生回流,形成很强的内部湍流,从而增加了烟气与吸收剂的接触时间,使得脱硫过程得到极大改善,提高了吸收剂的利用率和脱硫效率,使得塔出口的含尘浓度大大降低。此外,烟气在进入吸收塔底部时要喷入一定量的水,用以降低烟温并增加烟气中的水分含量,这也是提高烟气脱硫效率的关键。

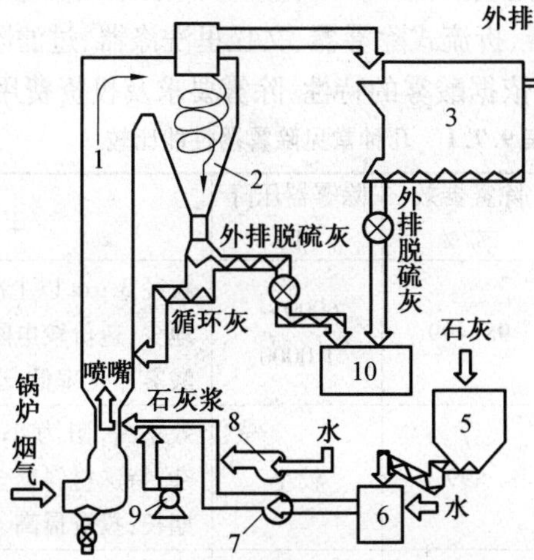

图 9.7.17　气体悬浮吸收烟气脱硫-除尘工艺流程

1—反应器;2—旋风分离器;3—除尘器;4—引风机;5—石灰仓;6—石灰浆制备槽;7—石灰浆泵;8—水泵;9—压缩机;10—脱硫灰仓

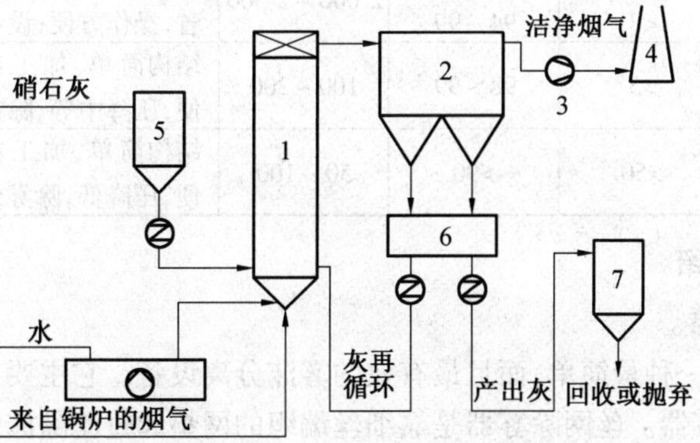

图 9.7.18　回流式循环流化床

1—回流式循环流化床;2—布袋/电除尘器;3—引风机;4—烟囱;5—消石灰仓;6—灰斗;7—灰库清洁空气

9.7.3　酸雾去除技术与设备

酸雾是指雾状的酸类物质,主要产于冶金、化工、纺织、轻工、机械制造和电子产品等行业的用酸工序中,如制酸、酸洗、电解、电镀、酸蓄电池充电和其他生产过程,一般有硫酸雾、硝酸雾、盐酸雾、磷酸雾、铬酸雾等,具有较强的腐蚀性。酸雾在空气中的粒径一般为 0.1 ~ 10 μm,比雾的粒径小,但比烟的粒径要大,是介于烟气与水雾之间的物质,属于液体气溶胶。酸雾形成的机理主要有两种:一种是酸溶液的表面蒸发,酸分子进入空气,吸收水分并凝聚形成雾滴;另一种是酸溶液内有化学反应,形成气泡上浮到液面后爆破,将液滴带出。

1. 净化方法与设备概述

可以用微粒态污染物的净化方法来处理酸雾。由于雾滴直径和密度较小,因此要用静电沉积、过滤等高效分离方法,才能有效地捕集。又由于酸雾具有较好的物理、化学活性,故可用吸收、吸附法处理,并且净化效果很好。净化酸雾一般采用除雾器进行处理,常用的设备有丝网除雾器、离心式除雾器、折流式除雾器、文丘里洗涤器、过滤除雾器等。几种主要除雾器性能的比较见表 9.7.1,可依据酸雾的特性、除雾要求及投资费用等条件进行选择。

表 9.7.1　几种常见除雾器性能比较

除雾器名称	除雾粒径 /μm	除雾器效率/%	除雾器压降 /Pa	主要优缺点
文丘里洗涤器	>3	98 ~ 99	6000 ~ 1 0000	粒径 3 μm 以上净化率高,结构简单,占地少,造价较电除雾器低;对 3 μm 以下酸雾净化率低,运行费用高,维修麻烦
电除雾器	<1	>99	较小	效率高,阻力小,运行费用低;设备复杂,特殊材料繁多,施工要求高,建设周期长,投资最高
丝网除沫器	>3	>99	200 ~ 350	比表面积大,质量轻,占地少,投资省,使用方便,网垫可清洗反复使用;对 3 μm以下雾滴净化率低
高效型纤维除雾器	>3 <3	100 94 ~ 99	2 000 ~ 2 500	除雾率高,结构简单,加工容易,投资省,操作方便;设备较大,压降较大
旋流板除雾器	>5	98 ~ 99	100 ~ 200	结构简单,加工容易,投资省,操作方便,压降中等,除雾效率较高
折流式除雾器	>50	>90	50 ~ 100	结构简单,加工容易,投资省,操作方便,压降低,除雾效率较低

2. 典型设备介绍

(1)丝网除雾器。

丝网除雾器是一种最简单,而且最有效的雾沫分离设备。它主要有两种类型:纤维除雾器、文丘里丝网除雾器。丝网除雾器是靠细丝编织的网垫起过滤除沫作用,丝网的材质是金属或玻璃纤维。丝网层很轻,100 ~ 200 kg/m^3,可制成任意形状、大小和高度,通过丝网的压降也很低。丝网除雾器的主要优点是雾沫分离器的效率很高,一般都在 90% 以上,并且丝网层分离器的结构极为简单,较轻的蒸气能容易地穿过多孔丝网层的细孔,液沫在通过细孔时,不能改变方向和路线,当这些夹带的液沫穿行时,直接冲撞到丝网上。由于存在表面张力,液沫附着在丝网的交织线上,并聚集成较大的液滴,然后在重力作用下下落并收集在分离器的底部。它不适用于处理含固体量较大的废气,以及含有或溶有固体物质的情况,比如碱液、碳酸氢铵溶液等,以避免固体杂质堵塞或液相蒸发后固体产生堵塞现象,从而破坏正常的操作。

①纤维除雾器。纤维除雾器主要是根据惯性碰撞、截留、扩散吸附等过滤机制,在纤维上捕集雾粒的高效能气雾分离装置。它分为捕沫型、高速型、高效型 3 种。高速型和捕沫型

以惯性碰撞、截留效应为主,而高效性则以扩散吸附效应为主。高效型纤维除雾器对 3 μm 以上雾粒,除雾效率达到 100%;对 3 μm 以下雾粒,除雾效率一般为 94% ~99%。

②文丘里丝网除雾器。一般文丘里丝网除雾器用于被处理的酸雾气体的流量或酸雾密度大幅度变化的情况,如图 9.7.19 所示,它是一个上细下粗的锥体,因此酸雾气体总会在某个部位上达到最佳速度范围,从而使雾沫分离。

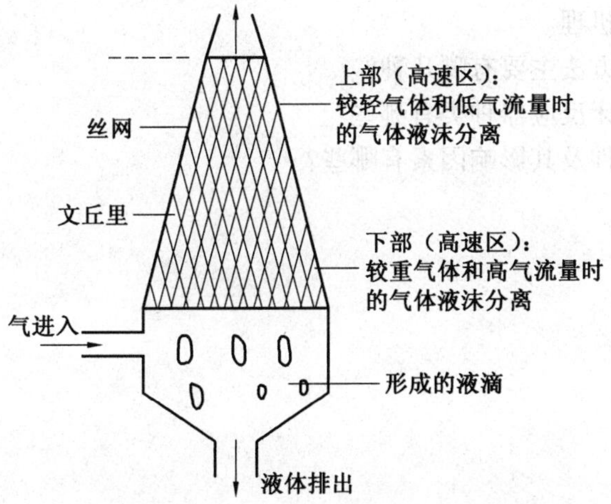

图 9.7.19　文丘里丝网除雾器示意图

(2)离心式除雾器。

离心式除雾器主要适用于分离直径在 0.05 ~0.4 μm 范围内的极微细液滴,其结构比较简单,防堵性能较好,适用于酸雾中带固体或带盐分的废气除雾。主要的工作原理是:含雾的气体以一定的速度进入螺旋管道,且流向分离器的中心。当气体流向中心时,气体的旋转速度逐渐加大,离心力也逐渐加强。由于存在这个离心力场的作用,液滴从气流中分离并被带出,从而实现了气液分离。在设备中心,向含雾气体中喷射水,有利于液滴分离。喷出的较大水滴会黏着在旋转气流中非常微细的液滴上。聚集后的液滴积聚在壳体壁上,由气流把这些液滴带至排出口。

旋流板除雾器的出现,进一步解决了吸收塔顶部的雾沫夹带现象,如图 9.7.20 所示,它的作用是使气体通过塔板产生旋转运动,利用离心力的作用将雾沫除去,除下的雾滴从塔板的周边流下。该塔板的除雾效率可达到 98% ~99%,且结构比较简单,阻力介于折流板与丝网除雾器之间。

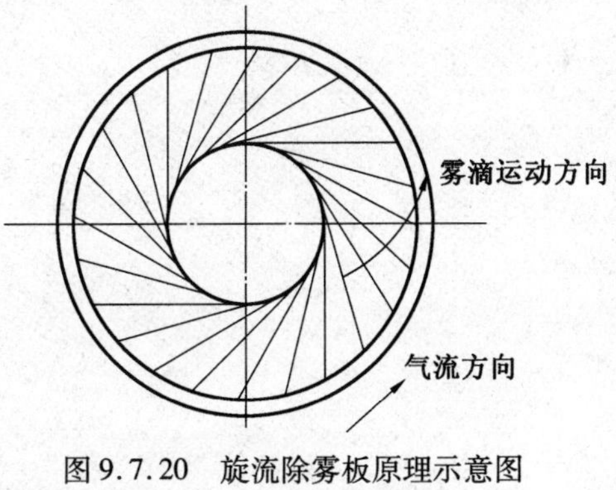

图 9.7.20　旋流除雾板原理示意图

思考与练习

1. 简述集气罩的集气机理。
2. 试进行吸入流动与射流流动的比较。
3. 简述吸收传质机理。
4. 吸收液的吸收方法主要有哪几种？
5. 催化转化固定床反应器种类有哪些？
6. 热力燃烧的条件及其影响因素有哪些？

第四篇　固体废物处理与资源化设备

第 10 章　固体废物处理的资源化分析

10.1　固体废物处理与资源化概述

固体废物(简称废物)是指在生产、生活和其他活动过程中产生的丧失原有的利用价值或者虽未丧失原有价值但被抛弃或者放弃的固体、半固体和置于容器中的气态物品、物质以及法律、行政法规规定纳入废物管理的物品、物质。各类生产活动中产生的固体废物俗称废渣;生活活动中产生的固体废物则称为垃圾。在具体生产环节中,由于原料的混杂程度,产品的选择性以原料、工艺设备的不同,被丢弃的这部分物质,从一个生产环节看,它们是废物,而从另一生产环节看,它们往往又可作为另外产品的原料,而是不废之物。所以,固体废物又被称为"放错地方的资源"。

目前我国年排放固体废物约为 6 亿 t 左右,城市垃圾约为 1 亿 t,不仅是浪费了相关资源,而且造成严重的环境污染。例如,我国东北地区一个含铬废渣的工厂,废物浸出液污染地下水,使得 1 800 多口居民水井报废,造成了严重的用水瘫痪;全国 200 多个城市陷入垃圾的包围之中。据粗略统计,全国每年由固体废物造成的直接经济损失以及可利用而又未充分利用的废物资源价值约达 300 亿元。因此,大力开展固体废物处理与资源化工作,加强固体废物的无害化管理,迫在眉睫。

10.1.1　固体废物处理方法

固体废物处理是指利用适当的方法使固体废物便于贮存、运输、无害化、资源化及最终处置。固体废物处理方法按其作用原理可分为物理、化学、生物、固化及热处理等。

(1)物理处理。

物理处理是最简单的和最直接的处理方法,根据固体废物的物理性质,采用机械操作改变固体废物的结构,使之成为便于运输、贮存、利用或处置的形态。根据固体废物的特性可分别采用重力分选、磁力分选、电力分选、光电分选、弹道分选、摩擦分选和浮选等分选方法。物理处理也往往作为回收固体废物中有价物质的重要手段加以采用。

(2)化学处理。

化学处理是采用化学的方法破坏固体废物中的有害成分,或将其转变成为便于进一步处理处置的形态。化学处理方法包括氧化、还原、中和、化学沉淀和化学浸出等。由于化学反应条件复杂,影响因素较多,故化学处理方法通常只用在所含成分单一或所含几种化学成分特性相似的废物处理方面。对于混合废物,不建议利用化学处理的方法。有些有害废物,经过化学处理后,还可能产生富含毒性成分的残渣,还须对残渣进行解毒处理或安全处置。

(3)生物处理。

生物处理是利用微生物的作用处理固体废物。其基本原理是利用微生物的生物化学作用,将复杂有机物分解为简单物质,将有毒物质转化为无毒物质。生物处理方法包括好氧处理、厌氧处理和兼性厌氧处理。固体废物经过生物处理,在容积、形态、组成等方面,均发生重大变化,因而便于运输、贮存、利用和处置。与化学处理方法相比,生物处理的优点是在经济上一般比较便宜,应用也相当普遍,但处理效率有时不够稳定,处理过程耗时较长。

(4)固化处理。

固化处理是利用物理或化学方法将有害废物与能聚结成固体的某些惰性基材混合,从而使固体废物固定或包容在惰性固体基材中,使之具有化学稳定性或密封性的一种无害化处理技术。固化处理的对象主要是有害废物和放射性废物。由于处理过程需加入较多的固化基材,因而固化体的容积远比原废物的容积来得大。

(5)热处理。

热处理是通过高温破坏和改变固体废物的组成和结构,同时达到减容、无害化、资源化的目的。热处理方法包括焚烧、热解、湿式氧化以及焙烧、烧结等。

10.1.2 固体废物资源化技术

固体废物资源化指采取管理和工艺措施从固体废弃物中回收有用的物质和能源。众所周知,人类赖以生存和发展的自然资源有许多是不可再生的,一经用于生产和生活将从生态圈中永久消失。从资源开发过程看,固体废物资源化同原生资源相比,可以省去开矿、采掘、选别、富集等一系列复杂过程,保护和延续原生资源寿命,弥补资源不足,保证资源永续,且可以减少环境污染,保持生态平衡,节省大量的投资,降低成本,具有显著的社会效益。资源化技术的单元操作与单元过程按照工艺分工,可分为前期技术和后期技术。

(1)前期资源化技术。

前期资源化技术包括破碎、分选,主要用于分离回收资源。前期资源化技术不改变物质的性能,它可细分为两种情况:一是保持废物收集时原形的技术,即通常采用手选、清洗,并对回收废物进行简易修补或净化操作后回收利用,如回收空瓶、空罐、各种电器的部分原件、机器、车辆、飞机中的部分机件、仪表和动力等;其次就是改变原形不改变物理性质的有用物质回收技术(即物理性原料化再利用技术),后者多采用破碎、分离、水洗后,根据各材质的特性通过机械的物理的方法分选后回收利用,如回收金属、玻璃、纸张、塑料等。

(2)后期资源化技术。

后期资源化技术主要是将前期技术回收后的残留物,用化学或生物的方法,改变其物质特性而进行回收利用的技术。

后期技术又分为以回收物质为目的的资源化技术(即化学、生物法原料化、产品化再利用技术)和回收能源为目的资源化两大类。以回收能源为目的的技术可进一步分为可贮存、可迁移型能源及燃料的回收技术和不可贮存——随产随用型能源的回收技术。后期资源化技术主要包括燃烧、热分解和生物分解等。

10.2 固体废物处理设备选用基本要求

由于固体废物组成的复杂性与固体废物处理设备的多样性,要处理一种具体的固体废物,正确选用固体废物处理设备是保证处理设备正常运转并保持应有处理效果的前提条件。若设备选择出现偏差,不仅会浪费资金、人力,而且常常达不到应有的处理效果,甚至可能根本无法正常运行。为了能够选择价格低廉、操作和维护简便、节省能源的处理设备,又能满足当地环境保护要求,必须综合考虑以下主要因素:①固体废物的性质;②固体废物处理的目的;③固体废物处理设备的技术适应性。

10.2.1 固体废物的性质

固体废物的性质是选择固体废物处理设备的决定性因素。了解和掌握固体废物的性质既是为了确定待处理废物是否与典型处理设备及其性能参数相符合,也是为了确定废物本身的特性是否与不同处理设备所要求的供料相符合,以排除那些不适用的或可能不适用的设备;同时可确定是否会产生二次污染问题。需要了解和掌握的固体废物性质包括:

(1)废物的物理特性:如形状(液体、乳浊液、泥浆、污泥、固体粉末或块状固体)、黏性、熔点、沸点、蒸气压、热值、比重、磁性、电性、光电性、弹性、摩擦性、表面特性等。

(2)废物的有害特性:如易燃性、腐蚀性、反应性、急性毒性、浸出毒性、放射性及其他有害特性等。

(3)废物的化学组成。

(4)废物的来源、体积、数量。

(5)典型的物理化学性质的变化范围。

10.2.2 固体废物处理的目的

弄清处理的目的,能有效地建立起一个用以判别满足各种变动方案的标准,以便于优选出适宜于处理给定废物的设备。关于处理目的方面需了解的内容包括:

(1)必须遵循的大气、水和其他环境质量标准。

(2)排出物流循环或重复利用所要求的化学性质和物理性质。

(3)要使废物排放所必须去除的成分以及去除的水平。

(4)处理目的或目标以及优先次序。例如,净化、资源化回收利用、去除毒性、减容、安全土地处理、安全处置于水体等,是否与管理标准相一致。

(5)排出物作土地处置或排入水体所要求的化学性质和物理性质。

10.2.3 固体废物处理设备的技术适应性

了解处理设备在技术上的适应性是为了从技术上把可以用来分别处理给定废物的设备与不适用设备。处理设备的技术适应性主要包括:

(1)哪些设备能单独或者组合起来实现处理目标。

(2)处理系统的关键设备能否满足处理废物的目的,在技术上是否确有吸引力。

(3)如果需要一系列设备组合成一个处理系统来实现处理目标,这些设备如何进行组合,相互之间是否匹配。

(4)废物中是否存在某种组分会影响技术上有吸引力的关键设备的采用,这些影响能否尽可能减少或消除。

(5)选定设备的主要技术参数,如处理效率、处理能力、运行参数与操作条件等。

为了选择合适的固体废物处理设备,除了正确把握上述三方面的内容外,还必须重点考虑以下因素:

(1)环境因素。同其他许多生产过程一样,废物处理过程几乎常常会产生要做处置的残留物。应对废物中的有害组分进行跟踪控制,实施全过程管理。选用固体废物处理设备时应考虑的环境因素主要包括:

①处理设备排出的废气是否需空气污染控制设备进行净化;

②处理设备排出的废水在排入水体之前是否需要进行净化;

③处理设备排放的固体残渣是需要进行安全填埋处置。

(2)经济因素。选用固体废物处理设备时应考虑的经济因素主要包括设备的基建投资、设备的运行费用、设备的寿命周期费用、资源化回收利用的价值及处理过程控制污染所需费用等。

(3)能源因素。能源利用问题是为了确保废物处理过程既能保护环境,又能保存资源的要求。固体废物处理设备的能源绝对需求量与能源类型两方面都很重要。由于能源费用在运行费用中占有较大比例,因此一般不宜选用高能耗的处理设备,除非可能获得补偿效益(如回收物质)。选用固体废物处理设备时应考虑的能源因素主要包括设备运转的能耗、能源的类型(如电能、天然气、石油、煤等)及能源费用等,在美国,一般要求其费用不超过运行费用的10%。

给定固体废物处理设备的选用应综合上述因素,通过多方案的对比研究,因地制宜,优化设计,择优实施,以使固体废物污染控制的投入最小,环境效益和社会效益最佳。

思考与练习

1. 固体废物处理方法主要有哪些?
2. 固体废物管理的“三化”原则是指什么?
3. 固体废物处理设备的技术适应性包括哪些?

第11章　固体废物处理设备选型

11.1　固体废物的压实设备

压实亦称压缩，即是利用机械的方法增加固体废物的聚集程度，增大密度和减小体积，便于装卸、运输、贮存和填埋。固体废物中适合压实处理的主要是压缩性能大而复原性小的物质，如金属加工出来的金属细丝、金属碎片、冰箱与洗衣机以及纸箱、纸袋、纤维等。有些固体废物，如木头、玻璃、金属、塑料块等已经很密实的固体，以及焦油、污泥等液态废物不宜做压缩处理。

压实的主要原理是减少空隙率，将空气排出。若采用高压压实，除减少空隙外，在分子之间可能产生晶格的破坏，使物质变性。

目前常用的压实设备有：三向联合压实器（仅用于压制）、颚式压实器（仅用于压制）、大型压实器（压制和存贮）、小型压实器（压制和贮存）、压-涂机（压制和涂敷）、挤压成型机（压制和挤压）。

11.1.1　固体废物压实设备设计原理

压实器主要包括钢轮压实机、羊角压实机、充气轮胎压实机、自有动力振动式空心轮压实机等。压实器的选择主要是选择合适的压缩比和使用压力。此外，对不同的废物采用不同的压实机械，同时还需考虑后续处理过程，如是否会出现水分等。

(1)装载面尺寸。

装载面尺寸要足以容纳需要压缩的最大件废物。如果压实器的容器用垃圾车装填，为了操作方便，其容积至少能够处理一垃圾车的废物。垃圾压实器的装载面一般为0.765～9.18 m^2。

(2)循环时间。

循环时间是指压头的压面从装料箱把废物压入容器，然后再回到原来完全缩回的位置，准备接受下一次装载废物所需要的时间。循环时间变化范围在20～60 s。循环时间和一次压实废料的量有关，量小则循环时间短。

(3)压面压力。

固定式压实器的压面压力一般为103～3 432 kPa。由于压实比和压面压力并不是线性关系，所以应根据废物的压缩特性来选择。

(4)压面的行程。

压面的行程是指压头压入容器的深度。压头压入容器中越深，压实比越大。所以应先确定压实比，再选择合适的压面行程。

(5)体积排率。

体积排率即处理率，等于压头每次压入容器的可压缩废物体积与每小时机器的循环次数之积。体积排率略大于废物产生率。

(6)其他压实器应与容器相匹配,最好由同一厂家制造。此外,使用压实器的场所要与压实器相适应。

相应的压实设备与废弃物种类处理方法见表 11.1.1。

表 11.1.1 废弃物处理方法

处理方法	废弃物种类										
	有机或无机物软渣	废塑料	橡胶废料	废纸	木片	废织物	粉尘	炉渣	渣	废金属	混合垃圾
压　制	△	△	△	△	△	△	△	△	△	#	△
压制和贮存	△	#	#	#	0	#	0	0	0	0	#
压制并涂敷	0	0	△	△	△	△	0	△	△	△	0
压制并捆绑	△	0	#	#	0	#	0	△	△	0	0
压制并挤压	0	#	△	△	△	△	0	△	△	△	△

注:"#"表示推荐,"0"表示可采用或有条件地选用,"△"表示不能用。

11.1.2 国内外典型固体废物压实设备

1.金属类废物压实器

金属类废物压实器主要有三向联合式和回转式两种。

(1)三向联合式压实器。图 11.1.1 是适合于压实松散金属废物的三向联合式压实器。它具有三个互相垂直的压头,金属等类废物被置于容器单元内,而后依次启动 1、2、3 三个压头,逐渐使固体废物的空间体积缩小,密度增大,最终达到一定的尺寸,压后尺寸一般在 200～1 000 mm 之间。

(2)回转式压实器。图 11.1.2 是回转式压实器的示意图。废物装入容器单元后,先按水平式压头的方向压缩,然后按箭头的运动方向驱动旋动式压头,使废物致密化,最后按水平压头的运动方向将废物压至一定尺寸排出。

适于压实体积小、质量轻的废物。废物装入容器单元后,先按水平压头 1 的方向压缩,然后按箭头运动方向驱动旋动式压头 2 使废物致密化,最后按水平压头 3 的运动方向将废物压至一定尺寸排出。

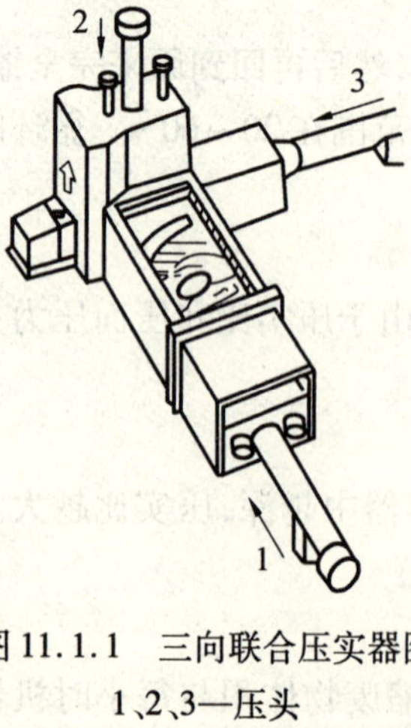

图 11.1.1 三向联合压实器图
1、2、3—压头

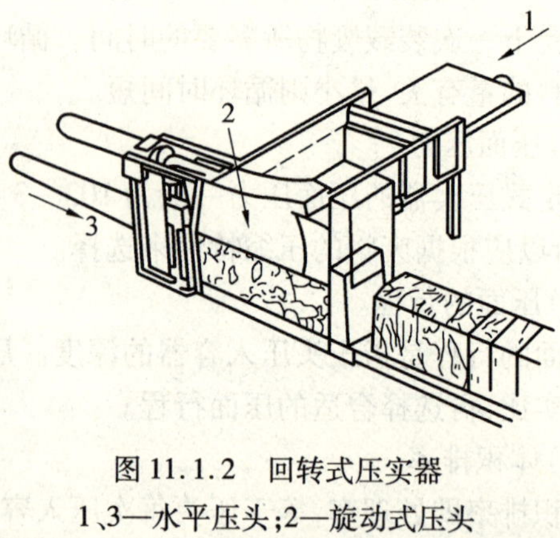

图 11.1.2 回转式压实器
1、3—水平压头;2—旋动式压头

2. 城市垃圾压实器

(1)高层住宅垃圾滑道下的压实器。图 11.1.3 是高层住宅压实器工作的示意图,图 11.1.3(a)为压缩循环开始,从滑道中落下的垃圾进入料斗;图 11.1.3(b)为压缩臂全部缩回处于起始状态,压缩室内充入垃圾。当压臂全部伸展,垃圾被压入容器中,如图 11.1.3(c)所示。当垃圾不断充入最后在容器中压实,并将压实的垃圾装入袋内。

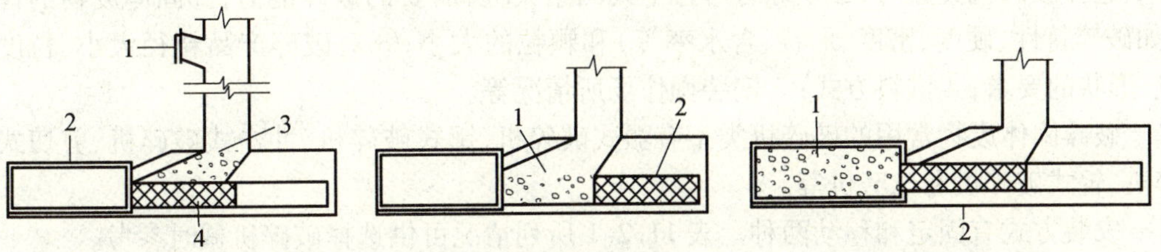

图 11.1.3 高层住宅垃圾压实器

1—入口;2—压缩室;3—斜斗;4—压缩器

(2)城市垃圾压实器。这种压实器与金属类废物压实器构造相似。为了防止垃圾中有机物腐败;要求在压实器的四周涂敷沥青。图 11.1.4 是用于压实城市垃圾的水平式压实器。先将垃圾加入装料室,启动具有压面的水平压头,使垃圾致密化和定形化,然后将坯块推出。推出过程中,坯块表面的杂乱废物受破碎杆作用而被破碎,不致妨碍坯块移出。

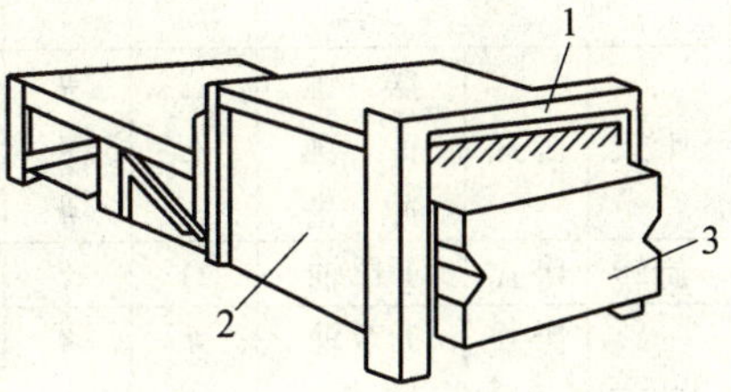

图 11.1.4 城市垃圾压实器

1—破碎杆;2—装料室;3—压面

其他在垃圾收集车辆上的压实器、废纸包装机、塑料热压机等结构基本相似,原理相同。

11.2 固体废物的破碎设备

用外力克服固体废物质点间的内聚力而使大块固体废物分裂成小块的过程称为破碎,使小块固体废物颗粒分裂成细粉的过程称为磨碎。固体废物破碎设备,通常用作运输、贮存、焚烧、热分解、熔融、压实、磁选、填埋等的预处理,在固体废物处理与资源化过程中应用相当普通。

固体废物破碎和磨碎的目的如下:①使固体废物的尺寸减小,从而增加密度,便于运输和储存;②为固体废物的分选提供所要求的入选粒度,或将原来连接在一起的异种物质分开,以便有效地回收固体废物中某种成分;③使固体废物的比表面积增加,提高焚烧、热分解、熔融等作业的稳定性和热效率;④为固体废物的下一步加工处理做准备,例如,煤矸石制砖、制水泥,都要求把煤矸石破碎和磨碎到一定粒度以下,以便进一步加工制备使用;⑤用破碎后的生活垃圾进行填埋处理时,压实密度高而均匀,可以加快覆土还原;⑥防止粗大、锋利的固体废物损坏分选、焚烧和热解等设备。

11.2.1 固体废物破碎设备设计原理

目前广泛应用的是机械能破碎,主要有压碎、劈碎、折断、磨碎及冲击破碎等方法。选择破碎方法时，需视固体废物的机械强度，特别是废物的硬度而定。对坚硬废物采用挤压破碎和冲击破碎十分有效；对韧性废物采用剪切破碎和冲击破碎或剪切破碎和磨碎较好；对脆性废物则采用劈碎、冲击破碎为宜。

一般破碎机都是由两种或两种以上的破碎方法联合作用对固体废物进行破碎的，例如压碎和折断、冲击破碎和磨碎等。

选择破碎机类型时，必须综合考虑下列因素：①所需要的破碎能力；②固体废物的性质（如破碎特性、硬度、密度、形状、含水率等）和颗粒的大小；③对破碎产品粒径大小、粒度组成、形状的要求；④供料方式；⑤安装操作场所情况等。

破碎固体废物常用的破碎机类型有颚式破碎机、锤式破碎机、冲击式破碎机、剪切式破碎机、辊式破碎机和球磨机等。

安装方式有固定和移动两种。表 11.2.1 所列情况可供选择破碎机械时参考。

表 11.2.1　破碎设备的选用

功能结构			废塑料软	废塑料硬	废橡胶	动植物残骸	废纸	木片	废织物	炉渣	废金属	破玻璃片	建筑废弃物	厨房垃圾	散料垃圾
干式	卧式	摆　锤	△	#	O	△	#	#	#	#	#	#	#	#	#
		钟　锤	△	#	O	△	#	#	#	#	#	#	#	#	#
		冲　击	△	#	△	△	#	#	△	#	△	△	#	#	#
旋转	卧式	1 单轴	O	#	O	O	#	#	#					O	
破碎	卧式	1 双轴	#	#	#	O	#	#	#					O	
	立式	摆锤型	△	#	O	△	#	#	#	#	#	#	#	#	#
		钟锤型	△	#	O	△	#	#	#	#	#	#	#	#	#
湿式	卧式	转鼓切割				#	#							#	
旋转	立式	摆锤				O	#								O

注："#"表示推荐，"O"表示可用，"△"表示不可用。

需要指出的是：选用旋转式破碎机，当处理能力与废弃物初始尺寸成为决定因素时，如果待处理的废弃物初始尺寸大而要求破碎设备的进料口足以允许其通过的话，往往会造成设备的加工能力过大。此时，应选择较小型的设备；对待处理物料则应采用粗加工设备进行预处理。

11.2.2　国内外典型固体废物破碎设备

按破碎固体废物所用的外力，即消耗能量的形式可分为机械能破碎设备和非机械能破碎设备两大类。机械能破碎设备是利用破碎工具（破碎机的齿板、锤子、球磨机的钢球等）对固体施力而将其破碎的。非机械能破碎设备是利用电能、热能等对固体废物进行破碎的，如低温破碎设备、减压破碎设备及超声波破碎设备等。因非机械能破碎设备大多数未达到大规模实用的程度，下面仅介绍几种典型的机械能破碎设备。

1. 冲击式破碎机

冲击式破碎机具有破碎比高、适应性强、构造简单、外形尺寸小、操作简便、易于维护等特点，适用于破碎中等硬度、软性、脆性、韧性以及纤维状等多种固体废物。破碎过程中，固体废物在转子冲击作用下受到第一次破碎，然后从转子获得能量加速抛射到冲击板上，进行第二次破碎，然后被反弹回去，再次受到锤头冲击或与抛射过来的物料对撞，使物料得到反复破碎。

冲击式破碎机主要有Universa型冲击式破碎机和Hazemag型冲击破碎机两种类型。图11.2.1是Universa型冲击式破碎机的构造图。该机的板锤只有两个，利用一般楔块或液压装置固定在转子的槽内，冲击板用弹簧支承，由一组钢条组成（约10个）。冲击板下面是研磨板，后面有筛条。当要求的破碎产品粒度为40 mm时，仅用冲击板即可，研磨板和筛条可以拆除，当要求粒度为20 mm时，需装上研磨板；当要求粒度较小或软物料且密度较轻时，则冲击板、研磨板和筛条都应装上。由于研磨板和筛条可以装上或拆下，因而对各种固体废物的破碎适应性较强。

图11.2.2是Hazemag型冲击式破碎机的构造图。该机主要用于破碎家具、电视机、杂器等生活废物。对于破布、金属丝等废物可通过月牙形、齿状打击刀和冲击板间隙进行挤压和剪切破碎。

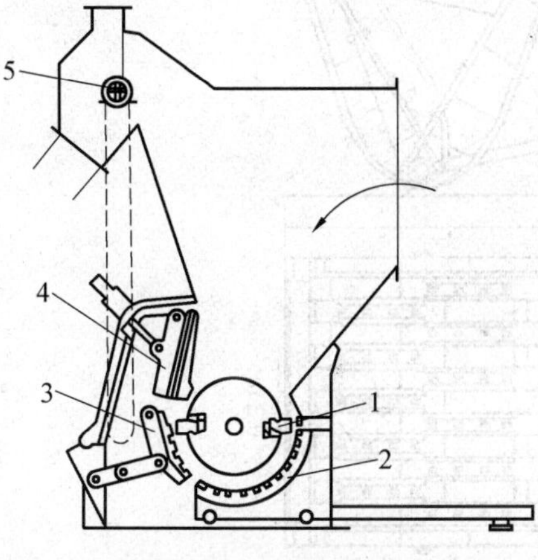

图11.2.1　Univerm型冲击式破碎机

1—板锤；2—筛条；3—研磨板；4—冲击板；5—链幕

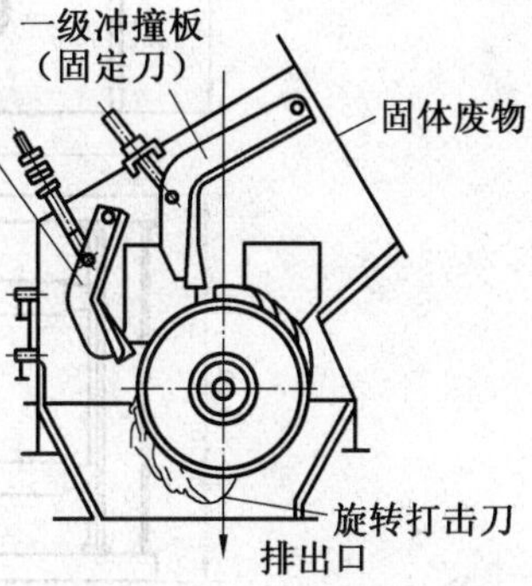

图11.2.2　Hazemag型冲击式破碎机

冲击式破碎机具有破碎比大、适应性强、构造简单、外形尺寸小、操作方便、易于维护等特点。适用于破碎中等硬度、软质、脆性、韧性以及纤维状等多种固体废物。我国在水泥、火力发电、玻璃、化工、建材、冶金等工业部门广泛应用。

2. 剪切式破碎机

剪切式破碎机是通过固定刀和可动刀（往复式刀或旋转式刀）之间的齿合作用，将固体废物切开或割裂成适宜的形状和尺寸，它是固废处理破碎行业的通用设备，主要结构是由两条刀轴组成，由马达带动刀轴，通过刀具剪切、挤压、撕裂达到减小物料尺寸。这种垃圾破碎机广泛应用于废塑料、废橡胶、木材和其他大体积废弃物的破碎工作上，特别适合破碎低二氧化硅含量的松散物料。

斯瑞德环保设备科技发展有限公司将欧美制造该类设备三十多年的经验引进中国，并根据国内实际情况进行改进、研发，推出技术成熟和设计先进的双轴垃圾破碎机系列，为我国的废物回收利用前期的破碎，减容处理提供质量可靠的设备。

剪切式破碎机的特点是刀轴转速低、高效、节能、噪音低、破碎比大、出料粒度大。

剪切式破碎机的相对刀辊上的刀与刀之间的间隙是固定的，如果设计不合理，则可能无法有效地应用于混杂垃圾的粉碎工作,在大块物料的粉碎过程中,剪切时需要很大的力,如果调大刀间隙,那么比较薄的垃圾就会挤在刀的间隙里面剪不到,甚至缠绕在轴上;如果调小间隙,那大块物料粉碎就很费力,而且摩擦耗能比较高。所以,这种机器看似简单,实际上需要多年的经验积累和巧妙的结构设计,要不然可能会很不好用。

Von Roll 型往复剪切式破碎机:这种破碎机(图 11.2.3)是由装配在横梁上的可动机架和固定框架构成。在框架下面连接着轴,往复刀和固定刀交错排列。当呈开口状态时,从侧面看,往复刀和固定刀呈 V 字形。庞大废物由上方给入,当 V 字形闭合时,废物被挤压破碎。虽然驱动速度慢,但驱动力很大。当破碎阻力超过最大值时,破碎机自然开启,避免损坏刀具,其处理量为 80 ~ 150 m^3/h(因废物种类而异),剪切尺寸为 300 mm,剪切普通钢废物时厚度达 200 mm,适用于城市垃圾焚烧厂的废物破碎。

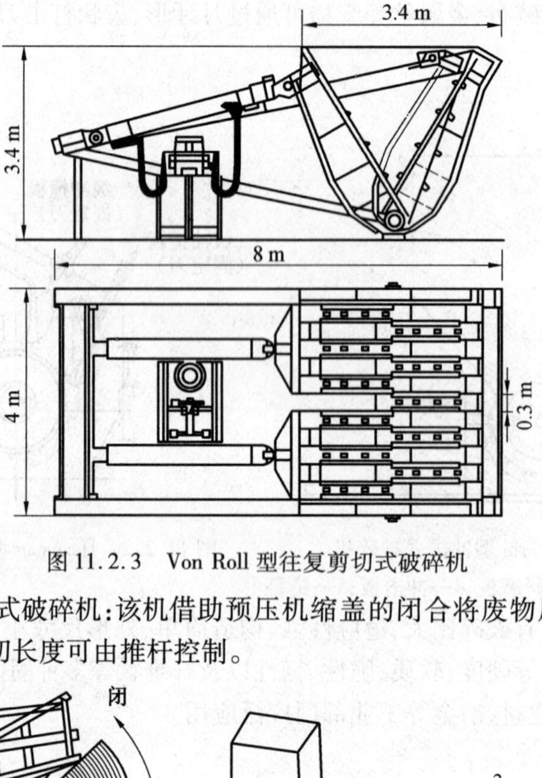

图 11.2.3　Von Roll 型往复剪切式破碎机

Linclemann 型剪切式破碎机:该机借助预压机缩盖的闭合将废物压碎(图 11.2.4),然后再经剪切机剪断,剪切长度可由推杆控制。

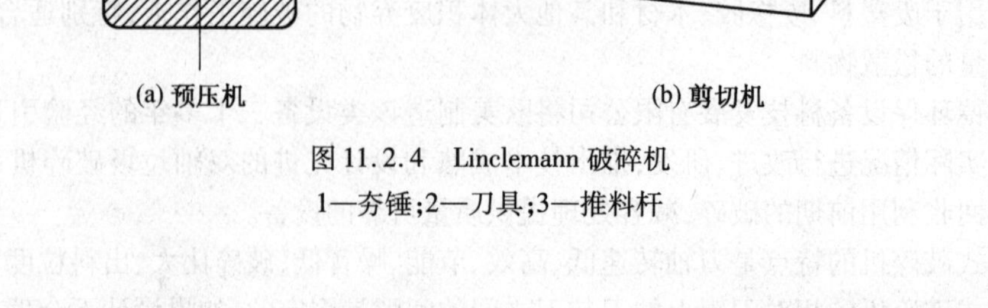

图 11.2.4　Linclemann 破碎机

1—夯锤;2—刀具;3—推料杆

3. 旋转剪切式破碎机

废物给入料斗,被夹在转刀和固定刃之间的间隙内而被剪切破碎(图 12.2.5),破碎产品下落经筛缝排出机外。该机的缺点是当混进硬度大的杂物时,易发生操作事故。

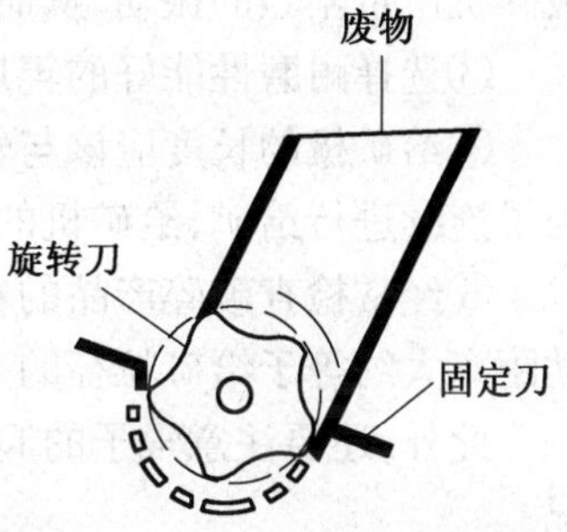

图 11.2.5　旋转剪切式破碎机

4. 辊式破碎机

辊式破碎机适用于在水泥、化工、电力、冶金、建材、耐火材料等工业部门破碎中等硬度的物料,如石灰石、炉渣、焦炭、煤等物料的中碎、细碎作业。该系列对辊式破碎机主要由辊轮组成、辊轮支撑轴承、压紧和调节装置以及驱动装置等部分组成。

按辊式的特点可分为光辊破碎机和齿辊破碎机两种。光辊破碎机的辊子表面光滑,靠压挤破碎兼有研磨作用,可用于硬度较大的固体废物的中碎和细碎。齿辊破碎机辊子表面带有齿牙,主要破碎形式是劈碎。用于破碎脆性和含泥黏性废物。齿辊破碎机按齿辊数目又可分为单齿辊和双齿辊破碎机两种(图 11.2.6)。

(a) 双齿辊破碎机　　(b) 单齿辊破碎机

图 11.2.6　齿辊破碎机工作原理

双齿辊破碎机由两个相对转动的齿辊组成,如图 11.2.6(a)所示,固体废物由上方给入两齿辊中间,当两齿辊同步相对转动时,辊面上的齿牙将物料咬住并加以劈碎,破碎后产品随齿辊转动从下部排出。破碎产品粒度由两齿辊的间隙决定。

单齿辊破碎机(图 11.2.6(b))由一个旋转的齿辊和一个固定的弧形破碎板组成。破碎板与齿辊之间形成上宽下窄的破碎腔。固体废物由上方给入破碎腔,大块物料在破碎腔上部被长齿劈碎,随后继续在破碎腔下部进一步被齿辊轧碎,合格破碎产品从下部缝隙排出。

辊式破碎机的特点是能耗低,产品过度粉碎程度小,构造简单,工作可靠等。辊式破碎机是一种非常古老的破碎设备,它的构造简单,主要用于水泥、硅酸盐等工业部门对矿石的中、细碎作业。破碎辊是破碎机的主要工作机构,它是由轴、轮毂和辊皮构成。辊皮的磨损程度对辊式破碎机的工作效率影响很大,只有辊皮处于良好的状态,破碎机才能获得较高的生产能力。

正是由于辊皮的重要性,因此了解影响辊皮磨损的因素与正确修理辊皮有重要的意义。

影响辊皮磨损的因素主要有:被破碎物料的硬度和粒度、辊皮的材质、辊子的规格尺寸和表面形状、给矿方式等。

针对这些影响因素,正确的做法是:

①物料分布尽量均匀,以减少辊子表面出现的环状沟槽与辊皮磨损程度。

②在破碎机的运转中,尤其是粗碎过程中,要注意给矿块的大小,防止给矿块过大,造成破碎机产生剧烈的振动,从而严重磨损辊皮。

③选择耐磨性能好的辊皮,可减少辊皮的磨损程度,从而延长辊子的使用寿命。

④给矿机的长度应该与辊子的长度保持一致,以保证沿着辊子长度而均匀给矿。另外,为了连续进行给矿,给矿机的速度应该比辊子的速度要快 1 ~ 3 倍。

⑤经常检查破碎产品的粒度,且应该在一定时间内将其中一个辊子沿轴向移动一次,移动距离大约等于给矿粒径的 1/3 即可。

此外,还要注意辊子的润滑,并需要在安全罩子上留有检查孔,方便观察辊皮的磨损情况。

5. 湿式破碎机

湿式破碎是利用特制的破碎机将投入机内的含纸垃圾和大量水一起剧烈搅拌和破碎成为浆液的过程,从而可以回收垃圾中的纸纤维。这种使含纸垃圾浆液化的特制破碎机称为湿式破碎机。

图 11.2.7 是湿式破碎机的构造示意图。在该机圆形槽底设有多孔筛,靠筛上安装的切割回转器(装有 6 把破碎刀)的旋转使投入的含纸垃圾随大量水流一起在水槽中剧烈回旋搅拌和破碎成为浆液。浆液由底部筛孔排出,经固液分离将其中残渣分离出来,纸浆送至纸浆纤维回收工序进行洗涤、过筛脱水。难以破碎的筛上物质(如金属)从破碎机侧口排出,再用斗式脱水提升机送至装有磁选器的皮带运输机,将铁与非铁物质分离。

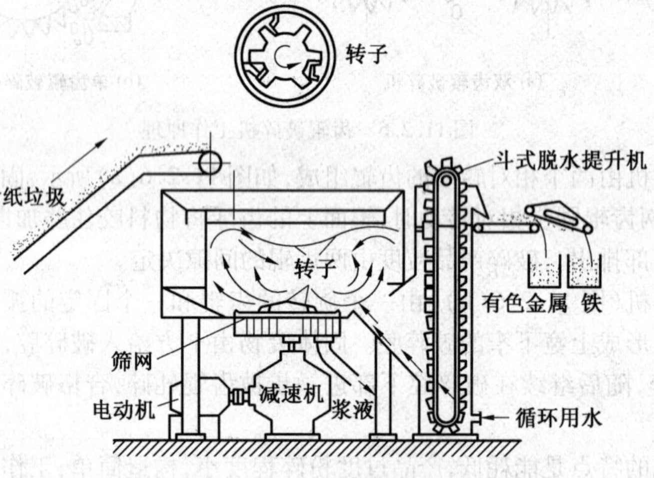

图 11.2.7　湿式破碎机

湿式破碎具有以下优点:①使含纸垃圾变成均质浆状物,可按流体处理;②不孳生蚊蝇,无恶臭,卫生条件好;③噪声低,无发热、爆炸、粉尘等危害;④适用于回收垃圾中的纸类、玻璃及金属材料。

6. 盆式破碎机

典型的盆式破碎机结构如图 11.2.8 所示。主要构件有进料口 2、板锤组 6 和底架 1 等,盆式破碎机的“盆”是可以旋转的,转速根据秸秆粉碎的难易程度在 10 r/min 以内选择,板锤组的长度与盆底的半径相等,盆壁每旋转一圈,物料即被粉碎一层。板锤的转速由尾部的变速箱控制,调节杆 4 用来调节秸秆与板锤间的距离,以适应不同硬度的物料的吃刀深度,一般不用筛板控制粉碎粒径,粉碎后的秸秆通过螺旋输送器 7 送到皮带升降机排出。设备下面有轮子,但要另加动力方可移动。

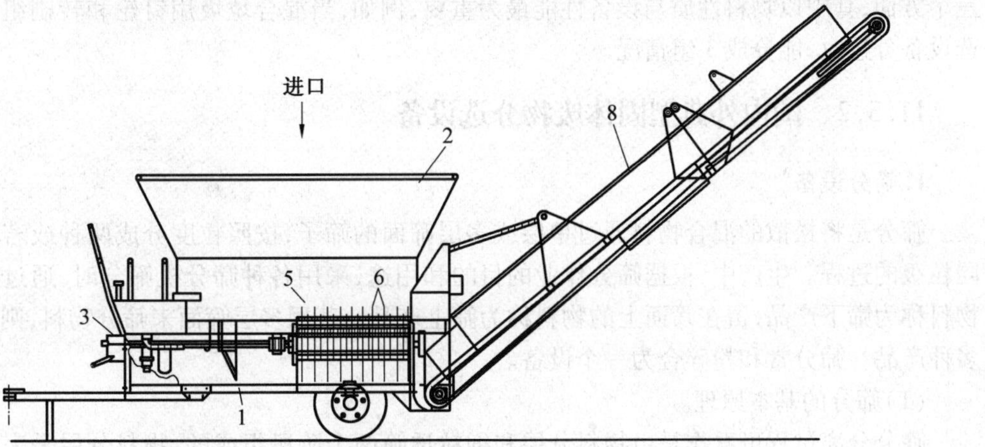

(a) 正视图

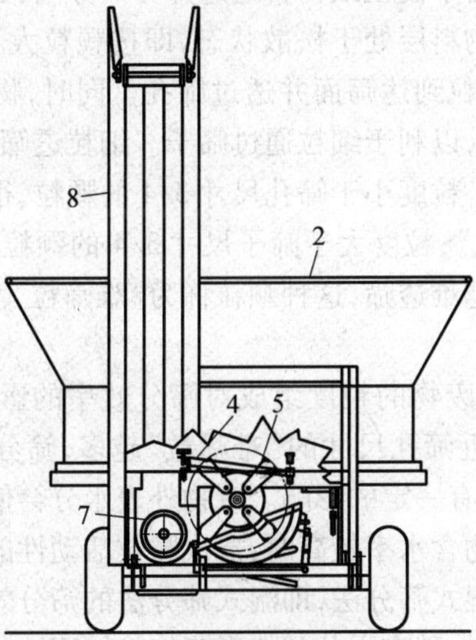

(a) 侧视图

图 11.2.8　盆式破碎机结构

1—底架;2—盆式进料口;3—变速箱;4—调节杆;5—活动锤体;6—锤头;7—螺旋输送器;8—皮带运输机

11.3　固体废物的分选设备

固体废物分选简称废物分选,是废物处理的一种方法(单元操作),目的是将其中可回收利用的或不利于后续处理、处置工艺要求的物料分离出来。

废物分选是根据物质的粒度、密度、磁性、电性、光电性、摩擦性、弹性以及表面润湿性的不同而在不同的分选设备中进行分选的。固体废物分选设备包括筛分设备、重选设备、磁选设备、电选设备、光电分选设备、摩擦与弹性分选设备以及浮选设备等。

11.3.1　固体废物分选设备设计原理

分选设备的选用主要依据待分选物料的性质、分选目的物的要求及分选设备的性能等三个方面，其中以物料性质与设备性能最为重要，例如，当混合垃圾用钉轮和转刷组合式分选设备分选时，能分成3组情况。

11.3.2　国内外典型固体废物分选设备

1. 筛分设备

筛分是将松散的混合物料通过单层或多层筛面的筛子，按照粒度分成两种或若干个不同粒级的过程。生产中，根据筛分作业的目的和用途，采用各种筛分机筛分时，通过筛孔的物料称为筛下产品，留在筛面上的物料称为筛上产品。若用多层筛面来筛分物料，则可得到多种产品。筛分常和粉碎合为一个设备。

(1)筛分的基本原理。

筛分分离过程可看作是由物料分层和细粒透筛两个阶段组成的，物料分层是完成分离的条件，细粒透筛是分离的目的。为了使粗细物料通过筛分而分离，必须使物料和筛面之间具有适当的相对运动，使筛面上的物料层处于松散状态，即按颗粒大小分层，形成粗粒位于上层、细粒位于下层的规则排列，细粒到达筛面并透过筛孔。同时，物料和筛面的相对运动还可使堵在筛孔上的颗粒脱离筛孔，以利于细粒通过筛子。细粒透筛时，尽管粒度都小于筛孔，但它们透筛的难易程度却不同。粒度小于筛孔尺寸3/4的颗粒，很容易通过粗粒形成的间隙到达筛面而透筛，称为"易筛粒"；粒度大于筛子尺寸3/4的颗粒，很难通过粗粒形成的间隙，而且粒度越接近筛孔尺寸就越难透筛，这种颗粒称为"难筛粒"。

(2)筛分效率影响因素。

①固体废物性质的影响。固体废物的粒度组成对筛分效率的影响较大，废物中"易筛粒"越多，筛分效率越高；而粒度接近筛孔尺寸的"难筛粒"越多，筛分效率则越低。固体废物的含水率和含泥量对筛分效率也有一定的影响。废物外表水分会使细粒结团或附着在粗粒上而不易透筛。当筛孔较大、废物含水率较高时，造成颗粒活动性的提高。此时水分有促进细粒透筛的作用，但此时已属于湿式筛分法，即湿式筛分法的筛分效率较高。水分影响还与含泥量有关，当废物中含泥量高时，稍有水分就能引起细粒结团。

废物颗粒形状对筛分效率也有影响，一般球形、立方体、多边形颗粒相对而言，筛分效率较高；而颗粒呈扁平状或长方形时，用方形或圆形筛孔的筛子筛分，其筛分效率较低。

②筛分设备性能的影响。常见的筛面有棒条筛面、钢板冲孔筛面及钢丝编织筛网3种。棒条筛面有效面积小，筛分效率低；编织筛网则相反，有效面积大，筛分效率高；冲孔筛面介于两者之间。

筛的运动方式对筛分效率有较大的影响，一种固体废物采用不同类型的筛子进行筛分时，其筛分效率大致见表11.3.1。

表11.3.1　不同类型筛子的筛分效率

筛子类型	固定筛	转筒筛	摇动筛	振动筛
筛分效率/%	50～60	60	70～80	90以上

即使是同一类型的筛子，如振动筛，它的筛分效率也受运动强度的影响而有差别。如果筛子运动强度不足，筛面上物料不易松散和分层，细粒不易透筛，筛分效率就不高；但运动强度过大，又使废物很快通过筛面排出，筛分效率也不高。

筛面宽度主要影响筛子的处理能力，其长度则影响筛分效率。负荷相等时，过窄的筛面使废物层增厚而不利于细粒接近筛面；过宽的筛面则又使废物筛分时间太短，一般宽长比为 1：2.5～1：3。

筛面倾角是为了便于筛上产品的排出，倾角过小起不到此作用；倾角过大时，废物排出速度过快，筛分时间短，筛分效率低。一般筛面倾角以 15°～20°较适宜。

③筛分操作条件的影响。在筛分操作中应注意连续均匀给料，使废物沿整个筛面宽度铺成一薄层，既充分利用筛面，又便于细粒透筛，可以提高筛子的处理能力和筛分效率。及时清理和维修筛面也是保证筛分效率的重要条件。

(3)筛分设备类型及应用。

在固体废物处理中，最常用的筛分设备有以下几种类型。

①固定筛。筛面由许多平行排列的筛条组成，可以水平安装或倾斜安装。由于构造简单，不耗用动力，设备费用低和维修方便，故在固体废物处理中被广泛应用。固定筛又分格筛和条筛两种。格筛一般安装在粗碎机之前，以保证入料块度适宜。条筛主要用于粗碎和中碎之前，安装倾角应大于废物对筛面的摩擦角，一般为 30°～50°，以保证废物沿筛面下滑。条筛筛孔尺寸为要求筛下粒度的 1.1～1.2 倍，一般筛孔尺寸不小于 50 mm，筛条宽度应大于固体废物中最大块度的 2.5 倍。该筛适用于筛分粒度大于 50 mm 的粗粒物料。

②滚筒筛。滚筒筛亦叫转筒筛。筛面为带孔的圆柱形筒体或截头圆锥筒体。在转动装置带动下，筛筒绕轴缓缓旋转。为使废物在筒内沿轴线方向前进，圆柱形筛筒的轴线应倾斜 3°～5°安装。截头圆锥形筛筒本身已有坡度，其轴线可水平安装。固体废物由筛筒一端给入，被旋转的筒体带起，当达到一定高度后因重力作用自行落下，如此不断地起落运动，使小于筛孔尺寸的细粒透筛，而筛上产品则逐渐移至筛筒的另一端排出。

③惯性振动筛。惯性振动筛是通过由不平衡体的旋转所产生的离心惯性力使筛箱产生振动的一种筛子，其构造及工作原理如图 11.3.1 所示。

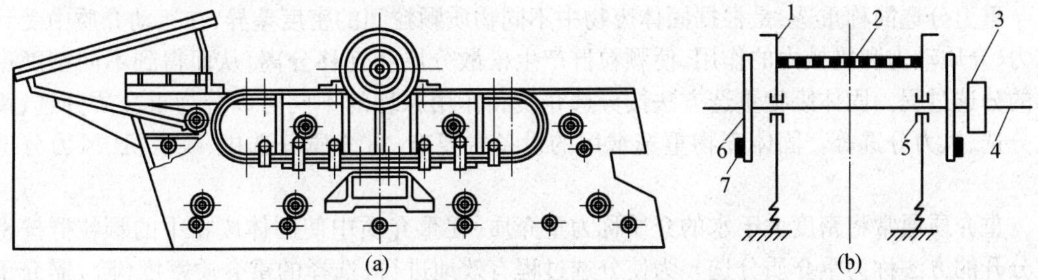

图 11.3.1　惯性振动筛构造及工作原理示意图

1—筛箱；2—筛网；3—皮带轮；4—主轴；5—轴承；6—配重轮；7—重块

当电动机带动皮带轮做高速旋转时，配重轮上的重块即产生离心惯性力，其水平分力使弹簧做横向变形，由于弹簧横向刚度大，所以水平分力被横向刚度所吸收。而垂直分力则垂直于筛面通过筛箱作用于弹簧，强迫弹簧做拉伸及压缩的强迫运动。因此，筛箱的运动轨迹为椭圆或近似于圆。由于该种筛子的激振力是离心惯性力,故称为惯性振动筛。惯性振动筛适用于细粒废物(0.1 ~15 mm)的筛分,也可用于潮湿及黏性废物的筛分。

④共振筛。共振筛是利用连杆上装有弹簧的曲柄连杆机构驱动,使筛子在共振状态下进行筛分的。当电动机带动装在下机体上的偏心轴转动时,轴上的偏心连杆做往复运动。连杆通过其端的弹簧将作用力传给筛箱,与此同时,下机体也受到相反的作用力,使筛箱和下机体沿着倾斜方向振动,但它们的运动方向相反,所以达到动力平衡。筛箱、弹簧及下机体组成一个弹性系统,该弹性系统固有的振动频率与传动装置的强迫振动频率接近或相同时,使筛子在共振状态下筛分,故称为共振筛。当共振筛的筛箱压缩弹簧运动时,其运动速度和动能都逐渐减小,被压缩的弹簧所储存的位能却逐渐增加。当筛箱的运动速度和动能等于零时,弹簧被压缩到极限,它所储存的位能达到最大值,接着筛箱向相反方向运动,弹簧释放出所储存的位能,转化为筛箱的动能,因而筛箱的运动速度增加。当筛箱的运动速度和动能达到最大值时,弹簧伸长到极限,所储存的位能也就最小。可见,共振筛的工作过程是筛箱的动能和弹簧位能相互转化的过程。所以,在每次振动中,只需要补充为克服阻尼的能量,就能维持筛子的连续振动。这种筛子虽大,但功率消耗却很小。共振筛具有处理能力大、筛分效率高、耗电少以及结构紧凑等优点,是一种有发展前途的筛子,但其也有制造工艺复杂、机体重大、橡胶弹簧易老化等缺点。共振筛的应用很广,适用于废物的中细粒的筛分,还可用于废物分选作业的脱水、脱重介质和脱泥筛分等。其示意图如图 11.3.2 所示。

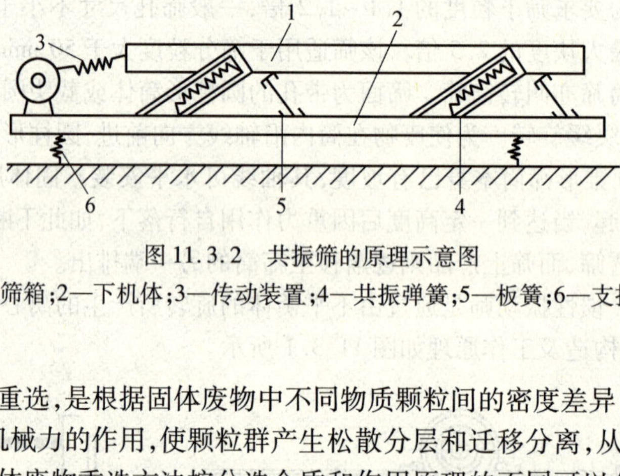

图 11.3.2 共振筛的原理示意图

1—上筛箱;2—下机体;3—传动装置;4—共振弹簧;5—板簧;6—支持弹簧

2. 重选设备

重力分选简称重选,是根据固体废物中不同物质颗粒间的密度差异,在运动介质中受到重力、介质动力和机械力的作用,使颗粒群产生松散分层和迁移分离,从而得到不同密度产品的分选过程。固体废物重选方法按分选介质和作用原理的不同可以分为重介质分选、跳汰分选、风力分选等。固体废物重选常用的设备主要有:重介质分选机、跳汰机、风力分选机。

重介质通常将密度大于水的介质称为重介质,在重介质中使固体废物中的颗粒群按密度分开的方法称为重介质分选。为使分选过程有效地进行,选择的重介质密度(阶)需介于固体废物中轻物料密度和重物料密度之间,凡颗粒密度大于重介质密度的重物料都下沉,集中于分选设备的底部成为重产物;颗粒密度小于重介质密度的轻物料都上浮,集中于分选设备的上部成为轻产物。它们分别排出,从而达到分选的目的。

重介质是由高密度的固体微粒和水构成的固液两相分散体系,它是密度高于水的非均质介质。高密度的固体微粒起着加大介质密度的作用,故把这些固体微粒称为加重质。用于重介质分选的常用加重质有硅铁、磁铁矿等。硅铁中硅的质量分数为 13% ~18%,其密度为6.8 g/cm^3，可配制成密度为3.2～3.5 g/cm^{3}的重介质。硅铁具有耐氧化、硬度大、带强磁化性等特点，使用后经筛分和磁选可以回收再生。纯磁铁矿密度为5.0 g/cm^3，用含铁质量分数60%以上的铁精矿粉可配制得重介质，其密度达2.59 g/cm^3。磁铁矿在水中不易氧化，可用弱磁选法回收再生利用。

图 11.3.3 是鼓型重介质分选机的构造和工作原理。设备外形是一圆筒转鼓，由四个辊轮支撑，通过圆筒腰间的大齿轮由传动装置带动旋转。在圆筒的内壁沿纵向设有扬板，用以提升重产物到溜槽内。圆筒水平安装，固体废物和重介质一起由圆筒一端给入，在向另一端流动过程中，密度大的重介质的颗粒沉于槽底，由扬板提升落入溜槽内，被排出槽外成为重产物；密度小于重介质的颗粒随重介质流入圆筒溢流口排出，成为轻产物。

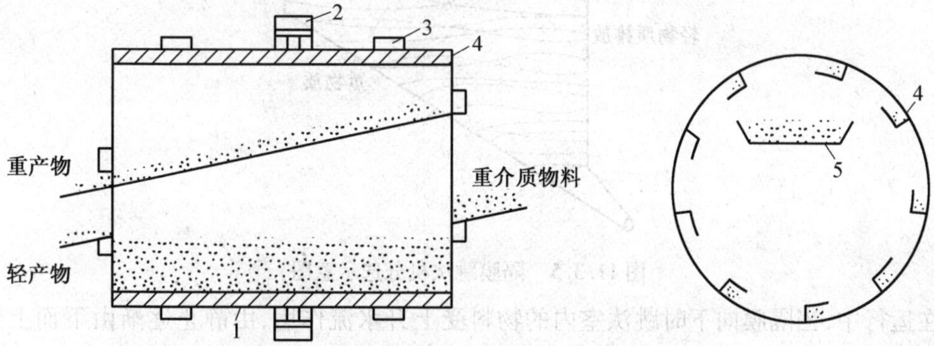

图 11.3.3　重介质分选机的构造和工作原理

1—圆筒形转鼓；2—大齿轮；3—辊轮；4—扬板；5—溜槽

鼓形重介质分选机适用于分离粒度较粗（40～60 mm）的固体废物。具有结构简单、紧凑，便于操作，分选机内密度分布均匀，动力消耗低等优点。缺点是轻重产物量调节不方便。

3. 跳汰分选设备

跳汰分选是在垂直变速介质流中按密度分选固体废物的一种方法，它使磨细的混合废物中的不同粒子群，在垂直脉动运动介质中按密度分层，小密度的颗粒群位于上层，大密度的颗粒群（重质组分）位于下层，从而实现物料的分离（图 11.3.4）。

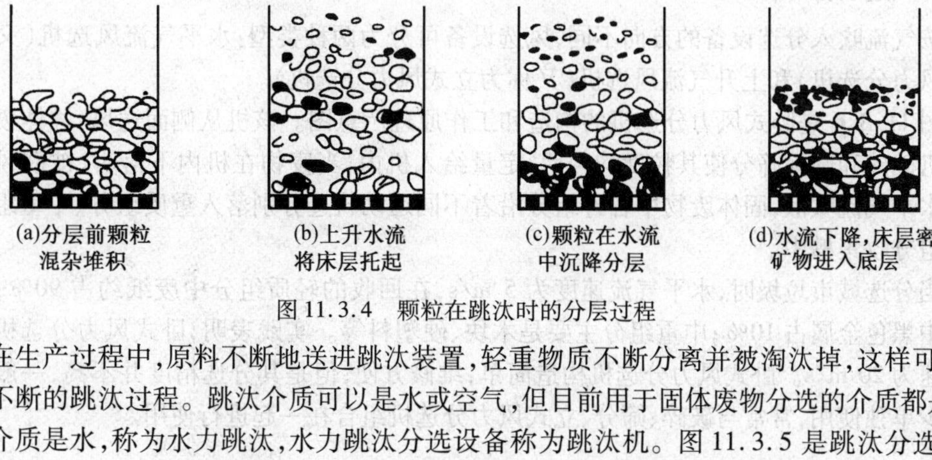

图 11.3.4　颗粒在跳汰时的分层过程

在生产过程中，原料不断地送进跳汰装置，轻重物质不断分离并被淘汰掉，这样可形成连续不断的跳汰过程。跳汰介质可以是水或空气，但目前用于固体废物分选的介质都是水。

介质是水，称为水力跳汰，水力跳汰分选设备称为跳汰机。图 11.3.5 是跳汰分选机的构造及工作原理示意图。机体的主要部分是固定水箱，它被隔板分成两室，右为隔膜室，左为跳汰室。隔膜在隔膜室中，由偏心轮带动旋转，做上下往复运动，这样就使筛网附近的水产生上下交变的水流。物料给到筛网上,在上下交变的水流作用下,按密度分层:密度大的在下层(重产物),密度小的在上层(轻产物)。

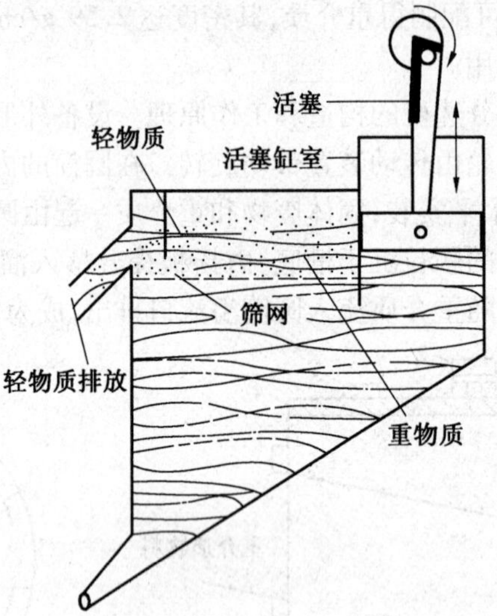

图 11.3.5　隔膜跳汰机分选示意图

在运行中,当隔膜向下时跳汰室内的物料受上升水流作用,由静止逐渐由下而上升起,松散成为悬浮状态,这时固体颗粒按密度和粒度差别做相应的上升运动。随着上升水流的逐渐减弱,粗重颗粒开始下沉,此时物料达到最大松散,造成颗粒按密度和粒度分层的有利条件。当上升水流停止,并开始下降时,固体颗粒按密度和粒度的不同,做沉降运动,筛上物料逐渐转为紧密状态,以后粗粒便逐渐受到干涉不能继续下沉,而在下降水流的继续作用下,细小颗粒在粗粒间隙内继续向下运动。下降水流结束后,分层作用停止,完成了一次跳汰。每次跳汰,颗粒都受到一定的分选作用,达到了一定程度的分层。经过多次反复后,分层就更为完全,上层为密度小的颗粒,下层为密度大的颗粒。跳汰分选装置主要用作混合金属废物的分离。

4. 风选设备

按气流吹入分选设备的方向不同,风选设备可分为两种类型:水平气流风选机(又称为卧式风力分选机)和上升气流风选机(又称为立式风力分选机)。

图 11.3.6 是卧式风力分选机的构造和工作原理示意图。该机从侧面送风,固体废物经破碎机破碎和圆筛筛分使其粒度均匀后,定量给入机内,当废物在机内下落时,被鼓风机鼓入的水平气流吹散,固体废物中各种组分沿着不同运动轨迹分别落入重质组分、中重组分和轻质组分收集槽中。

当分选城市垃圾时,水平气流速度为 5 m/s,在回收的轻质组分中废纸约占 90%;重质组分中黑色金属占 10%;中重组分主要是木块、硬塑料等。实践表明,卧式风力分选机的最佳风速为 20 m/s。卧式风力分选机构造简单,维修方便,但是其分选精度并不高,一般情况下很少单独使用,常常与破碎、筛分、立式风力分选机组合在一起进行使用。

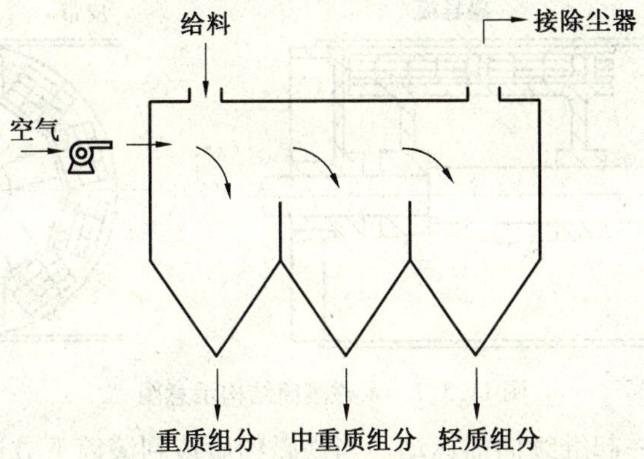

图 11.3.6　卧式风力分选机工作原理示意图

抽吸的曲折形风力分选机，经破碎后的城市垃圾从中部给入风力分选机，物粒在气流作用下，垃圾中各组分按密度进行分离，重质组分从底部排出，轻质组分从顶部排出，经旋风分离器进行气固分离。与卧式风力分选机比较，立式曲折形风力分选机分选精度较高。由于沿曲折管路管壁下落的废物可受到来自下方的高速上升气流的顶吹，可以避免直管路中管壁附近与管中心流速不同而降低分选精度的缺点，同时可以使结块垃圾因受到曲折处高速气流而被吹散，因此，能够提高分选精度。曲折风路形状为"Z"字形，其倾斜度为 60°。

5. 磁力分选设备

固体废物的磁力分选（简称磁选）是借助磁选设备产生的磁场使铁磁物质组分分离的一种方法。在固体废物的处理系统中，磁选主要用作回收或富集黑色金属，或是在某些工艺中用以排除物料中的铁质物质。

固体废物可依磁性分为强磁性、中磁性、弱磁性和非磁性等组分。这些不同磁性的组分通过磁场时，磁性较强的颗粒（通常为黑色金属）就会被吸附到产生磁场的磁选设备上，而磁性弱和非磁性颗粒就会被输送设备带走或受自身重力（或离心力）的作用掉落到预定的区域内，从而完成磁选过程。

磁选机主要由磁力滚筒和输送带组成，磁力滚筒是其关键部件。磁力滚筒有永磁和电磁两类。电磁滚筒的主要优点是其磁力可通过激磁线圈电流的大小来加以控制，但电磁滚筒的价格却比永磁滚筒高许多。因此，在实际中，永磁滚筒应用得较多。永磁滚筒的结构如 11.3.7 所示，它的主要组成部件是一个回转的多极磁系和套在磁系外面的用不锈钢或铜、铝等非导磁材料制成的圆筒。一般磁系的包角为 360°，但也有小于此角度的。磁系与圆筒通常固定在同一个轴上，安装在皮带运输机的头部（代替传动滚筒）。

将固体废物均匀地放在皮带运输机上，当废物经过磁力滚筒时，非磁性或磁性很弱的物质在离心力和重力的作用下脱离皮带面；而磁性较强的物质受磁力的作用被吸在皮带面上，并由皮带带到磁力滚筒的下部，当皮带离开磁力滚筒时，由于磁场强度减弱而落入磁性物质收集槽中。目前，在废物处理系统中，最常用的磁选设备就是滚筒式磁选机和悬挂带式磁选机。

（1）滚筒式磁选机。滚筒式磁选机由磁力滚筒和输送带组成，它的工作方式如图 11.3.8 所示。磁力滚筒也是皮带输送机的驱动滚筒。当皮带上的混合垃圾通过磁力滚筒时，非磁性物质在重力及惯性力的作用下，被抛落到该筒的前方，而铁磁性物质则在磁力作用下被吸

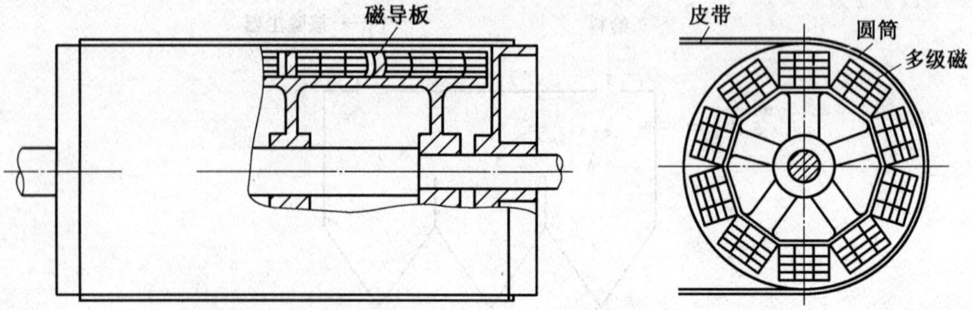

图 11.3.7　永磁滚筒结构示意图

附到皮带上,并随皮带一起继续向前运动。当铁磁物质传到滚筒下方逐渐远离磁力滚筒时,磁力就会逐渐减小。这时,铁磁物质就会在重力和惯性力的作用下脱离皮带,并落入预定的收集区。

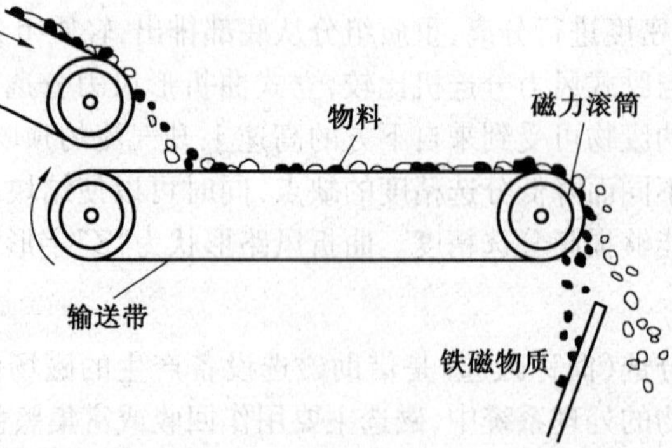

图 11.3.8　滚筒式磁选机工作示意

(2)带式磁选机。图 11.3.9 为带式磁选机的工作原理。物料放置在输送带上,输送带以与书面垂直的方向缓慢向前运动。在输送带的上方,悬挂一大型固定磁铁,并配有一传送带。在传送带不停转动的过程中,由于磁力的作用,输送带上的铁磁物质就会被吸附到位于磁铁下部磁性区段的传送带上,并随传送带一起向一端移动。当传送带离开磁性区时,铁磁物质就会在重力的作用下脱落下来,从而实现铁磁物质的分离。需要注意的是,磁选机下通过的物料输送皮带的速度不能太高,一般不超过 1.2 m/s,且磁铁离被分选的物料的高度通常应小于 500 mm。

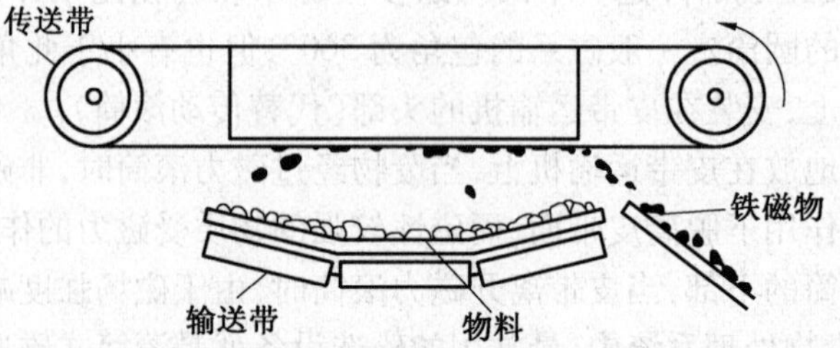

图 11.3.9　带式磁选机工作原理

6. 电选设备

电力分选是利用固体废物中各种组分在高压电场中电性的差异实现分选的一种方法。

电选分离过程是在电选设备中进行的。废物颗粒在电晕-静电复合电场电选设备中的分离过程如图11.3.10所示。给料斗把物料均匀地送入滚筒上，物料随着滚筒的旋转进入电晕电场区。由于电场区空间带有电荷，导体和非导体颗粒都获得负电荷，导体颗粒一面荷电，一面又把电荷传给滚筒（接地电极），其放电速度快。因此，当废物颗粒随滚筒旋转离开电晕电场区而进入静电场区时，导体颗粒的剩余电荷少，而非导体颗粒则因放电较慢，致使剩余电荷多。导体颗粒进入静电场后不再获得负电荷，但仍继续放电，直至放完全部电荷，并从滚筒上得到正电荷而被滚筒排斥，在电力、离心力和重力的综合作用下，其运动轨迹偏离滚筒，而在滚筒前方落下。非导体颗粒由于较多的剩余负电荷，将与滚筒相吸，被吸附在滚筒下，带到滚筒后方，被毛刷强制刷下；半导体颗粒的运动轨迹则介于导体与非导体颗粒之间，成为半导体产品落下，从而完成电选分离过程。

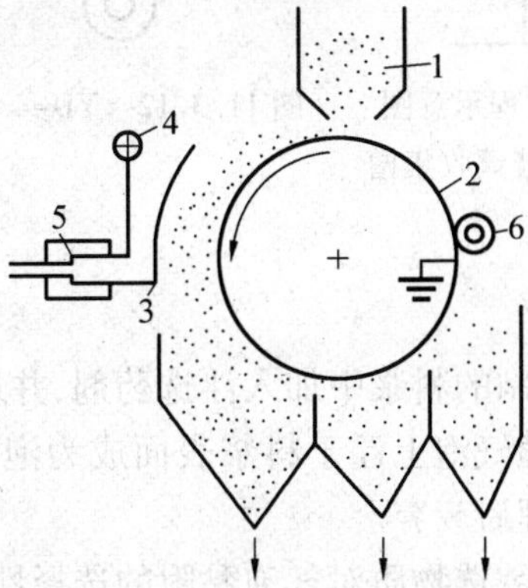

图11.3.10　电选分离过程示意

1—给料斗；2—滚筒电极；3—电晕电极；4—偏向电极；5—高压绝缘子；6—毛刷

(1)静电分选机。

图11.3.11是辊筒式静电分选机的构造和原理示意图。将含有铝和玻璃的废物，通过电振给料器均匀地给到带电辊筒上，铝为良导体可从辊筒电极获得相同符号的大量电荷，因而被辊筒电极排斥落入铝收集槽内。玻璃为非导体，与带电辊筒接触被极化，在靠近辊筒一端产生相反的束缚电荷，被辊筒吸住，随辊筒带至后面被毛刷强制刷落进入玻璃收集槽，从而实现铝与玻璃的分离。

(2)YD-4型高压电选机。

这种电选机的构造如图11.3.12所示。该机特点是具有较宽的电晕电场区、特殊的下料装置和防积灰漏电措施，整机密封性能好，采用双筒并列式，结构合理、紧凑，处理能力大，效率高，可作为粉煤灰专用设备。

该机的工作原理是将粉煤灰均匀给到旋转接地辊筒上，带入电晕电场后，炭粒由于导电性良好，很快失去电荷，进入静电场后从辊筒电极获得相同符号的电荷而被排斥，在离心力、重力及静电斥力综合作用下落入集炭槽成为精煤。而灰粒由于导电性较差，能保持电荷，与带电符号相反的辊筒相吸，并牢固地吸附在辊筒上，最后被毛刷强制落入集灰槽，从而实现炭灰分离。粉煤灰经二级电选分离的脱炭灰，其含炭率小于8%，可作为建材原料。精煤含炭率大于50%可作为煤原料。

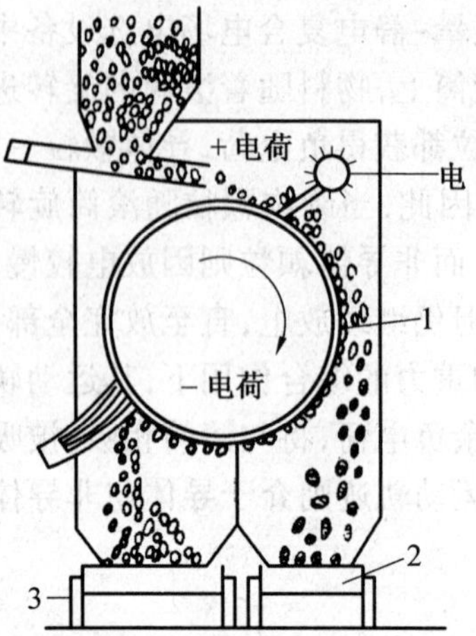

图 11.3.11 静电鼓式分选过程示意图
1—电辊筒;2—铝收集槽;3—玻璃收集槽

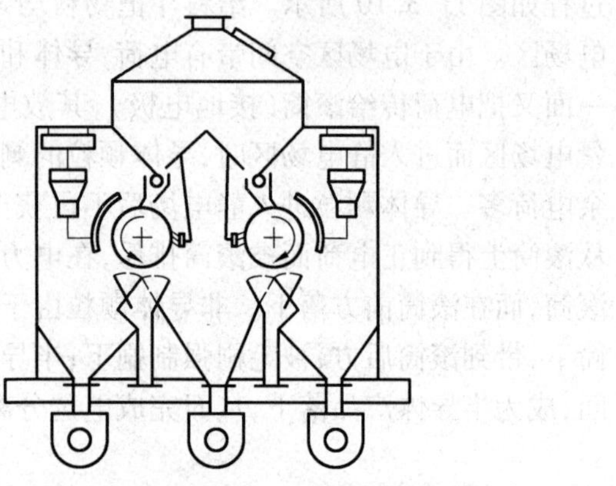

图 11.3.12 YD–4 型高压电选机结构示意图

7. 浮选设备

(1)浮选过程。

浮选是在固体废物与水调制的料浆中加入浮选药剂,并通入空气形成无数细小气泡,使欲选物质颗粒黏附在气泡上,随气泡上浮于料浆表面成为泡沫层,然后刮出回收;不浮的颗粒仍留在料浆内,通过适当处理后废弃。

固体废物浮选主要是利用欲选物质对气泡黏附的选择性。其中有些物质表面的疏水性较强,容易黏附在气泡上,而另一类物质表面亲水,不易黏附在气泡上。物质表面的亲水、疏水性能,可以通过浮选药剂的作用而加强。因此,在浮选工艺中正确选择、使用浮选药剂是调整物质可浮选的主要外因条件。药剂根据在浮选过程中的作用不同,可分为捕收剂、起泡剂和调整剂 3 大类。

捕收剂能够选择性地吸附在欲选物质颗粒表面上,使其疏水性增强,提高可浮性,并牢固地黏附在气泡上而上浮。常用的捕收剂有异极性捕收剂和非极性油类捕收剂两类。典型的异极性捕收剂有黄药、油酸等。从煤矸石中回收黄铁矿时,常用黄药作捕收剂。非极性油类捕收剂主要成分是脂肪烷烃和环烷烃,最常用的是煤油,从粉煤灰中回收炭,常用煤油作捕收剂。气泡剂是一种表面活性物质,主要作用在水–气界面上,使其界面张力降低,促使空气在料浆中弥散,形成小气泡,防止气泡兼并,增大分选界面,提高气泡与颗粒的黏附和上浮过程中的稳定性,以保证气泡上浮形成泡沫层。常用的起泡剂有松油、松醇油、脂肪醇等。调整剂的作用主要是调整其他药剂(主要是捕收剂)与物料颗粒表面之间的作用,还可调整料浆的性质,提高浮选过程的选择性。调整剂的种类较多,它包括活化剂、抑制剂、介质调整剂和分散与混凝剂等。

(2)浮选设备结构。

图 11.3.13 是机械搅拌式浮选机结构示意图。大型浮选机每两个槽为一组,第一个槽为吸入槽,第二个槽为直流槽。小型浮选机多以 4 ~ 6 个槽为一组,每排可以配置 2 ~ 20 个槽。每组有一个中间室和料浆面调节装置。

浮选工作时,料浆由进浆管进入,给到盖板与叶轮中心处,由于叶轮的高速旋转,在盖板与叶轮中心处造成一定的负压，空气由进气管和套管吸入，与料浆混合后一起被叶轮甩出。在强烈的搅拌下，气流被分割成无数微细气泡。预选物质颗粒与气泡碰撞黏附在气泡上而浮升至料浆表面形成泡沫层，经刮泡机刮出成为泡沫产品，再经消泡脱水后即可回收。

浮选是固体废物资源化的一种重要技术，我国已应用于从粉煤灰中回收炭，从煤矸石中回收硫铁矿，从焚烧炉渣中回收金属等。浮选法的主要缺点是有些工业固体废物浮选前需要破碎到一定的细度；浮选时要消耗一定数量的浮选药剂并易造成环境污染；另外，还需要一些辅助工序如浓缩、过滤、脱水、干燥等。因此，在生产实践中应根据固体废物的性质经技术经济综合比较后确定是否采用浮选设备。

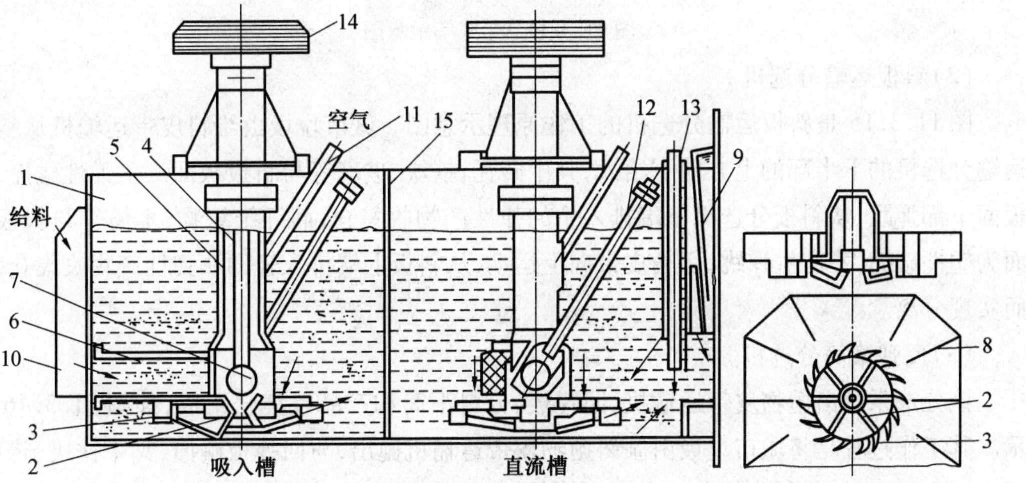

图 11.3.13　机械搅拌式浮选机

1—槽子；2—叶轮；3—盖板；4—轴；5—套管；6—进浆管；7—循环孔；8—稳流板；9—闸门；10—受浆箱；11—进气管；12—调节循环量的闸门；13—闸门；14—皮带轮；15—槽间隔板

8. 摩擦与弹跳分选设备

摩擦与弹跳分选是根据固体废物中各组分的摩擦系数和碰撞系数的差异，使其在斜面上运动或与斜面碰撞弹跳时产生的不同运动速度和弹跳轨迹，从而实现彼此分离的一种分离方法。

目前根据摩擦与弹跳分选原理设计并获得广泛应用的分选设备主要有带式筛、反弹滚筒分选机、斜板输送分选机等。

(1)带式筛。带式筛是一种倾斜安装带有振打装置的运输带，如图 11.3.14 所示。其带面由筛网或刻沟的胶带制成。带面安装倾角口大于颗粒废物的摩擦角，小于纤维废物的摩擦角。废物从带面的下半部由上方给入，由于带面的振动，颗粒废物在带面上做弹性碰撞，向带的下部弹跳，又因带面的倾角大于颗粒废物的摩擦角，所以颗粒废物还有下滑的运动，最后从带的下端排出。纤维废物与带面为塑性碰撞，不产生弹跳，并且带面倾角小于纤维废物的摩擦角，所以纤维废物不沿带面下滑，而随带面一起向上运动，从带的上端排出。在向上运动的过程中，由于带面的振动使一些细粒灰土透过筛孔从筛下排出，从而使颗粒状废物与纤维状废物分离。

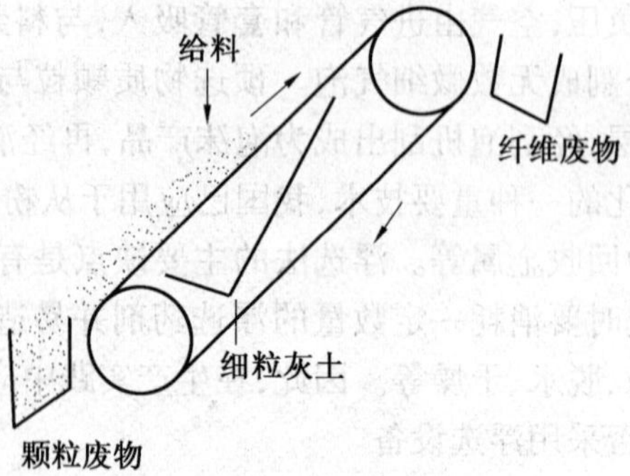

图 11.3.14 带式筛示意图

(2)斜板运输分选机。

图 11.3.15 是斜板运输分选机的工作原理示意图。城市垃圾由给料皮带运输机从斜板运输分选机的下半部的上方向下给入,其中砖瓦、铁块、玻璃等与斜板板面产生弹性碰撞,向板面下部弹跳,从斜板分选机下端排入重的弹性产物收集仓,而纤维织物、木屑等与斜板板面为塑性碰撞,不产生弹跳,运输皮带向上运动,从斜板上端排入轻的非弹性产物收集仓,从而实现分离。

(3)反弹滚筒分选机。

该分选系统由抛物皮带运输机、回弹板、分料滚筒和产品收集仓组成,如图 11.3.16 所示。其工作过程是将城市垃圾由倾斜抛物皮带运输机抛出,与回弹板碰撞,其中铁块、砖瓦、玻璃等与回弹板、分料滚筒产生弹性碰撞,被抛入重的弹性产品收集仓,而纤维废物、木屑等与回弹板为塑性碰撞,不产生弹跳,被分料滚筒抛入轻的非弹性产品收集仓,实现分离。

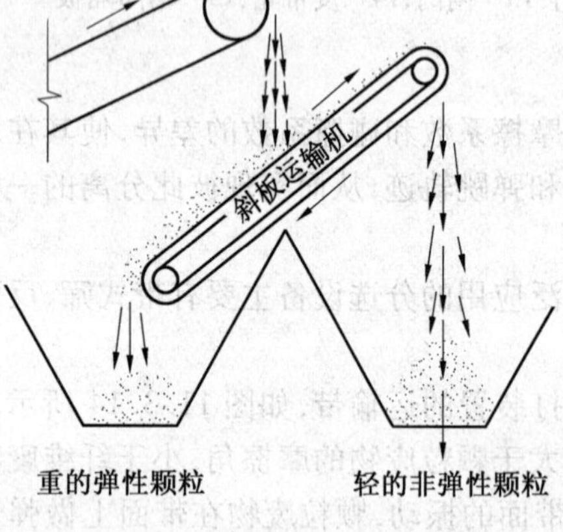

图 11.3.15 斜板运输分选机

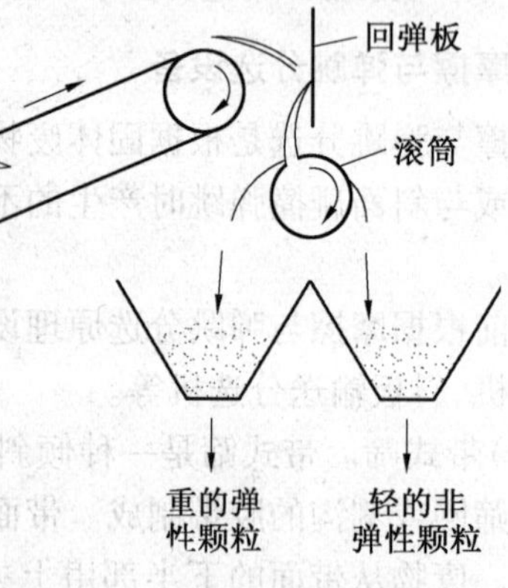

图 11.3.16 反弹滚筒分选机

9. 其他分选机

除了上面介绍的常见分选方法外,还有根据物料的电性、磁性、光学等性质差别进行物料分选的方法,如光学分离技术、涡电流分离技术等。

(1)光学分离技术。

光学分离技术是一种利用物质表面反射特性的不同而分离物料的方法。这种方法现已用于按颜色分选玻璃的工艺中,图 11.3.17 就是此类设备的工作原理。

运输机送来各色玻璃的混合物料,它们通过振动溜槽时,连续均匀地落入光学箱中。在标准色板上预先选定一种标准色,当颗粒在光学箱内下落的途中反射与标准色不同的光时,光电子元件将改变光电放大管的输出电压,这样再经电子装置增幅控制,喷管瞬间喷射出气流改变异色颗粒的下落轨迹,从而实现标准色玻璃的分选。

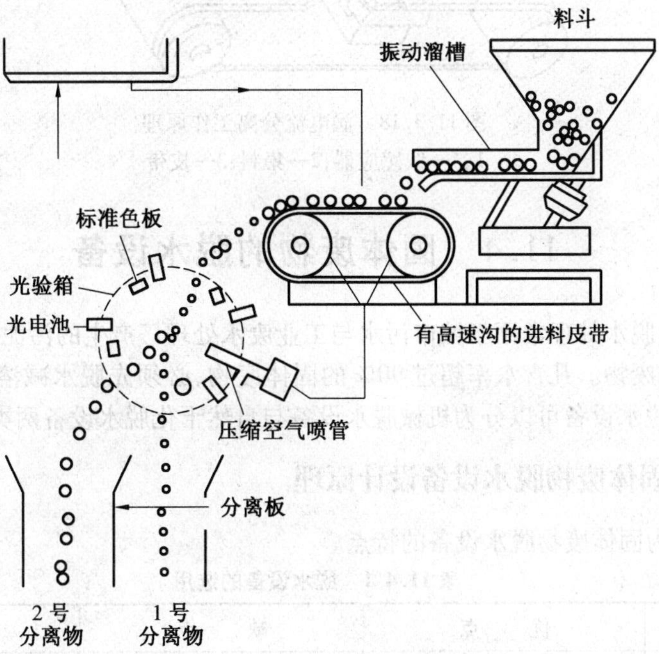

图 11.3.17　光学分离技术工作原理

(2)涡电流分离技术。

当含有非磁性导体金属(如铅、铜、锌等物质)的垃圾流以一定的速度通过一个交变磁场时,这些非磁性导体金属中会产生感应涡流。由于垃圾流与磁场有一个相对运动的速度,从而对产生涡流的金属片块有一个推力。利用此原理可使一些有色金属从混合垃圾流中分离出来。作用于金属上的推力取决于金属片块的尺寸、形状和不规整的程度。

分离推力的方向与磁场方向及垃圾流的方向均呈 90°。图 11.3.18 为按此原理设计的涡流分离器。图中 1 为直线感应器,在此感应器中由两相交流电在其绕组中产生一交变的直线移动的磁场,此磁场的方向与输送机皮带 3 的运动方向垂直。当皮带 3 上的物料从感应器 1 下通过时,物料中的有色金属将产生涡电流,从而产生向带侧运动的排斥力。此分离装置由上下两个直线感应器组成,能保证产生足够大的电磁力,将物料中的有色金属推入带侧的集料斗 2 中。当然,此分选过程带速不宜过高。涡电流分离技术是从固体废物中回收有色金属的一种有效方法,具有广阔的应用前景。

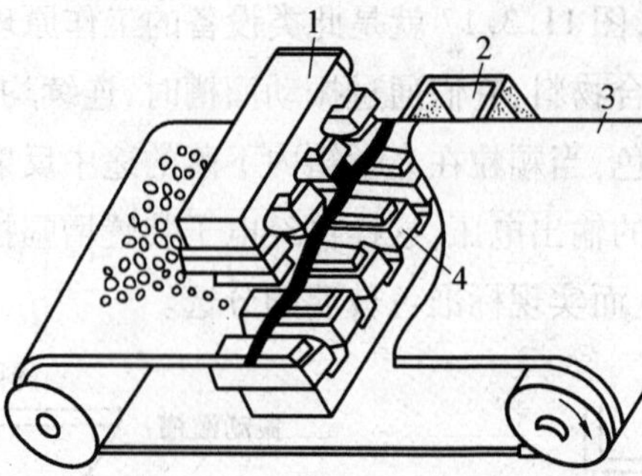

图 11.3.18 涡电流分离工作原理
1,4—线感应器;2—集料;3—皮带

11.4 固体废物的脱水设备

固体废物的脱水处理常用于城市污水与工业废水处理厂产生的污泥以及类似于污泥含水率的其他固体废物。凡含水率超过 90% 的固体废物,必须先脱水减溶,以便于包装与运输,固体废物的脱水设备可以分为机械脱水设备与自然干化脱水设备两类。

11.4.1 固体废物脱水设备设计原理

表 11.4.1 为固体废物脱水设备的特点。

表 11.4.1 脱水设备的选用

设备类型	优　点	缺　点	适用范围
真空过滤机	能连续操作,运行平稳,可自动控制,处理量较大	污泥脱水前需进行预处理,附属设备多,工序复杂,运行费用较高	适用于各种污泥的脱水
板框压滤机	制造较方便,适应性强,可自动操作,滤饼含水率较低	间歇操作,处理量较低	适用于各种污泥的脱水
滚压带式压滤机	可连续操作,设备构造简单,滤饼含水率较低	操作麻烦,处理量较低	不适于黏性较大的污泥脱水
离心脱水机	占地面积小,附属设备少,投资低,自动化程度高	分离液不清,电耗较大,机械部件磨损较大	不适用于含砂量高的污泥脱水
污泥干化场	构造简单,易于操作维护,含水率较低	占地面积大,卫生条件差,受季节气候影响大	适用于各种污泥的脱水

11.4.2 国内外典型固体废物脱水设备

1. 真空抽滤脱水机

真空抽滤是在负压条件下操作的脱水过程。在含水固体废物脱水中常用的真空抽滤脱水机为转鼓式,其构造及工作原理如图 11.4.1 所示,这种过滤机的主要部件是一个外表面包有滤布，部分浸入污泥槽的转鼓。转鼓分隔为若干小室，于旋转轴附近连接真空与压缩空气系统。在转鼓旋转的一个周期中，浸入污泥槽内的小室恰与真空系统相接，以实现水分的吸滤，水通过过滤即入小室，经抽空管、气水分离器排出，固体泥渣均匀地附着于滤布表面形成滤饼。小室脱离污泥槽之后的一段行程中，仍处于负压下继续脱水，当旋转至某一部位后，该小室脱离真空系统，开始与压缩空气系统相接，被吸干的滤饼经松动后由刮板刮下，落入料斗或传送带运走，转鼓即进入下一循环。

真空抽滤机为连续性操作，效率高，操作稳定，易于维护，适用于各类污泥脱水。脱水后污饼含水率为 75% ~80%。该设备的缺点是运行费用高，建筑面积大，因过滤介质紧包在转鼓上，清洗再生不便，容易堵塞，影响过滤效率。

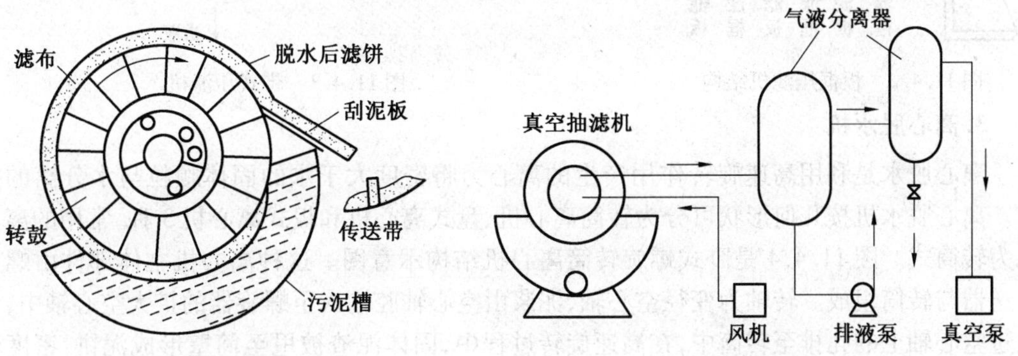

(a) 真空抽滤机结构　(b) 真空抽滤系统

图 11.4.1　真空抽滤系统

2. 压滤脱水机

压滤是在外加一定力的条件下使含水固体废物过滤脱水的操作，可分为间歇型与连续型两种。间歇型压滤机为板框压滤机，连续型的为带式压滤机。

板框压滤机结构如图 11.4.2 所示，由滤板与滤框相间排列组成。滤框双侧用滤布包夹在中间，两端用夹板固定。板与框均开有沟槽与孔相连，形成导管。过滤时，用泵将污浆由导管压入机内，分别导入各滤框空间，然后压紧板框，滤液通过滤布，沿滤板沟槽汇于排液管排出，滤饼留在框内。过滤过程结束后松开板框卸出滤饼。该机具有结构简单、处理污泥含水率范围较大、适应性强、滤饼含水率与滤液悬浮物浓度均相对较低、滤布寿命较长等特点，因而得到广泛应用。缺点是操作比较繁琐。

带式压滤机结构（图 11.4.3）是由上下两组同向运动的传动滤布组成，泥浆由双带之间通过，经上下压辊挤压，滤液透过滤布而排出。该机为连续操作，适用于真空抽滤机难于脱水的各种污泥，生产能力大，占地面积较小，滤饼含水率约 70% ~80%。

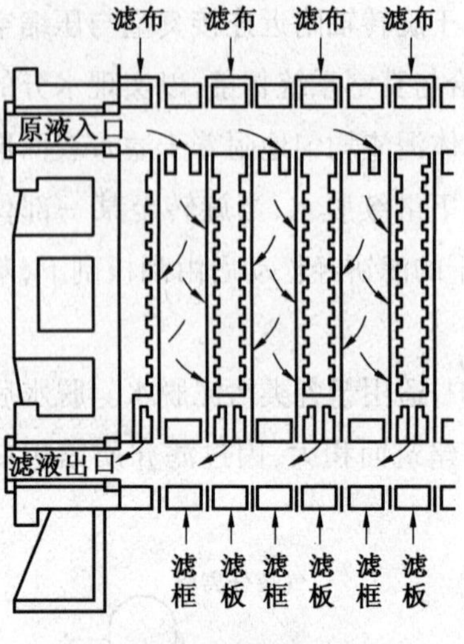

图 11.4.2　板框压滤机结构

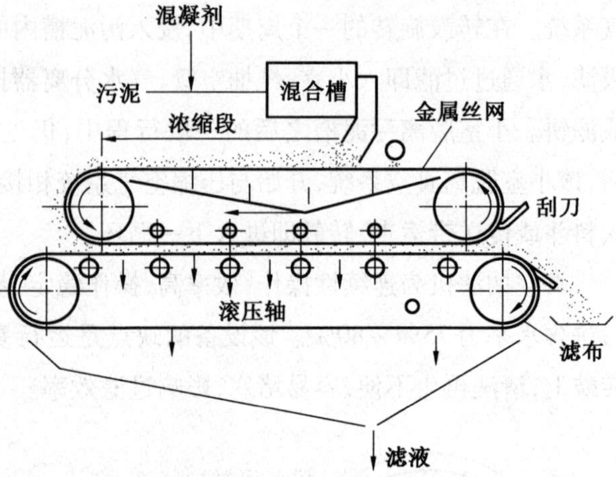

图 11.4.3　带式压滤机

3. 离心脱水机

离心脱水是利用高速旋转作用产生的离心力将密度大于水的固体颗粒与水分离的操作。离心脱水机按几何形状可分为转筒离心机、盘式离心机和板式离心机 3 种，常用的离心机为转筒式。图 11.4.4 是卧式螺旋转筒离心机结构示意图。这种离心机主体部件由螺旋输送器与转筒组成。转轴为变径空心轴，泥浆由空心轴腔输入至螺旋器的扩大空心轴中，并通过空心轴上的孔排至转筒中，在高速旋转过程中，固体泥渣被甩至筒壁形成泥饼，密度较轻的液体则浮于泥饼表面，由筒体末端排出。泥饼在螺旋器推动下，刮向锥体端出口排出。

离心脱水机具有操作简便、设备紧凑、运行条件良好、脱水效率高等优点，适用于各种不同性质泥渣的脱水。脱水后泥饼含水率可降至 70%。缺点是能耗较大。

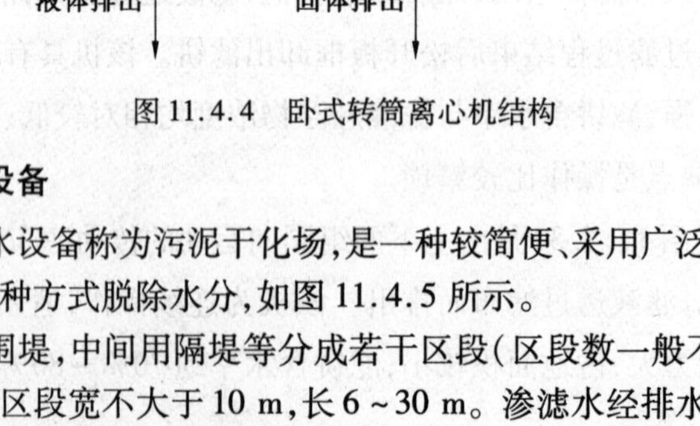

图 11.4.4　卧式转筒离心机结构

4. 自然干化脱水设备

污泥自然干化脱水设备称为污泥干化场，是一种较简便、采用广泛的污泥脱水设备。依靠渗透、蒸发与撇除 3 种方式脱除水分，如图 11.4.5 所示。

干化场四周建有围堤，中间用隔堤等分成若干区段（区段数一般不少于 3 段）。为便于起运脱水污泥，一般每区段宽不大于 10 m，长 6 ~ 30 m。渗滤水经排水管汇集排出。污泥分配装置的排泥口设有散泥板，使污泥能均匀地分布于整个区段面积上，并防止冲刷滤层。干化场运行时，一次集中放满一块区段，放泥厚度约 30 ~ 50 cm。污泥干化周期随季节而异，

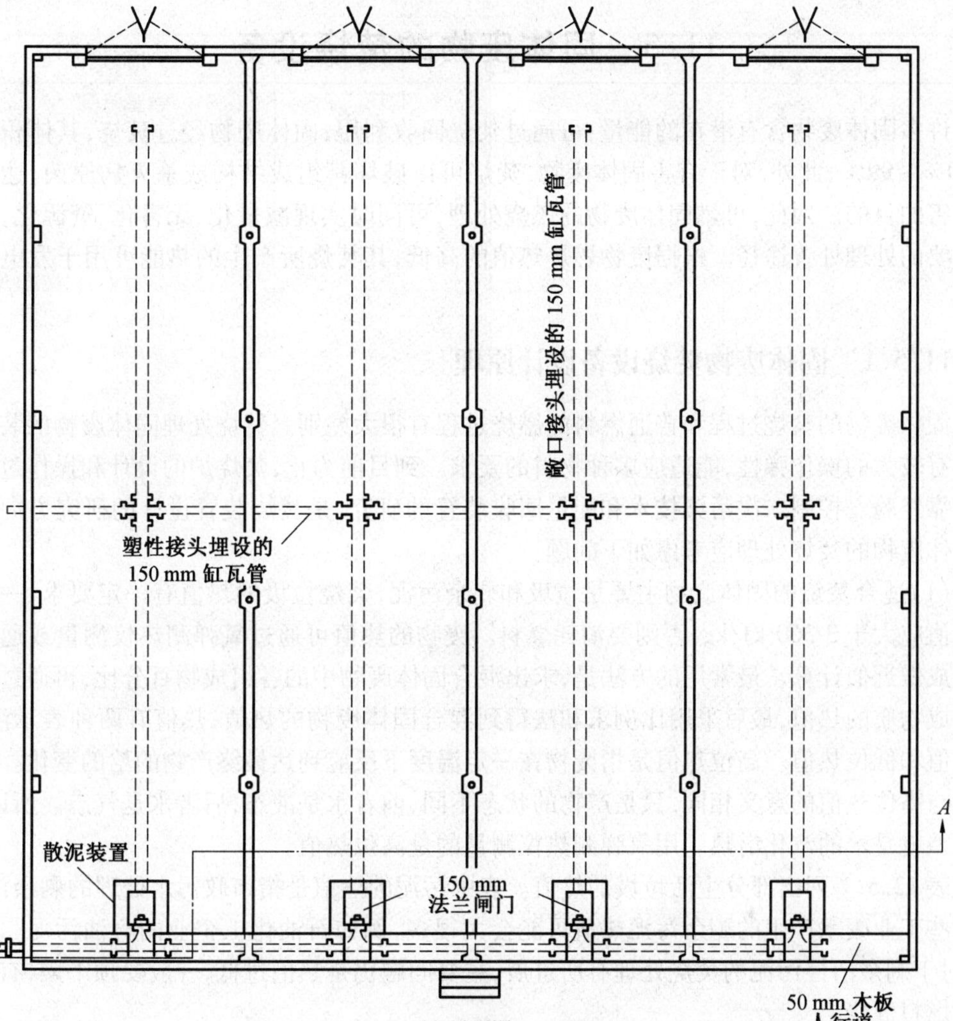

(a) 平面图

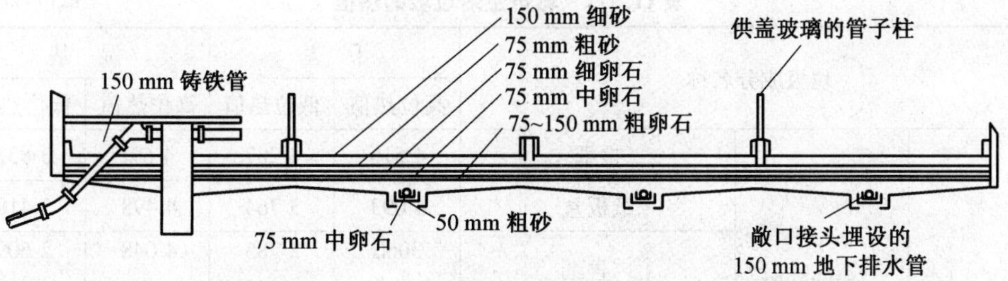

(b) *A*—*A* 剖面

图 11.4.5　典型污泥干化场平剖面图

在良好条件下，约为 10 ~ 15 天。脱水后污泥含水率可降至 70%。自然干化脱水设备简单，干化污泥含水率低，但占地面积大，卫生条件差，受季节、气候影响大。

11.5 固体废物的焚烧设备

许多固体废物含有潜在的能量,可通过焚烧回收利用;固体废物经过焚烧,其体积可减少 80% ~99% ;此外,对于有害固体废物,焚烧可以破坏其组成结构或杀灭病原菌,达到解毒除害的目的。因此,可燃固体废物的燃烧处理,可同时实现减量化、无害化、资源化,是一条重要的处理处置途径。根据废物燃烧热值的高低,其焚烧所产生的热能可用于发电或供热。

11.5.1 固体废物焚烧设备设计原理

固体废物的焚烧过程和普通燃料的燃烧过程有很大差别。焚烧处理固体废物的装置必须具有较大的操作弹性,能适应多种物料的要求。到目前为止,焚烧炉的设计和操作过程主要依靠经验。控制二次污染技术和能量回收装置的研究,是焚烧装置设计的研究方向。选用固体废物的焚烧处理应考虑如下问题:

(1)适合焚烧的固体废物主要是垃圾和剩余污泥,焚烧垃圾的热值有一定要求,一般低位热值应大于 3 360 kJ/kg,否则要消耗燃料。废物的热值可通过氧弹测热仪测量或通过元素组成做近似计算。最常用的方法是,求出混合固体废物中的各组成物百分比,再通过测定各组成物质的热值,最后采用比例求和法得到混合固体废物的热值,热值有两种表示法,高位热值和低位热值。高位热值是指废物在一定温度下反应到达最终产物的焓的变化。低位热值与高位热值的意义相同,只是产物的状态不同,前者水是液态,后者水是气态。所以,二者之差就是水的汽化潜热。用氧弹测热仪测量的是高位热值。

表 12.5.1 列出部分生活垃圾的热值。表中污泥的热值是指市政污水处理的剩余污泥,而某些工业废水产生的剩余污泥热值可能会大很多,例如石油化工企业的含油污泥。近年来,对于剩余活性污泥的焚烧处理有所进展,主要问题仍是热值过低,一般要预干燥,有时还需加燃料混烧。

表 11.5.1 城市生活垃圾的热值 单位:kcal/kg

垃圾成分名称			干基		湿基	
			高位热值	低位热值	高位热值	低位热值
纸类	一般状态时	报纸	4 516	4 287	4 691	3 852
		纸板盒	4 093	3 764	4 498	3 410
		广告纸	3060	2 785	4 048	2 609
			4 505	4 164	4 532	3 807
		包装纸	3 913	3 589	4 262	3 325
		纸屑	4 296	3 945	4 532	3 636
			4 714	4 093	4 480	3 821
	垃圾储坑中	报纸	4 520	4 212	4 602	2 938
		纸板盒	4 216	3 897	4 457	2 718
		包装纸	4 415	4 102	4 510	2 860

续表 11.5.1

垃圾成分名称			干基		湿基	
			高位热值	低位热值	高位热值	低位热值
厨余垃圾	一般状态时	植物性厨余垃圾	4 304	3 980	4 521	1 900
		动物性厨余垃圾	5 710	5 310	6 011	1 398
		剩饭	4 170	3 819	4 204	1 658
	垃圾储坑中	厨余垃圾	4 364	4 035	4 817	809
纤维类	一般状态时	棉絮	4 146	3 784	3 179	3 583
		毛线	4 891	5 331	5 756	4 862
		尼龙	7 368	6 839	7 383	6 660
		聚丙烯	7 116	6 803	7 123	6 669
		聚酯	5 473	5 252	5 478	5 193
草木、皮革	一般状态时	草	4 603	4 262	4 944	2 589
		木	4 753	4 429	4 777	2 694
		钱包	5 670	5 335	6 061	4 670
		皮带	5 659	5 313	5 757	4 556
橡胶	一般状态时	轮胎	8 710	8 343	8 852	8 262
		皮管	7 293	6 942	10 045	6 844
		橡皮筋	9 907	9 335	10 110	9 823
塑料类	一般状态时	塑料袋	10 748	10 041	10 770	10 009
		垃圾袋	10 964	10 235	11 008	10 224
		塑料盒	11 046	10 279	11 090	10 268
		垃圾箱	11 074	11 825	11 085	10 253
		点心袋	10 943	10 176	10 987	9 971
		酸奶袋	9 886	9 470	9 896	9 440
		食品袋	9 995	9 468	10 055	9 518
		泡沫	9 661	9 256	9 749	9 157
		玩具	9 576	9 049	9 587	9 008
		洗衣粉袋	5 577	5 275	5 585	9 538
		酱油瓶	5 464	5 243	5 469	5 219
		饮料瓶	8 356	8 143	9 865	8 354
		海绵	5 493	5 061	5 716	4 699

续表 11.5.1

垃圾成分名称			干基		湿基	
			高位热值	低位热值	高位热值	低位热值
塑料类	垃圾储坑中	塑料袋	10 523	9 805	10 782	7 441
		垃圾袋	10 359	9 793	11 032	7 386
		泡沫塑料	9 525	9 109	9 690	7 217
污泥	一般状态时	消石灰处理的污泥	3 134	2 891	5 498	7 230
		热处理的污泥	2 997	2 776	6 350	3 890
		高分子药剂处理的污泥	4 869	4 523	5 755	4 587

(2)很多固体废物都含有重金属,如某些工业污泥、聚氯乙烯塑料(在添加剂中往往含有重金属)。在燃烧过程中,重金属被氧化后,部分混到尾气中,此时排烟洗涤水则需要严格处理。由于重金属的催化作用,加速了腐蚀性气体对炉体、废热锅炉等设备的腐蚀作用。此外,灰渣中的重金属降低了灰渣的使用价值,也增加了处置的困难程度。

(3)固体废物焚烧炉炉膛温度应维持在 850 ℃以上,并通过二次风的混合搅拌使烟气在此高温区域内停留至少 2 s 以上,减少固体废物焚烧炉出口烟气中二噁英(dioxin)等污染物浓度。

在焚烧处理固体废物中如果含有塑料、树脂类废物,燃烧尾气中可能会产生氯化氢、氯气、光气、氰化氢、氨、一氧化碳、氮氧化物等物质。例如,聚氯乙烯类塑料燃烧时产生大量氯化氢;含有氨基塑料物质燃烧时,产生氰化氢和氨气;所有塑料类物质燃烧时都会产生一氧化碳。

从理论上讲,如果能使塑料类物质保持完全燃烧状态,就不会产生一氧化碳、氨、氰化氢等物质,但是氯化氢的产生几乎与燃烧状态无关,而氯化氢不仅造成大气污染,还会腐蚀设备。

(4)前期投入费用极为昂贵。建设一个日处理垃圾 1 000 t 的焚烧炉及附属热能回收设备,大约需要 7 ~ 8 亿元人民币。其所需设备可参考表 11.5.2。

表 11.5.2　焚烧设备的选择

分类	物理性质分组	焚烧设备							
		栅格燃烧室	单层燃烧室				沸腾床燃烧室	浮悬燃烧室	高温熔化炉
			固定式	旋转式	多段式	转窑式			
有机泥	水处理污泥	#	O	O	#	#	#	#	#
	废油漆	O	O	#	#	#	#	a	
	其他泥渣	O	O	O	#	#	#	a	#
废油	焦油、沥青	A	O	O	△	#	a	A	a
	含油废弃物	#	O	O	△	④	O	A	#
废塑料		O	#	#	a	O	O	A	#

续表 11.5.2

分类	物理性质分组	焚烧设备							
		栅格燃烧室	单层燃烧室				沸腾床燃烧室	浮悬燃烧室	高温熔化炉
			固定式	旋转式	多段式	转窑式			
橡胶废料		A	#	#	△	O	O	A	#
动植物残骸		#	O	O	A	#	#	O	#
废纸		#	@	④	A	#	#	@	#
未		#	④	④	A	#	#	④	#
废 织 物		#	④	④	A	#	#	@	#
混合垃圾		#	④	④	△	#	#	@	#

注:表中“#”表示推荐采用;“△”表示不能用;“④”表示可用;“O”表示可混合燃烧。

11.5.2　国内外典型固体废物焚烧设备

一个焚烧系统往往包含有原料贮存设备、加料设备、燃烧设备、烟气净化设备及过程的检测与控制设备,焚烧炉是整个焚烧系统的关键设备。

1. 多段炉

多段炉又叫多膛炉或机械炉,是一种有机械传动装置的多膛焚烧炉,其结构如图11.5.1所示。

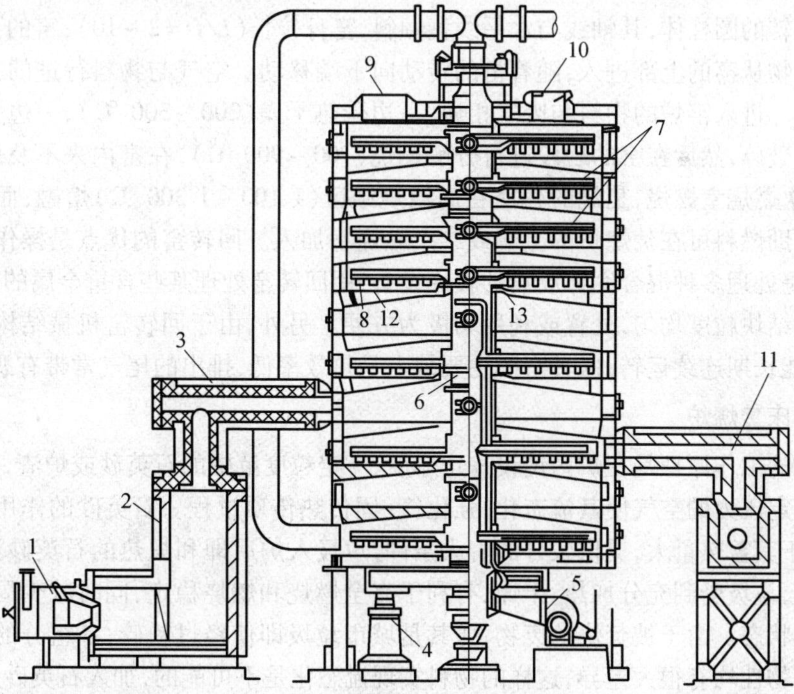

图 11.5.1　多段炉的结构图

1—主燃烧嘴;2—热风发生炉;3—热风管;4—轴驱动马达;5—轴冷却风机;6—中心轴;7—搅拌臂;8—搅拌炉;9—排气出口;10—加料口;11—热风分配室;12—隔板;13—轴盖

炉中心有可转动的烟囱，带有多层旋转的炉算，每排炉箅占一层炉膛，箅上有螺旋推料板。物料在每层燃烧旋转一周后，由推料板通过排料口流至下一层继续燃烧，直到最后一层燃尽，将灰渣排出。多段焚烧炉可分为3个操作区：顶部进料膛为烘干脱水区，温度在300～550 ℃；中部为燃烧区，温度达到760～980 ℃；最下层是灰渣冷却带，温度降为260～540 ℃。这种炉燃烧效率较高，构造不太复杂，操作弹性大，适应性强，是一种可以长期连续运行，可靠性相当高的焚烧装置，特别适于处理污泥和泥渣，目前几乎70%以上的焚烧污泥设备均为多段炉。

2. 回转窑式焚烧炉

回转窑式焚烧炉由窑头、窑尾及窑体组成，窑体内装有扬料板，起破碎和搅拌废弃物的作用，使空气和废弃物在燃烧过程中充分接触，燃烧速度加快，焚烧充分。焚烧系统由二燃室、换热器、多管除尘器、洗涤塔、水气分离塔组成。回转窑式焚烧炉需配备二次燃烧室，垃圾在回转窑炉内分解气化产生可燃气体，其中未燃烧的可燃气体在二次燃烧室内达到完全燃烧。烟气在二燃室滞留时间在2 s以上，使二噁英等有毒物质充分分解。二次燃烧室一般需加辅助燃料才能正常运行，运行成本较高。回转窑式焚烧炉多用于有机污泥等工业垃圾或特种垃圾处理，广泛用于焚烧各种污泥、塑料、橡胶、油脂、残渣、树脂等高分子化合物，是处理危险废弃物极为有效的一种炉型，用于焚烧生活垃圾的较少。

回转窑式焚烧炉窑体是圆柱形金属壳内砌筑耐火砖，水平安放稍有倾斜，通过炉体整体转动使被焚烧物均匀混合并沿倾斜角度向出料端移动。其结构如图11.5.2所示。窑身为一卧式可旋转的圆柱体，其轴线与水平线稍倾斜，窑身较长（$L/D=2\sim10$），窑的下端有二次燃烧室。废物从窑的上部进入，随着窑的转动向下端移动。空气与物料行进的方向可以同向也可逆向。进入窑炉的物料与废气相遇，一边受热干燥（200～300 ℃），一边受窑炉的回转而使物料破碎，然后在窑的后段进行分解燃烧（700～900 ℃），在窑内来不及燃烧的挥发分，进入二次燃烧室燃烧，焚烧的残渣在高温烧结区（1 100～1 300 ℃）熔融，而排出炉外。如果需要辅助燃料可在焚烧炉的上端或二次燃烧室加入。回转窑的优点是操作弹性大，适用范围广，是处理多种混合固体废物的较好设备，用回转窑处理某些含重金属的固体废物得到的熔融烧结块粒度均匀，处置或利用均极为方便。另外，由于回转窑机械结构简单，很少发生事故，能长期连续运转；回转窑的主要缺点是热效率低，排出的尾气常带有恶臭味。

3. 流化床焚烧炉

流化床的工作原理是在炉内铺设一定厚度、一定粒度范围的石英砂或炉渣，通过底部布风板鼓入一定压力的空气使其流态化，强化气-固传热传质过程。石英砂的作用，一是作为热载体，由于其蓄热量大，提供较好的着火条件，垃圾入炉后即和炽热的石英砂迅速处于完全混合状态，垃圾受到充分加热、干燥，有利于完全燃烧和燃烧稳定，同时减少局部过热；二是改善流化状态。由于被焚烧的废物，尤其是城市垃圾即使经过粉碎，各组分的形状、密度乃至粒度等物性均有很大差异，这样的物料实现流态化是不可能的，加入石英砂并使其流态化然后加入垃圾，垃圾的流化状态受到石英砂的制约，减少了垃圾物性差异造成的分层、聚附成团等不利于流态化操作的现象发生。对于污泥，由于其含水量很高，进入炉内极易发生结饼和黏壁现象从而使流化状态恶化，石英砂可以将刚喷入的污泥吸附在其表面，使其迅速干燥、燃烧，避免结饼。由于石英砂的硬度较大，也会造成焚烧炉内壁的磨蚀。

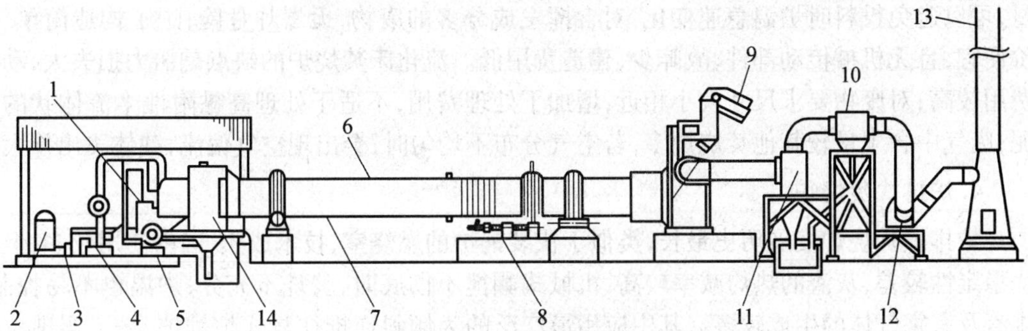

图 11.5.2　回转窑焚烧炉

1—燃烧喷嘴;2—重油贮槽;3—油泵;4—三次空气风机;5——次及二次空气风机;6—回转窑焚烧炉;7—取样口;8—驱动装置;9—投料传送带;10—除尘器;11—旋风分离器;12—排风机;13—烟囱;14—二次燃料室

流化床焚烧炉是工业上广泛采用的一种焚烧炉。典型的流化床焚烧炉如图 11.5.3 所示,其主体设备是一衬耐火材料的钢制圆形塔体,下部安装有气流分布板,板上装有载热的惰性颗粒,典型的载热体多用砂子。空气从焚烧炉的下部进入,经过气流分布板使炉体内颗粒产生流态化。固体废物由炉顶或炉侧进入炉内与高温载热体及气流交换热量而被干燥、破碎并燃烧,产生的热量贮存于载热体中,并将气流的温度提高。焚烧温度不可太高,否则床层材料出现黏结现象。焚烧残渣可以在焚烧炉的上部与燃烧废气分离,也可另外设置分离器,分离出的载热体再回到炉内循环使用。

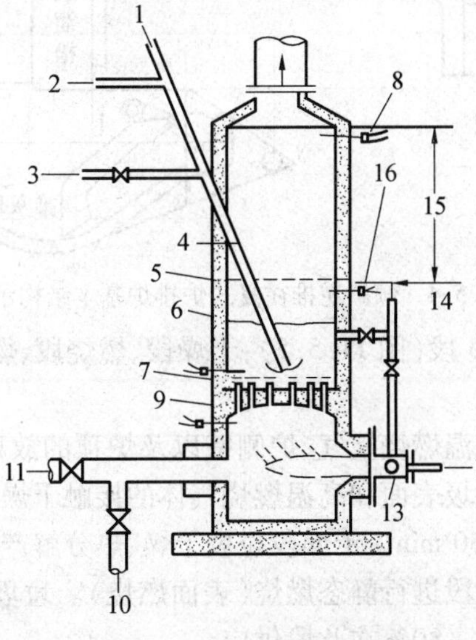

图 11.5.3　流化床焚烧炉

1—污泥;2—空气;3—高压空气;4—污泥供给管;5—流化床层高度;6—静止床层高度;7—泡罩;8—热电偶;9—分配板;10—燃烧兼流化用空气;11—预热过的空气;12—燃烧用空气;13—辅助燃料喷嘴;14—辅助燃料 ;15—自由空间;16—耐火材料

流化床焚烧炉的优点是颗粒与气体之间传热和传质速度大,炉床单位面积处理能力大,物料在床层内几乎呈完全混合状态,投加到流化床的废物除粗大块体外都能迅速分散均匀;床层的温度保持均一,可避免局部过热,因此床层温度易于控制;由于载热体储蓄大量的热量,可以避免投料时炉温急速变化,对含挥发成分多的废物,无爆炸危险;炉子构造简单、造价便宜,且无机械传动部件,故障少,建造费用低。流化床焚烧炉的缺点是压力损失大,动力费用较高;对废物要求尺寸大小相近,增加了处理费用,不适于处理高黏附性半流体状的污泥;废气中含尘量较其他焚烧炉多,若空气分布不均匀时,会出现空气偏流,载体飞出量大。

4. 炉排式焚烧炉

炉排式焚烧炉发展历史最长,类似于快装锅炉的燃烧室,技术成熟,国内使用较多,但燃烧稳定性较差,灰渣的热灼减率较高,机械式翻搅不彻底时,焚烧不充分,炉温也不易控制,排渣及有害气体的生成较多。其中应用最广泛的为倾斜逆推往复式炉排炉,为了实现垃圾在炉内的预热与翻搅较为充分,炉排是关键部件,如图 11.5.4 所示。

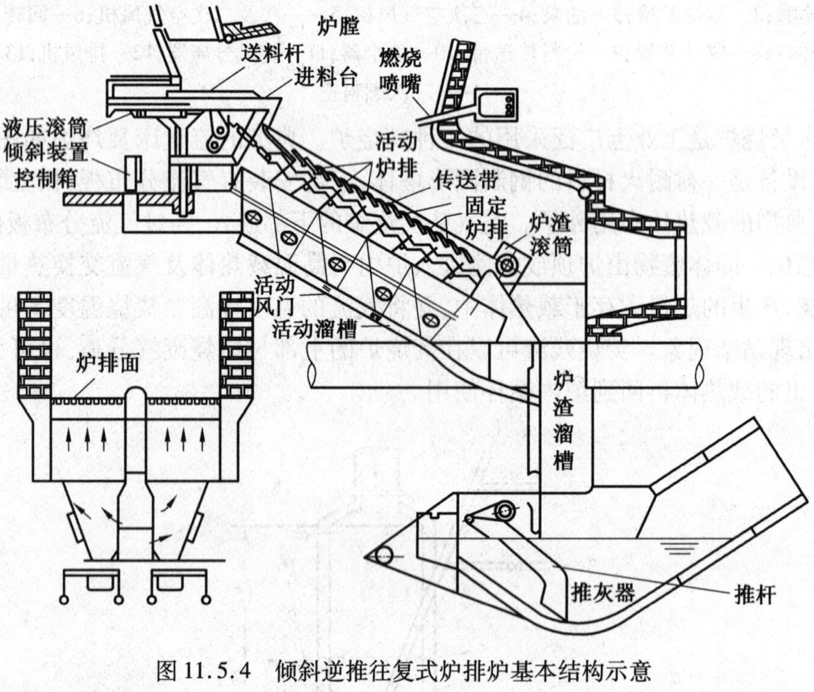

图 11.5.4　倾斜逆推往复式炉排炉基本结构示意

机械炉排炉可大体分为 3 段(图 11.5.5):干燥段、燃烧段、燃烬段。各段的供应夺气量和运行速度可以调节。

垃圾的干燥包括:炉内高温燃烧空气、炉侧壁以及炉顶的放射热的干燥;从炉排下部提供的高温空气的通气干燥;垃圾表面和高温燃烧气体的接触干燥;垃圾部分燃烧干燥。垃圾在干燥段上的停留时间约为 30 min。干燥段垃圾干燥、热分解产生还原性气体,在燃烧段产生旺盛的燃烧火焰,在后燃烧段进行静态燃烧(表面燃烧)。垃圾在燃烧段的停留时间约为 30 min,总体燃烧空气的 60% ~80% 在此段供应。

将燃烧段送过来的固定碳及燃烧炉渣中未燃尽部分就进入燃尽段完全燃烧。垃圾在燃尽段停留约 1 h 保证燃尽段上充分的停留时间,可将炉渣的热灼减率达到 98% ~99% 。

通过调节炉排速度而使各段位置尽量不变,但这种调节的弹性有限,故均匀地供应垃圾、垃圾的搅拌混合和适当的空气分配(干燥段、燃烧段和燃尽段)等极为重要。设计炉排具有一定且均匀的风阻,使空气分布均匀。

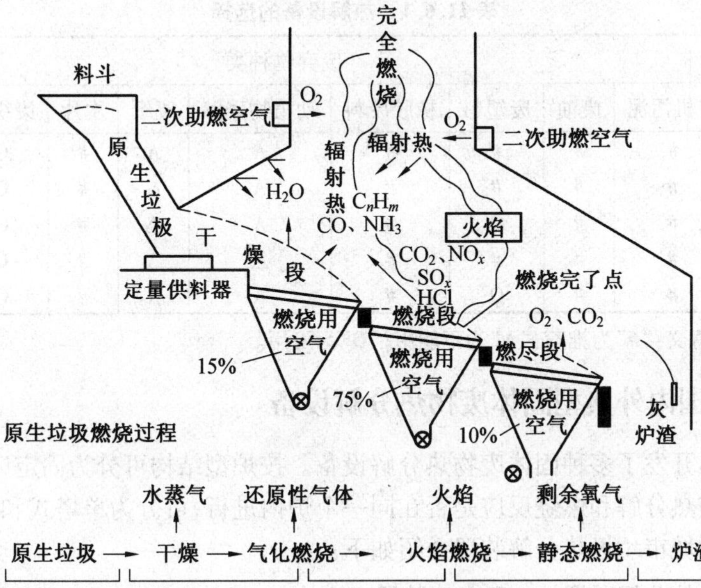

图 11.5.5　机械炉排炉燃烧的概念图

11.6　固体废物的热分解设备

热分解是有机物在无氧或缺氧条件下的高温加热分解技术，热分解反应属吸热反应。在燃烧有机物的过程中，其主要生成物为二氧化碳和水，而热分解主要是可燃的低分子化合物，气态的有氢、甲烷、一氧化碳、二氧化碳等；液态的有甲醇、丙酮、醋酸、乙醛、含其他有机物的焦油、溶剂油、水溶液等；固态的主要为炭黑。

由于固体废物在还原性气氛中进行热分解，在此过程中，有价金属不会发生氧化反应，有利于有价金属的回收利用，同时固体废物中的 Cu、Fe 等金属在还原性气氛下不易生成促进二噁英形成的催化剂，从而抑制二噁英类物质的产生。此外，固体废物热分解产生可燃气体燃烧时是低氧燃烧，过量空气系数较低，因此产生烟气量大大降低，可有效降低 NO_x 的排放量，降低烟气净化处理系统设备的建设投资及设备运行费用，在一定程度上提高能源利用率。另外焚烧灰渣在高于 1 300 ℃的高温状态下熔融，可有效抑制二噁英类毒性物质的形成，经过高温熔融的灰渣，可实现再生利用。

固体废物热分解的优点主要表现为能回收可贮存、可输送的燃料；当所需热量发生变化时，应变能力强；热分解过程 NO 发生量较焚烧法少得多。

11.6.1　固体废物热分解设备设计原理

热分解设备用于处理高热值废弃物，设备选择时着重评价其能量回收率，并兼顾其他因素。常用热解设备的选用情况列于表 11.6.1。

表 11.6.1 热解设备的选择

设备种类	废弃物种类								
	有机污泥	废油	废塑料	橡胶废料	动植物残骸	废纸	木片	废织物	混合垃圾
流化床	#	#	#	#	A	A	#	O	#
沸腾床	#	#	#	#	A	△	#	O	#
转窑	#	#	O	#	A	△	#	O	#
双塔流化床	#	#	#	#	△	A	#	O	#
立窑	#	#	O	#	A	A	#	O	#

注:表中符号意义:"#"为推荐;"A"为不能用;"O"为可用。

11.6.2 国内外典型固体废物热分解设备

目前国外已开发了多种固体废物热分解设备。按炉型结构可分为固定床、移动床、流化床、旋转炉等;按热分解和燃烧反应是否在同一个炉内进行,可分为单塔式和双塔式。

两套典型的城市垃圾热分解装置介绍如下:

1. 纯氧高温热分解装置——Purox 装置

纯氧高温热分解装置由美国 Union Carbide Corp 开发,如图 11.6.1 所示,其主体设备为一立式热解炉,垃圾由炉顶加入并在炉内缓慢移动,从移动床下部供给少量纯氧,使炉内一部分垃圾燃烧产生强热,用这部分热使炉体中部垃圾中的有机物在还原状态下完全分解为 CO、H_2和少量 CO_2、CH_4等,热解气向上运动穿过上部垃圾层并使其干燥,最后离开热解炉经净化装置处理回收。垃圾中的玻璃、金属等不可燃成分在燃烧区被熔融,从炉底排出,经水淬成建筑材料或制品。

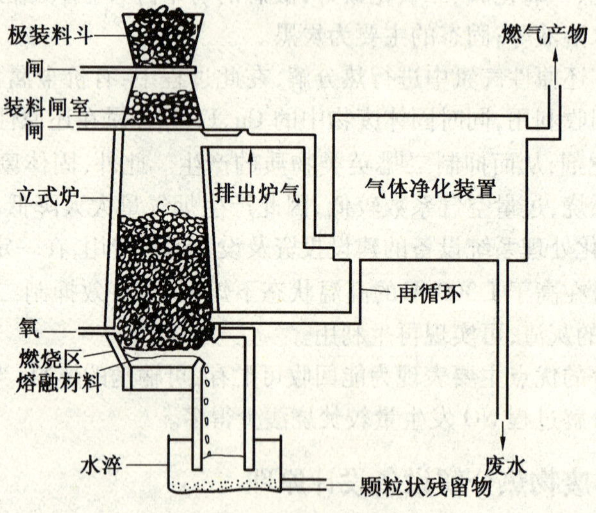

图 11.6.1 熔融热解造气装置

美国于 1974 年 6 月在西弗吉尼亚的南查尔顿建成该套垃圾热解装置。根据技术中心测试数据,热分解气体组分(质量分数)CO 为 47%、H_2为 33%、CO_2为 14%、CH_4为 4%,低位发热值为 1.1×10^4 kJ/m^3。消耗纯氧量为 0.2 kg/m^{3}垃圾。

该装置对垃圾不需进行预处理,可完全分解有机物,分解温度高达 1 650 ℃,由于供给氧气，NO_2发生量极少，垃圾减容约为95% ~98%。存在的主要问题是能否提供廉价的氧气。

2. 双塔循环流化床热分解装置

日本工业技术院物资回收工艺研究所于1978年在横滨建成双塔式流化床热分解装置，如图11.6.2所示。

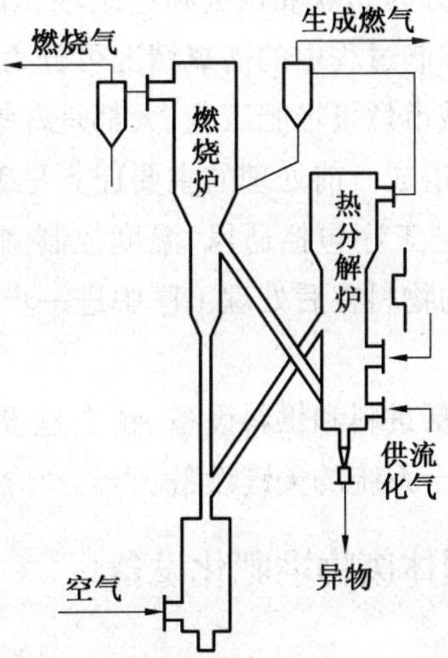

图11.6.2　双塔循环式热解装置

双塔循环流化床热分解该装置主要包括废物热解炉和固形炭燃烧炉。热分解所需的热量，由热分解生成的固形炭或燃料气在燃烧炉内燃烧来供给。惰性热载体(砂)在燃烧炉内吸收热量并被流化气鼓动成流态化，经连接管到热分解塔与垃圾作用，将自身的热量传递给热分解炉内的垃圾后返回燃烧炉内，再被加热返回热分解炉。受热的垃圾在热分解炉内分解，生成的气体一部分作为热分解炉的流态化气体循环使用，一部分为产品。热分解生成的炭及油品在燃烧炉内作为燃料使用，用以加热砂子。在两个塔中使用特殊的气流分散板，伴有旋回作用，形成浅层流化层。垃圾中的无机物、残渣随流化的砂子的旋回作用从两塔下部一方面与流化的砂子分级，一方面有效地选择性排出。

该装置的优点是燃烧的废气不进入产品气体中，因此提高了产品气体的热值($1.67\times10^4 \sim 1.88\times10^4\ kJ/m^3$)；因碳燃烧需要的空气量少，向外排出废气少；在流化床内温度均一，可以避免局部过热。由于燃烧温度低，NO少，适于热塑性塑料含量高的垃圾热分解，可防止结块。

11.7　固体废物的堆肥化设备

堆肥化(Composting)又叫好氧堆肥化处理，在人工控制的条件下，依靠自然界中广泛分布的细菌、放线菌、真菌等微生物，人为地促进微生物降解的有机物向稳定的腐殖质转化的微生物学过程。堆肥化的产物称为堆肥，即人工腐殖质。

人类利用有机固体废物生产堆肥，已有几千年历史，但都是采用传统的手工操作，依靠自发的生物转化作用,发酵周期长,处理量小,原料也多限于农林废物和人畜粪便。进入本世纪 20 年代出现了机械堆制技术,现已发展成为处理生活垃圾、污水处理污泥、人畜粪便以及农林废物的重要方法之一。

11.7.1　固体废物堆肥化设备设计原理

堆肥化工艺按堆制方式可分为间歇堆积法和连续堆积法;按原料发酵所处状态可分为静态发酵法和动态发酵法;按堆制过程中的需氧情况可分为好氧法和厌氧法。

现代化堆肥工艺,特别是城市垃圾堆肥工艺,大都是好氧堆肥。其工艺过程通常由前处理、原料发酵、后处理 3 个工序组成。前处理的主要任务是破碎及分选,去除非堆肥化物质,调整粒度、水分和 C/N 比。发酵工序包括通风、温度控制、翻堆、水分控制、无害化控制、堆肥的腐熟等几个方面,经发酵的物料在后处理工序中进一步去除杂质和必要的破碎处理,然后包装贮存或外运。

堆肥化系统的设备主要包括进料和供料设备、预处理设备、发酵设备、后处理设备以及脱臭设备。其中发酵设备是整个系统的关键设备。

11.7.2　国内外典型固体废物堆肥化设备

1. 游泳池型发酵设备

游泳池型发酵设备是一种两侧墙围成宽 2 ~3 m、长 20 m、深 2 m 的细长游泳池型发酵仓,大多数设有从仓底供气的设备,物料的仓内被堆成 1 ~2 m 高度。由于一个仓的容量有限,当处理量大时,可并排相邻设置若干个发酵仓。

游泳池型发酵仓有多种形式,其主要差别在于搅拌发酵物料的翻堆不同,大多数翻堆机兼运送物料的作用。其中使用最多的是链板运输机式翻堆机,如图 11.7.1 所示。

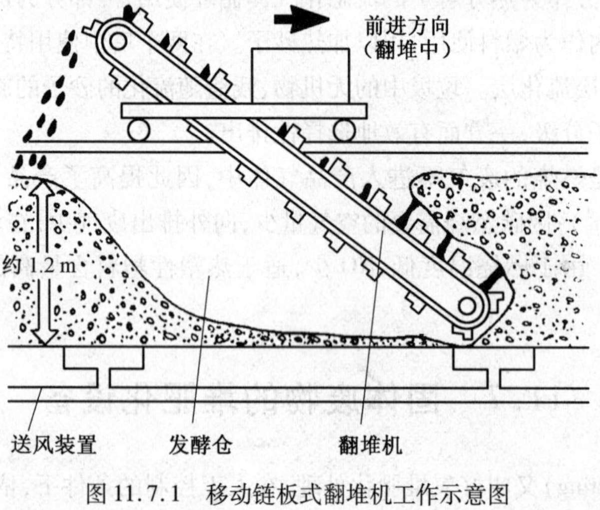

图 11.7.1　移动链板式翻堆机工作示意图

链板环状相连组成翻堆机,在各链板上安装附加挡板形成扇斗式刮刀,以此来传送物料。在仓的两个侧墙上装有带滚子的可移动小车。操作时使运输机倾斜,其低的一头向前,每一次来回翻堆可将物料移动 2 m 距离。一般每天翻堆一次,根据物料的情况可适当增加或减少翻堆次数,物料经过大约 7 ~ 10 天的发酵时间完成一次发酵,基本达到无害化,成为堆肥。

2. 卧式回转筒式发酵设备

卧式回转筒式发酵设备系回转窑式圆筒形发酵仓,有达诺式(Dano)、单元式、双层圆筒式等多种形式。其中最著名的是达诺式,被世界各国广泛采用,其装置如图 11.7.2 所示。

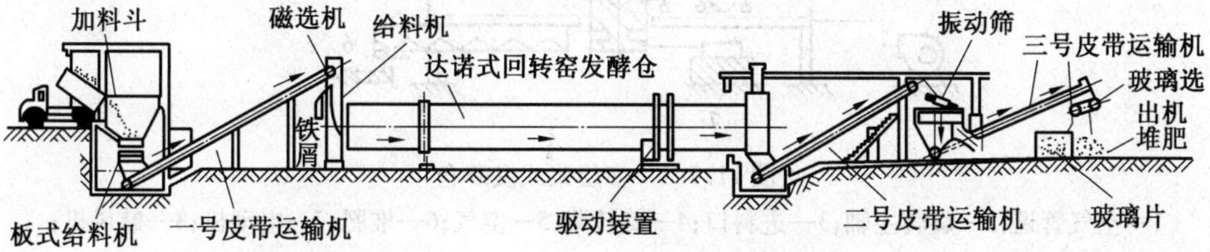

图 11.7.2　卧式回转圆筒形城市垃圾堆肥化装置(达诺式)

加入料斗的垃圾经过料斗底部的板式给料机和一号皮带输送机送到磁选机除去铁类后,由给料机供料给低速旋转的达诺式回转窑发酵仓。垃圾在仓内经通风并补充必要的水分,一边混合、腐蚀和破碎,一边发酵,依靠微生物分解放出的热量使温度保持在 60 ~70 ℃,经过 3 ~5 天的时间完成一次发酵过程后成为堆肥排出仓外。随后靠振动筛筛分为筛上物及筛下物两部分,筛上物通过溜槽排出,通常被焚烧处理或填埋处置。筛下物经玻璃选出机去除玻璃后,即为堆肥产品。各种回转筒式发酵设备均存在动力费用与设备费用较高的问题有待研究解决。

3. 立式发酵设备

立式发酵设备主要有多阶段立式发酵仓、多层立式发酵仓、多层桨式发酵仓、活动层多阶段发酵仓、直落式发酵仓、窑形发酵仓等几种形式。图 11.7.3 是多层桨式发酵仓的构造示意图。发酵仓的外形类似多段焚烧炉,外壁由隔热材料做成,是一种可保温的具有多阶段发酵仓的圆筒,一般有 5 个发酵槽,分别由混凝土或钢板做成。装置中心有一垂直空心主轴,相对于主轴的每段发酵槽内,按横向位置各装设有一组旋转桨叶,每段发酵槽底,各开一个孔口,各孔口逐次错开一定位置。全部搅拌系统通过由设在主轴中心的垂直轴和齿轮组成的传动装置,形成一个以较快速度一起驱动的系统,主轴与桨叶的速度可分别调节,物料经搅拌并发生位移。工作时物料被桨叶搅起并被甩到主轴旋转方向相反的方位。通过转动,由最上层喂入的原料在槽内一面受到搅拌,一面通过槽底孔口进入下一段发酵槽,同时受来自以下各层热空气的作用,发生生物降解过程。

桨式发酵塔便于选定最适当的运行条件,通风均匀,物料不结块,在槽内停留时间不同的发酵物料不会混杂,易于使发酵过程处于最佳状态。

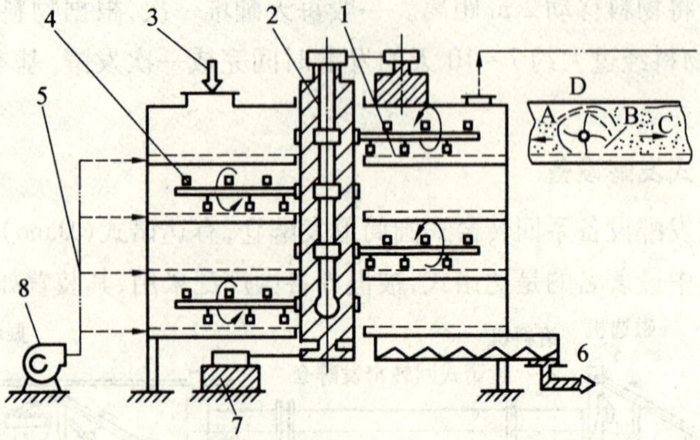

图 11.7.3 多层桨式发酵仓

1—空气管道;2—旋转主轴;3—进料口;4—旋转桨;5—空气;6—堆肥;7—电动机;8—鼓风机;A—搅拌轴的运动方向;B—搅拌轴的旋转方向;C—可堆肥物的运动方向;D—可堆肥物的轨迹线

思考与练习

1. 固体废物破碎和磨碎的目的有哪些?
2. 选择破碎机类型时,必须综合考虑的因素有哪些?
3. 影响辊皮磨损的因素主要有哪些,针对这些因素采取的措施有哪些?
4. 请简述筛分设备类型及应用?
5. 固体废物脱水设备的选用特点以及优点、缺点、适用范围有哪些?
6. 流化床焚烧炉的优点有哪些?

第五篇　环保设备设计与应用经济分析指标

第12章　垃圾收集运输及粉煤灰等综合利用设备

12.1　垃圾收集运输设备

12.1.1　QN99型城市混装生活垃圾拣选系统

1. 概述

在引进美国、前联邦德国的环保设备制造技术基础上，结合我国城市生活垃圾的构成特点，研制了适合我国城市混装生活垃圾处理的QN99型拣选系统（生产线），与国外同类进口设备相比，该系统功能相同，但制造价格较低，可以完全替代进口的同类设备，满足我国城市混装生活垃圾拣选处理的需要。

2. 使用范围

QN99型城市混装生活垃圾拣选系统，适用于所有需要对垃圾进行前置处理的垃圾再利用生产工艺系统，经该系统处理后的生活垃圾可用于堆肥发酵，或进行填埋和进一步焚烧发电。

3. 生产流程

混装生活垃圾进场—经抓斗机等转运设备使垃圾输送到拣选系统（生产线）—人工监捡（拣出大件物品、石块等）—破袋机破袋，使袋装垃圾散开—二次人工监捡，拣出大块物品—除臭—强磁拣选垃圾层表面的磁性物质—人工拣选出玻璃、纸张、塑料等—定向磁选拣出垃圾底层的小件磁性物质—进入涡流拣选机，拣选垃圾中的非磁性金属物质—进入破碎筛分系统分选，筛上物送出填埋或焚烧，筛下物送出进一步深化处理（堆肥等），拣选处理工作完成。

4. 系统的特点

（1）所有设备均采用框架结构，无需安装基础。各设备现场安装时，采用销轴锚固式膨胀螺栓进行设备定位;生产线长度可以调节,有利于工程和设计选用。

(2)系统中的各输送设备均采用机电一体化驱动装置,均可进行无级调速。

(3)本设备主要零部件均通过表面处理后再进行油漆处理,系统能在恶劣的环境下长期工作。

(4)安装、检修、维护方便。

(5)系统各设备均为单体可移动式设备,可以根据设计需要,进行组合,满足不同工艺对拣选处理的要求,真正达到最佳的配置。

5. 系统生产能力

QN99 型城市混装生活垃圾处理拣选系统(生产线)的日处理能力(每天以 14 h 计算)为:QN99-A 型处理能力:0 ~ 250 t/d(产量可调);QN99-B 型处理能力:0 ~ 500 t/d(产量可调)。

6. 电气控制部分

电气采用单机单控及集中控制方式,输送设备采用变频调速控制,系统 PLC 控制,单台设备设有现场紧急情况紧急停车装置。

12.1.2 后装压缩式垃圾车

1.3 t 后装压缩式垃圾车技术特点(LSS5061ZLJ 型)

手动全液压半自动控制;模块式液压元件,全部进口液压密封件;填塞器设有污水槽;全部钢材经酸洗磷化处理,面漆采用高氯聚乙烯硫化,防腐性能优异;垃圾箱内设有液压推板,用于双向压缩和卸料;按用户需要可配装 300 L 圆桶或 240 L 方桶的翻桶机构。

其外形如图 12.1.1 所示,主要技术参数见表 12.1.1。

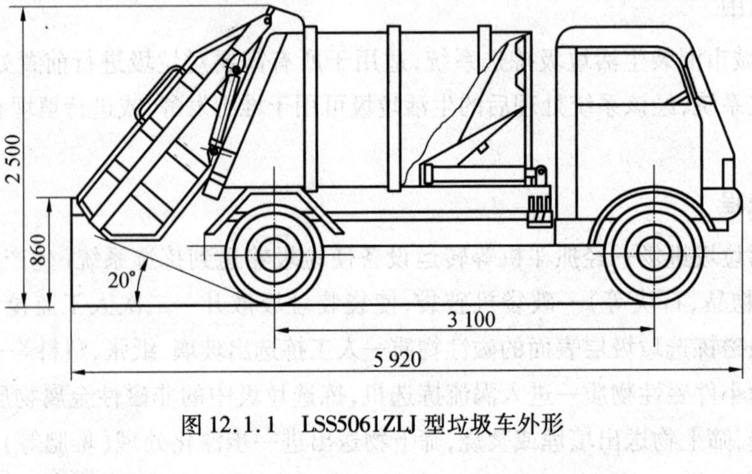

图 12.1.1 LSS5061ZLJ 型垃圾车外形

表 12.1.1　LSSS061ZLJ 型垃圾车技术参数

名称	参数	名称	参数
底盘型号	EQ1061T5D	最大爬坡度/%	30
外形尺寸(长×宽×高)/mm	5 920×2 140×2 500	最小离间隙/mm	176
最大总质量	6 600	前悬/mm	1 160
整体质量/kg	4 300	后悬/mm	1 660
装载质量/kg	2 300	垃圾箱容积/m^3	5.5
前轴载荷(空载/满载)/kg	1 750/2 050	油耗/($L \cdot 100\ km^{-1}$)	≤11
后轴载荷(空载/满载)/kg	2 550/4 550	发动机型号	CY4012BQ-11
质量利用系数	0.535	形式	直列四缸水冷,直喷柴油机动机
轴距/mm	3 100	额定功率	70 kW,3 200 r/min
轮距(前/后)/mm	1 750/1 586	额定扭矩	245 N·m,2 200 r/min
接近角/(°)	≥18	压缩比	17.5
离去角/(°)	≥20	填料口高度/mm	860
最高车速/($km \cdot h^{-1}$)	≥90	填料口尺寸/mm	1 800×750
最小转弯直径/m	14	填塞器容积/m^3	0.65

2. 2.75 t 后装车技术特点(LSS5062ZLJ 型)

重庆五十铃 NKR55LL 型二类底盘为五十铃公司最新一代产品;手动全液压控制方式,操作简单,维修方便,后填塞口可选配手控电控双操作方式;全部进口液压密件;后倾翻卸料最大节约储料空间;整车体积小,驾驶灵活适用于窄小街道、弄堂的工作环境;全部板材经过酸洗磷化处理,主要技术参数见表 12.1.2。

表 12.1.2　LSSS062ZLJ 型垃圾车主要技术参数

名称	参数	名称	参数
底盘型号	NKR55LLA	液压系统压力/MPa	16
外形尺寸(长×宽×高)/mm	6 100×1 880×2 320	填塞器一次工作循环时间/s	≤30
额定装载质量/kg	1 980	卸料时间/s	≤40
整体质量/kg	3 740	车厢容积/m^3	5
前轴/kg	1 350	填料口尺寸(宽×高)/mm	1 450×700
后轴/kg	2 390	填料口高度/mm	820
最大总质量/kg	5 720	填塞器最大开角/(°)	60±2
前轴/kg	2 280	填塞器容积/m^3	0.41
后轴/kg	3 440	车厢最大倾斜翻角/(°)	45
离去角/(°)	≥20		

3. SIMACO 城市垃圾车

SIMACO 后装压缩式垃圾车是用于城市收运可压缩生活垃圾的专用车辆。采用电液连锁控制系统,按钮操作刮板、压缩板的装填机械。能够对垃圾进行压缩、装填、推卸作业。

该车填装简便,垃圾装载容量大,压缩能力强,自动化程度高,设有防二次污染装置。

运输效率高,其技术参数见表 12.1.3。

表 12.1.3 SIMAC0 垃圾车技术参数

名　称	参数	名　称	参数
车型	NR5060ZLJ	投入口容积/m^3	0.54
底盘型号	EQ3061TJ	投入口尺寸(宽×高)/mm	1 420×830
外形尺寸/mm	6 000×2 140×2 600	液压系统压力/Pa	18
轴距/mm	3 100	填塞器一次工作循环时间/s	≤20
最小转弯直径/m	≤13	推板卸料循环时间/s	≤40
最小离地间隙/mm	176	填塞器最大开角/(°)	65±3
整体质量/kg	4 550	污水箱容积/L	50
满载总质量/kg	6 600	车厢容积/m^3	5.5

4. 自装卸压缩垃圾车

(1) 5 t 侧装垃圾车技术特点。

采用液压拉杆提升系统,手动全液压控制;可提升 300 L 圆垃圾桶或 240 L 方塑料垃圾桶;垃圾箱内设置液压推板用来压缩已装入的垃圾和卸料;可改装为顶装压缩垃圾车;全部钢材均经酸洗磷化处理。技术参数见表 12.1.4 所示。

表 12.1.4 5 t 侧装垃圾车技术参数

名　称	参数	名　称	参数
底盘型号	Eq1092F 或 CA1092	最小转弯直径/m	16
外形尺寸(长×宽×高)/mm	6 490×2 390×3 000	最大爬坡度/%	28
最大总质量/kg	9120	最小离间隙/mm	260
整体质量/kg	5 120	前悬/mm	1 064
装载质量/kg	4 000	后悬/mm	1 476
前轴负荷(空载/满载)/kg	2 360/2 562	垃圾箱容积/m^3	7.6
后轴负荷(空载/满载)/kg	2 760/6 558	油耗/($L \cdot 100\ km^{-1}$)	26.5
轴距/mm	3 950	液压系统额定工作压力/MPa	8
轮距(前/后)/mm	1 810/1 800	发动机型号	EQ6100-1 型
接近角/(°)	≥35	—	四行程、水冷、直列六缸预置气门油器汽油发动机
离去角/(°)	≥30	额定功率	70 kW,3 200 r/min
最高车速/($km \cdot h^{-1}$)	≥90	额定扭矩	353 N·m,1 200 ~ 1 400 r/min

(2) 5 t 拉臂式自卸垃圾车技术特点。

全车板材经过酸洗磷化处理延长使用 1/4 寿命;手动全液压控制方式,易操作,维修简单;模块化液压元件设计,全部进口液压密封件;增加了驾驶室内操作装置;全套引进澳大利亚生产设备和工艺技术;每部主机可配用多个转运箱。其技术参数见表 12.1.5。

表 12.1.5　5 t 拉臂式自卸垃圾车技术参数

名　称	参数	名　称	参数
底盘型号	EQ1092F	最高车速/($km \cdot h^{-1}$)	≥90
外形尺寸(长×宽×高)/mm	6 600×2 380×2 510	最小转弯直径/m	16
最大总质量/kg	10 000	最大爬坡度/%	≥28
整体质量/kg	5 500	最小离间隙/mm	260
装载质量/kg	4 500	前悬/mm	1 064
前轴负荷(空载/满载)/kg	2 200/2 600	后悬/mm	1 586
后轴负荷(空载/满载)/kg	3 300/7 400	垃圾箱容积/m^3	7.5
轴距/mm	3 950	倾翻角/(°)	45±2
轮距(前/后)/mm	1 810/1 800	油耗/($L \cdot 100\ km^{-1}$)	≤27
接近角/(°)	≥36	液压系统额定工作压力/MPa	16
离去角/(°)	≥24	发动机型号	EQ6100-1 型
额定功率	90 kW,3 000 r/min	额定扭矩	353 N·m,1 200～1 400 r/min

(3) LSS5100ZLJ 型 5 t 后装压缩式垃圾车技术特点。

手动全液压半自动控制;模块式液压元件,全部进口液压密封件;填塞器设有污水槽;全部钢材均酸洗磷化处理,面漆采用高氯聚乙烯硫化,防腐性能优异;垃圾箱内设有液压推板,用于双向压缩和卸料;按用户需要可配装 300 L 圆桶或 240 L 方桶的前桶机构。

其外形如图 12.1.2 所示,技术参数见表 12.1.6。

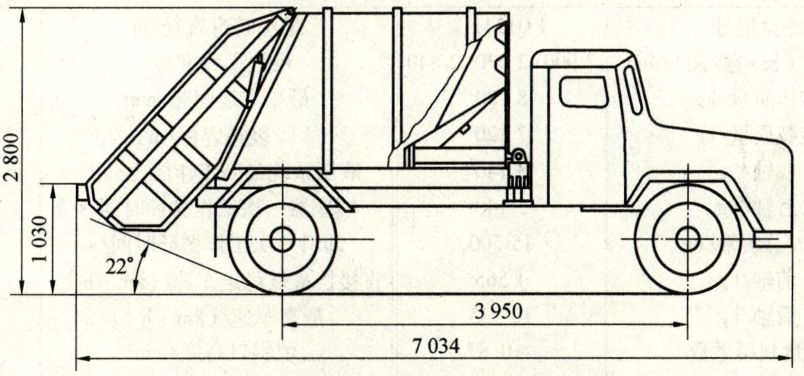

图 12.1.2　LSS5100ZLJ 型 5 t 垃圾车外形

表 12.1.6　LSS5100ZIJ 型 5 t 垃圾车技术参数

名　称	参数	名　称	参数
底盘型号	EQ1092F	最小离间隙/mm	260
外形尺寸(长×宽×高)/mm	7 034×2 400×2 800	前悬/mm	1 064
最大总质量/kg	10 000	后悬/mm	2 020
整体质量/kg	5 660	垃圾箱容积/m^3	8
装载质量/kg	4 340	油耗/($L \cdot 100\ km^{-1}$)	≤25.5
前轴负荷/kg	1 910/2 600	液压系统最高工作压力/Pa	16
后轴负荷(空载/满载)/kg	3 750/7 400	发动机型号	EQ6100-1 型

续表 12.1.6

名　称	参数	名　称	参数
轴距/mm	3 950		缸置气门化油器汽油发动机
轮距(前/后)/mm	1 810/1 800	额定功率	99 kW,3 000 r/min
接近角/(°)	33	额定扭矩	353 N · m,1 200 ~ 1 400 r/min
离去角/(°)	≥22	填料口高度/mm	1 030
最高车速/($km \cdot h^{-1}$)	≥85	填料口尺寸/mm	1 900×750
最小转弯直径/m	16	填塞器容积/m^3	1.1
最大爬坡度/%	28		

(4)LSS51502YSA 型 8 t 后装压缩式垃圾车技术特点。

全车板材经过酸洗磷处理延长使用 1/4 寿命;手动全液压控制方式,易操作,维修简单;模块化液压元件设计,全部进口液压密封件。前后箱均设有污水槽;后箱采用 16MnSi 板材,提高质量,延长使用寿命;选用了过氯乙烯涂料,防腐性能优异;全套引用澳大利亚生产设备和工艺技术;发动机自动定速装置;东风 8 加油车,平柴底盘康明斯发动机。技术参数见表 12.1.7。

表 12.1.7　LSS51502YSA 型 8t 垃圾车技术参数

名　称	参数	名　称	参数
底盘型号	EQ1141G	最小转弯直径/m	16
外形尺寸(长×宽×高)/mm	7 990×2 470×2 840	最大爬坡度/%	≥25
整体质量/kg	8 280	最小离地间隙/mm	248
装载质量/kg	7 220	垃圾箱容积/m^3	12
前轴/kg	3 140	液压系统最高工作压力/MPa	16
后轴/kg	5 140	填塞器一次工作循环时间/s	≤30
最大总质量/kg	15 500	卸料一次工作循环时间/s	≤45
前轴/kg	4 565	直接挡最低稳定车速/($km \cdot h^{-1}$)	≤20
后轴/kg	10 935	最高车速/($km \cdot h^{-1}$)	≥80
质量利用系数	≥0.87	填料口高度/mm	1 150
轴距/mm	4 500	填料口尺寸(宽×高)/mm	2 030×800
轮距(前/后)/mm	1 940/1 860	填塞器最大开角/(°)	47.5±2
接近角/(°)	≥34	填塞器容积/m^3	1
离去角/(°)	≥22		

(5)LSS5151ZLJ 型 8 t 拉臂式自卸垃圾车技术特点。

全车板材经过酸洗磷化处理延长使用 1/4 寿命;手动全液压控制方式,易操作,维修简单;模块化液压元件设计,全部进口液压密封件,前后箱均设有污水槽;增加了驾驶室内操作装置;全套引进澳大利亚生产设备;每部主机可配用多个转运箱。技术参数见表 12.1.8。

表 12.1.8　LSS5151ZLJ 型 8 t 自卸垃圾车技术参数

名　称	参数	名　称	参数
底盘型号	EQ3141G	最大爬坡度/%	26
外形尺寸(长×宽×高)/mm	6 900×2 470×3 000	最小离地间隙/mm	245
最大总质量/kg	15 500	前悬/mm	1 270
整体质量/kg	8 350	后悬/mm	1 830
装载质量/kg	7 150	垃圾箱容积/m^3	12
前轴负荷(空载/满载)/kg	3 450/5 000	倾翻角/(°)	50±1
后轴负荷(空载/满载)/kg	4 900/10 500	油耗/($L\cdot 100\ km^{-1}$)	20
质量利用系数	0.85	液压系统额定工作压力/MPa	17
轴距/mm	3 800	发动机型号	6BT118.01 型四冲程直列六缸水冷喷式增压柴油机
轮距(前/后)/mm	1 940/1 860		
接近角/(°)	31	额定功率	118 kW,2 500 r/min
离去角/(°)	11	额定扭矩	583 N·m,1 500 r/min
最高车速/($km\cdot h^{-1}$)	≥80	压缩比	17.5
最小转弯直径/m	13		

5. YLS-C 型压缩式生活垃圾收集机

(1)YLS-C1 型。

本收集机技术参数见表 12.1.9,整个操作运行程序如图 12.1.3 所示。

表 12.1.9　YLS-C1 型压缩式垃圾收集机技术参数

名称	参数	名称	参数
压缩工作能力/($m^3\cdot h^{-1}$)	60	最大工作压力/MPa	15
垃圾斗容积/m^3	0.6	电机功率/kW	7.5
垃圾箱容积/m^3	7.5	外形尺寸/mm	7 100×3 000×3 100

(2)YLS-C2 型。

其特点如下:

①压缩减容效果显著,压缩比达 2∶1 以上,每循环处理量达 0.66 m^3,装载效率高。

②进料装置采用自动控制、液压翻斗或输送装置等多种形式。压缩机与集装箱连接可选用自动以及手动方式。

③单台压缩机可配套多个集装箱,具有压缩机移位及集装箱移位方式,通用性及经济性良好。与各类 2~8 t 级拉臂车配套,密闭装载,污水排放均符合环保要求。

④占地面积小,对建筑无承载要求,土建成本低。

技术参数见表 12.1.10。

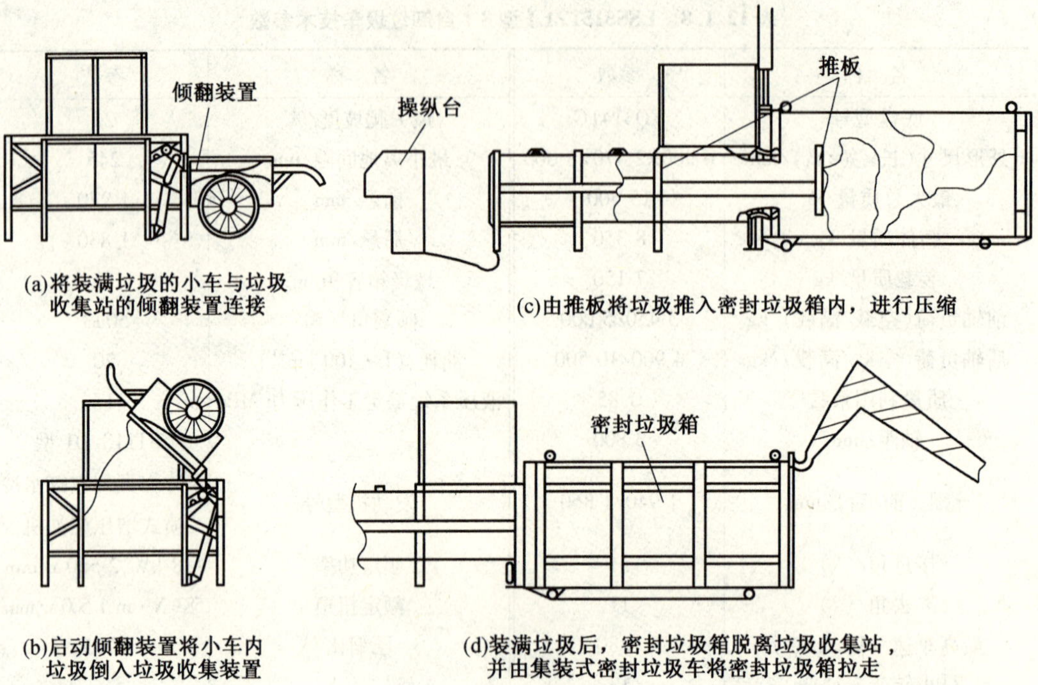

图 12.1.3　运行操作程序

表 12.1.10　YLS-C2 型压缩式垃圾收集机技术参数

名　称		参　数
压缩机最大工作能力/($m^3 \cdot h^{-1}$)		60
翻斗容积/m^3		0.66
主机功率/kW		4
最大工作推力/t		10
正常工作推力/t		≥5
整机循环工作周期/s		≤45
移位速度/($mm \cdot s^{-1}$)		120
压缩行程/mm		1 200
集装箱容积/m^3		8
压缩机外形尺寸(长×宽×高)/mm		3 000×1 100×1 250
整机外形尺寸(长×宽×高)/mm	整机固定式	6 830×2 200×2 800
	整机移动式	6 830×6 000×2 800
	集装箱移动式	6 830×9 800×3 400

6. YLS-T 型压缩式生活垃圾收集机

(1)概述。

YLS-T 型压缩式生活垃圾收集机适合于小型的生活垃圾中转站使用，由移动式压缩机配以若干专用垃圾集装箱组成。生活垃圾可由不同收集方式运至收集站，由翻桶或翻斗机构将垃圾倒入压缩机内，再通过液压压缩头压入专用垃圾集装箱内。装满垃圾的专用集装箱由拉臂车运至处理场或大型中转站。

(2)主要特点。

①移动式压缩机，变位方便，占地最少，土建最省(二箱位收集站最小占地面积 60 m^2)。

②压缩装载,压缩比达 2 以上,作业效率高,经济性好,电液控制,方便、省力。

③一台压缩机可配一个或多个集装箱体,配比随意,通用性强,经济性好。压缩口上移,保证集装箱装满,装载量大。

主要参数见表 12.1.11 所示。

表 12.1.11　YLS-T 型压缩式垃圾收集机技术参数

名　称	参数	名　称	参数
压缩力/kN	100	压缩机生产力/($m^3 \cdot h^{-1}$)	77
液压泵电机功率/kW	7.5	压缩机平移速度/($m \cdot min^{-1}$)	7
行走电机功率/kW	0.55	压缩机质量/kg	2 200
每压缩行程容积/m^3	0.75	压缩机外形尺寸(长×宽×高)/mm	3 000×2 710×3 420
每压缩循环时间/s	35	标准配备的垃圾集装箱容积/m^3	7.5

12.2　粉煤灰综合利用设备

12.2.1　粉煤灰制砖原料处理设备

(1)LNP 型湿式混合轮碾机。

LNP 型湿式混合轮碾机是粉煤灰、煤矸石、页岩、黏土等原料进行混合均化、碾炼增塑、破碎细化的设备。其技术参数见表 12.2.1。

表 12.2.1　LNP 型湿式混合轮碾机技术参数

规格型号	生产能力/($m^3 \cdot h^{-1}$)	碾盘有效直径/mm	装机容量/kW	外形尺寸/mm	质量/kg
LNP.360	30～40	3 600	55	4 700×3 800×5 400	46 000
LNP.315	25～30	3150	45	4 470×3 590×5 501	38 000

(2) KWY40-950 型液压多斗挖土机。

KWY40-950 型液压多斗挖土机适用于室内挖取陈化后的物料,是一种新型原料挖掘设备。技术参数见表 12.2.2。

表 12.2.2　KWY40.950 型液压多斗挖土机技术参数

规格型号	DWY40-950	规格型号	DWY40-950
生产能力/($m^3 \cdot h^{-1}$)	40	斗架最大俯角/(°)	20
料斗容积/m^3	0.034	装机容量/kW	21.5～28
斗架长度/m	7.0～16	外形尺寸/mm	13 500×3 000×3 200
斗架最大仰角/(°)	35	质量/kg	8 200

(3)SJJ 型搅拌挤出机。

SJJ 型搅拌挤出机用于对破碎后的物料连续搅拌、输送和挤炼,并可加水调整物料的含水率。其技术参数见表 12.2.3。

表 12.2.3　SJJ 型搅拌挤出机技术参数

规格型号	生产能力/($m^3 \cdot h^{-1}$)	装机容量/kW	外形尺寸/mm	质量/kg
SJJ300.42	25～30	75	6 100×1 800×1 240	8 850
SJJ240.36	23～25	55	5 196×1 700×1 003	6 200

(4)SJ 型强力搅拌机。

SJ 型强力搅拌机适用于对破碎后物料进行连续加水搅拌,全保护性搅拌轴设计。其技术参数见表 12.2.4。

表 12.2.4 SJ 型强力搅拌机技术参数

规格型号	生产能力/($m^3\cdot h^{-1}$)	装机容量/kW	外形尺寸/mm	质量/kg
SJ300.42	25~30	45	6 000×1 974×1 145	7 850
SJ240.36	23~25	37	5 275×1 700×1 003	6 700

(5)XGB800 型箱式给料机。

XGB800 型箱式给料机适用于各种干、湿、散碎状物料,是控制给料速度,调整给料量的设备。其技术参数见表 12.2.5。

表 12.2.5 XGB800 型箱式给料机技术参数

规格型号	XGB800	规格型号	XGB800
生产能力/($m^3\cdot h^{-1}$)	30~50	输送带宽/mm	800
拨料棒回转直径/mm	500	外形尺寸/mm	6 110×2 600×1 900
驱动滚筒直径/mm	500	质量/kg	4 235

(6)CP900×900 型锤式破碎机。

CP900×900 型锤式破碎机适用于破碎含水率<8% 的非黏性中等硬度以下的物料,如煤矸石、页岩等。其技术参数见表 12.2.6。

表 12.2.6 CP900×900 型锤式破碎机技术参数

规格型号	CP900×900	规格型号	CP900×900
生产能力/($t\cdot h^{-1}$)	13	装机容量/kW	75
进料粒度/mm	≤50	外形尺寸/mm	2 097×2 350×1 500
出料粒度/mm	<3	质量/kg	3 866

(7)BG120×400 型板式给料机。

BG120×400 型板式给料机为间歇性给料设备,可将物料间歇均匀地输送给下道工序。适用于各种散、块状物料,是控制给料速度、调整给料量的设备。其技术参数见表 12.2.7。

表 12.2.7 BG120×400 型板式给料机技术参数

规格型号	BG120×400	规格型号	BG120×400
生产能力/($m^3\cdot h^{-1}$)	35~210	外形尺寸/mm	5 680×3 200×1 120
最大进料粒度/mm	200	质量/kg	5 600

12.2.2 CJC 型反击锤式破碎机

CJC 型反击锤式破碎机适用于大体积非金属矿物和其他中硬度物料的一段式破碎。它可广泛应用于水泥建材、化工、冶金、煤炭、火力发电等工业部门石灰石、石膏、黏土、磷酸盐、岩盐、泥灰岩、硬质原煤等物料的粉碎作业。

CJC 型反击锤式破碎机的破碎比大,被破碎物料的抗压强度≤140 MPa,破碎物料的最大湿度小于8%,该机具有运行能耗低、处理能力大,坚固可靠,易损件寿命长,适用性强,操作维护方便,工艺流程简单,综合技术经济指标高等特点。CJC2014 型破碎机还有随机抽轴装置的检修平台和反击板开启装置。其技术参数见表 12.2.8。

表 12.2.8　CJC 型反击锤式破碎机技术参数

型号	喂料口尺寸/mm	最大喂料尺寸/mm	出料粒度/mm	处理能力/($t \cdot h^{-1}$)	电机功率/kW	质量/t
CJC2014	1 445×1 450	1 000	15	140 ~ 160	315	52
CJC1612	1 357×1 280	850	25	100 ~ 140	220	31
CJC1609	1 337×950	600	25	50 ~ 70	132(石灰石),115(石膏)	25.5

12.2.3　破碎机

(1) LP1000×300 型笼式破碎机。

LP1000×300 型笼式破碎机主要适用于页岩、煤矸石及干黏土等原料的破碎，其工作机构是由两个互为反向旋转的转笼组成。物料从转笼圆心处投入，与飞转的笼子钢棒冲击碰撞而碎。其技术参数见表 12.2.9。

表 12.2.9　LP1000×300 型笼式破碎机技术参数

型号	LP1000×300	型号	LP1000×300
生产能力/($m^3 \cdot h^{-1}$)	15 ~ 25	进料粒度/mm	≤50
驱动功率/kW	2×75(可选配)	质量/kg	5 300

(2) XCP 型细碎锤式破碎机。

XCP 型细碎锤式破碎机适用于将页岩、煤矸石等工业废渣经过反击板的破碎，锤头与筛板之间的挤压、揉搓，一次破碎达到制作空心砖的要求。其技术参数见表 12.2.10。

表 12.2.10　XCP 型细碎锤式破碎机技术参数

型号	XCP.800	XCP.900	型号	XCP.800	XCP.900
生产能力/($m^3 \cdot h^{-1}$)	15 ~ 25	15 ~ 30	进料粒度/mm	≤50	≤50
驱动功率/kW	75	75	质量/kg	5 173	6 003

12.2.4　PEX 型颚式破碎机

广泛用于矿山、冶金、建材、化工、非金属矿等行业中的物料(≤250 MPa)破碎。技术参数见表 12.2.11。

表 12.2.11　PEX 型颚式破碎机技术参数

型　号	进料口尺寸/mm	排料口调整范围/mm	公称排料口处理能力/t	最大进料粒度/mm	偏心轴转速/($r \cdot min^{-1}$)	电机功率/kW	质量(不包括电动机)/t
PEX250×400	250×400	20 ~ 80	4 ~ 14	210	300	15(11)	2.8
PEX250×500	250×500	20 ~ 80	6 ~ 16	210	275	18.5	3.2
PEX400×600	400×600	40 ~ 100	8 ~ 25	350	250	30	6.5
PEX600×900	600×900	75 ~ 200	40 ~ 100	500	250	80	18

12.2.5 PWX 型卧式防尘细碎机

(1)概述。

PWX 型卧式防尘细碎机广泛用于水泥、选煤、火力发电、冶金、耐火材料等工业部门,对石灰石、水泥熟料、混合材料、页岩、白云石、石膏等中硬物料进行细碎。主要参数见表 12.2.12。

表 12.2.12 PWX 型卧式防尘细碎机技术参数

型号	PWX-600	PWX-800	PWX-1000	PWX-1200	PWX-1400
生产能力/($t \cdot h^{-1}$)	25~30	35~40	45~55	55~65	65~75
进料粒度/mm	<50	<60	<60	<60	<60
出料粒度/mm	<4,其中 85% 以上是粉状				
电机型号	Y225M-4	Y250M-4	Y280M-4	Y280M-4	Y315S-4
主轴转速/($r \cdot min^{-1}$)	1000	818	818	800	800
电机功率/kW	45	55	75	90	110

(2)性能特点。

创新设计的工作锤头:改变了传统的铸造工艺,采用耐磨、耐冲击的全新合金组合材料,其使用寿命比传统铸造锤头提高了 5~10 倍。可调的筛板结构:可根据不同用户的要求,合理调节出料粒度,调节范围宽,筛板调整方便、可靠。合理的全机体密封结构,解决了破碎车间的粉尘污染和机体漏灰的问题。全新的整体设计,具有造型美观,结构紧凑,易损件少,维修方便等。

12.2.6 喷射气流粉碎机

(1)概述。

在目前粉碎机中,喷射气流粉碎机是能得到最小微粒的粉碎机。以粉碎到约亚微米级,在需要超微粉的各产业领域中广泛应用。基本原理为:空气压缩机产生的压缩空气从喷嘴喷出,粉体在其喷射气流中互相碰撞进行超微粉碎。最大特点是产品的粒度明显,不发热。该设备分为 SOM 型和 STJ 型。

(2)原理。

原料从进料斗投入,经文丘里喷嘴加速到超声速,导入粉碎机内部,在设于粉碎机下部的研磨喷嘴喷出的介质所形成的粉碎带内互相碰撞,互相摩擦粉碎。粉碎的微粉,经上升上架导入分级部,由导叶调整,只生产超微粉;粗粉经降下下架,与投入原料汇合循环粉碎。技术参数见表 12.2.13,结构示意图如图 12.2.1 所示。

表 12.2.13 SOM 型粉碎机技术参数

型号	SOM.0101 C4C	SOM.O202 C4C	SOM.0304 F4C	SOM.0405 F4C	SOM.O608 F4C	SOM.O808 F4C
压力/MPa	0.65~0.7					
风量/($m^3 \cdot min^{-1}$)	1.0	2.6	7.6	16.1	26.4	35.0
需要动力/($kW \cdot h^{-1}$)	11	22	55	125	150	220
处理量/($kg \cdot h^{-1}$)	0.5~2.0	2.0~20	20~100	50~300	200~600	400~1 000

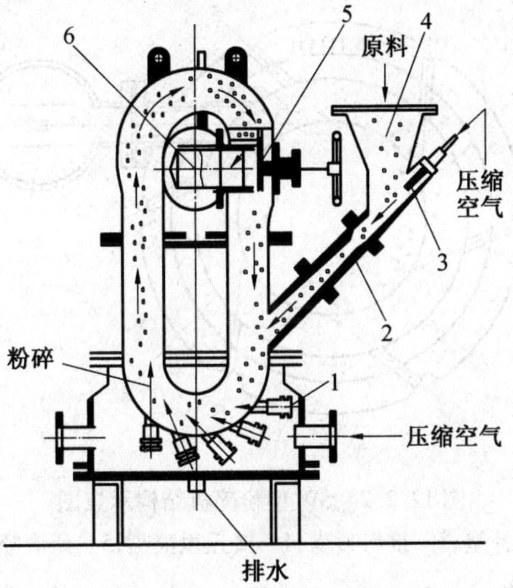

图 12.2.1　SOM 型粉碎机结构示意图

1—研磨喷嘴；2—文丘里喷嘴；3—推料喷嘴；4—进料斗；5—导叶（分级部）；6—出口

原料由送料斗投入，经文丘里喷嘴加速到超声速，导入粉碎机内部，在粉碎机内部研磨喷嘴喷出的流体形成的粉碎带内，相互碰撞，相互摩擦粉碎而成微粉，失去离心力，被导入粉碎机的中心，只生产超微粉；粗粉不失离心力，在粉碎带中循环继续粉碎。结构示意图如图 12.2.2 所示，技术参数见表 12.2.14。

表 12.2.14　STJ 型粉碎机技术参数

型　号	100	200	315	400	475	560	670	750
压力/MPa	0.65～0.7							
风量/($m^3 \cdot min^{-1}$)	1.2	2.7	5.2	7.7	10.6	17.5	30.7	41.4
需求动力/($kW \cdot h^{-1}$)	11	22	37	55	75	125	180	255
处理量/($kg \cdot h^{-1}$)	0.5～2.0	2.0～20	10～50	20～200	50～200	100～350	300～800	600～1 200

注：①表内均是压缩空气为介质时的处理量，使用过热蒸汽时的处理量增加到 2～3 倍。

②所需动力表示空气压缩机的适用容量。

③处理量是原料的特性和产品要求粒度等而不同，只在各型号上注明最大和最小处理量以供参考。

12.2.7　SFJ 型粉碎机

（1）SFJ-300 型粉碎机。

SFJ-300 型粉碎机利用活动齿盘和固定齿盘间的高速相对运动，使被粉碎物经齿冲击剪切、摩擦及物料彼此间等综合作用获得粉碎。其有关参数见表 12.2.15。

表 12.2.15　SFJ.300 型主要技术参数

主轴转数/($r \cdot min^{-1}$)	总功率/kW	生产能力/($kg \cdot h^{-1}$)	齿盘直径/mm	最大进料粒度/mm	成品粒度	整机质量/kg	外形尺寸（长×宽×高）/mm
3 800	5.5	100～200	318	5	0.173～0.117（80～150 目）	290	720×590×1 400

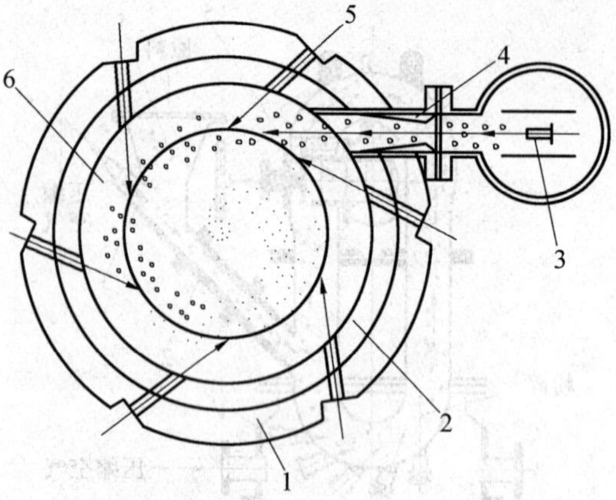

图 12.2.2　SW 型粉碎机结构示意图

1—外壳;2—铝补垫;3—推料喷嘴;4—文丘里喷嘴;5—研磨喷嘴;6—粉碎带

(2)SFJ-400 型粉碎机。

SFJ-400 型粉碎机采用冲击式粉碎方式,物料进入粉碎室后受到高速回转的单排六只活动锤体的冲击,经齿圈和物料相互撞击而粉碎,被粉碎的物料通过筛孔进入盛粉袋。技术参数见表 12.2.16。

表 12.2.16　SFJ-400 型主要技术参数(A 型为不锈钢,B 型为碳钢)

主轴转数 /($r \cdot min^{-1}$)	电机功率/kW	生产能力/($kg \cdot h^{-1}$)	进料粒度/mm	粉碎粒度/目	工作噪声/dB	工作温度/ ℃	损耗率/%	整机质量/kg	外形尺寸/mm
3 500	7.5	75 ~ 200	70×60	25 ~ 300	95	<40	<0.5	300	1 600×1 300×700

(3)SFJ-500 型粉碎机。

SFJ-500 型粉碎机采用冲击式粉碎方式,物料进入粉碎室后受到高速回转的单排六只活动锤体的冲击,经齿圈和物料相互撞击而粉碎,被粉碎的物料在吸风机的作用下通过筛孔进入盛粉袋。其主要技术参数见表 12.2.17。

表 12.2.17　SFJ-500 型主要技术参数

主轴转数 /($r \cdot min^{-1}$)	电机功率/kW (B 型)	电机功率/kW (A 型)	生产能力/($kg \cdot h^{-1}$)	进料粒度/mm	粉碎粒度	工作噪声/dB	工作温度/℃	损耗率/%	整机质量/kg	外形尺寸 /mm
3 000	11,4	18,5.4	200 ~ 500	80×80	25 ~ 300	<95	<35	<1	1 000	2 000×900×1 250

(4)SFJ-8213 型粉碎机。

SFJ-8213 型粉碎机采用冲击式粉碎方式,物料进入粉碎室后受到高速回转的单排六只活动锤体的冲击,经齿圈和物料相互撞击而粉碎,被粉碎的物料通过筛孔进入盛粉袋。主要技术参数见表 12.2.18。

表 12.2.18　SFJ-8213 型主要技术参数(A 型电压为 380 V,B 型电压为 220 V)

主轴转数 /($r \cdot min^{-1}$)	电机功率/kW	生产能力 /($kg \cdot h^{-1}$)	粉碎粒度/目	工作噪声/dB	工作温度/ ℃	损耗率/%	整机质量/kg	外形尺寸 /mm
5 000	1.5	5 ~ 15	40 ~ 350	<95	<55	<0.5	110	610×420×1 200

12.2.8　柱磨机

(1)概述。

本柱磨机采用连续反复低压力的辊压粉磨原理,能大幅度节能降耗,粉磨性能优越。

(2)适用范围。

适用于水泥、玻璃、陶瓷、搪瓷、砖瓦、新型建材等建材行业中粉磨水泥生料和熟料(可作终磨亦可作预磨)、砂岩、白云石、废玻璃、长石、石英、刚玉、高岭土、凹凸棒、石膏、石灰、粉煤灰和工业废渣等矿石或物料。主要技术参数见表 12.2.19。

表 12.2.19　柱磨机主要技术参数

型　号	ZHM-240	ZHM-300	ZHM-400	ZMJ-350	ZMJ-450	ZMJ-500	ZMJ-750
生产能力/($t \cdot h^{-1}$)	0.2～0.6	0.2～2	1.5～3.5	1.5～3.5	2～4.5	4～6	10～14
最大进料粒度/mm	6	8	10	10	15	25	30
产品细度/目	20～400	20～400	20～400	20～400	20～400	20～325	20～325
电机功率/kW	11	18.5	30	30	37	55(45)	90(75)
外形尺寸/m	0.7×1.02	0.9×1.1	1.06×1.75	1.25×1.7	1.5×1.85	1.84×2.5	2.1×2.7

12.2.9　LNX-1600A 型行星式轮碾混合机

(1)概述。

LNX 型行星式轮碾混合机是轮碾和搅拌合二为一的机型,生产效率高,节能效果显著,结构轻巧,各项技术性能指标均达到国内先进水平。LNX-1600A 型行星式轮碾混合机可针对粉煤灰原料容量小,体积大,碾压效果要求高,与其他塑性原料混合均匀度要求严等特点。

(2)性能特点。

①超大容量。每次投料量 1 600 L。特别适宜于粉煤灰、轻质保温材料、建筑人造板等容量轻、每次搅拌投放量大的生产工艺中的轮碾、混合工序。

②碾压效果好。采用不对称碾轮设计,碾压面宽,压力大,控制产品细度方便,可提高粉煤灰活化性能,混炼质量高。

③配有犁状搅拌铲,搅料质量好,混合均匀,生产效率高,周期短,混合 3～5 min 即均匀。

④结构轻巧,机重仅为同类设备的 1/3,可整机吊装,使用维修方便,密封好,无粉尘。

⑤适应性强,配有定量供水装置和同步旋转喷头。可混合干料、半干料、湿料。适用于粉煤灰、耐火泥料、黏土、型砂、水泥刨花板等原料混合工序。

12.2.10　LN 型湿式轮碾机

LN 型湿式轮碾机适用于将陈化、加水搅拌后的制砖原料,特别是利用工业废渣(如粉煤灰、煤矸石等)制砖的原料进行进一步的碾炼、增塑、破碎后的原料进入挤砖机挤出成型,可大大提高成品砖的质量。下设分料盘,转载方便,节约成本。其主要技术参数见表 12.2.20。

表 12.2.20　LN 型湿式轮碾机技术参数

型　　号	LN3300	LN3600
生产能力/($m^3 \cdot h^{-1}$)	30 ~ 40	35 ~ 45
碾盘有效直径/mm	3 300	3 600
主轴转速/($r \cdot min^{-1}$)	18	16
驱动功率/kW	55	55
泵站工作压力/MPa	16	16
整机质量/kg	45 840	50 400
外形尺寸/mm	4 160×3 450×3 650	3 720×3 720×3 200

12.2.11　CJZ 型连续振动磨

(1)概述。

CJZ 型连续振动磨可广泛用于冶金、建材、选矿、耐火、化工、非金属等行业。结构如图 12.2.3 所示。

(2)特点。

①与普通球磨机相比,效率提高 3 ~ 5 倍,节约能耗 30% ~40%,节约磨矿介质消耗 60% ~70%。

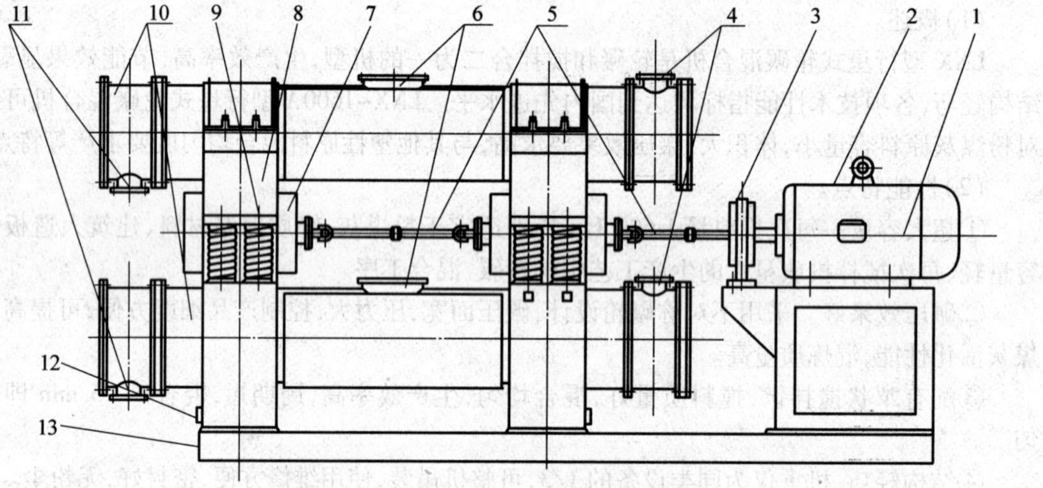

图 12.2.3　CJZ 型连续振动磨

1—电机座;2—电机;3—外抱块式制动器;4—进料口;5—万向联轴器;6—加球口;7—罩壳;8—轴承座;9—弹簧;10—筒体;11—出料口;12—光电保护装置;13—底座

②主轴系统和磨筒设有冷却系统,可适应三班制运转和干法生产工艺条件。

③整机安装及调试方便,装配式筒体可通过不同的组装方式(单进单出、双进双出)适应不同的粒度要求。

④设有光电保护装置,一旦弹簧疲劳断裂,可在 5 s 内停车,不致损坏主轴。

⑤整体式衬板设计,更换方便快捷。

(3)技术参数见表12.2.21。

表12.2.21　CJZ型连续振动磨技术参数

筒体容积/L	100	200	400	800	1 600
振动频率/Hz	24	24.3	24.5	16.3	16.2
振动强度/g	6~9	6~9	6~9	6~9	6~9
电机功率/kW	7.5	15	30	55	110
冷却水用量/(t·h^{-1})	0.2	0.4	0.6	1.2	2.0
质量/t	1	2	31.8	7.5	10

12.2.12　XLH型行星式轮碾混合机

XLH型行星式轮碾混合机适宜于拌合颗粒状、粉尘状的干料、半干料、湿料，以及耐火泥料、黏土、红壤土、粉煤灰、尾矿、炉渣、型砂、磨料、化工原料等物料，可广泛用于建材、耐火材料、陶瓷、化工、铸造等领域。其技术参数见表12.2.22，结构如图12.2.4所示。

该设备混合效率高，物料在机内混合4~5 min即可均匀；碾炼质量好，不成团，颗粒不易再粉碎；电耗低；整机密封，环境污染小，噪声小，重量轻，可整机吊装；安装容易，操作方便，维修简单，具有轻型、高效、节能等优点。

设备结构部件：

①机架部分。机架用槽钢焊成一整体，碾盘置于机架中央，机架两端配有保护罩，电机装。在机架一侧，通过三角带带动变速箱，以驱动立轴转动。

②碾盘。分上、下两部分和盖，筒体下部装有三处衬板，底部开有扇形出料口。筒体上部开有窥视窗，以便观察运行情况，进料口开在筒上部，筒盖上方有一个进水口。

③传动系统。减速箱为铸铁箱形结构，由两对斜齿组成，悬挂于机架中央，减速后带动立轴转动。行星齿轮箱装在立轴上端，立轴上的中心齿轮通过两只介齿带动两只行星齿轮自转，两根行星齿轮轴的下端各装有一组行星搅拌铲，行星箱两侧装有行星搅拌侧刮板，它们以一定的速度绕立轴做顺时针方向公转，同时两组行星搅拌铲的3块铲板分别以一定的速度绕各自的轴做逆时针方向自转。

④行星搅拌铲及侧刮板。行星搅拌铲是该设备的主要搅拌部分，共有两组，每组搅拌铲的3块铲片均匀分布在铲盘上，通过三根刮板杆与铲盘连接。行星搅拌铲是利用铲片的旋转运动状态翻动，搓研混合物料，铲片和刮板杆上分别开有横向和纵向的沟槽，便于安装、调整，也便于维修时更换。为防止在使用中因物料混入硬物或铁件而造成机件损坏，侧刮板杆上装有过载缓冲保护弹簧，当搅拌阻力过大，超过限度时，保护弹簧自动压缩，铲片即能抬起一定角度，以减少阻力，保护机件。

⑤进出料及加水中心装置。进水部分采用活动接头装置，加水连接座固定于直行星齿轮箱上，随其与碾轮、行星搅拌铲同步转动，在加水连接座与水管之间，装有一回转接头，水与添加剂直接喷洒在物料上，碾轮、刮板、行星搅拌铲可避免沾染。物料从进料口定量投入，拌碾完毕后的物料由碾盘底部的扇形出料口卸出。

表 12.2.22 XLH 型行星式轮碾混合机主要技术参数

型 号	XLH. 1200	XLH. 800	XLH. 500	XLH. 300	XLH. 200
混合盘规格/mm	2 400×450	2 200×360	1 800×300	1 500×340	1 274×260
混合盘容量/L	1 200	800	500	300	200
碾轮规格/mm(2 件)	750×250	700×250	550×230	480×180	400×140
碾轮质量/kg	800×2	600×2	450×2	313×2	200×2
行星搅拌铲数量			2×3(每组 3 块)		
每次投料量/kg	1200	800	500	300	200
每拌时间/min			3 ~5		
电机功率/kW	22	18.5	15	11	7.5
生产能力/(t · h^{-1})	14	10	6	4	2.5
K值/(kg · kW^{-1} · min^{-1})	10.6	11.11	6.67	6.06	5.6
整机质量/kg	7 500	5 500	4 500	3 500	2 500
外形尺寸/mm	4 000×2 930×2 800	4 000×2 300×2 200	3 000×1 900×1 900	2 434×1 900×1 125	2 632×1 480×1 450

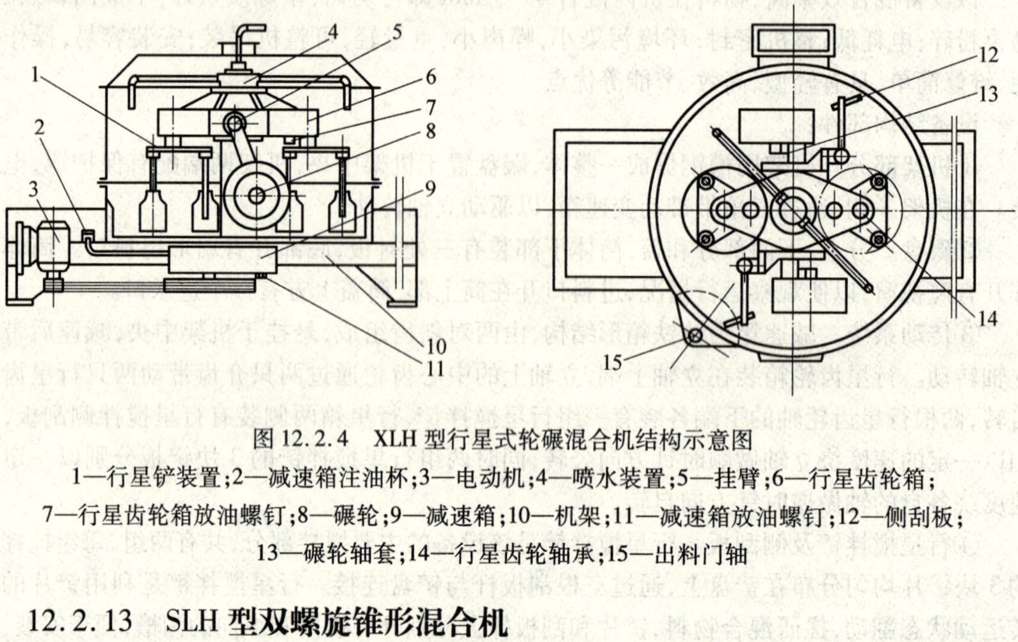

图 12.2.4 XLH 型行星式轮碾混合机结构示意图

1—行星铲装置;2—减速箱注油杯;3—电动机;4—喷水装置;5—挂臂;6—行星齿轮箱;7—行星齿轮箱放油螺钉;8—碾轮;9—减速箱;10—机架;11—减速箱放油螺钉;12—侧刮板;13—碾轮轴套;14—行星齿轮轴承;15—出料门轴

12.2.13 SLH 型双螺旋锥形混合机

SLH 型双螺旋锥形混合机广泛应用于化工、染料、医药、农药、冶金、矿山、石油、机械、建筑、食品、味精、调料以及农业种子和饲料等部门的粉(粒)料混合。该机对混合物料适应性强;对热敏性物料不产生过热现象,对颗粒物料不会压溃和粉碎,对密度差异悬殊和粒度不同的物料组成的混合不发生分层离析现象;对粗料和超细粉等各种颗粒、纤维中片状物料的混合也能较好地适应。

该机混合型式先进,结构设计合理,混合速度快,混合精度高,动力消耗低,装载系数大,使用寿命长。

其结构如图 12.2.5 所示,技术参数见表 12.2.23。

表 12.2.23　SLH 型双螺旋锥形混合机技术参数

型号项目	SLH. 0. 5	SLH. 1	SLH. 2	SLH. 4	SLH. 6	SLH. 10
全容积/m^3	0.5	1	2	4	6	10
装载高度	不超过螺杆顶端叶片(密度≤1.2×10^3 kg/m^3)					
产量/($t\cdot h^{-1}$)	0.5~1.2	0.6~1.2	2~4	3~6.5	6.5~8.5	12
工作压力	常压、微压或微真空					
总功率/kW	2.2	4	5.5	11/1.5	15/1.1	18.5/1.1
混合物料	双组分或多组分粉料 20~400 目				40~500 目	
支座中心距/mm	1 140	1 380	1 780	2 150	2 550	3 000
支座至筒盖高/mm	260	300	300	350	350	350
进料口直径/mm	250	400	500	600	600	600
出料口直径/mm	225	225	225	440	440	440
筒体高/mm	1 295	1 500	2 050	2 460	2 960	3 560
进料口中心距/mm	810	1 000	1 200	1 500	1 800	2 200
支座孔径/mm	4~22	4~22	4~22	4~30	4~30	4~30
外形尺寸(最大外径×总高)/mm	1 230×2 130	1 530×2 460	1 940×3 090	2 310×4 130	2 710×4 750	3 160×5 200
设备质量/kg	820	1 200	1 500	3 150	3 400	3 155

12.2.14　混凝土砌块地砖成型机

(1)工艺流程。

①计量生产流程从骨料的计量开始。骨料从安装在厂房外面但不受大气影响的料中自动地通过一皮带运输机引入。骨料的数量由粒度分析来确定。

②搅拌骨料经过料斗输送到搅拌机。在此,它们与相应数量的胶凝材料(水泥)颜料(胶凝材料质量的5%)和水(水/水泥之比为1∶0.35)一起混合。经过几秒钟的搅拌,将混凝土经皮带运输机送到成型机。

③模制在此,混凝土砌块开始成型。机器自动地将必要数量的混合料移送去压制。混合料在钢模具中振动、加压后成型、脱模后放在托板上。

④清理产品的表面经一旋转的刷子将可能需要修整的地方予以清扫。

⑤托板带着新脱模的产品自动地置于升板机上,然后由叉车或在轨道上运行的“子母车”移到“自固化”养护室内存放,在那里托板将保留 16~24 h。在此过程中,由于水泥的放热化学反应使得窑内维持恒定的湿度和温度。这样,产品就获得初期快速固化,保证产品具有一定的强度,能较好地防止在码垛时不致破碎。

(2)成型机的特点。

①生产线系列。从年产量 6 000~300 000 m^3 的全自动生产线,共有近 20 种系列,以满足不同投资规模的需要。

②坚固可靠的机械结构。罗莎科美达所有设备均采用高强型钢结构,确保机器使用寿命长而设备维护费极低。

③高效精确的搅拌系统。罗莎科美达行星轮式强制搅拌站配有精确的湿度控制和加水系统,采用特殊的搅拌运动和不同的搅拌速度,确保不同原材料拌合物的混合高度均匀。

④先进的振动成型技术。最新的专利振动成型技术可以真正地确保砌块、地砖的密实

度和强度。

⑤先进的电子控制系统。采用最新 PLC 控制系统以及故障诊断和错误纠正功能,确保生产线各部位高效可靠地工作,最大限度地提高产品质量及其稳定性。

12.2.15　QWS-120 型水泥瓦成型机

该成型机是在引进国外最新成型工艺基础上开发成功的新型机。采用塑性混凝土经压滤成型的水泥瓦,具有密度大、外观漂亮等优点,是粉煤灰综合利用设备之一,技术参数见表 12.2.24。

表 12.2.24　QWS-120 型水泥瓦成型机主要技术参数

名称	参数	名称	参数
成型压力/kN	1 200	装机容量/kW	7
成型周期/s	12 ~ 15	主机质量/t	5
班产量/张	2 000 ~ 2 500	主机外形尺寸/mm	3 100×1 640×2 650

12.2.16　QF3-35 型路面砖砌块成型机

QF3-35 型砌块成型机通过更换模具可生产彩色路面砖、草坪砖、薄壁空心砌块、路沿石、花墙砌块、树坑砖、护坡砌块等。产品质量优良,生产效率高,可广泛用于市政、建筑、园林、小区建设等领域。生产中可大量掺加粉煤灰、炉渣等工业废料。技术参数见表12.2.25。

表 12.2.25　QF3-35 型路面砖砌块成型机主要技术参数

每次成型块数	10 块(S 型连锁路面砖)或 3 块(砌块)	托板规格(钢板)/mm 装机容量/kW	660×540×611
成型周期(每次)/s	25 ~ 35	整机质量/t	3
设计生产能力(每班)/m^2	150 ~ 200	整机外形尺寸/mm	4 000×3 500×2 300

12.2.17　硬塑挤砖机

(1)JZK50Y-35 型双级真空硬塑挤砖机。

JZK50Y-35 型双级真空硬塑挤砖机,挤出压力大,真空度高,挤出的泥条密实,外观整洁。湿坯强度达$(3.5 \sim 4)\times10^5$ Pa。生产率高,成型含水率低,降低了在生产中的能耗和损失。工艺简单,适合中型砖厂使用。其技术参数见表 12.2.26。

表 12.2.26　JZK50Y.35 型双级真空硬塑挤砖机技术参数

生产能力/(标块 · h^{-1})	7 000 ~ 9 000	挤出压力/MPa	3.5
成型水分/%	13 ~ 15	电机功率/kW	55 ~ 110
真空度/%	≥92	主轴转速/(r · min^{-1})	26

易损件采用耐磨材料制作并经严格淬火处理,硬度高,耐磨性能好,不需经常更换易损件,生产效率高,节约维修时间。

结构紧凑,采用硬齿面减速器,传动平稳,使用寿命长,装有一套备用机口,节约更换机口的时间,配套能力好。

(2)JZK60Y-35 型双级真空硬塑挤砖机。

JZK60Y-35 型双级真空硬塑挤砖机性能优良,耐磨件寿命长,是生产全煤矸石、高掺量粉煤灰、页岩砖的设备。其技术参数见表 12.2.27。

表 12.2.27　JZK60Y-35 型双级真空硬塑挤砖机技术参数

型　号	JZK60Y-35 Ⅰ	JZK60Y-35 Ⅱ
生产能力/(标块·h^{-1})	11 000 ~ 13 000	11 000 ~ 13 000
电机功率/kW	90+160	90+160
成型水分/%	13 ~ 15	13 ~ 15
真空度/%	≥92	≥92
挤出压力/MPa	3.5	3.5
主轴转速/(r·min^{-1})	26	27

(3)JZK75Y-35 型双级真空硬塑挤砖机。

JZK75Y-35 型双级真空硬塑挤砖机,挤出压力大,真空度高,挤出的泥条密实,外观整洁。易损件采用耐磨材料制作并经严格淬火处理,硬度高,耐磨性能好,不需经常更换易损件,生产效率高,节约维修时间。采用硬齿面减速器,强制润滑,传动平稳,使用寿命长。

12.2.18　粉煤灰建材成型设备

(1)JZK70/60-38 型双级真空挤砖机。

主要特点是绞刀轴为自定心结构;泥缸衬套采用非金属耐磨材料(除 JZK50/45-20 外),可用一年以上;内机口成型,减少了成型阻力,且芯头由特殊材料制成;上级搅拌轴全保护性结构;硬齿面齿轮减速器,挤出压力大,坚固耐用。此外尚有 JZK50/45.30 型及 JZK50/45-20 型设备。

(2)ZQP 型自动切坯机。

采用程控机控制,全自动操作。调整钢丝不需停机,无机械离合装置和滑动摩擦接触件,钢丝的自由调整可满足各种规格砖坯的切割。其技术参数见表 12.2.28。

表 12.2.28　ZQP 型自动切坯机技术参数

型号	生产能力/(标块·h^{-1})	切坯数量/(块·次$^{-1}$)	最大切坯次数/(次·min^{-1})	装机容量	外形尺寸/mm	质量/kg
ZQP24	14 400	24	15	3.0+0.75	4 960×2 068×1 683	1 357
ZQP12	12 960	12	18	3.0+0.75	4 960×2 403×1 683	1 237

(3)ZQG12 型自动切割机。

一机完成切条、切坯、动作准确,基本无泥头,全自动操作。是人工干燥、人工码坯工艺的切割设备。其技术参数见表 12.2.29。

表 12.2.29　ZQG12 型自动切割机技术参数

型号	生产能力/(标块·h^{-1})	切坯数量/(标块·次$^{-1}$)	最大切坯次数/(次·min^{-1})	装机容量/kW	外形尺寸/mm	质量/kg
QG12	14 400	12(20)	20	2.2	4 260×1 248×1 648	1 000

(4)ZQT 型自动切条机。

全自动操作,垂直切割,两级安全防护装置。其技术参数见表 12.2.30。

表 12.2.30　ZQT 型自动切条机技术参数

型　号	ZQT600×200	ZQT300×200
切割速度/(次·min^{-1})	30	30
切割长度范围/mm	≥240	≥240
切割断面/mm	600×200	300×200
装机容量/kW	0.75	0.55
外形尺寸/mm	4 200×1 570×1 890	4 200×1 290×1 890
质量/kg	620	450

(5)ZMP 型自动码坯机。

ZMP 型自动码坯机是向窑车码放坯料的机械手,由程控机控制,气动与机械联动,夹坯力度可调,动作准确可靠。其技术参数见表 12.2.31。

表 12.2.31　ZMP 型自动码坯机技术参数

型　号	ZMP923-4	ZMP690-3	ZMP460-2
生产能力/(标块·h^{-1})	13 600	11 900	6 820
适用宽度/mm	9 230	6 900	4 600
码坯最高高度/mm	1 152	1 344	1 400
装机容量/kW	15.75	15.75	13.25
外形尺寸/mm	12 440×6 010×6 610	9 700×6 001×7 410	7 700×5 980×8 570
质量/kg	16 500	14 000	13 500

(6)FP-8 型翻坯机组。

FP-8 型翻坯机组组是配合自动码坯机的专用翻坯系统,全自动操作,连续性强,不损伤坯体。其技术参数见表 12.2.32。

表 12.2.32　FP.8 型翻坯机组技术参数

型号	生产能力/(标块·h^{-1})	装机容量/kW	外形尺寸/mm	质量/kg
FP.8	8 640(14 600)	15.05	5 300×4 500×940	4 350

(7)HXT 型换向台。

HXT 型换向台是使切割后的坯体改变行走方向的专用设备,全自动操作。其技术参数见表 12.2.33。

表 12.2.33　I-IXT 型换向台技术参数

型号	坯体运动速度/(m·min^{-1})	装机容量/kW	外形尺寸/mm	质量/kg
HXT.24	19.6	1.65	2 060×1 895×914	1 832

12.2.19　粉煤灰气流分选机

经过气灰混合器的混合气(原灰+气),被负压由进料口输送到分选仓,在分选仓中,由于颗粒受到离心力 F_c(与颗粒直径的立方成正比)与气动阻力 F_d(与颗粒的直径成正比)所产生的合力作用不同,较细颗粒由于 $F_d>F_c$ 而向蜗轮靠拢,并由蜗轮导向到出料口(细灰+气),经旋风收集器收集成为用户要求的成品细灰;较粗颗粒由于 $F_d<F_c$ 而向外运行,在周边处减速,因重力作用下沉成为粗灰。二次风口也通向分选仓,二次风可使较粗颗粒中的细灰被再次托举进入分级仓进行分选,最大限度地提高了分选效率。同时,蜗轮转速是由调速

电机控制的，通过变频器可以任意调节蜗轮转速，蜗轮转速越快，离心力 F_r 越大，进入分级蜗轮的颗粒越细，即成品细灰颗粒越细。一旦蜗轮转速确定，系统风量不变，则分级机分级颗粒也保持相对稳定。技术参数见表 12.2.34。

表 12.2.34　FXⅢ分选机技术参数

型号	处理量/(t·h^{-1})	系统能耗/kW	分级粒径/m	分级效率/%	标准外形尺寸/mm	
					直径	高度
FXⅢ-20	15~20	120	—	—	2 300	3 950
FXⅢ-30	20~30	150	—	—	2 300	4 360
FXⅢ-40	25~40	170	30~45	≥85	2 500	4 780
FXⅢ-50	50	250	—	—	2 500	5 200

思考与练习

1. 后装压缩式垃圾车技术特点是什么？
2. 简述喷射气流粉碎机原理。

第13章 环保设备经济指标及分析

13.1 收益类指标

(1)处理能力。

处理能力是指单位时间内处理“三废”物质的多少。例如,水处理设备的流量大小,除尘设备的风量大小等。显然,环保设备的处理能力与处理工艺、设备、体积、材料消耗以及总造价密切相关。一般,应按照系列化要求,对处理能力进行合理分级,力求单位处理能力的总投资最少。

(2)处理效率。

处理效率是指通过处理后的污染物去除率。环保设备的处理效率与处理对象有关,如除尘设备的分级效率就对尘粒大小很敏感。同时,环保设备的处理效率又随着所采用的处理工艺不同而具有很大差别。

(3)设备运行寿命。

设备运行寿命是指既能保证环境治理质量,又能符合经济运行要求的环保设备运行寿命。实质上,它也代表着环保设备投资的有效期。

(4)“三废”资源化能力。

“三废”资源化能力是指通过环保设备对污染源进行治理后,可以变废为宝,从中获得直接经济价值的能力。

(5)降低损失水平。

降低损失水平是指通过环保设备对污染源进行治理后,改善了环境质量,减少或免交治理前须交纳的有关环境污染赔偿费(如排污费等),或减少了生产资源的损失。

(6)非货币计量收益。

非货币计量收益是指通过环保设备对污染源进行治理后,产生不能直接用货币计量的收益,如空气净化、环境幽雅、舒适等。

13.2 耗费类指标

(1)投资总额。

投资总额是指设置(包括购置和建造)环保设备而支出的全部费用,包括直接费用(如设备购买与安装费用、建筑物费用等)和非直接费用(如管理费用等)。

(2)运行费用。

运行费用是指使环保设备正常运行所需的费用,包括直接运行费用(如直接人工、直接材料等)和间接运行费用(如管理费用、折旧费等),一般用年运行费用来表示。

(3)设置耗用时间。

设置耗用时间是指环保设备从开始投资到实际运行所耗用的时间,它反映了从购买(或建造)到形成使用价值的速度。

(4)有效运行时间。

有效运行时间是指环保设备每年实际运行的时间,常用有效利用率表示。实际上它代表着环保设备不开动时间所造成的耗费。

13.3　综合类指标

(1)寿命周期费用。

环保设备的寿命周期费用是指环保设备在整个寿命周期过程中所发生的全部费用。所谓寿命周期,是指从研究开发开始,经过制造和长期使用,直至报废或被其他设备取代,所经历的整个时期,如图 13.3.1 所示。

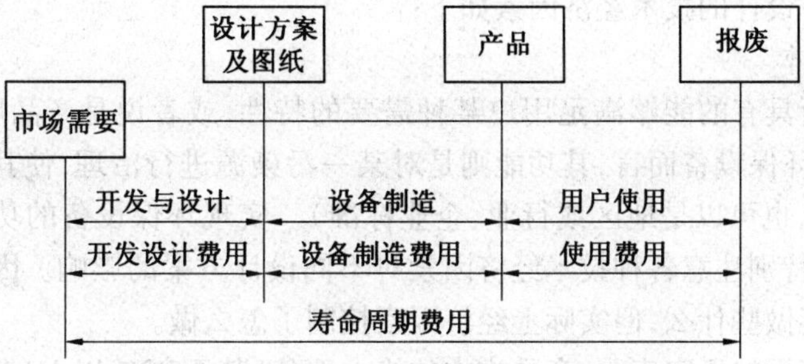

图 13.3.1　环保设备的寿命周期和寿命周期费用

从图 13.3.1 可以看出,环保设备寿命周期费用是由开发、设计费用、制造(或建造)费用和使用费用组成的。一般,通常从提供设备和使用设备的角度,将环保设备寿命周期费用分为设置费用和使用费用两部分。设置费用是指将环保设备调试至正常运行所需要的一切费用,包括开发、设计费用,试制费用,制造或建造过程中的直接或间接费用,以及运输、安装、调试等费用;使用费用指使用过程中的燃料、动力、原料、辅料、维修、人工等各种费用的总和。

(2)环境效益指数。

环境效益指数是反映应用环保设备后,改善环境质量的综合指标。

$$\text{环境效益指数}=\frac{\text{治理前后某污染物排放量之差}}{\text{该污染物的允许排放量}}$$

(3)投资回收期。

投资回收期是以环保设备的净收益(包括直接和间接的收益)抵偿全部投资所需要的时间。一般以年为单位,是考虑环保设备投资回收能力的重要指标。投资回收期按是否考虑货币资金的时间价值,可分为静态投资回收期和动态投资回收期。

静态投资回收期的计算公式为

$$N_t=\frac{T_I}{M} \tag{13.3.1}$$

式中　N_t——静态回收投资期，年；

T_I——投资总额；

M——年平均净收益。

动态投资回收期的计算公式为

$$N_d=\frac{\lg[1-(T_I)i/M]}{\lg(H_i)} \tag{13.3.2}$$

式中　N_d——动态投资回收期，年；

i——年利率或投资收益率，%。

13.4　影响环保设备设计的因素及成本

13.4.1　影响环保设备的因素

影响环保设备设计的技术经济因素如下：

(1)功能与成本。

功能是产品所具有的能够满足用户某种需要的特性，或者说是产品所具有的效能、用途、使用价值。就环保设备而言，其功能则是对某一污染源进行治理，使其达到预定的要求(可以是国家标准，也可以是地区或行业、企业标准)。实现环保设备的功能是设计师的首要任务，同时又应特别注意各种技术经济因素对不同设计方案的影响。因为环境工程技术研究虽能说明了能做些什么，但实际上经济因素控制了怎么做。

产品设计经济学的研究表明，产品成本的绝大部分(甚至90%以上)花费在各级手段功能上。所以，在设计环保设备(特别是非标设备)时，应将重点放在寻求既能实现预定的目的功能，又能以较低的成本(这里所说的成本是寿命周期成本，即寿命周期费用)来实现手段功能上。例如，某企业为了治理生产中的含尘气体，拟自行设计制造一台除尘设备，经测试，该企业含尘气体中的尘粒直径在10 μm以上。从环境工程技术可知，实现除尘这一目的功能的手段功能很多，但从本例的实际出发，选用惯性力除尘器(如百叶窗式)不但设备的设置费用较低，其运行成本也较低，即在实现目的功能诸方案中，采用百叶窗式惯性除尘器设计方案，其寿命周期费用最低。

(2)质量与成本。

质量是反映产品在功能上满足用户需要的能力或程度。就环保设备而言，其功能是进行环境污染治理，使之达到要求的环境质量标准。因此，环保设备质量最终应以能否达到预定的环境质量标准来衡量。也就是说，选择适宜的环境质量设计标准，是降低环保设备寿命周期费用的关键。

图13.4.1反映了环境质量(以污染物在环境中的残留浓度表示)与污染防治费、污染损失费以及总费用(即上述两项费用之和)之间的关系。从图中可知，总费用最低的A点对应的环境质量即为理论上的最佳环境质量。如果此点对应的环境质量等于或高于有关的环境质量标准，则这就是适宜的设计标准。如果此点对应的环境质量标准低于有关的标准要求，则必须多支付一定的费用，使之达到有关标准的要求，即以有关标准规定的值作为设计标准。图13.4.2为设备性能与费用的关系。

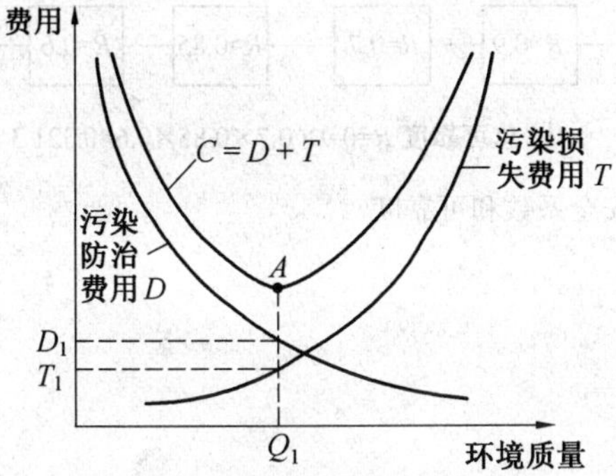

图 13.4.1　最佳环境质量模式

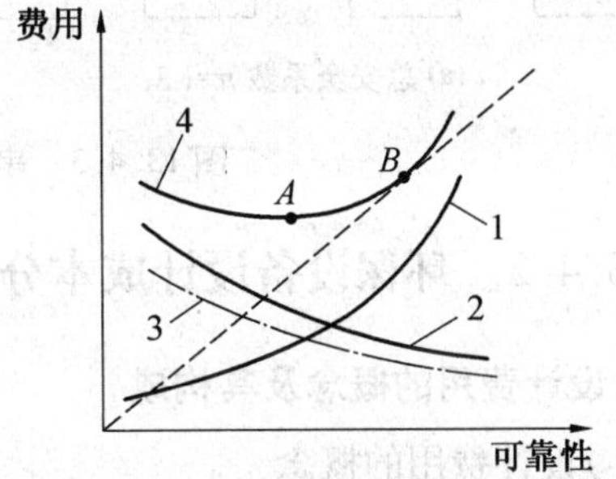

图 13.4.2　设备的可靠性与费用之间的关系曲线
1—研制、设计与制造费用;2—使用与维修费用;
3—维修费用;4—总费用

(3)设备制造(或建造)条件。

应用产品设计经济学关于生产性设计的思想,进行环保设备设计时,为降低设备成本,缩短生产周期,必须充分考虑所设计的环保设备未来制造(或建造)条件,以及市场上可较为便利地提供的材料或零部件。由于环保设备(尤其是非标设备)的设计与制造,一般多为单件或小批量,所以讲求设计的生产性,即充分考虑未来的制造(或建造)条件是非常必要的。

(4)安全性、可靠性与经济性。

安全性、可靠性与经济性是三个密切相关的概念,在环保设备设计过程中需要统筹考虑。一般来说,取较大的安全系数,提高系统的可靠性,势必使成本增加。但是,并不是成本越高,设备的安全性、可靠性也会越高,存在最佳匹配问题。

所谓可靠性,是指设备(或系统)在规定时间内,在规定使用条件下,完成规定功能的概率。这种定量化的可靠性称为可靠度。设备的可靠性在很大程度上是和保证与责任联系在一起的。在生产实践中,几乎很少有 100% 可靠的产品。环保设备(或系统)设计时,要求绝对完好,这是既不现实又不经济的。由图 13.4.2 可知,设备的可靠性提高,会导致研制、设计与制造费用(对用户来说,就是购置费用)的增加,但使用和维修费用却随着可靠性的提高而降低。反之,如可靠性降低,就必然导致使用和维修费用大大增加,甚至造成报废,在经济上造成重大损失。一般,有两点在设计时应给予关注:一是总费用最低点 4 相应的可靠性,另一个是单位费用可靠性最大的 B 点。

安全系数是表示组成设备(或系统)的某个零件承受载荷的安全程度。尽管安全系数与可靠度在描述设备的安全性、可靠性方面有很大的相似性,但其内在含义及其应用却有较大的区别。安全系数的范围在零与无穷大之间,从理论上说,较大的安全系数,意味着有较高的安全性。而可靠度(常用 R 表示)却在 0 与 1 之间,即 $0 \leqslant R \leqslant 1$。对串联的零部件(图 13.4.3(a))来说,安全系数最小的零部件决定整个装置的总安全系数。所以对于串联装置,除去设计保险机构(如保险丝)外,应采用等强度设计来降低成本。而串联装置的总可靠度却等于所有零件可靠度的乘积(图 13.4.3(b))。整个装置失效的原因,不一定是可靠度较小的零件,也不一定是强度问题。

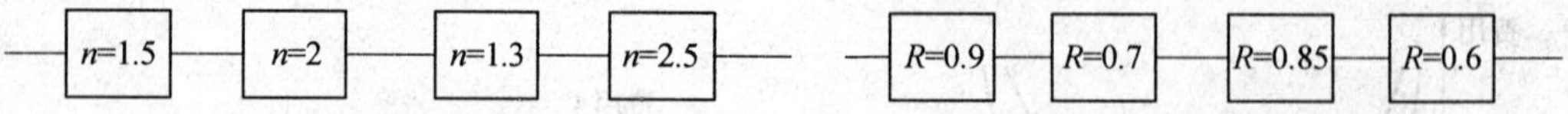

(a) 总安全系数 $n=1.3$　　(b) 总可靠度 $R=0.9\times0.7\times0.85\times0.6=0.321\ 3$

图 13.4.3　串联装置的安全系数和可靠度

13.4.2　环保设备设计成本分析

1. 设计费用的概念及其构成

(1)设计费用的概念

从环境治理工程的要求,到环保设备(或系统)设计工作完成,大致要经过方案论证、初步设计、详细设计和改进设计 4 个阶段。每个阶段又要花费一定的人力、材料、能源、设备和其他方面的费用。这些费用的总和,称为设计费用。对环保设备设计进行技术经济分析,就会涉及设计费用。一般来说,若设计费用花费太少,就难免出现一些本该可以避免的设计缺陷,导致制造成本和使用成本上升,甚至会前功尽弃。但是,并非设计费用花得越多,设计质量就越高。对于那些指标不适当的优化设计,尽管花了较高的设计费用,也不会得到好的设计方案。同时,那种不准备进行改进设计,要求工作图一次性准确无误也是不切实际的,势必会拖延下达图纸进行试制的时间。

通常,各个设计阶段所花的费用不同,且后一阶段比前一阶段的耗费高。有一个解决问题的思想:短时间内就能进行系统地阐述,但进一步发展这个思想,则既耗费时间,又耗费资金。具体进行结构设计,绘制零件图和装配图以及为此进行的各种计算、试验所花的费用就会较大。进而进行产品试制的耗费比以前各个阶段的耗费更大。同时,上一阶段设计工作的好坏,对下一阶段或后续各阶段的费用都存在较大的影响。

图 13.4.4 表明设计费用与设备成本之间的关系。由图知,并非耗费的设计费用越高,设备成本就越低,而存在一最佳相关区域:在这个区域后,设计费用的增加,几乎不能降低产品的成本。

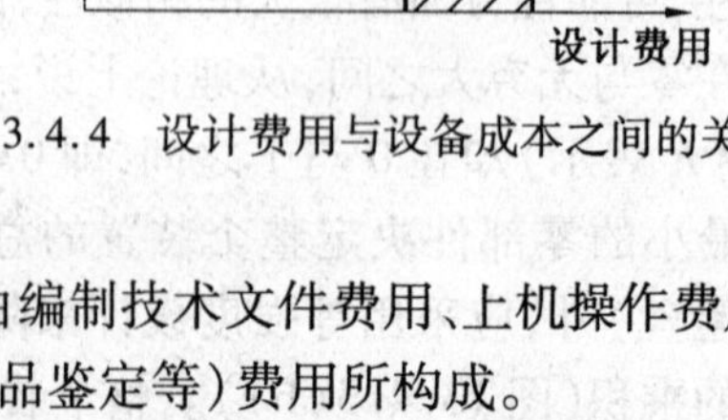

图 13.4.4　设计费用与设备成本之间的关系

(2)设计费用的构成。

①直接设计费用。一般由编制技术文件费用、上机操作费用、试验研究费用和组织评价(包括方案论证、文件会审、产品鉴定等)费用所构成。

②间接设计费用。与直接设计费用不同,间接设计费用是指那些虽不是直接在设计过程中所花的费用,但这些耗费主要是在设计过程中产生的。由于间接设计费用往往为设计

者所忽视，且其与直接设计费用同样重要。

2. 设计方案成本

设计方案成本指采用某个设计方案进行设备制造所需要的制造成本。环保设备（或系统）有的是成套设备（如旋风除尘器），有的是建筑设施（如污水过滤池等），有的是两者的结合（如很多水处理系统）。主要介绍成套环保设备设计方案制造成本的估算。

根据制造成本法，设计方案成本可分为直接材料费、直接人工费和制造费用。

（1）系数法。

系数法是根据以往研制或已经正式投产的同类产品或系列型谱中的基型产品的费用构成比，来估算新设计方案的成本。系数法又可分为简单系数法和综合系数法。

（2）差额调整法。

用差额调整法估算设计方案的成本，就是首先估算新的设计方案与老产品的成本差额，然后在老产品成本的基础上加以调整，从而得到新设计方案的估算值。其步骤是：

①计算老产品的制造成本，并将老产品的制造成本按产品结构、材质、工艺方法等划分为若干个成本单元，如除尘器外壳成本、滤袋成本、控制部分成本等。

②以结构、材质、工艺方法等方面，将新设计的方案与老产品进行比较，找出成本相同或不同的单元。

③剔除成本相同的单元，列出成本相异单元的明细表，并且采用系数法（见前述）或定额成本法（见后述）估算相异单元的成本。

④计算相异单元的成本差额，即将老产品的成本减去新设计方案相对应单元的估算成本。

⑤计算设计方案的成本。

差额调整法是以老产品的实际成本为基数。同时，成本相异单元又是以新设计方案与老产品相比较而确定的。所以，采用这种方法，需要具备新老方案的可比性，比较适合于改进型产品设计方案成本的估算。

3. 定额成本法

定额成本法是根据环保设备新产品设计方案的物质消耗和劳动消耗定额来估算设计方案的制造成本。其程序为：

（1）估计物质消耗定额和劳动消耗定额。新产品设计时，其物质消耗定额和劳动消耗定额不可能精确地确定。可以另有实践经验的管理人员、设计人员、工艺人员和技术工人组成工作组来进行估算。如果以往设计过同类产品，或者所设计的产品是系列变型产品，并且有较完整的统计资料，则可采用类推比较法和统计分析法来确定。这方面的工作需要工艺、物质供应和劳动工资等部门的密切配合。

（2）查明物质单价和计算平均小时工资标准。物质单价，可以从物质供应部门的物价明细表查到。包括材料单价和外购件单价；平均小时工资标准是指工人完成单位工时应得的平均工资，计算公式如下：

$$\rho = \frac{\sum R_j T_j}{\sum T_j} \tag{13.4.1}$$

式中　ρ——平均小时工资标准,元/h;

R_j——j 级工人的工资标准,元/h;

T_j——j 级工人所消耗的定额工时数,h。

(3)计算直接材料费用、直接人工费用和制造费用。其三者之和即为所估算的设计方案成本。

定额成本法较适合于测绘、仿制型产品设计方案的成本估计。因为测绘、仿制或用外来图纸的方式进行产品的设计,产品结构已十分清楚,这就可以较准确地估算设计方案的物质消耗定额。

13.5　环保设备投资分析

环保设备投资与生产设备投资不完全相同。后者的投资决策判据仅是成本与效益。前者则不同,需要综合考虑环境治理的基本要求、经济效益、环境效益等综合指标。

13.5.1　投资回收期法

若某项环保设备的投资回收期小于或等于基准投资回收期,则这个方案在经济上是可以考虑的。例如,某污水处理设备的初始投资为 50 万元,运行后每年可免交排污费 12 万元,其静态投资回收期为 5 年(即将计算结果记为整数)。若不考虑货币资金的时间价值,基准投资回收期为 6 年,则此方案从经济上说是可行的。采用动态投资回收期来决策时,则应注意所选择的投资收益率对决策结果的影响。投资回收期法应用简便,对于便于直接计量或换算计量经济价值的独立(单一)环保设备投资方案,可用此法来判断其可行性,以及该设备投资后的盈利能力。对于互斥方案的优劣比较,则采用追加投资回收期法比较适合。追加投资回收期的含义及计算方法与投资回收期同理。

13.5.2　寿命周期费用法

环保设备投资回收期主要是从经济价值的角度来衡量环保设备应用的经济效果的。对于有些环保设备投资,其目的主要是改善环境质量。对于几个都能达到环境质量标准的环保设备投资方案,可通过寿命周期费用的比较来选择最优方案。

例如,有两个设备投资方案 A 与 B(有关数据见表 13.5.1)。根据表 13.5.1 所作出的累计寿命周期费用曲线和年平均寿命周期费用曲线(图 13.5.1),由此可作下列判断:

(1)A、B 两方案的盈亏平衡点 BEP(Break Even Point)大约在 6.5 年处。它表明,若使用期大于 6.5 年,B 方案较为经济;反之,若使用期小于 6.5 年,则 A 方案比较经济。

(2)如果使用期为 10 年,则方案 B 的累计寿命周期费用比方案 A 大约便宜 1 000 万元。

表 13.5.1　设备投资两个方案的计算数据(万元)

序号	现值系数 =10%	资本回收系数 =10%	可供选择方案 A				可供选择方案 B			
			费用	现值	累计现值	年平均数	费用	现值	累计现值	年平均数
0	1.000 0	1.000 0	7 000	7 000	7 000	7 000	9 000	9 000	9 000	9 000
1	0.909 1	1.100 0	800	727	7 727	8 500	500	455	9 455	10 401
2	0.826 4	0.576 2	1 000	826	8 554	4 929	600	496	9 950	5 733
3	0.751 3	0.402 1	1 200	902	9 455	3 802	700	526	10 476	4 212
4	0.683 0	0.315 5	1 400	956	10 411	3 285	900	615	11 091	3 499
5	0.620 9	0.263 8	1 600	993	11 405	3 009	1 100	683	11 774	3 106
6	0.564 5	0.229 6	1 800	1 016	12 421	2 852	1 000	734	12 508	2 872
7	0.513 2	0.205 4	2 100	1 078	13 499	2 773	1 500	770	13 278	2 727
8	0.466 5	0.187 4	2 500	1 166	14 665	2 747	1 900	886	10 164	2 653
9	0.424 1	0.173 6	3 000	1 272	15 937	2 767	2 300	975	15 139	2 628
10	0.385 5	0.162 8	3 500	1 349	17 287	2 814	2 800	1 079	16 218	2 640

注:符号 * 指最小值。

(3)A 方案的年平均寿命周期费用最低点对应的使用期为 8 年,B 方案的年平均寿命周期费用最低点对应的使用期为 9 年。如果使用期为 9 年,方案 B 与 A 相比,平均每年可少花 139 万元。

(4)综合上述分析,B 方案比 A 方案经济,应优先选择。

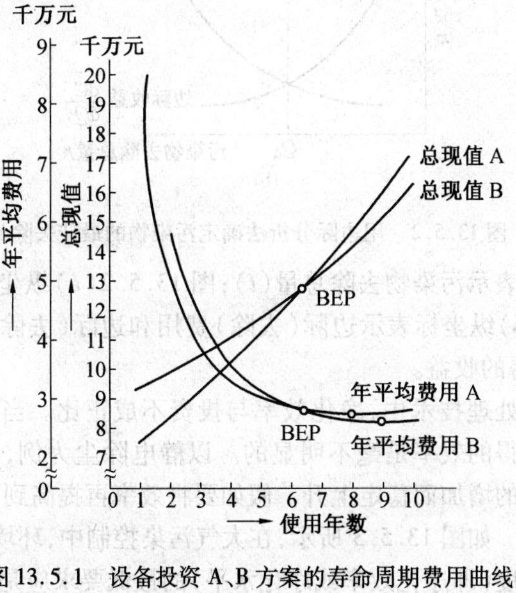

图 13.5.1　设备投资 A、B 方案的寿命周期费用曲线

13.5.3　环境效益指数——费用分析法

事实上,同样的环境效益指数可能由不同的环保设备投资来实现,或者同样的投资,由于环保设备的选型不同,可能导致不同的环境效益指数。因此,有必要将二者结合起来比较单位投资环境效益指数的大小。不同的环保设备(或系统)投资方案,单位投资的环境效益指数 P,大者为优。

在管理经济学中，边际分析法是寻求最优解的重要工具，利用边际值来分析问题（对函数关系来说，边际值就是因变量的变化率）。在环保设备应用技术经济分析过程中，运用边际分析法的基本思想来分析问题是很有技术经济价值的。

对于环保设备投资决策，如何判断多大的污染防治费用最合适，既不是达到最低要求的环境质量标准的投资为最佳，也不是以达到最高要求的环境质量标准的投资为最佳，而应当把该项环保设备投资活动引起的边际效益和它的边际费用相比较，如果前者大于后者，则是有利的；否则，就是不利的，且以净收益最大为最佳。这种分析方法就是边际分析法。

如图 13.5.2 所示，将污染防治类比为一种商品的生产，并将达到某种环境质量要求（换算成污染物去除总量）所要付出的费用和所获得的收益，以及总费用、总收益等曲线列于图上，即可运用边际分析法进行费用和效益分析。

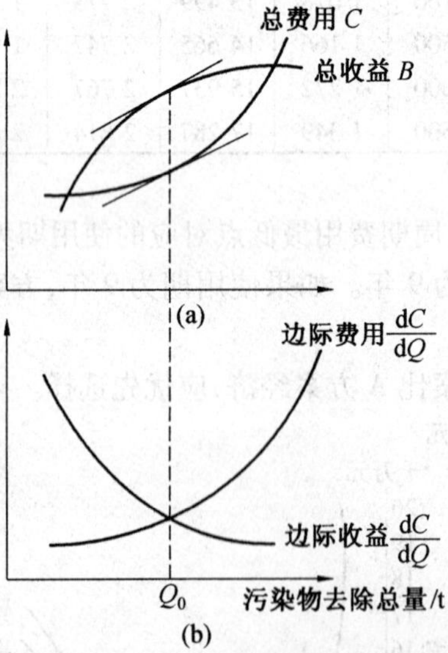

图 13.5.2　用边际分析法确定污染物的最佳去除量

由图可知，横坐标表示污染物去除总量（t）；图 13.5.2（a）纵坐标表示总费用和总收益的货币值；图 13.5.2（b）纵坐标表示边际（去除）费用和边际（去除）收益，即去除单位污染物所增加的费用和所得的收益。

例如：在除尘和水处理技术中，净化效率与投资不成正比。当净化效率达到某一程度后，继续增加费用所取得的效率是毫不明显的。以静电除尘为例，当效率在 90% ~98% 范围内，除尘效率随费用的增加而稳定上升。假如要将效率再提高到 99.9%，即提高不到 2% 时，其费用将成倍增长。如图 13.5.3 所示，在大气污染控制中，环境卫生防护程度是控制费用的函数，卫生防护程度（即净化效率或净化水平）的最低要求应是防止死亡（图中 a 点）。

因此，环境污染控制的最低要求应在 a 点上，b 点是实际最大防护要求；a 与 b 之间是费用与效益平衡区，可根据费用-效益分析选择最佳的环境质量（即防护程度）水平。

图 13.5.4 描述了废水处理费用与其处理程度的关系。第 1 段中（相当于废水的一级处理）费用与效果十分明显，只需花费很少的处理费用就可使环境质量有很大改善。处理程度越高（污染物的去除率越高），污染所造成的经济损失（即图中的污染费用）就越低。但是，继续增加处理费用，在第 Ⅱ 段（相当于二级处理），环境质量改善的程度比第 Ⅰ 段小。而

第Ⅲ段(相当于三级处理)花费巨额的资金,增加的环境效果却不明显。因此,必须根据费用-效益分析来确定最佳的环境质量要求,以求净效益最大。又如,在传统的污水处理情况下,一级处理,在相对低的费用下,可以首先去除 30% ~70% 的 BOD(生物耗氧量);二级处理时,去除 85% 以后,若再增加 10% 的净化效果(即总去除率为 95%),其所需的费用要比去除 30% 大好几倍。而要从 97% 增至 99%(即增加 2% 的去除率),所需费用等于从零处理到 97% 的总费用。

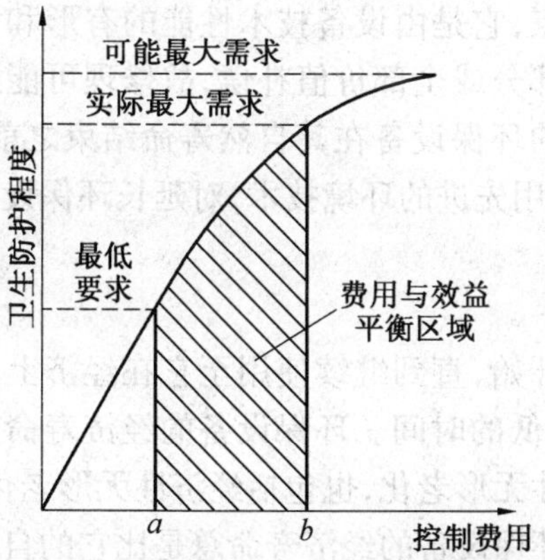

图 13.5.3　大气污染控制费用与卫生防护程度(净化效率)的关系曲线

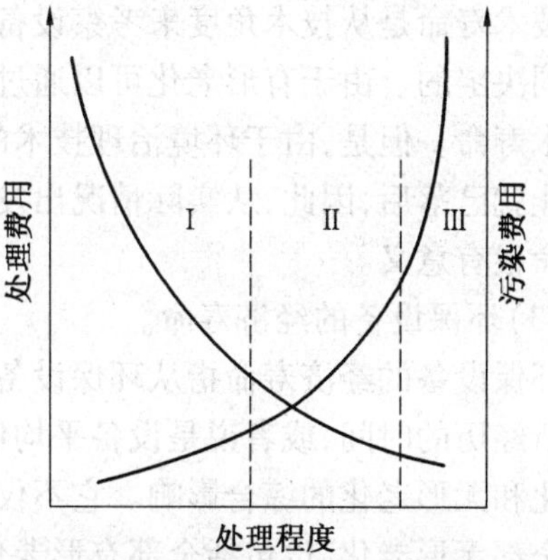

图 13.5.4　废水处理费用与其处理程度的关系曲线

13.6　环保设备运行管理分析

做出环保设备投资决策以后,接着就是用好设备,管好设备,使环保设备发挥出最佳的经济效益和环境效益,这也就是对环保设备(或系统)进行运行管理分析的目的。

13.6.1　环保设备寿命的内涵及其实际意义

环保设备寿命与环保设备寿命周期这两个概念既有联系又有区别。弄清不同的环保设备寿命概念的内涵,对进行环保设备应用技术经济分析具有实际的意义。

环保设备(或系统)寿命周期指的是环保设备的全部历程,是从运动周期来考察问题的,包括根据环境治理工程的需求在开发设计中孕育,在制造安装中诞生,在使用中履行职责,最后退出环境治理岗位的历程;而环保设备寿命只是从诞生开始,直至报废为止的这一段时间。很显然,环保设备寿命是环保设备寿命周期的一部分,它的长短与环保设备寿命周期的长短直接相关。

环保设备寿命由环保设备老化的速度决定。由于考察环保设备老化的内容和角度不同,环保设备寿命有下述几种:

(1)环保设备的自然寿命。

环保设备的自然寿命也称环保设备物质寿命。指环保设备自诞生至进入使用岗位,直至它在实物形态上丧失全部使用价值为止所经历的时间。环保设备在实物形态上丧失其环境治理价值,导致它的技术效率(对应于去除率)为零。它是环保设备累积磨损的结果,是有形老化的极限。为了减少环保设备的有形老化,延长其自然寿命,在进行环保设备设计与制造时,要尽可能采取相应措施。例如,在旋风除尘器的内壁部分可全部贴衬耐磨衬里或涂刷耐磨涂料。此外,增加设备的可修复性,可减轻设备的有形老化,所以,提高环保设备的维修性,在必要时进行维修性设计。

(2)环保设备的技术寿命。

环保设备的技术寿命指环保设备从投入运行开始,直到它在技术性能上被淘汰(也就是其性能指标达不到环境质量的要求为止)所经历的时间。

技术寿命是从技术角度来考察设备寿命的终点,它是由设备技术性能的有形和无形老化共同决定的。由于有形老化可以通过修理进行部分或全部价值补偿,故修理可能适当延长技术寿命。但是,由于环境治理技术的进步,有的环保设备在其自然寿命结束之前,其技术性能就已落后,因此,从实际情况出发,尽可能应用先进的环境技术,对延长环保设备的技术寿命很有意义。

(3)环保设备的经济寿命。

环保设备的经济寿命指从环保设备投入运行开始,直到继续使用至它在经济上不合算为止所经历的时间,或者说是设备平均使用成本最低的时间。环保设备的经济寿命是受有形老化和无形老化的综合影响。它不仅包括技术性无形老化,也包括经济性无形老化,不仅包括全部无形老化,也包括全部有形老化。因此,环保设备的经济寿命总是比它的自然寿命和技术寿命小,是环保设备投资决策过程中决定投资有限期的重要依据。

13.6.2　环保设备的有效利用率及其影响因素

有效利用环保设备是提高投资的经济效益及环境效益的必然要求。在环保设备运行的全过程中,应把有效利用率作为设备综合管理效果的重要指标。为此,很有必要弄清影响设备有效利用率的各种因素(图 13.6.1)。

从图 13.6.1 可知,影响环保设备正常运行的最主要的因素是可靠性和可维修性(通过停机维修时间来体现)。尽管可靠性和可维修性在设计阶段就已大体确定,但是加强运行管理和维修工作对提高环保设备的有效利用率也很重要。运行管理方面,通过制定一套科学的规章制度(包括安全操作规程、定期检查和维护规程等),并配备相应的具有熟练操作能力和技术水平的操作者,以实现用好、管好、保养好有关环保设备。维修工作方面,通过预防和改善维修来实现。所谓预防维修,是在规定的时间内,为使设备性能降至合格水平以下所应进行的维修工作。预防维修的目标,是控制故障的发生,降低设备不可靠的影响。预防维修可按周期(或按状态)进行,在实施时有时需要有计划地停止设备运行。例如,定期检查或更换滤袋,属于预防维修的范畴。改善维修,是在设备运行过程出现故障,或性能降至合格水平以下时进行的维修工作。因故障而引起的停机时间,不但包括修理时间,还要加上因人力、备件或设备等资源缺乏,以及是否安全等信息不畅通而耽误的时间。修理时间取决于设备的可维修性、管理效果以及技术和装备水平等因素;等待修理的时间取决于维修资源及信息的组织水平等。由于环保设备往往要求与生产设备同时运行,因此,采用以预防维修为主的维修制度,可以提高其应用的技术经济效果。

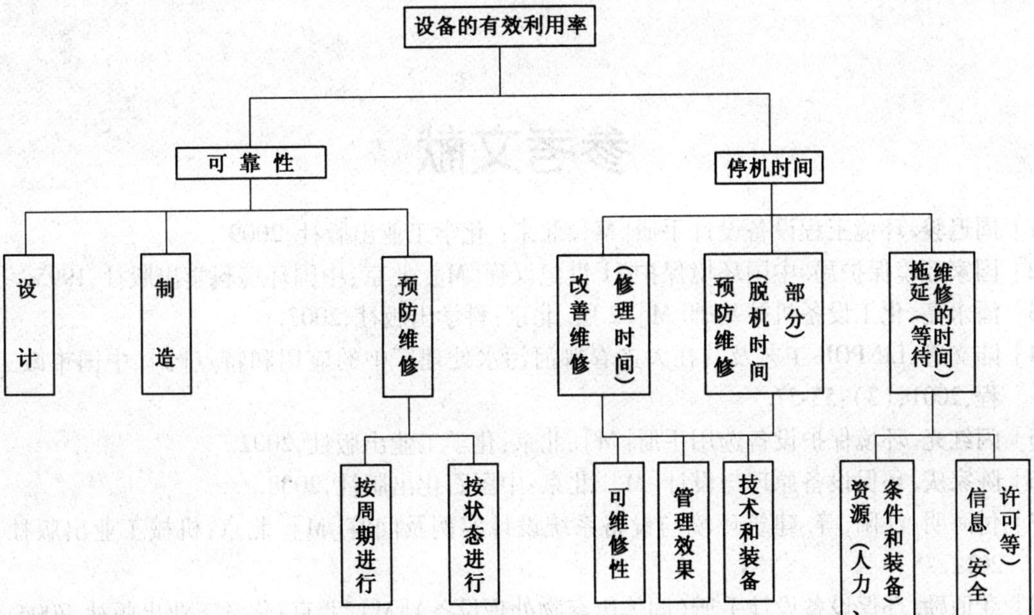

图 13.6.1　影响设备有效利用率的各种因素

思考与练习

1. “三废”资源化能力是指什么？
2. 影响环保设备设计的技术经济因素有哪些？
3. 设计费用与设备成本之间的关系是怎样的？
4. 简述环保设备寿命的内涵及其实际意义？
5. 环保设备自然寿命、环保设备的技术寿命、环保设备的经济寿命意义是什么？

参考文献

[1] 周迟骏. 环境工程设备设计手册[M]. 北京: 化学工业出版社,2009.
[2] 国家环境保护局. 中国环境保护21世纪议程[M]. 北京:中国环境科学出版社,1995.
[3] 潘永亮. 化工设备机械基础[M]. 2版. 北京:科学出版社,2007.
[4] 陆文逊. LINPOR工艺及其在大连春柳河污水处理厂中的应用和特点[J]. 中国市政工程,2001,(3):55-57.
[5] 闪红光. 环境保护设备选用手册[M]. 北京:化学工业出版社,2002.
[6] 陈家庆. 环保设备原理与设计[M]. 北京:中国石化出版社,2008.
[7] 付海明,江阳,等. 建筑环境与设备系统设计实例及问答[M]. 北京:机械工业出版社,2011.
[8] 龚佰勋. 环保设备设计手册(固体废弃物处理设备)[M]. 北京:化学工业出版社,2004.
[9] 江晶. 环保机械设备设计[M]. 北京:冶金工业出版社,2009.
[10] 刘宏. 环保设备——原理·设计·应用[M]. 3版. 北京:化学工业出版社.
[11] 马广大. 大气污染控制技术手册[M]. 北京. 化学工业出版社,2012.
[12] 谷群广. 环保设备[M]. 北京:科学技术出版社,2011.
[13] 孙明湖. 环境保护设备选用手册——固体废弃物处理、噪声控制及技能设备[M]. 北京:化学工业出版社,2002.
[14] 何品晶,邵立明,顾国维,等. 市政淤泥脱水固化技术研究[J]. 中国市政工程,2000(3):48-51
[15] 王洪臣. 城市污水处理厂运行控制与维护管理[M]. 北京:科学出版社. 2008.
[16] 袁泉,杜联盟. 卧螺离心机在城市污水处理厂中的应用[J]. 环境工程,2009(9):12-15
[17] 张大群. 污水处理机械设备设计与应用[M]. 北京:化学工业出版社,2003.
[18] 郝吉民. 大气污染控制工程[M]. 2版. 北京:高等教育出版社,2004.
[19] 李丽立. 污泥脱水设备维修方式决策研究[D]. 上海:上海交通大学,2013.
[20] 曹辰雨. 燃煤电厂除尘设备除尘性能的分析与比较[J]. 上海电力学院学报,2013,23(4):47-52.
[21] 刘转年. 高等教育"十二五"规划教材:环保设备基础[M]. 江苏:中国矿业大学出版社,2013.
[22] 王纯. 环境工程技术手册——废气处理工程技术手册[M]. 北京:化学工业出版社,2013.
[23] 聂永丰. 环境工程技术手册——固体废物处理工程技术手册[M]. 北京:化学工业出版社,2013.
[24] 谢经良. 污水处理设备操作维护问答[M]. 北京:2版. 化学工业出版社,2012.
[25] 潘涛. 废水处理设备与材料手册[M]. 北京:化学工业出版社,2012.
[26] 李明俊. 环保机械与设备[M]. 北京:中国环境科学出版社,2005.

[27] 刘伟东. 除尘工程升级改造技术[M]. 北京:化学工业出版社,2014.
[28] 潘琼. 环保设备设计与应用[M]. 北京:化学工业出版社,2014.
[29] 梁世中. 生物工程设备(高校教材)[M]. 2 版. 北京:中国轻工业出版社,2011.
[30] 谭蔚. 化工设备机械基础[M]. 2 版. 天津:天津大学出版社,2007.